网站开发案例课堂

Java Web 开发案例课堂

刘玉红　侯永岗　编著

清华大学出版社
北　京

内 容 简 介

本书以零基础讲解为宗旨，用实例引导读者深入学习，采取【基础入门→核心技术→框架应用→项目实训】的讲解模式，深入浅出地讲解 Java 的各项技术及实战技能。

本书第 1 篇【基础入门】主要内容包括熟悉 Java Web 开发、Java Web 开发环境搭建、快速认识 JSP、JSP 语言基础、JSP 内置对象等；第 2 篇【核心技术】主要内容包括 Servlet 技术、JavaBean 技术、过滤器技术、监听器技术、JDBC 与 MySQL、表达式语言 EL、XML 技术、JSTL 技术、Ajax 技术等；第 3 篇【框架应用】主要内容包括 Struts 2 基础知识、Struts 2 高级技术、Hibernate 4 技术、Spring 4 技术、Struts 2+Spring 4+Hibernate 4 等；第 4 篇【项目实训】主要内容包括开发在线购物商城、开发在线考试系统、开发火车订票系统。

本书适合任何想学习 Java Web 编程语言的人员，无论您是否从事计算机相关行业，无论您是否接触过 Java Web，通过学习均可快速掌握 Java Web 在项目开发中的知识和技巧。

本书封面贴有清华大学出版社防伪标签，无标签者不得销售。
版权所有，侵权必究。举报：010-62782989，beiqinquan@tup.tsinghua.edu.cn。

图书在版编目(CIP)数据

Java Web 开发案例课堂/刘玉红，侯永岗编著. —北京：清华大学出版社，2018（2023.1重印）
(网站开发案例课堂)
ISBN 978-7-302-49085-2

Ⅰ. ①J… Ⅱ. ①刘… ②侯… Ⅲ. ①JAVA 语言—程序设计 Ⅳ. ①TP312.8

中国版本图书馆 CIP 数据核字(2017)第 300220 号

责任编辑：张彦青
装帧设计：李　坤
责任校对：吴春华
责任印制：沈　露

出版发行：清华大学出版社
网　　址：http://www.tup.com.cn, http://www.wqbook.com
地　　址：北京清华大学学研大厦 A 座　　　邮　编：100084
社 总 机：010-83470000　　　　　　　　　邮　购：010-62786544
投稿与读者服务：010-62776969, c-service@tup.tsinghua.edu.cn
质量反馈：010-62772015, zhiliang@tup.tsinghua.edu.cn

印 装 者：三河市龙大印装有限公司
经　　销：全国新华书店
开　　本：190mm×260mm　　印　张：40　　字　数：969 千字
版　　次：2018 年 1 月第 1 版　　　　　　印　次：2023 年 1 月第 5 次印刷
定　　价：89.00 元

产品编号：073028-01

前　　言

"网站开发案例课堂"系列图书是专门为软件开发和数据库初学者量身定制的一套学习用书，整套书涵盖软件开发、数据库设计等方面。整套书具有以下几个特点。

前沿科技

无论是软件开发还是数据库设计，我们都精选较为前沿或者用户群最大的领域推进，帮助大家认识和了解最新动态。

权威的作者团队

组织国家重点实验室和资深应用专家联手编著该套图书，融合丰富的教学经验与优秀的管理理念。

学习型案例设计

以技术的实际应用过程为主线，全程采用图解和同步多媒体结合的教学方式，生动、直观、全面地剖析使用过程中的各种应用技能，降低难度，提升学习效率。

为什么要写这样一本书

Java 是 Sun 公司推出的能够跨越多平台的、可移植性最高的一种面向对象的编程语言，也是目前最先进、特征最丰富、功能最强大的计算机语言。利用 Java 可以编写桌面应用程序、Web 应用程序、分布式系统应用程序、嵌入式系统应用程序等，从而使其成为应用范围最广泛的开发语言，特别是在 Web 程序开发方面。目前学习和关注 Java Web 的人越来越多，而很多 Java Web 的初学者都苦于找不到一本通俗易懂、容易入门和案例实用的参考书。通过本书的案例实训，读者可以很快地上手流行的工具，提高职业化能力，从而帮助解决公司与求职者的双重需求问题。

本书特色

- 零基础、入门级的讲解

无论您是否从事计算机相关行业，无论您是否接触过 Java Web 程序开发，都能从本书中找到最佳起点。

- 超多、实用、专业的范例和项目

本书在编排上紧密结合深入学习 Java Web 程序开发技术的先后过程，从配置 Java Web

开发环境开始，逐步带领大家深入地学习各种应用技巧，侧重实战技能，使用简单易懂的实际案例进行分析和操作指导，让读者读起来简明轻松，操作起来有章可循。

- 随时检测自己的学习成果

每章首页中，均提供了"本章要点"，以指导读者重点学习及学后检查。

大部分章节最后的"跟我学上机"板块，均根据本章内容精选而成，读者可以随时检测自己的学习成果和实战能力，做到融会贯通。

- 细致入微、贴心提示

本书在讲解过程中，在各章中使用了"注意"和"提示"等小贴士，使读者在学习过程中更清楚地了解相关操作、理解相关概念，并轻松掌握各种操作技巧。

- 专业创作团队和技术支持

本书由千谷高新教育中心编著和提供技术支持。

您在学习过程中遇到任何问题，可加入 QQ 群(案例课堂 VIP)451102631 进行提问，专家人员会在线答疑。

超值赠送资源

- 全程同步教学录像

涵盖本书所有知识点，详细讲解每个实例及项目的过程及技术关键点。比看书更轻松地掌握书中所有的 Java Web 程序开发知识，而且扩展的讲解部分使您得到比书中更多的收获。

- 超多容量王牌资源大放送

本书赠送了十大超值的王牌资源。包括本书实例源文件、精美教学幻灯片、精选本书教学视频、MyEclipse 常用快捷键、MyEclipse 提示与技巧、Java SE 类库查询手册、Java 程序员面试技巧、Java 常见面试题、Java 常见错误及解决方案、Java 开发经验及技巧大汇总等。读者可以通过 QQ 群(案例课堂 VIP)451102631 获取赠送资源，也可以扫描二维码，下载本书资源，还可以进入 http://www.apecoding.com/下载赠送资源。

读者对象

- 没有任何 Java Web 开发技术的初学者。
- 有一定的 Java Web 开发基础，想精通 Java Web 开发的人员。
- 有一定的 Java Web 开发基础，没有项目经验的人员。
- 正在进行毕业设计的学生。
- 大专院校及培训学校的老师和学生。

创作团队

本书由刘玉红和侯永岗编著，参加编写的人员还有蒲娟、刘玉萍、裴雨龙、李琪、周佳、付红、李园、郭广新、王攀登、刘海松、孙若淞、王月娇、包慧利、陈伟光、胡同夫、王伟、梁云梁和周浩浩。在编写过程中，我们竭尽所能地将最好的讲解呈现给读者，但也难免有疏漏和不妥之处，敬请不吝指正。若您在学习中遇到困难或疑问，或有何建议，可写信至信箱 357975357@qq.com。

编　者

目　　录

第1篇　基　础　入　门

第1章　揭开Java Web的神秘面纱——熟悉Java Web开发 3
- 1.1 Web开发基础知识 4
  - 1.1.1 Web概述 4
  - 1.1.2 Web服务器 4
  - 1.1.3 Web页面 6
  - 1.1.4 网站 6
- 1.2 Web开发体系结构 6
  - 1.2.1 C/S体系结构 6
  - 1.2.2 B/S体系结构 7
  - 1.2.3 C/S与B/S的区别 8
- 1.3 Web应用程序的工作原理 9
  - 1.3.1 静态网站 9
  - 1.3.2 动态网站 10
- 1.4 Web应用技术 11
  - 1.4.1 客户端应用的技术 11
  - 1.4.2 服务器端应用的技术 12
- 1.5 大神解惑 13
- 1.6 跟我学上机 13

第2章　开发前必备工作——Java Web开发环境搭建 15
- 2.1 搭建Java环境 16
  - 2.1.1 JDK下载 16
  - 2.1.2 JDK安装 17
  - 2.1.3 JDK配置 18
  - 2.1.4 测试JDK 20
- 2.2 Tomcat服务器 21
  - 2.2.1 Tomcat的下载 21
  - 2.2.2 Tomcat的安装 22
  - 2.2.3 Tomcat的启动与关闭 24
  - 2.2.4 修改Tomcat端口 24
  - 2.2.5 测试Tomcat 25
- 2.3 MyEclipse的下载与安装 26
  - 2.3.1 MyEclipse的下载 26
  - 2.3.2 MyEclipse的安装 27
- 2.4 部署Web项目 28
  - 2.4.1 在MyEclipse中配置Tomcat 28
  - 2.4.2 创建第一个Web项目 30
  - 2.4.3 将项目部署到Tomcat 31
- 2.5 大神解惑 33
- 2.6 跟我学上机 34

第3章　零基础开始学习——快速认识JSP 35
- 3.1 JSP概述 36
- 3.2 JSP形成历史 36
- 3.3 JSP的优势 37
- 3.4 JSP运行机制 39
- 3.5 JSP开发的两种模式 40
  - 3.5.1 JSP+JavaBean模式 40
  - 3.5.2 JSP+JavaBean+Servlet模式 40
- 3.6 第一个JSP页面 41
- 3.7 大神解惑 43
- 3.8 跟我学上机 44

第4章　灵活使用JSP——JSP语言基础 45
- 4.1 JSP注释 46
- 4.2 JSP声明 47
- 4.3 JSP代码段 47

4.4 JSP 表达式 49
4.5 JSP 指令 50
    4.5.1 page 指令 50
    4.5.2 include 指令 52
    4.5.3 taglib 指令 54
4.6 JSP 动作 56
    4.6.1 include 动作 56
    4.6.2 forward 动作 57
    4.6.3 param 动作 58
    4.6.4 plugin 动作 60
4.7 JSP 异常 60
4.8 大神解惑 60
4.9 跟我学上机 62

第 5 章 掌握 JSP 核心技术——JSP 内置对象 63

5.1 内置对象的作用范围 64
    5.1.1 Application 作用范围 64
    5.1.2 Session 作用范围 64
    5.1.3 Request 作用范围 64
    5.1.4 Page 作用范围 66
5.2 out 对象 67
5.3 request 对象 69

5.3.1 获取客户端信息 69
5.3.2 获取请求参数 71
5.3.3 JSP 中文乱码 73
5.4 response 对象 75
    5.4.1 response 概述 75
    5.4.2 response 重定向 76
5.5 session 对象 78
    5.5.1 session 概述 78
    5.5.2 存储客户端信息 79
    5.5.3 销毁 session 82
5.6 session 跟踪 82
    5.6.1 URL 重写 82
    5.6.2 表单隐藏字段 83
    5.6.3 Cookie 84
    5.6.4 HttpSession 对象 87
5.7 application 对象 90
5.8 page 对象 92
5.9 pageContext 对象 92
5.10 config 对象 95
5.11 exception 对象 95
5.12 大神解惑 97
5.13 跟我学上机 98

第 2 篇 核心技术

第 6 章 服务器端程序的开发——Servlet 技术 101

6.1 Servlet 简介 102
    6.1.1 工作原理 102
    6.1.2 生命周期 102
    6.1.3 实现 MVC 开发模式 103
6.2 Servlet 常用的接口和类 104
    6.2.1 Servlet()方法 105
    6.2.2 HttpServlet 类 105
    6.2.3 HttpSession 接口 106
    6.2.4 ServletConfig 接口 107

    6.2.5 ServletContext 接口 107
6.3 创建和配置 Servlet 108
6.4 用 Servlet 获取信息 111
    6.4.1 获取 HTTP 头部信息 111
    6.4.2 获取请求对象信息 112
    6.4.3 获取参数信息 113
6.5 在 JSP 页面中调用 Servlet 的方法 115
    6.5.1 表单提交调用 Servlet 116
    6.5.2 超链接调用 Servlet 119
6.6 Servlet 的应用 121
    6.6.1 下载上传组件 121

	6.6.2	使用 Servlet 上传文件 125
	6.6.3	使用 Servlet 下载文件 128
	6.6.4	Cookies 操作 130
	6.6.5	Session 操作 132
6.7	大神解惑	 133
6.8	跟我学上机	 134

第 7 章 Java 的可重用组件——JavaBean 技术 135

7.1	JavaBean 简介 136
	7.1.1 JavaBean 概述 136
	7.1.2 JavaBean 的种类 136
7.2	非可视化 JavaBean 136
	7.2.1 JavaBean 的编码规则 136
	7.2.2 JavaBean 属性 137
7.3	使用 JavaBean 的原因 138
7.4	在 JSP 中使用 JavaBean 142
	7.4.1 <jsp:useBean>动作 142
	7.4.2 <jsp:setProperty>动作 143
	7.4.3 <jsp:getProperty>动作 143
7.5	JavaBean 的范围 144
	7.5.1 page 范围 144
	7.5.2 request 范围 146
	7.5.3 session 范围 148
	7.5.4 application 范围 149
7.6	大神解惑 151
7.7	跟我学上机 151

第 8 章 过滤浏览器的请求——过滤器技术 153

8.1	过滤器简介 154
8.2	过滤器接口 154
	8.2.1 Filter 接口 154
	8.2.2 FilterConfig 接口 155
	8.2.3 FilterChain 接口 155
8.3	创建和配置过滤器 155
8.4	转换字符编码过滤器 157

8.5	大神解惑 160
8.6	跟我学上机 160

第 9 章 监听 Web 应用程序——监听器技术 161

9.1	监听器简介 162
	9.1.1 监听器概述 162
	9.1.2 监听器接口 162
9.2	监听器接口 163
	9.2.1 监听对象的创建与销毁 163
	9.2.2 监听对象的属性 164
	9.2.3 监听 Session 中的对象 166
9.3	创建和配置监听器 166
9.4	统计在线人数 168
9.5	Servlet3.0 的新特性 173
	9.5.1 注解 173
	9.5.2 异步处理 179
	9.5.3 上传组件 181
9.6	大神解惑 184
9.7	跟我学上机 184

第 10 章 Java Web 的数据库编程——JDBC 与 MySQL 185

10.1	JDBC 概述 186
	10.1.1 JDBC 原理 186
	10.1.2 JDBC 驱动 186
10.2	连接数据库 187
	10.2.1 安装 MySQL 数据库 188
	10.2.2 安装 Navicat 191
	10.2.3 连接数据库的步骤 192
	10.2.4 JDBC 入门案例 193
10.3	驱动管理器类 195
	10.3.1 加载 JDBC 驱动 195
	10.3.2 DriverManager 类 196
10.4	数据库连接接口 197
	10.4.1 常用方法 197
	10.4.2 处理元数据 198

10.5 数据库常用接口 199
　　10.5.1 Statement 接口 199
　　10.5.2 PreparedStatement 接口 200
　　10.5.3 ResultSet 接口 200
10.6 综合演练——学生信息管理系统 201
　　10.6.1 创建表 student 201
　　10.6.2 创建学生类 201
　　10.6.3 连接数据库 203
　　10.6.4 管理员登录页面 203
　　10.6.5 登录处理页面 205
　　10.6.6 显示学生信息 206
　　10.6.7 添加学生信息 207
　　10.6.8 修改学生信息 210
　　10.6.9 删除学生信息 214
　　10.6.10 错误页面 216
　　10.6.11 配置文件 216
　　10.6.12 运行项目 217
10.7 大神解惑 219
10.8 跟我学上机 220

第 11 章 简化 JSP 的代码——表达式语言 EL 221

11.1 EL 简介 222
　　11.1.1 EL 概述 222
　　11.1.2 EL 基本语法 222
　　11.1.3 EL 变量 222
　　11.1.4 EL 的特点 224
11.2 EL 运算符 224
　　11.2.1 判断是否为空 224
　　11.2.2 访问数据 225
　　11.2.3 算术运算符 226
　　11.2.4 关系运算符 227
　　11.2.5 逻辑运算符 228
　　11.2.6 条件运算符 229
11.3 EL 隐含对象 230
　　11.3.1 EL 隐含对象概述 230
　　11.3.2 pageContext 隐含对象 230

　　11.3.3 与范围有关的隐含对象 232
　　11.3.4 param 和 paramValues 对象 ... 233
　　11.3.5 header 和 headerValues 对象 .. 235
　　11.3.6 cookie 对象 236
　　11.3.7 initParam 对象 237
11.4 与低版本环境兼容——禁用 EL 238
　　11.4.1 反斜杠"\" 238
　　11.4.2 page 指令 239
　　11.4.3 配置文件 240
11.5 大神解惑 242
11.6 跟我学上机 243

第 12 章 网络数据传输的格式——XML 技术 245

12.1 XML 概述 246
　　12.1.1 XML 概念 246
　　12.1.2 XML 与 HTML 的区别 246
12.2 XML 基本语法 246
　　12.2.1 文档声明 246
　　12.2.2 标签(元素) 247
　　12.2.3 标签嵌套 247
　　12.2.4 属性与注释 247
　　12.2.5 实体引用 248
12.3 XML 树结构 249
12.4 XML 解析器 249
　　12.4.1 解析 XML 文档 250
　　12.4.2 解析 XML 字符串 250
12.5 XML 文档对象 251
12.6 大神解惑 254
12.7 跟我学上机 254

第 13 章 JSP 的标签库——JSTL 技术 255

13.1 JSTL 简介 256
　　13.1.1 JSTL 概述 256
　　13.1.2 导入标签库 256
　　13.1.3 JSTL 分类 256

13.2 JSTL 环境配置 259
13.3 表达式控制标签 260
    13.3.1 <c:out>标签 260
    13.3.2 <c:set>标签 261
    13.3.3 <c:remove>标签 264
    13.3.4 <c:catch>标签 265
13.4 流程控制标签 266
    13.4.1 <c:if>标签 266
    13.4.2 <c:choose>标签 268
    13.4.3 <c:when>标签 268
    13.4.4 <c:otherwise>标签 268
13.5 循环标签 269
    13.5.1 <c:forEach>标签 269
    13.5.2 <c:forTokens>标签 272
13.6 URL 操作标签 274
    13.6.1 <c:import>标签 274
    13.6.2 <c:param>标签 275
    13.6.3 <c:url>标签 276
    13.6.4 <c:redirect>标签 277
13.7 自定义标签 278
    13.7.1 创建功能类 279
    13.7.2 描述文件 279

13.7.3 调用标签 280
13.8 大神解惑 281
13.9 跟我学上机 281

第 14 章 异步交互式动态网页——Ajax 技术 283

14.1 Ajax 概述 284
    14.1.1 Ajax 简介 284
    14.1.2 Ajax 工作原理 284
    14.1.3 Ajax 组成元素 284
14.2 XMLHttpRequest 对象 285
    14.2.1 XHR 对象简介 285
    14.2.2 XHR 常用方法和属性 ... 285
    14.2.3 创建 XHR 对象 288
14.3 XHR 请求 289
    14.3.1 GET 请求 289
    14.3.2 POST 请求 290
14.4 XHR 响应 293
    14.4.1 responseText 属性 293
    14.4.2 responseXML 属性ٍ 293
14.5 大神解惑 295
14.6 跟我学上机 296

第 3 篇 框 架 应 用

第 15 章 经典 MVC 框架技术——Struts 2 基础知识 299

15.1 Struts 2 概述 300
    15.1.1 Struts MVC 模式 300
    15.1.2 Struts 工作流程 301
    15.1.3 Struts 基本配置 301
15.2 第一个 Struts 2 程序 303
    15.2.1 创建 JSP 页面 303
    15.2.2 创建 Action 304
    15.2.3 struts.xml 文件 305
    15.2.4 web.xml 文件 307
    15.2.5 显示信息 307

15.2.6 运行项目 308
15.3 控制器 Action 308
    15.3.1 Action 接口 309
    15.3.2 属性注入值 309
15.4 动态方法调用 311
    15.4.1 感叹号方式 311
    15.4.2 method 属性 313
    15.4.3 通配符方式 315
15.5 Map 类型变量 317
15.6 大神解惑 319
15.7 跟我学上机 320

第16章 技术更上一层楼——Struts 2 高级技术 321

- 16.1 Struts 拦截器 322
  - 16.1.1 拦截器概述 322
  - 16.1.2 拦截器实例 323
  - 16.1.3 Interceptor 接口 324
  - 16.1.4 自定义拦截器 324
- 16.2 Struts 标签库 328
  - 16.2.1 标签库的分类 328
  - 16.2.2 标签库的配置 328
  - 16.2.3 数据访问标签 328
  - 16.2.4 流程控制标签 331
  - 16.2.5 表单标签 336
- 16.3 OGNL 表达式语言 342
  - 16.3.1 Struts 2 OGNL 表达式 342
  - 16.3.2 获取 ActionContext 对象信息 342
  - 16.3.3 获取属性与方法 347
  - 16.3.4 访问静态属性与方法 349
  - 16.3.5 访问数组和集合 351
  - 16.3.6 过滤与投影 355
- 16.4 Struts 上传文件 359
- 16.5 Struts 2 数据验证 364
  - 16.5.1 手动验证 364
  - 16.5.2 XML 验证 367
- 16.6 大神解惑 369
- 16.7 跟我学上机 369

第17章 数据持久化框架技术——Hibernate 4 技术 371

- 17.1 Hibernate 概述 372
  - 17.1.1 ORM 概述 372
  - 17.1.2 Hibernate 架构 372
- 17.2 开发环境配置 372
  - 17.2.1 关联数据库 372
  - 17.2.2 配置 Hibernate 374
- 17.3 Hibernate 配置文件 375
- 17.4 Hibernate 相关类 376
  - 17.4.1 配置类 376
  - 17.4.2 会话工厂类 377
  - 17.4.3 会话类 377
- 17.5 Hibernate 中对象状态 377
- 17.6 Hibernate ORM 379
  - 17.6.1 MyEclipse 中建表 379
  - 17.6.2 Hibernate 反转控制 380
  - 17.6.3 Hibernate 持久化类 382
  - 17.6.4 Hibernate 类映射 383
  - 17.6.5 Session 管理 385
- 17.7 操作持久化类 387
  - 17.7.1 利用 Session 操作数据 387
  - 17.7.2 利用 DAO 操作数据 389
- 17.8 Hibernate 查询语言 390
  - 17.8.1 HQL 语言介绍 390
  - 17.8.2 FROM 语句 390
  - 17.8.3 WHERE 语句 391
  - 17.8.4 UPDATE 语句 392
  - 17.8.5 DELETE 语句 393
  - 17.8.6 INSERT 语句 394
  - 17.8.7 动态赋值 394
  - 17.8.8 排序查询 395
  - 17.8.9 分组查询 396
  - 17.8.10 聚合函数 398
  - 17.8.11 联合查询 400
  - 17.8.12 子查询 401
  - 17.8.13 使用分页查询 402
- 17.9 Hibernate 实体映射 405
  - 17.9.1 一对一双向主键关联 406
  - 17.9.2 一对一双向外键关联 410
  - 17.9.3 一对多双向关联 415
  - 17.9.4 多对多双向关联 421
- 17.10 大神解惑 428
- 17.11 跟我学上机 428

第 18 章　轻量级企业应用开发框架——Spring 4 技术 429

- 18.1　Spring 简介 430
  - 18.1.1　Spring 模块 430
  - 18.1.2　Spring 开发环境配置 431
- 18.2　Spring 控制反转 432
  - 18.2.1　控制反转与依赖注入 432
  - 18.2.2　ApplicationContext 接口 433
  - 18.2.3　控制反转实例 433
  - 18.2.4　赋值注入 435
  - 18.2.5　构造器注入 438
- 18.3　Spring AOP 编程 440
  - 18.3.1　AOP 基础知识 441
  - 18.3.2　在 Spring 中使用 AOP 441
- 18.4　大神解惑 450
- 18.5　跟我学上机 450

第 19 章　整合三大框架——Struts 2+Spring 4+ Hibernate 4 451

- 19.1　配置 Struts 2 框架 452
- 19.2　配置 Spring 4 框架 453
- 19.3　配置 Hibernate 4 框架 454
- 19.4　对象关系映射 455
  - 19.4.1　创建数据库表 455
  - 19.4.2　生成持久类 456
  - 19.4.3　数据库操作 458
- 19.5　Spring 配置文件 462
- 19.6　视图层 463
  - 19.6.1　注册用户 463
  - 19.6.2　用户列表 464
  - 19.6.3　编辑用户 465
  - 19.6.4　首页 467
- 19.7　控制层 467
- 19.8　运行项目 469
- 19.9　大神解惑 471
- 19.10　跟我学上机 472

第 4 篇　项 目 实 训

第 20 章　项目实训 1——开发在线购物商城 475

- 20.1　学习目标 476
- 20.2　需求分析 476
- 20.3　功能分析 477
- 20.4　数据库设计 478
- 20.5　系统代码编写 480
  - 20.5.1　模型 480
  - 20.5.2　数据库操作(Dao) 483
  - 20.5.3　控制层(Service) 492
  - 20.5.4　前台模块 496
  - 20.5.5　后台模块 502
  - 20.5.6　配置文件 507
  - 20.5.7　视图模块 509
  - 20.5.8　项目文件说明 510
- 20.6　运行项目 511
  - 20.6.1　所使用的环境 511
  - 20.6.2　搭建环境 511
  - 20.6.3　测试项目 512

第 21 章　项目实训 2——开发在线考试系统 517

- 21.1　学习目标 518
- 21.2　Bootstrap 简介 518
- 21.3　需求分析 518
- 21.4　功能分析 519
- 21.5　数据库设计 520

21.6	系统代码编写	522
	21.6.1 视图模块	522
	21.6.2 注册模块	539
	21.6.3 登录模块	542
	21.6.4 密码修改模块	546
	21.6.5 课程模块	550
	21.6.6 试卷模块	551
	21.6.7 成绩模块	554
	21.6.8 通知模块	558
	21.6.9 管理模块	558
	21.6.10 项目文件说明	560
21.7	运行项目	560
	21.7.1 所使用的环境	560
	21.7.2 搭建环境	560
	21.7.3 测试项目	561

第22章 项目实训3——开发火车订票系统 569

22.1	学习目标	570
22.2	需求分析	570
22.3	功能分析	571
22.4	数据库设计	571
22.5	系统代码编写	575
	22.5.1 视图模块	575
	22.5.2 数据库模块	580
	22.5.3 用户模块	600
	22.5.4 车次管理者模块	606
	22.5.5 管理员模块	610
	22.5.6 项目文件说明	612
22.6	运行项目	613
	22.6.1 所使用的环境	613
	22.6.2 搭建环境	613
	22.6.3 测试项目	614

第1篇

基础入门

- 第1章 揭开 Java Web 的神秘面纱——熟悉 Java Web 开发
- 第2章 开发前必备工作——Java Web 开发环境搭建
- 第3章 零基础开始学习——快速认识 JSP
- 第4章 灵活使用 JSP——JSP 语言基础
- 第5章 掌握 JSP 核心技术——JSP 内置对象

第 1 章
揭开 Java Web 的神秘面纱——熟悉 Java Web 开发

互联网的快速发展给人们的工作、学习和生活带来了极大的便利。人们利用互联网的主要方式就是通过浏览器访问网站,以便处理数据、获取信息。这其中涉及的技术是多方面的,主要包括面向对象技术、图形图像处理技术、多媒体技术、网络和信息安全技术、互联网技术、数据库技术、Java Web 开发技术等。其中 Java Web 开发技术是互联网应用中最关键的技术之一。

Java Web 开发不仅使用 Java 语言,还会使用到一些其他技术,如 JSP、JSTL、EL、Ajax 等。本章详细介绍 Java Web 开发基础知识、Web 体系结构及其工作原理等。

本章要点(已掌握的在方框中打钩)

- ☐ 掌握 Web 开发基础知识。
- ☐ 掌握 Web 开发体系结构。
- ☐ 掌握 Web 应用程序的工作原理。
- ☐ 掌握 Web 客户端应用技术。
- ☐ 掌握 Web 服务端应用技术。

1.1 Web 开发基础知识

在进行 Java Web 开发前，首先要了解 Web 开发过程中会使用到的一些基础知识，主要有 Web 概念、Web 服务器、Web 页面等。

1.1.1 Web 概述

Web(World Wide Web 的简称)即全球广域网，也称万维网，它是一种基于超文本和 HTTP 的、全球性的、动态交互的、跨平台的分布式图形信息系统。Web 是建立在 Internet 上的一种网络服务，为浏览者在 Internet 上查找和浏览信息提供了图形化的、易于访问的直观界面，其中的文档及超级链接将 Internet 上的信息节点组织成一个互相关联的网状结构。

在 Internet 中分布的成千上万的计算机，它们所扮演的角色和所起的作用各不相同。有的计算机可以收发电子邮件，有的可以为用户传输文件，有的负责对域名进行解析，更多的机器则用于组织并展示相关的信息资源，方便用户的获取。所有这些承担服务任务的计算机统称为服务器。根据服务的特点，又可以分为邮件服务器、文件传输服务器、域名服务器(DNS)和 Web 服务器等。Web 就由互联网上的上述各种各样的服务器相互连接组成。

Web 主要有 3 个要素，它们是统一资源定位(URL)、资源访问方式(HTTP)和超链接。每个站点及站点上的每个网页都有一个唯一的地址，即 URL，用户向浏览器输入 URL 可以访问 URL 指出的 Web 网页，URL 一般用于解决网上资源在何处。HTTP 是在 Internet 上传送超文本的协议，它是运行在 TCP/IP 上的应用协议。HTTP 一般用于解决使用什么样的方法访问资源。超链接主要作用是连接各个页面，它是网站的脉络，提供在资源之间自由访问的一种方式。

1.1.2 Web 服务器

Web 服务器又称 WWW 服务器、网站服务器、站点服务器，主要提供网上信息浏览服务。从本质上说，Web 服务器实际上就是一个软件系统。一台计算机可以充当多个 Web 服务器，为提高用户的访问效率，一般情况下一台计算机只充当一个 Web 服务器；为提供大量用户的访问，多台计算机可以形成集群，只提供一个 Web 服务。

1. Web 服务器的作用

Web 服务器是指驻留于因特网上某种类型计算机的程序。当 Web 浏览器(客户端)连到服务器上并请求文件时，服务器将处理该请求并将文件反馈到该浏览器上，附带的信息会告诉浏览器如何查看该文件(即文件类型)。服务器使用 HTTP(超文本传输协议)与客户机浏览器进行信息交流，这就是人们常把它们称为 HTTP 服务器的原因。

Web 服务器是可以向发出请求的浏览器提供文档的程序，它不仅能够存储信息，还能在用户通过 Web 浏览器提供的信息的基础上运行脚本和程序。

2. Web 服务器的种类

在 UNIX 和 Linux 平台下使用最广泛的免费 HTTP 服务器是 Apache 和 Nginx 服务器，而 Windows 平台 NT/2000/2003 使用 IIS 的 Web 服务器。在选择使用 Web 服务器时应考虑的本身特性因素有性能、安全性、日志和统计、虚拟主机、代理服务器、缓冲服务和集成应用程序等。下面介绍几种常用的 Web 服务器。

1) IIS 服务器

Microsoft 的 Web 服务器产品为 Internet Information Services(IIS)。IIS 是允许在公共 Intranet 或 Internet 上发布信息的 Web 服务器。IIS 是目前最流行的 Web 服务器产品之一，很多著名的网站都是建立在 IIS 的平台上。IIS 提供了一个图形界面的管理工具，称为 Internet 服务管理器，可用于监视配置和控制 Internet 服务。

IIS 服务器是一种 Web 服务组件，其中包括 Web 服务器、FTP 服务器、NNTP 服务器和 SMTP 服务器，分别用于网页浏览、文件传输、新闻服务、邮件发送等方面，它使得在网络(包括互联网和局域网)上发布信息成了一件很容易的事。它提供 ISAPI(Intranet Server API)作为扩展 Web 服务器功能的编程接口；同时，它还提供一个 Internet 数据库连接器，可以实现对数据库的查询和更新。

2) Apache 服务器

Apache 是最流行的 Web 服务器端软件之一，它可以运行在常见的计算机平台上。Apache 运行不仅快速，而且可靠，还可以通过简单的 API 扩充，将 Perl/Python 等解释器编译到服务器中。

3) Tomcat 服务器

Tomcat 是 Apache 软件基金会(Apache Software Foundation)的 Jakarta 项目中的一个核心项目，由 Apache、Sun 和其他一些公司及个人共同开发而成。由于有了 Sun 的参与和支持，最新的 Servlet 和 JSP 规范总是能在 Tomcat 中得到体现。Tomcat 5 支持最新的 Servlet 2.4 和 JSP 2.0 规范。因为 Tomcat 技术先进、性能稳定，而且免费，因而深受 Java 爱好者的喜爱并得到了部分软件开发商的认可，成为目前比较流行的 Web 应用服务器。

Tomcat 服务器是一个免费的开放源代码的 Web 应用服务器，属于轻量级应用服务器，在中小型系统和并发访问用户不是很多的场合下被普遍使用，是开发和调试 JSP 程序的首选。对一个初学者来说，可以这样认为，当在一台机器上配置好 Apache 服务器后，可利用它响应 HTML(标准通用标记语言下的一个应用)页面的访问请求。实际上 Tomcat 是 Apache 服务器的扩展，但运行时它是独立运行的，所以当运行 Tomcat 时，它实际上是作为一个与 Apache 独立的进程单独运行的。

目前 Tomcat 的最新版本是 9.0。当 Tomcat 配置正确时，Apache 为 HTML 页面服务，而 Tomcat 实际上运行 JSP 页面和 Servlet。另外，Tomcat 和 IIS 等 Web 服务器一样，具有处理 HTML 页面的功能，另外它还是一个 Servlet 和 JSP 容器。独立的 Servlet 容器是 Tomcat 的默认模式。不过，Tomcat 处理静态 HTML 的能力不如 Apache 服务器。

本书中使用的 Web 服务器就是最新版本的 Tomcat 9.0。

4) WebLogic 服务器

BEA WebLogic Server 是一种多功能、基于标准的 Web 应用服务器，为企业构建自己的应用提供了坚实基础。各种应用开发、部署所有关键性的任务，无论是集成各种系统和数据库，还是提交服务、跨 Internet 协作，起始点都是 BEA WebLogic Server。由于它具有全面的功能、对开放标准的遵从性、多层架构、支持基于组件的开发，基于 Internet 的企业都选择它来开发、部署最佳的应用。

BEA WebLogic Server 在使应用服务器成为企业应用架构的基础方面继续处于领先地位。BEA WebLogic Server 为构建集成化的企业级应用提供了稳固的基础，它们以 Internet 的容量和速度，在联网的企业之间共享信息、提交服务、实现协作自动化。

5) JBoss 服务器

JBoss 是一个基于 J2EE 的开放源代码的应用服务器。JBoss 代码遵循 LGPL 许可，可以在任何商业应用中免费使用，而不用支付费用。JBoss 是一个管理 EJB 的容器和服务器，支持 EJB 1.1、EJB 2.0 和 EJB 3 的规范。但 JBoss 的核心服务不包括支持 Servlet/JSP 的 Web 容器，一般与 Tomcat 或 Jetty 绑定使用。

1.1.3 Web 页面

Web 在提供信息服务之前，所有信息都必须以文件方式事先存放在 Web 服务器所管辖磁盘中某个文件夹下，其中包含了由超文本标记语言 HTML 组成的文本文件，这些文本文件称为超链接文件，又称网页文件，或称 Web 页面文件(Web Page)。

当用户通过浏览器在地址栏中输入访问网站的网址时，实际上就是向某个 Web 服务器发出调用某个页面的请求。Web 服务器收到页面调用请求后，从磁盘中调出该网页进行相关处理后，传回给浏览器显示。Web 页面可以包含文字、图像、声音、视频等信息。在这里 Web 服务器作为一个软件系统，用于管理 Web 页面，并使这些页面通过本地网络或 Internet 供客户浏览器使用。

1.1.4 网站

网站(Website)是指在因特网(Internet)上根据一定的规则，使用 HTML(标准通用标记语言的子集)等工具制作的用于展示特定内容相关网页的集合。简单地说，网站是一种沟通工具，用户通过网站来发布自己想要公开的资讯，或者利用网站来提供相关的网络服务。用户通过网页浏览器来访问网站，从而获取自己所需要的资讯或享受网络服务。

1.2 Web 开发体系结构

在 Web 应用程序的开发中，存在两种体系结构：一种是传统的 C/S 结构；另一种是近些年兴起的 B/S 结构。下面主要介绍这两种体系结构及它们的区别。

1.2.1 C/S 体系结构

C/S 结构(Client/Server 结构)是一种典型的两层架构，即客户端/服务器端结构。客户端由每个用户所专有，而服务器端则由多个用户共享其信息与功能。客户端通常负责执行前台功能，如管理用户接口、数据处理、报告请求等；而服务器端则执行后台服务，如管理共享外设、控制对共享数据库的操作等。这种体系结构由多台计算机构成，它们有机地结合在一起，协同完成整个系统的应用，从而达到系统中软、硬件资源最大限度的利用。

在 C/S 结构中，服务器通常采用高性能的 PC、工作站或小型机，并采用大型数据库系统，如 Oracle、SYBASE、InfORMix 或 SQL Server。客户端需要安装专用的客户端软件。C/S 体系结构如图 1-1 所示。

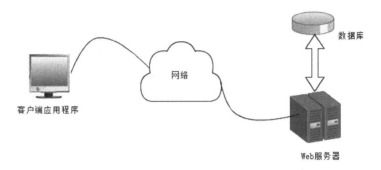

图 1-1　C/S 体系结构

任何一个应用系统，不管是简单的单机系统还是复杂的网络系统，都是由 3 个部分组成，分别是显示逻辑部分(表示层)、事务处理逻辑部分(功能层)和数据处理逻辑部分(数据层)。显示逻辑部分是与用户进行交互；事务处理逻辑部分是进行具体的运算和数据的处理；数据处理逻辑部分是对数据库中的数据进行查询、修改、更新等。

在两层模式的 Client/Server 结构中，显示逻辑部分和事务处理逻辑部分均被放在客户端，数据处理逻辑部分和数据库被放在服务器端。这样就使得客户端变得很"胖"，称为"胖客户端"，而服务器端的任务相对较轻，称为"瘦服务器"。

1.2.2　B/S 体系结构

由于 Client/Server 结构存在的种种问题，因此人们又在它原有的基础上提出了一种具有三层模式(3-Tier)的应用系统结构，即浏览器/服务器(Browser/Server)结构。

B/S 结构是 Web 兴起后的一种网络结构模式，是对 Client/Server 结构的一种改进。从本质上说，Browser/Server 结构也是一种 Client/Server 结构，它可看作是一种由传统的二层模式 Client/Server 结构发展而来的三层模式 Client/Server 结构在 Web 上应用的特例。

Web 浏览器是客户端最主要的应用软件。这种模式统一了客户端，将系统功能实现的核心部分集中到服务器上，简化了系统的开发、维护和使用。客户机上只需要安装一个浏览器，而服务器上安装数据库。浏览器通过 Web Server 同数据库进行数据交互。B/S 体系结构如图 1-2 所示。

在 B/S 架构中，显示逻辑交给了 Web 浏览器，事务处理逻辑则放在了 Web App 上，这样就避免了庞大的胖客户端，减少了客户端的压力。客户端包含的逻辑很少，因此也被称为瘦客户端。

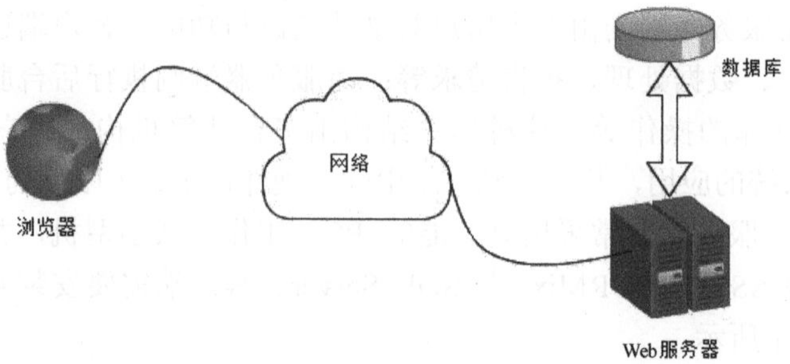

图 1-2　B/S 体系结构

1.2.3　C/S 与 B/S 的区别

对于 C/S 和 B/S 两种体系结构的区别，主要从以下 8 个方面进行详细介绍。

1. 硬件环境不同

C/S 一般建立在专用网络上，小范围里的网络环境，局域网之间再通过专门服务器提供连接和数据交换服务。

B/S 是建立在广域网之上的，不必是专门的网络硬件环境，如电话上网或租用设备等，B/S 比 C/S 有更强的适应范围，一般只要有操作系统和浏览器就行。

2. 对安全要求不同

C/S 一般面向相对固定的用户群，对信息安全的控制能力很强。一般高度机密的信息系统适宜采用 C/S 结构。

可以通过 B/S 发布部分可公开信息。B/S 建立在广域网之上，对安全的控制能力相对较弱，可能面向不可知的用户。

3. 对程序架构不同

C/S 程序可以更加注重流程，可以对权限多层次校验，对系统运行速度也较少考虑。

B/S 对安全及访问速度的多重考虑，建立在需要更加优化的基础之上，比 C/S 有更高的要求，因此 B/S 结构的程序架构是发展的趋势，从 MS 的.Net 系列的 BizTalk 2000 Exchange 2000 等，全面支持网络的构件搭建的系统，SUN 和 IBM 推出 JavaBean 构件技术等，使 B/S 更加成熟。

4. 软件重用不同

C/S 程序不可避免的整体性考虑，导致构件的重用性不如在 B/S 要求下的构件的重用性好。

B/S 的多重结构，要求构件相对独立的功能，能够实现相对较好的重用。

5. 系统维护不同

C/S 程序由于整体性的要求，必须整体考察，处理出现的问题和系统升级较难，甚至可能需要再做一个全新的系统。

B/S 的构件组成，则方便构件个别的更换，可以实现系统的无缝升级。系统维护开销减到最小。用户从网上自己下载安装就可以实现升级。

6. 处理问题不同

C/S 程序可以处理的用户面固定，并且在相同区域，安全要求高，需求与操作系统相关，都是相同的系统。

B/S 建立在广域网上，面向不同的用户群，地域分散，这是 C/S 无法做到的。与操作系统平台关系最小。

7. 用户接口不同

C/S 多是建立在 Windows 平台上，表现方法有限，对程序员普遍要求较高。

B/S 建立在浏览器上，有更加丰富和生动的表现方式与用户交流，大部分难度降低，这减少了开发成本。

8. 信息流不同

C/S 程序一般是典型的中央集权的机械式处理，交互性相对较低。

B/S 信息流向可以变化，更像一个市场交易中心。

1.3 Web 应用程序的工作原理

Web 应用程序主要有静态网站和动态网站两种。早期的 Web 应用主要是使用 HTML 语言编写的静态网页，即静态网站。随着网络的发展，用户所访问的资源不再局限于服务器上保存的静态网页，而是需要根据用户的请求动态地生成页面，即动态网站。

1.3.1 静态网站

静态网站是指全部由 HTML(标准通用标记语言的子集)代码格式页面组成的网站，所有的内容都包含在网页文件中。网页上也可以出现各种视觉动态效果，如 GIF 动画、Flash 动画、滚动字幕等，但是网站主要是静态化的页面和代码组成，一般文件名后缀是 htm 或 html。

静态网站一般有如下特点。

(1) 每个静态网页都有一个固定的网址，文件名均以 htm、html 等为后缀。

(2) 静态网页发布到服务器上以后，无论是否被访问，都是一个独立存在的文件。

(3) 静态网页的内容相对稳定，不含特殊代码，因此容易被搜索引擎检索。HTML 更加适合 SEO 搜索引擎优化。

(4) 静态网站没有数据库的支持，在网站制作和维护方面工作量较大。

(5) 由于不需要通过数据库工作，因此静态网页的访问速度比较快。

用户访问 Web 服务器上的静态网站时，一般是使用浏览器输入 HTTP 协议请求服务器上的 Web 页面，而服务器将收到的用户请求处理后，再发送给客户端浏览器，并以 HTML 超文本标记语言显示给用户。静态网站整个请求和处理过程如图 1-3 所示。

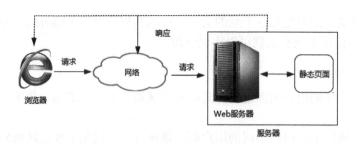

图 1-3 静态网站工作过程

1.3.2 动态网站

动态网站并不是指具有动画功能的网站,而是指网站内容可根据不同情况动态变更的网站,一般情况下动态网站通过数据库进行架构。动态网站除了要设计网页外,还要通过数据库和程序来使网站具有更多自动的和高级的功能。

动态网站体现在网页一般是以 asp、jsp、php 或 aspx 等结束,而静态网页一般是以 HTML(标准通用标记语言的子集)结尾。动态网站服务器空间配置要求比静态的网页高,费用也相应更高,不过动态网页利于网站内容的更新,适合企业建站。动态网站是相对于静态网站而言。

动态网站一般有如下几个特点。

(1) 动态网站可以实现交互功能,如用户注册、信息发布、产品展示、订单管理等。

(2) 动态网页并不是独立存在于服务器的网页文件,而是浏览器发出请求时才反馈网页。

(3) 动态网页中包含有服务器端脚本,页面文件名常以 asp、jsp、php 等为后缀。但也可以使用 URL 静态化技术,使网页后缀显示为 HTML。因此,不能以页面文件的后缀作为判断网站的动态和静态的唯一标准。

动态网站一般是使用 HTML 语言和动态脚本语言(如 JSP、ASP 等)编写的程序,将编写的程序部署到 Web 服务器上后,Web 服务器对动态脚本代码进行处理,转换为浏览器可以解析的 HTML 代码,再返回到客户端浏览器,显示给用户。动态网站整个请求和处理过程如图 1-4 所示。

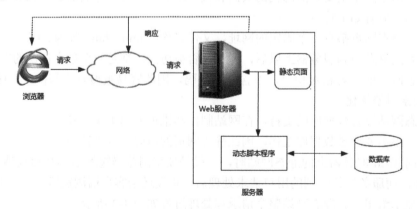

图 1-4 动态网站工作过程

1.4　Web 应用技术

在信息领域中，Web 技术几乎汇集了当前信息处理的所有技术手段，以求最大限度地满足人性化的特点。由于 Web 正处在日新月异的高速发展之中，它所覆盖的技术领域和层次深度也在不断改变。这里主要介绍进行 Web 应用程序开发时，通常会用到的客户端和服务器两个方面的技术。

1.4.1　客户端应用的技术

进行 Web 应用开发时，离不开客户端技术的支持。比较常用的客户端技术有 HTML、CSS、Flash 和 JavaScript。

1. HTML 技术

HTML 是 HyperText Markup Language(超文本标记语言)的缩写，是用来描述网页的一种语言，是一种超文本标记语言。标记语言是一套标记标签。HTML 使用标记标签来描述网页。

超文本是指页面内可以包含图片、链接甚至音乐、程序等非文字元素。超文本标记语言的结构包括"头"部分和"主体"部分，其中"头"部分提供关于网页的信息，"主体"部分提供网页的具体内容。

HTML 文件是一种纯文本文件，通常它带有.htm 或.html 的文件扩展名(在 UNIX 和 Windows 95 中的扩展名为.html)。

　　　　　HTML 超文本标记语言不区分大小写，这与 Java 语言不同。

2. CSS 技术

CSS(Cascading Style Sheets，层叠样式表)是一种用来表现 HTML 或 XML 等文件样式的计算机语言。CSS 不仅可以静态地修饰网页，还可以配合各种脚本语言动态地对网页各元素进行格式化。

CSS 能够对网页中元素位置的排版进行像素级控制，支持几乎所有的字体字号样式，拥有对网页对象和模型样式编辑的能力。

　　　　　使用 CSS 层叠样式表，不仅可以美化页面，还可以优化网页速度。

3. Flash 技术

Flash 是一种交互式矢量图和 Web 动画的标准。Flash 可以包含简单的动画、视频、复杂演示文稿和应用程序。由于 Flash 文件比较小，所以很多 Web 开发者将 Flash 技术引入到网页中，使网页更具表现力。

4. 脚本语言

JavaScript 是目前使用最广泛的脚本语言，它是由 Netscape 公司开发并随 Navigator 浏览器一起发布的，是一种介于 Java 与 HTML 之间、基于对象的事件驱动的编程语言。

JavaScript 是一种属于网络的脚本语言，已经被广泛用于 Web 应用开发，常用来为网页添加各式各样的动态功能，为用户提供更流畅美观的浏览效果。通常 JavaScript 脚本是通过嵌入在 HTML 中来实现自身的功能的，不需要 Java 编译器。

JavaScript 脚本语言同其他语言一样，有它自身的基本数据类型、表达式和算术运算符及程序的基本程序框架。JavaScript 提供了 4 种基本的数据类型和 2 种特殊数据类型，用来处理数据和文字。而变量提供存放信息的地方，表达式则可以完成较复杂的信息处理。

VBScript 脚本语言是 Visual Basic Script 的简称，有时也被缩写为 VBS，它是 Microsoft Visual Basic 的一个子集，即可以看作是 VB 语言的简化版。VBS 和 JavaScript 一样都用于创建客户方的脚本程序，并处理页面上的事件及生成动态内容。

1.4.2 服务器端应用的技术

开发动态网站时，离不开服务器端技术的支持。服务器端技术主要有 CGI、ASP、PHP、ASP.NET 和 JSP。

1. CGI 技术

CGI(Common Gateway Interface，通用网关接口)是最早用来创建动态网页的技术，它可以使浏览器与服务器之间产生互动。它允许使用不同语言来编写适合的 CGI 程序，该程序被放在 Web 服务器上运行。当客户端发出请求给服务器时，服务器根据用户请求建立一个新的进程来执行指定的 CGI 程序并将执行结果以网页形式返回给客户端的浏览器上显示出来。虽说 CGI 是当前应用程序的基础技术，但这种技术的编制比较困难，且效率低下，因为每次页面被请求时，都要求服务器重新将 CGI 程序编写成可执行的代码。在 CGI 中最常用的语言有 C/C++、Java 和 Perl。

2. ASP 语言

ASP(Active Server Page，动态服务页面)是一种应用很广泛的开发动态网站的技术。它通过在页面代码中嵌入 VBScript 或 JavaScript 脚本语言来生成动态的内容。但必须在服务器端安装适当的解释器后，才可以通过调用此解释器来执行脚本程序，然后将执行结果与静态内容部分结合并传送到客户端浏览器上。对于一些复杂的操作，ASP 可以调用存在于后台的 COM 组件来完成，所以 COM 组件无限地扩充了 ASP 的能力。正因为如此依赖本地的 COM 组件，使得它主要用于 Windows NT 平台中。它的优点是简单易学，并且 ASP 是与微软的 IIS 捆绑在一起的，即在安装 Windows 操作系统的同时安装上 IIS 就可以运行 ASP 程序了。

3. PHP 语言

PHP(Hypertext Preprocessor，超文本预处理器)的语法类似于 C，并且混合了 Perl、C++和

Java 的一些特性，它是一种开源的 Web 服务器脚本语言，与 ASP 一样可以在页面中加入脚本代码来生成动态内容。对于一些复杂的操作封装到类或函数中。PHP 提供了许多已经定义好的函数，如提供的标准数据库接口，使得数据库连接方便，扩展性强。PHP 可以被多个平台支持，但应用最广泛的还是 UNIX/Linux 平台。由于 PHP 本身的代码对外开放，经过了许多软件工程师的检测，因此，该技术具有公认的安全性能。

4. ASP.NET 技术

这种建立动态 Web 应用程序的技术，是.NET 框架的一部分，可以使用任何.NET 兼容的语言来编写 ASP.NET 应用程序。使用 VisualBasic.NET、C#、J#、ASP.NET 页面(Web Forms)进行编译可以提供比脚本语言更出色的性能。Web Forms 允许在网页基础上建立强大的窗体。当建立页面时，可以使用 ASP.NET 服务端控件来建立常用的 UI 元素，并对它们进行编程来完成一般的任务。这些控件允许开发者使用内建的、可重用的组件和自定义组件来快速建立 Web Forms，使代码简单化。

5. JSP 语言

JSP(Java Server Pages)是以 Java 为基础开发的，所以它沿用 Java 强大的 API 功能。JSP 页面中的 HTML 代码用来显示静态内容部分，嵌入到页面中的 Java 代码与 JSP 标记用来生成动态内容部分。JSP 可以被预编译，从而提高了程序的运行速度。另外，JSP 开发的应用程序经过一次编译后，可以随时随地地运行。所以在大部分系统平台中，代码无须做修改就可以在支持 JSP 的任何服务器中运行。在本书中使用的服务器端技术就是 JSP 语言。

1.5 大神解惑

小白：带有 Flash 动画的网页就是动态网页吗？

大神：对于初学者，经常会将带有动画效果的网页认为是动态网页，其实这不一定。动态网页是指具有交互性、内容可以自动更新，并且内容会动态地发生变化的网页。交互性是指网页根据用户的要求动态改变或响应。

1.6 跟我学上机

练习 1：结合网络，了解 Web 开发的基础知识，以及 Web 开发体系结构。

练习 2：结合网络，掌握 Web 应用程序的工作原理，以及其客户端和服务器端技术。

第 2 章
开发前必备工作——Java Web 开发环境搭建

在进行 Java Web 开发前,首先要搭建开发环境。Java Web 的开发环境主要包括 3 个部分,分别是 Java 运行环境、Tomcat 服务器及集成开发工具 MyEclipse。由于 Web 技术开发在后台使用的是 Java 语言,因此必须安装 Java 环境。本章从这 3 方面详细介绍如何配置 Java Web 的开发环境。

本章要点(已掌握的在方框中打钩)

- ☐ 熟悉 JDK 的安装。
- ☐ 掌握 JDK 的配置。
- ☐ 掌握 Tomcat 服务器的启动和关闭。
- ☐ 掌握如何修改 Tomcat 服务器端口。
- ☐ 熟悉 MyEclipse 的安装。
- ☐ 掌握在 MyEclipse 中如何配置 Tomcat。
- ☐ 掌握在 MyEclipse 中如何将项目部署到 Tomcat。

2.1 搭建 Java 环境

在进行 Java Web 开发前，首先要搭建 Java 环境，而搭建 Java 运行环境就是配置 JDK。下面详细介绍 JDK 的下载、安装及配置。

2.1.1 JDK 下载

搭建 Java 运行环境，首先下载 JDK(Java Development Kit)，其次安装。对 JDK 来说，随着时间的推移，JDK 的版本也在不断更新，目前 JDK 的最新版本是 JDK 1.8。由于 Oracle(甲骨文)公司在 2010 年收购了 Sun Microsystems 公司，所以到 Oracle 官方网站(https://www.oracle.com/index.html)下载最新版本的 JDK。

JDK 的具体下载步骤如下。

step 01 打开 Oracle 官方网站，在首页找到 Downloads 下的 Java for Developers 超链接，如图 2-1 所示。

step 02 单击 Java for Developers 超链接，进入 Java SE Downloads 页面，如图 2-2 所示。

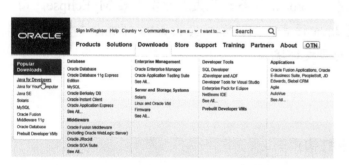

图 2-1 Java for Developers 链接　　　　　图 2-2 Java SE Downloads 页面

由于 JDK 版本的不断更新，当读者浏览 Java SE 的下载页面时，显示的是 JDK 当前的最新版本。

step 03 单击 Java Platform(JDK)上方 DOWNLOAD 按钮，打开 Java SE 的下载列表页面，其中有 Windows、Linux、Solaris 等平台的不同环境 JDK 的下载，如图 2-3 所示。

step 04 下载前，首先选中 Accept License Agreement(接受许可协议)单选按钮，接受许可协议。由于本书使用的是 64 位版的 Windows 操作系统，因此这里选择与平台相对应的 Windows x64 类型的 jdk-8u131-windows-x64.exe 超链接，单击即可下载 JDK，如图 2-4 所示。

step 05 保存下载的文件，等待下载完成即可。

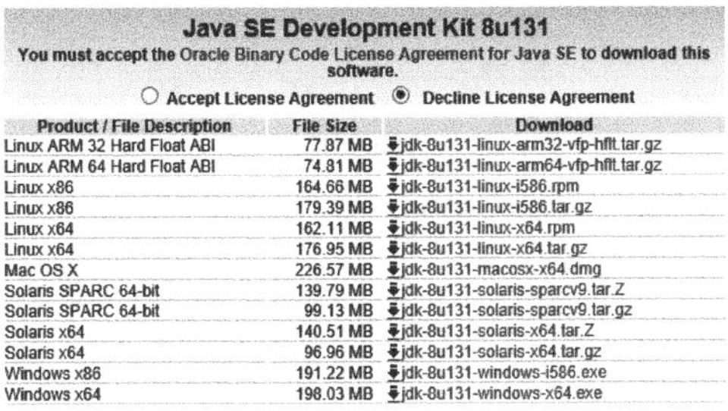

图 2-3 Java SE Downloads 列表页面

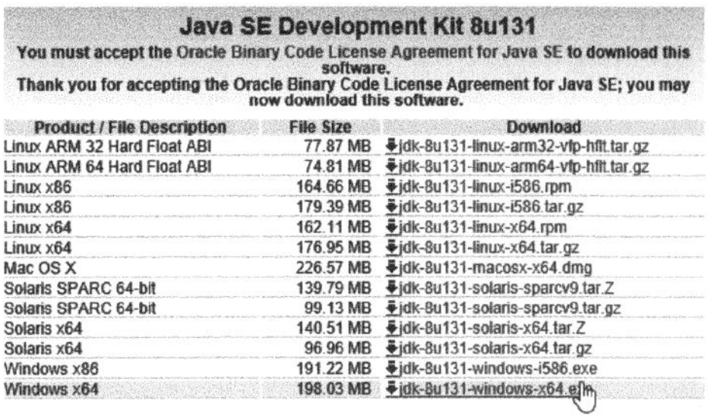

图 2-4 单击相应的超链接

2.1.2 JDK 安装

JDK 下载完成后，安装 JDK。JDK 的具体安装步骤如下。

step 01 JDK 下载完成后，在硬盘上会发现一个名称为 jdk-8u131-windows-x64.exe 的可执行文件，双击运行这个文件，弹出 JDK 的安装界面，如图 2-5 所示。

step 02 单击【下一步】按钮，进入【定制安装】界面。在【定制安装】界面中选择要安装的组件及 JDK 的安装路径，这里修改为"D:\Java\jdk1.8.0_131\"，如图 2-6 所示。

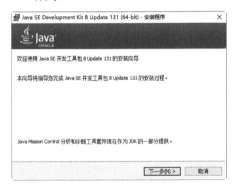

图 2-5 JDK 的安装界面

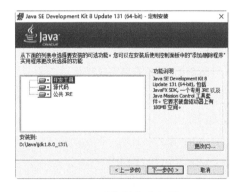

图 2-6 【定制安装】界面

修改 JDK 的安装目录，尽量不要使用带有空格的文件夹名。

step 03 单击【下一步】按钮，进入安装进度界面，如图 2-7 所示。

step 04 在安装过程中，会弹出如图 2-8 所示的【目标文件夹】对话框，选择 JRE 的安装路径，这里修改为"D:\Java\jre1.8.0_131\"。

step 05 单击【下一步】按钮，安装 JRE，JRE 安装完成后，弹出 JDK 安装完成界面，如图 2-9 所示。

step 06 单击【关闭】按钮，完成 JDK 的安装。

JDK 安装完成后，会在安装目录下多一个名称为 jdk1.8.0_131 的文件夹，打开文件夹，如图 2-10 所示。

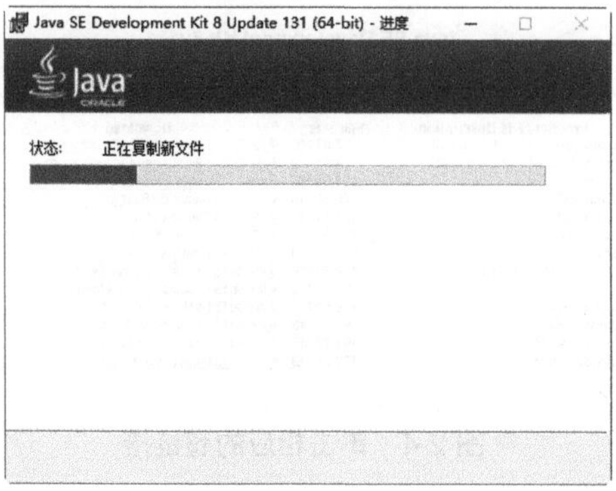

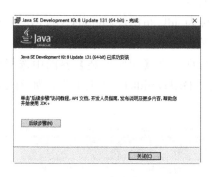

图 2-7 安装进度界面

图 2-8 【目标文件夹】对话框

图 2-9 JDK 安装完成界面

图 2-10 JDK 的安装目录

在图 2-10 中可以看到，JDK 的安装目录下有许多文件和文件夹，其中重要的目录和文件的含义如下。

(1) bin：提供 JDK 开发所需要的编译、调试、运行等工具，如 javac、java、javadoc、appletviewer 等可执行程序。

(2) db：JDK 附带的数据库。

(3) include：存放用于本地要访问的文件。

(4) jre：Java 运行时的环境。

(5) lib：存放 Java 的类库文件，即 Java 的工具包类库。

(6) src.zip：Java 提供的类库的源代码。

 JDK 是 Java 的开发环境，JDK 对 Java 源代码进行编译处理，它是为开发人员提供的工具。JRE 是 Java 的运行环境，它包含 Java 虚拟机(JVM)的实现及 Java 核心类库，编译后的 Java 程序必须使用 JRE 执行。在 JDK 的安装包中集成了 JDK 和 JRE，所以在安装 JDK 的过程中提示安装 JRE。

2.1.3 JDK 配置

对初学者来说，环境变量的配置是比较容易出错的，配置过程中应当仔细。使用 JDK 需要对两个环境变量进行配置，即 path 和 classpath(不区分大小写)。下面是在 Windows 10 操作系统中环境变量的配置方法和步骤。

1. 配置 path 环境变量

path 环境变量是告诉操作系统 Java 编译器的路径。具体配置步骤如下。

step 01 在桌面上右击【此电脑】图标，在弹出的快捷菜单中选择【属性】命令，如图 2-11 所示。

step 02 打开【系统】窗口，单击【高级系统设置】图标，如图 2-12 所示。

图 2-11 选择【属性】命令

图 2-12 【系统】窗口

step 03 打开【系统属性】对话框，切换到【高级】选项卡，单击【环境变量】按钮，如图 2-13 所示。

step 04 打开【环境变量】对话框，在【系统变量】选项组中单击【新建】按钮，如图 2-14 所示。

图 2-13 【系统属性】对话框

图 2-14 【环境变量】对话框

step 05 打开【新建系统变量】对话框，在【变量名】文本框中输入"path"，【变量值】文本框中为安装 JDK 的默认 bin 路径，这里输入"D:\Java\ jdk1.8.0_131\bin"，如图 2-15 所示。

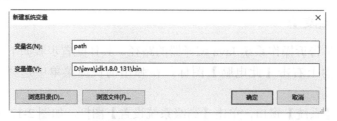

图 2-15 path 环境变量

step 06 单击【确定】按钮，path 环境变量配置完成。

2. 配置 classpath 环境变量

Java 虚拟机在运行某个 Java 程序时，会按 classpath 指定的目录顺序去查找这个 Java 程序。具体配置步骤如下。

step 01 参照配置 path 环境变量的步骤，打开【新建系统变量】对话框，【变量名】设为"classpath"，【变量值】设为安装 JDK 的默认 lib 路径，这里输入"D:\Java\ jdk1.8.0_131\lib"如图 2-16 所示。

图 2-16 【新建系统变量】对话框

step 02 单击【确定】按钮，classpath 环境变量配置完成。

配置环境变量，多个目录间使用分号(;)隔开。在配置 classpath 环境变量时，通常在配置的目录前面添加点(.)，即当前目录，使.class 文件搜索时首先搜索当前目录，然后根据 classpath 配置的目录顺序依次查找，找到后执行。classpath 目录中的配置存在先后顺序。

2.1.4 测试 JDK

JDK 安装、配置完成后，可以测试其是否能够正常运行。具体操作步骤如下。

step 01 在系统的【开始】菜单上右击，在弹出的快捷菜单中选择【运行】命令，打开【运行】对话框，输入命令"cmd"，如图 2-17 所示。

step 02 单击【确定】按钮，打开【命令提示符】窗口。输入"java –version"，并按 Enter 键确认。系统如果输出 JDK 的版本信息，则说明 JDK 的环境搭建成功，如图 2-18 所示。

图 2-17 【运行】对话框

图 2-18 【命令提示符】窗口

注意 在命令提示符下输入测试命令时，Java 和连字符(-)之间有一个空格，但连字符(-)和 version 之间没有空格。

2.2 Tomcat 服务器

在 Java Web 开发中，要运行 JSP 程序，必须提供一个 JSP 容器，即 Web 服务器。与 ASP.NET 匹配的 Web 服务器一般首选是 IIS，而与 JSP 匹配的首选是 Tomcat。由于本书介绍使用 JSP 开发应用程序，因此这里介绍 Tomcat 服务器。

2.2.1 Tomcat 的下载

在使用 Tomcat 服务器前，首先到 Apache Tomcat 网站下载 Tomcat 服务器。服务器下载的具体步骤如下。

step 01 打开 Apache Tomcat 网站(http://tomcat.apache.org/)，如图 2-19 所示。

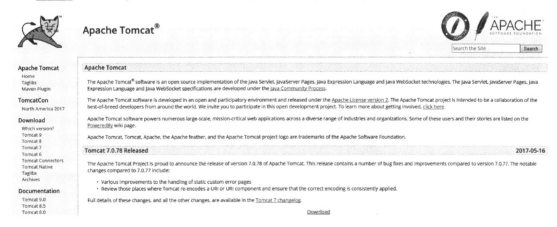
图 2-19 Apache Tomcat 网站

step 02 在网站的左侧导航栏中，选择 Download 下的 Tomcat 9 选项，如图 2-20 所示。

step 03 选择 Tomcat 9 选项后,在右侧找到 9.0.0.M21→Binary Distributions→Core 下的 32-bit/64-bit Windows Service Installer 选项,选择它下载并保存 Tomcat 9,如图 2-21 所示。

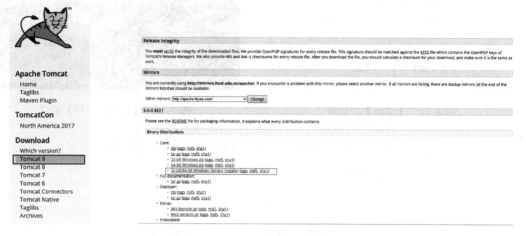

图 2-20　选择 Tomcat 9 选项　　　　　　　图 2-21　下载 Tomcat

2.2.2　Tomcat 的安装

Tomcat 下载完成后,找到下载的文件 apache-tomcat-9.0.0.M21.exe 进行安装。具体安装步骤如下。

step 01 双击 apache-tomcat-9.0.0.M21.exe 文件,打开的界面如图 2-22 所示。

step 02 单击 Next 按钮,进入如图 2-23 所示的界面。

图 2-22　Welcome 界面　　　　　　　图 2-23　License Agreement 界面

step 03 单击 I Agree 按钮,同意安装协议条款,进入如图 2-24 所示的界面。选择安装选项,默认是 Normal。这里不做修改。

step 04 单击 Next 按钮,进入如图 2-25 所示的界面。输入端口和管理密码,这里保持默认设置,如图 2-25 所示。

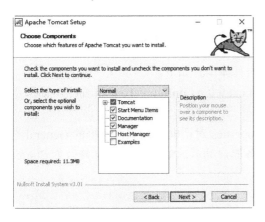

图 2-24 Choose Components 界面

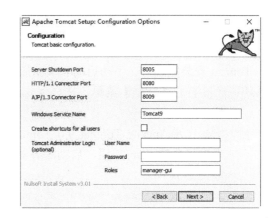

图 2-25 Configuration 界面

step 05 单击 Next 按钮，在弹出的界面中选择 JDK 的安装路径，如图 2-26 所示。

step 06 单击 Next 按钮，在弹出的界面中选择 Tomcat 9 的安装路径，这里将 Tomcat 安装到 D 盘，如图 2-27 所示。

图 2-26 Java Virtual Machine 界面

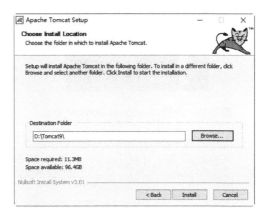

图 2-27 Choose Install Location 界面

step 07 单击 Install 按钮，进入如图 2-28 所示的界面，进行安装。

step 08 安装完成，显示如图 2-29 所示的界面。

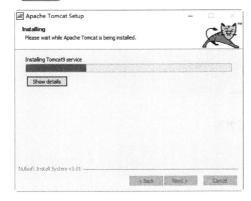

图 2-28 Installing 界面

图 2-29 安装完成

2.2.3 Tomcat 的启动与关闭

Tomcat 安装完成后，手动启动和关闭服务器的具体步骤如下。

step 01 打开【开始】菜单，选择 Apache Tomcat 9.0→Configure Tomcat 命令，如图 2-30 所示。

step 02 打开 Apache Tomcat 9.0 Tomcat9 Properties 对话框，在该对话框的 General 选项卡中，单击 Start 按钮，启动服务器。服务器启动后，Service Status 修改为 Started，如图 2-31 所示。

图 2-30　选择 Configure Tomcat 命令

图 2-31　启动服务器

step 03 启动服务器后，要关闭服务器时，单击 Stop 按钮。关闭服务器后，Service Status 修改为 Stopped，如图 2-32 所示。

图 2-32　关闭服务器

2.2.4 修改 Tomcat 端口

Tomcat 服务器的默认端口是 8080，但该端口不是 Tomcat 的唯一端口，可以通过修改

Tomcat 的配置文件进行修改，从而避免了端口冲突的问题。

修改 Tomcat 端口的具体步骤如下。

step 01 打开 Tomcat 安装目录(D:\Tomcat9)，找到 conf 文件夹下的 server.xml 文件，如图 2-33 所示。

step 02 使用记事本打开 server.xml 文件，找到 "<Connector port="8080" .../>" 等代码，将默认端口 8080 修改为需要的端口，这里修改为 8888，保存并关闭文件，如图 2-34 所示。

图 2-33　选择 server.xml 文件　　　　图 2-34　修改端口

2.2.5　测试 Tomcat

Tomcat 下载安装完成后，学习了如何启动和关闭 Tomcat 服务器以及修改 Tomcat 服务器的端口。那么，Tomcat 是否能正常运行呢？

打开浏览器，在浏览器的地址栏中输入 "http://127.0.0.1:8888"。如果出现如图 2-35 所示的界面则说明 Tomcat 安装配置成功。

图 2-35　Tomcat 运行界面

2.3 MyEclipse 的下载与安装

使用 Java 语言进行程序开发，就必须选择一种功能强大、使用方便且能够辅助程序开发的 IDE 集成开发工具，而 MyEclipse 是目前最为流行的 Java 语言辅助开发工具。它具有强大的代码辅助功能，能够帮助程序开发人员自动完成输入语法、补全文字、修正代码等操作。因此，使用 MyEclipse 编写 Java 程序更简单，而且不容易出错。下面介绍开发工具 MyEclipse 2017 的下载和安装。

2.3.1 MyEclipse 的下载

安装 MyEclipse 前，首先要下载 MyEclipse，具体步骤如下。

step 01 打开 MyEclipse 的官网(http://www.myeclipsecn.com/)，如图 2-36 所示。

step 02 单击【立即下载】按钮，打开页面，扫描二维码获取下载密码，在文本框中输入密码，如图 2-37 所示。

图 2-36 MyEclipse 官网

图 2-37 扫描二维码

step 03 单击【确定】按钮，进入下载页面，在页面中根据需要选择要下载的版本。本书使用的是 Windows 操作系统，在这里选择 Windows 下的离线版下载，如图 2-38 所示。

图 2-38 MyEclipse 下载页面

读者也可以通过百度云盘下载。

2.3.2 MyEclipse 的安装

MyEclipse 下载完成后，即可安装 MyEclipse。其具体安装步骤如下。

step 01 将下载的 MyEclipse 文件解压，如图 2-39 所示。

step 02 双击安装包，打开安装程序，如图 2-40 所示。

图 2-39　解压文件　　　　　　　　　图 2-40　安装界面

step 03 单击 Next 按钮，在弹出的界面中选中复选框，接受许可协议，如图 2-41 所示。

step 04 单击 Next 按钮，弹出如图 2-42 所示的界面，在 Directory 文本框中输入 MyEclipse 的安装路径，这里安装路径是 "D:\MyEclipse2017"。

图 2-41　接受协议　　　　　　　　　图 2-42　设置安装目录

step 05 单击 Next 按钮弹出如图 2-43 所示的界面。选择安装 MyEclipse 环境是 32bit 还是 64bit。使用的操作系统是 64bit，因此选择 64bit。

step 06 单击 Next 按钮，MyEclipse 自动安装，如图 2-44 所示。

图 2-43　选择 64bit

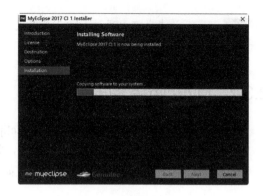
图 2-44　自动安装 MyEclipse

step 07 稍等一会儿，出现安装完成的界面，单击 Finish 按钮，完成 MyEclipse 的安装，如图 2-45 所示。

图 2-45　安装完成

2.4　部署 Web 项目

搭建 Java 运行环境、安装和配置 Tomcat 服务器以及下载和安装 MyEclipse 之后，Java Web 项目如何在 MyEclipse 中运行呢？下面主要介绍在 MyEclipse 中如何配置 Tomcat、创建 Web 项目、部署项目以及运行 Java Web 项目。

2.4.1　在 MyEclipse 中配置 Tomcat

如果要在 MyEclipse 中使用 Tomcat 服务器运行 Web 项目，就要在 MyEclipse 中配置 Tomcat。Tomcat 配置的具体步骤如下。

step 01 打开 MyEclipse 2017，选择 Window→Preferences 菜单命令，如图 2-46 所示。

step 02 打开 Preferences 对话框，展开 Servers\Runtime Environments 选项，如图 2-47 所示。

图 2-46　选择 Preferences 命令

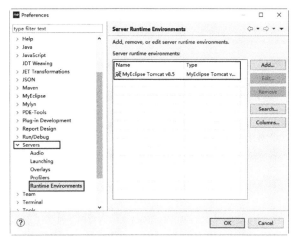

图 2-47　选择 Runtime Environments 选项

step 03 在 Preferences 对话框中，单击右侧的 Add 按钮，打开 New Server Runtime Environment 对话框，如图 2-48 所示。

step 04 在打开的对话框中，选择 Tomcat 节点下的 Apache Tomcat v9.0 选项，如图 2-49 所示。

图 2-48　New Server Runtime Environment 对话框

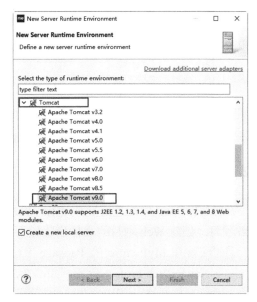

图 2-49　选择 Apache Tomcat v9.0 选项

step 05 单击 Next 按钮，打开 Tomcat Server 界面，Name 文本框中的内容这里不做修改，单击 Browse 按钮，选择 Tomcat 9 的安装路径 D:\Tomcat9，如图 2-50 所示。

step 06 单击 Finish 按钮，在 Preferences 对话框中可以看到添加的 Tomcat 服务器，如图 2-51 所示。

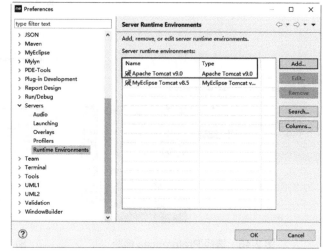

图 2-50　Tomcat Server 界面　　　　　图 2-51　Tomcat 添加完成

step 07 在 Preferences 对话框中，单击 OK 按钮，Tomcat 服务器添加完成。此时在 MyEclipse 的 Servers 界面中，可以看到添加的 Tomcat 9.0 服务器，如图 2-52 所示。

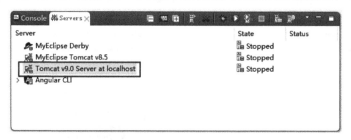

图 2-52　添加的 Tomcat 服务器

2.4.2　创建第一个 Web 项目

在 MyEclipse 中配置好完成运行 Web 项目的 Tomcat 服务器后，接下来就是创建 Java Web 项目。创建 Web 项目的具体步骤如下。

step 01 在 MyEclipse 的 Package Explore 界面的空白处右击，在弹出的快捷菜单中选择 New→Web Project 命令，如图 2-53 所示。

step 02 打开 New Web Project 对话框，在 Project name 文本框中输入 Web 项目名称 "WebTest"，Java version 设置为 1.8，如图 2-54 所示。

step 03 单击 Finish 按钮，Web 项目创建完成，如图 2-55 所示。

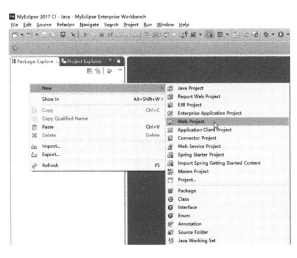

图 2-53　选择 Web Project 命令

图 2-54　New Web Project 对话框

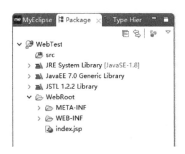

图 2-55　Web 项目

2.4.3　将项目部署到 Tomcat

在 MyEclipse 中配置 Tomcat 和创建 Web 项目完成后，如何将创建的 Web 项目部署到 Tomcat 中呢？具体操作步骤如下。

step 01　在 Servers 界面中，右击 Tomcat v9.0 Server at localhost 选项，在弹出的快捷菜单中选择 Add/Remove Deployments 命令，如图 2-56 所示。

step 02　打开 Add and Remove 对话框，选中 Web 项目"WebTest"，单击 Add 按钮，如图 2-57 所示。

step 03　在 Configured 文本框中，出现 WebTest 项目，单击 Finish 按钮，如图 2-58 所示。

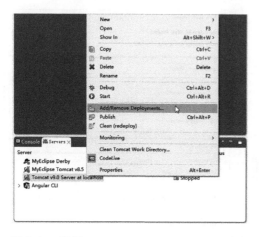

图 2-56　选择 Add/Remove Deployments 命令

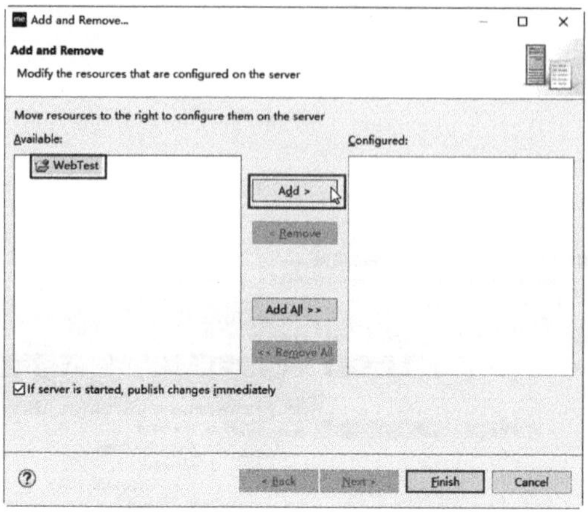

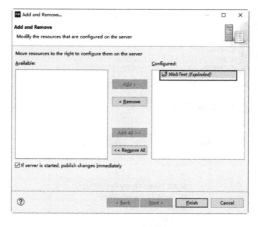

图 2-57　Add and Remove 对话框

图 2-58　选择项目

step 04 ▶ Web 项目部署完成，如图 2-59 所示。

step 05 ▶ 在 Servers 界面中，右击 Tomcat v9.0 Server at localhost 选项，在弹出的快捷菜单中选择 Start 命令，如图 2-60 所示。

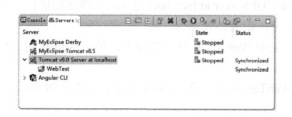

图 2-59　部署项目

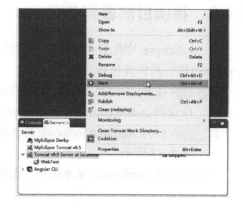

图 2-60　启动 Tomcat

step 06 启动 Tomcat 服务器后,在 MyEclipse 的 Console 界面中,当运行结果如图 2-61 所示时,服务器启动成功。

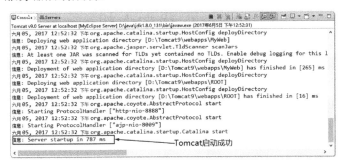

图 2-61 Tomcat 启动成功

step 07 Tomcat 服务器启动成功后,在浏览器的地址栏中输入 Web 项目首页地址:"http://localhost:8888/WebTest/index.jsp"或"http://127.0.0.1:8888/WebTest/index.jsp",运行效果如图 2-62 所示。

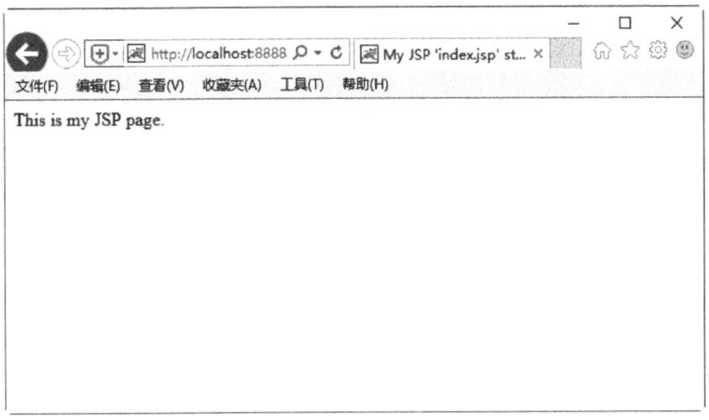

图 2-62 Web 项目运行效果

2.5 大 神 解 惑

小白:在配置环境变量时,环境变量已经存在,怎么办?

大神:如果环境变量已经存在,那么选中相应的环境变量,单击【编辑】按钮,在【变量值】文本框的最前面,添加要配置的环境变量值,并用分号(;)将多个目录分隔开。

小白:在命令提示符下,编译 Java 程序时,找不到 Java 文件?

大神:可能由这几个方面导致:第一,在配置 classpath 时,没有为 classpath 指定存放 Java 源程序的目录。第二,文件命名时出错,如文件名的大小写问题。第三,使用记事本保存 Java 程序时,扩展名是.txt 格式,没有改为.java。第四,保存文件时,文件名中出现了空格。

Java 程序命名时,一定要注意 Java 语言大小写敏感,并遵守 Java 程序的命名规范。

小白:在命令提示符下,运行 Java 程序时,提示"找不到或无法加载主类",为什么?

大神:运行 Java 程序的作用是让 Java 解释器装载、检验并运行字节码文件(.class)。因此,在运行 Java 程序时,命令语句不可输错。运行 Java 程序的命令是"java 文件名",java

后跟空格，文件名后不能再加扩展名。

2.6　跟我学上机

练习 1：搭建 JDK 环境，下载并安装 Tomcat 和 MyEclipse，在 MyEclipse 中部署 Tomcat。

练习 2：上网查询 Java Web 开发的工具有哪些。

练习 3：在 MyEclipse 中，创建一个 Web 项目 MyWeb，并部署运行。

第 3 章
零基础开始学习——快速认识 JSP

　　JSP(Java Server Pages)是由 Sun Microsystems 公司倡导、许多公司参与一起建立的一种动态网页技术标准。JSP 技术自诞生到现在，已经成为流行技术的一种，尤其是在开发电子商务类的网站方面。JSP 以其安全性高、支持多线程、跨平台等特性占领了 Web 开发的中、高层领域。为此，本章将开始认识 JSP 的入门知识。

本章要点(已掌握的在方框中打钩)

- ❑ 了解 JSP 概述
- ❑ 了解 JSP 的形成历史
- ❑ 熟悉 JSP 的优势
- ❑ 理解 JSP 运行机制
- ❑ 理解 JSP 的开发模式
- ❑ 掌握如何创建和运行 JSP 页面

3.1 JSP 概述

JSP(Java Server Pages)中文名叫 Java 服务器页面，其根本是一个简化的 Servlet 设计，它是一种动态网页技术标准。JSP 技术有点类似 ASP 技术，它是在传统的网页 HTML 文件(*.htm,*.html)中插入 Java 程序段和 JSP 标记，从而形成 JSP 文件，后缀名为(*.jsp)。用 JSP 开发的 Web 应用是跨平台的，既能在 Linux 下运行，也能在其他操作系统上运行。

JSP 实现了以<%, %>形式在 HTML 中插入 Java 代码。它是一种 Servlet，在服务器端执行，主要用于实现 Java Web 应用程序的用户界面部分。通常返回给客户端的就是一个 HTML 文本，因此客户端只要有浏览器就能浏览。

JSP 是一种动态页面技术，其主要目的是将表示逻辑从 Servlet 中分离出来。Java Servlet 是 JSP 的技术基础，而且大型的 Web 应用程序的开发需要 Java Servlet 和 JSP 配合才能完成。JSP 具备了 Java 技术的简单易用、完全的面向对象、具有平台无关性且安全可靠、主要面向因特网的所有特点。

3.2 JSP 形成历史

基于浏览器客户端的应用程序相比传统的基于客户端服务器的应用程序的优势在于：几乎没有限制的客户端访问和极其简化的应用程序部署和管理(要更新一个应用程序，管理人员只需要更改一个基于服务器的程序，而不是成千上万的安装在客户端的应用程序)。这样，软件工业正迅速地向基于浏览器客户端的多层次应用程序迈进。

这些快速增长的、基于 Web 的精巧应用程序要求开发技术上的改进。静态 HTML 对于显示相对静态的内容是不错的选择，新的挑战在于创建交互的、基于 Web 的应用程序。在这些程序中，页面的内容是基于用户的请求或者系统的状态，而不是预先定义的文字。

对于这个问题的一个早期解决方案是使用 CGI-BIN 接口：开发人员编写与接口相关的单独程序，以及基于 Web 的应用程序，后者通过 Web 服务器来调用前者。但这个方案有着严重的扩展性问题——每个新的 CGI 都要求在服务器上新增一个进程。如果多个用户并发地访问该程序，这些进程有可能会消耗掉该 Web 服务器所有的可用资源，并且系统性能降低到极其低下的地步。

某些 Web 服务器供应商已经尝试通过为其服务器提供插件和 API 来简化 Web 应用程序的开发。这些解决方案与特定的 Web 服务器相关，但不能解决跨平台操作的问题。例如，微软的 ASP 技术使得在 Web 页面上创建动态内容更加容易，但是也只能工作在微软的 IIS 和 Personal Web Server 上。

当然，还存在其他的解决方案。但是它们都不能使一个普通的页面设计者能够轻易地掌握。例如，Java Servlet 技术就可以使得用 Java 语言编写交互的应用程序的服务器端的代码变得容易，一个 Java Servlet 就是一个基于 Java 技术的运行在服务器端的程序(与 Applet 不同，后者运行在浏览器端)。开发人员需要编写出这样的 Servlet，以接收来自 Web 浏览器的

HTML 请求，动态地生成响应(可能要查询数据库来完成这项请求)，然后发送包含 HTML 或 XML 文档的响应到浏览器。

采用这种方法，整个网页必须都在 Java Servlet 中制作。如果开发人员或者 Web 管理人员想要调整页面显示，他们就不得不编辑并重新编译该 Java Servlet，即使该 Java Servlet 在逻辑上已经能够运行。采用这种方法，生成带有动态内容的页面仍然需要应用程序的开发技巧。

很显然，目前所需要的是一个业界范围内的创建动态内容页面的解决方案。这个方案将解决当前方案所解决不了的问题，例如：
- 能够在任何 Web 或应用程序服务器上运行；
- 将应用程序逻辑和页面显示分离；
- 能够快速地开发和测试；
- 简化开发基于 Web 的交互式应用程序的过程。

JSP 技术就是设计用来满足这些要求的解决方案。JSP 规范是 Web 服务器、应用服务器、交易系统以及开发工具供应商间广泛合作的结果。Sun Microsystems 开发出这个规范来整合及平衡已经存在的对 Java 编程环境(例如，Java Servlet 和 JavaBean)进行支持的技术和工具，其结果是产生了一种新的、开发基于 Web 应用程序的方法，给予使用基于组件应用逻辑的页面设计者以强大的功能。

所谓的 JSP 网页(*.jsp). 就是在传统的网页 HTML 文件(*.htm 或*.html)中加入 Java 程序片段(Scriptlet)和 JSP 标记(Tag)而构成的。Web 服务器在遇到访问 JSP 网页的请求时，首先执行其中的程序片段，然后将执行结果以 HTML 格式返回给客户。程序片段可以操作数据库、重新定向网页、以及发送 E_mail 等，这就是建立动态网站所需的功能。所有程序操作都在服务器端执行，网络上传送给客户端的仅是得到的结果，对客户浏览器的要求最低，可以实现无 Plugin、无 ActiveX、无 Java Applet，甚至无 Frame。JSP 在动态网页的建设中有其强大而特别的功能。

在 Sun 正式发布 JSP 之后，这种新的 Web 应用开发技术很快引起了人们的关注。JSP 为创建高度动态的 Web 应用提供了一个独特的开发环境。JSP 使得我们能够分离页面的静态 HTML 和动态部分。HTML 可以用任何通常使用的 Web 制作工具编写，编写方式也和原来的一样；动态部分的代码放入特殊标记之内，大部分以"<%"开始，以"%>"结束。

3.3 JSP 的优势

JSP 技术是由 Servlet 技术发展起来的，自从有了 JSP 后，在 Java 服务器端编程中普遍采用的就是 JSP，而不是 Servlet。因为 JSP 在编写表示页面时远远比 Servlet 简单，并且不需要手工编译(由 Servlet 容器自动编译)，目前 Servlet 主要用做视图控制器、处理后台应用等。由于 JSP 构建在 Servlet 上，所以它有 Servlet 所有强大的功能。

在开发 JSP 规范的过程中，Sun 公司与许多主要的 Web 服务器、应用服务器和开发工具供应商积极进行合作，不断完善技术。

JSP 基于强大的 Java 语言，具有良好的伸缩性，与 Java Enterprise API 紧密地集成在一起，在网络数据库应用开发领域具有得天独厚的优势，基于 Java 平台构建网络程序已经被越来越多的人认为是未来最有发展前途的技术。

从JSP这几年的发展来看，已经获得巨大的成功，它通过和EJB等J2EE组件进行集成，可以编写出处理具有大的伸缩性、高负载的企业级应用。JSP技术在多个方面加速了动态Web页面的开发。

JSP在跨平台、执行速度等特性上具有很大的技术优势，主要体现在以下方面。

(1) 将内容的生成和显示进行分离。

使用JSP技术，Web页面开发人员可以使用HTML或者XML标识来设计和格式化最终页面。使用JSP标识或者小脚本来生成页面上的动态内容。生成内容的逻辑被封装在标识和JavaBean组件中，并且捆绑在脚本中，所有的脚本在服务器端运行。如果核心逻辑被封装在标识和Bean中，那么其他人，如Web管理人员和页面设计者，就能够编辑和使用JSP页面，而不影响内容的生成。

在服务器端，JSP引擎解释JSP标识和小脚本，生成所请求的内容(例如，通过访问JavaBean组件，使用JDBCTM技术访问数据库或者包含文件)，并且将结果以HTML或者XML页面的形式发送回浏览器。这有助于作者保护自己的代码，而又保证任何基于HTML的Web浏览器的完全可用性。

(2) 生成可重用的组件。

绝大多数JSP页面信赖于可重用的、跨平台的组件(JavaBean或者Enterprise JavaBean组件)来执行应用程序所要求的更为复杂的处理。开发人员能够共享和交换执行普通操作的组件，或者使得这些组件为更多的使用者或客户团体使用。

(3) 采用标识简化页面。

Web页面开发人员不一定都是熟悉脚本语言的编程人员。JSP技术封装了许多功能，这些功能是在易用的、与JSP相关的XML标识中进行动态内容生成时所需的。标准的JSP标识能够访问和实例化JavaBean组件、设置或者检索组件属性、下载Applet，以及执行其他更难于编码或耗时的功能。通过开发定制标识库，JSP技术是可扩展的。今后，第三方开发人员和其他人员可以为常用功能创建自己的标识库。这使得Web页面开发人员能够使用熟悉的工具和如同标识一样执行特定功能的构件来工作。

(4) JSP能提供所有的Servlet功能。

与Servlet相比，JSP能提供所有的Servlet功能，它比用Println书写和修改HTML更方便。此外，可以更明确地进行分工，Web页面设计人员编写HTML，只需要留出空间让Servlet程序员插入动态部分即可。

(5) 健壮的存储管理和安全性。

由于JSP页面的内置脚本语言是基于Java语言编写的，而且所有的JSP页面都被编译成为Java Servlet，JSP页面具有Java技术的所有优点，包括健壮的存储管理和安全性。

(6) 一次编写，随处运行。

作为Java平台的一部分，JSP拥有Java编程语言"一次编写，随处运行"的特点。越来越多的供应商将JSP支持添加到其产品中，用户可以使用自己所选择的服务器和工具，但并不影响当前的应用。

(7) JSP的平台适应性更广。

这是JSP相比于ASP的优越之处。几乎所有平台都支持Java、JSP+JavaBean，它们可以在任何平台下通行无阻。Windows NT 下的 IIS 通过一个插件就能支持 JSP，使用 JRUN 或者 ServletExec，著名的 Web 服务器 Apache 已经能够支持 JSP。由于 Apache 广泛应用在 Windows NT、UNIX 和 Linux 上，因此 JSP 有更广泛的运行平台。虽然现在 Windows NT 操作系统占了很大的市场份额，但是在服务器方面，UNIX 的优势仍然很大，而新崛起的 Linux 更是来势不小。从一个平台移植到另一个平台，JSP 和 JavaBean 甚至不用重新编译，因为 Java 字节码都是标识的字节码，与平台无关。

(8) Java 中连接数据库的技术是 JDBC(Java Database Connectivity)。

很多数据库系统都带有 JDBC 驱动程序，Java 程序通过 JDBC 驱动程序与数据库相连，执行查询、提取数据等操作。Sun 公司还开发了 JDBC-ODBC Bridge，用此技术，Java 程序就可以访问带有 ODBC 驱动程序的数据库，目前大多数数据库系统都带有 ODBC 驱动程序，所以 Java 程序能访问诸如 Oracle、Sybase、Microsoft SQL Server 和 Microsoft Access 等类型的数据库。

(9) 简单易学。

随着 JSP 中标签语言的出现，即使不懂 Java 的程序员也能编写出功能完善的 JSP 应用。

3.4 JSP 运行机制

JSP 文件在用户第一次请求时，会被编译成 Servlet，再由这个 Servlet 处理用户的请求，如图 3-1 所示。

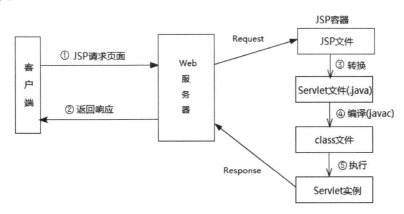

图 3-1 JSP 运行机制

JSP 容器管理 JSP 页面生命周期分为两个阶段：转换阶段和执行阶段。当有一个对 JSP 页面的客户请求到来时，JSP 容器将 JSP 页面转换为 Servlet 源文件，然后调用 javac 工具编译源文件，生成字节码文件，这是转换阶段。接下来，Servlet 容器加载转换后的 Servlet 类，实例化一个对象处理客户端的请求，请求处理完成后响应对象被 JSP 容器接收，容器将 HTML 格式的响应信息发送给客户端，这是执行阶段。

3.5　JSP 开发的两种模式

使用 JSP 技术开发 Web 应用程序，有两种架构模式可供选择，通常称为模式 1 和模式 2。下面将对这两种模式进行介绍，并讲解两种架构模式各自的优缺点及其应用场合。

3.5.1　JSP+JavaBean 模式

模式 1 使用 JSP+JavaBean 技术将页面显示和业务逻辑处理分开。JSP 实现页面的显示，JavaBean 对象用来保存数据和实现商业逻辑。在模式 1 中，JSP 页面独自响应请求并将处理结果返回给客户，所有的数据通过 JavaBean 来处理，并实现页面的显示。模式 1 的结构如图 3-2 所示。

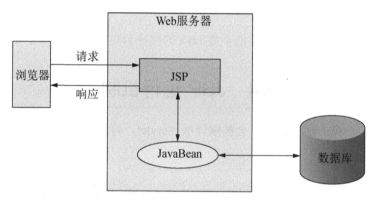

图 3-2　模式 1 的 JSP 架构

3.5.2　JSP+JavaBean+Servlet 模式

在模式 1 中，JSP 页面嵌入了流程控制代码和部分的逻辑处理代码，我们可以将这部分代码提取出来，放到一个单独的角色中，这个角色就是控制器角色，而这样的 Web 架构就是所谓的模式 2。它符合 MVC 架构模式。

在 MVC 架构中，一个应用被分成三个部分，下面分别进行简要介绍。

(1) 模型代表应用程序的数据以及用于访问控制和修改这些数据的业务规则。当模型发生改变时，它会通知视图，并为视图提供查询模型相关状态的能力。同时，它也为控制器提供访问封装在模型内部的应用程序功能的能力。

(2) 视图用来组织模型的内容。它从模型那里获得数据并指定这些数据如何表现。当模型变化时，视图负责维护数据表现的一致性。同时视图会将用户的请求通知控制器。

(3) 控制器定义了应用程序的行为。它负责对来自视图的用户请求进行解释，并把这些请求映射成相应的行为，这些行为由模型负责实现。在独立运行的 GUI 客户端，用户的请求可能是一些鼠标单击或是菜单选择操作。在一个 Web 应用程序中，它们的表现形式可以是一些来自客户端的 GET 或 POST 的 HTTP 请求。模型所实现的行为包括处理业务和修改模型的状态。根据用户请求和模型行为的结果，控制器选择一个视图作为对用户请求的响应。图 3-3

描述了在 MVC 应用程序中模型、视图、控制器三部分的关系。

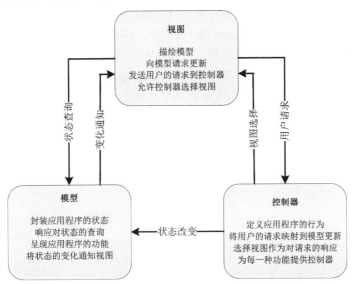

图 3-3 MVC 模型、视图、控制器的关系

在模型 2 中，控制器的角色由 Servlet 来实现，视图的角色由 JSP 页面来实现，模型的角色由 JavaBean 来实现。模型 2 的架构如图 3-4 所示。

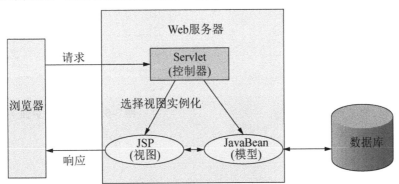

图 3-4 模型 2 架构示意图

Servlet 充当控制器的角色，它接收请求，并且根据请求信息将它们分发给适当的 JSP 页面来产生响应。Servlet 控制器还根据 JSP 视图的需求生成 JavaBean 的实例并输出经 JSP 环境。JSP 视图可以通过直接调用 JavaBean 实例的方法或使用<jsp:useBean>和<jsp:getProperty>动作元素来得到 JavaBean 中的数据。

3.6 第一个 JSP 页面

在介绍 JSP 的基本语法前，首先来认识一下 JSP 页面及其创建，并在 JSP 页面中显示"你好，这是 JSP 页面"信息。具体操作步骤如下。

step 01 在 MyEclipse 的 Package 窗口中，右击空白处，在弹出的快捷菜单中选择 New→Web Project 命令，打开 New Web Project 对话框，输入要创建的 Web 项目名"MyWeb"，选择 Java version 是 1.8 版本，如图 3-5 所示。

step 02 单击 Finish 按钮，创建完成。在 MyWeb 项目中，右击 WebRoot 文件夹，在弹出的快捷菜单中选择 New→JSP(Advanced Templates)命令，如图 3-6 所示。

step 03 打开 Create a new JSP page 对话框，在 File Name 文本框中修改 JSP 页面的名称，如图 3-7 所示。

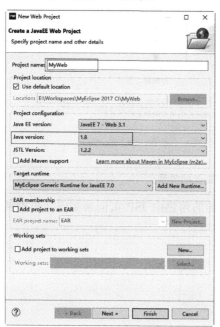

图 3-5 创建 Web 项目　　　　　图 3-6 创建 JSP 页面

图 3-7 修改 JSP 文件名

step 04 单击 Finish 按钮，创建完成。在打开的 JSP 页面中，修改<body></body>之间的内容为要显示的信息。JSP 页面代码具体如下：

```
<%@ page language="java" import="java.util.*" pageEncoding="ISO-8859-1"%>
<%
String path = request.getContextPath();
String basePath = request.getScheme()+"://"+request.getServerName()+":"+request.getServerPort()+path+"/";
%>
<!DOCTYPE HTML PUBLIC "-//W3C//DTD HTML 4.01 Transitional//EN">
<html>
  <head>
    <base href="<%=basePath%>">
    <title>第一个 JSP 程序</title>
    <meta http-equiv="pragma" content="no-cache">
    <meta http-equiv="cache-control" content="no-cache">
    <meta http-equiv="expires" content="0">
    <meta http-equiv="keywords" content="keyword1,keyword2,keyword3">
    <meta http-equiv="description" content="This is my page">
    <!--
    <link rel="stylesheet" type="text/css" href="styles.css">
    -->
  </head>
  <body>
        你好，这是 JSP 页面。 <br>
  </body>
</html>
```

step 05　修改完 JSP 页面内容，保存文件时出现编码错误提示，如图 3-8 所示。单击 OK 按钮，修改 JSP 页面中第一句代码 pageEncoding 的值为"UTF-8"。

step 06　将 MyWeb 项目部署到 Tomcat 上，运行项目。在浏览器中输入运行页面的地址 "http://127.0.0.1:8888/MyWeb/test.jsp"，运行效果如图 3-9 所示。

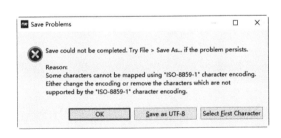

图 3-8　编码错误

图 3-9　运行效果

3.7　大 神 解 惑

小白：JSP 和 Servlet 的区别是什么？

大神：JSP 经编译后生成 Servlet，JSP 的本质就是 Servlet。JVM 只能识别 Java 类，不能识别 JSP。Web 容器将 JSP 的代码编译成 JVM 能够识别的 Java 类。

JSP 一般用于页面显示，而 Servlet 一般用于逻辑控制。Servlet 中没有内置对象。JSP 中的内置对象必须通过 HttpServletRequest 对象、HttpServletResponse 对象及 HttpServlet 对象获得。

JSP 是 Servlet 的一种简化，使用 JSP 只需要完成程序员要输出到客户端的内容。JSP 中的 Java 脚本如何镶嵌到一个类中，由 JSP 容器完成。而 Servlet 是个完整的 Java 类，这个类的 Service()方法用于生成对客户端的响应。

3.8 跟我学上机

练习 1：掌握 JSP 的运行机制。

练习 2：创建 Web 项目，在项目中创建 test.jsp 页面。结合 HTML 语言在 JSP 页面上显示一个 3 行 4 列的表格。

第4章

灵活使用JSP——JSP语言基础

JSP 是 Sun 公司开发的一种服务器脚本语言，是进行 Web 开发的一项重要技术。JSP 作为一门动态网页开发语言，其中有一些基础语法需要了解。本章详细介绍JSP的注释、声明、程序段、表达式、JSP指令及JSP动作。

本章要点(已掌握的在方框中打钩)

- ☐ 掌握 JSP 注释和声明。
- ☐ 掌握 JSP 程序段和表达式。
- ☐ 掌握 JSP 指令的使用。
- ☐ 掌握 JSP 动作的使用。
- ☐ 掌握 JSP 异常类型。

4.1 JSP 注释

在 Java Web 开发中，使用到的 JSP 注释一般可以分为客户端注释和服务器端注释两种。客户端注释是指可以在客户端显示的注释；服务器端注释是指在客户端不可见，只供服务器端 JSP 开发人员可见的注释。

1. 客户端注释

客户端注释被发送到客户端浏览器，用户通过查看源代码可以看到。这类注释类似于普通的 HTML 注释，不同的是这种 JSP 注释中可以加入 JSP 表达式。

客户端注释的基本语法格式如下：

```
<!-- 客户端注释[<%=表达式%>] -->
```

2. 服务器端注释

服务器端注释虽然写在 JSP 程序中，但不会发送到客户端，因此在客户端查看源代码时无法看见服务器端注释。这样的注释在 JSP 编译时被忽略。

服务器端注释有两种形式，其基本语法格式如下：

```
<%-- JSP 页面注释 --%>
<%/* JSP 页面注释 --*/%>
```

注意

在 JSP 注释中不可以出现"--%>"，否则会出现编译错误。若一定要出现"--%>"，需要使用"--%\>"替代。

【例 4-1】创建 Web 项目 ch04，在项目中创建 JSP 页面，在页面中使用 JSP 注释。(源代码\ch04\WebRoot\annotate.jsp)

```
<%@ page language="java" import="java.util.*" pageEncoding="UTF-8"%>
<%
String path = request.getContextPath();
String basePath = 
request.getScheme()+"://"+request.getServerName()+":"+request.getServerPort()+path+"/";
%>
<!DOCTYPE HTML PUBLIC "-//W3C//DTD HTML 4.01 Transitional//EN">
<html>
  <head>
    <base href="<%=basePath%>">
    <title>JSP 注释</title>
    <meta http-equiv="pragma" content="no-cache">
    <meta http-equiv="cache-control" content="no-cache">
    <meta http-equiv="expires" content="0">
    <meta http-equiv="keywords" content="keyword1,keyword2,keyword3">
    <meta http-equiv="description" content="This is my page">
    <!--
    <link rel="stylesheet" type="text/css" href="styles.css">
```

```
    -->
</head>
<body>
    <!-- 使用客户端注释-->
    JSP 注释：<br>
      客户端注释 <br>
      服务器端注释<br>
    <%-- 使用服务器端注释 --%>
    <%-- 在注释中使用--%/> --%>
</body>
</html>
```

部署 Web 项目，启动 Tomcat 服务器。在浏览器的地址栏中输入"http://localhost:8888/ch04/annotate.jsp"，运行结果如图 4-1 所示。通过查看源代码，可以看到客户端注释，如图 4-2 所示。

图 4-1　JSP 页面效果　　　　　　　图 4-2　JSP 源代码

【案例剖析】

在本案例中，JSP 页面的<body>标签中，测试客户端和服务器端注释的使用，在服务器端注释中显示"--%>"。

4.2　JSP 声明

JSP 声明是用于定义在程序中使用到的变量、方法等。JSP 声明的变量或方法，可以是一个或多个，但是最后要以分号";"结尾。

JSP 声明的语法格式如下：

```
<%! 声明代码 %>
```

【例 4-2】在 JSP 语言中，声明变量。代码如下：

```
<%! int a = 100,b=200;%>
<%! String[] array; %>
```

4.3　JSP 代码段

在 JSP 中程序段也称为 JSP 代码段，是放在<% %>标记之间符合 Java 语言规范的代码片段。其语法格式如下：

```
<% 代码段 %>
```

在代码段中，可以包含用于 JSP 变量和方法的声明、显示表达式、HTML 以及调用 JavaBean 等。JSP 语言的代码段符合 Java 语言的语法，在实际运行时会被转换为 Servlet。

【例 4-3】在 Web 项目 ch04 中，创建 JSP 页面，在该页面中使用 JSP 代码段。(源代码 \ch04\WebRoot\code.jsp)

```
<%@ page language="java" import="java.util.*" pageEncoding="UTF-8"%>
<%
String path = request.getContextPath();
String basePath = request.getScheme()+"://"+request.getServerName()+":"
+request.getServerPort()+path+"/";
%>
<!DOCTYPE HTML PUBLIC "-//W3C//DTD HTML 4.01 Transitional//EN">
<html>
  <head>
    <base href="<%=basePath%>">
    <title>JSP 代码段</title>
    <meta http-equiv="pragma" content="no-cache">
    <meta http-equiv="cache-control" content="no-cache">
    <meta http-equiv="expires" content="0">
    <meta http-equiv="keywords" content="keyword1,keyword2,keyword3">
    <meta http-equiv="description" content="This is my page">
    <!--
    <link rel="stylesheet" type="text/css" href="styles.css">
    -->
  </head>
  <body>
    <%!int i = 6; %>
    <%
    if(i==6){
    %>
    <B>i 的值是 6</B>
    <%
    }else{
    %>
    i 的值不是 6
    <%
    }
    %>
    <br>
  </body>
</html>
```

部署 Web 项目，启动 Tomcat 服务器。在浏览器的地址栏中，输入运行地址"http://localhost:8888/ch04/code.jsp"，运行结果如图 4-3 所示。

【案例剖析】

在本案例中，使用 JSP 声明一个变量 i，并赋值。使用 if 语句判断 i 的值是否为 6，若

图 4-3　JSP 程序段

是则显示内容是粗体，若不是则显示内容不是粗体。

4.4　JSP 表达式

JSP 表达式的作用是将动态信息显示在页面中。表达式的值是在运行后被自动转化为字符串，然后显示出来。JSP 表达式的语法格式如下：

<%=变量或表达式%>

变量：要在页面显示的值的变量名。

表达式：其值由服务器计算，计算结果以字符串的形式发送到客户端。

使用 JSP 表达式，需要注意以下两点。

(1) 不能使用分号"；"作为表达式的结束符号，但是用在声明中时需要用分号来结尾。

(2) 表达式元素可以是任何有效形式的 Java 表达式，其可以作为 JSP 元素的属性值。表达式的形式可以很复杂，即由多个表达式组成。

【例 4-4】在 Web 项目中，创建 JSP 页面，并在页面中使用 JSP 表达式。(源代码 \ch04\WebRoot\expression.jsp)

```
<%@ page language="java" import="java.util.*" pageEncoding="UTF-8"%>
<%
String path = request.getContextPath();
String basePath = request.getScheme()+"://"+request.getServerName()+":"+
request.getServerPort()+path+"/";
%>
<!DOCTYPE HTML PUBLIC "-//W3C//DTD HTML 4.01 Transitional//EN">
<html>
  <head>
    <base href="<%=basePath%>">
    <title>JSP 表达式</title>
    <meta http-equiv="pragma" content="no-cache">
    <meta http-equiv="cache-control" content="no-cache">
    <meta http-equiv="expires" content="0">
    <meta http-equiv="keywords" content="keyword1,keyword2,keyword3">
    <meta http-equiv="description" content="This is my page">
    <!--
    <link rel="stylesheet" type="text/css" href="styles.css">
    -->
  </head>
  <body>
    30*1254 = <%=30*1254 %><br>
    2567376/2 = <%=2567376/2 %>
  </body>
</html>
```

部署 Web 项目，启动 Tomcat 服务器。在浏览器的地址栏中，输入运行地址"http://localhost:8888/ch04/expression.jsp"，运行结果如图 4-4 所示。

图 4-4　表达式

【案例剖析】

在本案例中，使用 JSP 表达式计算两个数的乘与除，并显示计算结果。

4.5 JSP 指令

JSP 编译指令用于设置 JSP 程序的属性以及由 JSP 生成的 Servlet 中的属性。JSP 常用的编译指令有 3 个，即 include 指令、page 指令和 taglib 指令。include 指令用于指定如何包含另一个文件；page 指令是针对当前页面的指令，能够控制从 JSP 页面生成的 Servlet 的属性和结构；在 JSP1.1 标准里面，新添加了一个指令 taglib，用于定义和访问标签。

4.5.1 page 指令

page 指令用来设置整个 JSP 页面的相关属性和功能，其作用范围是整个 JSP 页面，包括使用 include 指令引用的其他文件。但是 page 指令不能作用于动态的包含文件，例如对使用 <jsp:include> 包含的文件，page 指令的设置是无效的。一般情况下，page 编译指令位于页面的最上方，一个页面可以有多个编译配置指令。

1. 语法格式

page 指令的基本语法格式如下：

```
<%@ page attribute1="value1" attribute2="value2"… %>
```

2. 指令属性

page 指令有许多属性，具体介绍如下。

(1) language 属性。定义当前 JSP 页面使用的脚本语言种类，默认是 Java。少数服务器支持 JavaScript。

(2) import 属性。导入要使用的包。在 Java 语言中，要导入多个包，需要用 import 分别引入，并用分号";"隔开；在 JSP 中，如果用一个 import 指明多个包，需要用逗号","隔开。默认导入的包有 java.lang.*、javax.servlet.*、javax.servlet.http.*、javax,.servlet.jsp.*。

(3) contentType 属性。指定当前页面的 MIME 类型和字符编码。MIME 类型有：text/plain、text/html(默认类型)、image/gif、image/jpeg 等。默认的字符编码方式：ISO 8859-1。如果需要显示中文字体，一般设置 charset 为 GB2312 或 GBK。

在 JSP 页面中一般修改为 contentType="text/html;charset=UTF-8"，服务器响应的正文文件格式为 text/html。客户端用默认的浏览器方式打开文件。charset=UTF-8 指服务器返回的文件编码格式为 UTF-8。浏览器将按照 UTF-8 格式进行解码并且以 UTF-8 字符集进行页面显示。

(4) pageEncoding 属性。设定 JSP 源文件保存时所使用的编码。由于 JSP 文件要响应客户端的请求，因此它会被编译成一个 Servlet。而 Servlet 是一个 Java 类，Java 类在内存中是以 Unicode 进行编码的。如果 JSP 引擎不知道 JSP 的编码格式，就无法进行解码，并将其转换成内存中的 Unicode 编码。

(5) session 属性。指定这个 JSP 页面是否支持 session 机制，默认为 true。

(6) extends 属性。指定 JSP 编译生成的 Servlet 所继承的父类或所实现的接口。

(7) errorPage 属性。指定错误处理页面的地址。如果本页面产生了异常或者错误，而该 JSP 页面没有对应的处理代码，此时就会自动调用该属性所指向的 JSP 页面。

(8) isErrorPage 属性。与 errorPage 属性配合使用，指定当前页面是否可以作为另一个 JSP 页面的错误处理页面。

(9) info 属性。定义 JSP 页面的描述信息。在 JSP 页面中，可以直接调用 getServletInfo() 方法获取该值。这是由于 JSP 是 Servlet，而任何一个 Servlet 都实现了 Servlet 接口，Servlet 接口中含有 getServletInfo()方法。

(10) buffer 属性。指定 out 对象使用缓冲区的大小。JSP 的隐含对象 out 用于缓存 JSP 对客户端浏览器的输出，默认值为 8KB。

(11) autoFlush 属性。当输出缓冲区即将溢出时，是否需要强制输出缓冲区的内容，默认为 true。设置为 true 时可以正常输出，设置为 false 时，则会在 buffer 溢出时产生一个异常。

(12) isThreadSafe 属性。指定对 JSP 页面的访问是否为线程安全。如果设置为 true，则表示该 JSP 文件支持多线程；如果设置为 false，则表示该 JSP 文件不支持多线程。isThreadSafe 属性的默认值为 true。

(13) trimDirectiveWhitespaces 属性。是否去掉指令前后的空白字符，默认是 false。该属性是 JSP2.1 规范中新增的，当属性值是 true 时，取消指令前后的空白字符。

【例 4-5】使用 page 指令的属性进行错误处理。

step 01 在 Web 项目 ch04 中，创建 JSP 页面，在页面中将 0 作为被除数。(源代码 \ch04\WebRoot\pageTest.jsp)

```
<%@ page language="java" import="java.util.*"
pageEncoding="UTF-8" contentType="text/html; charset=UTF-8"%>
<%@ page errorPage="error.jsp"%>
<%
String path = request.getContextPath();
String basePath = request.getScheme()+"://"+request.getServerName()+
        ":"+request.getServerPort()+path+"/";
%>
<!DOCTYPE HTML PUBLIC "-//W3C//DTD HTML 4.01 Transitional//EN">
<html>
  <head>
    <base href="<%=basePath%>">
    <title>Page 指令</title>
    <meta http-equiv="pragma" content="no-cache">
    <meta http-equiv="cache-control" content="no-cache">
    <meta http-equiv="expires" content="0">
    <meta http-equiv="keywords" content="keyword1,keyword2,keyword3">
    <meta http-equiv="description" content="This is my page">
  </head>
  <body>
    <%! int i=0; %>
    <%=4/i %>
  </body>
</html>
```

step 02 在 Web 项目 ch04 中，创建错误处理页面。(源代码\ch04\WebRoot\error.jsp)

```
<%@ page language="java" import="java.util.*" pageEncoding="UTF-8"%>
<%@ page isErrorPage="true"%><%--表示该页面是错误页 --%>
<!DOCTYPE HTML PUBLIC "-//W3C//DTD HTML 4.01 Transitional//EN">
<html>
  <head>
    <title>错误页面</title>
    <meta http-equiv="pragma" content="no-cache">
    <meta http-equiv="cache-control" content="no-cache">
    <meta http-equiv="expires" content="0">
    <meta http-equiv="keywords" content="keyword1,keyword2,keyword3">
    <meta http-equiv="description" content="This is my page">
  </head>
  <body>
    错误页面：
    0 是被除数错误 <br>
  </body>
</html>
```

部署 Web 项目，启动 Tomcat 服务器。在浏览器的地址栏中输入"http://124.0.0.1:8888/ch04/pageTest.jsp"，运行结果如图 4-5 所示。

图 4-5 错误页面

【案例剖析】

在本案例中，定义了出现错误信息的 JSP 页面 pageTest.jsp。在该页面中，声明变量 i 并赋值 0，使用 JSP 表达式输出 7 除以 i 的值。在该页面中使用 page 指令的 errorPage 属性指定错误处理页面 error.jsp。在 error.jsp 中显示错误信息。

从程序的运行结果可以看出，当 pageTest.jsp 页面出现错误时，显示的内容直接跳转到错误页面 error.jsp，但是地址栏中的地址没有发生变化。

4.5.2 include 指令

include 指令是 JSP 的静态包含指令，使用该指令可将一个外部文件包含到此 JSP 程序中。一般会在 JSP 页面被编译成 Servlet 时，引入其中包含的 HTML 文件、JSP 文件或文本文件，因此其包含过程是静态的。

在 include 指令中，包含页面和被包含页面同一类型的参数不能被定义两次。

include 指令的语法格式如下：

```
<%@ include file="文件路径" %>
```

file：指向需要引用的 HTML 页面或 JSP 页面。

file 指定的页面路径必须是相对路径，不需要指定端口、协议、域名等。如果路径以 "/" 开头，那么该路径等同于参照 JSP 应用的上下文关系路径；如果路径是以文件名或者目录名开头，那么路径就是当前 JSP 文件所在的路径。

include 指令通常用来包含网站中经常出现的重复性页面，被包含文件中的任何一部分改变了，所有包含该文件的主 JSP 文件都需要重新进行编译。

【例 4-6】在 JSP 语言中，include 指令的使用。

step 01 在 Web 项目 ch04 中，创建 top.jsp 页面。(源代码\ch04\WebRoot\top.jsp)

```
<%@ page language="java" import="java.util.*" pageEncoding="UTF-8"%>
<!DOCTYPE HTML PUBLIC "-//W3C//DTD HTML 4.01 Transitional//EN">
<html>
  <head>
    <title>顶部</title>
    <meta http-equiv="pragma" content="no-cache">
    <meta http-equiv="cache-control" content="no-cache">
    <meta http-equiv="expires" content="0">
    <meta http-equiv="keywords" content="keyword1,keyword2,keyword3">
    <meta http-equiv="description" content="This is my page">
  </head>
  <body>
    Welcome ! <br>
  </body>
</html>
```

step 02 在 Web 项目 ch04 中，创建 footer.jsp 页面。(源代码\ch04\WebRoot\footer.jsp)

```
<%@ page language="java" import="java.util.*" pageEncoding="UTF-8"%>
<!DOCTYPE HTML PUBLIC "-//W3C//DTD HTML 4.01 Transitional//EN">
<html>
  <head>
    <title>底部</title>
    <meta http-equiv="pragma" content="no-cache">
    <meta http-equiv="cache-control" content="no-cache">
    <meta http-equiv="expires" content="0">
    <meta http-equiv="keywords" content="keyword1,keyword2,keyword3">
    <meta http-equiv="description" content="This is my page">
  </head>
  <body>
    Copy@right JSP 2017-6-7<br>
  </body>
</html>
```

step 03 在 Web 项目 ch04 中,创建 JSP 页面,使用 include 指令包含上述两个页面。(源代码\ch04\WebRoot\includeTest.jsp)

```
<%@ page language="java" import="java.util.*" pageEncoding="UTF-8"%>
<!DOCTYPE HTML PUBLIC "-//W3C//DTD HTML 4.01 Transitional//EN">
<html>
  <head>
    <title>include 指令</title>
    <meta http-equiv="pragma" content="no-cache">
    <meta http-equiv="cache-control" content="no-cache">
    <meta http-equiv="expires" content="0">
    <meta http-equiv="keywords" content="keyword1,keyword2,keyword3">
    <meta http-equiv="description" content="This is my page">
  </head>
  <body>
<%@include file="top.jsp"%><br>
    你好,这是 JSP 页面。<br>
    include 指令的使用。<br>
<%@include file="footer.jsp"%>
  </body>
</html>
```

部署 Web 项目,启动 Tomcat 服务器。在浏览器的地址栏中输入"http://127.0.0.1:8888/ch04/includeTest.jsp",运行结果如图 4-6 所示。

图 4-6 include 指令

【案例剖析】

在本案例中,介绍在 JSP 页面的<body></body>标签中使用 include 命令包含另外两个 JSP 页面。从运行结果可以看出地址栏是 includeTest.jsp 页面的地址,它包含的 JSP 页面内容直接在该页面中显示。

4.5.3 taglib 指令

taglib 指令允许页面使用用户自定义的标签,是 JSP 1.1 规范中新增的功能。taglib 指令的语法格式如下:

```
<%@ taglib (uri="tagLibraryURI" | tagdir="tagDir") prefix="tagPrefix" %>
```

(1) uri 属性。用来指明自定义标记库的存放位置。该属性唯一地标识和前缀相关的标签库描述符，可以是绝对或相对的 URI。

(2) tagdir 属性。指示前缀(prefix)将被用于标识安装在/WEB-INF/tags/目录或其子目录下的标签文件，一个隐含的标签库描述符被使用。

(3) prefix 属性。定义一个 prefix:tagname 形式的字符串前缀，用于区分多个自定义标签。以 jsp:、jspx:、java:、javax:、servlet:、sun:和 sunw:开始的前缀被保留。前缀的命名必须遵循 XML 名称空间的命名约定。在 JSP 2.0 规范中，空前缀是非法的。

【例 4-7】在 Web 项目 ch04 中，创建 JSP 页面，并在页面中使用 taglib 标签指令。(源代码\ch04\WebRoot\taglibTest.jsp)

```jsp
<%@ page language="java" import="java.util.*" pageEncoding="UTF-8"%>
<%-- taglib 标签 --%>
<%@taglib uri="http://java.sun.com/jstl/core_rt" prefix="c" %>
<!DOCTYPE HTML PUBLIC "-//W3C//DTD HTML 4.01 Transitional//EN">
<html>
  <head>
    <title>taglib 标签</title>
    <meta http-equiv="pragma" content="no-cache">
    <meta http-equiv="cache-control" content="no-cache">
    <meta http-equiv="expires" content="0">
    <meta http-equiv="keywords" content="keyword1,keyword2,keyword3">
    <meta http-equiv="description" content="This is my page">
  </head>
  <body>
    <table border="1" cellpadding="0" cellspacing="0" align="center">
    <c:forEach begin="1" end="8" var="number">
    <tr>
        <td width="30" align="center">
           <c:out value="${number}"></c:out>
        </td>
    </tr>
    </c:forEach><br>
    </table>
  </body>
</html>
```

部署 Web 项目，启动 Tomcat 服务器。在浏览器的地址栏中，输入运行地址"http://127.0.0.1:8888/ch04/taglibTest.jsp"，运行结果如图 4-7 所示。

【案例剖析】

在本案例中，首先通过 taglib 指令的 uri 属性指定标签的位置，以及 prefix 属性指定标签的前缀 c。在 JSP 页面中，使用标签<c:forEach>循环，在循环中使用<c:out>标签输出数字到表格中显示。

有关标签的详细介绍，请读者参考后面的 JSTL 章节。

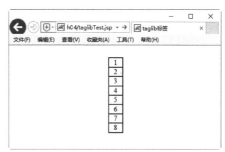

图 4-7 taglib 指令

4.6 JSP 动作

JSP 动作是一组 JSP 内置的标签，用来控制 JSP 的行为，执行一些常用的 JSP 页面动作。通过 JSP 动作实现使用多行 Java 代码能够实现的效果，即对常用的 JSP 功能进行抽象与封装。

JSP 中一共有 7 种标准的"动作元素"(也称为"行为元素")，它们分别是：<jsp:include>、<jsp:forward>、<jsp:plugin>、<jsp:param>、<jsp:useBean>、<jsp:getProperty>、<jsp:setProperty>。

其中<jsp:getProperty>、<jsp:setProperty>和<jsp:useBean>动作的使用一般与 JavaBean 有关。JavaBean 是软件构件——Java 类，它可以在 JSP 中封装 Java 代码并从内容中分离出逻辑表达。将在第 7 章介绍 JavaBean 时，具体介绍它们的使用。

4.6.1 include 动作

<jsp:include>动作用于运行时包含某个文件，若包含的文件是 JSP 文件，则先执行 JSP 文件，然后将执行结果包含进来。<jsp:include>动作的语法格式如下：

```
<jsp:include page="relative URL | <% =expression %>" flush="true" />
```

(1) page 属性。指明被包含文件的相对路径，必须为当前 Web 项目内的文件。
(2) flush 属性。指读入被包含文件前是否刷新缓冲区，一般设置为 true(JSP 默认值为 false)。

<jsp:include>动作可以包含动态或静态文件，但包含的过程有所不同。如果文件是动态的，需要经过 JSP 引擎编译执行，否则只是简单地把文件内容加到主 JSP 页面中(这种情况和 include 指令类似)。但是不能仅从文件名上判断一个文件是动态的还是静态的。<jsp:include>能够同时处理这两类文件，因此不需要在包含时判断此文件是动态的还是静态的。

【例 4-8】JSP 页面包含 2 个不同的文件，开发者只需要修改这 2 个文件，而主 JSP 文件就会自动实现更新，因而主 JSP 文件无须做任何改动。

step 01 在 Web 项目 ch04 中，创建静态 JSP 页面。(源代码\ch04\WebRoot\static.jsp)

```
<%@ page language="java" import="java.util.*" pageEncoding="utf-8"%>
<!DOCTYPE HTML PUBLIC "-//W3C//DTD HTML 4.01 Transitional//EN">
<html>
  <head>
    <title>include 动作——顶部</title>
    <meta http-equiv="pragma" content="no-cache">
    <meta http-equiv="cache-control" content="no-cache">
    <meta http-equiv="expires" content="0">
    <meta http-equiv="keywords" content="keyword1,keyword2,keyword3">
    <meta http-equiv="description" content="This is my page">
  </head>
  <body>
    include 动作实例<br>
  </body>
</html>
```

step 02 在 Web 项目 ch04 中，创建动态 JSP 页面。(源代码\ch04\WebRoot\dynamic.jsp)

```
<%@ page language="java" import="java.util.*" pageEncoding="utf-8"%>
<%@ page import="java.util.*" %>
<!DOCTYPE HTML PUBLIC "-//W3C//DTD HTML 4.01 Transitional//EN">
<html>
  <head>
  <title>include 动作——中间</title>
    <meta http-equiv="pragma" content="no-cache">
    <meta http-equiv="cache-control" content="no-cache">
    <meta http-equiv="expires" content="0">
    <meta http-equiv="keywords" content="keyword1,keyword2,keyword3">
    <meta http-equiv="description" content="This is my page">
  </head>
  <body>
    <%=new Date()%><br>
  </body>
</html>
```

step 03 在 Web 项目 ch04 中，创建包含静态和动态页面的主 JSP 页面。(源代码 \ch04\WebRoot\includeOrder.jsp)

```
<%@ page language="java" import="java.util.*" pageEncoding="UTF-8"%>
<!DOCTYPE HTML PUBLIC "-//W3C//DTD HTML 4.01 Transitional//EN">
<html>
  <head>
    <title>include 动作</title>
    <meta http-equiv="pragma" content="no-cache">
    <meta http-equiv="cache-control" content="no-cache">
    <meta http-equiv="expires" content="0">
    <meta http-equiv="keywords" content="keyword1,keyword2,keyword3">
    <meta http-equiv="description" content="This is my page">
  </head>
  <body>
    <jsp:include page="static.jsp" flush="true"></jsp:include><br>
    <jsp:include page="dynamic.jsp" flush="true"></jsp:include><br>
  </body>
</html>
```

部署 Web 项目，启动 Tomcat 服务器。在浏览器的地址栏中输入"http://127.0.0.1:8888/ch04/includeOrder.jsp"，运行结果如图 4-8 所示。

【案例剖析】

在本案例中，主 JSP 页面中使用<jsp:include>动作包含 2 个 JSP 页面时，设置 page 属性是相对路径，flush 属性是 true。其中一个 static.jsp 是静态页面，另一个 dynamic.jsp 是动态页面。在该页面中使用 date 类获取当前时间。

图 4-8 include 动作

4.6.2 forward 动作

<jsp:forward>动作用于将用户的请求重定向到其他页面，即停止当前 JSP 页面的执行，将

客户端的请求转交给另一个 JSP 页面。<jsp:forward>动作的语法格式如下：

```
<jsp:forward page="重定向页面的 URL">
```

page 属性：页面相对地址，其值可以是静态的字符串，也可以是计算类型。

<jsp:forward>动作把当前页面 A 重新导向到另一页面 B 上，客户端看到的地址是 A 页面的地址，而实际内容显示的是 B 页面的内容。

【例 4-9】在 Web 项目 ch04 中，创建 JSP 页面，在该页面中使用<jsp:forward>动作重定向到另一 JSP 页面。(源代码\ch04\WebRoot\forward.jsp)

```
<%@ page language="java" import="java.util.*" pageEncoding="utf-8"%>
<!DOCTYPE HTML PUBLIC "-//W3C//DTD HTML 4.01 Transitional//EN">
<html>
  <head>
   <title>forward 动作</title>
    <meta http-equiv="pragma" content="no-cache">
    <meta http-equiv="cache-control" content="no-cache">
    <meta http-equiv="expires" content="0">
    <meta http-equiv="keywords" content="keyword1,keyword2,keyword3">
    <meta http-equiv="description" content="This is my page">
  </head>
  <body>
    <jsp:forward page="includeOrder.jsp"></jsp:forward>
  </body>
</html>
```

部署 Web 项目，启动 Tomcat 服务器。在浏览器的地址栏中，输入 JSP 页面地址"http://127.0.0.1:8888/ch04/forward.jsp"，运行结果如图 4-9 所示。

【案例剖析】

在本案例中，在 JSP 页面中通过对<jsp:forward>动作的 page 属性赋值，使当前页面跳转到 includeOrder.jsp 页面，但是地址栏中的地址不会发生变化。includeOrder.jsp 页面代码参照 include 动作。

图 4-9 forward 动作

注意

在使用 forward 之前，不能有任何内容已经输出到客户端，否则会发生异常。

4.6.3 param 动作

<jsp:param>动作是用来提供参数信息的。<jsp:param>经常和<jsp:include>、<jsp:forward>及<jsp:plugin>一起使用。<jsp:param>动作的语法格式如下：

```
<jsp:param name="参数名" value="参数值">
```

参数说明如下。

(1) name 属性：即参数的名称。
(2) value 属性：即参数值，这个参数值可以用于页面间的数据传递。

【例 4-10】 <jsp:param>和<jsp:include>一起使用，在页面间传递参数。

`step 01` 在 Web 项目 ch04 中，创建使用<jsp:param>和<jsp:include>动作元素的页面。(源代码\ch04\WebRoot\param.jsp)

```
<%@ page language="java" import="java.util.*" pageEncoding="utf-8"%>
<!DOCTYPE HTML PUBLIC "-//W3C//DTD HTML 4.01 Transitional//EN">
<html>
  <head>
  <title>param 参数</title>
    <meta http-equiv="pragma" content="no-cache">
    <meta http-equiv="cache-control" content="no-cache">
    <meta http-equiv="expires" content="0">
    <meta http-equiv="keywords" content="keyword1,keyword2,keyword3">
    <meta http-equiv="description" content="This is my page">
  </head>
  <body>
    计算 100 以内的和：
    <jsp:include page="sum.jsp">
        <jsp:param value="100" name="number"/>
    </jsp:include>
  </body>
</html>
```

`step 02` 在 Web 项目 ch04 中，创建被包含的 sum.jsp 页面。(源代码\ch04\WebRoot\sum.jsp)

```
<%@ page language="java" import="java.util.*" pageEncoding="utf-8"%>
<!DOCTYPE HTML PUBLIC "-//W3C//DTD HTML 4.01 Transitional//EN">
<html>
  <head>
    <title>计算和</title>
    <meta http-equiv="pragma" content="no-cache">
    <meta http-equiv="cache-control" content="no-cache">
    <meta http-equiv="expires" content="0">
    <meta http-equiv="keywords" content="keyword1,keyword2,keyword3">
    <meta http-equiv="description" content="This is my page">
  </head>
  <body>
    <%
        String str = request.getParameter("number");
        int num = Integer.parseInt(str);
        int sum = 0;
        for(int i=1;i<=num;i++){
            sum += i;
        }
        out.print(sum);
    %>
  </body>
</html>
```

部署 Web 项目 ch04，启动 Tomcat 服务器。在浏览器的地址栏中，输入 JSP 页面地址"http://127.0.0.1:8888/ch04/param.jsp"，运行效果如图 4-10 所示。

图 4-10　param 动作

【案例剖析】

在本案例中，创建 param.jsp 页面，在该页面中通过使用<jsp:include>动作指定包含文件，通过<jsp:param>动作向被包含的文件传递参数。在被包含文件 sum.jsp 页面中，通过 JSP 内置对象 request 提供的 getParameter()方法获取传递的参数，该方法返回值是 String 类型，通过 Integer 类的 parseInt()方法获取 int 类型的值，再通过 for 循环计算 100 以内数的和。

4.6.4　plugin 动作

<jsp:plugin>动作是用于在客户端浏览器中执行一个 Bean 或显示一个 Applet，而这种显示需要浏览器的 Java 插件。当 JSP 页面被编译并响应至浏览器执行时，<jsp:plugin>会根据浏览器的版本替换成<object>或<embed>标记。HTML 3.2 使用<embed>，HTML 4.0 开始使用<object>。

4.7　JSP 异常

JSP 页面在执行时会出现两类异常，实际上就是 javax.servlet.jsp 包中的两类异常 JspError 和 JspException。

1. JspError

在 JSP 文件转换成 Servlet 文件时，出现的错误被称为"转换期错误"。这类错误一般是由语法错误引起的，导致无法编译，因而在页面中报 HTTP 500 类型的错误。这种类型的错误由 JspError 类处理。一旦 JspError 异常发生，动态页面的输出将被终止，然后被定位到错误页面。

2. JSPException

编译后的 Servlet Class 文件，在处理 request 请求时，由于逻辑上的错误而导致"请求期异常"。这样的异常通常由 JspException 类处理。或者自定义错误处理页面来处理这类错误，即使用 page 指令的 errorPage 属性和 iserrorPage 属性进行控制。

4.8　大神解惑

小白：include 指令和<jsp:include>有什么区别？

大神：<jsp:include>动作和 include 指令都是用来包含文件的，但是它们的原理及发生包含文件的时刻又是不同的。

(1) include 指令是在 JSP 页面转化成 Servlet 时，即编译时包含，包含的是源代码。

(2) <jsp:include>动作是在页面被请求访问时，即运行时包含，并且只包含运行结果。其包含文件的变化总会被检查到，更适合包含动态文件。若被包含的文件是动态的，还可以通过<jsp:param>动作传递参数名和参数值。

小白：forward 动作指令和 HTML 中的<a></a>超链接有什么区别？

大神：在<a></a>超链接中，只有单击超链接时，才能实现页面的跳转。而 forward 动作指令中页面跳转可以通过 Java 代码进行控制，或在程序中直接决定页面跳转的方向和时机。

使用 forward 动作指令进行页面跳转并且传递参数的过程中，浏览器地址栏中地址是不会发生变化的，而且传递的参数也不会在浏览器地址栏中显示。而 HTML 中的超链接<a></a>在单击超链接时，浏览器地址栏中的地址会发生变化。

小白：page 指令中 contentType 属性中的 charset 和 pageEncoding 属性有什么区别？

大神：在 JSP 标准的语法中，如果 pageEncoding 属性存在，那么 JSP 页面的字符编码方式就由 pageEncoding 决定，否则就由 contentType 属性中的 charset 决定，如果 charset 也不存在，JSP 页面的字符编码方式就采用默认的 ISO-8859-1。

(1) contentType 的 charset 是服务器端响应时，Servlet(JSP 已经编译成了 Servlet)告知客户端浏览器当前字符编码格式，客户端需要使用这种字符编码格式解码并显示，整个过程涉及服务器和客户端两个方面。

(2) pageEncoding 是服务器端 JSP 文件，告知 JSP 引擎要以何种编码进行解码，即此时 JSP 还未被编译成 Servlet。它是被编译成 Servlet 的前期准备工作，整个过程都发生在服务器端，与客户端无关。pageEncoding 是 JSP 文件本身的编码。

① 第一阶段：pageEncoding。

第一阶段是 JSP(以中文汉字为例，编辑的 JSP 一般编码方式为 GBK)编译成.java，它会根据 pageEncoding(最好与系统编码格式相同)的设定读取 JSP，结果是由指定的编码方案翻译成统一的 UTF-8 格式的 Java 源码(即.java)。如果 pageEncoding 设定错了，或没有设定，出来的就是中文乱码。

② 第二阶段：UTF-8 到 UTF-8。

第二阶段是由 Javac 的 Java 源码至 Java byteCode 的编译，不论 JSP 编写时用的是什么编码方案，经过这个阶段的结果全部是 UTF-8 的 Encoding 的 JAVA 源码。

Javac 用 UTF-8 的 Encoding 读取 JAVA 源码，编译成 UTF-8 Encoding 的二进制码(即.class)，这是 JVM 对常数字串在二进制码(Java Encoding)内表达的规范。

③ 第三阶段：Tomcat 使用 contentType 显示网页。

第三阶段是 Tomcat(或其他的 Application Container)载入和执行第二阶段的 Java 二进制码，输出的结果，即在客户端所见到的。这时隐藏在第一阶段和第二阶段的参数 contentType 就发挥了功效。

关于 contentType 的设定说明如下。

pageEncoding 和 contentType 的预设都是 ISO 8859-1，而随便设定了其中一个，另一个就一样(Tomcat 4.1.27)。但这不是绝对的，要看各自 JSP 的处理方式。而 pageEncoding 不等于 contentType。

JSP 本身编码是由编辑器编码格式决定的，如果使用 Myeclipse 开发，则设置为 JSP 编辑器默认编码格式。然后 Tomcat 以 pageEncoding 编码格式将 JSP 文件编码为 UTF-8 格式的 Java 源文件(pageEncoding 到 UTF-8)，然后 JVM 将 Java 文件编译为 UTF-8 的 class 文件(UTF-8 到 UTF-8)，Tomcat 再以 charset UTF-8 写到前端(charset)，最后前端显示的编码格式为 UTF-8。

在 Myeclipse 里面设置 JSP 的编码方式：window→Preferences→General→Editors→Spelling 中选择要设置的 Encoding，一般现在统一使用 UTF-8 编码。

4.9 跟我学上机

练习 1：创建一个 JSP 页面，在页面中定义 JSP 程序段，使用 JSP 声明变量，并使用表达式输出变量的值。代码使用 JSP 注释进行说明。

练习 2：创建一个 JSP 页面，使用 page 指令设置该页面的编码，使用 include 指令包含该页面的错误处理页面。

练习 3：使用<jsp:forward>和<jsp:param>动作指令，创建重定向文件并传递参数。

练习 4：创建 Person 类有 name 和 age 两个成员变量，在 JSP 页面通过<jsp:useBean>创建类的对象 p，并通过<jsp:setProperty>和<jsp:getProperty>动作对类的成员变量 name 和 age 分别赋值，并在页面中显示它们的值。

第 5 章 掌握 JSP 核心技术——JSP 内置对象

JSP 的内置对象是指在 JSP 页面系统中已经默认内置的 Java 对象，这些对象不需要开发人员显式声明即可使用。按照 JSP 1.1 规格，所有的 JSP 代码都可以直接访问这些内置的对象。JSP 内置对象主要有 out、request、response、session、application、page、pageContext、config 和 exception。本章详细介绍 JSP 内置对象的使用。

本章要点(已掌握的在方框中打钩)

- ☐ 掌握 JSP 内置对象的 4 种作用范围。
- ☐ 掌握 JSP 内置对象 out 的使用。
- ☐ 掌握 JSP 内置对象 request 的使用。
- ☐ 掌握 JSP 内置对象 response 的使用。
- ☐ 掌握 JSP 内置对象 session 的使用。
- ☐ 掌握 JSP 内置对象 application 的使用。
- ☐ 掌握 JSP 内置对象 page 和 pageContext 的使用。
- ☐ 掌握 JSP 内置对象 config 和 Exception 的使用。
- ☐ 掌握 JSP 中文乱码的处理。

5.1 内置对象的作用范围

所谓内置对象的作用范围，是指每个内置对象的某个实例在多长的时间和多大的范围内有效，即在什么样的范围内可以有效地访问同一个对象实例。

在 javax.servlet.jsp.PageContext 的类中定义了 4 个常量来指定内置对象的作用范围，即 APPLICATION_SCOPE、SESSION_SCOPE、PAGE_SCOPE 和 REQUEST_SCOPE，它们分别代表了对象各自的"生命周期"。

5.1.1 Application 作用范围

APPLICATION_SCOPE 指定 application 对象的作用范围是从服务器开始运行到服务器关闭。在所有的 JSP 内置对象中，application 对象停留的时间最长，任何页面在任何时候只要服务器正常运行，都可以访问 Application 范围的对象。

一方面，存入 application 对象的数据，其作用范围就是 Application_Scope。另一方面，由于服务器从开始运行到关闭都需要在内存中保存 application 对象，因此 application 对象所占用的资源是巨大的。一旦 application 对象的数量过大，服务器运行效率就会大大降低。

5.1.2 Session 作用范围

Session Scope 是在客户端与服务器相连接开始，到连接中断为止。指定的 session 对象作用范围根据访问用户的数量和时间而定。每个用户请求访问服务器时，一般会创建一个 session 对象，待用户终止退出时该 session 对象消失，即用户请求访问服务器时 session 对象开始生效，用户断开退出时 session 对象失效。

与 application 对象不同，服务器中可能存在很多 session 对象，但是每个 session 对象实例的作用范围会相差很大。此外，有些服务器对 session 对象有默认的时间限制，如果超过该时间限制，session 会自动失效而不管用户是否已经终止连接，这主要是出于安全性的考虑。

注意

关闭浏览器并不等于关闭了 session，因此一般会设置 session 的有效时间。有效时间到了，session 就会失效，然后自动断开连接。

5.1.3 Request 作用范围

Request Scope 是在一个 JSP 页面向另一个 JSP 页面提出请求到请求完成之间，在完成请求后 Request 的作用范围结束。

【例 5-1】Request 作用范围的实例。

step 01 创建 Web 项目 ch05 并创建主 JSP 页面。(源代码\ch05\WebRoot\request.jsp)

```
<%@ page contentType="text/html; charset= utf-8" %>
<%
```

```
        request.setAttribute("name","张三");
        request.setAttribute("age","25");
%>
<!DOCTYPE HTML PUBLIC "-//W3C//DTD HTML 4.01 Transitional//EN">
<html>
  <head>
    <title>request 作用范围</title>
    <meta http-equiv="pragma" content="no-cache">
    <meta http-equiv="cache-control" content="no-cache">
    <meta http-equiv="expires" content="0">
    <meta http-equiv="keywords" content="keyword1,keyword2,keyword3">
    <meta http-equiv="description" content="This is my page">
  </head>
  <body>
    <jsp:forward page="req1.jsp"></jsp:forward>
  </body>
</html>
```

step 02 在 Web 项目中，创建要跳转到的 request.jsp 页面。(源代码\ch05\WebRoot\req1.jsp)

```
<%@ page contentType="text/html; charset=utf-8" %>
<!DOCTYPE HTML PUBLIC "-//W3C//DTD HTML 4.01 Transitional//EN">
<html>
  <head>
    <title>参数传递</title>
    <meta http-equiv="pragma" content="no-cache">
    <meta http-equiv="cache-control" content="no-cache">
    <meta http-equiv="expires" content="0">
    <meta http-equiv="keywords" content="keyword1,keyword2,keyword3">
    <meta http-equiv="description" content="This is my page">
  </head>
  <body>
    <%
        out.println("name= " + request.getAttribute("name"));
    %>
    <br>
    <%
        out.println("age = " + request.getAttribute("age"));
    %>
    <br>
    <a href="req2.jsp" target="_blank">req2 页面</a>
  </body>
</html>
```

step 03 在 Web 项目中，创建超链接页面。(源代码\ch05\WebRoot\req2.jsp)

```
<%@ page contentType="text/html; charset=utf-8" %>
<%
    out.println("name= " + request.getAttribute("name"));
%>
<br>
<%
    out.println("age = " + request.getAttribute("age"));
%>
```

将 Web 项目 ch05 部署到 Tomcat，启动 Tomcat。在浏览器的地址栏中，输入主页面的地址"http://127.0.0.1:8888/ch05/request.jsp"，运行结果如图 5-1 所示。

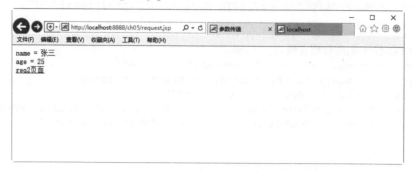

图 5-1　一次 request 请求

单击【req2 页面】超链接，运行结果如图 5-2 所示。

图 5-2　超链接页面

【案例剖析】

在本案例中，在 request.jsp 页面通过 setAttribute()方法设置两个参数 name 和 age，通过<jsp:forward>跳转到 req1.jsp 页面。

在 req1.jsp 页面中，通过 getAttribute()方法获取 name 和 age 的值，并在当前 JSP 页面显示。通过<a></a>超链接标签，跳转到 req2.jsp 页面。在 req2.jsp 页面中，通过 getAttribute()方法获取 name 和 age 的值，并在当前 JSP 页面中显示。

通过运行结果可以看出 request.jsp 页面，使用<jsp:forward>进行跳转时，是一次请求，地址栏中地址不变，可以获取 name 和 age 的值。而单击超链接时，地址栏中地址发生了变化，获取不到 name 和 age 的值，这是因为超出了 request 对象的作用范围。

5.1.4　Page 作用范围

Page 的作用范围是当前页。一般存储和获取属性值的方法如表 5-1 所示。除了 pageContext 对象中没有 getAttributeNames()方法外，这些方法在 pageContext、request、session 和 application 对象中都可以使用。

表 5-1 Page 常用方法

方　法	说　明
setAttribute(String name,Object value)	设置 name 的属性值为 value
getAttributeNames()	获取所有属性名
getAttribute(name)	获取属性名为 name 的属性的值
removeAttribute(name)	删除属性名称为 name 的属性值

通过例 5-1 可以发现使用 request 对象,可以在不同页面之间传递数据(一次请求)。如果将 request 对象修改为 pageContext 对象,那么在另一个页面中则无法获取到数据,这是因为 page 只能获取本页面的数据。

5.2 out 对象

隐含对象 out 是 javax.servlet.jsp.JspWriter 类的实例,是一个带缓冲的输出流,通过 out 对象实现服务器端向客户端输出字符串。

缓冲区容量是可以设置的,甚至可以关闭,一般通过 page 指令的 buffer 属性进行设置。out 对象一般用在程序段内,而 JSP 表达式一般会自动形成字符串输出,所以 JSP 表达式中一般很少用到 out 对象。out 对象的常用方法如表 5-2 所示。

表 5-2 out 对象的常用方法

方　法	返回类型	说　明
clear()	void	清除输出缓冲区的内容,但是不输出到客户端
clearBuffer()	void	清除缓冲区的内容,并且输出数据到客户端
close()	void	关闭输出流,清除所有内容
flush()	void	输出缓冲区里面的数据
getBuffersize()	int	获得缓冲区大小,缓冲区的大小可用<%@ page buffer="size" %>设置
getRemaining()	int	获得缓冲区可使用空间大小
newLine()	void	输出一个换行字符
isAutoFlush()	boolean	返回一个 boolean 类型的值,返回 true 表示缓冲区会在充满之前自动清除;返回 false 表示如果缓冲区充满则抛出异常。是否 auto flush 可以使用<%@ page is AutoFlush="true/false"%>来设置
print()	void	输出一行信息,不自动换行
println()	void	输出一行信息,自动换行
append()	Appendable	将一个字符或实现了 CharSequence 接口的对象添加到输出流的后面

【例 5-2】在 Web 项目 ch05 中,创建使用 out 对象向客户端输出信息的 JSP 页面。(源代码\ch05\WebRoot\out.jsp)

```
<%@ page language="java" import="java.util.*" pageEncoding="utf-8"%>
<!DOCTYPE HTML PUBLIC "-//W3C//DTD HTML 4.01 Transitional//EN">
<html>
  <head>
    <title>out 对象</title>
    <meta http-equiv="pragma" content="no-cache">
    <meta http-equiv="cache-control" content="no-cache">
    <meta http-equiv="expires" content="0">
    <meta http-equiv="keywords" content="keyword1,keyword2,keyword3">
    <meta http-equiv="description" content="This is my page">
  </head>
  <body>
    <%
    out.println("<html>");
    out.println("<head>");
    out.println("<title>out 对象</title>");
    out.println("</head>");
    out.println("<body><center>");
    out.println("<table border=1px cellpadding=0 cellspacing=0>");
    out.println("<tr>");
    out.println("<td colspan=2 align=center>out 对象的使用</td>");
    out.println("<tr>");
    out.println("<td align=center>时间</td>");
    out.println("<td align=center>" + new Date() + "</td>");
    out.println("</tr>");
    for(int i=0;i<4;i++){
    out.println("<tr>");
    out.println("<td align=center>A" + i + "</td>");
    out.println("<td align=center>B" + i + "</td>");
    out.println("</tr>");
    }
    out.println("</table>");
    out.println("</center><body>");
    out.println("</html>");      %>
  </body>
</html>
```

部署 Web 项目，并启动 Tomcat。在浏览器地址栏中输入 "http://127.0.0.1:8888/ch05/out.jsp"，运行结果如图 5-3 所示。

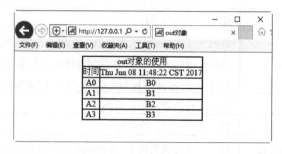

图 5-3 out 对象

【案例剖析】

在本案例中，使用 out 对象在 JSP 页面中向客户端输出信息。

5.3 request 对象

隐含对象 request 是 javax.servlet.HttpServletRequest 接口实现类的对象，代表从客户端用户发送过来的请求。使用 request 对象可以获得客户端的信息以及用户提交的数据或参数。每次客户端请求都会产生一个 request 实例，请求结束后销毁 request。

5.3.1 获取客户端信息

使用 request 对象获取客户端的信息，实际上 JSP 容器会将客户端的请求信息封装在 request 对象中。request 对象只有接受用户请求的页面才可以访问。request 对象获取客户端信息的常用方法如表 5-3 所示。

表 5-3 request 对象常用方法

方 法	返回类型	说 明
getCharacterEncoding()	String	返回请求中的字符编码格式
getContextPath()	String	返回指明请求 context 的请求 URL 的部分
getCookies()	Cookie[]	返回客户端所有 Cookie 对象的数组
getHeader(String name)	String	获取 HTTP 协议定义的文件头信息
getHeaderNames()	Enumeration	获取所有 HTTP 协议定义的文件头名称
getHeaders(String name)	Enumeration	获取 request 指定文件头的所有值的集合
getLocalName()	String	获取响应请求的服务器端主机名
getLocalAddr()	String	获取响应请求的服务器端地址
getLocalPort()	int	获取响应请求的服务器端端口
getMethod()	String	获取客户端向服务器端提交数据的方式(GET 或 POST)
getProtocol()	String	获取客户端向服务器传送数据所依据的协议
getRequestURI()	String	返回该请求消息的 URL 中 HTTP 协议第一行里从协议名称到请求字符串的部分
getRequestURL()	StringBuffer	获取 request URL，但不包括参数字符串
getRemoteAddr()	String	获取客户端用户 IP 地址
getRemoteHost()	String	获取客户端用户主机名称
getRemoteUser()	String	获取经过验证的客户端用户名，未经验证返回 null

【例 5-3】在 Web 项目 ch05 中，创建 JSP 页面，在该页面中使用 request 对象提供的方法，获取客户端的信息。(源代码\ch05\WebRoot\userMessage.jsp)

```
<%@ page language="java" import="java.util.*" contentType="text/html;
charset=utf-8"%>
<!DOCTYPE HTML PUBLIC "-//W3C//DTD HTML 4.01 Transitional//EN">
<html>
  <head>
```

```jsp
    <title>获取客户端信息</title>
    <meta http-equiv="pragma" content="no-cache">
    <meta http-equiv="cache-control" content="no-cache">
    <meta http-equiv="expires" content="0">
    <meta http-equiv="keywords" content="keyword1,keyword2,keyword3">
    <meta http-equiv="description" content="This is my page">
</head>
<body>
    <%
        out.println("方案名称: " + request.getScheme() + "<br>");
        out.println("服务器主机名称: " + request.getServerName() + "<br>" );
        out.println("服务器端口号: " + request.getServerPort() + "<br>");
        out.println("协议: " + request.getProtocol() + "<br>");

        out.println("客户端IP: " + request.getRemoteAddr() + "<br>");
        out.println("客户端主机名称: " + request.getRemoteHost() + "<br>");
        out.println("客户端用户名称: " + request.getRemoteUser() + "<br>");

        out.println("编码格式: " + request.getCharacterEncoding() + "<br>");
        out.println("请求内容长度: " + request.getContentLength() + "<br>");
        out.println("请求MIMI 类型: "+ request.getContentType() + "<br>");

        out.println("提交数据方法: " + request.getMethod() + "<br>");
        out.println("回话ID: " + request.getRequestedSessionId() + "<br>");
        out.println("客户端URI 地址: " + request.getRequestURI() + "<br>");
        out.println("客户端URL 地址: " + request.getRequestURL() + "<br>");
        out.println("客户端请求文件路径: " + request.getServletPath() + "<br>");

        out.println("获取http 协议定义的文件头信息Accept 的值: "
            + request.getHeader("Accept") + "<br>");
        out.println("获取http 协议定义的文件头信息Host 的值: " +
            request.getHeader("Host") + "<br>");
        out.println("获取http 协议定义的文件头信息Accept-Language 的值 : "
            + request.getHeader("Accept-Language") + "<br>");
        out.println("获取http 协议定义的文件头信息Accept-Encoding 的值 : "
            + request.getHeader("Accept-Encoding") + "<br>");
        out.println("获取http 协议定义的文件头信息User-Agent 的值 : "
            + request.getHeader("User-Agent") + "<br>");
        out.println("获取http 协议定义的文件头信息Connection 的值: "
            + request.getHeader("Connection") + "<br>");
        out.println("获取http 协议定义的文件头信息Cookie 的值 : "
            + request.getHeader("Cookie") + "<br>");
    %>
</body>
</html>
```

部署 Web 项目，并启动 Tomcat。在浏览器的地址栏中，输入 JSP 页面的地址"http://127.0.0.1:8888/ch05/userMessage.jsp"，运行结果如图 5-4 所示。

【案例剖析】

在本案例中，通过调用 request 对象的方法，获取客户端 IP、客户端主机名称、服务器端主机名称、端口号等信息。

图 5-4 客户信息

5.3.2 获取请求参数

使用 request 对象获取客户端信息，最常用的是获取客户端请求的参数名和参数值，如在表单中填写的信息等。可以通过 request 对象提供的 getParameter()和 getParameterNames()等方法获取客户端的信息。request 对象获取参数的常用方法如表 5-4 所示。

表 5-4 request 对象的常用方法

方　　法	返回类型	说　　明
getAttribute(String name)	Object	返回 name 指定的属性值，如果不存在该属性则返回 null
getAttributeNames()	Enumeration	返回 request 对象所有属性的名字
getCookies()	Cookie[]	返回客户端所有 Cookie 对象，其结果是一个 Cookie 数组
getParameter(String name)	String	获取客户端传送给服务器的参数值，参数由 name 属性决定
getParameterNames()	Enumeration	获取客户端传送给服务器的所有参数名称，返回一个 Enumerations 类的实例。使用此类需要导入 util 包
getParameterValues(String name)	String[]	获取指定参数的所有值。参数名称由 name 指定
setAttribute(String name, Object object)	void	设定名字为 name 的 request 参数的值，该值由 object 决定
getSession()	HttpSession	返回关于该请求的当前会话。或者若该请求没有会话就创建一个

续表

方法	返回类型	说　明
getRequestDispatcher(String path)	RequestDispatcher	返回一个作为位于给定路径的资源的封装器的 RequestDispatcher 对象

【例 5-4】使用 HTML 中表格在客户端输入信息，通过 request 对象在另一个 JSP 页面中获取用户输入的信息。

step 01 在 Web 项目 ch05 中，创建用户注册页面。(源代码\ch05\WebRoot\regUser.jsp)

```
<%@ page language="java" import="java.util.*" pageEncoding="utf-8"%>
<!DOCTYPE HTML PUBLIC "-//W3C//DTD HTML 4.01 Transitional//EN">
<html>
  <head>
    <title>注册用户</title>
    <meta http-equiv="pragma" content="no-cache">
    <meta http-equiv="cache-control" content="no-cache">
    <meta http-equiv="expires" content="0">
    <meta http-equiv="keywords" content="keyword1,keyword2,keyword3">
    <meta http-equiv="description" content="This is my page">
  </head>
  <body>
  <form action="submit.jsp" method="post">
    <table align="center" border="1px" cellpadding="0" cellspacing="0"
        width="300px" height="200px">
      <tr><td colspan="2" align="center">用户注册信息</td></tr>
      <tr>
          <td align="center">用户名：</td>
          <td align="left">    <input type="text"
              name="uname"></td>
      </tr>
      <tr>
          <td align="center">密    码：</td>
          <td align="left">    <input type="password"
              name="upwd"></td>
      </tr>
      <tr>
          <td colspan="2" align="center"><input type="submit" value="提交"></td>
      </tr>
    </table>
  </form>
  </body>
</html>
```

step 02 在 Web 项目中，创建获取用户注册信息页面。(源代码\ch05\WebRoot\submit.jsp)

```
<%@ page language="java" import="java.util.*" pageEncoding="utf-8"%>
<!DOCTYPE HTML PUBLIC "-//W3C//DTD HTML 4.01 Transitional//EN">
<html>
  <head>
    <title>获取用户注册信息</title>
    <meta http-equiv="pragma" content="no-cache">
    <meta http-equiv="cache-control" content="no-cache">
```

```
        <meta http-equiv="expires" content="0">
        <meta http-equiv="keywords" content="keyword1,keyword2,keyword3">
        <meta http-equiv="description" content="This is my page">
    </head>
    <body>
        用户注册信息<br>
        <%
        out.println("用户名: " + request.getParameter("uname"));
        %>
        <br>
        <%
        out.println("密    码: " + request.getParameter("upwd"));
        %>
    </body>
</html>
```

部署 Web 项目,并启动 Tomcat。在浏览器的地址栏中,输入用户注册页面的地址 http://127.0.0.1:8888/ch05/regUser.jsp,运行结果如图 5-5 所示。输入用户名和密码,单击【提交】按钮,提交用户注册信息。在 submit.jsp 页面中获取用户的注册信息,如图 5-6 所示。

图 5-5 用户注册页面

图 5-6 获取注册信息

【案例剖析】

在本案例中,注册页面使用 HTML 的表格<table>和输入框<input>对注册信息进行布局,使用【提交】按钮将用户的注册信息,通过表单<form>提交到 submit.jsp 页面,并在该页面中显示用户的注册信息。

5.3.3 JSP 中文乱码

在使用 request 对象获取请求参数时,使用默认的编码格式 ISO-8859-1,但是在 JSP 页面中一般采用的编码格式是 UTF-8,这就导致请求的文字编码格式与页面中编码格式不一致。要解决这个问题,需要将获取的数据通过 String 类,构造一个指定编码类型的 String 对象。

1. 设置 pageEncoding 编码为 UTF-8

在例 5-4 的 regUser.jsp 页面中,输入注册用户名"中文",密码设为 123456,如图 5-7 所示。单击【提交】按钮,用户注册信息的显示效果如图 5-8 所示。

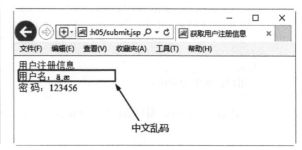

图 5-7 注册页面　　　　　　　　　图 5-8 显示乱码

从图 5-8 中可以发现，汉字显示是乱码。修改 submit.jsp 页面中代码(粗体部分)，具体如下：

```jsp
<%@ page language="java" import="java.util.*" pageEncoding="utf-8"%>
<!DOCTYPE HTML PUBLIC "-//W3C//DTD HTML 4.01 Transitional//EN">
<html>
  <head>
  <title>获取用户注册信息</title>
    <meta http-equiv="pragma" content="no-cache">
    <meta http-equiv="cache-control" content="no-cache">
    <meta http-equiv="expires" content="0">
    <meta http-equiv="keywords" content="keyword1,keyword2,keyword3">
    <meta http-equiv="description" content="This is my page">
  </head>
  <body>
    用户注册信息<br>
<%
    String name = request.getParameter("uname");
    //汉字出现乱码，通过下面语句转码
        String userName = new String(name.getBytes("ISO-8859-1"),"UTF-8");
    out.println("用户名: " + userName);
%>
<br>
<%
    out.println("密码: " + request.getParameter("upwd"));
    %>

  </body>
</html>
```

运行 regUser.jsp 页面，输入用户名和密码，运行效果如图 5-9 所示。

2. 设置 charset 编码

上述汉字出现乱码，除了可以将 pageEncoding 编码设置为 UTF-8 外，还可以通过将 contentType 中的 charset 属性设置为 GB2312 来解决。

在 regUser.jsp 页面中，将设置编码的第一句

图 5-9 解决乱码

修改为如下代码：

```jsp
<%@ page language="java" import="java.util.*" contentType="text/html;
charset=GB2312"%>
```

在 submit.jsp 页面中，修改代码如下(加粗部分)：

```jsp
<%@ page language="java" import="java.util.*" contentType="text/html;
charset=GB2312"%>
<!DOCTYPE HTML PUBLIC "-//W3C//DTD HTML 4.01 Transitional//EN">
<html>
  <head>
   <title>获取用户注册信息</title>
    <meta http-equiv="pragma" content="no-cache">
    <meta http-equiv="cache-control" content="no-cache">
    <meta http-equiv="expires" content="0">
    <meta http-equiv="keywords" content="keyword1,keyword2,keyword3">
    <meta http-equiv="description" content="This is my page">
  </head>
  <body>
  用户注册信息<br>
  <%
  //out.println("用户名: " + request.getParameter("uname"));
  //汉字乱码,通过下面语句转码:取消下面注释即可
  String name = request.getParameter("uname");
      String userName = new String(name.getBytes("ISO-8859-1"),"GB2312");
  out.println("用户名: " + userName + "<br>");
  out.println("密码: " + request.getParameter("upwd"));
  %>
  </body>
</html>
```

5.4　response 对象

隐含对象 response 是 javax.servlet.HttpServletResponse 接口实现类的对象。response 对象封装了 JSP 产生的响应，用于响应客户端的请求，向客户端输出信息。

5.4.1　response 概述

每次服务器端都会响应一个 response 实例。response 对象经常用于设置 HTTP 标题、添加 Cookie、设置响应内容的类型和状态、发送 HTTP 重定向和编码 URL 等。response 对象的常用方法如表 5-5 所示。

表 5-5　response 对象的常用方法

方　　法	返回类型	说　　明
addCookie(Cookie cookie)	void	添加一个 Cookie 对象，用来保存客户端的用户信息
addHeader(String name,String value)	void	添加 HTTP 头。该 Header 将会传到客户端，若同名的 Header 存在，原来的 Header 会被覆盖

续表

方法	返回类型	说明
containsHeader(String name)	boolean	判断指定的 HTTP 头是否存在
encodeRedirectURL(String url)	String	对于使用 sendRedirect()方法的 URL 编码
encodeURL(String url)	String	将 URL 予以编码,回传包含 session ID 的 URL
flushBuffer()	void	强制把当前缓冲区的内容发送到客户端
getBufferSize()	int	取得以 KB 为单位的缓冲区大小
getCharacterEncoding()	String	获取响应的字符编码格式
getContentType()	String	获取响应的类型
getOutputStream()	ServletOutputStream	返回客户端的输出流对象
getWriter()	PrintWriter	获取输出流对应的 writer 对象
reset()	void	清空 buffer 中的所有内容
resetBuffer()	void	清空 buffer 中所有的内容,但是保留 HTTP 头和状态信息
sendError(int sc,String msg)或 sendError(int sc)	void	向客户端传送错误状态码和错误信息。例如,505:服务器内部错误;404:网页找不到错误
sendRedirect(String location)	void	向服务器发送一个重定位至 location 位置的请求
setCharacterEncoding(String charset)	void	设置响应使用的字符编码格式
setBufferSize(int size)	void	设置以 KB 为单位的缓冲区大小
setContentLength(int length)	void	设置响应的 BODY 长度
setHeader(String name,String value)	void	设置指定 HTTP 头的值。设定指定名字的 HTTP 文件头的值,若该值存在,它将会被新值覆盖
setStatus(int sc)	void	设置状态码

5.4.2 response 重定向

request 对象的 sendRedirect()方法是向服务器发送一个重新定向请求。当使用该方法转到另外一个面页时,等于重新发出了一个请求,所以在原来页面中的 request 参数转到新页面之后就失效了,这是因为它们的 request 不同。

一般来说,在页面中使用 sendRedirect()方法时,不能在此方法之前有 HTML 输出。但这并不是绝对的,不能有 HTML 输出其实是指不能有 HTML 被送到浏览器。事实上,现在的服务器都有 cache 机制,一般在 8KB 左右。这就意味着,除非关闭了 cache,或者你使用了 out.flush()强制刷新,否则在使用 sendRedirect()方法之前,有少量的 HTML 输出也是允许的。

【例 5-5】使用 response 响应客户端请求。

step 01 在 Web 项目 ch05 中,创建用户登录页面。(源代码\ch05\WebRoot\user.jsp)

```jsp
<%@ page language="java" import="java.util.*" pageEncoding="utf-8"%>
<!DOCTYPE HTML PUBLIC "-//W3C//DTD HTML 4.01 Transitional//EN">
<html>
  <head>
    <title>用户登录</title>
    <meta http-equiv="pragma" content="no-cache">
    <meta http-equiv="cache-control" content="no-cache">
    <meta http-equiv="expires" content="0">
    <meta http-equiv="keywords" content="keyword1,keyword2,keyword3">
    <meta http-equiv="description" content="This is my page">
  </head>
  <body>
   <form action="response.jsp" method="post">
     <table align="center" border="1px" cellpadding="0" cellspacing="0"
         width="300px" height="200px">
       <tr><td colspan="2" align="center">用户登录</td></tr>
       <tr>
         <td align="center">用户名: </td>
         <td align="left">    <input type="text"
             name="uname"></td>
       </tr>
       <tr>
         <td align="center">密    码: </td>
         <td align="left">    <input type="password"
             name="upwd"></td>
       </tr>
       <tr>
         <td colspan="2" align="center"><input type="submit" value="登录"></td>
       </tr>
     </table>
   </form>
  </body>
</html>
```

step 02 在 Web 项目中，创建响应用户登录的页面。(源代码\ch05\WebRoot\response.jsp)

```jsp
<%@ page language="java" import="java.util.*" pageEncoding="utf-8"%>
<%
String user = request.getParameter("uname");
String pwd = request.getParameter("upwd");
if(user.equals("")||pwd.equals("")||user==null||pwd==null){
    //用户名或密码为 null 或""时，重定向到登录页面
    response.sendRedirect("user.jsp");
}else{
    //登录成功，显示信息
    out.println(user + "登录成功! ");
}
%>
```

部署 Web 项目，启动 Tomcat。在浏览器地址栏中，输入用户登录页面地址"http://127.0.0.1:8888/ch05/user.jsp"，运行结果如图 5-10 所示。输入登录用户名和密码，如图 5-11 所示。

若输入的用户名或密码有一个或全部都是 null 或""时，重定向到 user.jsp 页面。用户名和密码都不是 null 或""时，单击【登录】按钮，运行效果如图 5-12 所示。

图 5-10 登录页面　　　　　　　　　图 5-11 输入登录信息

图 5-12 登录成功

【案例剖析】

在本案例中，创建用户登录页面 user.jsp，输入用户名和密码后，通过 form 表单提交信息到 response.jsp 页面。在 response.jsp 页面中，首先通过 request 对象的 getParameter()方法获取用户名和密码，再通过 if 语句判断用户名和密码是否是 null 或""，若用户名或密码中有一个是 null 或""，则使用 response 对象的 sendRedirect()方法，重定向到登录界面 user.jsp；否则，输出用户登录成功的提示信息。

5.5　session 对象

当用户使用的是 HTTP 协议向服务器发出请求时，服务器接收请求，并返回响应，然后该请求的连接就结束了。服务器并不保存客户端的相关信息，为了解决这个问题，HTTP 协议提供了 session 对象，用于保存用户的状态信息。

5.5.1　session 概述

隐含对象 session 是 javax.servlet.http.HttpSession 接口实现类的对象。在 Web 开发中，服务器为每个用户浏览器创建一个会话对象，即 session 对象。在默认情况下，一个浏览器独占一个 session 对象。因此，在需要保存用户数据时，服务器程序可以把用户数据写到用户浏览器独占的 session 中。当用户使用浏览器访问其他程序时，其他程序可以从用户的 session 中取出该用户的数据，为用户服务。

session 用来分别保存每一个用户的信息。使用 session 可以轻易地识别每一个用户，然后针对每个用户的要求，给予正确的响应。在某些应用中，服务器需要不断识别是从哪个客户端发送来的请求，以便针对用户的状态进行相应的处理。因此，网上购物时购物车中最常使用的就是 session。当用户把物品放入购物车时，就可以将用户选定的商品信息存放在 session 中；当需要进行付款等操作时，又可以将 session 中的信息取出来。

session 对象的常用方法如表 5-6 所示。

表 5-6 session 对象的常用方法

方　法	返回类型	说　明
getAttribute(String name)	Object	获取指定名字的属性
getAttributeNames()	Enumeration	获取 session 中所有的属性名称
getCreationTime()	long	返回当前 session 对象创建的时间。单位是毫秒，由 1970 年 1 月 1 日零时算起
getId()	String	返回当前 session 的 ID。每个 session 都有一个独一无二的 ID
getLastAccessedTime()	long	返回当前 session 对象最后一次被操作的时间。单位是毫秒，由 1970 年 1 月 1 日零时算起
getMaxInactiveInterval()	int	获取 session 对象的有效时间
setMaxInactiveInterval (int interval)	void	设置最大的 session 不活动的时间，若超过该时间，session 将会失效，时间单位为秒
invalidate()	void	强制销毁该 session 对象
getServletContext()	ServletContext	返回一个该 JSP 页面对应的 ServletContext 对象实例
getSessionContext()	HttpSessionContext	获取 session 的内容
getValue(String name)	Object	取得指定名称的 session 变量值，不推荐使用
getValueNames()	String[]	取得所有 session 变量的名称的集合，不推荐使用
isNew()	boolean	判断 session 是否为新的，所谓新的 session 只是由服务器产生的 session 尚未被客户端使用
removeAttribute(String name)	void	删除指定名字的属性
pubValue(String name, Object value)	void	添加一个 session 变量，不推荐使用
setAttribute(String name,Object object)	void	设定指定名字属性的属性值，并存储在 session 对象中

5.5.2 存储客户端信息

session 对象维护着客户端用户和服务器端的状态，保存着用户与服务器整个交互过程中的信息，这个对象在用户关闭浏览器或 session 超时前一直有效。

session 用于指定在一段时间内，某客户与 Web 服务器的一系列交互过程。当一个用户登录网站，服务器就为该用户创建一个 session 对象。session 一般是系统自动创建的。大多数情况下它处于默认打开的状态。

【例 5-6】使用 session 对象保存客户端信息。

step 01 在 Web 项目 ch05 中，创建用户登录页面。(源代码/ch05/WebRoot/login.jsp)

```
<%@ page language="java" import="java.util.*" pageEncoding="utf-8"%>
<!DOCTYPE HTML PUBLIC "-//W3C//DTD HTML 4.01 Transitional//EN">
<html>
  <head>
    <title>用户登录</title>
    <meta http-equiv="pragma" content="no-cache">
    <meta http-equiv="cache-control" content="no-cache">
    <meta http-equiv="expires" content="0">
    <meta http-equiv="keywords" content="keyword1,keyword2,keyword3">
    <meta http-equiv="description" content="This is my page">
  </head>
  <body>
  <form action="session.jsp" method="post">
    <table align="center" border="1px" cellpadding="0" cellspacing="0"
         width="300px" height="200px">
      <tr><td colspan="2" align="center">用户登录</td></tr>
      <tr>
        <td align="center">用户名：</td>
        <td align="left">    <input type="text"
           name="uname"></td>
      </tr>
      <tr>
        <td align="center">密    码：</td>
        <td align="left">    <input type="password"
           name="upwd"></td>
      </tr>
      <tr>
        <td colspan="2" align="center"><input type="submit" value="登录"></td>
      </tr>
    </table>
  </form>

  </body>
</html>
```

step 02 在 Web 项目 ch05 中，创建获取登录信息并将登录信息存入 session 的 JSP 页面。(源代码/ch05/WebRoot/session.jsp)

```
<%@ page language="java" import="java.util.*" pageEncoding="UTF-8"%>
<!DOCTYPE HTML PUBLIC "-//W3C//DTD HTML 4.01 Transitional//EN">
<html>
  <head>
    <title> session 使用 </title>
    <meta http-equiv="pragma" content="no-cache">
    <meta http-equiv="cache-control" content="no-cache">
    <meta http-equiv="expires" content="0">
    <meta http-equiv="keywords" content="keyword1,keyword2,keyword3">
    <meta http-equiv="description" content="This is my page">
```

```
</head>
<body>
  <%
  //设置session的有效时间为60s
  session.setMaxInactiveInterval(60);
  //使用request对象获取用户输入的参数,存入session对象中
  String str1 = request.getParameter("uname");
  String str2 = request.getParameter("upwd");
  //汉字出现乱码,通过如下语句转码
  String n = new String(str1.getBytes("ISO-8859-1"),"UTF-8");
  String p = new String(str2.getBytes("ISO-8859-1"),"UTF-8");
  //将转码后的信息,存入session中
  session.setAttribute("name",n);
  session.setAttribute("pwd",p);
  response.sendRedirect("message.jsp");
  %>
</body>
</html>
```

step 03 在 Web 项目中,创建显示用户登录信息的页面。(源代码/ch05/WebRoot/message.jsp)

```
<%@ page language="java" import="java.util.*" pageEncoding="UTF-8"%>
<%
    out.print("用户登录信息" + "<br>");
    out.println("session_id: " + session.getId() + "<br>");
    out.print("用户名: " + session.getAttribute("name") + "<br>");
    out.print("密码: " + session.getAttribute("pwd"));
%>
```

部署 Web 项目 ch05,启动 Tomcat。在浏览器的地址栏中,输入用户登录页面地址"http://127.0.0.1:8888/ch05/login.jsp",输入登录用户名和密码,如图 5-13 所示。

单击【登录】按钮,跳转到 message.jsp 页面,如图 5-14 所示。1 分钟后 session 过期,刷新该页面,用户名和密码都是 null,如图 5-15 所示。

图 5-13 用户登录界面

图 5-14 用户信息

图 5-15 session 过期

【案例剖析】

在本案例中,创建 3 个 JSP 页面。login.jsp 页面显示用户登录信息,通过 form 表单将提

交的数据交由 session.jsp 页面处理。在 session.jsp 页面中通过 request 对象获取用户输入的信息(用户名和密码)，并将转换编码后的用户名和密码存入 session 中。

在 message.jsp 页面通过 session 对象获取用户名和密码，并在页面显示。60 秒后 session 失效，刷新 message.jsp 页面，可以发现 session_id 不一样了，因此用户名和密码也是 null。

session 因超时而失效(60 秒)时，等于是假设用户已经离开网站了，session 对象被自动清空。但并不意味着 session 对象本身就是空的，只是将其中存储的属性值清空。

5.5.3 销毁 session

session 对象销毁后，不可以再调用 session 对象，否则会报 session already invalidated 异常。销毁 session 有以下 3 种方式。

(1) 通过 session 对象的 invalidate()方法，可以销毁 session，其语法格式如下：

```
session.invalidate();
```

(2) session id 的时间间隔，超过了 session 的最大有效时间，session 就会失效。
(3) 服务器进程被停止时，session 失效。

关闭浏览器时，只会使存储在客户端浏览器中的 session cookie 失效，而不会使服务器端的 session 对象失效。

5.6 session 跟踪

HTTP 协议是一种无状态(Stateless)协议，它只负责请求与响应，却并不关心客户端的请求是否来自相同的客户端。因此，在 JSP 中通常采用 session 跟踪来辨别客户端。一般 session 跟踪有 URL 重写、表单隐藏字段、Cookie 和 HttpSession 这 4 种方式。

5.6.1 URL 重写

在 URL 地址后添加一些数据来标识 session，服务器就可以将 session 和这些数据关联起来。这种方式的特点是，即使浏览器不支持 cookie 或用户禁用了 cookie，也可以使用。但是这种情况数据长度受限制，容易暴露数据，而且安全上存在隐患。

【例 5-7】在 Web 项目中，创建使用 URL 重写实现 session 跟踪的 JSP 页面。(源代码 /ch05/WebRoot/urlSession.jsp)

```
<%@ page language="java" import="java.util.*" pageEncoding="UTf-8"%>
<!DOCTYPE HTML PUBLIC "-//W3C//DTD HTML 4.01 Transitional//EN">
<html>
  <head>
    <title>URL 重写</title>
    <meta http-equiv="pragma" content="no-cache">
```

```
    <meta http-equiv="cache-control" content="no-cache">
    <meta http-equiv="expires" content="0">
    <meta http-equiv="keywords" content="keyword1,keyword2,keyword3">
    <meta http-equiv="description" content="This is my page">
  </head>
  <body>
    <%
    out.println("名称: " + request.getParameter("name") + "<br>");
    out.println("颜色: " + request.getParameter("color") + "<br>");
    %>
  </body>
</html>
```

部署 Web 项目 ch05，启动 Tomcat。在浏览器的地址栏中，输入页面运行地址"http://127.0.0.1:8888/ch05/urlSession.jsp?name=apple&color=red"，运行结果如图 5-16 所示。

图 5-16 URL 重写

【案例剖析】

在本案例中，通过在 URL 中添加参数，在 JSP 页面中通过 request 对象的 getParameter() 方法获取参数，从而实现 session 的跟踪。

5.6.2 表单隐藏字段

一个 Web 服务器可以发送一个 HTML 表单隐藏字段，以及一个唯一的 session 会话 ID。每次当 Web 浏览器发送请求时，session_id 值可以用于保持不同的 Web 浏览器的跟踪。

HTML 表单隐藏字段的语法格式如下：

```
<input type="hidden" name="session" value="…">
```

type 属性：hidden 表示该字段为隐藏字段，不会在浏览器中显示。当表单被提交时，其 name 属性和 value 属性的值被包含在 GET 或 POST 数据中。

使用隐藏表单字段有一个缺点，当用户查看源代码时，可以看到隐藏字段的属性值，存在安全漏洞，因而不推荐使用。

【例 5-8】使用隐藏表单字段实现 session 跟踪。

step 01 在 Web 项目 ch05 中，创建使用表单隐藏字段页面。(源代码\ch05\formSession.jsp)

```
<%@ page language="java" import="java.util.*" pageEncoding="UTF-8"%>
<!DOCTYPE HTML PUBLIC "-//W3C//DTD HTML 4.01 Transitional//EN">
<html>
  <head>
    <title>隐藏表单字段</title>
    <meta http-equiv="pragma" content="no-cache">
```

```
        <meta http-equiv="cache-control" content="no-cache">
        <meta http-equiv="expires" content="0">
        <meta http-equiv="keywords" content="keyword1,keyword2,keyword3">
        <meta http-equiv="description" content="This is my page">
    </head>
    <body>
      <form action="formAction.jsp" method="post">
      用户名：<input type="text" name="user">
      <input type="hidden" name="age" value="25">
      <input type="submit" value="提交">
      </form>
    </body>
</html>
```

step 02 在 Web 项目中，创建获取隐藏字段值的页面。(源代码\ch05\formAction.jsp)

```
<%@ page language="java" import="java.util.*" pageEncoding="utf-8"%>
<%
    String name = request.getParameter("user");
    String userName = new String(name.getBytes("ISO-8859-1"),"UTF-8");
    out.println("用户名: " + userName + "<br>");
    out.println("年龄: " + request.getParameter("age"));
%>
```

部署 Web 项目 ch05，启动 Tomcat 服务器。在浏览器的地址栏中，输入运行地址"http://127.0.0.1:8888/ch05/formSession.jsp"，输入用户名，运行结果如图 5-17 所示。单击【提交】按钮，显示用户名和年龄，如图 5-18 所示。

图 5-17 隐藏表单字段

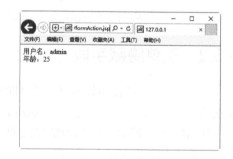

图 5-18 获取隐藏表单字段值

【案例剖析】

在本案例中，在 formSession.jsp 页面中添加输入用户名文本框 user 和隐藏文本框 age，单击【提交】按钮，跳转到 formAction.jsp 页面进行处理。在 formAction.jsp 页面中通过 request 对象获取用户名 user 和隐藏表单字段 age，并在页面中显示。

5.6.3 Cookie

浏览器与 Web 服务器之间通过 HTTP 协议进行通信。当某个用户发出页面请求时，Web 服务器只做简单的响应，然后就关闭与该用户的连接。因此，当一个请求发送到 Web 服务器时，无论其是否是第一次来访，服务器都会把它当作第一次来对待。为了弥补这个缺陷，

Netscape 开发出了 Cookie 这个有效的工具，来保存某个用户的识别信息。

Cookie 是一种 Web 服务器通过浏览器在访问者的硬盘上存储信息的手段。当用户再次访问某个站点时，服务器将要求浏览器查找并返回先前发送的 Cookie 信息，从而识别这个用户。

Cookie 的目的是方便用户以及向服务器端传送相关信息。虽然 Cookie 也会造成一些误传，但不存在严重的安全问题。Cookie 不能用来做任何方式的运行或解释，因此也无法被病毒利用或以其他方式被用于攻击系统。Cookie 在安全问题上虽然不存在什么巨大隐患，但它对用户个人隐私问题是一个威胁。

浏览器一般只能为每个站点接收 20 个 Cookie，总计 Cookie 不能超过 300 个，每个 Cookie 被限制在 4KB 以内，这样不用担心 Cookie 会占满硬盘空间，也不用担心它们会被用于运行某些服务器所禁止的攻击。此外，用户浏览器可能不支持 Cookie 或者关闭 Cookie 功能。因此，即使使用了 Cookie 也不能完全依靠它们。

使用 Cookie 类的构造方法，创建一个或多个包含名称和值的客户端 Cookie，其语法格式如下：

```
Cooike(String name,String value)
```

通过 response 对象提供的 addCookie()方法，将 Cookie 传送到客户端。如果需要读取 Cookie，则调用 request 对象的 getCookies()方法，该方法返回 Cookie 对象的数组。遍历这个数组，通过 getName()方法找到与期望名称相符合的 Cookie，然后再调用 getValue()方法获得该 Cookie 的值。

【例 5-9】使用 Cookie 实现 session 跟踪。

step 01 在 Web 项目中，创建用户登录界面。(源代码/ch05/WebRoot/cookie.jsp)

```
<%@ page language="java" import="java.util.*" pageEncoding="utf-8"%>
<!DOCTYPE HTML PUBLIC "-//W3C//DTD HTML 4.01 Transitional//EN">
<html>
  <head>
    <title>用户登录</title>
    <meta http-equiv="pragma" content="no-cache">
    <meta http-equiv="cache-control" content="no-cache">
    <meta http-equiv="expires" content="0">
    <meta http-equiv="keywords" content="keyword1,keyword2,keyword3">
    <meta http-equiv="description" content="This is my page">
  </head>
  <body>
  <%
    String name = "";
    String pwd = "";
    Cookie[] cookies = request.getCookies();//获取cookie数组
    if(cookies!=null){
        for(Cookie c : cookies){ //遍历cookie数组
            if(c.getName().equals("myCookie")){      //找到myCookie
                name = c.getValue().split("@")[0];   //取出第一个元素的值
                pwd = c.getValue().split("@")[1];    //取出第二个元素的值
            }
        }
```

Java Web开发 案例课堂

```jsp
            if(name.equals("")||pwd.equals("")){
                out.print("游客你好,欢迎光临!");
        %>
        <form action="cookieAction.jsp" method="post">
          <table align="center" border="1px" cellpadding="0" cellspacing="0"
                width="300px" height="200px">
            <tr><td colspan="2" align="center">用户登录</td></tr>
            <tr>
                <td align="center">用户名:</td>
                <td align="left">    <input type="text"
                    name="uname"></td>
            </tr>
            <tr>
                <td align="center">密    码:</td>
                <td align="left">    <input type="password"
                    name="upwd"></td>
            </tr>
            <tr>
                <td colspan="2" align="center"><input type="submit" value="登录
                "></td>
            </tr>
          </table>
        </form>
        <%
            }else{
                out.print(name + "你好,欢迎光临!");
            }
        %>
      </body>
</html>
```

step 02 在 Web 项目中,创建添加 Cookie 的界面。(源代码/ch05/WebRoot/cookieAction.jsp)

```jsp
<%@ page language="java" import="java.util.*" pageEncoding="utf-8"%>
<!DOCTYPE HTML PUBLIC "-//W3C//DTD HTML 4.01 Transitional//EN">
<html>
  <head>
    <title>写入Cookie</title>
    <meta http-equiv="pragma" content="no-cache">
    <meta http-equiv="cache-control" content="no-cache">
    <meta http-equiv="expires" content="0">
    <meta http-equiv="keywords" content="keyword1,keyword2,keyword3">
    <meta http-equiv="description" content="This is my page">
  </head>
  <body>
    <%
    //汉字乱码
    String name = request.getParameter("uname");
        String userName = new String(name.getBytes("ISO-8859-1"),"UTF-8");
        String pwd = request.getParameter("upwd");
        String userpwd = new String(name.getBytes("ISO-8859-1"),"UTF-8");
        //创建myCookie,其值为 name 和 pwd,并使用@隔开
        Cookie cookie = new Cookie("myCookie",userName + "@" + userpwd);
        //将cookie添加到客户端
```

```
        response.addCookie(cookie);
            out.println("欢迎 " + userName + " 光临!");
        %>
    </body>
</html>
```

部署 Web 项目 ch05，启动 Tomcat 服务器。在浏览器的地址栏中，输入运行地址 "http://127.0.0.1:8888/ch05/cookie.jsp"，输入用户名和密码，如图 5-19 所示。单击【登录】按钮，页面效果如图 5-20 所示。

图 5-19 用户登录界面

图 5-20 登录成功

用户第二次登录时，页面效果如图 5-21 所示。

图 5-21 用户第二次登录

【案例剖析】

在本案例中，在 cookie.jsp 页面中通过 request 对象的 getCookies()方法获取 cookie 数组，通过 for 循环遍历数组，找到 myCookie 并获取客户端的信息。通过 if 语句判断客户端用户名或密码是否为空字符串。

若是空字符串，则用户第一次登录，使用表格显示登录信息，单击【登录】按钮，通过表单提交登录信息到 cookieAction.jsp 页面。若不是空字符串，则用户第二次登录，在 cookie.jsp 页面中显示欢迎用户登录的提示信息。

在 cookieAction.jsp 页面中通过 request 对象获取用户名和密码，创建 Cookie 类的对象 Cookie，并将用户名和密码添加到 Cookie 对象的值中。通过 response 对象提供的 addCookie()方法，将 Cookie 添加到客户端。

5.6.4 HttpSession 对象

Servlet 提供了使用 HttpSession 接口来实现 session 跟踪，它是建立在 Cookie 和 URL 重写

之上的高级接口。使用 Cookie 的前提是浏览器支持 Cookie，如果浏览器不支持 Cookie 或者 Cookie 被禁用，则使用 URL 重写，而使用 URL 重写需要添加附属信息，存在很大的安全漏洞。而使用 Servlet 则不存在这些问题，Servlet 会自动提供数据的存储空间并将其和 session 关联起来。

Servlet 可以查询到 session 对象并将其关联到当前 request 对象、创建新的 session 对象、查询与 session 相关联的信息、在 session 中存储信息和销毁 session。

【例 5-10】使用 Servlet 程序实现 session 跟踪。

step 01 在 Web 项目中，创建继承 HttpServlet 的 Servlet，在类中使用 HttpSession 接口实现 session 跟踪。(源代码\ch05\servlet\ServletSession.java)

```java
package servlet;
import java.io.IOException;
import java.io.PrintWriter;
import javax.servlet.ServletException;
import javax.servlet.http.HttpServlet;
import javax.servlet.http.HttpServletRequest;
import javax.servlet.http.HttpServletResponse;
import javax.servlet.http.HttpSession;
public class ServletSession extends HttpServlet {
    public void doGet(HttpServletRequest request, HttpServletResponse
        response)
            throws ServletException, IOException {
        HttpSession session = request.getSession(true);
        //设置 mimi 类型及编码格式
        response.setContentType("text/html;charset=utf-8");
        //获得输出流对象
        PrintWriter out = response.getWriter();
        String message = "";
        //记录访问网站次数
        Integer accessCount = new Integer(0);
        //判断用户是不是首次访问该网站
        if (session.isNew()) {
            message = "欢迎访问本网站！";
        } else {
            message = "欢迎回到本网站！ ";
            //获取参数值
            Integer oldAccessCount = (Integer) session.getAttribute
            ("accessCount");
            if (oldAccessCount != null) {
                //参数+1
                accessCount = new Integer(oldAccessCount.intValue() + 1);
            }
        }
        //将参数值放入 session
        session.setAttribute("accessCount", accessCount);
        out.println("<!DOCTYPE HTML PUBLIC \"-//W3C//DTD HTML 4.01
            Transitional//EN\">");
        out.println("<HTML>");
        out.println("<HEAD><TITLE>Servlet Session</TITLE></HEAD>");
        out.println("<BODY>");
```

```
        out.println("<table align='center' border='1px'>");
        out.print("<tr><td colspan='2' align='center'>" + message +
            "</td></tr>");
        out.println("<tr><td>信息类型: </td><td>" + session.getId() +
            "</td></tr>");
        out.println("<tr><td>创建时间: </td><td>" + session.getCreationTime()
            + "</td></tr>");
        out.println("<tr><td>最后一次访问时间: </td><td>" +
            session.getLastAccessedTime() + "</td></tr>");
        out.println("</table>");
        out.println("    </BODY>");
        out.println("</HTML>");
        out.flush();
        out.close();
    }
    public void doPost(HttpServletRequest request, HttpServletResponse response)
            throws ServletException, IOException {
        doGet(request, response);
    }
}
```

step 02 修改创建 Servlet 时，创建的 web.xml。(源代码\ch05\WebRoot\WEB-INF\web.xml)

```
<?xml version="1.0" encoding="UTF-8"?>
<!DOCTYPE web-app PUBLIC "-//Sun Microsystems,
        Inc.//DTD Web Application 2.3//EN"
"http://java.sun.com/dtd/web-app_2_3.dtd">
<web-app>
  <servlet>
    <servlet-name>ServletSession</servlet-name>
    <servlet-class>servlet.ServletSession</servlet-class>
  </servlet>
  <servlet-mapping>
    <servlet-name>ServletSession</servlet-name>
    <url-pattern>/ServletSession</url-pattern>
  </servlet-mapping>
</web-app>
```

部署 Web 项目 ch05，启动 Tomcat 服务器。在浏览器的地址栏中，输入 Servlet 的运行地址 "http://127.0.0.1:8888/ch05/ServletSession"，运行结果如图 5-22 所示。

图 5-22 Servlet 实现 session 跟踪

【案例剖析】

在本案例中，使用创建的 Servlet 类来实现 session 跟踪，并在 web.xml 中配置访问

Servlet 的地址等信息。Servlet 可以捕获很多 session 相关信息。关于 Servlet 的详细介绍请参考后面的章节，相信读者会对该程序有更深入的认识。

5.7　application 对象

　　隐含对象 application 是 javax.servlet.ServletContext 接口实现类的对象，其拥有 application 的作用范围，即 application 可以用于在多个用户之间保存数据，所有用户都共享同一个 application，因此从 application 对象中读取和写入的数据都是共享的。

　　application 对象封装了 JSP 所在 Web 应用程序的信息，整个 Web 应用程序对应一个 application 对象。服务器启动后，一旦创建了 application 对象，那么这个 application 对象将会永远保持下来，直到服务器关闭为止。application 对象的常用方法如表 5-7 所示。

表 5-7　application 对象的常用方法

方　法	返回类型	说　明
getAttribute(String name)	Object	获取指定名字的 application 对象的属性值
getAttributes()	Enumeration	返回所有的 application 属性
getContext(String uripath)	ServletContext	取得当前应用的 ServletContext 对象
getInitParameter(String name)	String	返回由 name 指定的 application 属性的初始值
getInitParameters()	Enumeration	返回所有的 application 属性的初始值的集合
getMajorVersion()	int	返回 servlet 容器支持的 Servlet API 的版本号
getMimeType(String file)	String	返回指定文件的 MIME 类型，未知类型返回 null。一般为 text/html 和 image/gif
getRealPath(String path)	String	返回给定虚拟路径所对应的物理路径
setAttribute(String name,Object object)	void	设定指定名字的 application 对象的属性值
getAttributeNames()	Enumeration	获取所有 application 对象的属性名
getInitParameter(String name)	String	获取指定名字的 application 对象的属性初始值
getResource(String path)	URL	返回指定的资源路径对应的一个 URL 对象实例，参数要以 "/" 开头
getResourceAsStream(String path)	InputStream	返回一个由 path 指定位置资源的 InputStream 对象实例
getServerInfo()	String	获得当前 Servlet 服务器的信息
getServlet(String name)	Servlet	在 ServletContext 中检索指定名称的 servlet
getServlets()	Enumeration	返回 ServletContext 中所有 servlet 的集合
log(Exception ex, String msg, Throwablet msg)	void	把指定的信息写入 Servlet log 文件
removeAttribute(String name)	void	移除指定名称的 application 属性
setAttribute(String name, Object value)	void	设定指定的 application 属性的值

application 对象中保存的数据,可以使所有客户端用户共享。因此,通常使用该对象来记录所有客户端的一些公用的数据,如网站的访问人数。

【例 5-11】在 Web 项目中,创建使用 application 对象统计页面访问次数的 JSP 页面。(源代码\ch05\WebRoot\application.jsp)

```
<%@ page language="java" import="java.util.*" pageEncoding="utf-8"%>
<!DOCTYPE HTML PUBLIC "-//W3C//DTD HTML 4.01 Transitional//EN">
<html>
  <head>
    <title> application 对象的使用</title>
    <meta http-equiv="pragma" content="no-cache">
    <meta http-equiv="cache-control" content="no-cache">
    <meta http-equiv="expires" content="0">
    <meta http-equiv="keywords" content="keyword1,keyword2,keyword3">
    <meta http-equiv="description" content="This is my page">
  </head>
  <body>
    <%
      int count = 0 ;
    //判断是否是该网站的第一个访客
    if(application.getAttribute("count") == null){
    //是第一个访客,则计数器 count=1
    count = count + 1 ;
    application.setAttribute("count",count);
        out.println("欢迎光临,您是第1位访客!");
    }else{
        //获取计数器 count 的值
        count = (Integer)application.getAttribute("count");
        count++; //访问人数+1
        application.setAttribute("count",count);
        out.println("欢迎光临,您是第" + count + "位访客!"); //显示第几位访客
    }
    %>
  </body>
</html>
```

部署 Web 项目 ch05,启动 Tomcat 服务器。在浏览器的地址栏中,输入运行地址"http://127.0.0.1:8888/ch05/application.jsp",运行结果如图 5-23 所示。

【案例剖析】

在本案例中,使用 application 对象统计当前页面访问次数。可以发现当浏览器重新打开或从不同客户端浏览器打开该网页时,计数器仍然有效。直到重启服务器后,计数器的值才从 1 重新开始计数。

图 5-23 application 的使用

5.8 page 对象

隐含对象 page 代表 JSP 本身，只有在 JSP 页面内才有效。page 对象本质上是被转换后的 Servlet，因此它可以调用任何被 Servlet 类所定义的方法。page 对象在 JSP 中很少使用。

【例 5-12】在 Web 项目中，创建介绍 HttpJspPage 类的对象 page 使用的 JSP 页面。(源代码\ch05\WebRoot\page.jsp)

```
<%@ page language="java" info="page 隐含对象的使用" import="java.util.*"
pageEncoding="utf-8"%>
<!DOCTYPE HTML PUBLIC "-//W3C//DTD HTML 4.01 Transitional//EN">
<html>
  <head>
    <title> page 对象 </title>
    <meta http-equiv="pragma" content="no-cache">
    <meta http-equiv="cache-control" content="no-cache">
    <meta http-equiv="expires" content="0">
    <meta http-equiv="keywords" content="keyword1,keyword2,keyword3">
    <meta http-equiv="description" content="This is my page">
  </head>
  <body>
    page 对象描述信息：<br>
    <%=((javax.servlet.jsp.HttpJspPage)page).getServletInfo()   %>
  </body>
</html>
```

部署 Web 项目 ch05，启动 Tomcat。在浏览器的地址栏中，输入运行地址"http://127.0.0.1:8888/ch05/page.jsp"，运行结果如图 5-24 所示。

图 5-24　page 对象的使用

【案例剖析】

在本案例中，首先设置 page 指令的 info 属性是"page 隐含对象的使用"，page 对象的类型是 java.lang.Object。而为了将 info 的内容显示出来，可以调用 javax.servlet.jsp.HttpJspPage 类的 getServletInfo()方法，获取 page 指令的 info 属性值。

5.9 pageContext 对象

隐含对象 pageContext 能够获取 JSP 页面中的 request、response、session、application 等其他内置对象。pageContext 对象的创建和初始化由容器来完成，可以在 JSP 页面中直接使用该对象。

pageContext 对象提供了获取其他隐含对象的方法，如表 5-8 所示。

表 5-8　pageContext 对象获取其他隐含对象方法

方　　法	返回类型	说　　明
getException()	Exception	返回网页中的异常，此网页是 errorPage，如 exception
getOut()	JspWriter	返回网页的输出流，如 out
getPage()	Object	返回网页的 Servlet 实体，如 page
getRequest()	ServletRequest	返回网页的请求，如 request
getResponse()	ServletResponse	返回网页的响应，如 response
getServletContext()	ServletContext	返回网页的执行环境，如 application
getSession()	HttpSession	返回和当前网页有联系的会话(session)，如 session

当内置对象包括属性时，pageContext 也支持对这些内置对象属性的读取和写入。获取其他内置对象的属性的方法如表 5-9 所示。

表 5-9　pageContext 对象获取其他内置对象的方法

方　　法	返回类型	说　　明
getAttribute(String name, int scope)	Object	返回名称为 name，范围是 scope 的属性对象
getAttributeNamesInScope(int scope)	Enumeration	返回所有属性范围是 Scope 的属性名称
getAttributesScope(String name)	Enumeration	返回属性名称是 name 的属性范围
removeAttribute(String name)	void	移除属性名称是 name 的属性对象
removeAttribute(String name, int scope)	void	移除属性名称是 name、范围是 scope 的属性对象
setAttribute(String name, Object value, int scope)	void	指定属性对象的名称是 name、值是 value、范围是 scope
findAttribute(String name)	Object	在所有范围中寻找属性名称是 name 的属性对象

这些方法需要指定作用范围，在 JSP 中的作用范围有 4 个，即 PAGE_SCOPE 代表 Page 范围、REQUEST_SCOPE 代表 Request 范围、SESSION_SCOPE 代表 Session 范围、APPLICATION_SCOPE 代表 Application 范围。

【例 5-13】在 Web 项目中，创建 JSP 页面，在页面中使用 pageContext 对象提供的方法，获取指定范围的参数。(源代码\ch05\WebRoot\pageContext.jsp)

```
<%@ page language="java" import="java.util.*" pageEncoding="UTF-8"%>
<!DOCTYPE HTML PUBLIC "-//W3C//DTD HTML 4.01 Transitional//EN">
<html>
  <head>
    <title>pageContext 对象的使用</title>
    <meta http-equiv="pragma" content="no-cache">
    <meta http-equiv="cache-control" content="no-cache">
    <meta http-equiv="expires" content="0">
```

```jsp
    <meta http-equiv="keywords" content="keyword1,keyword2,keyword3">
    <meta http-equiv="description" content="This is my page">
</head>
 <body>
    <%
       out.println("使用 pageContext 对象获取内置对象：<br>");
       out.println("request 对象：" + pageContext.getRequest() + "<br>");
       out.println("response 对象：" + pageContext.getResponse() + "<br>");
       out.println("session 对象：" + pageContext.getSession() + "<br>");
       out.println("page 对象：" + pageContext.getPage() + "<br>");
       out.println("application 对象：" + pageContext.getServletContext() + "<br>");
          Enumeration enums1 =pageContext.getAttributeNamesInScope
          (PageContext.APPLICATION_SCOPE);
       //输出 enums 的值
       out.println("作用范围是 application 的参数：<br>");
          while (enums1.hasMoreElements()){
             out.println(enums1.nextElement() + "<br>");
       }
Enumeration enums2 =pageContext.getAttributeNamesInScope(PageContext.SESSION_SCOPE);
       //输出 enums 的值
       out.println("作用范围是 session 的参数：<br>");
          while (enums2.hasMoreElements()){
             out.println(enums2.nextElement()+"<br>");
       }
Enumeration enums3 = pageContext.getAttributeNamesInScope(PageContext.PAGE_SCOPE);
          //输出 enums 的值
       out.println("作用范围是 page 的参数：<br>");
          while (enums3.hasMoreElements()){
             out.println(enums3.nextElement()+"<br>");
       }
Enumeration enums4 = pageContext.getAttributeNamesInScope(PageContext.REQUEST_SCOPE);
       //输出 enums 的值
       out.println("作用范围是 request 的参数：<br>");
          while (enums4.hasMoreElements()){
             out.println(enums4.nextElement()+"<br>");
       }
    %>
  </body>
</html>
```

部署 Web 项目，启动 Tomcat。在浏览器的地址栏中，输入页面运行地址"http://127.0.0.1:8888/ch05/pageContext.jsp"，运行结果如图 5-25 所示。

【案例剖析】

在本案例中，创建 pageContext.jsp 页面，在这个页面中取得所有作用范围是 Application 的属性名称，然后将这些属性通过 while 循环依次显示出来。使用 pageContext 对象提供的获取隐含对象的方法，获取 request、response、session、page 和 application 对象。

JSP 引擎在把 JSP 转换成 Servlet 时，经常需要使用 pageContext 对象，但在普通的 JSP 开发中很少直接用到该对象。

图 5-25　pageContext 对象的使用

5.10　config 对象

　　config 对象的主要作用是获取服务器的配置信息,它实现了 javax.servlet.ServletConfig 接口,一般通过 pageContext 对象的 getServletConfig()方法获得该对象。config 对象和 page 对象一样,在 JSP 页面中很少使用。

　　config 对象中存储着一些 Servlet 初始的数据结构,当 Servlet 初始化时,JSP 容器通过 config 对象将这些信息传递给这个 Servlet。一般在 web.xml 文件中设置 Servlet 程序和 JSP 页面的初始化参数。config 对象提供的常用方法如表 5-10 所示。

表 5-10　config 对象的常用方法

方　　法	返回类型	说　　明
getInitParameter(String name)	String	返回名称是 name 的初始参数的值
getInitParameters()	Enumeration	返回当前 JSP 所有初始参数的名称集合
getContext()	ServletContext	返回 ServletContext 对象
getServletName()	String	返回 JSP 页面编译后的 servlet 的名称

5.11　exception 对象

　　当 JSP 页面发生错误产生异常时,使用隐含对象 exception 针对该异常做出相应的处理。使用 exception 对象时,需要在 page 指令中设定,即<%@ page isErrorPage="true"%>,否则会出现编译错误。当异常发生时,则使用 page 指令中的 errorPage 属性指定由哪个页面处理该异常。

　　exception 对象的常用方法如表 5-11 所示。

表 5-11 exception 对象的常用方法

方　法	返回类型	说　明
getMessage()	String	返回错误信息
printStackTrace()	void	以标准错误的形式输出错误及其堆栈
toString()	void	以字符串的形式返回对异常的描述
printStackTrace()	void	打印 Throwable 及其 call stack trace 信息

【例 5-14】使用 exception 对象处理异常。

step 01 在 Web 项目中，创建发生异常的页面。(源代码\ch05\WebRoot\exception.jsp)

```
<%@ page language="java" import="java.util.*" pageEncoding="UTF-8"%>
<%@page errorPage="exceptionAction.jsp"%>
<!DOCTYPE HTML PUBLIC "-//W3C//DTD HTML 4.01 Transitional//EN">
<html>
  <head>
    <title>发生异常页面</title>
    <meta http-equiv="pragma" content="no-cache">
    <meta http-equiv="cache-control" content="no-cache">
    <meta http-equiv="expires" content="0">
    <meta http-equiv="keywords" content="keyword1,keyword2,keyword3">
    <meta http-equiv="description" content="This is my page">
  </head>
  <body>
    <%
    String[] str = {"banana","apple","pear"};
    for(int i=0;i<5;i++){
        out.print(str[i] + " -- ");
    }
    %>
  </body>
</html>
```

step 02 在 Web 项目中，创建错误处理页面。(源代码\ch05\WebRoot\exceptionAction.jsp)

```
<%@ page language="java" import="java.util.*" pageEncoding="UTF-8"%>
<%@page isErrorPage="true"%>
<!DOCTYPE HTML PUBLIC "-//W3C//DTD HTML 4.01 Transitional//EN">
<html>
  <head>
    <title>错误处理页面</title>
    <meta http-equiv="pragma" content="no-cache">
    <meta http-equiv="cache-control" content="no-cache">
    <meta http-equiv="expires" content="0">
    <meta http-equiv="keywords" content="keyword1,keyword2,keyword3">
    <meta http-equiv="description" content="This is my page">
  </head>
  <body>
    <%
    out.println("异常描述(toString()):");
    out.println("<br>");
    out.println(exception.toString());
```

```
    out.println("<br>");
    out.println("错误信息(getMessage()):");
    out.println("<br>");
    out.println(exception.getMessage());
  %>
  </body>
</html>
```

部署 Web 项目 ch05，启动 Tomcat。在浏览器的地址栏中，输入运行地址"http://127.0.0.1:8888/ch05/exception.jsp"，运行结果如图 5-26 所示。

图 5-26　exception 对象

【案例剖析】

在本案例中，创建发生错误页面 exception.jsp，使用 for 循环输出字符串数组的内容，出现数组下标越界的异常。在该页面中通过 page 指令设置错误处理页面，即<%@page errorPage="exceptionAction.jsp"%>。

在错误处理页面中，使用<%@page isErrorPage="true"%>语句，设置该页面是错误处理页面。使用 exception 对象的方法，将发生异常的提示信息输出。

5.12　大 神 解 惑

小白：sendRedirect()方法和<jsp:forward>动作的区别？

大神：关于 sendRedirect()方法和<jsp:forward>动作的区别，可以从以下两个方面说明。

(1) 使用<jsp:forward>动作，在转到新的页面后，原来页面的 request 参数是可用的。同时，使用<jsp:forward>动作，在转到新的页面后，新页面的地址不会在地址栏中显示出来。

(2) 使用 sendRedirect()方法，向服务器发送一个重定向请求。当使用该方法转到另外一个页面时，等于重新发出了一个请求，所以在原来页面的 request 参数转到新页面之后就失效，这是因为它们的 request 不同。重定向后在浏览器地址栏中会出现重定向后页面的 URL。

小白：session 对象和 application 对象的区别？

大神：(1) session 是会话变量，只要同一个浏览器没有被关闭，session 对象就会存在。因此，在同一个浏览器窗口中，无论向服务器发送多少请求，session 对象只有一个。但是如果在一个会话中，客户端长时间不向服务器发出请求，session 对象就会自动消失。

这个时间取决于服务器，也可以通过 session 对象提供的 setMaxInactiveInterval()方法修改 session 生命周期的时间。通过 session 对象可以存储或读取客户的相关信息。例如，用户名或购物信息等，可以通过 session 对象的 setAttribute()方法和 getAttribute()方法实现。

（2）application 类似于系统的全局变量，用于保存所有程序中的公有数据。它在服务器启动时自动创建，在服务器停止时销毁。

当 application 对象没有被销毁的时候，所有用户都享用该 application 对象。它的生命周期最长。但是其应用程序初始化的参数要在 web.xml 文件中进行设置，通过<context-param>标记配置应用程序初始化参数。同时再打开另一个浏览器，它们使用的都是同一个 application 对象。

小白：cookie 和 session 的区别？

大神：(1) cookie 是通过扩展 HTTP 协议实现的，主要包括名字、值、过期时间、路径和域。如果 cookie 不设置生命周期，则根据浏览器的关闭而关闭，这种 cookie 一般存储在内存而不是硬盘上。若设置了生命周期则相反，不会随着浏览器的关闭而消失，这些 cookie 仍然有效直到超过设定的过期时间。

（2）session 一般存储在服务器上。当程序需要为某个客户端的请求创建一个 session 时，服务器首先检查这个客户端的请求里是否已包含了一个 session 标识(称为 session id)。如果已经包含，则说明以前已经为该客户端创建过 session，服务器就按照 session id 把这个 session 检索出来使用(若检索不到，则新建一个)。如果客户端请求不包含 session id，则为该客户端创建一个 session 并且生成一个与此 session 相关联的 session id。session id 的值应该是一个既不会重复又不容易被找到规律以仿造的字符串。这个 session id 将在本次响应中返回给客户端保存。保存这个 session id 的方式可以采用 cookie，这样在交互过程中浏览器可以自动地按照规则把这个标识发送给服务器。

（3）cookie 和 session 的区别如下。

① cookie 数据存放在客户的浏览器上，session 数据存放在服务器上。

② cookie 不是很安全，可以通过分析存放在本地的 cookie 进行 cookie 欺骗。考虑到安全应当使用 session。

③ session 会在一定时间内保存在服务器上。当访问增多，会降低服务器的性能。考虑到降低服务器性能方面，应当使用 COOKIE。

④ 单个 cookie 保存的数据不能超过 4KB，很多浏览器都限制一个站点最多保存 20 个 cookie。

建议：将登录信息等重要信息存放为 session，其他信息如果需要保留，可以存放在 cookie 中。

5.13 跟我学上机

练习 1：编写一个 Web 项目，创建用户注册页面(包含用户名、密码、性别、爱好等)，提交注册信息，接收注册请求的页面可以显示注册信息。

练习 2：编写一个 Web 项目，创建一个登录页面。在接收登录请求的页面中，若用户名是 null，跳转到登录页面，若用户名不是 null，显示登录成功信息。

练习 3：编写一个 Web 项目，使用 session 统计页面的访问次数。

第 2 篇

核 心 技 术

- 第 6 章　服务器端程序的开发——Servlet 技术
- 第 7 章　Java 的可重用组件——JavaBean 技术
- 第 8 章　过滤浏览器的请求——过滤器技术
- 第 9 章　监听 Web 应用程序——监听器技术
- 第 10 章　Java Web 的数据库编程——JDBC 与 MySQL
- 第 11 章　简化 JSP 的代码——表达式语言 EL
- 第 12 章　网络数据传输的格式——XML 技术
- 第 13 章　JSP 的标签库——JSTL 技术
- 第 14 章　异步交互式动态网页——Ajax 技术

第 6 章
服务器端程序的开发——Servlet 技术

在 Web 应用开发中,另一个重要的技术就是 Servlet。它是用 Java 编写的服务器端程序,与平台无关。JSP 的本质是 Servlet。JSP 页面传回服务器端时需要转换为 Servlet 进行编译、运行。由于使用 JSP 编写 HTML 页面更加方便,因此 JSP 正在逐步取代 Servlet 在开发页面中的作用。

本章要点(已掌握的在方框中打钩)

- ☐ 熟悉 Servlet 的基本概念
- ☐ 掌握 Servlet 常用结构和类的使用方法
- ☐ 掌握创建和配置 Servlet 的方法
- ☐ 掌握使用 Servlet 获取信息的方法
- ☐ 掌握在 JSP 页面中调用 Servlet 的方法
- ☐ 掌握 Servlet 的应用技术

6.1 Servlet 简介

Servlet(Server Applet)，全称 Java Servlet，是使用 Java 语言编写的服务器端程序。Servlet 运行于支持 Java 语言的应用服务器中，主要功能在于交互式地浏览和修改数据，从而生成动态 Web 内容。从原理上讲，Servlet 可以响应任何类型的请求，但绝大多数情况下，Servlet 只用来扩展基于 HTTP 协议的 Web 服务器。

6.1.1 工作原理

Servlet 运行需要特定的容器，即 Servlet 运行时所需要的运行环境。在本书中采用 Tomcat 作为 Servlet 的容器，由 Tomcat 为 Servlet 提供基本的运行环境。

当 Web 服务器接收到一个 Http 请求时，Web 服务器会将请求交给 Servlet 容器。Servlet 容器首先对所请求的 URL 进行解析，并根据 web.xml 配置文件找到相应的处理 Servlet，同时将 request、response 对象传递给 Servlet。Servlet 通过 request 对象获取客户端请求者、请求信息及其他信息等。Servlet 处理完请求后，会把所有需要返回的信息放入 response 对象中并返回客户端。Servlet 一旦处理完请求，Servlet 容器就会刷新 response 对象，并将控制权重新交给 Web 服务器，如图 6-1 所示。

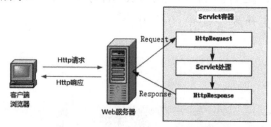

图 6-1 Servlet 工作原理

当 Servlet 容器收到请求时，Servlet 引擎就会判断这个 Servlet 是否是第一次访问，如果是第一次访问，Servlet 引擎调用 init()方法初始化这个 Servlet。每个 Servlet 只被初始化一次，后续的请求只是新建一个线程，再调用 Servlet 中的 service()方法。当多个用户请求同时访问一个 Servlet 时，由 Servlet 容器负责为每个用户启动一个线程，这些线程的启动和销毁都有 Servlet 容器负责。

6.1.2 生命周期

Servlet 是运行在服务器端的程序，它的运行状态由 Servlet 容器来维护。Servlet 的生命周期一般是从 Web 服务器开始运行时开始，然后不断地处理来自浏览器的请求，并通过 Web 服务器将响应结果返回给客户端，直到 Web 服务器停止运行，Servlet 才会被清除。

一个 Servlet 的生命周期一般包含加载、初始化、运行和销毁 4 个阶段。

1. 加载阶段

当 Web 服务器启动或 Web 客户请求 Servlet 服务时，Servlet 容器加载一个 Java Servlet 类。一般情况下，Servlet 容器是通过 Java 类加载器加载一个 Servlet 的，这个 Servlet 可以是本地的，也可以是远程的。

Servlet 只需要加载一次，然后实例化该类的一个或多个实例。

2. 初始化阶段

Servlet 容器调用 Servlet 的 init()初始化方法，对 Servlet 进行初始化。在初始化时，将会读取配置信息，完成数据连接等工作。

在初始化阶段，将包含初始化参数和容器环境信息的 ServletConfig 对象传入 init()方法中，ServletConfig 对象负责向 Servlet 传递信息，如果传递失败，则会发生 ServletException 异常，Servlet 将不能正常工作。此时该 Servlet 将会被容器清除掉，由于初始化尚未完成，因此不会调用 destroy()方法释放资源。清除该 Servlet 后容器将重新初始化这个 Servlet，如果抛出 UnavailableException 异常，并且指定了最小的初始化间隔时间，那么需要等待该指定时间之后，再进行新的 Servlet 的初始化。

3. 运行阶段

当 Web 服务器接收到浏览器的访问请求后，会将该请求传给 Servlet 容器。Servlet 容器将 Web 客户接收到的 HTTP 请求包装成 HttpServletRequest 对象，由 Servlet 生成的响应包装成 HttpServletResponse 对象。将这两个对象作为参数，调用 service()方法。在 service()方法中，通过 HttpServletRequest 对象获取客户端的信息，HttpServletResponse 对象生成 HTTP 响应数据。

容器在某些情况下，会将多个 Web 请求发送给同一个 Servlet 实例进行处理。在这种情况下，一般通过 Servlet 实现 SingleThreadModel 接口来处理多线程的问题，从而保证一次只有一个线程访问 service()方法。容器可以通过维护一个请求队列或维护一个 Servlet 实例池来实现这样的功能。

4. 销毁阶段

Servlet 被初始化后一直在内存中保存，直到服务器重启时 Servlet 对象被销毁。在这种情况下，通过调用 destroy()方法，回收 init()方法中使用的资源，如关闭数据库连接等。destroy()方法完成后，容器必须释放 Servlet 实例，以便它能够被垃圾回收。

一旦调用 destroy()方法，容器就不会再向当前 Servlet 发送任何请求。如果容器还需要使用 Servlet，则必须创建新的 Servlet 实例。

6.1.3 实现 MVC 开发模式

由于 Java 语言可以实现科学方便的开发模式，因此 Java 语言受到了开发人员的广泛支持。开发模式中应用最广的是 MVC 模式。对于 MVC 模式的研究由来已久，但是它一直没有得到很好的推广和应用。随着 J2EE 技术的成熟，MVC 逐渐成为一种常用而且重要的设计模式。

MVC 将应用程序的开发分为 3 层，即视图层、控制层和模型层。视图层不负责对业务逻辑的处理和数据流程的控制，其主要负责从用户获取数据和向用户展示数据。模型层与视图层之间没有直接的联系，其主要负责处理业务逻辑和数据库的底层操作。控制层主要负责处理视图层的交互。控制层从视图层接收请求，然后从模型层取出对请求的处理结果，并将结果返回给视图层。在控制层中只负责数据的流向，并不涉及具体的业务逻辑处理。MVC 三层结构之间的关系如图 6-2 所示。

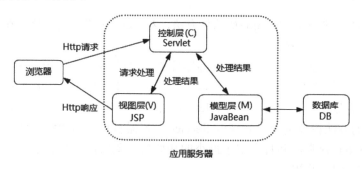

图 6-2　MVC 结构

从图 6-2 中可以看出，Servlet 在 MVC 开发模式中承担着重要角色。在 MVC 结构中，控制层主要是由 Servlet 实现的。Servlet 可以从浏览器端接收请求，然后从模型层取出处理结果，最后将处理结果返回给浏览器端的用户。在整个 MVC 结构中，Servlet 主要负责数据流向控制的功能。

现在很多开源框架都能很好地实现 MVC 的开发模式，并且对 MVC 的实现也都非常出色，但是在这些框架中处理数据控制流向时仍采用 Servlet。

6.2　Servlet 常用的接口和类

Servlet 与 Java 应用程序相似，也是依靠继承父类和实现接口来实现的。使用 Servlet 必须要引入两个包，即 javax.servlet 和 javax.servlet.http。所有的 Servlet 应用都是通过实现这两个包中的接口或继承这两个包中的类来完成的。

javax.servlet 包中提供的类和接口主要用来控制 Servlet 的生命周期，是编写 Servlet 必须要实现的。javax.servlet.http 包中提供的类和接口主要用于处理与 HTTP 相关的操作。每个 Servlet 都必须实现 Servlet 接口，在实际开发中一般是通过继承 HttpServlet 或 GenericServlet 来实现 Servlet 接口的。

下面主要介绍 HttpServlet 类、HttpServlet 接口、HttpSession 接口、ServletConfig 接口和 ServletContext 接口。

6.2.1 Servlet()方法

在 javax.servlet 包的 Servlet 接口中，有一个很重要的 service()方法。一旦服务器接收到浏览器发送的 HTTP 请求，那么服务器将直接调用这个 Servlet 中的 service()方法，这个请求中指定了相应的 Servlet 名称。因此，这个方法就是 Servlet 应用程序的入口，相当于 Java 应用程序中的 main 函数。

服务器将 ServletRequest(即 JSP 中的 request)和 ServletResponse(即 JSP 中的 response)对象作为参数传入 service()方法中。ServletRequest 对象实现了 HTTPServletRequest 接口，其封装了浏览器向服务器发送的请求；而 ServletResponse 则实现了 HTTPServletResponse 接口，其封装了服务器向浏览器返回的信息。而这两个类都是实现了 javax.Servlet 包中的顶层接口的类。

6.2.2 HttpServlet 类

HttpServlet 是一个抽象类，它提供了一个处理 HTTP 协议的框架，用来处理客户端的 HTTP 请求。HttpServlet 类中的 service()方法，支持使用 get 或 post 方式传递数据，即在 service()方法中，可以通过调用 doGet()或 doPost()方法来实现。

HttpServlet 类的这些方法都由 service()方法调用。该类的常用方法如表 6-1 所示。

表 6-1 HttpServlet 类的常用方法

方 法	返回类型	说 明
doDelete(HttpServletRequest request, HttpServletResponse response) throws ServletException,IOException;	void	这个操作允许客户端请求从服务器上删除 URL 指定的资源。这一方法的默认执行结果是返回一个 HTTP BAD_REQUEST 错误。当需要处理 DELETE 请求时，必须重载这一方法
doGet(HttpServletRequest request, HttpServletResponse response) throws ServletException,IOException;	void	这个操作仅允许客户端从一个 HTTP 服务器获取资源。这个 get 操作不能修改存储的数据，对该方法的重载将自动地支持 head 方法。该方法的默认执行结果是返回一个 HTTP BAD_REQUEST 错误
doHead(HttpServletRequest request, HttpServletResponse response) throws ServletException,IOException;	void	默认的情况是，这个操作会按照一个无条件的 get 方法来执行，该操作不向客户端返回任何数据，而仅仅是返回包含内容长度的头信息
doOptions(HttpServletRequest request,HttpServletResponse response) throws ServletException,IOException;	void	这个操作自动地决定支持哪一种 HTTP 方法。一般不需要重载这个方法
doPost(HttpServletRequest request,HttpServletResponse response) throws ServletException,IOException;	void	这个操作包含了请求体的数据，Servlet 可以按照这些请求进行操作。该方法默认返回一个 HTTP BAD_REQUEST 错误。当需要处理 post 操作时，用户必须在 HttpServlet 的子类中重载这一方法

续表

方 法	返回类型	说 明
doPut(HttpServletRequest request, HttpServletResponse response) throws ServletException,IOException;	void	这个操作类似于通过 FTP 发送文件，它可能会对数据产生影响。该方法将默认返回一个 HTTP BAD_REQUEST 错误。当需要处理 put 操作时，必须在 HttpServlet 的子类中重载这一方法
doTrace(HttpServletRequest request, HttpServletResponse response) throws ServletException,IOException;	void	该方法用来处理一个 HTTP TRACE 操作，这个操作的默认执行结果是产生一个响应，这个响应包含反映 trace 请求中发送的所有头域的信息
getLastModified(HttpServletRequest request);	long	返回这个请求实体的最后修改时间。为了支持 get 操作，必须重载这一方法，以精确地反映最后的修改时间。返回的数值是自 1970-1-1 日(GMT)以来的毫秒数。默认返回一个负数，标志着最后修改时间未知

6.2.3 HttpSession 接口

Servlet 引擎使用 HttpSession 接口，创建一个 HTTP 客户端和 HTTP 服务器的会话。这个会话一般会在多个请求中持续一个指定的时间段。一个会话通常只跟一个用户进行通信，该用户可以访问站点多次。服务器可以保持多种方式的会话，例如使用 cookies 或通过写入 URL。HttpSession 接口的常用方法如表 6-2 所示。

表 6-2 HttpSession 接口的常用方法

方 法	返回类型	说 明
getCreationTime()	long	返回建立 session 的时间，这个时间指从 1970-1-1 日(GMT)以来的毫秒数
getId()	String	返回分配给这个 session 的标识符
getLastAccessedTime()	long	返回客户端最后一次发出与这个 session 有关的请求的时间，如果这个 session 是新建立的，则返回-1
getMaxInactiveInterval()	int	返回一个秒数，这个秒数表示客户端在不发出请求时，session 被 Servlet 维持的最长时间
getValue(String name)	Object	返回一个标识为 name 的对象，该对象必须是已绑定到 session 上的对象
getValueNames()	String[]	以一个数组返回绑定到 session 上的所有数据的名称。当 session 无效后再调用这个方法会抛出一个 IllegalStateException
invalidate()	void	该方法是终止 session。所有绑定在这个 session 上的数据都会被清除

续表

方法	返回类型	说明
isNew()	boolean	返回一个布尔值以判断这个 session 是不是新的
putValue(String name,Object value)	void	以给定的名字，绑定给定的对象到 session 中
removeValue(String name)	void	取消给定名字的对象在 session 上的绑定
setMaxInactiveInterval(int interval)	int	设置一个秒数，这个秒数表示客户端在不发出请求时，session 被 Servlet 维持的最长时间

6.2.4　ServletConfig 接口

ServletConfig 接口位于 javax.servlet 包中，其封装了 Servlet 的配置信息，在 Servlet 的初始化期间被传递。init()方法将保存这个对象，以便能够用 getServletConfig()方法返回。每一个 ServletConfig 对象对应着一个唯一的 Servlet。该接口的常用方法如表 6-3 所示。

表 6-3　ServletConfig 类的常用方法

方法	返回类型	说明
getInitParameter(String name)	String	返回 String 类型名是 name 的初始化参数值
getInitParameterNames()	Enumeration	返回所有初始化参数名的枚举集合
getServletContext()	ServletContext	返回当前 Servlet 的 ServletContext 对象

6.2.5　ServletContext 接口

ServletContext 接口是一个 Servlet 的环境对象，Servlet 引擎通过该对象向 Servlet 提供环境信息。每个 Web 应用程序的每个 Java 虚拟机都有一个 context。在一个处理多个虚拟主机的 Servlet 引擎中，每一个虚拟主机被视为一个单独的环境。ServletContext 类的常用方法如表 6-4 所示。

表 6-4　ServletContext 类的常用方法

方法	返回类型	说明
getAttribute(String name)	Object	返回 Servlet 环境对象中指定的属性对象
getAttributeNames()	Enumeration	返回一个 Servlet 环境对象中可用的属性名的列表
getContext(String uripath)	ServletContext	返回一个 Servlet 环境对象，这个对象包含了特定 URI 路径的 Servlet 和资源
getMajorVersion()	int	返回 Servlet 引擎支持的 Servlet API 的主版本号
getMinorVersion()	int	返回 Servlet 引擎支持的 Servlet API 的次版本号
getMimeType(String file)	String	返回指定文件的 MIME 类型，其值由 Servlet 引擎的配置决定

续表

方法	返回类型	说明
getRealPath(String path)	String	返回一个 String 类型的路径
getResource(String uripath)	URL	返回一个 URL 对象，该对象表明一些环境变量的资源。该方法允许服务器生成环境变量并分配给任何资源的任何 Servlet
getResourceAsStream(String uripath)	InputStream	返回一个 InputStream 对象，该对象引用指定 URL 的 Servlet 环境对象的内容
getRequestDispatcher(String uripath)	RequestDispatcher	如果在这个指定的路径下能够找到活动的资源，则返回一个特定 URL 的 RequestDispatcher 对象；否则，就返回一个空值。Servlet 引擎负责用一个 Request Dispatcher 对象封装目标路径。这个 Request Dispatcher 对象可以用来完成请求的传送
getServerInfo()	String	返回一个 String 类型，其中包括 Servlet 引擎的名字和版本号
log(String msg)	void	将指定信息写到一个 Servlet 环境对象的 log 文件中
setAttribute(String name, Object o)	void	给 Servlet 环境对象中的对象指定一个名称
removeAttribute(String name)	void	从指定的 Servlet 环境对象中删除一个属性

6.3 创建和配置 Servlet

在 Java Web 开发中，一般由 Servlet 进行数据流向的控制，并通过 HttpServletResponse 对象对请求做出响应。创建的 Servlet 必须继承 HttpServlet 类，并实现 doGet()和 doPost()方法。Servlet 创建后必须在 web.xml 文件中进行配置，Servlet 才能生效。

【例 6-1】创建继承 HttpServlet 类的 Servlet 并配置 Servlet。

创建和配置 Servlet 的具体操作步骤如下。

step 01 在 MyEclipse 中创建项目 ch06，展开项目，右击 src 选项，在弹出的快捷菜单中选择 New→Servlet 命令，如图 6-3 所示。

step 02 打开 Create a new Servlet 对话框，在 Package 文本框中输入包名"servlet"，在 Name 文本框中输入 Servlet 名"MyServlet"，Superclass 默认为 javax.servlet.http.HttpServlet，如图 6-4 所示。

step 03 单击 Finish 按钮，Servlet 创建完成，并自动生成 web.xml 配置文件。

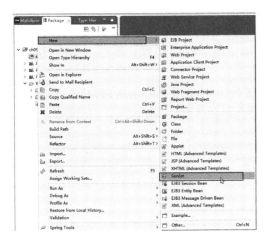

图 6-3 选择 Servlet 命令

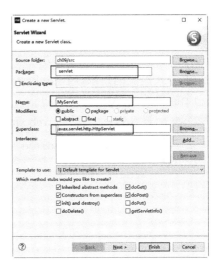

图 6-4 Create a new Servlet 对话框

step 04 修改 MyServlet.java 中的代码。(源代码\ch06\src\servlet\MyServlet.java)

```java
package servlet;
import java.io.IOException;
import java.io.PrintWriter;
import javax.servlet.ServletException;
import javax.servlet.http.HttpServlet;
import javax.servlet.http.HttpServletRequest;
import javax.servlet.http.HttpServletResponse;
public class MyServlet extends HttpServlet {
    public void doGet(HttpServletRequest request, HttpServletResponse
        response)
        throws ServletException, IOException {
        response.setContentType("text/html");
        response.setCharacterEncoding("gb2312");   //设置中文显示编码
        PrintWriter out = response.getWriter();
        out.println("<HTML>");
        out.println("<HEAD><TITLE>Servlet 的使用</TITLE></HEAD>");
        out.println("<BODY>");
        out.println("Servlet 简单实例<br>");
        out.println("Servlet 创建<br>");
        out.println("Servlet 配置");
        out.println("</BODY>");
        out.println("</HTML>");
        out.flush();
        out.close();
    }
    public void doPost(HttpServletRequest request, HttpServletResponse
        response)
            throws ServletException, IOException {
        doGet(request, response);
    }
}
```

【案例剖析】

在本案例中，使用 Servlet 容器默认的方式对 Servlet 进行初始化和销毁，因此没有 init()和 destroy()方法，只包含了具体功能处理的 doGet()和 doPost()方法。这两个方法用来处理以 get 或 post 方式提交的请求。在 doPost()方法中直接调用 doGet()方法，而在 doGet()方法中实现打印一个简单的 HTML 页面的功能。

step 05 配置 Servlet 信息的 web.xml 文件。(源代码\ch06\WebRoot\WEB-INF\web.xml)

```xml
<?xml version="1.0" encoding="UTF-8"?>
<!DOCTYPE web-app PUBLIC "-//Sun Microsystems,
        Inc.//DTD Web Application 2.3//EN"
"http://java.sun.com/dtd/web-app_2_3.dtd">
<web-app>
   <servlet>
    <!--  servlet 名称和类的配置   -->
       <servlet-name>MyServlet</servlet-name>
       <servlet-class>servlet.MyServlet</servlet-class>
   </servlet>
   <servlet-mapping>
    <!--  servlet 访问路径的配置   -->
       <servlet-name>MyServlet</servlet-name>
       <url-pattern>/servlet/MyServlet</url-pattern>
   </servlet-mapping>
</web-app>
```

【案例剖析】

在本案例中，web.xml 文件中，在<servlet>和<servlet-mapping>标签中配置 Servlet 的信息。<servlet>节点中的<servlet-name>指定 Servlet 的名称，与<servlet-mapping>节点中<servlet-name>的名称保持一致。<servlet-class>指定 Servlet 类的路径，有包的需要写上包名，否则 Servlet 引擎找不到对应的 Servlet 类。在<servlet-mapping>节点中的<url-pattern>指定 Servlet 的访问路径。

【运行项目】

step 06 将 Web 项目 ch06 部署到 Tomcat，启动 Tomcat。在浏览器的地址栏中，输入地址"http://127.0.0.1:8888/ch06/servlet/MyServlet"，运行结果如图 6-5 所示。

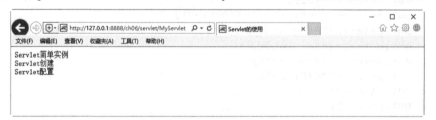

图 6-5 运行 Servlet

注意

修改 web.xml 后，必须重启 Tomcat 服务器。

6.4 用 Servlet 获取信息

Servlet 与 HTTP 协议有着紧密的联系，HTTP 各个方面的内容几乎都可以使用 Servlet 进行处理。下面详细介绍如何使用 Servlet 获取 HTTP 协议的信息。

6.4.1 获取 HTTP 头部信息

使用 Servlet 获取 HTTP 协议的头部信息，这些信息一般包含在 HTTP 请求中。当用户访问一个页面时，会提交一个 HTTP 请求给服务器的 Servlet 引擎。

【例 6-2】在 Web 项目 ch06 中，创建使用 Servlet 获取 HTTP 头部信息的类。

step 01 创建 Servlet。(源代码\ch06\src\servlet\ServletHeader.java)

```java
package servlet;
import java.io.*;
import java.util.*;
import javax.servlet.*;
import javax.servlet.http.*;
public class ServletHeader extends HttpServlet {
    public void doGet(HttpServletRequest request, HttpServletResponse
        response)
            throws IOException, ServletException {
        response.setContentType("text/html");
        PrintWriter out = response.getWriter();
        //获取HTTP请求中头部信息
        Enumeration enumer = request.getHeaderNames();
        while (enumer.hasMoreElements()) {  //循环输出
            String name = (String) enumer.nextElement();
            String value = request.getHeader(name);
            out.println(name + " = " + value + "<br>");
        }
    }
}
```

【案例剖析】

在本案例中，创建获取 HTTP 协议头部信息的 Servlet 类，在类中通过 request 对象的 getHeaderNames()方法获取包含信息名称的枚举类型。在 while 循环中，通过枚举类提供的 hasMoreElements()方法进行循环，通过枚举类提供的 nextElement()方法获取元素的名称，并通过 request 对象的 getHeader()方法根据元素名称获得其值。最后将名称和值打印输出。

step 02 在 Web.xml 中，添加如下代码。(源代码\ch06\WebRoot\WEB-INF\web.xml)

```xml
<servlet>
    <servlet-name>header</servlet-name>
    <servlet-class>servlet.ServletHeader</servlet-class>
</servlet>
<servlet-mapping>
    <servlet-name>header</servlet-name>
    <url-pattern>/ServletHeader</url-pattern>
</servlet-mapping>
```

【案例剖析】

在本案例中，将上述代码添加到 web.xml 中的<web-app></web-app>之间。<servlet-name>标签之间定义的是 servlet 的名称，<servlet-class>标签之间是 servlet 类的包名和类名，<url-pattern>之间是 servlet 的访问路径。

【运行项目】

部署 Web 项目 ch06，启动 Tomcat 服务器。在浏览器的地址栏中，输入 Servlet 的地址"http://localhost:8888/ch06/ServletHeader"，运行结果如图 6-6 所示。

图 6-6　获取 HTTP 头部信息

6.4.2　获取请求对象信息

使用 Servlet 不仅可以获取 HTTP 协议的头部信息，还可以获取发出请求的对象自身的信息，如用户提交请求使用的协议或用户提交表单的方法等。

【例 6-3】在 Web 项目中，创建使用 Servlet 获取发出请求对象自身的类。

step 01　创建获取发出请求对象信息的 Servlet。(源代码\ch06\src\servlet\OurselfInfo.java)

```java
package servlet;
import java.io.*;
import javax.servlet.*;
import javax.servlet.http.*;

public class OurselfInfo extends HttpServlet {

    public void doGet(HttpServletRequest request, HttpServletResponse response)
            throws IOException, ServletException {
        response.setContentType("text/html");
        response.setCharacterEncoding("utf-8");
        PrintWriter out = response.getWriter();
        out.println("<html>");
        out.println("<body>");
        out.println("<head>");
        out.println("<title>请求对象自身信息</title>");
        out.println("</head>");
        out.println("<body>");
        out.println("使用 Servlet 获取发出请求对象信息<br>");
        out.println("表单提交方式: " + request.getMethod() + "<br>");
        out.println("使用协议: " + request.getProtocol() + "<br>");
        out.println("Remote 主机: " + request.getRemoteAddr() + "<br>");
        out.println("Servlet 地址: " + request.getRequestURI() + "<br>");
```

```
        out.println("</font></body>");
        out.println("</html>");
    }

    public void doPost(HttpServletRequest request, HttpServletResponse response)
            throws IOException, ServletException {
        doGet(request, response);
    }
}
```

【案例剖析】

在本案例中，创建继承 HttpServlet 的类，在类的 doGet()方法中获取发出请求对象的信息，即表单的提交方式、使用的协议、Remote 主机地址及 Servlet 的地址。

step 02 在 Web.xml 中，添加如下代码。(源代码\ch06\WebRoot\WEB-INF\web.xml)

```xml
<servlet>
      <servlet-name>ourself</servlet-name>
      <servlet-class>servlet.OurselfInfo</servlet-class>
</servlet>
<servlet-mapping>
      <servlet-name>ourself</servlet-name>
      <url-pattern>/OurselfInfo</url-pattern>
</servlet-mapping>
```

【案例剖析】

在本案例中，将上述代码复制到 web.xml 的<web-app></web-app>之间。<servlet-name>是 Servlet 的名称；<servlet-class>是 Servlet 类的包名和类名；<url-pattern>是 Servlet 的访问路径。

【运行项目】

部署 Web 项目 ch06，启动 Tomcat 服务器。在浏览器的地址栏中输入获取请求对象信息的地址"http://127.0.0.1:8888/ch06/OurselfInfo"，运行结果如图 6-7 所示。

图 6-7　获取请求对象的信息

6.4.3　获取参数信息

使用 Servlet 还可以获取用户提交的参数信息。这些参数可以是表单以 post 或 get 方式提交的数据，也可以是直接通过超链接传递的参数。

【例 6-4】在 Web 项目中，使用 Servlet 获取用户提交的参数信息。

step 01 创建用户输入信息的页面。(源代码\ch06\WebRoot\form.jsp)

```
<%@ page language="java" import="java.util.*" pageEncoding="UTF-8"%>
```

```html
<!DOCTYPE HTML PUBLIC "-//W3C//DTD HTML 4.01 Transitional//EN">
<html>
    <head>
        <title>表单提交参数</title>
    <meta http-equiv="pragma" content="no-cache">
    <meta http-equiv="cache-control" content="no-cache">
    <meta http-equiv="expires" content="0">
    <meta http-equiv="keywords" content="keyword1,keyword2,keyword3">
    <meta http-equiv="description" content="This is my page">
    </head>
    <body>
        <form action="ParamForm" method="get">
            <table>
                <tr>
                    <td>水果</td>
                    <td><input type="text" name="fruit"></td>
                </tr>
                <tr>
                    <td>颜色</td>
                    <td><input type="text" name="color"></td>
                </tr>
                <tr>
                    <td colspan="2">
                        <input type="submit" value="提交">
                    </td>
                </tr>
            </table>
        </form>
    </body>
</html>
```

【案例剖析】

在本案例中,通过 table 表格创建用户输入信息,即水果和颜色两个参数。在该页面中,通过 form 表单将用户输入的两个参数提交给 ParamForm 处理。

step 02 创建获取用户输入信息的 Servlet。(源代码\ch06\src\servlet\ParamForm.java)

```java
package servlet;
import java.io.*;
import java.util.*;
import javax.servlet.*;
import javax.servlet.http.*;
public class ParamForm extends HttpServlet {
    public void doGet(HttpServletRequest request, HttpServletResponse response)
            throws IOException, ServletException {
        response.setContentType("text/html");
        response.setCharacterEncoding("utf-8");
        PrintWriter out = response.getWriter();
        out.print("使用 form 表单提交参数:<br>");
        out.print("水果: " + request.getParameter("fruit") + "<br>");
        out.print("颜色: " + request.getParameter("color") + "<br>");
    }
    public void doPost(HttpServletRequest request, HttpServletResponse response)
            throws IOException, ServletException {
```

```
        doGet(request, response);
    }
}
```

【案例剖析】

在本案例中，创建继承 HttpServlet 的类，在该类的 doGet()方法中，设置相应编码是 UTF-8，通过 request 对象的 getParameter()方法，获取 fruit 和 color 两个参数的值，并通过 PrintWriter 类的对象 out 输出参数的信息。

step 03 在 web.xml 中，添加如下代码。(源代码\ch06\WebRoot\WEB-INF\web.xml)

```xml
<servlet>
        <servlet-name>param</servlet-name>
        <servlet-class>servlet.ParamForm</servlet-class>
</servlet>
<servlet-mapping>
        <servlet-name>param</servlet-name>
        <url-pattern>/ParamForm</url-pattern>
</servlet-mapping>
```

【案例剖析】

在本案例中，将上述代码复制到 web.xml 的<web-app></web-app>之间。<servlet-name>指定 Servlet 的名称，<servlet-class>指定 Servlet 类的包名和类名，<url-pattern>指定 Servlet 的访问路径。

【运行项目】

部署 Web 项目 ch06，启动 Tomcat 服务器。在浏览器的地址栏中，输入用户输入信息页面地址"http://127.0.0.1:8888/ch06/form.jsp"，运行结果如图 6-8 所示。输入信息并单击【提交】按钮，运行结果如图 6-9 所示。

图 6-8　用户输入页面

图 6-9　提交信息显示

6.5　在 JSP 页面中调用 Servlet 的方法

在之前介绍的 Servlet 中，都是通过直接在浏览器的地址栏中输入具体的 Servlet 地址进行访问的。而在实际应用中，不可能直接在浏览器中输入 Servlet 的地址进行访问，一般是通过调用 Servlet 进行访问。下面主要介绍在 JSP 页面中调用 Servlet 的两种方式，即通过表单提交调用 Servlet 和通过超链接调用 Servlet。

6.5.1 表单提交调用 Servlet

在 JSP 页面中通过表单提交调用 Servlet，主要是将 Servlet 的地址写入表单的 action 属性中。这样在表单提交数据后就调用 Servlet，然后由其来处理表单提交的数据。

【例 6-5】创建项目 ch06，在项目中使用表单提交调用 Servlet。

step 01 创建类 User。(源代码\ch06\src\bean\User.java)

```java
package bean;
public class User {
    private String name;
    private String sex;
    private String[] interest;
    public String getName() {
        return name;
    }
    public void setName(String name) {
        this.name = name;
    }
    public String getSex() {
        return sex;
    }
    public void setSex(String sex) {
        this.sex = sex;
    }
    public String[] getInterest() {
        return interest;
    }
    public void setInterest(String[] interest) {
        this.interest = interest;
    }
    public String showSex(String s){
        if(s.equals("man")){
            return "男";
        }else{
            return "女";
        }
    }
    public String showInterest(String[] ins){
        String str = "";
        for(int i=0;i<ins.length;i++){
            str += ins[i] + " ";
        }
        return str;
    }
}
```

【案例剖析】

在本案例中，定义一个用户类，在类中定义私有成员变量 name、sex 和 interest，定义它们的 setXxx()和 getXxx()方法。在类中定义了显示性别的 showSex()方法和将兴趣数组转换为字符串的 showInterest()方法。

> **step 02** 创建填写信息页面。(源代码\ch06\WebRoot\index.jsp)

```jsp
<%@ page language="java" import="java.util.*" pageEncoding="UTF-8"%>
<!DOCTYPE HTML PUBLIC "-//W3C//DTD HTML 4.01 Transitional//EN">
<html>
    <head>
        <title>表单提交</title>
    <meta http-equiv="pragma" content="no-cache">
    <meta http-equiv="cache-control" content="no-cache">
    <meta http-equiv="expires" content="0">
    <meta http-equiv="keywords" content="keyword1,keyword2,keyword3">
    <meta http-equiv="description" content="This is my page">
    </head>
    <body>
        <form action="FormServlet" method="get">
         <table>
            <tr>
                <td>姓名：</td>
                <td><input type="text" name="name"/></td>
            </tr>
            <tr>
                <td>性别：</td>
                <td>
                    <input type="radio" name="sex" checked="checked"
                        value="man"/>男
                    <input type="radio" name="sex" value="women"/>女
                </td>
            </tr>
            <tr>
                <td>爱好：</td>
                <td>
                    <input type="checkbox" name="interest" value="篮球"/>篮球
                    <input type="checkbox" name="interest" value="足球"/>足球
                    <input type="checkbox" name="interest" value="游泳"/>游泳
                    <input type="checkbox" name="interest" value="唱歌"/>唱歌
                    <input type="checkbox" name="interest" value="跳舞"/>跳舞
                </td>
            </tr>
            <tr>
                <td colspan="2"><input type="submit" value="提交"/></td>
            </tr>
         </table>
        </form>
    </body>
</html>
```

【案例剖析】

在本案例中，创建用户输入姓名、选择性别和爱好的页面，并通过表单 form 处理提交后由 FormServlet 处理。

> **step 03** 创建 Servlet，处理表单提交的信息。(源代码\ch06\src\servlet\FormServlet.java)

```java
package servlet;
import java.io.IOException;
```

```
import java.io.PrintWriter;
import javax.servlet.ServletException;
import javax.servlet.http.HttpServlet;
import javax.servlet.http.HttpServletRequest;
import javax.servlet.http.HttpServletResponse;
import bean.User;
public class FormServlet extends HttpServlet {
    public void doGet(HttpServletRequest request, HttpServletResponse response)
            throws ServletException, IOException {
        response.setContentType("text/html");
        response.setCharacterEncoding("utf-8");   //设置编码,否则汉字显示乱码
        //获取姓名
        String name = request.getParameter("name");
        //获取性别
        String sex = request.getParameter("sex");
        //获取兴趣数组
        String[] interests = request.getParameterValues("interest");
        User user = new User();
        user.setName(name);
        user.setSex(sex);
        user.setInterest(interests);
        PrintWriter out = response.getWriter();
        out.println("<HTML>");
        out.println("<HEAD><TITLE>A Servlet</TITLE></HEAD>");
        out.println("<BODY>");
        out.print("表单提交数据: <br>");
        out.print("姓名: " + user.getName() + "<br>");
        out.print("性别: " + user.showSex(user.getSex()) + "<br>");
        out.print("兴趣: " + user.showInterest(user.getInterest()) + "<br>");
        out.println("</BODY>");
        out.println("</HTML>");
        out.flush();
        out.close();
    }
    public void doPost(HttpServletRequest request, HttpServletResponse response)
            throws ServletException, IOException {
        doGet(request, response);
    }
}
```

【案例剖析】

在本案例中,创建继承 HttpServlet 的类 FormServlet,在该类中定义 doGet()方法,在方法中获取用户输入的姓名、性别和兴趣,创建 User 类的对象 user。调用 showSex()方法并将返回值赋值给 user 的私有成员变量 sex;调用 showInterest()方法将获取的兴趣数组转换为字符串,然后赋值给 user 的私有成员变量 interest。使用 PrintWriter 类的对象 out,将用户的信息在 JSP 页面中打印出来。

step 04 在 web.xml 文件中,添加如下代码。(源代码\ch06\WebRoot\WEB-INF\web.xml)

```
<servlet>
    <servlet-name>FormServlet</servlet-name>
    <servlet-class>servlet.FormServlet</servlet-class>
```

```
</servlet>
<servlet-mapping>
    <servlet-name>FormServlet</servlet-name>
    <url-pattern>/FormServlet</url-pattern>
</servlet-mapping>
```

【案例剖析】

在本案例中，添加 Servlet 的配置信息，一对<servlet>和<servlet-mapping>，即设置 FormServlet 的名称(FormServlet)和类的路径(servlet.FormServlet)以及 Servlet 的访问路径(FormServlet)。

【运行项目】

部署项目 ch06，运行 Tomcat。在浏览器中输入"http://localhost:8888/ch06/"，运行结果如图 6-10 所示。输入信息并单击【提交】按钮，运行结果如图 6-11 所示。

图 6-10　表单页面

图 6-11　Servlet 处理

6.5.2　超链接调用 Servlet

当有用户输入的内容提交给服务器时，一般使用表单提交调用 Servlet。但是对于没有用户输入数据的情况，一般通过超链接的方式来调用 Servlet，这种情况还可以传递参数给 Servlet。

【例 6-6】在 Web 项目 ch06 中，创建使用超链接调用 Servlet 并传递一个参数的页面。

step 01　创建调用 Servlet 的超链接页面。(源代码\ch06\WebRoot\link.jsp)

```
<%@ page language="java" import="java.util.*" pageEncoding="utf-8"%>
<!DOCTYPE HTML PUBLIC "-//W3C//DTD HTML 4.01 Transitional//EN">
<html>
    <head>
```

```html
        <title>超链接</title>
    <meta http-equiv="pragma" content="no-cache">
    <meta http-equiv="cache-control" content="no-cache">
    <meta http-equiv="expires" content="0">
    <meta http-equiv="keywords" content="keyword1,keyword2,keyword3">
    <meta http-equiv="description" content="This is my page">
    </head>
    <body>
    <a href="LinkServlet?param=link">超链接调用 Servlet</a>
    </body>
</html>
```

【案例剖析】

在本案例中,通过在 JSP 页面中使用超链接调用 Servlet,并在调用 Servlet 的过程中传递参数 param 到 Servlet 中。

step 02 创建继承 HttpServlet 类的 LinkServlet。(源代码\ch06\servlet\LinkServlet.java)

```java
package servlet;
import java.io.IOException;
import java.io.PrintWriter;
import javax.servlet.ServletException;
import javax.servlet.http.HttpServlet;
import javax.servlet.http.HttpServletRequest;
import javax.servlet.http.HttpServletResponse;
import bean.User;
public class LinkServlet extends HttpServlet {
    public void doGet(HttpServletRequest request, HttpServletResponse response)
            throws ServletException, IOException {
        response.setContentType("text/html");
        response.setCharacterEncoding("utf-8");
        //获取参数 param
        String p = request.getParameter("param");
        PrintWriter out = response.getWriter();
        out.println("<HTML>");
        out.println("<HEAD><TITLE>A Servlet</TITLE></HEAD>");
        out.println("<BODY>");
        out.print("超链接获得的数据: <br>");
        out.print("param参数: " + p + "<br>");
        out.println("</BODY>");
        out.println("</HTML>");
        out.flush();
        out.close();
    }
    public void doPost(HttpServletRequest request, HttpServletResponse response)
            throws ServletException, IOException {
        doGet(request, response);
    }
}
```

【案例剖析】

在本案例中,通过 request 对象的 getParameter()方法获取参数 param 的值,并通过 PrintWriter 类的对象 out 将参数信息打印到页面上。

step 03 在 Web.xml 文件中，添加如下代码。(源代码\ch06\WebRoot\WEB-INF\web.xml)

```
<servlet>
    <servlet-name>LinkServlet</servlet-name>
    <servlet-class>servlet.LinkServlet</servlet-class>
</servlet>
<servlet-mapping>
<servlet-name>LinkServlet</servlet-name>
    <url-pattern>/LinkServlet</url-pattern>
</servlet-mapping>
```

【案例剖析】

在本案例中，配置 Servlet 的信息。在 web.xml 页面中，添加一对<servlet>和<servlet-mapping>，即设置 LinkServlet 的名称(LinkServlet)和类的路径(servlet.LinkServlet)以及 Servlet 的访问路径(LinkServlet)。

【运行项目】

部署 Web 项目 ch06，启动 Tomcat 服务器。在浏览器的地址栏中输入"http://localhost:8888/ch06/link.jsp"，运行结果如图 6-12 所示。单击超链接，跳转到 Servlet 处理，并显示获取的参数信息，如图 6-13 所示。

图 6-12　超链接页面

图 6-13　Servlet 显示信息

6.6　Servlet 的应用

文件的上传和下载可以使用基本的 I/O 流实现。但是从开发的效率和程序运行的效率方面考虑，一般会采用第三方的组件完成文件的上传，而文件的下载则不需要第三方组件。下面介绍 Servlet 使用第三方组件上传文件和使用 Servlet 下载文件。

6.6.1　下载上传组件

在 Java Web 的实际开发中，一般使用 commons-fileupload 和 commons-io 组件来完成文件

的上传功能,这两个组件都是 Apache 基金开发、维护的。

1. 下载 commons-fileupload 组件

commons-fileupload 组件目前的版本是 1.3.2,其具体下载步骤如下。

step 01 打开 Apache 网址 http://commons.apache.org/proper/commons-fileupload/,commons-fileupload 组件的下载页面如图 6-14 所示。

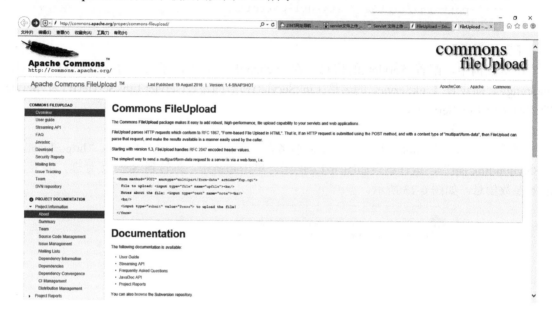

图 6-14　commons-fileupload 下载页面

step 02 在打开的页面中找到 Downloading 栏下的 FileUpload 1.3.2,单击 here 超链接,如图 6-15 所示。

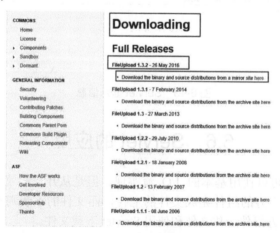

图 6-15　Downloading 栏

step 03 打开超链接页面,在 Apache Commons FileUpload 1.3.2 下单击 commons-fileupload-1.3.2-bin.zip 超链接即可下载组件,如图 6-16 所示。

图 6-16　下载 commons-fileupload

step 04　下载完成后，解压下载的压缩包。解压包中 lib 文件夹下的 commons-fileupload-1.3.2.jar 是 commons-fileupload 组件的类库，如图 6-17 所示。

step 05　将 commons-fileupload-1.3.2.jar 包复制到当前应用项目 ch06 的 WEB-INF\lib 文件夹下，如图 6-18 所示。

图 6-17　lib 文件夹　　　　　　　图 6-18　项目中的 commons-fileupload 包

2. 下载 commons-io 组件

commons-io 组件目前的版本是 2.5，其具体下载步骤如下。

step 01　打开 Apache 网址"http://commons.apache.org/proper/commons-io/"，commons-io 组件的下载页面如图 6-19 所示。

step 02　打开 Commons IO 2.5 (requires JD 1.6+)→Download now 超链接，如图 6-20 所示。

step 03　在打开的超链接页面中，单击 Apache Commons IO 2.5 (requires JDK 1.6+)中的 Binaries 下的 commons-io-2.5-bin.zip 超链接，下载 commons-io 组件，如图 6-21 所示。

step 04　下载完成后，解压下载的压缩包，找到文件夹中的 commons-io-2.5.jar 文件，如图 6-22 所示。

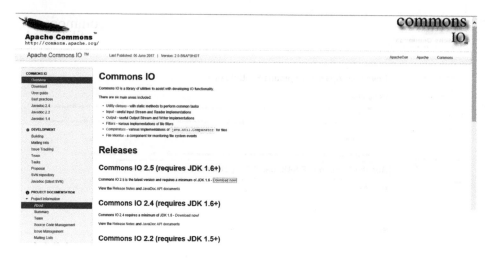

图 6-19　commons-io 下载页面

图 6-20　Download now

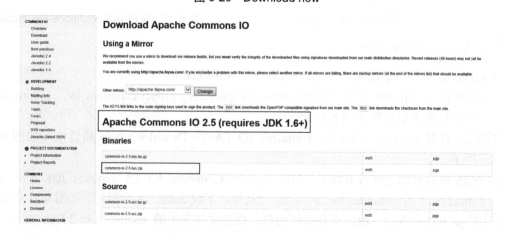

图 6-21　下载 commons-io

step 05 将 commons-io-2.5.jar 包复制到当前应用项目 ch06 的 WEB-INF\lib 文件夹下，如

图 6-23 所示。

图 6-22 commons-io-2.5 文件夹

图 6-23 项目中的 commons-io 包

6.6.2 使用 Servlet 上传文件

将文件上传组件添加到当前项目后，就可以使用 commons-fileupload 组件来完成文件的上传功能了。

【例 6-7】使用 commons-fileupload 组件实现文件上传。

step 01 创建上传文件的页面。(源代码\ch06\WebRoot\upload.jsp)

```
<%@ page language="java" import="java.util.*" pageEncoding="utf-8"
        contentType="text/html; charset=UTF-8"%>
<!DOCTYPE HTML PUBLIC "-//W3C//DTD HTML 4.01 Transitional//EN">
<html>
   <head>
      <title>文件上传</title>
    <meta http-equiv="pragma" content="no-cache">
    <meta http-equiv="cache-control" content="no-cache">
    <meta http-equiv="expires" content="0">
    <meta http-equiv="keywords" content="keyword1,keyword2,keyword3">
    <meta http-equiv="description" content="This is my page">
   </head>
   <body>
    <form action="FileUpload" enctype="multipart/form-data" method="post">
        <table cellpadding="0" cellspacing="0">
          <tr>
             <td>文件: </td>
             <td><input type="file" name="file"></td>
          </tr>
          <tr>
             <td colspan="2"><input type="submit" value="上传"></td>
          </tr>
        </table>
    </form>
   </body>
</html>
```

【案例剖析】

在本案例中，创建用户上传文件的页面，在该页面中通过 form 表单调用 Servlet 处理上传的文件。

step 02 创建处理文件上传的 Servlet。(源代码\ch06\src\servlet\FileUpload.jsp)

```java
package servlet;
import java.io.File;
import java.io.IOException;
import java.io.PrintWriter;
import java.util.Iterator;
import javax.servlet.ServletException;
import javax.servlet.http.HttpServlet;
import javax.servlet.http.HttpServletRequest;
import javax.servlet.http.HttpServletResponse;
import org.apache.commons.fileupload.FileItem;
import org.apache.commons.fileupload.FileItemFactory;
import org.apache.commons.fileupload.disk.DiskFileItemFactory;
import org.apache.commons.fileupload.servlet.ServletFileUpload;
public class FileUpload extends HttpServlet {
    protected void doPost(HttpServletRequest request, HttpServletResponse response)
            throws ServletException, IOException {
        //判断是否是文件上传
        boolean isMultipart = ServletFileUpload.isMultipartContent(request);
        if (isMultipart) {
            //创建文件上传对象
            FileItemFactory factory = new DiskFileItemFactory();
            ServletFileUpload upload = new ServletFileUpload(factory);
            Iterator items;   //存放解析表单的元素
            try{
                //解析表单提交的内容
                items = upload.parseRequest(request).iterator();
                while (items.hasNext()) {   //判断是否存在下一个元素
                    FileItem item = (FileItem) items.next();
                    if (!item.isFormField()) {
                        //取出上传文件的文件名称
                        String name = item.getName();
                        String fileName = name.substring
                            (name.lastIndexOf('\\')+1,name.length());
                        //上传文件保存到服务器的路径
                        String path = request.getSession().getServletContext().
                            getRealPath("upload")+File.separatorChar+fileName;
                        //上传文件
                        File uploadedFile = new File(path);
                        item.write(uploadedFile);

                        //打印上传成功信息
                        response.setContentType("text/html");
                        response.setCharacterEncoding("utf-8");
                        PrintWriter out = response.getWriter();
                        out.print("上传的文件为: " + name+"<br>");
                        out.print("保存的地址为: " + path);
                    }
                }
            } catch (Exception e) {
                e.printStackTrace();
```

```
            }
        }
    }
}
```

【案例剖析】

在本案例中,用类中的 doPost()方法,通过 commons-fileupload 组件提供的类来处理文件的上传。调用 isMultipartContent()方法获取是否上传文件的 boolean 返回值,通过 if 语句判断,若是上传文件,则创建文件上传对象 upload。通过 ServletFileUpload 类提供的 parseRequest()方法解析表单提交的内容。例如上传文件名称,通过上传文件名称获取上传文件保存到服务器的路径,通过 Iterator 接口上传文件,并在页面中打印上传文件名及文件保存地址。

step 03 在 web.xml 文件中,添加如下代码。(源代码\ch06\WebRoot\WEB-INF\web.xml)

```xml
<servlet>
        <servlet-name>fileUpload</servlet-name>
        <servlet-class>servlet.FileUpload</servlet-class>
</servlet>
<servlet-mapping>
        <servlet-name>fileUpload</servlet-name>
          <url-pattern>/FileUpload</url-pattern>
</servlet-mapping>
```

【案例剖析】

在本案例中,将 servlet 的配置信息添加到 web.xml 文件中。

【运行项目】

部署 Web 项目 ch06,启动 Tomcat 服务器。在浏览器的地址栏中,输入上传文件页面地址 "http://127.0.0.1:8888/ch06/upload.jsp",运行结果如图 6-24 所示。选择要上传的文件,单击【上传】按钮,效果如图 6-25 所示。

图 6-24　文件上传页面

图 6-25　上传文件信息显示

6.6.3 使用 Servlet 下载文件

使用 Servlet 进行文件的下载时,则不需要使用第三方插件,只需要对服务器的相应对象 response 进行简单的设置即可。

【例 6-8】使用 Servlet 下载指定的文件。

step 01 创建显示下载文件页面。(源代码\ch06\WebRoot\download.jsp)

```
<%@ page language="java" import="java.util.*" pageEncoding="utf-8"%>
<!DOCTYPE HTML PUBLIC "-//W3C//DTD HTML 4.01 Transitional//EN">
<html>
    <head>
        <title>文件下载</title>
        <meta http-equiv="pragma" content="no-cache">
        <meta http-equiv="cache-control" content="no-cache">
        <meta http-equiv="expires" content="0">
        <meta http-equiv="keywords" content="keyword1,keyword2,keyword3">
        <meta http-equiv="description" content="This is my page">
    </head>
    <body>
        <a href="FileDownload">form 标记.doc 下载</a>
    </body>
</html>
```

【案例剖析】

在本案例中,显示要下载文件的名称,并通过超链接调用 Servlet 处理下载文件。

step 02 创建处理下载文件的 Servlet。(源代码\ch06\src\servlet\FileDownload.java)

```java
package servlet;
import java.io.FileInputStream;
import java.io.InputStream;
import java.io.OutputStream;
import java.io.UnsupportedEncodingException;
import java.net.URLEncoder;
import javax.servlet.http.HttpServlet;
import javax.servlet.http.HttpServletRequest;
import javax.servlet.http.HttpServletResponse;
public class FileDownload extends HttpServlet {
    public void doGet(HttpServletRequest request, HttpServletResponse response)
            throws UnsupportedEncodingException {
        //下载文件的路径
        String path = this.getServletContext().getRealPath ("/upload/form 标记.doc");
        String filename = path.substring(path.lastIndexOf("\\") + 1);
        //输出文件,并指定文件的位置
response.setHeader("content-disposition","attachment;filename="+URLEncoder.encode(filename, "UTF-8"));
        InputStream in = null;
        OutputStream out = null;
        try {
            //读取文件内容
            in = new FileInputStream(path);
            int len = 0;
```

```
        byte[] buffer = new byte[1024];
        out = response.getOutputStream();
    while((len = in.read(buffer)) > 0) {
            out.write(buffer,0,len);//输出文件内容
        }
    }catch(Exception e) {
        throw new RuntimeException(e);
    }finally {
        if(in != null) {
            try {
                in.close();
            }catch(Exception e) {
                throw new RuntimeException(e);
            }
        }
    }
}
public void doPost(HttpServletRequest request, HttpServletResponse response)
        throws UnsupportedEncodingException{
    doGet(request, response);
    }
}
```

【案例剖析】

在本案例中,用 Servlet 类中的 doGet()方法实现文件下载功能。首先通过当前 Servlet 对象获取要下载文件的路径 path,使用字符串的 substring()方法获取文件名 filename,通过 response 对象指定要下载文件的位置。通过文件输入流读取要下载文件的内容并放入字节数组,然后再通过输出流输出到要下载的文件中。

step 03 在 web.xml 中,添加如下代码。(源代码\ch06\WebRoot\WEB-INF\web.xml)

```
<servlet>
        <servlet-name>fileDownload</servlet-name>
        <servlet-class>servlet.FileDownload</servlet-class>
</servlet>
<servlet-mapping>
        <servlet-name>fileDownload</servlet-name>
        <url-pattern>/FileDownload</url-pattern>
</servlet-mapping>
```

【案例剖析】

在本案例中,将 Servlet 配置信息添加到 web.xml 中。<servlet-name>是 Servlet 名称,<servlet-class>是 Servlet 类全限定名,<url-pattern>指定 Servlet 的访问路径。

【运行项目】

部署 Web 项目 ch06,启动 Tomcat。在浏览器的地址栏中,输入下载文件页面地址"http://127.0.0.1:8888/ch06/download.jsp",运行结果如图 6-26 所示。单击【form 标记.doc】超链接,提示保存文件,如图 6-27 所示。

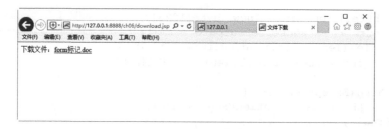

图 6-26 文件下载页面

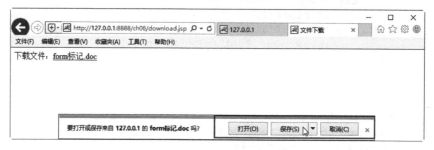

图 6-27 保存提示

6.6.4 Cookies 操作

在 Web 应用中,为了辨别用户的身份,一般使用 Cookies 存储用户在本地计算机上的数据。在 Servlet 的 API 中提供了 Cookie 操作类,提供了常用的 Cookie 操作方法。

【例 6-9】在 Servlet 中创建 Cookie 添加到客户端,并获取客户端的 session。

step 01 创建继承 HttpServlet 的 Servlet 类。(源代码\ch06\src\servlet\CookieServlet.java)

```java
package servlet;
import java.io.*;
import javax.servlet.*;
import javax.servlet.http.*;
public class CookieServlet extends HttpServlet {
    public void doGet(HttpServletRequest request, HttpServletResponse response)
            throws IOException, ServletException {
        response.setContentType("text/html");
        response.setCharacterEncoding("utf-8");
        PrintWriter out = response.getWriter();

        // 创建 Cookie 类的对象 cookie
        Cookie cookie = new Cookie("newCookie", "MyCookie");
        // 将 cookie 添加到客户端
        response.addCookie(cookie);

        // 获取客户端的所有 cookie,存放到 Cookie 类型的数组中
        Cookie[] cookies = request.getCookies();
        out.print("客户端 Cookie 信息:<br>");
        // 遍历所有 cookie
        for (int i = 0; i < cookies.length; i++) {
            Cookie c = cookies[i];
            String name = c.getName(); // cookie 名称
```

```
                String value = c.getValue(); // cookie 的值
                out.println(name + " = " + value + "<br>");
            }
    }
    public void doPost(HttpServletRequest request, HttpServletResponse response)
            throws IOException, ServletException {
        doGet(request, response);
    }
}
```

【案例剖析】

在本案例中,首先手动创建一个 Cookie 类的对象 cookie,并通过 response 对象添加到客户端。然后通过 request 对象的 getCookies()方法获取客户端的所有 cookie,并将获得的 cookie 存放到 Cookie 类型的数组中,再通过 for 循环将所有的 cookie 名称和值取出并输出。

step 02 在 web.xml 中,添加如下代码。(源代码\ch06\WebRoot\WEB-INF\web.xml)

```xml
<servlet>
    <servlet-name>cookie</servlet-name>
    <servlet-class>servlet.CookieServlet</servlet-class>
</servlet>
<servlet-mapping>
    <servlet-name>cookie</servlet-name>
    <url-pattern>/CookieServlet</url-pattern>
</servlet-mapping>
```

【案例剖析】

在本案例中,修改 web.xml 文件,在<servlet>标签的<servlet-name>中,添加 CookieServlet 的名称。在<servlet-class>标签中指定 CookieServlet 类的包名和类名。在<servlet-mapping>标签中添加 CookieServlet 的名称,其与之前在<servlet>标签的<servlet-name>中设置的一致。在<url-pattern>标签中添加 CookieServlet 的访问路径。

【运行项目】

部署 Web 项目 ch06,启动 Tomcat。在浏览器的地址栏中,直接输入 Servlet 的访问地址 "http://localhost:8888/ch06/CookieServlet",运行结果如图 6-28 所示。

图 6-28 Cookie 操作

6.6.5 Session 操作

JSP 中的内置对象 Session 用来保持服务器与用户之间的会话状态，在 Servlet 中，同样可以对 Session 进行操作。

【例 6-10】在 Servlet 中，对 Session 进行操作。

step 01 创建继承 HttpServlet 类的 Servlet，获取 Session 的信息。(源代码\ch06\src\servlet\SessionServlet.java)

```java
package servlet;
import java.io.*;
import java.util.Enumeration;
import javax.servlet.*;
import javax.servlet.http.*;
public class SessionServlet extends HttpServlet {
    public void doGet(HttpServletRequest request, HttpServletResponse response)
            throws IOException, ServletException {
        response.setContentType("text/html");
        response.setCharacterEncoding("utf-8");
        //获取输出对象
        PrintWriter out = response.getWriter();
        //获取当前请求的 session
        HttpSession session = request.getSession(true);
        out.println("Session ID: " + session.getId() + "<br>");
        out.println("创建时间: " + session.getCreationTime() + "<br>");
        out.println("有效时间: " + session.getMaxInactiveInterval() + "s<br>");
        out.println("上次访问时间: " + session.getLastAccessedTime() + "<br>");
        //设置参数 MySession 添加到 session 中
        session.setAttribute("MySession", "Hello Session!");
        //获取 session 所有的属性集合
        Enumeration sessions = session.getAttributeNames();
        //显示 session 的所有属性
        out.print( "Session 的内容: <br>");
        while(sessions.hasMoreElements()){
            //获取 session 的参数名称
            String str = (String) sessions.nextElement();
            //根据参数名称，获取 session 中参数的值
            String value = (String) session.getAttribute(str);
            out.print(str + " = " + value +  "<br>");
        }
    }
    public void doPost(HttpServletRequest request, HttpServletResponse response)
            throws IOException, ServletException {
        doGet(request, response);
    }
}
```

step 02 在 web.xml 中，添加如下代码。(源代码\ch06\WebRoot\WEB-INF\web.xml)

```xml
<servlet>
    <servlet-name>session</servlet-name>
    <servlet-class>servlet.SessionServlet</servlet-class>
```

```
    </servlet>
    <servlet-mapping>
        <servlet-name>session</servlet-name>
        <url-pattern>/SessionServlet</url-pattern>
    </servlet-mapping>
```

【案例剖析】

在本案例中,修改 web.xml 文件,在<servlet>标签的<servlet-name>中,添加 SessionServlet 的名称。在<servlet-class>标签中指定 SessionServlet 类的包名和类名。在<servlet-mapping>标签中添加 SessionServlet 的名称,其与之前在<servlet>标签的<servlet-name>中设置的一致。在<url-pattern>标签中添加 SessionServlet 的访问路径。

【运行项目】

部署 Web 项目 ch06,启动 Tomcat。在浏览器的地址栏中,直接输入 Servlet 的访问地址 "http://localhost:8888/ch06/SessionServlet",运行结果如图 6-29 所示。

图 6-29 Session 操作

6.7 大 神 解 惑

小白:使用 request 对象的 getRemoteAddr()方法获取主机地址时,得到的地址是 "0:0:0:0:0:0:0:1",怎样显示地址是 "127.0.0.1"?

大神:显示地址是 "127.0.0.1" 的解决方式主要有以下两种。

(1) 修改访问路径 localhost:8080 为 127.0.0.1:8080。

(2) 本机的配置文件 C:\Windows\System32\drivers\etc 下面有一个 localhost 文件,打开后可以看到# ::1 localhost 的配置,可以删除。其中也可以修改本机的 IP,例如修改 127.0.0.1 为 127.0.0.2,当你以后访问时 127.0.0.2 就是你的本机的 IP 了。

小白:在 Servlet 中,为什么我设置了编码格式,中文还是显示乱码呢?

大神:在 Servlet 中设置编码格式时,一定要在取得输出类 PrintWriter 的对象之前。如果在取得对象后设置编码,则中文字符还是不能正常显示。

小白:在浏览器中输入 Servlet 的地址后,显示 "404 找不到" 错误。

大神:这可能是由于你输入的 Servlet 地址与 web.xml 中<url-pattern></url-pattern>标签之间设置的访问地址不一致导致的。

6.8 跟我学上机

练习 1：创建一个 Servlet，在页面中显示 Hello Servlet。

练习 2：创建一个 JSP 页面，在该页面中使用表单提交用户输入的信息，并调用 Servlet 处理提交的信息，最后将处理后的信息在浏览器中显示。

练习 3：创建一个 JSP 页面，在该页面中定义一个调用 Servlet 的超链接，超链接带一个参数。用 Servlet 获取超链接传递的参数并在浏览器中显示该参数的信息。

练习 4：创建一个 JSP 页面，用于选择上传文件，并通过表单调用 Servlet 处理上传的文件。在 Servlet 中使用 commons-fileupload 组件处理上传的文件。

练习 5：创建一个 Servlet，用户下载 upload/Hello.jsp 文件。

第 7 章
Java 的可重用组件——JavaBean 技术

在 Java Web 开发过程中，一般要将业务逻辑和表现层分开，这是软件分层设计的基本理念。在 JSP 中一般使用 JavaBean 实现核心的业务逻辑，而使用 JSP 页面实现表现层。JavaBean 是 Java 中的一个组件技术，是一个封装了一系列属性和方法的类。使用 JavaBean 中封装好的方法，可以达到代码重复使用的目的。本章详细介绍 JavaBean 及其在 JSP 中的使用。

本章要点(已掌握的在方框中打钩)

- ☐ 了解 JavaBean 概述和种类。
- ☐ 掌握 JavaBean 的规则。
- ☐ 了解使用 JavaBean 的原因。
- ☐ 掌握如何在 JSP 中使用 JavaBean。
- ☐ 掌握 JavaBean 的 4 种范围。
- ☐ 掌握 JavaBean 的使用。

7.1 JavaBean 简介

JavaBean 是一种 Java 组件技术，是 Sun 公司提出的为了适应网络计算的组件结构。采用 JavaBean 可以设计实现能够集成到其他软件产品的独立的 Java 组件。

7.1.1 JavaBean 概述

在早期，JavaBean 最常用的领域是可视化领域，如 AWT(窗口抽象工具集)下的应用。通常情况下，可以使用 JavaBean 构建如按钮、文本框、菜单等可视化 GUI。但是随着 B/S 结构软件的流行，非可视化的 JavaBean 越来越显示出自己的优势，它们被用于服务器端来实现事务封装、数据库操作等，很好地实现了业务逻辑层和视图层的分离，使得系统具有灵活、健壮、易维护的特点。

JavaBean 是使用 Java 语言开发的一个可重用的组件。在 JSP 的开发中使用 JavaBean 不仅可以减少重复的代码，还能够使整个 JSP 的开发更简洁、逻辑更清晰。JSP 与 JavaBean 进行 Web 项目的开发，有以下两个优点。

(1) 将 HTML 和 Java 代码分离，方便了以后的维护。如果将 HTML 和 Java 代码都写到 JSP 页面中，会使整个程序代码又多又复杂，以后维护非常困难。

(2) 利用 JavaBean 的优点，将经常使用到的代码抽象成一个 JavaBean 组件，当在 JSP 页面中使用时，只要调用 JavaBean 组件即可。

7.1.2 JavaBean 的种类

JavaBean 大体可以分为两类：第一类是可视化组件；第二类是非可视化组件。

(1) 可视化组件是有用户界面(UI, User Interface)的 JavaBean，如按钮、文本框、下拉列表、单选按钮或报表组件等。可视化组件是对界面元素的封装，其原理就是提前将各种组件封装成 JavaBean，开发时直接将组件拖放到需要的位置。

(2) 非可视化组件是没有用户界面的 JavaBean，其主要用于业务逻辑的封装，从而提供可以重复利用的软件组件。本章重点介绍非可视化 JavaBean 的开发和使用。

7.2 非可视化 JavaBean

非可视化 JavaBean 用于业务逻辑的封装，编写时要遵循其编码规范。这样支持 JavaBean 的环境引擎才可以找到其属性和方法，而其他开发者也可以调用 JavaBean 中提供的方法。

7.2.1 JavaBean 的编码规则

从编程语言的角度来看，JavaBean 就是符合一定条件的 Java 类的实例。一般来说，设计一个 JavaBean 就是要设置其属性和方法。JavaBean 的编码规则如下。

(1) 每个属性都有获取和设置的方法。即每个属性必须提供对应的 getXxx()和 setXxx()方法。例如，JavaBean 类中有一个属性 color，那么必须提供该属性所对应的 getColor()和 setColor()方法。

(2) 如果 JavaBean 中有一个属性是 boolean 类型，那么其对应的获取和设置方法则不同。例如，JavaBean 类中有一个 boolean 类型的属性 graduate，那么其对应的方法是 isGraduate()和 setGraduate()。

(3) 所有的属性都是私有成员变量，所有方法都是公有的方法。即成员变量使用 private 修饰，对所有成员变量的访问都通过方法；成员方法使用 public 修饰，方便外界程序访问类中的方法。

(4) 如果类中定义了含有参数的构造方法，一定要重写无参数的构造方法。

注意

getXxx()和 setXxx()方法中 Xxx 代表 JavaBean 的成员变量。getXxx()和 setXxx() 方法并不一定是成对出现的。如果只有 getXxx()方法，则对应的属性是只读属性。

7.2.2 JavaBean 属性

在编写 JavaBean 的规范中，规定将其属性设置为私有的(private)，目的是防止外部直接对其属性的访问，但是需要为私有属性提供公共的(public)访问和赋值方法，即 getXxx()和 setXxx()方法。

【例 7-1】创建非可视化 JavaBean，并提供对 JavaBean 属性赋值和获取属性值的方法。(源代码\ch07\src\bean\Fruit.java)

```java
package bean;
public class Fruit {
    private String name;     //名称
    private String color;    //颜色
    private boolean ripe;    //是否成熟
    //成员变量对应方法
    public String getName() {
        return name;
    }
    public void setName(String name) {
        this.name = name;
    }

    public String getColor() {
        return color;
    }
    public void setColor(String color) {
        this.color = color;
    }

    public boolean isRipe() {
        return ripe;
    }
    public void setRipe(boolean ripe) {
```

```
        this.ripe = ripe;
    }
}
```

【案例剖析】

在本案例中，创建 3 个私有的成员变量，分别是 String 类型的 name 和 color 以及 boolean 类型的 ripe。定义私有成员变量 name 和 color 对应的公共的 setXxx()和 getXxx()方法，以及 boolean 类型成员变量 ripe 对应的 isRipe()和 setRipe()方法。

在 Java Web 项目中创建 Java 类时，若将其放在默认包中，可能导致不能正常访问该类，因此需要先创建包，再在包中创建 Java 类。在 Fruit 类中没有显式的定义构造方法，编译器会自动为其添加无参数的构造方法。

7.3 使用 JavaBean 的原因

JSP 可以将 Java 代码嵌套在静态的 HTML 页面中，从而让静态的 HTML 页面有了动态的功能。那么为什么还要使用 JavaBean 呢？下面通过一个例子加以说明。

【例 7-2】 在 HTML 中嵌套 Java 代码。

step 01 创建用户的注册页面。(源代码\ch07\WebRoot\regit.jsp)

```
<%@ page language="java" import="java.util.*" pageEncoding="utf-8"%>
<!DOCTYPE HTML PUBLIC "-//W3C//DTD HTML 4.01 Transitional//EN">
<html>
  <head>
    <title>用户注册</title>
    <meta http-equiv="pragma" content="no-cache">
    <meta http-equiv="cache-control" content="no-cache">
    <meta http-equiv="expires" content="0">
    <meta http-equiv="keywords" content="keyword1,keyword2,keyword3">
    <meta http-equiv="description" content="This is my page">
  </head>
  <body>
    <form action="regitAction.jsp" method="post">
    <table border=1px>
        <tr align="center"><td colspan="2">用户注册</td></tr>
        <tr>
            <td>用户名：</td>
            <td><input type="text" name="user"/></td>
        </tr>
        <tr>
            <td>密码：</td>
            <td><input type="password" name="pwd"/></td>
        </tr>
        <tr>
            <td>性别：</td>
            <td>
                <input type="radio" name="sex" value="man" checked="checked"/>男
                <input type="radio" name="sex" value="women" />女
```

```html
            </td>
        </tr>
        <tr align="center"><td colspan="2"><input type="submit" value="注册
            "></td></tr>
    </table>
    </form>
  </body>
</html>
```

step 02 处理注册信息页面。(源代码\ch07\WebRoot\regitAction.jsp)

```jsp
<%@ page language="java" import="java.util.*" pageEncoding="utf-8"%>
<%
    String user = new String(request.getParameter("user").getBytes ("ISO-
        8859-1"),"utf-8");
    String pwd = request.getParameter("pwd");
    String sex = request.getParameter("sex");
    String xb = "";
    if(sex.equals("man")){
        xb = "男";
    }else{
        xb = "女";
    }
%>
<!DOCTYPE HTML PUBLIC "-//W3C//DTD HTML 4.01 Transitional//EN">
<html>
  <head>
    <title>注册信息</title>
    <meta http-equiv="pragma" content="no-cache">
    <meta http-equiv="cache-control" content="no-cache">
    <meta http-equiv="expires" content="0">
    <meta http-equiv="keywords" content="keyword1,keyword2,keyword3">
    <meta http-equiv="description" content="This is my page">
  </head>
  <body>
    <table border=1px>
        <tr>
            <td>用户名:<%=user%></td>
        </tr>
        <tr>
            <td>密码:<%=pwd %></td>
        </tr>
        <tr>
            <td>性别:<%=xb %></td>
        </tr>
    </table>
  </body>
</html>
```

在浏览器的地址栏中输入"http://127.0.0.1:8888/ch07/regit.jsp",运行结果如图 7-1 所示。输入注册信息后,单击【注册】按钮,显示注册信息的页面,如图7-2所示。

图 7-1　注册页面　　　　　　　图 7-2　注册信息

【案例剖析】

在本案例中，在 regit.jsp 页面中使用 HTML 语言创建用户注册的页面，在 regitAction.jsp 页面中使用 Java 代码获取用户的注册信息，并通过 HTML 语言显示用户的注册信息。

通过该案例可以发现如下几个问题。

(1) 若是在其他页面中实现相同的功能，不能重复利用这些写好的代码。

(2) 若是程序出错，不能快速地找出错误的地方。

(3) 若是页面需要美化，美工不懂这些 Java 代码，则无法操作。

使用 JavaBean 可以将页面上的复杂逻辑代码抽象成一个 JavaBean。封装这些业务逻辑，使 JSP 页面通过调用这个 JavaBean 实现在 JSP 页面中数据的显示。这样就实现了业务逻辑和数据显示的分离。封装的 JavaBean 成了可以重复使用的组件。JavaBean 不仅可以被其他页面调用，还可以使其他开发人员不用考虑其具体的实现过程，即使不懂 Java 的美工也不会影响其对页面的美化工作，它的使用使 JSP 页面的业务逻辑更加清晰。

下面将例 7-2 中的页面进行优化，将业务逻辑代码封装到一个 JavaBean 中。本案例的功能非常简单，实际开发中的逻辑处理和数据显示要比这个复杂很多。使用 JavaBean 的具体实现代码如下。

step 01 创建 JavaBean 类，即 Person。(源代码\ch07\src\bean\Person.java)

```java
package bean;
public class Person {
    private String user;
    private String pwd;
    private String sex;
    public String getUser() {
        return user;
    }
    public void setUser(String user) {
        this.user = user;
    }
    public String getPwd() {
        return pwd;
    }
    public void setPwd(String pwd) {
        this.pwd = pwd;
    }
    public String getSex() {
        return sex;
```

```
    }
    public void setSex(String sex) {
        this.sex = sex;
    }
    //显示处理方法
    public String display(String s){
        if(s.equals("man")){
            return "男";
        }else{
            return "女";
        }
        
    }
}
```

【案例剖析】

在本案例中,创建一个有 3 个私有成员变量 user、pwd 和 sex 的 JavaBean,在类中定义成员变量的 public 的 set()和 get()方法。并定义 display()方法,在方法中使用 if 语句判断 sex 值,返回 String 类型的汉字。

step 02 新建 regitAction2.jsp 页面。(源代码\ch07\WebRoot\regitAction2.java)

```
<%@ page language="java" import="java.util.*" pageEncoding="utf-8"%>
<jsp:useBean id="person" class="bean.Person" scope="page"></jsp:useBean>
<%
    String user = new String(request.getParameter("user").getBytes("ISO-
        8859-1"),"utf-8");
    String pwd = request.getParameter("pwd");
    String sex = request.getParameter("sex");
    if(person.UserMess(user).equals("登录失败")){
        response.sendRedirect("regit.jsp");
    }else{
%>
<jsp:setProperty property="user" value="<%=user %>" name="person"/>
<jsp:setProperty property="pwd" value="<%=pwd %>" name="person"/>
<jsp:setProperty property="sex" value="<%=person.display(sex) %>"
name="person"/>
<!DOCTYPE HTML PUBLIC "-//W3C//DTD HTML 4.01 Transitional//EN">
<html>
  <head>
    <title>注册信息</title>
    <meta http-equiv="pragma" content="no-cache">
    <meta http-equiv="cache-control" content="no-cache">
    <meta http-equiv="expires" content="0">
    <meta http-equiv="keywords" content="keyword1,keyword2,keyword3">
    <meta http-equiv="description" content="This is my page">
  </head>
  <body>
    <table border=1px align="center">
        <tr>
            <td>用户名:</td><td><jsp:getProperty property="user"
                name="person"/></td>
        </tr>
        <tr>
```

```
            <td>密码: </td><td><jsp:getProperty property="pwd" name="person"/></td>
        </tr>
        <tr>
            <td>性别: </td><td><jsp:getProperty property="sex" name="person"/></td>
        </tr>
    </table>
<%}%>
  </body>
</html>
```

【案例剖析】

在本案例中，使用<useBean>标签创建 JavaBean 实例 person，通过 request 对象获取 user、pwd 和 sex 的值，通过<jsp:setProperty>标签对 person 对象赋值，再通过<jsp:getProperty>标签获取 person 对象属性的值并显示。

修改 regit.jsp 中 form 表单提交处理页面为 regitAction2.jsp，在浏览器的地址栏中输入"http://127.0.0.1:8888/ch07/regit.jsp"，运行结果和例 7-2 一样。

7.4 在 JSP 中使用 JavaBean

JSP 和 JavaBean 的组合是开发小型 B/S 应用的最佳选择，使用 JavaBean 实现业务逻辑和 JSP 页面的分离，减少了 JSP 页面中 Java 的代码量，使 JSP 页面只进行数据的显示，从而使 JSP 页面的逻辑更加清晰。

在 JSP 中使用 JavaBean 主要通过<jsp:useBean>、<jsp:setProperty>和<jsp:getProperty>这 3 个 JSP 动作元素。下面详细介绍它们的使用。

7.4.1 <jsp:useBean>动作

<jsp:useBean>动作是装载一个在 JSP 页面中使用的 JavaBean，它充分发挥了 Java 组件重用的优势，同时也提高了 JSP 使用的方便性。<jsp:useBean>动作的基本语法格式如下：

```
<jsp:useBean id="name" class="package.class" scope="page"/>
```

参数说明如下。

(1) id 属性：指定 JavaBean 的实例名。

(2) class 属性：指定 JavaBean 的包名和类名。

(3) scope 属性：指定 JavaBean 实例的作用域，默认是 page。该属性有 4 个值，分别是 page、request、session 和 application。page 指 JavaBean 在当前页面有效，存储在 PageContext 的当前页；request 指 JavaBean 只在当前用户的请求范围内有效，存储在 ServletRequest 对象中；session 指 JavaBean 在当前 HttpSession 生命周期的范围内对所有页面均有效；application 指 JavaBean 在本应用内一直有效，可以设置所有的页面都使用相同的 ServletContext。

在类载入后，可以通过<jsp:setProperty>和<jsp:getProperty>动作来修改和检索 JavaBean 的属性。

7.4.2 <jsp:setProperty>动作

如果在 JavaBean 中提供了对属性赋值的 setXxx()方法,那么在 JSP 页面中就可以通过<jsp:setProperty>动作对已经实例化的 JavaBean 对象的属性赋值,其有两种用法,即放在<jsp:useBean>动作外和放在<jsp:useBean>动作内。

放在<jsp:useBean>动作外的<jsp:setProperty>动作,无论是现有的 Bean 还是新创建的 Bean 实例,其都会执行。放在<jsp:useBean>动作内的<jsp:setProperty>动作,只有在新建 Bean 实例时才会执行。

<jsp:setProperty>动作的基本语法格式如下:

```
<jsp:setProperty name="myName" property="someProperty" value="someValue".../>
```

参数说明如下。

(1) name 属性:JavaBean 实例名。
(2) property 属性:参数名。
(3) value 属性:设置参数的值。

7.4.3 <jsp:getProperty>动作

如果在 JavaBean 中提供了获取属性的 getXxx()方法,那么在 JSP 页面中就可以通过<jsp:getProperty>动作获取 JavaBean 属性的值并转换成字符串,然后在 JSP 页面中输出。

<jsp:getProperty>动作的基本语法格式如下:

```
<jsp:getProperty name="myName" property="someProperty".../>
```

参数说明如下。

(1) name 属性:JavaBean 实例名。
(2) property 属性:参数名。

【例 7-3】使用<jsp:useBean>、<jsp:setProperty>和<jsp:getProperty>动作,在 JSP 页面中操作 JavaBean 的实例,即对 Fruit 类的属性赋值和获取其属性的值。(源代码 \ch07\WebRoot\javaBean.jsp)

```
<%@ page language="java" import="java.util.*" pageEncoding="UTF-8"%>
<!DOCTYPE HTML PUBLIC "-//W3C//DTD HTML 4.01 Transitional//EN">
<html>
  <head>
    <title>JavaBean 的使用</title>
    <meta http-equiv="pragma" content="no-cache">
    <meta http-equiv="cache-control" content="no-cache">
    <meta http-equiv="expires" content="0">
    <meta http-equiv="keywords" content="keyword1,keyword2,keyword3">
    <meta http-equiv="description" content="This is my page">
  </head>
  <body>
    <jsp:useBean id="fruit" class="bean.Fruit" />
    <%--设置属性的值 --%>
```

```
        <jsp:setProperty name="fruit" property="name" value="苹果" />
        <jsp:setProperty name="fruit" property="color" value="红色" />
        <jsp:setProperty name="fruit" property="ripe" value="成熟" />
        获取水果信息：<br/>
        <jsp:getProperty name="fruit" property="name" />  <br/>
        <jsp:getProperty name="fruit" property="color" /> <br/>
        <jsp:getProperty name="fruit" property="ripe" />
    </body>
</html>
```

在浏览器的地址栏中，输入 JSP 页面的地址 http://127.0.0.1:8888/ch07/javaBean.jsp，运行结果如图 7-3 所示。

图 7-3 useBean 实例

【案例剖析】

在本案例中，在 JSP 页面中，通过使用<jsp:useBean>动作元素，创建 Fruit 类的实例 fruit，并通过<jsp:setProperty>动作元素，设置类的私有成员变量 name、color 和 ripe 的值，再通过<jsp:getProperty>动作获取并输出成员变量的值。

7.5 JavaBean 的范围

前面介绍了 JSP 元素的有效范围，而 JavaBean 也存在有效范围。下面介绍 JavaBean 的 4 种有效范围，即 page、request、session 和 application。

7.5.1 page 范围

使用 page 范围的 JavaBean，只能在创建它们的页面中才能被访问。当请求响应返回客户端或指向另一资源时，释放该 page 范围对象的引用。page 范围的对象存储在 pageContext 中。page 范围的 JavaBean 通常用于单一实例的计算或事务。

【例 7-4】创建一个网站计数器，用来记录用户登录的次数，而在 JSP 页面中通过<jsp:useBean>的方式来访问它，JavaBean 的 scope 是 page。

step 01 创建 JavaBean 类。(源代码\ch07\bean\src\Count.java)

```
package bean;
public class Count {
    private String name;
    private String pwd;
    private int count;
    public int getCount() {
```

```java
        return count;
    }
    public void setCount(int count) {
        this.count = count;
    }
    public String getName() {
        return name;
    }
    public void setName(String name) {
        this.name = name;
    }
    public String getPwd() {
        return pwd;
    }
    public void setPwd(String pwd) {
        this.pwd = pwd;
    }
    public int AllCount(){
        count ++;
        return count;
    }
}
```

step 02 创建显示用户访问次数的页面。(源代码\ch07\WebRoot\count.jsp)

```jsp
<%@ page language="java" import="java.util.*" pageEncoding="utf-8"%>
<jsp:useBean id="c" class="bean.Count" scope="page"/>
<jsp:setProperty property="count" name="c" value="<%=c.AllCount() %>"/>
<!DOCTYPE HTML PUBLIC "-//W3C//DTD HTML 4.01 Transitional//EN">
<html>
  <head>
    <title>网站计数器</title>
    <meta http-equiv="pragma" content="no-cache">
    <meta http-equiv="cache-control" content="no-cache">
    <meta http-equiv="expires" content="0">
    <meta http-equiv="keywords" content="keyword1,keyword2,keyword3">
    <meta http-equiv="description" content="This is my page">
  </head>
  <body>
    <center>
    您是第<jsp:getProperty property="count" name="c"/>次访问本网站。
    </center>
  </body>
</html>
```

在浏览器的地址栏中输入"http://127.0.0.1:8888/ch07/count.jsp",运行结果如图7-4所示。

【案例剖析】

在本案例中,无论刷新多少次该页面,页面显示访问次数均是 1。这是由于将 JavaBean 的有效范围设成了 page,当刷新一次页面时,原来在内存中的 JavaBean 实例就被释放,重新得到一个新的页面,而新的页面会重新实例化一个 JavaBean,因此页面中显示的访问次数一直是 1。

图 7-4　page 范围

7.5.2　request 范围

request 范围的 JavaBean 在客户端的一次请求中有效。在 HTTP 中客户端浏览器向服务器发送一个请求到服务器返回一个响应,这就是一个 request 请求过程。在这个请求过程中,处理的页面并不一定只有一个。当一个页面提交后,响应该页面的过程可以经过一个或一系列页面,即可以由响应它的页面通过 forward 或 include 其他页面进行处理,最后所有页面处理完再返回客户端,整个过程都是在一个 request 请求中。

【例 7-5】在一个请求过程中使用<jsp:forward>动作实现页面的跳转。

step 01　创建用户登录的页面 index.jsp。(源代码\ch07\WebRoot\index.jsp)

```
<%@ page language="java" import="java.util.*" pageEncoding="utf-8"%>
<!DOCTYPE HTML PUBLIC "-//W3C//DTD HTML 4.01 Transitional//EN">
<html>
  <head>
    <title>用户登录</title>
    <meta http-equiv="pragma" content="no-cache">
    <meta http-equiv="cache-control" content="no-cache">
    <meta http-equiv="expires" content="0">
    <meta http-equiv="keywords" content="keyword1,keyword2,keyword3">
    <meta http-equiv="description" content="This is my page">
  </head>
  <body>
  <form action="indexAction.jsp" method="post">
    <table align="center" border="1px" cellpadding="0" cellspacing="0"
        width="300px" height="200px">
    <tr><td colspan="2" align="center">用户登录</td></tr>
    <tr>
        <td align="center">用户名：</td>
        <td align="left">    <input type="text"
            name="uname"></td>
    </tr>
    <tr>
        <td align="center">密    码：</td>
        <td align="left">    <input type="password"
            name="upwd"></td>
    </tr>
    <tr>
        <td colspan="2" align="center"><input type="submit" value="登录"></td>
    </tr>
    </table>
```

```
    </form>
  </body>
</html>
```

【案例剖析】

在本案例中,使用 HTML 语言创建用户的登录界面,通过 form 表单提交用户登录信息到 indexAction.jsp 页面。

step 02 创建处理登录信息的页面。(源代码\ch07\WebRoot\indexAction.jsp)

```
<%@ page language="java" import="java.util.*" pageEncoding="utf-8"%>
<jsp:useBean id="cu" class="bean.Count" scope="request"/>
<jsp:setProperty property="count" name="cu" value="<%=cu.AllCount() %>"/>
<%
    String n = new String(request.getParameter("uname").getBytes("ISO-8859-
        1"),"utf-8");
    String p = request.getParameter("upwd");
%>
<jsp:setProperty property="name" name="cu" value="<%=n %>"/>
<jsp:setProperty property="pwd" name="cu" value="<%=p %>"/>
<jsp:forward page="show.jsp" />
```

【案例剖析】

在本案例中,通过 request 对象获取用户的登录名和密码,使用<jsp:useBean>创建 JavaBean 的对象 cu,并通过<jsp:setProperty>为类中私有成员变量 name、pwd 和 count 赋值。此时 count 的值由默认的 0 修改为 1。使用<jsp:forward>将页面跳转到 show.jsp 页面,由于这是一次 request 请求,因此在 show.jsp 页面中 request 对象和 JavaBean 都有效。

step 03 创建显示欢迎页面。(源代码\ch07\WebRoot\show.jsp)

```
<%@ page language="java" import="java.util.*" pageEncoding="utf-8"%>
<jsp:useBean id="cu" class="bean.Count" scope="request"/>
<jsp:setProperty property="count" name="cu" value="<%=cu.AllCount() %>"/>
<!DOCTYPE HTML PUBLIC "-//W3C//DTD HTML 4.01 Transitional//EN">
<html>
  <head>
    <title>网站计数器</title>
    <meta http-equiv="pragma" content="no-cache">
    <meta http-equiv="cache-control" content="no-cache">
    <meta http-equiv="expires" content="0">
    <meta http-equiv="keywords" content="keyword1,keyword2,keyword3">
    <meta http-equiv="description" content="This is my page">
  </head>
  <body>
    <center>
    <jsp:getProperty property="name" name="cu"/> ,您好!
    您是第<jsp:getProperty property="count" name="cu"/>次访问本网站。
    </center>
  </body>
</html>
```

【案例剖析】

在本案例中,通过<jsp:useBean>使用 request 请求中的同一个 JavaBean,并通过

<jsp:getProperty>获取 JavaBean 中 name 和 count 属性的值(count 的值在 indexAction.jsp 页面中中是 1，此时再调用 AllCount()方法赋值，其自动加 1，因此 count 的值是 2)。所以使用<jsp:getProperty>获取的 count 值显示的是 2。

【运行项目】

将当前项目 ch07 部署到 Tomcat，启动 Tomcat。

(1) 在浏览器的地址栏中输入"http://127.0.0.1:8888/ch07/index.jsp"，运行结果如图 7-5 所示。输入登录信息，单击【登录】按钮，运行结果如图 7-6 所示。

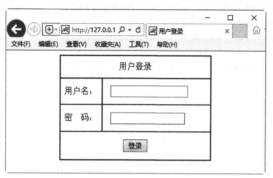
图 7-5　登录页面

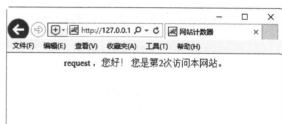
图 7-6　request 范围

(2) 在 indexAction.jsp 和 show.jsp 页面中，将 JavaBean 的有效范围设置为 page。单击【登录】按钮后，在 indexAction.jsp 页面中得到的 JavaBean 中 count 的值是 1，当跳转到 show.jsp 页面后，由于 page 的有效范围是当前页，因此将会生成一个新的 JavaBean 实例，原 JavaBean 实例中保存的数据均会被初始化。此时使用<jsp:setProperty>对 count 赋值(count 的值由默认的 0 自动加 1)，因此显示用户第一次访问，同时使用<jsp:useBean>获取 name 的属性值是 null，如图 7-7 所示。

图 7-7　修改为 page 范围

7.5.3　session 范围

session 范围的 JavaBean 在客户端与服务器建立连接开始到连接中断的这个过程中有效，但是当关闭浏览器或超过设置的有效时间时，session 范围的 JavaBean 实例失效。

【例 7-6】使用 session 范围的 JavaBean。(源代码\ch07\WebRoot\session.jsp)

```
<%@ page language="java" import="java.util.*" pageEncoding="utf-8"%>
<jsp:useBean id="c" class="bean.Count" scope="session"/>
<jsp:setProperty property="count" name="c" value="<%=c.AllCount() %>"/>
<!DOCTYPE HTML PUBLIC "-//W3C//DTD HTML 4.01 Transitional//EN">
<html>
```

```
<head>
  <title>session 范围</title>
  <meta http-equiv="pragma" content="no-cache">
  <meta http-equiv="cache-control" content="no-cache">
  <meta http-equiv="expires" content="0">
  <meta http-equiv="keywords" content="keyword1,keyword2,keyword3">
  <meta http-equiv="description" content="This is my page">
</head>
<body>
  <center>
  <%
      //设置session的有效时间为10s
      session.setMaxInactiveInterval(10);
  %>
  您是第<jsp:getProperty property="count" name="c"/>次访问本网站。
  </center>
</body>
</html>
```

在浏览器的地址栏中输入"http://127.0.0.1:8888/ch07/session.jsp",刷新 2 次页面,运行结果如图 7-8 所示。等待 10s 后 session 过期,刷新网页,运行结果如图 7-9 所示。

图 7-8 session 范围

图 7-9 session 过期

【案例剖析】

在本案例中,使用<jsp:useBean>创建 JavaBean 类的实例 c,通过<jsp:setProperty>对 count 属性赋值(其值由默认的 0 自增后变为 1),运行 session.jsp 页面,显示用户第 1 次访问网站。刷新一次 count 的值加 1,等待 10s 后 session 过期,再刷新页面时新建一个 session 对象,因此 count 的值又从 1 开始,每刷新一次页面自增 1。

7.5.4 application 范围

application 范围的 JavaBean 一旦建立,除非将其撤销或服务器重新启动,否则 JavaBean 的实例将一直保存在服务器的内存中。不同的浏览器,不同的客户端,在不同的时间访问这个 JavaBean 实例都将共享其信息。

【例 7-7】使用 application 范围的 JavaBean。

step 01 在 show.jsp 页面中添加如下代码:

```
<a href="application.jsp">application</a>
```

step 02 使用 application 范围,获取 count 值并显示。(源代码\ch07\WebRoot\application.jsp)

```
<%@ page language="java" import="java.util.*" pageEncoding="utf-8"%>
<jsp:useBean id="cu" class="bean.Count" scope="application"/>
<jsp:setProperty property="count" name="cu" value="<%=cu.AllCount() %>"/>
<!DOCTYPE HTML PUBLIC "-//W3C//DTD HTML 4.01 Transitional//EN">
<html>
  <head>
    <title>网站计数器</title>
    <meta http-equiv="pragma" content="no-cache">
    <meta http-equiv="cache-control" content="no-cache">
    <meta http-equiv="expires" content="0">
    <meta http-equiv="keywords" content="keyword1,keyword2,keyword3">
    <meta http-equiv="description" content="This is my page">
  </head>
  <body>
    <center>
    <jsp:getProperty property="name" name="cu"/> ，您好！
    count值 = <jsp:getProperty property="count" name="cu"/>
    </center>
  </body>
</html>
```

在浏览器地址栏中输入 http://127.0.0.1:8888/ch07/indexAction.jsp，运行结果如图 7-10 所示。单击 application 超链接，运行结果如图 7-11 所示。

图 7-10 application 范围　　　　　　　图 7-11 打开超链接页面

连续刷新 3 次 application.jsp 页面，运行结果如图 7-12 所示。在不关闭服务器的情况下，重新打开浏览器并在地址栏中输入 http://127.0.0.1:8888/ch07/application.jsp，运行结果如图 7-13 所示。

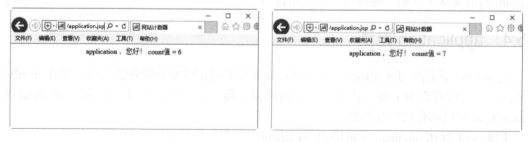

图 7-12 刷新 application 页面　　　　　　图 7-13 打开新的浏览器

【案例剖析】

在本案例中，通过 show.jsp 页面的超链接访问 applicationBean.jsp 页面、刷新该页面或关闭浏览器再重新访问该页面时，获得的 JavaBean 的 count 成员变量的值都是在前面基础上累计的，JavaBean 实例在服务器关闭前一直有效。这是因为在 applicationBean.jsp 页面中，使用的<jsp:useBean>和 indexAction.jsp、show.jsp 页面中定义的<jsp:useBean>的 id 和 scope 属性值是相同的，在客户端向服务器请求页面的过程中，会使用已经存在的 JavaBean 实例而不是重新创建实例。

7.6 大神解惑

小白：将 JavaBean 放入默认包中时，为什么使用 JavaBean 时提示没有定义类？

大神：这是因为 Java 现在已经不允许命名包中的类调用默认包中的类了，也不允许在命名包里使用 import 类名来引用默认包中的类了，所以才会出现以上问题。对 Tomcat 来说，它是先将 JSP 文件转换成 Java 文件，然后再将其编译成 class 文件来使用的，但是 Tomcat 转换成的 Java 文件是定义在一个包中的，这个可以在 Tomcat 的 work 目录中的 JSP 文件夹中看到。因此如果 JavaBean 放在默认包中，由于 Java 本身的语言规范定义，JSP 生成的 Java 文件就无法使用 JavaBean 了。由此可以得出，在 JSP 网页中以各种形式来使用放在默认包中的 Java 类，都可能会引起编译错误。因此，在 Web 项目中所有类都应该放到包中，而不能放在默认包中。

小白：使用<jsp:setProperty>时，为什么会出现"Cannot find any information on property [NAME] in a bean of type [bean.Fruit]"这样的错误信息？

大神：这是因为在使用<jsp:setProperty>和<jsp:getProperty>标签时，它们的 property 属性一定要用小写，不管 JavaBean 中的属性名的大小写如何，这里都必须要小写，否则就会报错。

7.7 跟我学上机

练习 1：创建一个封装职员信息的 JavaBean 对象，其中包含姓名、性别、学历、职业等。

练习 2：通过调用 JavaBean 对象，在 JSP 页面中显示职员的信息。

练习 3：通过 JSP 提供的操作 JavaBean 的动作标签，在页面中显示职员的信息。

练习 4：创建一个 JavaBean 计数器，在 JSP 页面中通过操作 JavaBean 的动作元素进行计数，其中 JavaBean 的 scope 设置为 application。

第 8 章
过滤浏览器的请求——过滤器技术

在 Web 应用开发中，在进行具体的业务逻辑处理前，可以使用过滤器对所有的访问和请求进行统一的处理，然后再进入真正的业务逻辑处理阶段。本章主要介绍过滤器的原理及其使用。

本章要点(已掌握的在方框中打钩)

☐ 了解过滤器。

☐ 掌握过滤器的接口。

☐ 掌握如何创建和配置过滤器。

☐ 掌握如何使用过滤器转换字符编码。

8.1 过滤器简介

过滤器(Filter)是服务器与客户端请求与响应的中间层组件。在实际项目开发中，Servlet过滤器主要用于对浏览器的请求进行过滤处理，将过滤后的请求再转给下一个资源。

过滤器是以一种组件的形式绑定到 Web 应用程序当中的，与其他 Web 应用程序组件不同的是，过滤器是采用了"链(FilterChain)"的方式进行处理的。

过滤器用于在 Servlet 之外对 HttpServletRequest 或 HttpServletResponse 进行修改，一个 FilterChain 中包含多个 Filter。客户端的请求 request 在交给 Servlet 处理时首先经过 FilterChain 中所有的 Filter，服务器响应 response 在从 Servlet 返回客户端浏览器信息时也会经过 FilterChain 中的所有 Filter。Filter 的处理过程如图 8-1 所示。

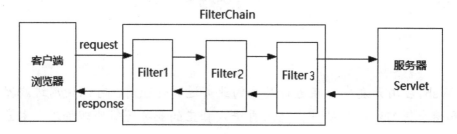

图 8-1　Filter 处理过程

根据 Filter 的处理过程，可以发现 Filter 就像客户端浏览器与服务器端 Servlet 之间的一层过滤网，无论进出都会经过 Filter。

8.2 过滤器接口

过滤器机制是由 javax.servlet 包中的 Filter 接口、FilterConfig 接口和 FilterChain 接口实现的。一个过滤器类必须实现 Filter 接口。下面主要介绍这三个接口的使用。

8.2.1 Filter 接口

过滤器的创建和销毁由 Web 服务器控制。

在实际开发中，每一个过滤器对象都要直接或间接地实现 Filter 接口。Filter 接口中定义了 3 个方法，即 init()方法、doFilter()方法和 destroy()方法，如表 8-1 所示。

在 Filter 接口的 doFilter()方法中，参数 request 封装了请求信息，参数 response 封装了响应信息，该方法是对 request 和 response 进行过滤操作。参数 chain 调用 doFilter()方法将请求和响应传递给下一个过滤器，若是最后一个过滤器，则将请求和响应传递给所请求的服务器。如果过滤器的 doFilter()方法没有调用 FilterChain 对象的 doFilter()方法，则请求和响应被拦截。

表 8-1　Filter 接口的常用方法

方　法	返回类型	说　明
init(FilterConfig filterConfig)	void	在 Web 容器创建过滤器对象时调用，filterConfig 参数封装了过滤器的配置信息
doFilter(ServletRequest request, ServletResponse response, FilterChain chain)	void	当过滤器对象拦截访问请求时，由 Servlet 容器调用 Filter 接口的 doFilter()方法
destroy()	void	在 Web 容器销毁过滤器时调用，仅调用一次

8.2.2　FilterConfig 接口

FilterConfig 是过滤器的配置对象，由 Servlet 容器实现，主要作用是获取过滤器中的配置信息，该接口中声明的常用方法如表 8-2 所示。

表 8-2　FilterConfig 接口的常用方法

方　法	返回类型	说　明
getFilterName()	String	获取过滤器的名称
getInitParameter(String name)	String	获取过滤器的初始化参数值
getInitParameterNames()	Enumeration	获取过滤器的所有初始化参数
getServletContext()	ServletContext	返回一个 ServletContext 对象

8.2.3　FilterChain 接口

FilterChain 是过滤器的传递工具，同样是由 Servlet 容器实现的，这个接口定义的方法如表 8-3 所示。

表 8-3　FilterChain 接口的常用方法

方　法	返回类型	说　明
doFilter(ServletRequest request, ServletResponse response)	void	该方法将过滤后的请求传递给下一个过滤器，如果当前过滤器是最后一个过滤器，那么将请求传递给服务器

8.3　创建和配置过滤器

创建一个实现 Filter 接口的过滤器对象，并实现 Filter 接口声明的 3 个方法。创建完 Filter 后必须在 web.xml 文件中配置 Filter 后，过滤器才能生效。

【例 8-1】创建 Filter，使用过滤器禁止来自本机(IP:127.0.0.1)的请求，并配置 Filter。

step 01 创建 class 类，使其实现 Filter 接口，并实现接口中的抽象方法。(源代码 \ch08\src\filter\MyFilter.java)

```java
package filter;
import java.io.IOException;
import java.io.PrintWriter;
import javax.servlet.*;
public class MyFilter implements Filter {
    private FilterConfig fc;
    private String ip;
    @Override
    public void doFilter(ServletRequest request, ServletResponse response,
        FilterChain chain)
            throws IOException, ServletException {
        //获取客户端发送请求的 ip
        String userIP = request.getRemoteAddr();
            //设置输出编码是 gb 2312，否则汉字出现乱码
            response.setCharacterEncoding("gb2312");
            //获得输出对象 out
            PrintWriter out = response.getWriter();
        //如何请求 ip 与客户端 ip 一致，禁止执行
        if (userIP.equals(ip)) {
            //输出信息
            out.println("您的 IP：" + ip + "被禁止访问！");
        } else {
            chain.doFilter(request, response);
        }
    }
    @Override
    public void init(FilterConfig fc) throws ServletException {
        // 对过滤器配置信息类的对象 fc 赋值
        this.fc = fc;
        //获取参数 ip 的地址，在配置文件中设置了限制访问的 ip
        ip = fc.getInitParameter("ip");
    }
    @Override
    public void destroy() {
    }
}
```

【案例剖析】

在本案例中，创建实现 Filter 接口的过滤类，该类实现 Filter 接口中声明的 3 个抽象方法，并定义类的私有成员变量 fc 和 ip。在初始化 init()方法中，将方法的参数 fc 赋值给类的成员变量 fc，并通过 fc 对象的 getInitParameter()方法，获取在配置文件中设置的参数 ip 的值，并将该值赋值给类的成员变量 ip。

注意

doFilter()方法是处理业务逻辑。init()方法和 destroy()方法中不涉及业务逻辑，它们可以是空方法。

step 02 创建完 Filter 后配置 Filter 信息，在 web.xml 中的<servlet>节点前面添加如下代

码。(源代码\ch08\WebRoot\WEB-INF\web.xml)

```xml
<filter>
   <filter-name>MyFilter</filter-name>
   <filter-class>filter.MyFilter</filter-class>
   <!-- 过滤器中参数 -->
   <init-param>
    <param-name>ip</param-name>
    <param-value>127.0.0.1</param-value>
   </init-param>
  </filter>
<filter-mapping>
   <filter-name>MyFilter</filter-name>
   <url-pattern>/*</url-pattern>
</filter-mapping>
```

【案例剖析】

在本案例中，添加 Filter 的配置信息到 web.xml 中。<filter>标签设置过滤器自身的属性，即注册过滤器；<filter-mapping>标签设置过滤器的访问路径，即映射过滤器。<filter>标签中的<filter-name>和<filter-mapping>标签中的<filter-name>必须保持一致，<filter-class>标签指定过滤器类所对应的 Java 类文件，一定要将包名和类名写全。<init-param>标签中设置过滤器初始化时要加载的参数，<param-name>指定初始化参数的名称，<param-value>指定初始化参数的值，在过滤器中可以没有初始化参数，也可以有多个初始化参数。<url-pattern>指定过滤器对哪些访问路径有效，"/*"是指对所有请求(JSP 页面或 Servlet)，都必须经过过滤器处理。

【运行项目】

部署 Web 项目 ch08，启动 Tomcat。在浏览器的地址栏中输入项目的 JSP 页面地址"http://127.0.0.1:8888/ch08/"，运行结果如图 8-2 所示。

图 8-2　Filter 禁止 IP

8.4　转换字符编码过滤器

在 Java 语言中，默认的编码方式是 ISO-8859-1，该编码方式不支持中文的显示，一般是通过<%@page contentType="text/html;charset=gb2312"%>来规定页面的字符编码格式。但是对于表单提交或 Servlet 处理的字符，其本身的编码格式是 ISO-8859-1，尽管指定字符编码格式是 GB 2312，汉字却也不能正常显示。下面介绍如何使用过滤器来解决中文乱码的问题。

【例 8-2】 使用 Filter 解决中文乱码问题。

step 01 创建继承 Filter 接口的类。(源代码\ch08\src\filter\ChineseFilter.java)

```java
package filter;
import java.io.IOException;
import javax.servlet.*;
public class ChineseFilter implements Filter{
    private FilterConfig fc;
    private String encodingName;
    private boolean enable;
    @Override
    public void doFilter(ServletRequest request, ServletResponse response,
        FilterChain chain)
            throws IOException, ServletException {
        //如果 enable 是 true，则进行字符编码转换
        if(enable = true){
            //对 request 和 response 进行编码转换
            request.setCharacterEncoding(encodingName);
            response.setCharacterEncoding(encodingName);
        }
        chain.doFilter(request, response);
    }
    @Override
    public void init(FilterConfig filterConfig) throws ServletException {
        //获取配置文件对象
        this.fc = filterConfig;
        //获取配置文件中的参数值
        encodingName = fc.getInitParameter("encoding");
        enable = Boolean.valueOf(fc.getInitParameter("enable"));
    }
    @Override
    public void destroy() {
    }
}
```

【案例剖析】

在本案例中，创建继承 Filter 接口的类，并实现接口中声明的抽象方法。在初始化方法 init()中初始化成员变量 fc，并通过过滤器配置信息类对象 fc 提供的 getInitParameter()方法获取参数 encoding 和 enable 的值，并将它们的值分别赋值给类的成员变量 encodingName 和 enable。在类的 doFilter()方法中，通过 if 语句判断 enable 值是否是 true，若是，则进行编码转换操作，否则不进行编码转换操作，再调用 FilterChain 类的 doFilter()方法。

step 02 在 web.xml 文件中，添加转换编码过滤器的配置信息。(源代码\ch08\WebRoot\WEB-INF\web.xml)

```xml
<filter>
    <filter-name>ChineseFilter</filter-name>
    <filter-class>filter.ChineseFilter</filter-class>
    <init-param>
     <param-name>enable</param-name>
     <param-value>true</param-value>
    </init-param>
```

```xml
    <init-param>
     <param-name>encoding</param-name>
     <param-value>gb2312</param-value>
    </init-param>
</filter>
<filter-mapping>
    <filter-name>ChineseFilter</filter-name>
    <url-pattern>/*</url-pattern>
</filter-mapping>
```

【案例剖析】

在本案例中，添加转换字符编码过滤器的配置信息。<param-name>设置参数 enable 和 encoding，<param-value>设置两个参数的值，<filter-name>设置过滤器的名称，<filter-class>设置过滤器对应的 Java 类，<url-pattern>设置对所有页面使用转换编码。

step 03 创建 JSP 页面，显示中文。(源代码\ch08\WebRoot\chinese.jsp)

```jsp
<%@ page language="java" import="java.util.*" pageEncoding="utf-8"%>
<!DOCTYPE HTML PUBLIC "-//W3C//DTD HTML 4.01 Transitional//EN">
<html>
  <head>
    <title>中文乱码</title>
    <meta http-equiv="pragma" content="no-cache">
    <meta http-equiv="cache-control" content="no-cache">
    <meta http-equiv="expires" content="0">
    <meta http-equiv="keywords" content="keyword1,keyword2,keyword3">
    <meta http-equiv="description" content="This is my page">
  </head>
  <body>
    中文 <br>
  </body>
</html>
```

【案例剖析】

在本案例中，创建显示中文的 JSP 页面，过滤器对该页面中的汉字进行转码，再正常显示。

【运行项目】

将 web.xml 中限制的 IP 地址修改成任意一个地址，如 127.0.12.1。部署 Web 项目 ch08，启动 Tomcat 服务器。在浏览器的地址栏中输入 JSP 页面地址 "http://127.0.0.1:8888/ch08/chinese.jsp"，运行结果如图 8-3 所示。

图 8-3 汉字显示

8.5 大神解惑

小白：FilterChain 类的 doFilter()方法后的代码什么时候执行？

大神：FilterChain 类的 doFilter(request,response)方法之后的代码，是在过滤器放行之后，把当前的请求执行完后才执行的。例如，用户发送一个请求到服务器，被过滤器拦截下来并且过滤通过后，就会完成当前请求所需要的操作。当请求完成时，服务器响应客户端时，就会执行 chain.doFilter(request,response)方法后的代码。

例如：修改 MyFilter.java 中代码，具体如下：

```
if (userIP.equals(ip)) {
        //输出信息
        out.println("您的IP: " + ip + "被禁止访问！");
    } else {
        chain.doFilter(request, response);
        out.print("执行不被过滤代码");
}
```

部署 Web 项目 ch08，启动 Tomcat 服务器。在浏览器的地址栏中，输入任意页面的地址，如 http://127.0.0.1:8888/ch08/，运行结果如图 8-4 所示。

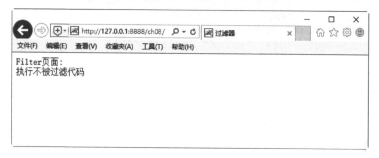

图 8-4　过滤通过后显示页面

8.6 跟我学上机

练习 1：创建一个过滤器，其目的是将 admin 用户拦截，禁止该用户登录。

练习 2：创建一个过滤器，用于将用户传递进来的汉字进行转换，解决乱码问题。

第 9 章
监听 Web 应用程序——监听器技术

　　Servlet 监听器是 Servlet 2.3 规范开始新增的功能,在 Servlet 2.4 规范中得到了增强。Servlet 监听器主要用于监听 Web 应用程序的启动和关闭,在创建监听器时需要继承相应的接口,并在配置文件中对其进行配置。本章主要介绍监听器的接口、如何创建和配置监听器以及 Servlet 3.0 的新特性。

本章要点(已掌握的在方框中打钩)

- ☐ 了解监听器。
- ☐ 掌握监听器的分类。
- ☐ 掌握如何创建和配置监听器。
- ☐ 掌握监听器的使用。
- ☐ 掌握 Servlet 3.0 的新特性。

9.1 监听器简介

监听器(Listener)是 Servlet 规范中定义的一种特殊类，其对应观察者模式，当事件发生时会自动触发该事件对应的 Listener。

9.1.1 监听器概述

Servlet 监听器的功能与 Java 的 GUI 程序中的监听器类似，可以监听在 Web 应用程序中由于状态改变而引起的 Servlet 容器产生的事件，并做出相应的处理。

Servlet 监听器主要用于监听 ServletContext、HttpSession 和 ServletRequest 等域对象的创建与销毁事件，以及监听这些域对象中属性发生修改的事件。

ServletContext 的域对象是 application，从服务器启动至结束都有效，在整个 Web 应用程序中只存在一个，所有页面都可以访问这个对象；HttpSession 的域对象是 session，在一个会话过程中有效；ServletRequest 的域对象是 request，在一个用户请求过程中有效。

监听器一般可以在事件发生前、发生后进行一些处理，可以用来统计在线人数和在线用户，统计网站访问量、系统启动时初始化信息等。

9.1.2 监听器接口

Servlet 2.5 和 JSP 2.0 中有 8 个监听器接口和 6 个 Event 类，监听器接口与对应的事件类如表 9-1 所示。

表 9-1 监听器接口与事件类

Listener 接口	Event 类
ServletContextListener	ServletContextEvent
ServletContextAttributeListener	ServletContextAttributeEvent
HttpSessionListener	HttpSessionEvent
HttpSessionActivationListener	
HttpSessionAttributeListener	HttpSessionBindingEvent
HttpSessionBindingListener	
ServletRequestListener	ServletRequestEvent
ServletRequestAttributeListener	ServletRequestAttributeEvent

Servlet 2.5 中提供的 8 个监听器接口，可以按照监听对象和监听事件的不同进行分类，具体如下。

1. 根据监听对象不同分类

根据监听对象的不同，可以分为以下 3 类。

(1) 按照监听应用程序环境对象(ServletContext)的不同，分为 ServletContextListener 接口和 ServletContextAttributeListener 接口。

(2) 按照监听用户会话对象(HttpSession)的不同，分为 HttpSessionListener 接口和 HttpSessionAttributeListener 接口。

(3) 按照监听请求消息对象(ServletRequest)的不同，分为 ServletRequestListener 接口和 ServletRequestAttributeListener 接口。

2. 根据监听事件不同分类

根据监听事件的不同，可以划分为以下 3 类。

(1) 监听域对象自身的创建与销毁的事件监听器，有 HttpSessionListener 接口、ServletContextListener 接口和 ServletRequestListener 接口。

(2) 监听域对象中属性的增加和删除的事件监听器，有 HttpSessionAttributeListener 接口、ServletContextAttributeListener 接口、ServletRequestAttributeListener 接口。

(3) 监听绑定到 HttpSession 域中的某个对象状态的事件监听器(创建普通 JavaBean)，有 HttpSessionBindingListener 接口和 HttpSessionActivationListener 接口。

不同功能的监听器需要实现不同的 Listener 接口，一个监听器也可以实现多个接口，从而实现多种功能的监听器一起工作。

9.2 监听器接口

Servlet 2.5 中的 8 种监听器接口，按照监听事件的不同，将监听器接口分为 3 类。下面按照这 3 类分别介绍各个监听器接口的使用。

9.2.1 监听对象的创建与销毁

监听 session、application、request 对象的创建与销毁的监听器接口，分别是 HttpSessionListener 接口、ServletContextListener 接口和 ServletRequestListener 接口。

1. HttpSessionListener 监听器

在 javax.servlet.http 包中提供了 HttpSessionListener 接口，主要用于监听 Http 会话的创建和销毁。该接口提供了两个方法，如表 9-2 所示。

表 9-2 HttpSessionListener 接口提供的方法

方　　法	返回类型	说　　明
sessionCreated(HttpSessionEvent se)	void	加载及初始化 session 对象
sessionDestroyed(HttpSessionEvent se)	void	销毁 session 对象

HttpSessionListener 接口的主要用途是统计在线人数、记录访问日志等。需要在 web.xml 中配置 session 的超时参数。代码如下：

```xml
<session-config>
    <session-timeout>5</session-timeout>
</session-config>
```

session 的单位是分，其超时的参数并不是精确的。

2. ServletContextListener 监听器

在 javax.servlet 包中提供了 ServletContextListener 接口，主要用于监听 ServletContext 对象的创建和删除。该接口提供了两个方法，如表 9-3 所示。

表 9-3 ServletContextListener 接口提供的方法

方 法	返回类型	说 明
contextDestroyed(ServletContextEvent sce)	void	加载及初始化 application 对象
contextInitialized(ServletContextEvent sce)	void	销毁 application 对象

ServletContextListener 接口的主要用途是作为定时器、加载全局属性对象、创建全局数据库连接、加载缓存信息等。在 web.xml 中配置项目的初始化信息，在 contextInitialized()方法中启动。代码如下：

```xml
<context-param>
    <param-name>属性名</param-name>
    <param-value>属性值</param-value>
</context-param>
```

3. ServletRequestListener 监听器

在 javax.servlet 包中提供了 ServletRequestListener 接口，从而实现对客户端请求的监听。如果在监听程序中获得客户端的请求，那么就可以对这些请求进行统一的处理。该接口主要实现对客户端请求的监听，它提供了两个方法，如表 9-4 所示。

表 9-4 ServletRequestListener 接口提供的方法

方 法	返回类型	说 明
requestDestroyed(ServletRequestEvent sre)	void	销毁 ServletRequest 对象
requestInitialized(ServletRequestEvent sre)	void	加载及初始化 ServletRequest 对象

ServletRequestListener 接口的主要用途是读取 request 参数、记录访问历史。

9.2.2 监听对象的属性

监听 session、application、request 对象中属性发生修改的监听器接口，分别是 HttpSessionAttributeListener、ServletContextAttributeListener 和 ServletRequestAttributeListener。

1. HttpSessionAttributeListener 监听器

在 javax.servlet.http 包中同样提供了 HttpSessionAttributeListener 接口，主要用于监听 Http 会话对象的 active(激活)和 passivate(锐化)。该接口提供了 3 个方法，如表 9-5 所示。

表 9-5　HttpSessionAttributeListener 接口提供的方法

方　　法	返回类型	说　　明
attributeAdded(HttpSessionBindingEvent event)	void	通知正在收听的对象，有对象加入 session 范围
attributeRemoved(HttpSessionBindingEvent event)	void	通知正在收听的对象，有对象从 session 范围移除
attributeReplaced(HttpSessionBindingEvent event)	void	通知正在收听的对象，在 session 范围有对象取代另一个对象

2. ServletContextAttributeListener 监听器

在 javax.servlet 包中同样提供了 ServletContextAttributeListener 接口，用于监听 ServletContext 属性的添加、删除和修改。该接口提供了 3 个方法，如表 9-6 所示。

表 9-6　ServletContextAttributeListener 接口提供的方法

方　　法	返回类型	说　　明
attributeAdded(ServletContextAttributeEvent event)	void	通知正在收听的对象，有对象加入 application 范围
attributeRemoved(ServletContextAttributeEvent event)	void	通知正在收听的对象，有对象从 application 范围移除
attributeReplaced(ServletContextAttributeEvent event)	void	通知正在收听的对象，在 application 范围有对象取代另一个对象

3. ServletRequestAttributeListener 监听器

在 javax.servlet 包中提供了 ServletRequestAttributeListener 接口，主要用于实现对客户端请求参数设置的监听。该接口主要提供 3 个方法，如表 9-7 所示。

表 9-7　ServletRequestAttributeListener 接口提供的方法

方　　法	返回类型	说　　明
attributeAdded(ServletRequestAttributeEvent srae)	void	通知正在收听的对象，有对象加入 request 范围
attributeRemoved(ServletRequestAttributeEvent srae)	void	通知正在收听的对象，有对象从 request 范围移除
attributeReplaced(ServletRequestAttributeEvent srae)	void	通知正在收听的对象，在 request 范围内有对象取代另一个对象

9.2.3 监听 Session 中的对象

监听 Session 内的对象而非 Session 本身的监听器接口，分别是 HttpSessionBindingListener 和 HttpSessionActivationListener，这两个接口不需要在 web.xml 中进行配置。

1. HttpSessionBindingListener 监听器

在 javax.servlet.http 包中提供了 HttpSessionBindingListener 接口，主要用于监听 Http 会话中对象的绑定信息。该接口提供了两个方法，如表 9-8 所示。

表 9-8　HttpSessionBindingListener 接口提供的方法

方　法	返回类型	说　明
valueBound(HttpSessionBindingEvent event)	void	自动调用加入 session 范围内的对象(绑定)
valueUnbound(HttpSessionBindingEvent event)	void	自动调用从 session 中移除的对象(解除绑定)

2. HttpSessionActivationListener 监听器

在 javax.servlet.http 包中提供了 HttpSessionActivationListener 接口，主要用于监听 Http 会话中属性的设置请求。该接口提供了两个方法，如表 9-9 所示。

表 9-9　HttpSessionActivationListener 接口提供的方法

方　法	返回类型	说　明
sessionDidActivate(HttpSessionEvent se)	void	设置 session 为有效状态(活化)
sessionWillPassivate(HttpSessionEvent se)	void	设置 session 为无效状态(钝化)

注意

实现钝化和活化必须实现 Serializable 接口。绑定是通过 setAttribute()方法保存到 session 对象中，解除绑定是通过 removeAttribute()方法去除。钝化是将 session 对象持久化到存储设备上；活化是将 session 对象从存储设备上进行恢复。

9.3　创建和配置监听器

监听器的主要作用就是用于监听 Web 容器中的有效时间，其由 Servlet 容器管理。使用监听器监听执行程序，当触发事件时则根据程序的需求做出相应的操作。

【例 9-1】创建和配置监听器实例。

step 01　创建实现 ServletContextListener 接口的监听类，用于监听 application 对象。(源代码\ch09\servlet\MyListener.java)

```
package listener;
import javax.servlet.*;
public class MyListener implements ServletContextListener {
    public void contextDestroyed(ServletContextEvent sce) {
```

```
        System.out.println("销毁application对象");
    }
    public void contextInitialized(ServletContextEvent sce) {
        System.out.println("初始化application对象");
        String str = sce.getServletContext().getInitParameter("count");
        System.out.println("count = " + str);
    }
}
```

【案例剖析】

在本案例中，创建实现 ServletContextListener 接口的类，用于监听 application 对象。在类中实现接口中的两个抽象方法，在 contextDestroyed()方法中，打印销毁 application 的信息；在 contextInitialized()方法中，打印初始化 application 对象和初始化的参数信息。

step 02 在 web.xml 文件的<web-app>中，添加监听器的配置信息。(源代码\ch09\WebRoot\WEB-INF\web.xml)

```
<listener>
        <listener-class>listener.MyListener</listener-class>
</listener>
<context-param>
    <param-name>count</param-name>
    <param-value>10</param-value>
</context-param>
```

【案例剖析】

在本案例中，添加监听器的配置信息，即在<listener>标签中添加<listener-class>指出监听器对应的 Java 类，需要注意的是类在包中时需要加上包名。添加初始化参数信息，即通过<context-param>标签添加参数，<param-name>指出参数的名称，<param-value>指出参数的值。

【运行项目】

部署 Web 项目 ch09，启动 Tomcat 服务器，在 MyEclipse 的 Console 窗口中，运行结果如图 9-1 所示。

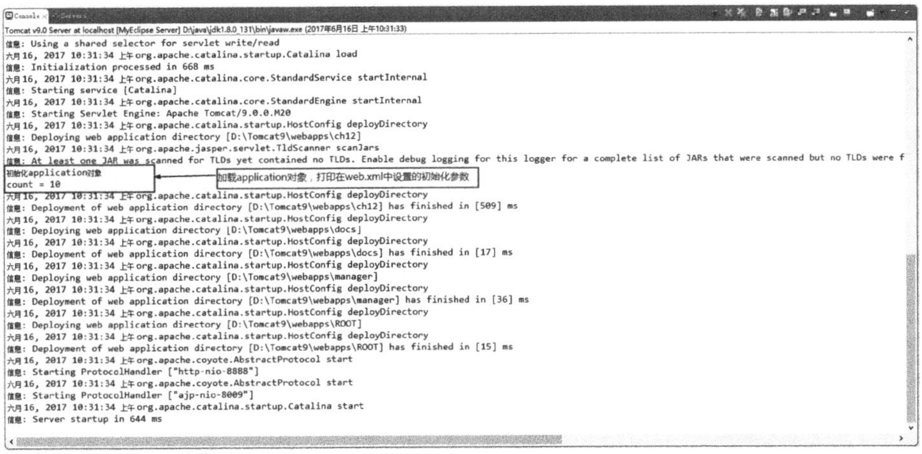

图 9-1 启动监听 application 的监听器

9.4 统计在线人数

使用 Session 监听器统计网站当前在线人数，即统计当前网站有多少个 session 即可。

【例 9-2】 使用 Servlet 监听器统计在线人数。

step 01 创建用户登录 JSP 页面。(源代码\ch09\WebRoot\login.jsp)

```jsp
<%@ page language="java" import="java.util.*" pageEncoding="utf-8"%>
<!DOCTYPE HTML PUBLIC "-//W3C//DTD HTML 4.01 Transitional//EN">
<html>
  <head>
    <title>用户登录</title>
    <meta http-equiv="pragma" content="no-cache">
    <meta http-equiv="cache-control" content="no-cache">
    <meta http-equiv="expires" content="0">
    <meta http-equiv="keywords" content="keyword1,keyword2,keyword3">
    <meta http-equiv="description" content="This is my page">
  </head>
  <body>
    <form method="post" action="login">
        <table align="center" border="1px" cellpadding="0" cellspacing="0"
            width="230px" height="100px">
            <tr>
                <td colspan="2" align="center">用户登录</td>
            </tr>
            <tr>
                <td>用户名：</td>
                <td><input type="text" name="loginName" /></td>
            </tr>
            <tr>
                <td colspan="2" align="center"><input type="submit" value="
                    登录" /></td>
            </tr>
        </table>
    </form>
</body>
</html>
```

【案例剖析】

在本案例中，创建用户登录的页面。在该页面中输入登录用户名，单击【提交】按钮，通过 form 表单提交数据给名称是 login 的 Servlet 处理。

step 02 登录的用户类。(源代码\ch09\src\bean\Users.java)

```java
package bean;
import java.util.Vector;
public class Users {
    private static Vector online = new Vector();
    //添加在线人数
    public static void addUser(String loginName){
        online.addElement(loginName);
    }
```

```
    //移除在线人数
    public static void removeUser(String loginName){
        online.removeElement(loginName);
    }
    //获取在线用户数量
    public static int getUserCount(){
        return online.size();
    }
    //获取在线用户
    public static Vector getVector(){
        return online;
    }
}
```

【案例剖析】

在本案例中,创建 Vector 类型的私有成员变量 online,用来存储当前在线用户。在该类中定义的 addUser()方法中,通过 online 对象调用 addElement()方法添加指定用户到集合。在 removeUser()方法中,通过 online 对象调用 removeElement()方法从集合中删除指定用户。在 getUserCount()方法中通过 online 对象调用 size()方法,获得在线用户数量。在 getVector()方法中,直接返回类的成员变量的对象 online,即在线用户集合。

step 03 创建实现 HttpSessionListener 接口和 HttpSessionAttributeListener 接口的监听器类,用于监听 session 对象及其参数。(源代码\ch09\src\listener\OnlineListener.java)

```
package listener;
import javax.servlet.http.HttpSessionAttributeListener;
import javax.servlet.http.HttpSessionBindingEvent;
import javax.servlet.http.HttpSessionEvent;
import javax.servlet.http.HttpSessionListener;
import bean.Users;
public class OnlineListener implements HttpSessionListener,
HttpSessionAttributeListener{
    //监听 Http 会话中的属性添加
    public void attributeAdded(HttpSessionBindingEvent se) {
        //向 session 范围中,添加一个用户
        Users.addUser(String.valueOf(se.getValue()));
        System.out.println("session("+se.getSession().getId()+")增加属性
            "+se.getName()+",
            值为"+se.getValue());
    }
    //监听 Http 会话中的属性移除
    public void attributeRemoved(HttpSessionBindingEvent se) {
        //将 session 范围中的用户移除
        Users.removeUser(String.valueOf(se.getValue()));
        System.out.println(se.getValue()+"属性已移除");
    }
    //监听 Http 会话中的属性更改操作
    public void attributeReplaced(HttpSessionBindingEvent se) {
        //获取旧的属性值
        String oldValue=String.valueOf(se.getValue());
        //获取新的属性值
        String newValue=String.valueOf(se.getSession().getAttribute(se.getName()));
```

```
            Users.removeUser(oldValue);//移除旧的属性
            Users.addUser(newValue);//增加新的属性
            System.out.println(oldValue+"属性已更改为"+newValue);
        }
        public void sessionCreated(HttpSessionEvent se) {
            System.out.println("会话已创建！");
        }
        public void sessionDestroyed(HttpSessionEvent se) {
            System.out.println("会话已销毁！");
        }
}
```

【案例剖析】

在本案例中，创建实现 HttpSessionListener 和 HttpSessionAttributeListener 接口的类，并重写接口中的抽象方法。

step 04 创建用户登录后的处理 Servlet。（源代码\ch09\src\servlet\LoginServlet.java）

```
package servlet;
import java.io.IOException;
import javax.servlet.ServletException;
import javax.servlet.http.*;
public class LoginServlet extends HttpServlet{
    @Override
    protected void doGet(HttpServletRequest request, HttpServletResponse response)
            throws ServletException, IOException {
        //获取参数 loginName 的值
        String loginName=request.getParameter("loginName");
        //获取 session 对象
        HttpSession session = request.getSession();
        //将参数 loginName 保存到 session 中
        session.setAttribute("loginName", loginName);
        //重定向到 index.jsp 页面
        response.sendRedirect("index.jsp");
    }
    @Override
    protected void doPost(HttpServletRequest req, HttpServletResponse resp)
            throws ServletException, IOException {
        doGet(req, resp);
    }
}
```

【案例剖析】

在本案例中，创建继承 HttpServlet 用于处理用户登录信息的 Servlet。在该类的 doPost()方法中调用 doGet()方法。在 doGet()方法中，使用 request 对象提供的 getParameter()方法获取登录用户名，并通过 request 对象提供的 getSession()方法获取 session 对象，然后将登录用户名添加到 session 中。通过 response 对象的 sendRedirect()方法重定向到 index.jsp 页面。

step 05 创建用户退出登录的 Servlet。（源代码\ch09\src\servlet\ExitServlet.java）

```
package servlet;
import java.io.IOException;
import javax.servlet.ServletException;
import javax.servlet.http.*;
```

```java
public class ExitServlet extends HttpServlet{
    @Override
    protected void doGet(HttpServletRequest request, HttpServletResponse response)
            throws ServletException, IOException {
        //从session中移除loginName参数
        HttpSession session = request.getSession();
        session.removeAttribute("loginName");
        //重定向到login.jsp页面
        response.sendRedirect("login.jsp");
    }
    @Override
    protected void doPost(HttpServletRequest req, HttpServletResponse resp)
            throws ServletException, IOException {
        doGet(req, resp);
    }
}
```

【案例剖析】

在本案例中，创建继承 HttpServlet 用于处理用户退出的 Servlet。在该类中的 doPost()方法中调用 doGet()方法。在 doGet()方法中，使用 request 对象提供的 getSession()方法获取 session 对象，然后调用 session 对象提供的 removeAttribute()方法将指定用户从 session 中移除。

step 06 创建在线人数页面。(源代码\ch09\WebRoot\index.jsp)

```jsp
<%@page import="bean.Users"%>
<%@ page language="java" import="java.util.*" pageEncoding="utf-8"%>
<!DOCTYPE HTML PUBLIC "-//W3C//DTD HTML 4.01 Transitional//EN">
<html>
  <head>
    <title>在线人数</title>
    <meta http-equiv="pragma" content="no-cache">
    <meta http-equiv="cache-control" content="no-cache">
    <meta http-equiv="expires" content="0">
    <meta http-equiv="keywords" content="keyword1,keyword2,keyword3">
    <meta http-equiv="description" content="This is my page">
  </head>
  <body>
    <%
        //如果未登录，转向登录页面
        if (session.getAttribute("loginName") == null) {
            response.sendRedirect("login.jsp");
        }
        //获取存储在线用户名的vector对象
        Vector onlines = Users.getVector();
    %>
    <br/>
    <center>
        <h2>登录成功</h2>
        <hr/>
        <br/>
        <table>
            <tr>
                <td>
```

```
                         欢迎 <%=session.getAttribute("loginName") %> 登录,
                             <a href="exit">退出登录</a>
                         </td>
                     </tr>
                     <tr>
                         <td>当前在线人数:<%=Users.getUserCount()%>人</td>
                     </tr>
                     <tr>
                         <td>在线用户名单:
                             <select multiple="multiple" name="list"
                                 style="width:200px;height:100px">
                             <%
                                 for (int i = 0; i < onlines.size(); i++) {
                                     out.write("<option>" + onlines.get(i) +
                                     "</option>");
                                 }
                             %>
                             </select>
                         </td>
                     </tr>
                 </table>
             </center>
         </body>
     </html>
```

【案例剖析】

在本案例中,首先通过 session 对象提供的 getAttribute()方法获取 loginName 的值。若其值是 null,则用户没有登录,使用 response 对象重定向到 login.jsp 页面。

step 07 创建了监听器和 Servlet,需要在 web.xml 文件中添加它们的配置信息。(源代码 \ch09\WebRoot\WEB-INF\web.xml)

```xml
<?xml version="1.0" encoding="UTF-8"?>
<!DOCTYPE web-app PUBLIC "-//Sun Microsystems,
    Inc.//DTD Web Application 2.3//EN" "http://java.sun.com/dtd/web-app_2_3.dtd">
<web-app>
    <!-- 配置监听器 -->
    <listener>
        <listener-class>listener.OnlineListener</listener-class>
    </listener>
    <!-- 配置 servlet -->
    <servlet>
        <servlet-name>LoginServlet</servlet-name>
        <servlet-class>servlet.LoginServlet</servlet-class>
    </servlet>
    <servlet>
        <servlet-name>ExitServlet</servlet-name>
        <servlet-class>servlet.ExitServlet</servlet-class>
    </servlet>
    <servlet-mapping>
        <servlet-name>LoginServlet</servlet-name>
        <url-pattern>/login</url-pattern>
    </servlet-mapping>
    <servlet-mapping>
```

```
    <servlet-name>ExitServlet</servlet-name>
    <url-pattern>/exit</url-pattern>
  </servlet-mapping>
</web-app>
```

【案例剖析】

在本案例中,添加监听器和 Servlet 的配置信息。首先添加监听器的配置信息;其次添加 Servlet 的配置信息。

 注意　在 web.xml 中加载监听器、过滤器和 Servlet 的顺序是:首先加载监听器;其次加载过滤器;最后加载 Servlet。

【运行项目】

部署 Web 项目 ch09,启动 Tomcat。在 IE 的地址栏中输入统计在线人数的页面地址"http://127.0.0.1:8888/ch09/index.jsp",运行结果如图 9-2 所示。再打开其他浏览器(如火狐),登录后显示在线人数,如图 9-3 所示。

图 9-2　在 IE 中登录

图 9-3　在火狐浏览器中登录

9.5　Servlet 3.0 的新特性

Servlet 3.0 作为 Java EE 6 规范体系中的一员,与 Java EE 6 规范一起发布。该版本在 Servlet 2.5 版本的基础上,提供了若干新特性以用于简化 Web 应用的开发和部署。

使用 Servlet 3.0 需要的环境要求是 MyEclipse 1.0 或以上版本,发布到 Tomcat 7.0 或以上版本,创建 J2EE 6.0 或以上版本的应用。Servlet 3.0 添加了注解、异步处理和插件支持。

9.5.1　注解

Servlet 3.0 版本新增注解支持,用于简化 Servlet、过滤器(Filter)和监听器(Listener)的声明,从而使得 web.xml 配置文件从 Servlet 3.0 版本开始不再是必选的了。

在 Servlet 3.0 中使用@WebServlet、@WebFilter、@WebListener 三个注解,来替代 web.xml 文件中的 Servlet、Filter、Listener 的配置。

1. @WebServlet 注解

@WebServlet 注解用于将一个类声明为 Servlet,该注解将会在部署时被 Web 容器处理,容器将根据具体的属性配置将相应的类部署为 Servlet。

@WebServlet 注解具有一些常用的属性，如表 9-10 所示。其中所有属性均为可选属性，但是 value 或 urlPatterns 通常是必需的，且二者不能共存，如果同时指定，通常是忽略 value 的取值。

表 9-10 @WebServlet 常用属性

属性名	类型	描述
name	String	指定 Servlet 的 name 属性，相当于<servlet-name>。如果没有显式指定，则该 Servlet 的取值是类的全限定名，即包名.类型
value	String[]	该属性相当于 urlPatterns 属性。两个属性不能同时使用
urlPatterns	String[]	指定一组 Servlet 的 URL 匹配模式。相当于<url-pattern>标签
loadOnStartup	int	指定 Servlet 的加载顺序，相当于<load-on-startup>标签
initParams	WebInitParam[]	指定一组 Servlet 初始化参数，相当于<init-param>标签
asyncSupported	boolean	声明 Servlet 是否支持异步操作模式，相当于<async-supported>标签
description	String	Servlet 的描述信息，相当于<description>标签
displayName	String	Servlet 的显示名，通常配合工具使用，相当于<display-name>标签

【例 9-3】创建 Web 项目 Servlet 3.0，在项目中创建继承 HttpServlet 并使用注解的 Servlet 类。(源代码\Servlet3.0\src\servlet\ServletAnno.java)

```java
package servlet;
import java.io.IOException;
import java.io.PrintWriter;
import javax.servlet.*;
import javax.servlet.annotation.WebServlet;
import javax.servlet.http.*;
@WebServlet(urlPatterns = "/servlet")   //访问地址
public class ServletAnno extends HttpServlet {
    public void doGet(HttpServletRequest request, HttpServletResponse response)
            throws ServletException, IOException {
        PrintWriter out = response.getWriter();
        out.print("Servlet3.0 注解");
            //设置编码格式是 GB2312，即显示中文
        request.setCharacterEncoding("gb2312");
        response.setCharacterEncoding("gb2312");
        PrintWriter out = response.getWriter();
        out.print("Servlet3.0 注解");
        out.flush();
        out.close();
    }
    public void doPost(HttpServletRequest request, HttpServletResponse response)
            throws ServletException, IOException {
        this.doGet(request, response);
    }
}
```

【案例剖析】

在本案例中，创建继承 HttpServlet 的类，在类中使用@WebServlet 注解的 urlPatterns 属性设置 Servlet 的访问路径，并定义 doGet()和 doPost()方法。

部署 Web 项目 Servlet 3.0，启动 Tomcat。在浏览器的地址栏中输入 Servlet 的访问地址"http://127.0.0.1:8888/Servlet3.0/servlet"，运行结果如图 9-4 所示。

图 9-4　@WebServlet 注解

2. @WebInitParam 注解

@WebInitParam 注解通常配合@WebServlet 或者@WebFilter 使用。它的作用是为 Servlet 或过滤器指定初始化参数，这相当于 web.xml 中<servlet>和<filter>标签中<init-param>的标签。@WebInitParam 提供了一些常用的属性，如表 9-11 所示。

表 9-11　@WebInitParam 常用属性

属性名	类型	是否可选	描述
name	String	否	指定参数的名字，相当于<param-name>
value	String	否	指定参数的值，相当于<param-value>
description	String	是	关于参数的描述，相当于<description>

【例 9-4】在 Servlet 中使用注解添加参数。(源代码\Servlet3.0\servlet\ServletParam.java)

```java
package servlet;
import java.io.IOException;
import java.io.PrintWriter;
import javax.servlet.*;
import javax.servlet.annotation.WebInitParam;
import javax.servlet.annotation.WebServlet;
import javax.servlet.http.*;
//访问地址，设置参数
@WebServlet(urlPatterns = {"/param"}, initParams = {@WebInitParam(name =
    "Fruit", value = "苹果")})
public class ServletParam extends HttpServlet {
    public void init() throws ServletException {
    System.out.println("Fruit = " + this.getInitParameter("Fruit"));
    }
    public void doGet(HttpServletRequest request, HttpServletResponse response)
        throws ServletException, IOException {
        //设置编码格式是 GB2312，即显示中文
    request.setCharacterEncoding("gb2312");
        response.setCharacterEncoding("gb2312");
```

```
    PrintWriter out= response.getWriter();
      out.print("Servlet3.0 注解");
      out.flush();
      out.close();
    }
    public void doPost(HttpServletRequest request, HttpServletResponse response)
        throws ServletException, IOException {
        this.doGet(request, response);
    }
}
```

【案例剖析】

在本案例中，创建继承 HttpServlet 的类，在类中使用@WebServlet 注解的 urlPatterns 属性设置 Servlet 的访问路径，在 initParams 属性中通过@WebInitParam 注解设置参数 Fruit 及其值。在类中定义 doGet()、doPost()和 init()方法。在初始化 init()方法中，通过当前对象的 getInitparameter()方法，获取在注解中设置的参数 Fruit 的值，并在控制台输出。

部署 Web 项目 Servlet 3.0，启动 Tomcat。在浏览器的地址栏中输入 Servlet 的访问地址"http://127.0.0.1:8888/Servlet3.0/param"，在 MyEclipse 的 Console 窗口中输出设置的参数信息，如图 9-5 所示。

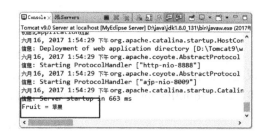

图 9-5 @WebInitParam 注解

3. @WebFilter 注解

@WebFilter 注解用于将一个类声明为过滤器，部署时容器处理该注解，容器将根据具体的属性配置将相应的类部署为过滤器。该注解提供了一些常用的属性，如表 9-12 所示。这些属性均为可选属性，但是 value、urlPatterns、servletNames 三者中必须至少包含一个，且 value 和 urlPatterns 不能同时制定，否则忽略 value 的值。

表 9-12 @WebFilter 的常用属性

属性名	类型	描述
filterName	String	指定过滤器的 name 属性，相当于<filter-name>
value	String[]	该属性与 urlPatterns 属性相同，但是两者不能同时使用
urlPatterns	String[]	指定一组过滤器的 URL 匹配模式，相当于<url-pattern>标签
servletNames	String[]	指定过滤器应用于哪些 Servlet，其值是@WebServlet 中的 name 属性的取值，或 web.xml 中<servlet-name>的取值
dispatcherTypes	DispatcherType	指定过滤器的转发模式，转发模式有 ASYNC、ERROR、FORWARD、INCLUDE、REQUEST
initParams	WebInitParam[]	指定一组过滤器的初始化参数，相当于<init-param>标签
asyncSupported	boolean	声明过滤器是否支持异步操作，相当于<async-supported>标签
description	String	该过滤器的描述信息，相当于<description>标签
displayName	String	过滤器名，通常配合工具使用，相当于<display-name>标签

【例 9-5】创建实现 Filter 接口的过滤器，并使用@WebFilter 注解，禁止 IP 是 127.0.0.1 的页面访问。(源代码\Servlet3.0\filter\FilterAnno.java)

```java
package filter;
import java.io.IOException;
import java.io.PrintWriter;
import javax.servlet.*;
import javax.servlet.annotation.WebFilter;
import javax.servlet.annotation.WebInitParam;
//asyncSupported=true 对应 Filter 也需要定义 asyncSupported=true，支持异步操作
@WebFilter(urlPatterns = { "/*" }, filterName = "filterAnno",
    asyncSupported = true,
    initParams = {@WebInitParam(name = "ip", value = "127.0.0.1")})
public class FilterAnno implements Filter {
    private FilterConfig fc;
    private String ip;
    @Override
    public void doFilter(ServletRequest request, ServletResponse response,
        FilterChain chain)
            throws IOException, ServletException {
        System.out.println("使用@WebFilter 注解");
        //获取客户端发送请求的 ip
        String userIP = request.getRemoteAddr();
        //如何请求 ip 与客户端 ip 一致，禁止执行
        if (userIP.equals(ip)) {
            //设置输出编码是 GB2312，否则汉字出现乱码
            response.setCharacterEncoding("gb2312");
            //获得输出对象 out
            PrintWriter out = response.getWriter();
            //输出信息
            out.println("您的 IP: " + ip + "被禁止访问！");
        } else {
            chain.doFilter(request, response);
        }
    }
    @Override
    public void init(FilterConfig fc) throws ServletException {
        // 对过滤器配置信息类的对象 fc 赋值
        this.fc = fc;
        //获取参数 ip 的地址，在配置文件中设置了限制访问的 ip
        ip = fc.getInitParameter("ip");
        System.out.print("ip 地址: "+ip);
    }
    @Override
    public void destroy() {

    }
}
```

【案例剖析】

在本案例中，使用@WebFilter 注解的 urlPatterns 属性设置对所有页面进行过滤，在 initParams 属性中通过@WebInitParam 设置参数 ip 以及其值，通过 filterName 属性设置过滤器

的名称是 filterAnno，通过设置 asyncSupported 属性值是 true 来设置过滤器可以异步操作。

部署 Web 项目 Servlet 3.0，启动 Tomcat。在浏览器的地址栏中输入 ip 是 127.0.0.1 的页面地址，这里输入"http://127.0.0.1:8888/Servlet3.0/index.jsp"，运行结果如图 9-6 所示。

图 9-6　@WebFilter 注解

4. @WebListener 注解

@WebListener 注解用于将一个类声明为监听器，使用该注解的类必须实现 ServletContextListener、ServletContextAttributeListener、ServletRequestListener、ServletRequestAttributeListener、HttpSessionListener、HttpSessionAttributeListener 中至少一个接口。@WebListener 注解的使用非常简单，其属性如表 9-13 所示。

表 9-13　@WebListener 的常用属性

属 性 名	类 型	是否可选	描 述
value	String	是	该监听器的描述信息

【例 9-6】创建继承 ServletContextListener 接口的监听器，并使用@WebListener 注册监听器。(源代码\Servlet3.0\listener\ApplicationListener.java)

```
package listener;
import javax.servlet.*;
import javax.servlet.annotation.WebListener;
/**
 * 监听器实现 ServletContextListener
 */
@WebListener
public class ApplicationListener implements ServletContextListener {
    public void contextDestroyed(ServletContextEvent sce) {
        System.out.println("销毁 application 对象");
    }
    public void contextInitialized(ServletContextEvent sce) {
        System.out.println("初始化 application 对象");
    }
}
```

【案例剖析】

在本案例中，使用@WebListener 注解注册监听器，再创建实现 ServletContextListener 接口的监听器，并实现接口中声明的抽象方法。

部署 Web 项目 Servlet 3.0，启动 Tomcat，在 MyEclipse 的 Console 窗口中看到服务器运行时启动 Application 对象，如图 9-7 所示。

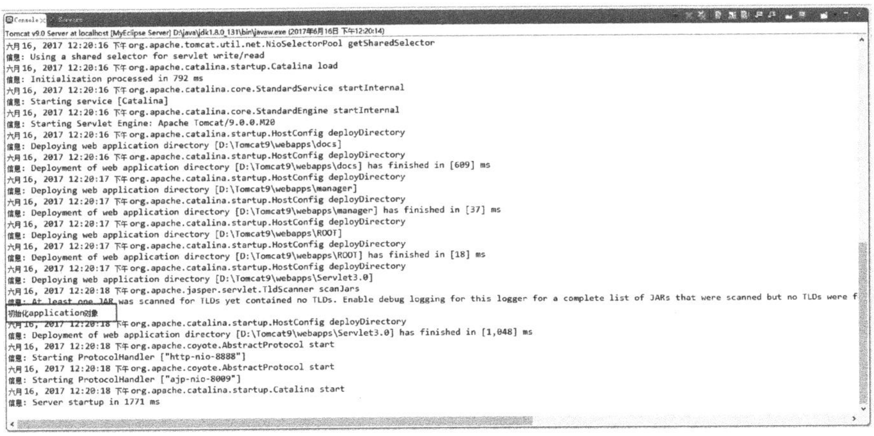

图 9-7 @WebListener 注解

9.5.2 异步处理

当 Servlet 处理比较费时的问题时，使用 Servlet 2.5 版本会让客户感觉到很卡，这是因为在服务器没有结束响应之前，浏览器是看不到任何响应内容的，只有响应结束时，浏览器才能显示结果。而当使用 Servlet 3.0 提供的异常处理时，Servlet 线程不再一直阻塞到业务处理完，而是把已经处理好的内容先一步响应给客户端浏览器，然后使用另一个线程来完成费时的操作，即把内容一部分一部分地显示出来。针对业务处理较耗时的情况，这将大大减少服务器资源的占用，并且提高了并发处理的速度。

Servlet 异步处理就是让 Servlet 在处理费时的请求时不要阻塞，而是一部分一部分地显示。也就是说，在使用 Servlet 异步处理之后，页面可以一部分一部分地显示数据，而不是一直卡，等到请求响应结束后一起显示。

在使用异步处理之前，一定要在@WebServlet 注解中给出 asyncSupported=true，不然默认 Servlet 是不支持异步处理的。如果存在过滤器，也要设置@WebFilter 注解的 asyncSupported =true。

> 注意：响应类型必须是 text/html，即 response.setContentType("text/html;charset=utf-8")。

为了支持异步处理，在 Servlet 3.0 中 ServletRequest 提供了 startAsync()方法，该方法有两种重载形式，其语法格式如下：

```
AsyncContext startAsync() throws java.lang.IllegalStateException;
AsyncContext startAsync(ServletRequest servletRequest, ServletResponse servletResponse)
                throws java.lang.IllegalStateException
```

这两个方法都会返回 AsyncContext 接口的实现对象，前者会直接利用原有的请求与响应对象来创建 AsyncContext，后者可以传入自行创建的请求、响应封装对象。在调用了 startAsync()方法取得 AsyncContext 对象之后，此次请求的响应会被延后，并释放容器分配的线程。

一般可以通过 AsyncContext 类的 getRequest()和 getResponse()方法来获取请求和响应的对象，调用 AsyncContext 类的 complete()或 dispatch()方法结束对客户端的响应。complete()方法表示响应完成，dispatch()方法表示将调派指定的 URL 进行响应。

如果调用 ServletRequest 类的 startAsync()获取 AsyncContext 类的对象，那么必须设置容器 Servlet 支持异步处理。如果使用@WebServlet 注解，则需要设置其 asyncSupported 属性值是 true。

【例 9-7】 在 Servlet 3.0 中使用注解处理异步。

step 01 创建继承 HttpServlet 并进行异步处理的 Servlet 类。(源代码\Servlet3.0\servlet\AsyncServlet.java)

```java
package servlet;
import java.io.IOException;
import java.io.PrintWriter;
import java.util.Date;
import javax.servlet.*;
import javax.servlet.annotation.WebServlet;
import javax.servlet.http.*;
@WebServlet(urlPatterns = "/async", asyncSupported = true)
public class AsyncServlet extends HttpServlet{
    @Override
    public void doGet(HttpServletRequest req, HttpServletResponse resp)
    throws IOException, ServletException{
    //设置编码格式
        resp.setContentType("text/html;charset=UTF-8");
        //获取输出对象
        PrintWriter out = resp.getWriter();
        //打印当前时间，即启动 Servlet 时间
        out.println("启动 Servlet: " + new Date() + ".<br>");
        out.flush();
        //主线程退出，在子线程中执行业务调用，并由其负责输出响应
        AsyncContext ac = req.startAsync();
        //创建并启动子线程
        new Thread(new Async(ac)).start();
        //打印启动子线程时间，即结束 Servlet 时间
        out.println("结束 Servlet: " + new Date() + ".<br>");
        out.println("启动子线程: "+new Date()+".<br>");
        out.flush();
    }
}
```

【案例剖析】

在本案例中，创建继承 HttpServlet 的类，在类前面使用@WebServlet 注解，设置当前 Servlet 的访问路径，设置 asyncSupported 为 true，即该 Servlet 支持异步处理。在该类中设置编码格式是 UTF-8，获取输出对象 out，使用该对象打印启动 Servlet 的时间，并通过 HttpServletRequest 类提供的 startAsync()方法获取 AsyncContext 类的对象 ac，并将该对象作为参数传递给线程类 Async 的构造方法。

step 02 创建子线程类。(源代码\Servlet3.0\servlet\Async.java)

```java
package servlet;
import java.io.PrintWriter;
```

```java
import java.util.Date;
import javax.servlet.AsyncContext;
public class Async implements Runnable {
    //设置私有成员变量
    private AsyncContext ac = null;
    //线程类的构造方法
    public Async(AsyncContext ac){
        this.ac = ac;
    }
    //线程体
    public void run(){
        try {
            //等待10s，模拟业务逻辑的执行
            Thread.sleep(10000);
            //获取输出对象
            PrintWriter out = ac.getResponse().getWriter();
            out.println("子线程结束: " + new Date() + ".<br>");
            out.flush();   //强制输出缓冲区
            ac.complete();  //响应完成
        } catch (Exception e) {
            e.printStackTrace();
        }
    }
}
```

【案例剖析】

在本案例中，创建实现 Runnable 接口的类，在该类中定义了 AsyncContext 类型的私有成员变量，并在类的构造方法中对其进行赋值。在线程体(即 run()方法)中，调用 Thread 类的 sleep()方法，使当前线程睡眠 10s，通过 AsyncContext 类提供的 getResponse()方法获取 response 对象，并调用其 getWriter()方法获取输出对象 out，并输出子线程结束时间，再调用 AsyncContext 类提供的 complete()方法表示响应完成。

【运行项目】

部署 Web 项目 Servlet 3.0，启动 Tomcat。在浏览器的地址栏中输入 Servlet 的访问地址 "http://127.0.0.1:8888/Servlet3.0/async"，运行结果如图 9-8 所示。

图 9-8 异步处理

9.5.3 上传组件

Servlet 2.5 以前的版本在上传文件时，需要使用 commons-fileupload 等第三方的上传组件，而 Servlet 3.0 提供了文件上传的处理方案，只需要在 Servlet 前面添加@MultipartConfig 注解即可。

1. @MultipartConfig 注解

@MultipartConfig 注解主要是为了辅助 Servlet 3.0 中 HttpServletRequest 提供的对上传文件的支持。该注解标注在 Servlet 的上面，用来表示该 Servlet 处理请求的 MIME 类型是 multipart/form-data。另外，它还提供了若干属性用于简化对上传文件的处理，如表 9-14 所示。

表 9-14　@MultipartConfig 的常用属性

属 性 名	类 型	是否可选	描 述
fileSizeThreshold	int	是	当数据量大于该值时，内容将被写入文件
location	String	是	存放生成的文件地址
maxFileSize	long	是	允许上传的文件最大值。默认值是-1，值没有限制
maxRequestSize	long	是	针对该 multipart/form-data 请求的最大数量，默认值为-1，值没有限制

2. Part 类

HttpServletRequest 接口提供了处理文件上传的两个方法，具体如下。

(1) Part getPart(String name)：根据名称来获取文件的上传域。

(2) Collection<Part> getParts()：获取所有文件的上传域。

Part 类的每一个对象对应于一个文件上传域，该对象提供了用来访问上传文件的文件类型、大小、输入流等方法，并提供了一个 write(String file)方法将文件写入服务器磁盘。

3. enctype 属性

向服务器上传文件时，需要在 form 表单中使用<input type="file".../>文件域，并设置 form 表单 enctype 属性。表单的 enctype 属性指定的是表单数据的编码方式，该属性有如下 3 个值。

(1) application/x-www-form-urlencoded 默认的编码方式。它只处理表单域里的 value 属性值，采用这种编码方式的表单会将表单域的值处理成 URL 编码方式。

(2) multipart/form-data 编码方式。这种编码方式以二进制流的方式来处理表单数据，把文件域指定文件的内容也封装到请求参数中。

(3) text/plain 编码方式。当表单的 action 属性为 mailto:URL 形式时比较方便，这种方式主要适用于直接使用表单发送邮件。

如果将 enctype 设置为 application/x-www-form-urlencoded 或者不设置，则提交表单时只发送上传文件文本框中的字符串，即浏览器所选择文件的绝对路径，对服务器获取该文件在客户端上的绝对路径没有任何作用，因为服务器不可能访问客户机的文件系统。因此，一般设置 enctype 的值为 multipart/form-data。

【例 9-8】使用注解实现文件的上传。

step 01　创建上传文件的页面。(源代码\Servlet3.0\WebRoot\file.jsp)

```
<%@ page language="java" import="java.util.*" pageEncoding="utf-8"%>
<!DOCTYPE HTML PUBLIC "-//W3C//DTD HTML 4.01 Transitional//EN">
<html>
<head>
<title>文件上传</title>
```

```html
<meta http-equiv="pragma" content="no-cache">
<meta http-equiv="cache-control" content="no-cache">
<meta http-equiv="expires" content="0">
<meta http-equiv="keywords" content="keyword1,keyword2,keyword3">
<meta http-equiv="description" content="This is my page">
</head>
<body>
    <form action="FileServlet" method="post" enctype="multipart/form-data">
        简 历：<input type="file"    name="resume" /><br /> <input type="submit" value="注册" />
    </form>
</body>
</html>
```

step 02 创建继承 HttpServlet 类并使用注解@MultipartConfig 支持文件上传的类。

```java
package servlet;
import java.io.IOException;
import javax.servlet.ServletException;
import javax.servlet.annotation.MultipartConfig;
import javax.servlet.annotation.WebServlet;
import javax.servlet.http.*;
@WebServlet(urlPatterns = "/FileServlet")
@MultipartConfig(maxFileSize = 1024 * 1024)
public class FileServlet extends HttpServlet {
    @Override
    public void doPost(HttpServletRequest req, HttpServletResponse resp)
            throws ServletException, IOException {
        //设置页面编码格式是 UTF-8
        req.setCharacterEncoding("UTF-8");
        // 通过 req 对象获取文件表单字段，即 Part 类的对象
        Part part = req.getPart("resume");
        // 从 Part 对象中获取需要的数据
        System.out.println("上传文件的 MIME 类型:" + part.getContentType());
        System.out.println("上传文件的字节数: " + part.getSize());
        System.out.println("表单中文件字段名称: " + part.getName());
        // 获取头，这个头中包含了上传文件的名称
        System.out.println("上传文件信息: " + part.getHeader("Content-Disposition"));
        part.write("D:/resume.doc");// 保存上传文件，写入服务器磁盘
        // 截取上传文件名称
        String filename = part.getHeader("Content-Disposition");
        int start = filename.lastIndexOf("filename=\"") + 10;
        int end = filename.length() - 1;
        filename = filename.substring(start, end);
        //打印上传文件的名称
        System.out.println("上传文件的名称: " + filename);
    }
    public void doGet(HttpServletRequest req, HttpServletResponse resp)
            throws ServletException, IOException {
        doPost(req, resp);
    }
}
```

【案例剖析】

在本案例中，在 Servlet 类的前面使用了@MultipartConfig 注解，然后通过 request 对象的 getPart("fieldName")方法，来获取<input:file>中的文件对象，即 Part 类型的对象，其表示一个

文件表单项。通过 Part 类提供的方法获取上传文件的信息，并在控制台输出。

部署 Web 项目 Servlet 3.0，启动 Tomcat。在浏览器的地址栏中输入上传文件信息页面的地址"http://127.0.0.1:8888/Servlet3.0/file.jsp"，运行结果如图 9-9 所示。单击【注册】按钮，查看结果如图 9-10 所示。

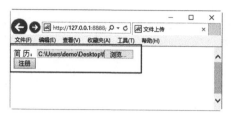

图 9-9　文件上传页面

图 9-10　上传输出信息

9.6　大神解惑

小白：过滤器和监听器与 Servlet 的关系是什么？

大神：过滤器和监听器都是 Servlet 规范的高级特性，提供辅助性功能，与 Servlet 没有业务关联。过滤器主要用于过滤 request 和 response 对象，而监听器主要用于监控 context、Session 和 request 相关的事件。

小白：过滤器和监听器的区别。

大神：过滤器用来过滤的，在 Java Web 中传入的 request 和 response 提前过滤掉一些信息，或提前设置一些参数，然后再传入 servlet 或 struts 的 action 进行业务逻辑处理。例如过滤掉非法 URL，或在传入 servlet 或 struts 的 action 前统一设置字符集，或去除一些非法字符。过滤器的流程是线性的，URL 传来后进行检查，再保持原来的流程继续向下执行，被下一个 Filter、Servlet 接收等。

监听器在 C/S 模式中经常用到，其作用是对特定的事件产生一个处理。监听可以在很多模式下用到，例如观察者模式是用来监听的，struts 可以用监听来启动。Servlet 监听器用于监听一些重要事件的发生。监听器对象可以在事件发生前、发生后做一些必要的处理。

9.7　跟我学上机

练习 1：创建用于监听 application 对象的监听器，设置 IP 地址是 127.0.1.1 的用户可以不用登录，并在配置文件中配置监听器。

练习 2：创建继承 HttpServlet 的 Servlet，并使用@WebServlet 注解声明，由@WebInitParam 进行参数设置。

练习 3：创建实现 Filter 接口的过滤器类，并使用注解进行声明，实现禁止指定 IP 地址的用户访问。

练习 4：创建实现 HttpSessionListener 接口和 HttpSessionAttributeListener 接口的监听器类，使用注解进行声明，实现在线用户人数的统计。

第 10 章
Java Web 的数据库编程——JDBC 与 MySQL

数据库是应用程序开发中非常重要的一部分。但是由于数据库的种类很多,不同数据库对数据的管理不同。为了方便地开发应用程序,Java 平台提供了一个访问数据库的标准接口,即 JDBC API。

在 Java 语言中使用 JDBC 来连接数据库与应用程序,是使用最广泛的一种技术。本章介绍如何使用 JDBC 连接数据库、获取数据、操作数据等。

本章要点(已掌握的在方框中打钩)

- ☐ 了解 JDBC 原理及 JDBC 驱动类型。
- ☐ 掌握连接数据库的步骤。
- ☐ 掌握如何加载 JDBC 驱动。
- ☐ 掌握驱动管理器 DriverManager 类的使用。
- ☐ 掌握数据库连接接口 Connection 的使用。
- ☐ 掌握执行 SQL 语句的接口的使用。
- ☐ 掌握结果集接口 ResultSet 的使用。

10.1 JDBC 概述

JDBC(Java Data Base Connectivity，Java 数据库连接)是一种用于执行 SQL 语句的 Java API，可以为多种关系数据库提供统一访问的接口，它是由一组用 Java 语言编写的类和接口组成的。JDBC 提供了一种标准，根据这个标准可以构建更高级的工具和接口，使数据库开发人员能够编写数据库应用程序，同时 JDBC 也是一个商标名。

10.1.1 JDBC 原理

JDBC 是一个低级接口，即用于直接调用 SQL 命令。JDBC 的主要作用是与数据库建立连接、操作数据库的数据并处理结果。

1. JDBC 接口包括两层

面向应用的 API 即 Java API，它是一种抽象接口，供应用程序开发人员使用(连接数据库，执行 SQL 语句，获得结果)。

面向数据库的 API 即 Java Driver API，供开发商开发数据库驱动程序使用。

2. JDBC 的作用

JDBC 对 Java 程序员而言是 API，对实现与数据库连接的服务提供商而言是接口模型。作为 API，JDBC 为程序开发提供标准的接口，并为数据库厂商及第三方中间厂商实现与数据库的连接提供了标准方法。JDBC 使用已有的 SQL 标准并支持与其他数据库连接标准，例如，ODBC 之间的桥接。JDBC 实现了所有这些面向标准的目标并且具有简单、严格类型定义且高性能实现的接口。

JDBC 扩展了 Java 的功能。例如，用 Java 和 JDBC API 可以发布含有 Applet 的网页，而该 Applet 使用的信息可能来自远程数据库。企业也可以用 JDBC 通过 Intranet 将所有职员连到一个或多个内部数据库中。随着越来越多的程序员开始使用 Java 编程语言，对从 Java 中便捷地访问数据库的要求也在日益增加。

JDBC API 存在之后，只需要用 JDBC API 编写一个程序向相应数据库发送 SQL 调用即可。同时将 Java 语言和 JDBC 结合起来，可以使程序在任何平台上运行，从而实现 Java 语言"编写一次，处处运行"的优势。

3. 连接 DBMS(数据库管理系统)

首先，装载驱动程序，使用 Class 类提供的 forName()方法。

其次，是建立与 DBMS 的连接。使用 DriverManager 类提供的 getConnection()方法获取与数据库的连接接口 Connection。使用此接口连接创建 JDBC statements 并发送 SQL 语句到数据库。

10.1.2 JDBC 驱动

JDBC 提供了用于与数据库建立连接的接口，这些接口就是由数据库厂商实现的数据库驱动。不同厂商产生不同的数据库驱动包，这些驱动包中包含负责与数据库建立连接的类。下面介绍 Java 语言中的 JDBC 驱动。

JDBC 驱动分为 4 种类型，即 JDBC-ODBC 桥、网络协议驱动、本地 API 驱动和本地协议驱动。

1. JDBC-ODBC 桥

JDBC-ODBC 桥是 Sun 公司提供的，是 JDK 提供的标准 API。这种类型的驱动实际上是利用 ODBC 驱动程序提供 JDBC 访问。这种类型的驱动程序最适合于企业网或者是用 Java 编写的三层结构的应用程序服务器代码，因为它将 ODBC 二进制代码加载到使用该驱动程序的每个客户机上。

JDBC-ODBC 桥的执行效率并不高，因此更适合作为开发应用时的一种过渡方案。对于那些需要大量数据操作的应用程序，则应该考虑其他类型的驱动。

2. JDBC 网络纯 Java 驱动程序

这种驱动程序首先将 JDBC 转换为与 DBMS 无关的网络协议，之后这种协议又被某个服务器转换为一种 DBMS 协议。这种网络服务器中间件能够将它的纯 Java 客户机连接到多种不同的数据库上。所用的具体协议取决于提供者。通常，这是最为灵活的 JDBC 驱动程序。

有可能所有这种解决方案的提供者都提供适合于 Intranet 的产品。为了同时也支持 Internet 访问，提供者必须处理 Web 所提出的安全性、通过防火墙的访问等方面的额外要求。

3. 本地 API

本地 API 驱动程序把客户机 API 上的 JDBC 调用转换为 Oracle、Sybase、Informix、DB2 或其他 DBMS 的调用。需要注意的是像桥驱动程序一样，本地 API 驱动程序要求将某些二进制代码加载到每台客户机上。

由于这种类型的驱动可以把多种数据库驱动都配置在中间层服务器，因此它最适合那种需要同时连接多个不同种类的数据库并且对并发连接要求高的应用。

4. 本地协议纯 Java 驱动程序

这种类型的驱动程序将 JDBC 调用直接转换为 DBMS 所使用的网络协议。允许从客户机上直接调用 DBMS 服务器，是 Intranet 访问的一个很实用的解决方法。由于许多这样的协议都是专用的，因此主要来源是数据库提供者。

这种类型的驱动，主要适合那些连接单一数据库的工作组应用。

10.2 连接数据库

下面介绍使用 JDBC 连接数据库。本书以 MySQL 数据库为例，读者可以到 MySQL 官网下载 MySQL 数据库。下载 Navicat for MySQL 视图化工具，方便对 MySQL 数据库的操作。

10.2.1 安装 MySQL 数据库

安装 MySQL 数据库的具体步骤如下。

step 01 双击打开下载的 MySQL 文件 mysql-5.7.17.msi，稍等片刻，打开 MySQL Installer 对话框，选中 I accept the license terms 复选框，如图 10-1 所示。

step 02 单击 Next 按钮，打开 Choosing a Setup Type 界面，选中 Developer Default 单选按钮，即默认安装，如图 10-2 所示。

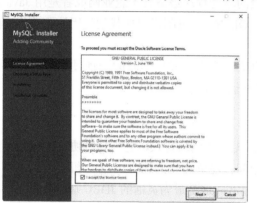

图 10-1　License Agreement 界面　　　图 10-2　Choosing a Setup Type 界面

step 03 单击 Next 按钮，打开 Check Requirements 界面，如图 10-3 所示。

step 04 单击 Execute 按钮，打开 Installation 界面，如图 10-4 所示。

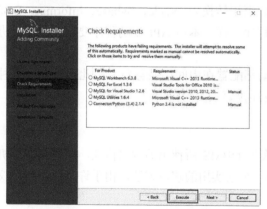

图 10-3　Check Requirements 界面　　　图 10-4　Installation 界面

step 05 单击 Execute 按钮，打开 Product Configuration 界面，如图 10-5 所示。

step 06 单击 Next 按钮，打开 Type and Networking 界面，在 Config Type 下拉列表框中选择 Development Machine 选项，如图 10-6 所示。

step 07 单击 Next 按钮，打开 Accounts and Roles 界面，输入密码，这里输入"123456"，如图 10-7 所示。

step 08 单击 Next 按钮，打开 Windows Service 界面，如图 10-8 所示。

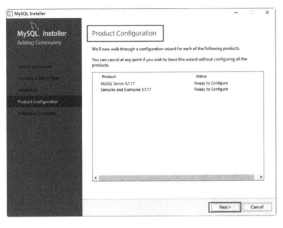

图 10-5　Product Configuration 界面

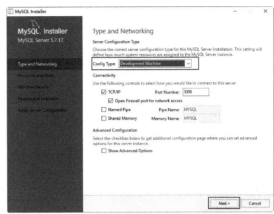

图 10-6　设置 Config Type

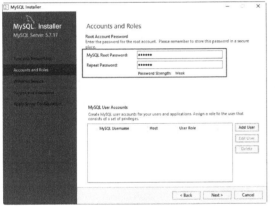

图 10-7　Accounts and Roles 界面

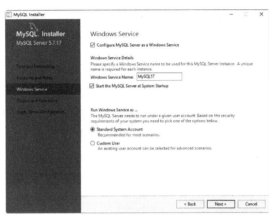

图 10-8　Windows Service 界面

step 09　单击 Next 按钮，打开 Plugins and Extensions 界面，如图 10-9 所示。

step 10　单击 Next 按钮，打开 Apply Server Configuration 界面，单击 Execute 按钮，进行 MySQL 安装，安装完成后如图 10-10 所示。

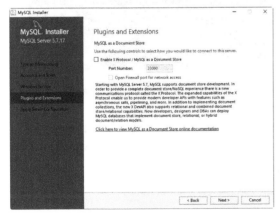

图 10-9　Plugins and Extensions 界面

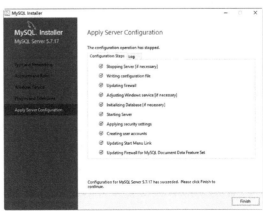

图 10-10　Apply Server Configuration 界面

step 11 单击 Finish 按钮，再次打开 Product Configuration 界面，单击 Next 按钮，打开 Connect To Server 界面，输入用户名 root 和密码 123456，单击 Check 按钮，检测是否连接成功，如图 10-11 所示。

step 12 单击 Next 按钮，打开 Apply Server Configuration 界面，如图 10-12 所示。

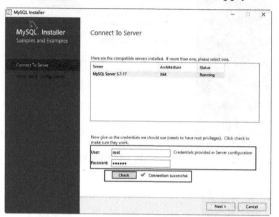 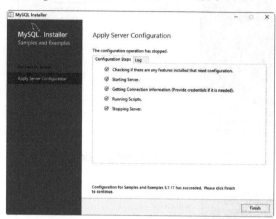

图 10-11　Connect To Server 界面　　　　　图 10-12　Apply Server Configuration 界面

step 13 单击 Finish 按钮，第三次打开 Product Configuration 界面，单击 Next 按钮，打开 Installation Complete 界面，如图 10-13 所示，单击 Finish 按钮，安装完成。

step 14 安装完成后，选择【开始】→MySQL 文件夹下的 MySQL 5.7 Command Line Client 文件，打开并在窗口中输入密码"123456"，按 Enter 键，显示"mysql>"，表示连接 MySQL 数据库成功，界面如图 10-14 所示。

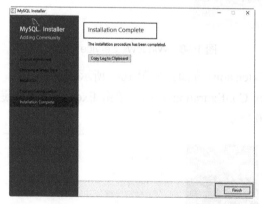 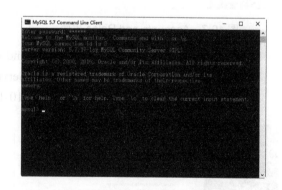

图 10-13　Installation Complete 界面　　　　　图 10-14　连接 MySQL 数据库

在连接 MySQL 前，首先确保 MySQL 服务启动，即右击【此电脑】图标，在弹出的快捷菜单中选择【管理】命令，打开【计算机管理】窗口，展开左侧的【计算机管理(本地)】\【服务和应用程序】\【服务】选项，在右侧的【服务】界面中启动 MySQL 服务，如图 10-15 所示。

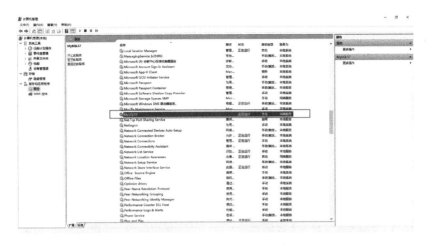

图 10-15 启动 MySQL 服务

10.2.2 安装 Navicat

由于 MySQL 数据库不是可视化的视图界面，因此可以使用 MySQL 数据库管理工具 Navicat for MySQL。Navicat for MySQL 是一款强大的 MySQL 数据库管理和开发工具，它为专业开发者提供了一套强大的足够尖端的工具，但对于新用户仍然易于学习。

Navicat for MySQL 基于 Windows 平台，为 MySQL 量身定制，提供类似于 MySQL 的管理界面工具。Navicat for MySQL 使用了图形用户界面(GUI)，可以用一种安全和更为容易的方式快速地创建、组织、存取和共享信息。Navicat 的具体安装步骤如下。

step 01 打开下载的 Navicat 安装文件，即 navicat111_mysql_cs_x64.exe，如图 10-16 所示。

step 02 单击【下一步】按钮，打开【许可证】界面，选中【我同意】单选按钮，如图 10-17 所示。

图 10-16 欢迎界面　　　　　　　　　图 10-17 【许可证】界面

step 03 单击【下一步】按钮，打开【选择安装文件夹】界面，单击【浏览】按钮，选择 Navicat 的安装路径，这里选择 D 盘，如图 10-18 所示。

step 04 单击【下一步】按钮，打开【选择 开始 目录】界面，这里不做修改，如图 10-19 所示。

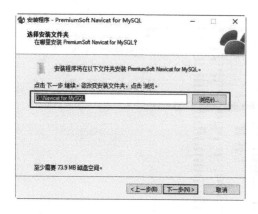

图 10-18　【选择安装文件夹】界面　　　　图 10-19　【选择 开始 目录】界面

step 05　单击【下一步】按钮，打开【选择额外任务】界面，选中 Create a desktop icon 复选框，如图 10-20 所示。

step 06　单击【下一步】按钮，打开【准备安装】界面，如图 10-21 所示。

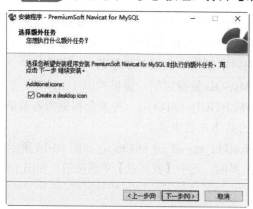
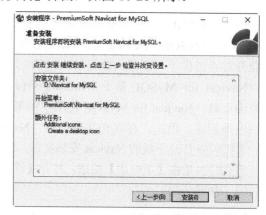

图 10-20　【选择额外任务】界面　　　　图 10-21　【准备安装】界面

step 07　单击【安装】按钮，进行安装，稍等片刻，出现安装完成界面，如图 10-22 所示。

10.2.3　连接数据库的步骤

在 MyEclipse 中创建 Java 项目，并创建 Java 类，在类中使用 JDBC 连接和操作数据库。连接数据库的操作步骤一般是固定的，具体如下。

step 01　加入 jar 包，直接将 MySQL 数据库的 jar 包复制到 Web 项目的 lib 包下即可。

step 02　加载数据库驱动。使用 Class 类的 forName()方法，将驱动程序加载到虚拟机内存中，只需要在第一次访问数据时加载一次即可。

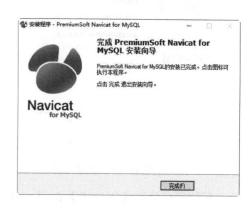

图 10-22　安装完成

step 03 为 JDBC 连接数据库提供 URL。URL 中包含连接数据库的协议、子协议、数据库名、数据库账户和密码等信息。

step 04 创建与数据库的连接。通过 java.sql.DriverManager 类提供的 getConnection()方法，获取与 URL 指定数据库的连接接口 Connection 的对象。

step 05 操作数据库。通过 Statement、PreparedStatement、ResultSet 三个接口完成。利用数据库连接对象获得一个 preparedStatement 或 Statement 对象，用来执行 SQL 语句。对连接的数据库通过 SQL 语句进行操作。操作结果一种是执行更新返回本次操作影响到的记录数，另一种是执行查询返回一个结果集(ResultSet)对象。

step 06 关闭 JDBC 对象。在实际开发过程中，数据库资源非常有限，操作完之后必须关闭资源。

10.2.4 JDBC 入门案例

在 Java Web 中使用 JDBC 与 MySQL 数据库进行连接，具体实例如下。

【例 10-1】创建 Web 项目 ch10，在该项目中创建使用 JDBC 连接 MySql 数据库的 Java 类，再在页面中显示连接数据库信息。

step 01 创建连接数据库的 Java 类。(源代码\ch10\src\db\DbConnect.java)

```java
import java.sql.*;
public class DbConnect {
    public static Connection con;
    public static Connection getConnection(){
        //1.项目中加入jar包，及JDBC数据库连接驱动
        try {
            //2.加载数据库驱动
            Class.forName("org.gjt.mm.mysql.Driver").newInstance();
            //3.数据库连接地址，数据库名:mysql，数据库账户: root/123456
            String url ="jdbc:mysql://localhost/mysql?user=root&password=123456"
                    + "&useUnicode=true&characterEncoding=8859_1&useSSL=true";
            //4.创建与数据库的连接
            con=DriverManager.getConnection(url);
            System.out.println("数据库连接成功! ");
        } catch (Exception e) {
            e.printStackTrace();
        }
        return con;
    }
}
```

【案例剖析】

在本案例中，定义一个 Java 类，在类中定义静态成员变量 con，静态成员方法 getConnection()获取与 MySql 数据库的连接。在静态方法中通过 Class 类的 forName()方法加载数据库驱动，并通过 DriverManager 类的 getConnection()方法获取与数据库的连接对象。

step 02 创建 JSP 页面，在页面中单击超链接，执行连接数据库的操作。(源代码\ch10\WebRoot\index.jsp)

```
<%@ page language="java" import="java.util.*" pageEncoding="utf-8"%>
<a href="ConnectAction.jsp">连接数据库</a>
```

【案例剖析】

在本案例中,使用超链接跳转到与数据库进行业务逻辑处理的页面。

step 03 单击超链接后的处理页面。(源代码\ch10\WebRoot\ConnectAction.jsp)

```
<%@page import="db.DbConnect"%>
<%@ page language="java" import="java.util.*" pageEncoding="utf-8"%>
<%
    if(DbConnect.getConnection()!=null){
        response.sendRedirect("success.jsp");
    }else{
        response.sendRedirect("error.jsp");
    }
%>
```

【案例剖析】

在本案例中,通过调用连接数据库的类中的静态方法 getConnection()获取与数据库的连接对象,若返回值不是 null,则连接数据库成功,使用 response 对象的 sendRedirect()方法跳转到 success.jsp 页面;否则连接失败,跳转到 error.jsp 页面。

step 04 创建连接数据库成功的页面。(源代码\ch10\WebRoot\success.jsp)

```
<%@ page language="java" import="java.util.*" pageEncoding="utf-8"%>
<%
    out.print("数据库连接成功!");
%>
```

【案例剖析】

在本案例中,显示连接数据库成功的信息。

step 05 创建连接数据库失败的页面。(源代码\ch10\WebRoot\error.jsp)

```
<%@ page language="java" import="java.util.*" pageEncoding="utf-8"%>
<%
    out.print("数据库连接错误!");
%>
```

【案例剖析】

在本案例中,显示连接数据库失败的信息。

step 06 在 Web 项目中,添加 JDBC 驱动。右击 ch10 项目,在弹出的快捷菜单中选择 Build Path→Add External Archives 命令,如图 10-23 所示。

step 07 打开 JAR Selection 对话框,在 MySql 的安装目录下找到 JDBC 驱动,选择 JDBC 驱动 jar 包,如图 10-24 所示。

step 08 单击【打开】按钮即可,在 Web 项目的 Referenced Libraries 中可以看到添加的 JDBC 驱动 jar 包。

【运行项目】

将 MySql 数据库的 JDBC 复制到 Web 项目,部署 Web 项目 ch10,启动 Tomcat 服务器。在浏览器的地址栏中输入超链接页面的地址 "http://127.0.0.1:8888/ch10/",运行结果如图 10-25

所示。单击超链接，连接数据库，显示信息如图 10-26 所示。

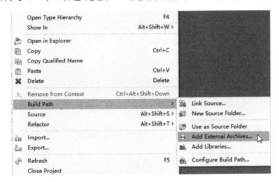

图 10-23　选择 Add External Archives 命令

图 10-24　选择 JDBC 驱动

图 10-25　"连接数据库"超链接

图 10-26　数据库连接信息

10.3　驱动管理器类

JDBC 是一个编程接口集，所定义的接口主要包含在 java.sql 和 javax.sql 包中。java.sql 包主要是 JDBC 的核心包，提供的接口和类主要针对基本的数据库编程。javax.sql 包提供的接口和类主要针对数据库的高级操作。这两个包没有实现具体连接数据库的功能。具体连接数据库的功能主要是由特定的 JDBC 驱动程序实现的。

下面介绍如何加载 JDBC 驱动和管理驱动程序的 DriverManager 类。

10.3.1　加载 JDBC 驱动

在访问数据库前，首先加载数据库驱动程序，只在第一次访问数据库时加载一次即可。一般使用 Class 类提供的静态方法 forName() 加载数据库驱动。一般语法格式如下：

```
Class.forName(String driver);
```

driver:要加载的数据库驱动。

数据库加载之后,如果成功,则将加载的驱动类注册给 DriverManager 类;如果失败,则会抛出 ClassNotFoundException 异常。

【例 10-2】加载数据库驱动。(源代码\ch10\src\db\DbConnect.java)

```
Class.forName("org.gjt.mm.mysql.Driver").newInstance();
```

【案例剖析】

字符串 org.gjt.mm.mysql.Driver 是要加载的 MySql 数据库驱动,newInstance()方法是创建驱动类的实例。

10.3.2 DriverManager 类

java.sql.Driver 接口是所有 JDBC 驱动程序需要实现的接口。这个接口是提供给数据库厂商使用的,不同数据库厂商提供不同的实现。在程序中不需要直接去访问实现 Driver 接口的类,而是由 DriverManager 类去调用这些 Driver 接口的实现。

JDK 1.8 中的 java.sql 包,提供了用来管理数据库中所有驱动程序的 DriverManager 类,它是 JDBC 的管理层,作用于用户和驱动程序之间,跟踪可用的驱动程序,并在数据库的驱动程序之间建立连接。

DriverManager 类中的方法都是静态的,因此在程序中不用进行实例化,可以直接通过类名进行调用。DriverManager 类的常用方法如表 10-1 所示。

表 10-1　DriverManager 类的常用方法

方　　法	返回类型	说　　明
getConnection(String url)	static Connection	建立与指定数据库 URL 的连接
getConnection(String url, Properties info)	static Connection	建立与指定数据库 URL 的连接
getConnection(String url,String user, String password)	static Connection	建立与指定数据库 URL 的连接
getLoginTimeout()	static int	获取驱动程序试图登录到某一数据库时可以等待的最长时间,以秒为单位
println(String message)	static void	将一条消息打印到当前 JDBC 日志流中

【例 10-3】获取与数据库的连接。(源代码\ch10\src\db\DbConnect.java)

```
String url ="jdbc:mysql://localhost/mysql?user=root&password=123456"
    + "&useUnicode=true&characterEncoding=8859_1&useSSL=true";
con=DriverManager.getConnection(url);
```

【案例剖析】

在本案例中,URL 是指定要连接数据库的地址,其中包括数据库名、数据库账户与密码以及字符编码等。通过 DriverManager 类的 getConnection()方法获取与数据库的连接接口。

(1) 连接数据库的 URL 格式如下：

协议名:子协议名:数据源信息

协议名：JDBC 中只允许是 jdbc。
子协议：表示一个数据库驱动程序的名称。
数据源信息：包含连接数据库的名称，也可能包含用户与口令等信息，这些信息也可以单独提供。
(2) 常见连接数据库的 URL 格式如下。
连接 MySql 数据库：

jdbc:mysql://localhost:3306/数据库名

连接 Oracle 数据库：

jdbc:oracle:thin:@localhost:1521:数据库名

连接 SQL Server 数据库：

jdbc:microsoft:sqlserver://localhost:1433;databasename=数据库名

10.4 数据库连接接口

JDK1.8 中的 java.sql 包提供了代表与数据库连接的 Connection 接口，它在上下文中执行 SQL 语句并返回结果。

10.4.1 常用方法

使用 DriverManager 类的 getConnection()方法返回的就是一个 Connection 接口的对象。一个 Connection 接口的对象代表一个数据库连接。Connection 接口的常用方法如表 10-2 所示。

表 10-2 Connection 类的常用方法

方 法	返回类型	说 明
getMetaData()	DatabaseMetaData	获取一个 DatabaseMetaData 对象，该对象包含当前 Connection 对象所连接的数据库的元数据
createStatement()	Statement	创建一个 Statement 对象，将 SQL 语句发送到数据库
preparedStatement(String sql)	PreparedStatement	创建一个 PreparedStatement 对象，将参数 SQL 语句发送到数据库
commit()	void	使所有上一次提交或回滚后进行的更改成为持久更改，并释放此 Connection 对象当前持有的所有数据库锁
rollback()	void	取消在当前事务中进行的所有更改，并释放此 Connection 对象当前持有的所有数据库锁

10.4.2 处理元数据

Java 通过 JDBC 获得连接以后，得到一个 Connection 接口的对象，可以从这个对象获得有关数据库管理系统的各种信息，包括数据库名称、数据库版本号、数据库登录账户、驱动名称、驱动版本号、数据类型、触发器、存储过程等各方面的信息。这样使用 JDBC，就访问一个事先并不了解的数据库。

Connection 接口提供的 getMetaData()方法，可以获取一个 DatabaseMetaData 类的对象。DatabaseMetaData 类中提供了许多方法用于获得数据源的各种信息，通过这些方法可以非常详细地了解数据库的信息。DatabaseMetaData 类提供的常用方法如表 10-3 所示。

表 10-3 DatabaseMetaData 类的常用方法

方 法	返回类型	说 明
getURL()	String	数据库的 URL
getUserName()	String	返回连接当前数据库管理系统的用户名
isReadOnly()	boolean	指示数据库是否只允许读操作
getDatabaseProductName()	String	返回数据库的产品名称
getDatabaseProductVersion()	String	返回数据库的版本号
getDriverName()	String	返回驱动程序的名称
getDriverVersion()	String	返回驱动程序的版本号

【例 10-4】在 Web 项目中，创建显示使用 DatabaseMetaData 类处理的元数据信息。(源代码\ch10\WebRoot\metaData.jsp)

```jsp
<%@page import="java.sql.DatabaseMetaData"%>
<%@page import="db.DbConnect"%>
<%@page import="java.sql.Connection"%>
<%@ page language="java" import="java.util.*" pageEncoding="utf-8"%>
<%
    Connection con = DbConnect.getConnection();
    DatabaseMetaData data = con.getMetaData();
    out.println("---数据库信息---");
    out.println("登录url: " + data.getURL() + "<br>");
    out.println("登录用户名: " + data.getUserName() + "<br>");
    out.println("数据库名: " + data.getDatabaseProductName() + "<br>");
    out.println("数据库版本: " + data.getDatabaseProductVersion() + "<br>");
    out.println("驱动器名称: " + data.getDriverName() + "<br>");
    out.println("驱动器版本: " + data.getDriverVersion() + "<br>");
    out.println("数据库是否只允许读操作: " + data.isReadOnly());
%>
```

部署 Web 项目 ch10，启动 Tomcat 服务器。在浏览器的地址栏中输入页面地址"http://127.0.0.1:8888/ch10/metaData.jsp"，运行结果如图 10-27 所示。

图 10-27 DatabaseMetaData 类方法的使用

【案例剖析】

在本案例中，调用 DbConnect 类中自定义的静态方法 getConnection()，获得与 MySql 数据库连接的接口对象 con。通过对象 con 调用 getMetaData()方法获取 DatabaseMetaData 类的对象 data。通过对象 data 调用 DatabaseMetaData 类提供的方法，用来获得数据源的各种信息，并在页面中显示。

10.5 数据库常用接口

建立与数据库连接之后，与数据库的通信是通过执行 SQL 语句实现的。但是 Connection 接口不能执行 SQL 语句，需要使用专门的对象。在 JDK 的 java.sql 包中提供了用于在已经建立连接的数据库上，向数据库发送 SQL 语句的 Statement 接口，以及存储数据库中查询结果的 ResultSet 接口。下面详细介绍 Statement 接口、PreparedStatement 接口和 ResultSet 接口的使用。

10.5.1 Statement 接口

Statement 接口的对象用于执行不带参数的 SQL 语句。通过 Connection 接口提供的 CreateStatement()方法创建 Statement 对象。Statement 接口的常用方法如表 10-4 所示。

表 10-4 Statement 接口的常用方法

方　　法	返回类型	说　　明
execute(String sql)	boolean	执行 SQL 语句，该语句可能返回多个结果
executeQuery(String sql)	ResultSet	执行 SQL 语句，该语句返回单个 ResultSet 对象
executeUpdate(String sql)	int	执行给定的 SQL 语句，该语句可能为 INSERT、UPDATE 或 DELETE 语句，或者不返回任何内容的 SQL 语句(如 SQL DDL 语句)
getResultSet()	ResultSet	以 ResultSet 对象的形式获取当前结果
executeBatch()	Int[]	将一批命令提交给数据库来执行，如果全部命令执行成功，则返回更新计数组成的数组

续表

方　法	返回类型	说　明
close()	void	立即释放 Statement 对象的数据库和 JDBC 资源，而不是等待该对象自动关闭时发生此操作
getConnection()	Connection	获取生成 Statement 对象的 Connection 对象

10.5.2　PreparedStatement 接口

　　Statement 接口每次执行 SQL 语句时，都将 SQL 语句传递给数据库。在多次执行相同 SQL 语句时，效率非常低。因此使用 PreparedStatement 接口，它是 Statement 接口的子接口，采用预处理的方式，是在实际开发中使用最广泛的一个接口。

　　PreparedStatement 接口是用来执行动态的 SQL 语句的，被编译的 SQL 语句保存到 PreparedStatement 对象中，系统可以反复并且高效地执行该 SQL 语句。PreparedStatement 接口的常用方法如表 10-5 所示。

表 10-5　PreparedStatement 接口的常用方法

方　法	返回类型	说　明
executeQuery(String sql)	ResultSet	在 PreparedStatement 对象中执行 SQL 查询，并返回该查询生成的 ResultSet 对象
executeUpdate(String sql)	int	在 PreparedStatement 对象中执行 SQL 语句，该语句必须是一个 SQL 数据操作语言语句，如 INSERT、UPDATE 或 DELETE 语句；或者是无返回内容的 SQL 语句，如 DDL 语句
setInt(int index, int x)	void	将指定参数值设置为给定 Java int 值。index 值从 1 开始
setLong(int index, long x)	void	将指定参数值设置为给定 Java long 值。index 值从 1 开始

10.5.3　ResultSet 接口

　　ResultSet 接口类似于一个数据表，通过该接口的对象可以获取结果集，它具有指向当前数据行的指针。最初指针指向第一行之前，通过调用该对象的 next()方法，使指针指向下一行；next()方法在 ResultSet 接口的对象中，若存在下一行，则返回 true，若不存在下一行，则返回 false。因此，可以通过 while 循环迭代结果集。

　　ResultSet 接口的常用方法如表 10-6 所示。

表 10-6　ResultSet 接口的常用方法

方　法	返回类型	说　明
absolute(int row)	boolean	将光标移动到指定行
close()	void	立即释放 ResultSet 对象的数据库和 JDBC 资源，而不是等待该对象自动关闭时发生此操作

续表

方法	返回类型	说明
getBoolean(int columnIndex)	boolean	以 boolean 的形式,获取 ResultSet 对象的当前行中指定列的值
getInt(int columnIndex)	int	以 int 的形式,获取 ResultSet 对象的当前行中指定列的值
getLong(int columnIndex)	long	以 long 的形式,获取 ResultSet 对象的当前行中指定列的值
getDate(int columnIndex)	Date	以 java.sql.Date 对象的形式,获取 ResultSet 对象的当前行中指定列的值
getString(int columnIndex)	String	以 String 的形式,获取 ResultSet 对象的当前行中指定列的值
getObject(int columnIndex)	Object	以 Object 的形式,获取 ResultSet 对象的当前行中指定列的值
last()	boolean	将光标移动到 ResultSet 对象的最后一行
isFirst()	boolean	判断光标是否位于 ResultSet 对象的第一行
isLast()	boolean	判断光标是否位于 ResultSet 对象的最后一行
next()	boolean	将光标从当前行移动到下一行

10.6 综合演练——学生信息管理系统

在 MyEclipse 中创建 Web 项目 StuManage,使用 JDBC 建立与数据库的连接,获取数据库中学生的信息,并对学生信息进行增、删、改、查。

10.6.1 创建表 student

在数据库中建立存储学生信息的表 Student。在 Navicat 中具体的创建步骤如下。

step 01 使用 MySQL 数据库的视图化工具 Navicat 创建表 student。表结构如图 10-28 所示。

step 02 在表 student 中添加数据,如图 10-29 所示。

图 10-28 student 表的结构

图 10-29 表 student 中的数据

10.6.2 创建学生类

在数据库中创建 student 表后,再在 Web 项目中创建其相应的 Java 类。(源代码

\StuManage\bean\Student.java)

```java
package bean;
public class Student {
    private String name;
    private String sex;
    private String specialty;
    private String grade;
    private int id;
    public int getId() {
        return id;
    }
    public void setId(int id) {
        this.id = id;
    }

    public Student(String name, String sex, String specialty, String grade, int id) {
        super();
        this.name = name;
        this.sex = sex;
        this.specialty = specialty;
        this.grade = grade;
        this.id = id;
    }
    public Student(String name, String sex, String specialty, String grade) {
        super();
        this.name = name;
        this.sex = sex;
        this.specialty = specialty;
        this.grade = grade;
    }
    public String getName() {
        return name;
    }
    public void setName(String name) {
        this.name = name;
    }
    public String getSex() {
        return sex;
    }
    public void setSex(String sex) {
        this.sex = sex;
    }
    public String getSpecialty() {
        return specialty;
    }
    public void setSpecialty(String specialty) {
        this.specialty = specialty;
    }
    public String getGrade() {
        return grade;
    }
    public void setGrade(String grade) {
        this.grade = grade;
    }
}
```

【案例剖析】

在本案例中，创建与 student 表相对应的私有成员变量 id、name、sex、specialty 和 grade，定义成员变量的 getXxx()方法和 setXxx()方法。将所有成员变量作为参数，创建类的构造方法。

10.6.3 连接数据库

在当前 Web 项目中，创建通过 JDBC 建立与数据库连接的类。(源代码\StuManage\db\DbConnect.java)

```java
package db;
import java.sql.*;
public class DbConnect {
    public static Connection con;
    public static Connection getConnection(){
        //1. 项目中加入jar包，及JDBC数据库连接驱动
        try {
            //2. 加载数据库驱动
            Class.forName("org.gjt.mm.mysql.Driver").newInstance();
            //3. 数据库连接地址，数据库名:mysql，数据库账户：root/123456，编码格式UTF-8
            String url ="jdbc:mysql://localhost/mysql?user=root&password=123456"
                    + "&useUnicode=true&characterEncoding=utf-8&useSSL=true";
            //4. 创建与数据库的连接
            con=DriverManager.getConnection(url);
        } catch (Exception e) {
            e.printStackTrace();
        }
        return con;
    }
}
```

【案例剖析】

在本案例中，创建 Java 类，通过 Class 类的 forName()方法加载数据库驱动；定义连接数据库的 URL，其中包含数据库名、账户登录名、账户密码、编码信息等；通过驱动管理类 DriverManager 的 getConnection()方法，获取与数据库连接的 Connection 接口对象 con。

10.6.4 管理员登录页面

在 Web 项目的 index.jsp 页面中，显示管理员的登录界面，该页面使用表格显示登录页面，表格使用 CSS 美化。

(1) 创建管理员(账户 admin\123)登录页面。(源代码\StuManage\WebRoot\index.jsp)

```jsp
<%@ page language="java" import="java.util.*" pageEncoding="utf-8"%>
<!DOCTYPE HTML PUBLIC "-//W3C//DTD HTML 4.01 Transitional//EN">
<html>
  <head>
    <title>学生管理系统</title>
    <meta http-equiv="pragma" content="no-cache">
    <meta http-equiv="cache-control" content="no-cache">
```

```html
        <meta http-equiv="expires" content="0">
        <meta http-equiv="keywords" content="keyword1,keyword2,keyword3">
        <meta http-equiv="description" content="This is my page">
    </head>

    <body>
        <center>
            管理员登录界面
            <form action="loginServer" method="post">
                <table>
                    <Tr>
                        <td>用户名：</td>
                        <td><input type="text" name="admin"></td>
                    </Tr>
                    <Tr>
                        <td>密码：</td>
                        <td><input type="text" name="pwd"></td>
                    </Tr>
                    <tr>
                        <td colspan="2" align="center"><input type="submit"
                            value="登录"></td>
                    </tr>
                </table>
            </form>
        </center>
    </body>
</html>
```

【案例剖析】

在本案例中，使用 HTML 创建管理员的登录页面，使用<table>表格布局登录页面格式，单击【登录】按钮后，通过<form>表单提交管理员的登录信息。

(2) 表格使用 CSS 样式表进行美化。(源代码\StuManage\WebRoot\table.css)

```css
table.gridtable {
    font-family: verdana, arial, sans-serif;
    font-size: 15px;
    color: #333333;
    border-width: 1px;
    border-color: #666666;
    border-collapse: collapse;
}

table.gridtable th {
    border-width: 1px;
    padding: 8px;
    border-style: solid;
    border-color: #666666;
    background-color: #dedede;
}

table.gridtable td {
    border-width: 1px;
    padding: 8px;
```

```
        border-style: solid;
        border-color: #666666;
        background-color: #ffffff;
}
```

10.6.5 登录处理页面

管理员登录后，交由继承 HttpServlet 类的 loginServlet 处理。管理员登录成功过后，在类中获取数据库中的学生信息集合。(源代码\StuManage\src\server\Student.java)

```java
package server;
import java.io.IOException;
import java.io.PrintWriter;
import java.sql.Connection;
import java.sql.PreparedStatement;
import java.sql.ResultSet;
import java.sql.SQLException;
import javax.jms.Session;
import javax.servlet.ServletException;
import javax.servlet.http.HttpServlet;
import javax.servlet.http.HttpServletRequest;
import javax.servlet.http.HttpServletResponse;
import javax.servlet.http.HttpSession;
import db.DbConnect;
public class loginServer extends HttpServlet {
    public void doGet(HttpServletRequest request, HttpServletResponse response)
            throws ServletException, IOException {
        response.setContentType("text/html");
        request.setCharacterEncoding("utf-8");
        response.setCharacterEncoding("utf-8");
        PrintWriter out = response.getWriter();
        String admin = request.getParameter("admin");
        String pwd = request.getParameter("pwd");
        if(admin.equals("admin")&&pwd.equals("123")){
            //获取数据库的连接
            Connection con = DbConnect.getConnection();
            String sql = "select * from student";
            PreparedStatement ps = null;
            ResultSet rs = null;
            try {
                ps = con.prepareStatement(sql);
                rs = ps.executeQuery();
                HttpSession session = request.getSession();
                //设置session有效时间为2小时
                session.setMaxInactiveInterval(7200);
                session.setAttribute("rs", rs);
                response.sendRedirect("loginAction.jsp");
            } catch (SQLException e) {
                e.printStackTrace();
            }

        }else{
            response.sendRedirect("index.jsp");
```

```
        }
    }
    public void doPost(HttpServletRequest request, HttpServletResponse response)
            throws ServletException, IOException {
        doGet(request, response);
    }
}
```

【案例剖析】

在本案例中，管理登录后在该 Servlet 中通过 request 对象获取登录用户名和密码，通过 if 语句判断登录管理员是否是 admin\123，若是则跳转到 loginAction.jsp 页面，否则跳转到登录页面 index.jsp。在跳转到 loginAction.jsp 页面前，使用 DbConnect 类定义的静态方法 getConnection()获取与数据库的连接接口 Connection，然后查询表 student 中所有数据并返回到结果集 ResultSet 中，并通过 session 对象保存查询到的结果集 rs。

10.6.6 显示学生信息

管理员登录成功后，跳转到显示所有学生信息的页面。（源代 \StuManage\WebRoot\loginAction.jsp）

```jsp
<%@page import="java.sql.ResultSet"%>
<%@ page language="java" import="java.util.*" pageEncoding="utf-8"
contentType="text/html; charset=utf-8"%>
<%
    ResultSet rs = (ResultSet) session.getAttribute("rs");
%>
<!DOCTYPE HTML PUBLIC "-//W3C//DTD HTML 4.01 Transitional//EN">
<html>
<head>
<title>学生管理系统</title>
<meta http-equiv="pragma" content="no-cache">
<meta http-equiv="cache-control" content="no-cache">
<meta http-equiv="expires" content="0">
<meta http-equiv="keywords" content="keyword1,keyword2,keyword3">
<meta http-equiv="description" content="This is my page">
<link rel="stylesheet" type="text/css" href="table.css"/>
</head>
<body>
    <center>
        <table class="gridtable">
            <tr>
                <td align="center" colspan="6">学生信息</td>
            </tr>
            <tr>
                <td>姓名</td>
                <td>性别</td>
                <td>专业</td>
                <td>年级</td>
                <td align="center" colspan="2">操作</td>
            </tr>
            <%
```

```
                    while (rs.next()) {
                %>
                <tr>
                    <td><%=rs.getString("name")%></td>
                    <td><%=rs.getString("sex")%></td>
                    <td><%=rs.getString("specialty")%></td>
                    <td><%=rs.getString("grade")%></td>
                    <td>
                        <a href="selectServlet?id=<%=rs.getInt("id")%>">修改 </a>
                    </td>
                    <td>
                    <a href="deleteServlet?id=<%=rs.getInt("id")%>" onClick
                        ="return confirm('确定要删除吗？');">删除 </a>
                    </td>
                </tr>
                <%
                    }
                %>
                <tr>
                    <td align="center" colspan="6">
                        <a href="stuAdd.jsp">添加 </a>
                    </td>
                </tr>
            </table>
        </center>
    </body>
</html>
```

【案例剖析】

在本案例中，主要是通过 session 对象获取查询学生信息的结果集 rs。再通过 while 循环将结果集在当前页面中显示。如果 rs.next()是 true，则显示一条学生信息，依次循环下去，直到 rs.next()是 false，跳出 while 循环。在每条学生记录后添加对当前学生记录的操作，即修改和删除的超链接，再在<table>表格最后一行增加一个添加学生信息的超链接。

10.6.7 添加学生信息

在显示学生信息的页面，可以对显示的学生信息进行操作，如添加、删除、修改学生信息。这里介绍添加学生信息。

(1) 单击【添加】超链接，跳转到添加学生信息的页面。(源代码\StuManage\WebRoot\stuAdd.jsp)

```
<%@ page language="java" import="java.util.*" pageEncoding="utf-8"%>
<!DOCTYPE HTML PUBLIC "-//W3C//DTD HTML 4.01 Transitional//EN">
<html>
  <head>
    <title>添加学生信息</title>

    <meta http-equiv="pragma" content="no-cache">
    <meta http-equiv="cache-control" content="no-cache">
    <meta http-equiv="expires" content="0">
    <meta http-equiv="keywords" content="keyword1,keyword2,keyword3">
```

```html
        <meta http-equiv="description" content="This is my page">
        <link rel="stylesheet" type="text/css" href="table.css"/>
    </head>
    <body>
    <form action="addServlet" method="post">
    <center>
        <table class="gridtable">
            <tr>
                <td align="center" colspan="2">添加学生信息</td>
            </tr>
            <tr>
                <td>姓名</td><td><input type="text" name="name"/></td>
            </tr>
            <tr>
                <td>性别</td>
                <td>
                    <input type="radio" name="sex" value="男" checked="checked"/>男
                    <input type="radio" name="sex" value="女"/>女
                </td>
            </tr>
            <tr>
                <td>专业</td><td><input type="text" name="specialty"/></td>
            </tr>
            <tr>
                <td>年级</td><td>
                <select name="grade">
                    <option value="大一">大一</option>
                    <option value="大二">大二</option>
                    <option value="大三">大三</option>
                    <option value="大四">大四</option>
                </select>
                </td>
            </tr>
            <tr>
                <td align="center" colspan="2"><input type="submit" value="
                    添加"/></td>
            </tr>
        </table>
    </center>
    </form>
    </body>
</html>
```

【案例剖析】

在本案例中，通过<table>表格显示添加学生信息的页面，性别通过单选按钮实现，年级通过下拉列表框实现，最后单击【添加】按钮时，由 form 表单调用 Servlet 进行处理。

(2) 在添加学生信息页面中，单击【添加】按钮后交由 addServlet 处理。(源代码\StuManage\src\server\addServlet.java)

```java
package server;
import java.io.IOException;
```

```java
import java.io.PrintWriter;
import java.sql.Connection;
import java.sql.PreparedStatement;
import java.sql.ResultSet;
import java.sql.SQLException;
import javax.servlet.ServletException;
import javax.servlet.http.HttpServlet;
import javax.servlet.http.HttpServletRequest;
import javax.servlet.http.HttpServletResponse;
import javax.servlet.http.HttpSession;
import bean.Student;
import db.DbConnect;
public class addServlet extends HttpServlet {
    public void doGet(HttpServletRequest request, HttpServletResponse response)
            throws ServletException, IOException {
        response.setContentType("text/html");
        request.setCharacterEncoding("utf-8");
        response.setCharacterEncoding("utf-8");
        PrintWriter out = response.getWriter();
        String name = request.getParameter("name");
        String sex = request.getParameter("sex");
        String specialty = request.getParameter("specialty");
        String grade = request.getParameter("grade");
        Student stu = new Student(name, sex, specialty, grade);
        Connection con = DbConnect.getConnection();
        String sql = "insert into student(name,sex,specialty,grade)
            values(?,?,?,?)";
        PreparedStatement ps = null;
        ResultSet rs = null;
        try {
            ps = con.prepareStatement(sql);
            ps.setString(1, stu.getName());
            ps.setString(2, stu.getSex());
            ps.setString(3, stu.getSpecialty());
            ps.setString(4, stu.getGrade());
            int i = ps.executeUpdate();
            HttpSession session = request.getSession();
            if(i==1){
                String sql1 = "select * from student";
                ps = con.prepareStatement(sql1);
                rs = ps.executeQuery();
                //设置session有效时间为2小时
                session.setMaxInactiveInterval(7200);
                session.setAttribute("rs", rs);
                response.sendRedirect("loginAction.jsp");
            }else{
                session.setAttribute("message", "添加失败！");
                response.sendRedirect("error.jsp");
            }
        } catch (SQLException e) {
            e.printStackTrace();
        }
    }
    public void doPost(HttpServletRequest request, HttpServletResponse response)
```

```
            throws ServletException, IOException {
        doGet(request, response);
    }
}
```

【案例剖析】

在本案例中,通过 request 对象获取添加的学生信息,通过 DbConnect 类定义的静态方法 getConnection()获取与数据库的连接,通过 PreparedStatement 类提供的 executeUpdate()方法和 insert 语句将学生信息添加到数据库。如果添加成功,则通过 PreparedStatement 类提供的 executeQuery()方法查询数据库中学生的记录并返回结果集 rs 中。将结果集对象存储到 session 中,并通过 response 对象提供的 sendRedirect()方法跳转到 loginAction.jsp 页面。如果添加失败,则跳转到 error.jsp 页面。

10.6.8 修改学生信息

在显示学生信息的页面中,可以对显示的学生信息进行操作,如添加、删除、修改学生信息。这里介绍修改某一学生的信息。

(1) 单击某一条学生信息的【修改】超链接,交由 selectServlet 处理。(源代码 \StuManage\src\server\selectServlet.java)

```java
package server;
import java.io.IOException;
import java.io.PrintWriter;
import java.sql.Connection;
import java.sql.PreparedStatement;
import java.sql.ResultSet;
import java.sql.SQLException;
import javax.servlet.ServletException;
import javax.servlet.http.HttpServlet;
import javax.servlet.http.HttpServletRequest;
import javax.servlet.http.HttpServletResponse;
import javax.servlet.http.HttpSession;
import javax.swing.text.html.HTMLDocument.HTMLReader.PreAction;
import bean.Student;
import db.DbConnect;
public class selectServlet extends HttpServlet {
    public void doGet(HttpServletRequest request, HttpServletResponse response)
            throws ServletException, IOException {
        response.setContentType("text/html");
        request.setCharacterEncoding("utf-8");
        response.setCharacterEncoding("utf-8");
        PrintWriter out = response.getWriter();
        String id = request.getParameter("id");
        String sql = "select * from student where id=?";
        Connection con = DbConnect.getConnection();
        PreparedStatement ps =null;
        ResultSet rs = null;
        Student stu = null;
        try {
            ps = con.prepareStatement(sql);
```

```
            ps.setInt(1, Integer.parseInt(id));
            rs = ps.executeQuery();
            while(rs.next()){
                String name = rs.getString("name");
                String sex = rs.getString("sex");
                String specialty = rs.getString("specialty");
                String grade = rs.getString("grade");
                stu = new Student(name, sex, specialty, grade,Integer.parseInt(id));
            }
            HttpSession session = request.getSession();
            session.setAttribute("stu", stu);
            response.sendRedirect("stuEdit.jsp");
        } catch (SQLException e) {
            e.printStackTrace();
        }
    }
    public void doPost(HttpServletRequest request, HttpServletResponse response)
            throws ServletException, IOException {
        doGet(request, response);
    }
}
```

【案例剖析】

在本案例中，根据 request 对象获取要修改学生的 id，通过 DbConnect 类提供的静态方法 getConnection() 获取数据库的连接接口 Connection。通过 PreparedStatement 类提供的 executeQuery()方法和 select 语句查询数据库中指定 id 的学生记录。

将获取的学生信息作为 Student 类构造方法的参数，创建 Student 类的对象 stu，再将学生对象 stu 保存到 session 对象中。

(2) 显示要修改学生信息的页面。(源代码\StuManage\WebRoot\stuEdit.jsp)

```
<%@page import="bean.Student"%>
<%@ page language="java" import="java.util.*" pageEncoding="utf-8"%>
<!DOCTYPE HTML PUBLIC "-//W3C//DTD HTML 4.01 Transitional//EN">
<html>
  <head>
    <title>添加学生信息</title>
    <meta http-equiv="pragma" content="no-cache">
    <meta http-equiv="cache-control" content="no-cache">
    <meta http-equiv="expires" content="0">
    <meta http-equiv="keywords" content="keyword1,keyword2,keyword3">
    <meta http-equiv="description" content="This is my page">
    <link rel="stylesheet" type="text/css" href="table.css"/>
  </head>
  <%
    Student stu = (Student)session.getAttribute("stu");
  %>
  <body>
  <form action="editServlet" method="post">
  <center>
    <table class="gridtable">
        <tr>
            <td align="center" colspan="2">添加学生信息
```

```html
                <input type="hidden" name="id" value="<%=stu.getId()%>">
            </td>
        </tr>
        <tr>
            <td>姓名</td>
            <td><input type="text" name="name" value="<%=stu.getName()
                %>"/></td>
        </tr>
        <tr>
            <td>性别</td>
            <%if(stu.getSex().equals("男")) {%>
            <td>
                <input type="radio" name="sex" value="男" checked=
                    "checked"/>男
                <input type="radio" name="sex" value="女"/>女
            </td>
            <%}else{ %>
            <td>
                <input type="radio" name="sex" value="男"/>男
                <input type="radio" name="sex" value="女" checked=
                    "checked"/>女
            </td>
            <%} %>
        </tr>
        <tr>
            <td>专业</td>
            <td><input type="text" name="specialty" value="<%=stu.
                getSpecialty()%>"/></td>
        </tr>
        <tr>
            <td>年级</td><td>
            <%if(stu.getGrade().equals("大一")) {%>
            <select name="grade">
                <option value="大一" selected="selected">大一</option>
                <option value="大二">大二</option>
                <option value="大三">大三</option>
                <option value="大四">大四</option>
            </select>
            <%}else if(stu.getGrade().equals("大二")){ %>
            <select name="grade">
                <option value="大一">大一</option>
                <option value="大二" selected="selected">大二</option>
                <option value="大三">大三</option>
                <option value="大四">大四</option>
            </select>
            <%}else if(stu.getGrade().equals("大三")){ %>
            <select name="grade">
                <option value="大一">大一</option>
                <option value="大二">大二</option>
                <option value="大三" selected="selected">大三</option>
                <option value="大四">大四</option>
            </select>
            <%}else{ %>
```

```
                <select name="grade">
                    <option value="大一">大一</option>
                    <option value="大二">大二</option>
                    <option value="大三">大三</option>
                    <option value="大四" selected="selected">大四</option>
                </select>
                <%}%>
                </td>
        </tr>
        <tr>
            <td align="center" colspan="2"><input type="submit" value="
                修改"/></td>
        </tr>
    </table>
    </center>
    </form>
  </body>
</html>
```

【案例剖析】

在本案例中，通过 session 对象获取要修改的学生对象 stu，通过 Student 类提供的方法将修改前学生的信息在该页面中显示，然后修改信息，单击【修改】按钮交由 editServlet 处理。

(3) 学生信息修改完成后，交由 updateServlet 处理。(源代码\StuManage \src\server\updateServlet.java)

```java
package server;
import java.io.IOException;
import java.io.PrintWriter;
import java.sql.Connection;
import java.sql.PreparedStatement;
import java.sql.ResultSet;
import java.sql.SQLException;
import javax.servlet.ServletException;
import javax.servlet.http.HttpServlet;
import javax.servlet.http.HttpServletRequest;
import javax.servlet.http.HttpServletResponse;
import javax.servlet.http.HttpSession;
import bean.Student;
import db.DbConnect;
public class editServlet extends HttpServlet {
    public void doGet(HttpServletRequest request, HttpServletResponse response)
            throws ServletException, IOException {
        response.setContentType("text/html");
        request.setCharacterEncoding("utf-8");
        response.setCharacterEncoding("utf-8");
        PrintWriter out = response.getWriter();
        String id = request.getParameter("id");
        String name = request.getParameter("name");
        String sex = request.getParameter("sex");
        String specialty = request.getParameter("specialty");
        String grade = request.getParameter("grade");
        Student stu = new Student(name, sex, specialty, grade,Integer.
            parseInt(id));
```

```
        Connection con = DbConnect.getConnection();
        String sql = "update student set name=?,sex=?,specialty=?,grade=?
           where id=?";
        PreparedStatement ps = null;
        ResultSet rs = null;
        try {
            ps = con.prepareStatement(sql);
            ps.setString(1, stu.getName());
            ps.setString(2, stu.getSex());
            ps.setString(3, stu.getSpecialty());
            ps.setString(4, stu.getGrade());
            ps.setInt(5, stu.getId());
            int i = ps.executeUpdate();  //更新数据库中数据
            HttpSession session = request.getSession();
            if(i==1){
                String sql1 = "select * from student";
                ps = con.prepareStatement(sql1);
                rs = ps.executeQuery();
                //设置 session 有效时间为 2 小时
                session.setMaxInactiveInterval(7200);
                session.setAttribute("rs", rs);
                response.sendRedirect("loginAction.jsp");
            }else{
                session.setAttribute("message", "修改失败！");
                response.sendRedirect("error.jsp");
            }
        } catch (SQLException e) {
            e.printStackTrace();
        }
    }
    public void doPost(HttpServletRequest request, HttpServletResponse response)
            throws ServletException, IOException {
        doGet(request, response);
    }
}
```

【案例剖析】

在本案例中，通过 request 对象获取修改后的信息，并通过 executeUpdate()和 update 语句修改指定 id 的学生信息，修改成功后跳转到 loginAction.jsp 页面，修改失败则跳转到 error.jsp 页面。

10.6.9 删除学生信息

在显示学生信息的页面中，可以对显示的学生信息进行操作，如添加、删除、修改学生信息。这里介绍删除某一学生信息的操作。

单击【删除】超链接会弹出"确定要删除吗？"对话框，单击【确定】按钮时交由 deleteServlet 处理。(源代码\StuManage\src\server\deleteServlet.java)

```
package server;
import java.io.IOException;
import java.io.PrintWriter;
```

```java
import java.sql.Connection;
import java.sql.PreparedStatement;
import java.sql.ResultSet;
import java.sql.SQLException;
import javax.servlet.ServletException;
import javax.servlet.http.HttpServlet;
import javax.servlet.http.HttpServletRequest;
import javax.servlet.http.HttpServletResponse;
import javax.servlet.http.HttpSession;
import bean.Student;
import db.DbConnect;
public class deleteServlet extends HttpServlet {
    public void doGet(HttpServletRequest request, HttpServletResponse response)
            throws ServletException, IOException {
        response.setContentType("text/html");
        request.setCharacterEncoding("utf-8");
        response.setCharacterEncoding("utf-8");
        PrintWriter out = response.getWriter();
        String id = request.getParameter("id");
        String sql = "delete from student where id=?";
        Connection con = DbConnect.getConnection();
        PreparedStatement ps =null;
        ResultSet rs = null;
        Student stu = null;
        HttpSession session = request.getSession();
        try {
            ps = con.prepareStatement(sql);
            ps.setInt(1, Integer.parseInt(id));
            int i = ps.executeUpdate();
            if(i==1){
                String sql1 = "select * from student";
                ps = con.prepareStatement(sql1);
                rs = ps.executeQuery();
                //设置session有效时间为2小时
                session.setMaxInactiveInterval(7200);
                session.setAttribute("rs", rs);
                response.sendRedirect("loginAction.jsp");
            }else{
                session.setAttribute("message", "删除失败！");
                response.sendRedirect("error.jsp");
            }
        } catch (SQLException e) {
            e.printStackTrace();
        }
    }
    public void doPost(HttpServletRequest request, HttpServletResponse response)
            throws ServletException, IOException {
        doGet(request, response);
    }
}
```

【案例剖析】

在本案例中，通过 request 对象获取要删除学生信息的 id，通过 DbConnect 类的 getConnection()方法获取与数据库的连接。通过 PreparedStatement 提供的 executeUpdate()方法执行删除指定 id 的记录,若删除成功,再查询数据库中所有学生信息返回到结果集,并将结果集添加到 session 中,再由 response 对象提供的 sendRedirect()方法跳转到 loginAction.jsp 页面,否则跳转到 error.jsp 页面。

10.6.10 错误页面

在执行添加、修改和删除操作时,如果操作不成功,则跳转到错误信息页面。(源代码\StuManage\WebRoot\error.jsp)

```
<%@ page language="java" import="java.util.*" pageEncoding="utf-8"%>
<%
String message = (String)session.getAttribute("message");
out.print(message);
%>
```

【案例剖析】
在本案例中,通过 session 对象获取其 message 参数的值,并在页面中显示添加、修改和删除不成功的信息。

10.6.11 配置文件

在 Web 项目中,对 Servlet 的配置信息在 web.xml 中。(源代码\StuManage \WebRoot\WEB-INF\web.xml)

```xml
<?xml version="1.0" encoding="UTF-8"?>
<!DOCTYPE web-app PUBLIC "-//Sun Microsystems, Inc.//DTD Web Application 2.3//EN" "http://java.sun.com/dtd/web-app_2_3.dtd">
<web-app>
 <servlet>
   <servlet-name>loginServer</servlet-name>
   <servlet-class>server.loginServer</servlet-class>
 </servlet>
 <servlet>
   <servlet-name>addServlet</servlet-name>
   <servlet-class>server.addServlet</servlet-class>
 </servlet>
 <servlet>
   <servlet-name>editServlet</servlet-name>
   <servlet-class>server.editServlet</servlet-class>
 </servlet>
 <servlet>
   <servlet-name>selectServlet</servlet-name>
   <servlet-class>server.selectServlet</servlet-class>
 </servlet>
 <servlet>
   <servlet-name>deleteServlet</servlet-name>
   <servlet-class>server.deleteServlet</servlet-class>
 </servlet>
 <servlet-mapping>
   <servlet-name>loginServer</servlet-name>
   <url-pattern>/loginServer</url-pattern>
 </servlet-mapping>
```

```xml
<servlet-mapping>
  <servlet-name>addServlet</servlet-name>
  <url-pattern>/addServlet</url-pattern>
</servlet-mapping>
<servlet-mapping>
  <servlet-name>editServlet</servlet-name>
  <url-pattern>/editServlet</url-pattern>
</servlet-mapping>
<servlet-mapping>
  <servlet-name>selectServlet</servlet-name>
  <url-pattern>/selectServlet</url-pattern>
</servlet-mapping>
<servlet-mapping>
  <servlet-name>deleteServlet</servlet-name>
  <url-pattern>/deleteServlet</url-pattern>
</servlet-mapping>
</web-app>
```

【案例剖析】

在本案例中，对 loginServlet、addServlet、editServlet、selectServlet 和 deleteServlet 这 5 个 Servlet 的名称和访问地址进行配置。

10.6.12 运行项目

部署 Web 项目 StuManage，启动 Tomcat 服务器。在浏览器的地址栏中输入管理员登录页面地址 "http://127.0.0.1:8888/StuManage/"，运行结果如图 10-30 所示。

图 10-30 管理员登录

单击【登录】按钮，登录成功后显示学生信息列表页面，如图 10-31 所示。

图 10-31 学生信息列表

在学生信息列表页面中单击【添加】超链接，在打开的页面中输入要添加的学生信息，如图 10-32 所示。

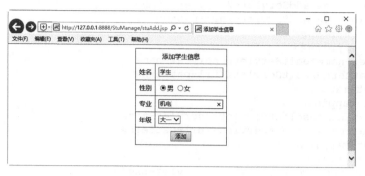

图 10-32　添加学生信息

单击【添加】按钮，如果学生信息添加成功，则跳转到学生信息列表页面，如图 10-33 所示。

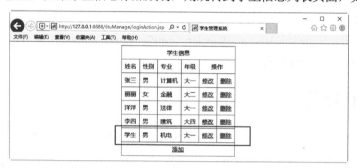

图 10-33　添加学生信息后的学生列表页面

在学生信息列表页面中单击【修改】超链接，打开学生信息修改页面，如图 10-34 所示。

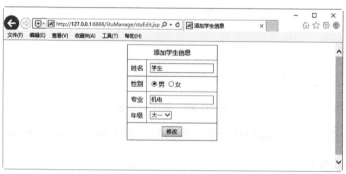

图 10-34　学生信息修改页面

修改学生信息，单击【修改】按钮，如果学生信息修改成功，则跳转到学生信息列表页面，如图 10-35 所示。

在学生信息列表页面中单击【删除】超链接，弹出"确定要删除吗？"对话框，如图 10-36 所示。

在删除对话框中单击【确定】按钮，则删除学生信息，跳转到学生信息列表页面，如图 10-37 所示。

图 10-35　修改后的学生信息列表页面

图 10-36　弹出删除对话框

图 10-37　删除后的学生信息列表页面

注意

在 Web 项目的 WebRoot\WEB-INF\lib 文件夹中添加 MySQL 数据库的 jar 包。

10.7　大 神 解 惑

小白：Statement 和 PreparedStatement 的区别？

大神：可以分别从执行效率、安全性以及代码的可读性和可维护性 3 个方面来介绍 Statement 和 PreparedStatement 的区别。

1. 执行效率

创建对象语句：

```
Statement statement = conn.createStatement();
PreparedStatement preStatement = conn.preparedStatement(sql);
```

执行语句：

```
ResultSet rSet = statement.executeQuery(sql);
ResultSet pSet = preparedStatement.executeQuery();
```

从上述语句可以看出，PreparedStatement 有预编译的过程，创建对象时已经绑定 SQL 语句，无论执行多少次，都不会再进行编译。而 Statement 不同，如果执行多次，则编译多少次 SQL 语句。因此 PreparedStatement 接口的执行效率比 Statement 接口高。

2. 安全性

PreparedStatement 是预编译的，可以有效地防止 SQL 注入等问题。因此，它的安全性比 Statement 高。

3. 代码的可读性和可维护性

PreparedStatement 比 Statement 有更高的可读性和可维护性。

小白：怎么使用 JDBC 连接 Oracle、SQL Server 数据库呢？

大神：使用 JDBC 除了可以连接 MySQL 数据库外，还可以连接其他数据库，连接方式与 MySQL 一样，需要先下载并加入数据库驱动 jar 包，然后设置连接的 URL，最后调用 getConnection()方法创建与数据库的连接。

10.8 跟我学上机

练习 1：编写一个 Java 类建立与数据库 MySQL 的连接，在 JSP 页面中显示数据库连接是否成功的信息。

练习 2：在 MySQL 数据库中，创建表 book，字段有 id、name、author、price，其中 id 字段是主键。

练习 3：编写一个 Web 项目，在项目中显示表 book 中的数据，并对显示的数据进行删除和修改，以及向数据库中添加数据。

第 11 章
简化 JSP 的代码——表达式语言 EL

表达式语言(Expression Language)，简称 EL。EL 的作用是使 JSP 写起来更加简单。它提供了在 JSP 中简化表达式的方法，让 JSP 的代码更加简洁。本章主要介绍 EL 表达式的用法。

本章要点(已掌握的在方框中打钩)

- ☐ 掌握 EL 表达式的基本语法。
- ☐ 掌握 EL 表达式的变量及特点。
- ☐ 掌握 EL 表达式的运算符。
- ☐ 掌握 EL 表达式的变量使用。
- ☐ 掌握 EL 表达式隐含对象的使用。
- ☐ 掌握 3 种禁用 EL 表达式的方法。

11.1 EL 简介

在 JSP 中使用 EL 表达式，可以简化对对象的引用，从而使页面代码更加规范，并增加程序的可读性和可维护性。

11.1.1 EL 概述

在 EL 表达式出现之前，开发 Java Web 应用程序时，需要将大量的 Java 代码片段嵌入 JSP 页面中，这会使得页面看起来很乱，而使用 EL 表达式则比较简洁。

【例 11-1】在页面中显示保存在 session 中的变量 message，并将其输出到页面中。

```
<%
    session.setAttribute("message", "EL 表达式的使用");
    if(session.getAttribute("messsage") != null){
        out.print(session.getAttribute("message").toString());
    }
%>
```

相同的功能，如果使用 EL 表达式，则只需要一句代码即可实现。代码如下：

```
<%
    session.setAttribute("message", "EL 表达式的使用");
${message}
%>
```

由于 EL 表达式的简洁特性，所以 EL 在 Web 开发中比较常用，其通常与 JSTL 一起使用。

11.1.2 EL 基本语法

EL 表达式的语法非常简单，以"${"开头，以"}"结束，中间为合法的表达式。EL 表达式的语法格式如下：

```
${expression}
```

expression：指要输出的内容，可以是字符串，也可以是由 EL 运算符组成的表达式。

注意

由于 EL 表达式的语法是以"${"开头，因此如果要在 JSP 页面中显示字符串"${"，则必须在前面加上"\"，即"\${"或写成"${'${'}"。

【例 11-2】在页面中输出字符串"Java Web 开发案例课堂"。

```
${'Java Web 开发案例课堂'}
```

11.1.3 EL 变量

使用 EL 表达式获取变量中数据的方法很简单，即${变量}。例如${name}，其意思是取出某一范围中名称是 name 的变量的值。

由于没有指定变量 name 的范围，所以它会依序从 Page、Request、Session、Application 范围中查找。如果途中找到 name，则直接返回其值，不再继续查找下去。但是如果全部的范围都没有找到 name 时，就返回 null，其在页面中显示为空字符串。EL 变量的范围如表 11-1 所示。

表 11-1　EL 变量范围

属性范围	EL 中名称	EL 表达式实例	说　明
Page	pageScope	${pageScope.name}	取出 Page 范围的 name 变量
Request	requestScope	${requestScope.name}	取出 Request 范围的 name 变量
Session	sessionScope	${sessionScope.name}	取出 Session 范围的 name 变量
Application	applicationScope	${applicationScope.name}	取出 Application 范围的 name 变量

其中，pageScope、requestScope、sessionScope 和 applicationScope 都是 EL 的隐含对象。

【例 11-3】使用 EL 变量。(源代码\ch11\WebRoot\ELVar.jsp)

```
<%@ page language="java" import="java.util.*" pageEncoding="UTF-8"%>
<!DOCTYPE HTML PUBLIC "-//W3C//DTD HTML 4.01 Transitional//EN">
<html>
  <head>
    <title>EL 变量</title>
    <meta http-equiv="pragma" content="no-cache">
    <meta http-equiv="cache-control" content="no-cache">
    <meta http-equiv="expires" content="0">
    <meta http-equiv="keywords" content="keyword1,keyword2,keyword3">
    <meta http-equiv="description" content="This is my page">
  </head>
  <body>
   <%
        request.setAttribute("count", 10);
        session.setAttribute("count", 12);
   %>
    count1 = ${requestScope.count}<br>
    count2 = ${sessionScope.count}<br>
    <!-- eq 是判断 sum 是否是 null -->
    sum = ${sum eq null} <br>
    <!-- 0 是除数 -->
    sum = ${count/0}
  </body>
</html>
```

部署 Web 项目，启动 Tomcat。在浏览器中输入 "http://127.0.0.1:8888/ch11/ELVar.jsp"，运行结果如图 11-1 所示。

【案例剖析】

在本案例中，将数字 10 赋值给变量 count，并将该变量添加到 request 对象中。通过 EL 表达式输出 count 的值，再使用 EL 表达式输出 sum 变量的值，由于在 JSP 内置对象中没有保存该变量，所以 sum 是 null，使用 EL 表达式输出的是空字符串。

图 11-1　变量范围

11.1.4　EL 的特点

EL 表达式除了具有语法简单、使用方便的特点外，还有以下几个特点。

（1）EL 可以与 JSTL 结合使用，也可以与 JavaScript 语句结合使用。

（2）EL 中会自动进行类型转换，如果想通过 EL 输入两个字符串数值(如 x1 和 x2)的差，可以直接通过 "-" 进行连接(如${x1-x2})。

（3）EL 不仅可以访问一般变量，还可以访问 JavaBean 中的属性及嵌套属性和集合对象。

（4）EL 中可以执行算术运算、逻辑运算、关系运算、条件运算等操作。

（5）EL 中可以获取命名空间。PageContext 对象是页面中所有其他内置对象的最大范围的继承对象，通过它可以访问其他内置对象。

（6）在 EL 中可以访问 JSP 的作用域(request、session、application、page)。

（7）在使用 EL 进行除法运算的时候，如果除数是 0，则返回无穷大 Infinity，而不是返回错误。

（8）扩展函数可以与 Java 类的静态方法进行映射。

11.2　EL 运算符

EL 表达式语言中的运算符主要包含算术运算符、关系运算符、条件运算符等。下面详细介绍它们的使用方法。

11.2.1　判断是否为空

在 EL 表达式中，通过使用 empty 运算符判断对象是否为空，该运算符的返回值是 Boolean 类型。empty 运算符是一个前缀运算符，其作用是用来判断一个对象或变量是否是 null 或者空。empty 运算符的语法格式如下：

```
${empty 表达式}
```

表达式：要判断的对象或变量。

【例 11-4】判断变量值是否是空。(源代码\ch11\WebRoot\empty.jsp)

```
<%@ page language="java" import="java.util.*" pageEncoding="utf-8"%>
<!DOCTYPE HTML PUBLIC "-//W3C//DTD HTML 4.01 Transitional//EN">
<%
```

```
        request.setAttribute("message", "");
%>
<html>
  <head>
    <title>empty 运算符</title>
    <meta http-equiv="pragma" content="no-cache">
    <meta http-equiv="cache-control" content="no-cache">
    <meta http-equiv="expires" content="0">
    <meta http-equiv="keywords" content="keyword1,keyword2,keyword3">
    <meta http-equiv="description" content="This is my page">
  </head>
  <body>
    ${empty message} <br>
    ${empty null} <br>
  </body>
</html>
```

【案例剖析】

在本案例中,通过使用 empty 运算符判断变量 message 或对象是否是 null 或空,返回值是 Boolean 类型。

注意　　一个变量或对象的值是 null 或空表示的意义不同。null 表示该对象或变量没有指向任何对象,而空则表示这个变量或对象的内容是空。

11.2.2 访问数据

EL 表达式提供 "." 和 "[]" 两种运算符来存取数据。当要存取的属性名称中包含一些特殊字符,如 "." 或 "?" 等不是字母或数字的符号时,要使用 "[]" 运算符。如果要动态取值时,则使用 "[]" 运算符,而 "." 运算符则无法做到动态取值。

【例 11-5】EL 运算符的使用。

(1) 使用 EL 运算符表示 Fruit 类中 name 属性,可以有以下两种形式:

```
${fruit.name}
${fruit["color"]}
```

(2) 如果属性名中包含特殊字符时,使用 "[]" 运算符表示:

```
${fruit[name-first]}
```

(3) 如果动态取值时,使用 "[]" 运算符:

```
<%
        String[] str = {"Java","JSP","C#"};
        request.setAttribute("str", str);
%>
字符串数组第二个元素的值:${str[1]}<br>
```

注意　　${str[1]} 中 str 是一个数组,其中 1 是数组中第二个元素。

11.2.3 算术运算符

在EL表达式中，同样存在用于进行算术运算的加、减、乘、除和取余5种算术运算符。各运算符及其用法如表11-2所示。

表11-2 算术运算符

运算符	功能	实例	结果
+	加	${12+5}	17
-	减	${20-8}	12
*	乘	${5*6}	30
/ 或 div	除	${30/5} 或 ${30div5}	6.0
% 或 mod	取余	${26%3} 或 ${26 mod 3}	2

【例11-6】在EL中使用算术运算符。(源代码\ch11\WebRoot\suanShu.jsp)

```
<%@ page language="java" import="java.util.*" pageEncoding="utf-8"%>
<!DOCTYPE HTML PUBLIC "-//W3C//DTD HTML 4.01 Transitional//EN">
<html>
  <head>
    <title>算术运算</title>
    <meta http-equiv="pragma" content="no-cache">
    <meta http-equiv="cache-control" content="no-cache">
    <meta http-equiv="expires" content="0">
    <meta http-equiv="keywords" content="keyword1,keyword2,keyword3">
    <meta http-equiv="description" content="This is my page">
  </head>
  <body>
    ---算术运算---<br>
    加：${12+5} <br>
    减：${20-8} <br>
    乘：${5*6} <br>
    除：${30/5} 或 ${30div5} <br>
    取余：${26%3} 或 ${26 mod 3} <br>
  </body>
</html>
```

部署Web项目，启动Tomcat。在浏览器的地址栏中输入"http://127.0.0.1:8888/ch11/suanShu.jsp"，运行结果如图11-2所示。

图11-2 算术运算

【案例剖析】

在本案例中,介绍在 EL 表达式中使用算术运算符。

11.2.4 关系运算符

在 EL 表达式中,提供了 6 种关系运算符,它们主要用来进行比较运算,不仅可以比较整数、浮点数,还可以用来比较字符串。关系运算符在 EL 中使用的语法格式如下:

```
${表达式1 关系运算符 表达式2}
```

EL 关系运算符如表 11-3 所示。

表 11-3 关系运算符

运算符	功能	实例	结果
== 或 eq	等于	${3==3}或${3 eq 3}	true
!= 或 ne	不等于	${3!=3}或${3 ne 3}	false
< 或 lt	小于	${3<3}或${3 lt 3}	false
> 或 gt	大于	${3>3}或${3 gt 3}	false
<= 或 le	小于等于	${3<=3}或${3 le 3}	true
>= 或 ge	大于等于	${3>=3}或${3 ge 3}	true

【例 11-7】在 EL 表达式中使用关系运算符。(源代码\ch11\WebRoot\relation.jsp)

```
<%@ page language="java" import="java.util.*" pageEncoding="utf-8"%>
<!DOCTYPE HTML PUBLIC "-//W3C//DTD HTML 4.01 Transitional//EN">
<html>
  <head>
    <title>关系运算符</title>
    <meta http-equiv="pragma" content="no-cache">
    <meta http-equiv="cache-control" content="no-cache">
    <meta http-equiv="expires" content="0">
    <meta http-equiv="keywords" content="keyword1,keyword2,keyword3">
    <meta http-equiv="description" content="This is my page">
  </head>
  <body>
    ---关系运算符---  <br>
         等于:${3==3}或${3 eq 3} <br>
    不等于:${3!=3}或${3 ne 3} <br>
    小于:${3<3}或${3 lt 3} <br>
    大于:${3>3}或${3 gt 3} <br>
    小于等于:${3<=3}或${3 le 3} <br>
    大于等于:${3>=3}或${3 ge 3} <br>
    <br>
  </body>
</html>
```

部署 Web 项目,启动 Tomcat。在浏览器的地址栏中输入 "http://127.0.0.1:8888/ch11/relation.jsp",运行结果如图 11-3 所示。

图 11-3　关系运算

【案例剖析】

在本案例中，介绍在 EL 表达式中使用关系运算符。

11.2.5　逻辑运算符

在 EL 表达式中，存在 3 种逻辑运算符，逻辑运算符的表达式的值是 Boolean 型或可以转换为 Boolean 型的字符串，逻辑运算符的返回值也是 Boolean 型。EL 逻辑运算符如表 11-4 所示。

表 11-4　逻辑运算符

运算符	功能	实例	结果
&& 或 and	与	${true&&false} 或 ${true and false}	false
|| 或 or	或	${true||false } 或 ${true or false}	true
! 或 not	非	${!false } 或 ${not false}	true

【例 11-8】在 EL 表达式中使用逻辑运算符。(源代码\ch11\WebRoot\logic.jsp)

```
<%@ page language="java" import="java.util.*" pageEncoding="utf-8"%>
<!DOCTYPE HTML PUBLIC "-//W3C//DTD HTML 4.01 Transitional//EN">
<html>
  <head>
    <title>逻辑运算符</title>
    <meta http-equiv="pragma" content="no-cache">
    <meta http-equiv="cache-control" content="no-cache">
    <meta http-equiv="expires" content="0">
    <meta http-equiv="keywords" content="keyword1,keyword2,keyword3">
    <meta http-equiv="description" content="This is my page">
  </head>
  <body>
    ---逻辑运算符---  <br>
    ${true&&false} 或 ${true and false} <br>
    ${true||false } 或 ${true or false} <br>
    ${!false } 或 ${not false} <br>
  </body>
</html>
```

部署 Web 项目，启动 Tomcat。在浏览器的地址栏中输入 "http://127.0.0.1:8888/ch11/logic.jsp"，运行结果如图 11-4 所示。

图 11-4　逻辑运算

【案例剖析】

在本案例中，介绍在 EL 表达式中使用逻辑运算符。

11.2.6　条件运算符

在 EL 表达式中，还可以进行简单的条件运算，即使用条件运算符。条件运算符的语法格式与 Java 类似，具体如下：

```
${条件表达式？表达式 1：表达式 2}
```

参数说明如下。

(1) 条件表达式：指定条件表达式，该表达式的值是 Boolean 型。

(2) 表达式 1：当条件表达式的值是 true 时，返回的值。

(3) 表达式 2：当条件表达式的值是 false 时，返回的值。

【例 11-9】在 EL 表达式中使用条件运算符。(源代码\ch11\WebRoot\require.jsp)

```
<%@ page language="java" import="java.util.*" pageEncoding="utf-8"%>
<!DOCTYPE HTML PUBLIC "-//W3C//DTD HTML 4.01 Transitional//EN">
<html>
  <head>
    <title>条件运算符</title>
    <meta http-equiv="pragma" content="no-cache">
    <meta http-equiv="cache-control" content="no-cache">
    <meta http-equiv="expires" content="0">
    <meta http-equiv="keywords" content="keyword1,keyword2,keyword3">
    <meta http-equiv="description" content="This is my page">
  </head>
  <body>
        条件运算符：${empty message ? true:false} <br>
  </body>
</html>
```

部署 Web 项目，启动 Tomcat。在浏览器的地址栏中输入"http://127.0.0.1:8888/ch11/require.jsp"，运行结果如图 11-5 所示。

图 11-5　条件运算

【案例剖析】

在本案例中，介绍在 EL 表达式中使用 empty 运算符和条件表达式的使用。

11.3 EL 隐含对象

EL 提供了 11 个隐含对象，用于获取 Web 应用程序中的相关数据。下面主要介绍 EL 隐含对象的使用。

11.3.1 EL 隐含对象概述

在 EL 提供的隐含对象中，有 9 个是 JSP 的隐含对象，另外 2 个是 EL 自己的隐含对象。这些对象与 JSP 中的内置对象类似，可以直接通过对象名进行操作。EL 隐含对象如表 11-5 所示。

表 11-5　EL 隐含对象

隐含对象	类　　型	说　　明
pageContext	javax.servlet.ServletContext	表示当前 JSP 页面的 PageContext
pageScope	java.util.Map	取得 Page 范围的属性名称所对应的值
requestScope	java.util.Map	取得 Request 范围的属性名称所对应的值
sessionScope	java.util.Map	取得 Session 范围的属性名称所对应的值
applicationScope	java.util.Map	取得 Application 范围的属性名称所对应的值
param	java.util.Map	与 ServletRequest.getParameter(String name)类似，返回 String 类型的值
paramValues	java.util.Map	与 ServletRequest.getParameterValues(String name)类似，返回 String[]类型的值
header	java.util.Map	获取 HTTP 请求的一个具体的 header 值
headerValues	java.util.Map	当同一个 header 拥有不同的值时，需要使用 headerValues 对象
cookie	java.util.Map	与 HttpServletRequest.getCookies()类似
initParam	java.util.Map	与 ServletContext.getInitParameter(String name)类似，返回 String 类型的值

注意

如果使用 EL 输出一个常量，字符串要使用双引号，否则 EL 会默认将该常量当作一个变量来处理。这时如果这个变量不在 EL 的 4 个声明范围内，则输出空；如果存在，则输出该变量的值。

11.3.2 pageContext 隐含对象

pageContext 对象是 javax.servlet.jsp.PageContext 类的实例，用来代表整个 JSP 页面。该对

象主要用来访问页面信息,通过 pageContext 对象的属性获取 request 对象、response 对象、session 对象、out 对象、exception 对象、page 对象和 servletContext 对象等,再通过这些内置对象获取它们的属性值。

【例 11-10】使用 pageContext 对象获取内置对象。(源代码\ch11\WebRoot\pageContext.jsp)

```jsp
<%@ page language="java" import="java.util.*" pageEncoding="utf-8"%>
<!DOCTYPE HTML PUBLIC "-//W3C//DTD HTML 4.01 Transitional//EN">
<html>
  <head>
    <title>pageContext</title>
    <meta http-equiv="pragma" content="no-cache">
    <meta http-equiv="cache-control" content="no-cache">
    <meta http-equiv="expires" content="0">
    <meta http-equiv="keywords" content="keyword1,keyword2,keyword3">
    <meta http-equiv="description" content="This is my page">
  </head>
  <body>
    <!-- 获取 request 对象 -->
    request 对象:${pageContext.request }<br>
            协议:${pageContext.request.protocol}<br>
    <!-- 获取 response 对象 -->
    response 对象:${pageContext.response }<br>
    contentType:${pageContext.response.contentType }<br>
    <!-- 获取 session 对象 -->
     session 对象:${pageContext.session }<br>
     session 有效时间${pageContext.session.maxInactiveInterval }<br>
    <!-- 获取 out 对象 -->
    out 对象:${pageContext.out }<br>
            缓冲区大小:${pageContext.out.bufferSize }<br>
    <!-- 获取 exception 对象 -->
    exception 对象:${pageContext.exception }<br>
            错误信息:${pageContext.exception.message }<br>
    <!-- 获取 servletContext 对象 -->
    servletContext 对象:${pageContext.servletContext }<br>
            文件路径:${pageContext.servletContext.contextPath }<br>
  </body>
</html>
```

部署 Web 项目 ch11,启动 Tomcat。在浏览器的地址栏中输入 JSP 页面地址"http://127.0.0.1:8888/ch11/pageContext.jsp",运行结果如图 11-6 所示。

图 11-6 pageContext 获取内置对象

【案例剖析】

在本案例中，通过 pageContext 对象获取 JSP 的内置对象，并通过这些内置对象获取它们相应的属性值。

11.3.3 与范围有关的隐含对象

EL 表达式中提供的与范围有关的隐含对象主要有 4 个，即 pageScope、requestScope、sessionScope 和 applicationScope，它们主要用来取得指定范围内的属性值，即 JSP 中 getAttribute(String name)方法中设置的 name 的值，而不能获取其他相关信息的值。

【例 11-11】使用与范围有关的内置对象获取属性值。(源代码\ch11\WebRoot\scope.jsp)

```jsp
<%@ page language="java" import="java.util.*" pageEncoding="utf-8"%>
<!DOCTYPE HTML PUBLIC "-//W3C//DTD HTML 4.01 Transitional//EN">
<jsp:useBean id="person" class="bean.Person" scope="page"/>
<jsp:setProperty property="name" name="person" value="张三"/>
<html>
  <head>
    <title>范围取值</title>
    <meta http-equiv="pragma" content="no-cache">
    <meta http-equiv="cache-control" content="no-cache">
    <meta http-equiv="expires" content="0">
    <meta http-equiv="keywords" content="keyword1,keyword2,keyword3">
    <meta http-equiv="description" content="This is my page">
  </head>
  <body>
    <!-- 使用 pageScope 获取 JavaBean 类的属性值 -->
    name = ${pageScope.person.name } <br>
    <!-- 使用 requestScope 获取 JavaBean 类的属性值 -->
    <%request.setAttribute("message", "request 获取属性值"); %>
    message = ${requestScope.message } <br>
    <!-- 使用 sessionScope 获取 JavaBean 类的属性值 -->
    <%session.setAttribute("message", "session 获取属性值"); %>
    message = ${sessionScope.message } <br>
    <!-- 使用 applicationScope 获取 JavaBean 类的属性值 -->
    <%application.setAttribute("message", "application 获取属性值"); %>
    message = ${applicationScope.message } <br>
    <br>
  </body>
</html>
```

部署 Web 项目，启动 Tomcat。在浏览器的地址栏中输入"http://127.0.0.1:8888/ch11/scope.jsp"，运行结果如图 11-7 所示。

图 11-7　与范围有关的隐含对象

【案例剖析】

在本案例中，使用<jsp:useBean>创建 JavaBean 的实例，其有效范围是 page(当前页有效)，并通过<jsp:setProperty>设置成员变量 name 的值，通过 EL 表达式 ${pageScope.person.name}取得 name 变量的值。通过 JSP 的内置对象 request、session 和 application 分别设置对应范围内的 message 的值，再使用 EL 表达式分别获取不同范围内 message 的值。

11.3.4　param 和 paramValues 对象

param 对象用于获取请求参数，适用于单值的参数。它是一个 Map 类型，其中 key 是参数，value 是参数值。param 对象相当于 request.getParameter("xxx")。

paramValues 对象用于获取请求参数，适用于多个参数。它是一个 Map 类型，其中 key 是参数，value 是多个参数值。paramValues 对象相当于 request.getParameterValues("xxx")。

【例 11-12】创建用户输入信息页面，通过 form 表单提交后，使用 param 对象获取一个参数，使用 paramValues 对象获取多个参数。

step 01 创建填写用户信息页面。(源代码\ch11\WebRoot\login.jsp)

```
<%@ page language="java" import="java.util.*" pageEncoding="utf-8"%>
<!DOCTYPE HTML PUBLIC "-//W3C//DTD HTML 4.01 Transitional//EN">
<html>
  <head>
    <title>用户信息</title>
    <meta http-equiv="pragma" content="no-cache">
    <meta http-equiv="cache-control" content="no-cache">
    <meta http-equiv="expires" content="0">
    <meta http-equiv="keywords" content="keyword1,keyword2,keyword3">
    <meta http-equiv="description" content="This is my page">
    <link rel="stylesheet" type="text/css" href="table.css"/>
  </head>
  <body>
  <center>
    <form action="loginAction.jsp" method="post">
    <table class="gridtable" >
          <tr>
              <td>姓名：</td>
              <td><input type="text" name="user"></td>
          </tr>
          <tr>
              <td>爱好：</td>
              <td>
                  <input type="checkbox" name="like" value="唱歌">唱歌
                  <input type="checkbox" name="like" value="跳舞">跳舞
                  <input type="checkbox" name="like" value="画画">画画
                  <input type="checkbox" name="like" value="足球">足球
              </td>
          </tr>
          <tr>
              <td colspan="2" align="center">
```

```
                    <input type="submit" value="提交">
                </td>
            </tr>
        </table>
    </form>
  </center>
 </body>
</html>
```

【案例剖析】

在本案例中，使用<input>标签中 type 是 text 类型的文本框输入用户姓名。使用<input>标签中 type 是 checkbox 类型的复选框选择用户的喜好。

step 02 处理用户信息页面。(源代码\ch11\WebRoot\loginAction.jsp)

```
<%@ page language="java" import="java.util.*" pageEncoding="utf-8"%>
<!DOCTYPE HTML PUBLIC "-//W3C//DTD HTML 4.01 Transitional//EN">
<html>
  <head>
    <title>用户信息处理页面</title>
    <meta http-equiv="pragma" content="no-cache">
    <meta http-equiv="cache-control" content="no-cache">
    <meta http-equiv="expires" content="0">
    <meta http-equiv="keywords" content="keyword1,keyword2,keyword3">
    <meta http-equiv="description" content="This is my page">
  </head>
  <body>
    姓名：${param.user}<br>
    爱好：${paramValues.like[0]} ${paramValues.like[1] }
    ${paramValues.like[2] } ${paramValues.like[3] }
  </body>
</html>
```

【案例剖析】

在本案例中，通过 param 对象在 EL 表达式中获取用户姓名，即${param.user}，其中 user 是用户文本域的名称。使用 paramValues 对象在 EL 表达式中获取用户爱好的数组，即${paramValues.like[0]}，其中 0 是数组的下标。

【运行项目】

部署 Web 项目，启动 Tomcat。在浏览器的地址栏中输入"http://127.0.0.1:8888/ch11/login.jsp"，输入姓名并选择爱好，如图 11-8 所示。单击【提交】按钮后，显示用户信息，如图 11-9 所示。

图 11-8 输入信息页面

图 11-9　显示信息页面

注意　当指定参数不存在时，使用 param 和 paramValues 对象返回该参数的值是空字符串，而不是 null。

11.3.5　header 和 headerValues 对象

header 对象用于获取 HTTP 请求的一个具体的 header 值，适用于单值的请求头。它是一个 Map 类型，其中 key 表示头名称，value 是单个头值。该对象与 request.getHeader("Xxx")作用相同。

headerValues 对象用于获取 HTTP 请求 header 中的多个值，适用于多值的请求头。它是一个 Map 类型，其中 key 表示头名称，value 是多个头值。该对象与 request.getHeaders("Xxx")作用相同。

【例 11-13】header 属性的使用。(源代码\ch11\WebRoo\header.jsp)

```
<%@ page language="java" import="java.util.*" pageEncoding="utf-8"%>
<!DOCTYPE HTML PUBLIC "-//W3C//DTD HTML 4.01 Transitional//EN">
<html>
  <head>
    <title>header 对象</title>
    <meta http-equiv="pragma" content="no-cache">
    <meta http-equiv="cache-control" content="no-cache">
    <meta http-equiv="expires" content="0">
    <meta http-equiv="keywords" content="keyword1,keyword2,keyword3">
    <meta http-equiv="description" content="This is my page">
  </head>
  <body>
    connection: ${header.connection}<br>
    host: ${header["host"] }<br>
        user-agent: ${header["user-agent"] }<br>
  </body>
</html>
```

部署 Web 项目，启动 Tomcat。在浏览器的地址栏中输入"http://127.0.0.1:8888/ch11/header.jsp"，运行结果如图 11-10 所示。

图 11-10　header 对象

【案例剖析】

在本案例中，使用 header 对象获取 HTTP 头部信息。通过${header.connection}获取是否持久连接属性，${header["host"]}获取主机地址信息，${header["user-agent"]}获取 header 中 user-agent 属性的值。

11.3.6　cookie 对象

cookie 对象用于获取 cookie，它是 Map<String,Cookie>类型，其中 key 是 cookie 的 name，value 是 cookie 对象。

【例 11-14】在 EL 表达式中使用 cookie 对象。(源代码\ch11\WebRoot\cookie.jsp)

```
<%@ page language="java" import="java.util.*" pageEncoding="utf-8"%>
<!DOCTYPE HTML PUBLIC "-//W3C//DTD HTML 4.01 Transitional//EN">
<%
    Cookie cookie = new Cookie("myCookie","cookie 对象");
    response.addCookie(cookie);
%>
<html>
 <head>
   <title>session</title>
   <meta http-equiv="pragma" content="no-cache">
   <meta http-equiv="cache-control" content="no-cache">
   <meta http-equiv="expires" content="0">
   <meta http-equiv="keywords" content="keyword1,keyword2,keyword3">
   <meta http-equiv="description" content="This is my page">
 </head>
 <body>
    ${cookie.myCookie.value}
 </body>
</html>
```

【案例剖析】

在本案例中，使用 Cookie 类创建一个 cookie 对象，并初始化。通过 response 对象的 addCookie()方法将创建的 cookie 添加到客户端。在页面中通过 EL 表达式输出 cookie 对象的值。

部署 Web 项目，启动 Tomcat。在浏览器的地址栏中输入"http://127.0.0.1:8888/ch11/cookie.jsp"，运行结果如图 11-11 所示。

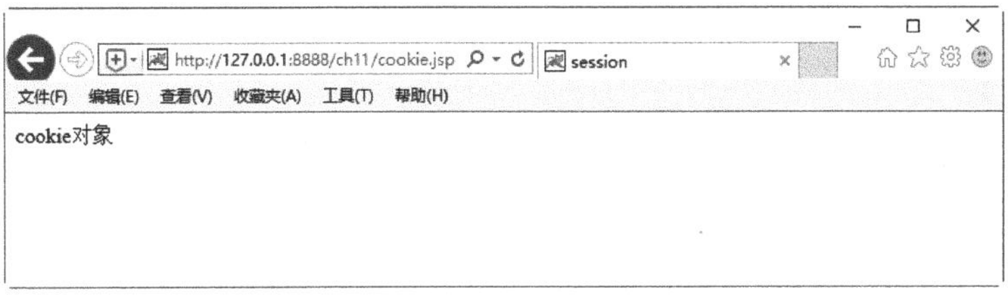

图 11-11 cookie 对象

11.3.7 initParam 对象

initParam 对象用于获取 web.xml 配置文件中<context-param>节点内初始化参数的值。EL 表达式${initParam.xxx}中 xxx 就是<param-name>标签内的值，根据 xxx 获得<param-value>标签中的值。

【例 11-15】在配置文件 web.xml 中初始化参数，在页面中获取参数并显示。

step 01 在 web.xml 中添加如下代码。(源代码\ch11\WebRoot\WEB-INF\web.xml)

```xml
<context-param>
        <param-name>type</param-name>
        <param-value>Java Web</param-value>
</context-param>
<context-param>
    <param-name>message</param-name>
    <param-value>initParam 对象的使用</param-value>
</context-param>
```

【案例剖析】

在本案例中，使用<context-param>节点设置参数，一个这样的节点中添加一个参数。在<context-param>节点中通过<param-name>添加参数名，通过<param-value>添加参数值。

step 02 获取初始化参数。(源代码\ch11\WebRoot\param.jsp)

```jsp
<%@ page language="java" import="java.util.*" pageEncoding="utf-8"%>
<!DOCTYPE HTML PUBLIC "-//W3C//DTD HTML 4.01 Transitional//EN">
<html>
  <head>
    <title>initParam 对象</title>
    <meta http-equiv="pragma" content="no-cache">
    <meta http-equiv="cache-control" content="no-cache">
    <meta http-equiv="expires" content="0">
    <meta http-equiv="keywords" content="keyword1,keyword2,keyword3">
    <meta http-equiv="description" content="This is my page">
  </head>
  <body>
     类型：${initParam.type}<br>
     信息：${initParam.message}
  </body>
</html>
```

【案例剖析】

在本案例中，通过使用 EL 表达式获取参数的值。通过 initParam 对象和参数名获取参数的值。

【运行项目】

部署 Web 项目，启动 Tomcat。在浏览器的地址栏中输入"http://127.0.0.1:8888/ch11/param.jsp"，运行结果如图 11-12 所示。

图 11-12 initParam 对象

11.4 与低版本环境兼容——禁用 EL

如果安装的 Web 服务器支持 Servlet 2.4/JSP 2.0，则可以在 JSP 页面中使用 EL。由于在 JSP 2.0 之前的版本中没有 EL，因此为了与以前的 JSP 规范相兼容，提供了禁用 EL 的方法。JSP 中提供 3 种禁用 EL 的方法。下面具体介绍它们的使用。

11.4.1 反斜杠"\"

使用反斜杠是一种比较简单的禁用 EL 的方法。该方法只需要在 EL 的起始标记"${"前加上"\"，具体语法格式如下：

```
\${expression}
```

 注意　使用反斜杠禁用 EL 时，只适用在一个或几个 EL 表达式中。

【例 11-16】使用反斜杠禁用 EL 表达式。(源代码\ch11\WebRoot\index.jsp)

```
<%@ page language="java" import="java.util.*" pageEncoding="utf-8"%>
<!DOCTYPE HTML PUBLIC "-//W3C//DTD HTML 4.01 Transitional//EN">
<html>
  <head>
    <title>禁用 EL</title>
    <meta http-equiv="pragma" content="no-cache">
    <meta http-equiv="cache-control" content="no-cache">
    <meta http-equiv="expires" content="0">
    <meta http-equiv="keywords" content="keyword1,keyword2,keyword3">
    <meta http-equiv="description" content="This is my page">
  </head>
  <body>
    ${"使用反斜杠禁用 EL"}<br>
  </body>
</html>
```

部署 Web 项目，启动 Tomcat。在浏览器的地址栏中输入"http://127.0.0.1:8888/ch11/"，运行结果如图 11-13 所示。在 EL 前加反斜杠"\"，运行结果如图 11-14 所示。

图 11-13　EL 表达式

图 11-14　反斜杠禁用 EL

【案例剖析】

在本案例中，使用 EL 表达式输出字符串内容，通过在 EL 前面加反斜杠"\"禁用该 EL。禁用的 EL 表达式则不被解析，而是直接输出 EL。

11.4.2　page 指令

使用 JSP 的 page 指令也可以禁用 EL 表达式，具体语法格式如下：

```
<%@page isELIgnored="布尔值"%>
```

isELIgnored：用于指定是否禁用页面中的 EL，如果属性值是 true，则禁用页面中的 EL，否则将解析页面中的 EL。

注意

使用 page 指令适用于禁用一个 JSP 页面中的 EL。

【例 11-17】使用 page 指令禁用 EL。(源代码\ch11\WebRoot\index.jsp)

```
<%@ page language="java" import="java.util.*" pageEncoding="utf-8"%>
<%@ page isELIgnored="true" %>
<!DOCTYPE HTML PUBLIC "-//W3C//DTD HTML 4.01 Transitional//EN">
<html>
  <head>
    <title>禁用 EL</title>
    <meta http-equiv="pragma" content="no-cache">
```

```
        <meta http-equiv="cache-control" content="no-cache">
        <meta http-equiv="expires" content="0">
        <meta http-equiv="keywords" content="keyword1,keyword2,keyword3">
        <meta http-equiv="description" content="This is my page">
    </head>
    <body>
        ${"使用反斜杠禁用 EL"}<br>
    </body>
</html>
```

部署 Web 项目，启动 Tomcat。在浏览器的地址栏中输入"http://127.0.0.1:8888/ch11/"，运行结果如图 11-15 所示。设置 page 指令中 isELIgnored 属性值为 false 时，运行结果如图 11-16 所示。

图 11-15　isELIgnored=true

图 11-16　isELIgnored=false

【案例剖析】

在本案例中，使用 page 指令设置禁用 EL。当在 page 指令中设置 isELIgnored 为 true 时，则当前页面禁用 EL；设置 isELIgnored 为 false 时，则当前页面可以使用 EL。

11.4.3　配置文件

在 web.xml 配置文件中，配置<el-ignored>元素为 true，从而实现禁用服务器中 EL 的目的。

 使用配置文件禁用的是 Web 应用中所有 JSP 页面中的 EL。

【例 11-18】使用配置文件禁用 Web 项目中所有页面的 EL。

step 01　创建禁用 EL 的配置文件。(源代码\ch11\WebRoot\WEB-INF\web.xml)

```xml
<?xml version="1.0" encoding="UTF-8"?>
<web-app>
   <jsp-config>
     <jsp-property-group>
      <url-pattern>*.jsp</url-pattern>
      <el-ignored>true</el-ignored>
     </jsp-property-group>
   </jsp-config>
</web-app>
```

【案例剖析】

在本案例中，在 web.xml 配置文件中，通过<jsp-config>标签设置禁用 EL 表达式。其中<url-pattern>节点设置禁用 EL 的页面，这里设置的是所有 jsp 的页面；<el-ignored>节点设置为 true，表示禁用 EL，若设置为 false，则不禁用 EL。

step 02 创建使用 EL 的页面。(源代码\ch11\WebRoot\test.jsp)

```jsp
<%@ page language="java" import="java.util.*" pageEncoding="UTF-8"%>
<!DOCTYPE HTML PUBLIC "-//W3C//DTD HTML 4.01 Transitional//EN">
<html>
  <head>
    <title>配置文件</title>
    <meta http-equiv="pragma" content="no-cache">
    <meta http-equiv="cache-control" content="no-cache">
    <meta http-equiv="expires" content="0">
    <meta http-equiv="keywords" content="keyword1,keyword2,keyword3">
    <meta http-equiv="description" content="This is my page">
  </head>
  <body>
    <%
    request.setAttribute("sum", 12);
    %>
    ${sum + 10}
  </body>
</html>
```

【案例剖析】

在本案例中，由于配置文件设置了所有 JSP 页面禁用 EL，所以该页面也禁用 EL。因此，该页面中的 EL 表达式不被解析。

【运行项目】

部署 Web 项目 ch11，启动 Tomcat。在浏览器的地址栏中输入"http://127.0.0.1:8888/ch11/test.jsp"，运行结果如图 11-17 所示。在浏览器的地址栏中输入"http://127.0.0.1:8888/ch11/"，运行结果如图 11-18 所示。

图 11-17　test.jsp 页面

图 11-18　Web 项目中 index.jsp 页面

11.5　大神解惑

小白：在 EL 表达式中，empty、null 和空字符串的区别？

大神：在 EL 表达式中，empty 运算符是判断对象或变量是否是""(空字符串)和 null，若是则返回 true，否则返回 false。而"变量或对象==null"是判断变量或对象是否是 null，若是则返回 true，而对于""(空字符串)以及其他非 null 的情况则返回 false。下面举例说明它们的使用。

【例 11-19】empty 和 null 的使用。(源代码\ch11\WebRoot\emptyTest.jsp)

```
<%@ page language="java" import="java.util.*" pageEncoding="utf-8"%>
<!DOCTYPE HTML PUBLIC "-//W3C//DTD HTML 4.01 Transitional//EN">
<%
    request.setAttribute("name", null);
%>
<html>
  <head>
    <title>empty-null</title>
    <meta http-equiv="pragma" content="no-cache">
    <meta http-equiv="cache-control" content="no-cache">
    <meta http-equiv="expires" content="0">
    <meta http-equiv="keywords" content="keyword1,keyword2,keyword3">
    <meta http-equiv="description" content="This is my page">
  </head>
  <body>
     ---empty 和 null--- <br>
     empty 运算符：${empty name} <br>
     是否是 null：${name==null} <br>
  </body>
</html>
```

部署 Web 项目，启动 Tomcat。在浏览器的地址栏中输入"http://127.0.0.1:8888/ch11/emptyTest.jsp"，运行结果如图 11-19 所示。

图 11-19　empty 和 null 的区别

11.6　跟我学上机

练习 1：编写 JSP 页面，显示用户登录信息。当登录用户名是空时，在登录处理页面中显示空，否则显示用户名。密码类似。

练习 2：编写 JSP 页面，在页面中显示用户的注册信息，如用户名、性别、出生年月、地址、邮箱、爱好等，在注册处理页面中使用 EL 表达式显示用户的注册信息。

第 12 章

网络数据传输的格式——XML 技术

随着移动互联网时代的发展，越来越多的 App 不仅需要与网络服务器进行数据传输和交互，也需要与其他 App 进行数据传递。承担 App 与网络之间进行传输和存储数据的一般是 XML。在移动互联网时代，XML 技术越来越重要。本章详细介绍 XML 技术的使用。

本章要点(已掌握的在方框中打钩)

- ☐ 掌握 XML 与 HTML 的区别。
- ☐ 掌握 XML 的基本语法。
- ☐ 掌握 XML 的树结构。
- ☐ 掌握使用 XML 解析器解析 XML 文档。
- ☐ 掌握使用 XML 解析器解析 XML 字符串。
- ☐ 掌握 XML 文档对象。

12.1 XML 概述

XML (eXtensible Markup Language) 是可扩展标记语言，是一种数据的描述语言。虽然它是语言，但是通常情况下，它并不具备常见语言的基本功能，即被计算机识别并运行。XML 只有依靠另一种语言来解释它，才能达到想要的效果或被计算机所接受。

12.1.1 XML 概念

XML 是一种独立于软件和硬件的信息传输工具。目前，XML 在 Web 开发中起到的作用不低于一直作为 Web 基石的 HTML。XML 无所不在，它是各种应用程序之间进行数据传输的最常用的工具，并且在信息存储和描述领域变得越来越流行。

XML 标记语言主要有以下几个特点。

(1) XML 是一种标记语言，类似于 HTML。
(2) XML 的设计宗旨是传输数据，而不是显示数据。
(3) XML 标签没有被预定义，需要自行定义标签和文档结构。
(4) XML 被设计为具有自我描述性，是 W3C 的推荐标准。

12.1.2 XML 与 HTML 的区别

根据作用、设计目的不同，XML 与 HTML 的主要区别如下。

(1) XML 技术主要用来结构化、传输和存储数据，而 HTML 主要用来显示数据。XML 不是 HTML 语言的替代而是对 HTML 的补充。

(2) XML 与 HTML 的设计目的不同。XML 面对的是数据的内容，而 HTML 面对的是数据的外观。XML 只是纯文本，能处理纯文本的软件都可以处理它，而且能够读懂它的应用程序可以有针对性地处理 XML 的标签，它的标签功能主要依赖于应用程序的特性。

12.2 XML 基本语法

XML 的语法规则比较简单，并且具有逻辑。目前 XML 遵守的是 W3C 组织在 2000 年发布的 XML 1.0 规范。XML 主要用于描述数据和作为配置文件。

12.2.1 文档声明

在编写 XML 文档时，首先需要声明 XML 文档，并且该声明必须出现在文档的第一行。主要作用是告诉解析器这是一个 XML 文档。

XML 声明的语法格式如下：

```
<?xml version="1.0"encoding="utf-8"?>
```

参数说明如下。

(1) version：指定 XML 的版本。

(2) encoding：设置字符编码格式，从而避免中文乱码。

12.2.2 标签(元素)

XML 的语法非常严格，所有 XML 标签都必须有关闭标签，省略关闭标签是非法的。一个 XML 文档中必须有且仅有一个根标签。XML 中不会忽略标签体中出现的空格和换行。

标签的名称可以包含字符、数字、减号、下划线和英文句点，但是其命名必须遵守以下规范。

(1) 严格区分大小写。

(2) 只能以字母或下划线开头。

(3) 标签名称之间不可以有空格或制表符。

(4) 标签名称之间不可以使用冒号。

(5) W3C 规定标签名称不能以 xml、Xml 或 XML 等开头。

XML 声明标签没有关闭标签，这不是错误。因为声明不属于 XML 本身的组成部分，它不是 XML 的元素，所以不需要关闭标签。

12.2.3 标签嵌套

XML 的标签必须正确地嵌套。在某标签中打开另一标签，关闭标签时必须首先关闭嵌套的标签，然后再关闭外面的标签。

【例 12-1】 在 XML 中使用嵌套标签。

```
<b><i>This text is bold and italic</i></b>
```

【案例剖析】

在本案例中，使用嵌套标签，在 XML 中所有标签都必须彼此正确地嵌套。由于<i>标签是在<b>标签内打开的，所以它必须在<b>标签中关闭。

12.2.4 属性与注释

与 HTML 类似，XML 也可以拥有自己的属性，即名称和值。在 XML 中标签属性的值必须使用引号(单引号或双引号)引起来。

在 XML 中编写注释的语法与 HTML 中注释的语法格式类似，具体如下：

```
<!--注释内容 -->
```

【例 12-2】 XML 属性和注释的使用。

```
<?xml version="1.0" encoding="utf-8"?>
<!--XML 属性的使用 -->
<note date="2017-6-30">
    <to>北京</to>
```

```
    <from>山东</from>
</note>
```

【案例剖析】

在本案例中,首先通过注释说明该文档的作用,即 XML 属性的使用。再自定义根标签<note>。该标签含有自己的属性 date,并且属性 date 的值必须使用引号引起来。这里的引号可以是单引号或双引号。

(1) 如果属性值中已经包含双引号了,那么要使用单引号包含属性值,或将属性值中的引号使用实体引用代替。

(2) 在 XML 中主要使用的是标签(元素),其属性的使用较少。例如,在<note>中添加<date>子元素,其值也是 2017-6-30,与属性 date 的值相同,但是一般会使用<date>子元素。

12.2.5 实体引用

在 XML 中,一些字符拥有特殊的意义。如果把字符"<"放在 XML 标签中,就会发生错误,这是因为解析器会将其当作新元素的开始。

在 XML 中,有 5 个预定义的实体引用,如表 12-1 所示。

表 12-1 预定义实体引用

实体引用	字 符	说 明
&lt;	<	小于
&gt;	>	大于
&amp;	&	和
&apos;	'	单引号
&quot;	"	双引号

在 XML 中,只有字符"<"和"&"是非法的。大于号是合法的,但是使用实体引用来代替它是一个好习惯。

【例 12-3】XML 中的实体引用,部分代码如下:

```
<?xml version="1.0" encoding="utf-8"?>
    <entity>
        <message> 10 &lt; 15 </message>
        <message> 15 &gt; 15 </message>
        <message> 10 &amp; 15 </message>
        <message> &apos Apple &apos </message>
        <message> &quot Apple &quot </message>
    </entity>
```

【案例剖析】

在本案例中,介绍 XML 预定义的 5 个实体引用的使用,分别是小于、大于、和、单引号和双引号的使用。

12.3 XML 树结构

XML 文档形成了一种树结构，它从"根部"开始，然后扩展到"枝叶"。XML 文档必须包含根元素，该元素是所有其他元素的父元素，即树结构的根；而其他元素则是树结构的枝叶。因此，XML 文档中的元素形成了一棵文档树，这棵树从根部开始，并扩展到树的最底端，如图 12-1 所示。

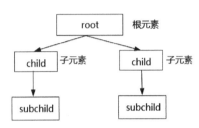

图 12-1　XML 树结构

父、子及同胞等用于描述元素之间的关系。父元素拥有子元素，相同层级上的子元素称为同胞(兄弟或姐妹)。所有元素均可拥有自己的文本内容和属性。

【例 12-4】一个 XML 文档的树结构实例。(源代码\ch12\WebRoot\tree.xml)

```xml
<?xml version="1.0" encoding="UTF-8"?>
<root>
   <person>
     <name>张三</name>
     <sex>男</sex>
     <age>28</age>
   </person>
   <province>
     <name>山东省</name>
     <local>中国东部</local>
   </province>
</root>
```

【案例剖析】

在本案例中，第一行是 XML 文档的声明，它定义 XML 的版本为 1.0 和所使用的字符编码是 UTF-8。在该文档中定义根元素<root>，以及其 2 个子元素<person>和<province>。在<person>元素中定义它的 3 个子元素，即<name>、<sex>和<age>。在<province>元素中定义它的子元素，即<name>和<local>。最后一行定义根元素的结尾</root>。

12.4 XML 解析器

现在流行的浏览器都提供了读取和操作 XML 的 XML 解析器。解析器可以将 XML 转换为可通过 JavaScript 操作的 XML DOM 对象。下面介绍如何创建同时工作于 IE 浏览器和其他浏览器中的脚本。

12.4.1 解析 XML 文档

微软的 XML 解析器与其他浏览器中的解析器之间，存在一些差异。微软的解析器支持 XML 文件和 XML 字符串(文本)的加载，而其他浏览器使用单独的解析器。但是所有的解析器都包含遍历 XML 树、访问插入及删除节点(元素)及其属性的函数。

使用 XML 解析器，将 XML 文档解析为 XML DOM 对象。(源代码\ch12\WebRoot\document.jsp)

```
<script type="text/javascript">
    function load() {
        if (window.XMLHttpRequest) {
            // 创建XHR 对象(IE7+, Firefox, Chrome, Opera, Safari)
            xmlhttp = new XMLHttpRequest();
        } else {
            // 创建ActiveX 对象(IE6, IE5)
            xmlhttp = new ActiveXObject("Microsoft.XMLHTTP");
        }
        xmlhttp.open("GET", "province.xml", false);
        xmlhttp.send();
        xmlDoc = xmlhttp.responseXML;
    }
</script>
```

【案例剖析】

在本案例中，上述代码根据浏览器的不同，获取不同的 XMLHttpRequest 对象，通过该对象的 open()方法向服务器发送请求，并通过 send()方法发送数据。使用 XMLHttpRequest 对象的 responseXML 属性获取 XML 形式的数据，从而完成将 XML 文档解析到 XML DOM 对象中的功能。

12.4.2 解析 XML 字符串

根据浏览器的不同使用不同的 XML 解析器，将 XML 字符串解析到 XML DOM 对象中。(源代码\ch12\WebRoot\string.jsp)

```
<script type="text/javascript">
    function load() {
        Str = "<bookstore><book>";
        Str = Str + "<title>Everyday Italian</title>";
        Str = Str + "<author>Giada De Laurentiis</author>";
        Str = Str + "<year>2005</year>";
        Str = Str + "</book></bookstore>";
        if (window.DOMParser) {
            //其他浏览器
            parser = new DOMParser();
            xmlDoc = parser.parseFormString(Str, "text/xml");
        }else{
            //IE 浏览器
```

```
                xmlDoc = new ActiveXObject("Microsoft.XMLDOM");
                xmlDoc.async = "false";
                xmlDoc.loadXML(Str);
            }
        }
</script>
```

【案例剖析】

在本案例中，根据浏览器的不同，通过不同的方式将 XML 字符串转换为 XML DOM。在 IE 浏览器中通过创建 ActiveXObject 对象获取 DOM 对象，并通过 loadXML()方法将字符串 Str 解析为 XML DOM 对象。在其他浏览器中，创建 DOMParser 对象，并通过它提供的 parseFormString()方法，将 XML 字符串解析为 XML DOM 对象。

注意

Internet Explorer 使用 loadXML()方法来解析 XML 字符串，而其他浏览器使用 DOMParser 对象。

12.5 XML 文档对象

XML 文档对象(XML Document Object Model，XML DOM)，它定义了所有 XML 元素的对象和属性，以及访问和操作 XML 文档的标准方法或接口。XML DOM 主要用于 XML 的标准对象模型和 XML 的标准编程接口，它是 W3C 的标准，中立于平台和语言。

DOM 将 XML 文档作为一个树形结构，它的元素、元素的文本及元素的属性，都被定义为节点。XML 能够通过 DOM 树来访问 XML 文档中的所有元素。例如，修改、删除文档的内容，创建新的元素。

使用 JavaScript 获取 XML 元素文本的代码，具体格式如下：

```
xmlDoc.getElementsByTagName("to")[0].childNodes[0].nodeValue
```

参数说明如下。

(1) xmlDoc：由解析器创建的 XML 文档。
(2) getElementsByTagName("to")[0]：XML 文档中的第一个<to>元素。
(3) childNodes[0]：<to>元素的第一个文本节点。
(4) nodeValue：节点的值，即文本内容。

【例 12-5】在 JSP 页面中，使用 XML 解析器解析 XML 文档到 XML DOM 对象中，并通过 JavaScript 获取一些信息。(源代码\ch12\WebRoot\document.jsp)

```
<%@ page language="java" import="java.util.*" pageEncoding="utf-8"%>
<!DOCTYPE HTML PUBLIC "-//W3C//DTD HTML 4.01 Transitional//EN">
<html>
<head>
<title>解析 XML 文档</title>
<script type="text/javascript">
    function file() {
        if (window.XMLHttpRequest) {
            // 创建 XHR 对象(IE7+, Firefox, Chrome, Opera, Safari)
```

```
                xmlhttp = new XMLHttpRequest();
            } else {
                // 创建ActiveX对象(IE6, IE5)
                xmlhttp = new ActiveXObject("Microsoft.XMLHTTP");
            }
            xmlhttp.open("GET", "province.xml", false);
            xmlhttp.send();
            xmlDoc = xmlhttp.responseXML;
            document.getElementById("div1").innerHTML=
                xmlDoc.getElementsByTagName("name")[0].childNodes[0].nodeValue;
            document.getElementById("div2").innerHTML=
                xmlDoc.getElementsByTagName("name")[1].childNodes[0].nodeValue;
            document.getElementById("div3").innerHTML=
                xmlDoc.getElementsByTagName("name")[2].childNodes[0].nodeValue;
            document.getElementById("div4").innerHTML=
                xmlDoc.getElementsByTagName("name")[3].childNodes[0].nodeValue;
        }
    </script>
</head>
<body onload="file()">
    XML 文档的内容：
    <div id="div1"></div>
    <div id="div2"></div>
    <div id="div3"></div>
    <div id="div4"></div>
</body>
</html>
```

部署 Web 项目 ch12，启动 Tomcat 服务器。在浏览器的地址栏中输入页面地址"http://127.0.0.1:8888/ch12/document.jsp"，运行结果如图 12-2 所示。

图 12-2 解析 XML 文档

【案例剖析】

在本案例中，通过使用 XMLHttpRequest 对象的 responseXML 属性将 XML 文档解析到 XML DOM 对象中。通过 getElementsByTagName("name")[0].childNodes[0].nodeValue 代码获取第一个指定节点 name 的第一个子节点的文本内容，并通过 JavaScript 中 document 提供的 getElementById()方法存放要显示的文本内容。

在 getElementsByTagName("name")[0]的中括号中，数组下标的值是 1 时，以数字形式返回第二个指定节点 name 的值，数组下标是其他值时，以此类推。

【例 12-6】在 JSP 页面中，使用 XML 解析器解析 XML 字符串到 XML DOM 对象中，并通过 JavaScript 获取一些信息。(源代码\ch12\WebRoot\string.jsp)

```jsp
<%@ page language="java" import="java.util.*" pageEncoding="utf-8"%>
<!DOCTYPE HTML PUBLIC "-//W3C//DTD HTML 4.01 Transitional//EN">
<html>
<head>
<title>My JSP 'string.jsp' starting page</title>
<script type="text/javascript">
    function load() {
        Str = "<china>";
        Str = Str + "<province><name>山东</name></province>";
        Str = Str + "<province><name>北京</name></province>";
        Str = Str + "<province><name>河北</name></province>";
        Str = Str + "<province><name>河南</name></province>";
        Str = Str + "</china>";

        if (window.DOMParser) {
            //其他浏览器
            parser = new DOMParser();
            xmlDoc = parser.parseFromString(Str, "text/xml");
        }else{
            //IE 浏览器
            xmlDoc = new ActiveXObject("Microsoft.XMLDOM");
            xmlDoc.async = "false";
            xmlDoc.loadXML(Str);
        }
        document.getElementById("div1").innerHTML=
            xmlDoc.getElementsByTagName("name")[0].childNodes[0].nodeValue;
        document.getElementById("div2").innerHTML=
            xmlDoc.getElementsByTagName("name")[1].childNodes[0].nodeValue;
        document.getElementById("div3").innerHTML=
            xmlDoc.getElementsByTagName("name")[2].childNodes[0].nodeValue;
        document.getElementById("div4").innerHTML=
            xmlDoc.getElementsByTagName("name")[3].childNodes[0].nodeValue;
    }
</script>
</head>
<body onload="load()">
    XML 文档的内容：
    <div id="div1"></div>
    <div id="div2"></div>
    <div id="div3"></div>
    <div id="div4"></div>
</body>
</html>
```

部署 Web 项目，启动 Tomcat。在浏览器的地址栏中输入"http://127.0.0.1:8888/ch12/string.jsp"，运行结果如图 12-3 所示。

【案例剖析】

在本案例中，根据不同的浏览器获取不同的 XML 解析器，并将 XML 字符串解析为 XML DOM 对象。通过 getElementsByTagName("name")[0].childNodes[0].nodeValue 代码获取

第一个指定节点 name 的第一个子节点的文本内容，并通过 JavaScript 中 document 提供的 getElementById()方法存放要显示的文本内容。

图 12-3 解析 XML 字符串

12.6 大神解惑

小白：XML 文件节点的中文内容出现乱码怎么办？

大神：XML 文件中声明了编码方式是 UTF-8 或不声明，默认的编码方式也是 UTF-8。如果使用默认的文本编辑器保存文件可能就会出现乱码，此时可以在 XML 文件中设置编码方式为 GB2312，即<?xml version="1.0" encoding="gb2312" ?>。

12.7 跟我学上机

练习 1：创建一个 XML 文件，通过 XML 解析器解析成 XML DOM 对象，再使用 JavaScript 获取一些信息，在 JSP 页面中显示。

练习 2：创建一个 JSP 页面，在该页面中通过 XML 解析器将字符串解析成 XML DOM 对象，再使用 JavaScript 获取一些信息，并在页面中显示。

第 13 章

JSP 的标签库——JSTL 技术

JSTL(JSP Standard Tag Library，JSP 标准标签库)是一个不断完善的开放源代码的 JSP 标签库，是由 Apache 公司开发并维护的。JSTL 只能运行在支持 JSP 1.2 和 Servlet 2.3 以上规范的容器上，如 Tomcat 4.x。使用 JSTL 标签嵌入 JSP 页面，大大提高了程序的可维护性。本章主要介绍 JSTL 标签的使用。

本章要点(已掌握的在方框中打钩)

- ☐ 掌握 JSTL 标签的导入方式。
- ☐ 掌握 JSTL 标签的分类。
- ☐ 掌握 JSTL 标签的环境配置。
- ☐ 掌握 JSTL 核心标签中表达式控制标签的使用。
- ☐ 掌握 JSTL 核心标签中流程控制标签的使用。
- ☐ 掌握 JSTL 核心标签中循环标签的使用。
- ☐ 掌握 JSTL 核心标签中 URL 操作标签的使用。
- ☐ 掌握自定义标签的使用。

13.1 JSTL 简介

JSTL 标签是基于 JSP 页面的，它是提前定义好的一组标签。在 JSP 页面中，使用 JSTL 标签可以避免使用 Java 代码。标签的功能非常强大，仅使用一个简单的标签，就可以实现一段 Java 代码要实现的功能。

13.1.1 JSTL 概述

JSTL 是标准的标签语言，它是对 EL 表达式的扩展，即 JSTL 依赖于 EL。使用 JSTL 标签库非常方便。它与 JSP 动作标签一样，但是它不是 JSP 内置的标签，需要用户导入 JSTL 的 jar 包。

如果使用 MyEclipse 开发 Java Web，那么在把项目发布到 Tomcat 时，需要将 JSTL 标签使用到的 Jar 包，复制到当前 Web 项目的 WebRoot\WEB-INF\lib 文件夹中。

13.1.2 导入标签库

在 JSP 页面中使用标签时，需要使用 taglib 指令导入标签库。除了 JSP 动作标签外，使用其他第三方的标签库都需要导入 jar 包。

在 JSP 页面中，一般使用 taglib 指令导入 core 标签库，其语法格式如下：

```
<%@ taglib prefix="c"uri="http://java.sun.com/jsp/jstl/core" %>
```

参数说明如下。

(1) prefix：指定标签库的前缀。这个前缀的值用户可以自定义，但一般使用 core 标签库时，指定前缀为 c。

(2) uri：指定标签库的 uri，它不一定是真实存在的网址，但它可以让 JSP 找到标签库的描述文件。

13.1.3 JSTL 分类

JSTL 标签库主要包含 5 个不同的标签库，主要是核心标签库、格式化标签库、SQL 标签库、XML 标签库和函数标签库。

1. 核心标签库

核心标签库从功能上主要分为表达式控制标签、流程控制标签、循环标签和 URL 操作标签。本章主要介绍的是核心标签库的使用。

核心标签库是最常用的 JSTL 标签，使用这些标签能够完成 JSP 页面的基本功能，减少编码工作。使用 taglib 指令导入核心标签库的语法格式如下：

```
<%@ taglib prefix="c" uri="http://java.sun.com/jsp/jstl/core" %>
```

核心标签库中提供的标签如表 13-1 所示。

表 13-1 核心标签库

标 签	描 述
<c:out>	在 JSP 中显示数据，与<%= ... >类似
<c:set>	保存数据
<c:remove>	删除数据
<c:catch>	处理产生错误的异常情况，并将错误信息储存起来
<c:if>	与在一般程序中使用的 if 一样
<c:choose>	本身只当作<c:when>和<c:otherwise>的父标签
<c:when>	<c:choose>的子标签，用来判断条件是否成立
<c:otherwise>	<c:choose>的子标签，在<c:when>标签之后。当<c:when>标签是 false 时，执行该标签
<c:import>	检索一个绝对或相对 URL，然后将其内容暴露给页面
<c:forEach>	基础迭代标签，接受多种集合类型
<c:forTokens>	根据指定的分隔符，分隔内容并迭代输出
<c:param>	用来给包含或重定向的页面传递参数
<c:redirect>	重定向至一个新的 URL
<c:url>	使用可选的查询参数，来创造一个 URL

2. 格式化标签库

JSTL 的格式化标签主要用来格式化并输出文本、日期、时间和数字，如表 13-2 所示。在 JSP 页面中，导入格式化标签库的语法如下：

```
<%@ taglib prefix="fmt" uri="http://java.sun.com/jsp/jstl/fmt" %>
```

表 13-2 格式化标签库

标 签	描 述
<fmt:formatNumber>	使用指定的格式或精度，格式化数字
<fmt:parseNumber>	解析一个代表着数字、货币或百分比的字符串
<fmt:formatDate>	使用指定的风格或模式，格式化日期和时间
<fmt:parseDate>	解析一个代表着日期或时间的字符串
<fmt:bundle>	绑定资源
<fmt:setLocale>	指定地区
<fmt:setBundle>	绑定资源
<fmt:timeZone>	指定时区
<fmt:setTimeZone>	指定时区
<fmt:message>	显示资源配置文件信息
<fmt:requestEncoding>	设置 request 的字符编码

3. SQL 标签库

JSTL 的 SQL 标签库中主要是与关系型数据库(Oracle、MySQL、SQL Server 等)进行交互的标签，如表 13-3 所示。在 JSP 中导入 SQL 标签库的语法如下：

```
<%@ taglib prefix="sql" uri="http://java.sun.com/jsp/jstl/sql" %>
```

表 13-3 SQL 标签库

标　签	描　述
<sql:setDataSource>	指定数据源
<sql:query>	运行 SQL 查询语句
<sql:update>	运行 SQL 更新语句
<sql:param>	将 SQL 语句中的参数设为指定值
<sql:dateParam>	将 SQL 语句中的日期参数，设为指定的 java.util.Date 对象值
<sql:transaction>	在共享数据库连接中，提供嵌套的数据库行为元素，将所有语句以一个事务的形式运行

4. XML 标签库

JSTL 的 XML 标签库中提供了创建和操作 XML 文档的标签，如表 13-4 所示。在 JSP 页面中，导入 XML 标签库的语法如下：

```
<%@ taglib prefix="x" uri="http://java.sun.com/jsp/jstl/xml" %>
```

表 13-4 XML 标签库

标　签	描　述
<x:out>	与<%= ... >类似，不过只用于 XPath 表达式
<x:parse>	解析 XML 数据
<x:set>	设置 XPath 表达式
<x:if>	判断 XPath 表达式，若为真，则执行标签中的内容，否则跳过
<x:forEach>	迭代 XML 文档中的节点
<x:choose>	<x:when>和<x:otherwise>的父标签
<x:when>	<x:choose>的子标签，进行条件判断
<x:otherwise>	<x:choose>的子标签，当<x:when>是 false 时执行
<x:transform>	将 XSL 转换应用在 XML 文档中
<x:param>	与<x:transform>共同使用，用于设置 XSL 样式表

5. 函数标签库

JSTL 包含一系列标准函数，大部分是通用的字符串处理函数，如表 13-5 所示。引用 JSTL 函数标签库的语法如下：

```
<%@ taglib prefix="fn" uri="http://java.sun.com/jsp/jstl/functions" %>
```

表 13-5　函数标签库

函　　数	描　　述
fn:contains()	测试输入的字符串，是否包含指定的子字符串
fn:containsIgnoreCase()	测试输入的字符串，是否包含指定的子串。大小写不敏感
fn:endsWith()	测试输入的字符串，是否以指定的后缀结尾
fn:escapeXml()	跳过可以作为 XML 标记的字符
fn:indexOf()	返回指定字符串在输入字符串中出现的位置
fn:join()	将数组中的元素合成一个字符串，然后输出
fn:length()	返回字符串长度
fn:replace()	将输入字符串中，指定的位置替换为指定的字符串，然后返回
fn:split()	将字符串用指定的分隔符分隔，然后组成一个子字符串数组并返回
fn:startsWith()	测试输入字符串，是否以指定的前缀开始
fn:substring()	返回字符串的子集
fn:substringAfter()	返回字符串在指定子字符串之后的子集
fn:substringBefore()	返回字符串在指定子字符串之前的子集
fn:toLowerCase()	将字符串中的字符转为小写
fn:toUpperCase()	将字符串中的字符转为大写
fn:trim()	移除首位的空白符

13.2　JSTL 环境配置

在 Web 项目开发中，使用的 JSTL 标签是最新版本 1.2.5。使用 JSTL 前，首先要进行 JSTL 环境的配置。JSTL 标签环境的配置非常简单，首先要下载 JSTL，然后将下载的 jar 包赋值到项目下。

下载 JSTL 标签所需要的 jar 包。具体操作步骤如下。

step 01　打开网址 http://tomcat.apache.org/taglibs/standard/，在网站中单击 Standard Taglib 下的 download 超链接，如图 13-1 所示。

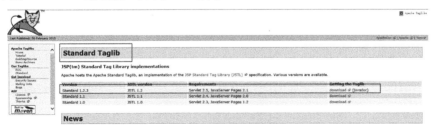

图 13-1　网站下载页面

step 02　在打开的网站页面中，找到 Standard-1.2.5→Jar Files 栏，如图 13-2 所示。

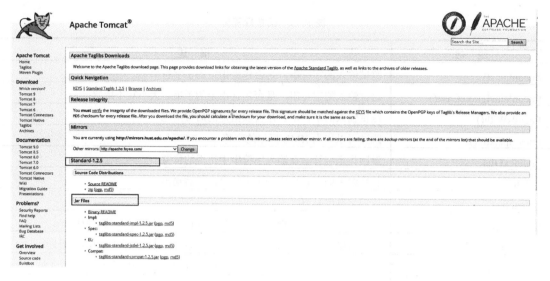

图 13-2　Jar Files

step 03 单击 Jar Files 下的 4 个超链接，分别下载 taglibs-standard-impl-1.2.5.jar、taglibs-standard-spec-1.2.5.jar、taglibs-standard-jstlel-1.2.5.jar 和 taglibs-standard-compat-1.2.5.jar 这 4 个 jar 包。

step 04 将下载的 4 个 Jar 包，复制到 Web 项目的 WebRoot\WEB-INF\lib 文件夹中，这样就可以在项目中使用 JSTL 的所有功能了。

13.3　表达式控制标签

JSTL 的核心标签中有 4 个表达式控制标签，分别是<c:out>标签、<c:set>标签、<c:remove>标签和<c:catch>标签。

13.3.1　<c:out>标签

<c:out>标签用于在 JSP 页面中输出字符或表达式的值。该标签相当于 JSP 中的 out 对象，或 JSP 中的表达式<%=表达式%>，或 EL 表达式${表达式}。

<c:out>标签有两种语法格式：一是没有标签体；二是有标签体。这两种语法格式输出内容相同，具体语法格式如下。

(1) 没有标签体：

```
<c:out value="表达式" [default="默认值"] [escapeXml="true|false"]/>
```

(2) 有标签体：

```
<c:out value="表达式" [escapeXml="true|false"]>
    default value
</out>
```

参数说明如下。

(1) value：指定要输出的变量或表达式。
(2) escapeXml：可选属性，指定是否忽略 XML 特殊字符。默认值是 true，表示转换。
(3) default：可选属性，指定当 value 值是 null 时，要输出的默认值。如果不指定该属性，且 value 是 null 时，该标签输出空的字符串。

【例 13-1】<c:out>标签的使用。(源代码\ch13\WebRoot\out.jsp)

```jsp
<%@ page language="java" import="java.util.*" pageEncoding="utf-8"%>
<%@ taglib uri="http://java.sun.com/jsp/jstl/core" prefix="c"%>
<!DOCTYPE HTML PUBLIC "-//W3C//DTD HTML 4.01 Transitional//EN">
<html>
  <head>
    <title><%="<c:out>标签的使用"%></title>
    <meta http-equiv="pragma" content="no-cache">
    <meta http-equiv="cache-control" content="no-cache">
    <meta http-equiv="expires" content="0">
    <meta http-equiv="keywords" content="keyword1,keyword2,keyword3">
    <meta http-equiv="description" content="This is my page">
  </head>
  <body>
    <c:out value="out 标签-没有标签体<br>" escapeXml="true"/>
    <c:out value="out 标签-有标签体">
        标签的默认值
    </c:out>
    <br>
  </body>
</html>
```

部署 Web 项目，启动 Tomcat。在浏览器的地址栏中输入"http://127.0.0.1:8888/ch13/out.jsp"，运行结果如图 13-3 所示。当 escapeXml=false 时，运行结果如图 13-4 所示。

图 13-3　escapeXml=true

图 13-4　escapeXml=false

【案例剖析】

在本案例中，首先使用<taglib>标签导入 JSTL 的核心标签库 core，再使用<c:out>标签显示 value 属性的值。如果要输出字符串，则只需要将字符串内容赋值给 value 属性；如果输出 EL 表达式，则需要将${表达式}赋值给 value 属性。在程序中 escapeXml=true 时，表示忽略字符串中的 HTML 标签，所以页面中显示 HTML 标签
；当 escapeXml=false 时，表示 HTML 被浏览器执行，因此
标签不显示，而是变成了换行操作。

13.3.2　<c:set>标签

<c:set>标签的主要功能是设置变量的值到 JSP 的内置对象中(page、request、session 或

application)，或设置值到 JavaBean 的属性中。JSP 的动作指令<jsp:setProperty>与<c:set>标签的功能类似。

<c:set>标签有 4 种使用方法，它们的使用语法如下。

(1) 在 scope 指定范围中，将变量值存储到变量中。其基本语法格式如下：

```
<c:set var="变量名称" value="变量值" scope="变量的作用范围" />
```

参数说明如下。

① var：指定要存储变量值的变量名称。

② value：指定变量要存储的值。

③ scope：指变量存储到 JSP 的哪个内置对象中，其值可以是 page、request、session 或 application。

(2) 在 scope 指定范围中，将标签体存储到变量中。其基本语法格式如下：

```
<c:set var="变量名称" scope="变量的作用范围">
        设置值的内容
</set>
```

参数说明如下。

① var：指定要存储标签体内容的变量名称。

② scope：指标签体存储到 JSP 的哪个内置对象中。

(3) 将变量值存储到 target 属性指定对象的 propName 属性中。其基本语法格式如下：

```
<c:set target="目标对象" property="属性名" value="属性值" />
```

参数说明如下。

① target：指定目标对象，即要修改的属性所属的对象，可以是一个 JavaBean 或 Map 集合等。

② property：指定目标对象中要修改的属性。

③ value：指定对象属性名要存储的值。

(4) 将标签体存储到 target 属性指定对象的 propName 属性中。其基本语法格式如下：

```
<c:set target="目标对象" property="属性名">
        设置值的内容
</set>
```

参数说明如下。

① target：指定目标对象，可以是一个 JavaBean 或 Map 集合等。

② property：指定目标对象中存储标签体内容的属性名。

【例 13-2】<c:set>标签的使用。

step 01 创建 JavaBean 类 Person。(源代码\ch13\src\jstl\Person.java)

```
package jstl;
public class Person {
    private String name;
    private String sex;
    private int age;
    public String getName() {
```

```
        return name;
    }
    public void setName(String name) {
        this.name = name;
    }
    public String getSex() {
        return sex;
    }
    public void setSex(String sex) {
        this.sex = sex;
    }
    public int getAge() {
        return age;
    }
    public void setAge(int age) {
        this.age = age;
    }
    public Person(String name, String sex, int age) {
        super();
        this.name = name;
        this.sex = sex;
        this.age = age;
    }
    public Person() {
        super();
    }
}
```

【案例剖析】

在本案例中，定义 JavaBean 类，在类中定义 3 个私有成员变量，并定义它们的 setXxx() 方法和 getXxx()方法。注意在 JavaBean 类中，定义带参数的构造方法时，一定要重写不带参数的构造方法，否则会出错。

step 02 在 JSP 页面中，介绍<c:set>的 4 种用法。(源代码\ch13\WebRoot\set.jsp)

```
<%@ page language="java" import="java.util.*" pageEncoding="utf-8"%>
<%@ taglib uri="http://java.sun.com/jsp/jstl/core" prefix="c"%>
<!DOCTYPE HTML PUBLIC "-//W3C//DTD HTML 4.01 Transitional//EN">
<html>
  <head>
    <title>${"<c:set>标签的使用"}</title>
    <meta http-equiv="pragma" content="no-cache">
    <meta http-equiv="cache-control" content="no-cache">
    <meta http-equiv="expires" content="0">
    <meta http-equiv="keywords" content="keyword1,keyword2,keyword3">
    <meta http-equiv="description" content="This is my page">
  </head>
  <body>
      第一种用法<br>
      <c:set value="标签实例" var="name" scope="page"/>
          name = <c:out value="${name}"/><br>
      第二种用法<br>
      <c:set var="name" scope="page">
          标签实例
```

```
        </c:set>
            name = <c:out value="${name}"/><br>
        第三种用法<br>
        <jsp:useBean class="jstl.Person" id="person" scope="page"/>
        <c:set target="${person}" property="sex" value="女"/>
        sex = <c:out value="${person.sex}"/><br>
        第四种用法<br>
        <c:set target="${person}" property="sex">
            男
        </c:set>
        sex = <c:out value="${person.sex}"/><br>
    </body>
</html>
```

【案例剖析】

在本案例中，使用<taglib>标签导入 JSTL 的核心标签库 core，然后使用<c:set>标签设置变量的值。在使用 target 属性指定目标对象时，首先需要使用<jsp:useBean>创建 JavaBean 类的对象；其次使用 EL 表达式在 target 属性中输出目标对象。设置变量或属性的值后，使用<c:out>标签输出变量或属性的值。

【运行项目】

部署 Web 项目，启动 Tomcat。在浏览器的地址栏中输入"http://127.0.0.1:8888/ch13/set.jsp"，运行结果如图 13-5 所示。

图 13-5 <c:set>标签的使用

13.3.3 <c:remove>标签

<c:remove>标签与<c:set>标签功能正好相反。<c:remove>标签的功能是删除<c:set>标签中设置的变量，即删除 JSP 指定范围内的变量。<c:remove>变量的语法格式如下：

```
<c:remove var="变量名" scope="作用范围">
```

参数说明如下。

(1) var：指定要移除变量的名称。

(2) scope：指定要移除变量的作用范围，其值可以是 page、request、session 或 application。

【例 13-3】<c:remove>标签的使用。(源代码\ch13\WebRoot\remove.jsp)

```
<%@ page language="java" import="java.util.*" pageEncoding="utf-8"%>
<%@ taglib uri="http://java.sun.com/jsp/jstl/core" prefix="c"%>
```

```html
<!DOCTYPE HTML PUBLIC "-//W3C//DTD HTML 4.01 Transitional//EN">
<html>
  <head>
    <title>${"<c:remove>标签的使用"} </title>
    <meta http-equiv="pragma" content="no-cache">
    <meta http-equiv="cache-control" content="no-cache">
    <meta http-equiv="expires" content="0">
    <meta http-equiv="keywords" content="keyword1,keyword2,keyword3">
    <meta http-equiv="description" content="This is my page">
  </head>
  <body>
     变量message 移除前：<br>
     <c:set var="message" value="移除对象" scope="page"/>
     message = <c:out value="${message}"/><br>
         变量message 移除后：<br>
     <c:remove var="message" scope="page"/>
     message = <c:out value="${message}" default="空"/><br>
  </body>
</html>
```

部署 Web 项目，启动 Tomcat。在浏览器的地址栏中输入"http://127.0.0.1:8888/ch13/remove.jsp"，运行结果如图 13-6 所示。

图 13-6　<c:remove>标签的使用

【案例剖析】

在本案例中，首先使用<taglib>标签导入 JSTL 的核心标签库 core，然后通过<c:set>标签设置变量 message 的值，再通过<c:out>输出变量的值，最后通过<c:remove>标签移除变量 message 的值。通过<c:out>输出移除前变量 message 的值和移除后变量 message 的值，并通过 default 属性设置当 message 是 null 时要显示的值。

13.3.4　<c:catch>标签

<c:catch>标签用于捕获 JSP 页面中出现的异常，与 Java 语言中的 try...catch 语句类似。该标签的语法格式如下：

```
<c:catch var="变量名">
    可能存在异常的代码
</c:catch>
```

var：可选属性，用于存放异常信息的变量。

【例 13-4】<c:catch>变量的使用。(源代码\ch13\WebRoot\catch.jsp)

```jsp
<%@ page language="java" import="java.util.*" pageEncoding="utf-8"%>
<%@ taglib uri="http://java.sun.com/jsp/jstl/core" prefix="c"%>
<!DOCTYPE HTML PUBLIC "-//W3C//DTD HTML 4.01 Transitional//EN">
<html>
  <head>
    <title>${"<c:catch>标签的使用"}</title>
    <meta http-equiv="pragma" content="no-cache">
    <meta http-equiv="cache-control" content="no-cache">
    <meta http-equiv="expires" content="0">
    <meta http-equiv="keywords" content="keyword1,keyword2,keyword3">
    <meta http-equiv="description" content="This is my page">
  </head>
  <body>
    <c:catch var = "message">
    <%=6/0 %>
    </c:catch>
        错误信息：<br>
    <c:out value="${message}"/>
     <br>
  </body>
</html>
```

部署 Web 项目，启动 Tomcat。在浏览器的地址栏中输入"http://127.0.0.1:8888/ch13/catch.jsp"，运行结果如图 13-7 所示。

图 13-7 <c:catch>标签的使用

【案例剖析】

在本案例中，使用<c:catch>标签捕获代码"6/0"发出的异常，并将异常信息放到变量 message 中，再通过<c:out>标签输出变量 message 的值。

13.4 流程控制标签

JSTL 的核心标签中有 4 个流程控制标签，分别是<c:if>标签、<c:choose>标签、<c:when>标签和<c:otherwise>标签。

13.4.1 <c:if>标签

<c:if>标签与 Java 语言中的 if 语句功能一样，用来进行条件判断。只不过该标签没有 else

标签，而是提供了<c:choose>、<c:when>和<c:otherwise>标签，来实现 if else 的功能。

<c:if>标签的语法格式如下：

```
<c:if test="判断条件" var="变量名" scope="作用范围">
         标签体
</c:if>
```

参数说明如下。

(1) test：必选属性，用于指定判断条件。可以是 EL 表达式。

(2) var：指定变量名称，用于存放判断的结果，该值是一个 Boolean 类型。

(3) scope：指定存放判断结果变量的作用范围。

【例 13-5】<c:if>语句的使用。(源代码\ch13\WebRoot\if.jsp)

```
<%@ page language="java" import="java.util.*" pageEncoding="utf-8"%>
<%@ taglib uri="http://java.sun.com/jsp/jstl/core" prefix="c"%>
<!DOCTYPE HTML PUBLIC "-//W3C//DTD HTML 4.01 Transitional//EN">
<html>
  <head>
    <title>${"<c:if>标签的使用"}</title>
    <meta http-equiv="pragma" content="no-cache">
    <meta http-equiv="cache-control" content="no-cache">
    <meta http-equiv="expires" content="0">
    <meta http-equiv="keywords" content="keyword1,keyword2,keyword3">
    <meta http-equiv="description" content="This is my page">
  </head>
  <body>
     <c:set var="message" value="if 标签的使用"/>
     <c:if test="${message.equals('if 标签的使用')}">
         message = <c:out value="${message}"/>
     </c:if>
     <c:if test="${message.equals('')}">
         message = <c:out value="${message}"/>
     </c:if>
  </body>
</html>
```

部署 Web 项目，启动 Tomcat。在浏览器的地址栏中输入"http://127.0.0.1:8888/ch13/if.jsp"，运行结果如图 13-8 所示。

图 13-8 <c:if>标签的使用

【案例剖析】

在本案例中，通过<c:set>标签设置变量 message 的值，通过<c:if>标签中 test 属性判断

message 的值是否等于指定的值，若相等则执行<c:if>标签体，否则不执行标签体。

13.4.2 <c:choose>标签

<c:choose>标签是<c:when>标签和<c:otherwise>标签的父标签，该标签没有任何属性。<c:choose>标签体中除了空白字符外，只能包含<c:when>和<c:otherwise>标签。

<c:choose>标签的语法格式如下：

```
<c:choose>
    标签体
</c:choose>
```

13.4.3 <c:when>标签

<c:when>标签是<c:choose>标签的子标签，可以有多个<c:when>标签，用于处理不同的业务逻辑，与 JSP 中 when 功能一样。<c:when>标签的语法格式如下：

```
<c:when test="判断条件">
    标签体
</c:when>
```

test：必选属性，条件表达式，用于判断条件是否成立，可以是 EL 表达式。

13.4.4 <c:otherwise>标签

<c:otherwise>标签页是<c:choose>标签的子标签，用于定义<c:choose>标签中默认条件下的逻辑处理。<c:choose>标签中有多个<c:when>标签和 1 个<c:otherwise>标签。如果<c:choose>标签中所有<c:when>标签都不满足条件，则执行<c:otherwise>标签中的内容。

<c:otherwise>标签的语法格式如下：

```
<c:otherwise>
    标签体
</c:when>
```

【例 13-6】<c:choose>父标签与<c:when>、<c:otherwise>子标签的使用。(源代码\ch13\WebRoot\choose.jsp)

```
<%@ page language="java" import="java.util.*" pageEncoding="utf-8"%>
<%@ taglib uri="http://java.sun.com/jsp/jstl/core" prefix="c"%>
<!DOCTYPE HTML PUBLIC "-//W3C//DTD HTML 4.01 Transitional//EN">
<html>
  <head>
    <title>${"<c:choose>标签的使用"}</title>
    <meta http-equiv="pragma" content="no-cache">
    <meta http-equiv="cache-control" content="no-cache">
    <meta http-equiv="expires" content="0">
    <meta http-equiv="keywords" content="keyword1,keyword2,keyword3">
    <meta http-equiv="description" content="This is my page">
  </head>
```

```
<body>
  <c:set var="day" value="4" scope="page"/>
  今天是:
  <c:choose>
      <c:when test="${day==1}">星期一</c:when>
      <c:when test="${day==2}">星期二</c:when>
      <c:when test="${day==3}">星期三</c:when>
      <c:when test="${day==4}">星期四</c:when>
      <c:when test="${day==5}">星期五</c:when>
      <c:when test="${day==6}">星期六</c:when>
      <c:when test="${day==7}">星期日</c:when>
      <c:otherwise>错误天数!</c:otherwise>
  </c:choose>
</body>
</html>
```

部署 Web 项目，启动 Tomcat。在浏览器的地址栏中输入"http://127.0.0.1:8888/ch13/choose.jsp"，运行结果如图 13-9 所示。

图 13-9 <c:choose>标签的使用

【案例剖析】

在本案例中，使用<c:choose>作为父标签，在父标签中嵌套<c:when>和<c:otherwise>子标签。首先使用<c:set>标签设置变量 day 并赋值为 4，通过<c:when>标签中的 test 属性判断 day 的值，当 day 的值是 4 时，执行相应的<c:when>标签体，并通过<c:out>标签显示星期四。

注意
　　<c:choose>标签中至少包含 1 个<c:when>标签；而<c:otherwise>标签可以不包含，也可以包含 1 个；如果包含<c:otherwise>标签，则必须将该标签放在所有<c:when>标签之后。

13.5 循 环 标 签

JSTL 的核心标签中有 2 个循环标签，分别是<c:forEach>标签和<c:forTokens>标签。下面主要介绍循环标签的使用。

13.5.1 <c:forEach>标签

<c:forEach>标签是一个迭代标签，主要用于循环的控制，可以循环遍历集合或数组中的

所有或部分数据。一般在 JSP 页面中会使用<c:forEach>标签来显示在数据库中获取的数据，这样不仅可以解决 JSP 的页面混乱问题，同时也提高了代码的可维护性。

<c:forEach>标签有以下两种语法格式。

(1) 循环遍历集合：

```
<c:forEach [var="当前对象"] items="集合对象" [varStatus="status"]
[begin="begin"] [end="end"] [step="step"]>
        循环体
</c:forEach>
```

参数说明如下。

① items：必选属性，指定要循环遍历的对象，一般是数组和集合类的对象。

② var：可选属性，指定循环体的变量名，即用于存储 items 指定对象的成员。

③ varStatus：可选属性，指定循环的状态变量，有 index(循环的索引值从 0 开始)、count(循环的索引值从 1 开始)、first(是否是第一次循环)和 last(是否是最后一次循环)4 个属性值。

④ begin：可选属性，指定循环变量的起始位置。

⑤ end：可选属性，指定循环变量的终止位置。

⑥ step：可选属性，指定循环的步长，可以使用 EL 表达式。

【例 13-7】使用<c:forEach>标签，循环遍历集合元素。(源代码\ch13\WebRoot\list.jsp)

```
<%@ page language="java" import="java.util.*" pageEncoding="utf-8"%>
<%@ taglib uri="http://java.sun.com/jsp/jstl/core" prefix="c"%>
<!DOCTYPE HTML PUBLIC "-//W3C//DTD HTML 4.01 Transitional//EN">
<html>
  <head>
    <title>${"<c:forEach>标签的使用"}</title>
    <meta http-equiv="pragma" content="no-cache">
    <meta http-equiv="cache-control" content="no-cache">
    <meta http-equiv="expires" content="0">
    <meta http-equiv="keywords" content="keyword1,keyword2,keyword3">
    <meta http-equiv="description" content="This is my page">
  </head>
  <body>
    <%
    ArrayList<String> list = new ArrayList<String>();
    list.add("汉乐府·《长歌行》");
    list.add("百川东到海,");
    list.add("何时复西归？");
    list.add("少壮不努力,");
    list.add("老大徒伤悲。");
    request.setAttribute("list", list);
    %>
    <c:forEach var="li" items="${list}">
    <c:out value="${li}"/><br>
    </c:forEach>
  </body>
</html>
```

部署 Web 项目，启动 Tomcat。在浏览器的地址栏中输入 "http://127.0.0.1:8888/ch13/list.jsp"，

运行结果如图 13-10 所示。

图 13-10 <c:forEach>标签的使用

【案例剖析】

在本案例中，创建 ArrayList 集合的对象 list，并向集合对象 list 中添加 String 类型的对象，然后将 list 添加到 request 对象中。在<c:forEach>标签中，通过 EL 表达式对 items 属性指定集合 list，然后通过 var 属性指定循环体的变量 li，在循环体中通过<c:out>标签输出集合中变量 li 的值。

(2) 使用循环变量，指定开始和结束值：

```
<c:forEach [var="当前对象"] items="集合对象" [varStatus="status"] begin="begin"
end="end" [step="step"]>
        循环体
</c:forEach>
```

参数说明如下。

① items：必选属性，指定要循环遍历的对象，一般是数组和集合类的对象。

② var：可选属性，指定循环体的变量名，即用于存储 items 指定对象的成员。

③ varStatus：可选属性，指定循环的状态变量，有 index(循环的索引值从 0 开始)、count(循环的索引值从 1 开始)、first(是否是第一次循环)和 last(是否是最后一次循环)4 个属性值。

④ begin：必选属性，指定循环变量的起始位置。

⑤ end：必选属性，指定循环变量的终止位置。

⑥ step：可选属性，指定循环的步长，可以使用 EL 表达式。

【例 13-8】使用<c:forEach>标签，指定开始和结束索引，并遍历集合元素。(源代码\ch13\WebRoot\list2.jsp)

```
<%@ page language="java" import="java.util.*" pageEncoding="utf-8"%>
<%@ taglib uri="http://java.sun.com/jsp/jstl/core" prefix="c"%>
<!DOCTYPE HTML PUBLIC "-//W3C//DTD HTML 4.01 Transitional//EN">
<html>
  <head>
    <title>${"<c:forEach>标签的使用"}</title>
    <meta http-equiv="pragma" content="no-cache">
    <meta http-equiv="cache-control" content="no-cache">
    <meta http-equiv="expires" content="0">
    <meta http-equiv="keywords" content="keyword1,keyword2,keyword3">
    <meta http-equiv="description" content="This is my page">
  </head>
    <body>
```

```
    <%
    ArrayList list = new ArrayList();
    for(int i=1;i<20;i++){
        list.add(i*2);
    }
    request.setAttribute("list", list);
    %>
    <c:forEach var="li" items="${list}" begin="1" end="18" step="3">
    <c:out value="${li}"/>
    </c:forEach>
  </body>
</html>
```

部署 Web 项目，启动 Tomcat。在浏览器的地址栏中输入"http://127.0.0.1:8888/ch13/list2.jsp"，运行结果如图 13-11 所示。

图 13-11 用<c:forEach>标签设置开始和结束索引

【案例剖析】

在本案例中，通过<c:forEach>标签循环遍历集合 list 中索引从 1 到 18 的部分元素，step 值是 3 表示每次循环索引值加 3。通过<c:forEach>标签中 begin 属性和 end 属性指定循环开始索引 1 和结束索引 18，并在标签体中通过<c:out>标签输出变量 li 的值。

13.5.2 <c:forTokens>标签

<c:forTokens>标签是 JSTL 核心标签库中的另一个迭代标签，用来对一个字符串进行迭代循环。该字符串是通过分隔符分开的，根据字符串被分隔的数量确定循环的次数。<c:forTokens>标签的语法格式如下：

```
<c:forTokens items="string" delims="分隔符" [var="变量"] [varStatus="status"]
[begin="begin"] [end="end"] step="step">
循环体
</c:forTokens >
```

参数说明如下。

(1) items：必选属性，要循环的字符串对象。

(2) delims：必选属性，分隔字符串的分隔符，可以有多个分隔符。

(3) var：可选属性，指定循环体的变量名，即用于保存分隔后的字符串。

(4) varStatus：可选属性，指定循环的状态变量，有 index(循环的索引值从 0 开始)、count(循环的索引值从 1 开始)、first(是否是第一次循环)和 last(是否是最后一次循环)4 个属性值。

(5) begin：可选属性，指定循环变量的起始位置，从 0 开始。
(6) end：可选属性，指定循环变量的终止位置。
(7) step：可选属性，指定循环的步长，默认值是 1。

【例 13-9】使用<c:forTokens >标签循环遍历字符串。(源代码\ch13\WebRoot\fortokens.jsp)

```
<%@ page language="java" import="java.util.*" pageEncoding="utf-8"%>
<%@ taglib uri="http://java.sun.com/jsp/jstl/core" prefix="c"%>
<!DOCTYPE HTML PUBLIC "-//W3C//DTD HTML 4.01 Transitional//EN">
<html>
  <head>
    <title>${"<c:forTokens>标签的使用"}</title>
    <meta http-equiv="pragma" content="no-cache">
    <meta http-equiv="cache-control" content="no-cache">
    <meta http-equiv="expires" content="0">
    <meta http-equiv="keywords" content="keyword1,keyword2,keyword3">
    <meta http-equiv="description" content="This is my page">
  </head>
  <body>
  <%
    String mess = "秦时明月汉时关，万里长征人未还。但使龙城飞将在，不教胡马渡阴山。";
      request.setAttribute("message", mess);
  %>
  <c:forTokens items="${message}" delims=",。" var="m">
    <c:out value="${m}"/><br>
  </c:forTokens>
  </body>
</html>
```

部署 Web 项目，启动 Tomcat。在浏览器的地址栏中输入 "http://127.0.0.1:8888/ch13/foreach.jsp"，运行结果如图 13-12 所示。

图 13-12 <c:forTokens>标签的使用

【案例剖析】

在本案例中，定义字符串 mess，并通过 request 对象的 setAttribute()方法存储变量 mess。通过<c:forTokens>标签，使用 EL 表达式将变量字符串变量 message 赋值给 items 属性，通过 delims 属性中指定的分隔符(逗号和句号)分隔字符串。在标签体中通过<c:out>标签和<c:forTokens>标签中 var 属性指定的变量，来输出分隔后的字符串。

13.6 URL 操作标签

JSTL 的核心标签中有 4 个 URL 操作标签，分别是<c:import>标签、<c:url>标签、<c:redirect>标签和<c:param>标签。

13.6.1 <c:import>标签

<c:import>标签用于将动态或静态的文件包含到当前的 JSP 页面，其与 JSP 的动作指令<jsp:include>类似，不同的是<jsp:include>只可以包含当前 Web 项目中的文件，而<c:import>可以包含当前 Web 项目中的文件和其他 Web 项目中的文件。

<c:import>标签的语法格式有两种。第一种语法格式如下：

```
<c:import url="url" [context="context"] [var="name"] [scope="作用范围"]
[charEncoding="字符编码"]>
标签体
</c:import>
```

参数说明如下：

(1) url：必选属性，要包含文件的路径。

(2) context：上下文路径，用于访问同一个服务器中的 Web 应用，其值以"/"开头，如果该属性不是空，那么 url 属性的值也必须以"/"开头。

(3) var：指定变量名称。

(4) scope：指定变量的作用范围，有 page、request、session 和 application 这 4 个值。

(5) charEncoding：指定被导入文件的编码格式。

第二种语法格式如下：

```
<c:import url="url" [context="context"] varReader="name" [charEncoding="字符编码"]>
标签体
</c:import>
```

参数说明如下。

(1) url：必选属性，要包含文件的路径。

(2) context：上下文路径，用于访问同一个服务器中的 Web 应用，其值以"/"开头，如果该属性不是空，那么 url 属性的值也必须以"/"开头。

(3) varReader：指定变量名，用于以 Reader 类型存储被包含的文件内容。

(4) charEncoding：指定被导入文件的编码格式。

Reader 类型的对象只能在<c:import>标签开始和结束标签之间使用。

【例 13-10】使用<c:import>标签导入当前 Web 项目中的文件。

step 01 创建 Web 项目下要导入的文件。(源代码\ch13\WebRoot\test.txt)

```
<center>
使用<c:import>标签,被包含的文件
</center>
```

step 02 创建导入文件 JSP。(源代码\ch13\WebRoot\import.jsp)

```
<%@ page language="java" import="java.util.*" pageEncoding="utf-8"%>
<%@ taglib uri="http://java.sun.com/jsp/jstl/core" prefix="c"%>
<!DOCTYPE HTML PUBLIC "-//W3C//DTD HTML 4.01 Transitional//EN">
<html>
  <head>
    <title>${"<c:import>标签的使用"}</title>
    <meta http-equiv="pragma" content="no-cache">
    <meta http-equiv="cache-control" content="no-cache">
    <meta http-equiv="expires" content="0">
    <meta http-equiv="keywords" content="keyword1,keyword2,keyword3">
    <meta http-equiv="description" content="This is my page">
  </head>
  <body>
    <c:import url="test.txt" var="file" charEncoding="utf-8"/>
    <c:out value="${file }"/>
  </body>
</html>
```

部署 Web 项目,启动 Tomcat。在浏览器的地址栏中输入"http://127.0.0.1:8888/ch13/import.jsp",运行结果如图 13-13 所示。

图 13-13 <c:import>标签的使用

【案例剖析】

在本案例中,首先定义要导入的文件 test.txt,然后创建导入文件的 JSP 页面。在 JSP 页面中使用<c:import>标签的 url 属性指定要包含的 text.txt 文件位置,并指定文件的编码格式是 utf-8。在标签体中通过<c:out>标签输出包含文件的内容。

13.6.2 <c:param>标签

<c:param>标签主要是用于传递参数,可以向页面传递一个参数,也可以与其他标签组合实现动态参数的传递。该标签的语法格式如下:

```
<c:param name="参数名" value="参数值"/>
```

参数说明如下:

(1) name:指定要传递的参数的名称。
(2) value:指定要传递参数的值。

13.6.3 <c:url>标签

<c:url>标签主要用来产生一个字符串 URL,这个字符串 URL 可以作为超链接标记<a>的地址,或作为重定向与网页转发的 URL 等。

<c:url>标签有两种使用方式,它们的语法格式如下。

(1) 仅生成一个 URL 地址:

```
<c:url value="地址" [var="name"] [context="context"] [scope="作用范围"] />
```

(2) 生成一个带参数的 URL:

```
<c:url value="地址" [var="name"] [context="context"] [scope="作用范围"]>
      <c:param />
</c:url>
```

参数说明如下。

(1) value:要处理的 URL,可以使用 EL 表达式。
(2) context:上下文路径,用于访问同一个服务器中的 Web 应用,其值以"/"开头,如果该属性不是空,那么 url 属性的值也必须以"/"开头。
(3) var:变量名称,保存新生成的 URL 字符串。
(4) scope:变量的作用范围。

【例 13-11】<c:url>标签的使用。(源代码\ch13\WebRoot\url.jsp)

```
<%@ page language="java" import="java.util.*" pageEncoding="utf-8"%>
<%@ taglib uri="http://java.sun.com/jsp/jstl/core" prefix="c"%>
<!DOCTYPE HTML PUBLIC "-//W3C//DTD HTML 4.01 Transitional//EN">
<html>
  <head>
    <title>${"<c:url>标签的使用"}</title>
  </head>
  <body>
   <c:url value="http://www.baidu.com" var="address" scope="request"/>
         生成不带参数的 URL:<br>
   <c:out value="${requestScope.address}"/><br>

   <c:url value="http://www.baidu.com" var="address" scope="session">
   <c:param value="message" name="m"/>
   </c:url>
   生成的带参数的 URL:<br>
   <c:out value="${sessionScope.address}" /><br>

   <a href="${requestScope.address}">不带参数</a><br>

   <a href="${sessionScope.address}">带参数</a><br>
  </body>
</html>
```

部署 Web 项目,启动 Tomcat。在浏览器的地址栏中输入"http://127.0.0.1:8888/ch13/url.jsp",

运行结果如图 13-14 所示。

图 13-14 <c:url>标签的使用

【案例剖析】

在本案例中，通过使用<c:url>标签不带参数和带参数两种方式介绍<c:url>的使用。<c:url>标签生成的带参数和不带参数的 URL，作为超链接标记<a>的地址。到参数的 URL，使用<c:param>标签传递参数。这里生成的 URL 是百度的地址，因此单击带参数或不带参数的超链接都可以打开百度的网页，将鼠标移动到超链接上，可以看到它们的地址。

13.6.4 <c:redirect>标签

<c:redirect>标签的主要作用是将用户的请求从一个页面跳转到另一个页面，该标签的功能与 JSP 中 response 内置对象的跳转功能类似。

根据跳转地址是否存在参数，该标签有两种主要使用方法，它们的使用语法如下。

(1) 不带参数，跳转到另一页面：

```
<c:redirect url="地址" [context="context"]/>
```

(2) 带参数，跳转到另一页面。

```
<c:redirect url="地址" [context="context"]>
    <c:param />
</c:redirect>
```

参数说明如下。

① url：跳转页面的地址。

② <c:param/>：指定在页面跳转时需要传递的参数。

注意

这里<c:param>标签可以有多个，即可以传递多个参数。

【例 13-12】使用<c:redirect>标签，跳转到另一页面，并传递参数到该页面。

step 01 创建使用标签实现带参数跳转的页面。(源代码\ch13 \WebRoot\redirect.jsp)

```
<%@ page language="java" import="java.util.*" pageEncoding="utf-8"%>
<%@ taglib uri="http://java.sun.com/jsp/jstl/core" prefix="c"%>
<!DOCTYPE HTML PUBLIC "-//W3C//DTD HTML 4.01 Transitional//EN">
<html>
  <head>
```

```
    <title>${"<c:redirect>带参数跳转页面" }</title>
  </head>
  <body>
    <c:redirect url="param.jsp">
     <c:param name="message" value="页面间的param传递！"/>
    </c:redirect>
  </body>
</html>
```

【案例剖析】

在本案例中，通过<c:redirect>标签进行页面跳转，通过它的 url 属性指定要跳转到的页面，并使用<c:param>标签进行参数传递。

step 02 创建跳转到的页面，并获取传递的参数。(源代码\ch13 \WebRoot\param.jsp)

```
<%@ page language="java" import="java.util.*" pageEncoding="utf-8"%>
<!DOCTYPE HTML PUBLIC "-//W3C//DTD HTML 4.01 Transitional//EN">
<html>
  <head>
    <title>${"<c:redirect>带参数跳转页面" }</title>
  </head>
  <body>
    <%
      out.print("传递过来的参数值是：<br>");
      out.print(request.getParameter("message"));
    %>
  </body>
</html>
```

【案例剖析】

在本案例中，显示传递的参数，通过 request 对象的 getParameter()方法获取 message 参数的值，并在页面中显示。

【运行项目】

部署 Web 项目，启动 Tomcat。在浏览器的地址栏中输入"http://127.0.0.1:8888/ch13/redirect.jsp"，运行结果如图 13-15 所示。

图 13-15 <c:redirect>标签的使用

13.7 自定义标签

JSTL 自带标签的功能非常强大，但这些并不能完全满足实际开发的需要，因此本节主要介绍如何自定义标签库。

自定义标签一般包含 3 个步骤：第一，创建标签所对应的功能类；第二，编写标签的描述文件 tld，并将该文件放到项目的 WEB-INF 目录下；第三，在 JSP 页面中使用 taglib 指令调用自定义的标签。

13.7.1 创建功能类

要创建自定义的 JSP 标签，首先必须创建处理标签的 Java 类，它继承 SimpleTagSupport 类，并重写它的 doTag()方法，来开发一个最简单的自定义标签。

处理标签的 Java 类。(源代码\ch13\WebRoot\MyTag.java)

```java
package jstl;
import java.io.IOException;
import java.text.SimpleDateFormat;
import java.util.Date;
import javax.servlet.jsp.JspException;
import javax.servlet.jsp.JspWriter;
import javax.servlet.jsp.tagext.SimpleTagSupport;
public class MyTag extends SimpleTagSupport{
    public void doTag() throws JspException, IOException {
        JspWriter out = getJspContext().getOut();
        Date date = new Date(); //创建当前日期
        //格式化日期
        SimpleDateFormat sdf = new SimpleDateFormat("yyyy年MM月dd日 ");
        out.println(sdf.format(date)); //显示年月日
    }
}
```

【案例剖析】

在本案例中，定义实现 SimleTagSupport 类的类，并重写了它的 doTag()方法，在该方法中使用了 getJspContext()方法，来获取当前的 JspContext 对象，并通过 JspContext 对象的 getOut()方法获取 JspWriter 对象 out。创建 Date 类的对象 date，即当前系统时间。通过日期格式化类 SimpleDateFormat，创建该类的对象 sdf，并指定显示系统时间的格式。通过对象 sdf 提供的 format()方法，将当前系统时间按照指定的格式显示。

13.7.2 描述文件

创建描述标签的 tld 文件，并将该文件保存到 WEB-INF 文件夹中。(源代码\ch13\WebRoot\WEB-INF\defined.tld)

```xml
<?xml version="1.0" encoding="UTF-8"?>
<!DOCTYPE taglib PUBLIC "-//Sun Microsystems, Inc.//DTD JSP Tag Library 1.2//EN"
              "http://java.sun.com/dtd/web-jsptaglibrary_1_2.dtd">
<taglib>
 <tlib-version>1.0</tlib-version>
 <jsp-version>1.2</jsp-version>
 <short-name>showdatetag</short-name>
 <tag>
    <name>date</name>
```

```
      <tag-class>jstl.MyTag</tag-class>
      <body-content>empty</body-content>
    </tag>
</taglib>
```

【案例剖析】

在本案例中，定义 tld 描述标签的文件。在该文件中，<tlib-version>节点指明标签库的版本是 1.0；<jsp-version>节点指明该标签库要使用的 JSP 版本是 1.2，<short-name>节点是一个描述性名称，用于帮助理解自定义标签库。一对<tag></tag>节点，则描述标签库中的一个标签，其中<name>指定标签的名称为 date；<tag-class>指定标签处理类，即包名和类名；<body-content>指定标签有没有正文内容，这里是 empty，即在标签开始和结束之间不包含任何内容。在标签库中增加一个标签时，只需要添加一个<tag>节点即可。

13.7.3 调用标签

创建了标签功能类及标签描述文件后，在 JSP 文件中使用自定义的标签。(源代码\ch13\WebRoot\tag.jsp)

```
<%@ page language="java" import="java.util.*" pageEncoding="utf-8"%>
<%@ taglib prefix="mytag" uri="WEB-INF/defined.tld"%>
<html>
  <head>
    <title>自定义标签</title>
  </head>
  <body>
    <mytag:date />
  </body>
</html>
```

【案例剖析】

在本案例中，通过<%@ taglib %>指令引入自定义的标签，uri 属性指自定义标签描述文件的位置，prefix 属性指出自定义标签的前缀 mytag。在 JSP 页面中，使用<mytag:date>标签显示当前系统的时间。

【运行项目】

部署 Web 项目 ch13，启动 Tomcat。在浏览器的地址栏中输入 http://127.0.0.1:8888/ch13/tag.jsp，运行结果如图 13-16 所示。

图 13-16 自定义标签

13.8 大神解惑

小白：使用<c:set>标签的 target 属性如何设置目标对象？

大神：target 属性不可以直接指定 JavaBean 或集合，需要使用 EL 表达式或 JSP 脚本表达式指定真正的对象。例如：<jsp:useBean id="person" class="jstl.Person"/>，在<c:set>标签中的 target 属性值应该是 target="${person}"，而不是 target="person"。

小白：自定义标签需要注意哪些地方？

大神：自定义标签的描述文件必须以 tld 结尾，并放在当前项目的 WEB-INF 文件夹中。在 JSP 页面中使用标签时，通过<%@taglib %>导入即可，不需要在 web.xml 中配置标签的信息。

13.9 跟我学上机

练习 1：创建 JavaBean 类，在类中定义私有成员变量(用户名、性别、爱好、职业等)。在 JSP 页面中通过<c:set>标签设置类的属性值，并通过<c:out>标签显示属性设置的信息。

练习 2：创建 JSP 页面，根据用户输入的数字，使用流程控制标签实现对应颜色的输出。其中数字 1～7，分别对应赤、橙、黄、绿、青、蓝、紫。

练习 3：创建 JSP 页面，使用<c:forEach>标签实现 100 以内偶数的输出。

练习 4：创建 JSP 页面，使用标签实现页面跳转，并将姓名和密码以参数的形式传递到另一个页面。

13.8 本节课后

语法：相目<c:set>标签用target属性取值的设值。
大特：target 属性不用值直接写 JavaBean 或者...需要使用 EL 而选定现, ISP 例不存在
该标签名应后的报出。例如：<JspuseBean id="person" class="JulPerson"/>、<c:set var="名字" target="person" 值="某"属性="$person"/>、"即不能 target="person"。

本位：以立义不指定要发送到该目属性。

在本节里，结读者详细地介绍了 el 表达式、标签库使用方法、WEB-INF、WEB-INF等，以及几乎 JSP 到能的使用介绍了，如 JSTLcore 等基本标签。本节以 if、foreach、set 等为例讲 JSTLcore 标签。

12. 问答 习题

练习1：解释 JavaBean 是...怎么...最及...本...事...？
练习2：如何让 JSP <c:set>标签给变量使用值赋值？JavaBean 给...存值...某...身...何...及至...身...？
练习3：如何让 JSP 例问和 J取某元的值？JspUseBean 和标记版（JSP 例自）的基本概念的写...？
练习4：如何使用 JSTL、JSTL 的特殊、使用、什么好...？
练习5：问：问此题，请回忆本章所讲内容... 程序...解答...身...

第 14 章
异步交互式动态网页
——Ajax 技术

在传统的 Web 开发中，用户与服务器之间的交互方式非常单调，每一个操作都是用户通过提交表单向服务器提交数据，再由服务器将处理结果返回给客户机。这种单调的交互方式使人们开始怀念传统的桌面应用。而 Ajax 技术就可以构建出类似传统桌面应用程序的交互界面，从而丰富用户与服务器的交互方式。本章主要介绍使用 Ajax 技术实现网页的局部刷新。

本章要点(已掌握的在方框中打钩)

- ☐ 掌握 Ajax 工作原理。
- ☐ 掌握 Ajax 的核心对象的方法。
- ☐ 掌握 Ajax 的核心对象的属性。
- ☐ 掌握 Ajax 的核心对象的创建。
- ☐ 掌握 Ajax XHR 的 GET 请求。
- ☐ 掌握 Ajax XHR 的 POST 请求。
- ☐ 掌握 Ajax XHR 的 responseText 属性的响应。
- ☐ 掌握 Ajax XHR 的 responseXML 属性的响应。

14.1 Ajax 概述

Ajax 并不是一种全新的技术，它是已存在的各种技术的综合。使用 Ajax 技术开发 Web 项目，可以实现类似传统桌面应用程序的丰富界面，可以选择布局刷新页面，从而减小用户与服务器之间的通信量。

14.1.1 Ajax 简介

Ajax 全称 Asynchronous JavaScript And XML(异步 JavaScript 和 XML)，是一种 Web 应用程序客户机技术，是一种创建交互式网页应用的网页开发技术。Ajax 不是一种新的编程语言，它结合了 JavaScript、层叠样式表(Cascading Style Sheets，CSS)、HTML、XMLHttpRequest 对象和文档对象模型(Document Object Model，DOM)等多种技术。

运行在浏览器上的 Ajax 应用程序，可以在不重新加载整个页面的情况下，以一种异步的方式与 Web 服务器通信，并且只更新页面的一部分。这种异步交互的方式，使用户单击后，不必刷新页面也能获取新的数据。通过利用 Ajax 技术，可以提供丰富的、基于浏览器的用户体验。

Ajax 让开发者在浏览器端更新被显示的 HTML 内容而不必刷新页面。Google 的 Gmail 和 Outlook Express 就是 Ajax 技术的典型实例。而且，Ajax 可以用于任何客户端脚本语言中，如 JavaScript、Jscript 和 VBScript。

14.1.2 Ajax 工作原理

一般使用 HTML 语言和 CSS 样式表来实现页面信息的显示；通过浏览器的 XmlHttpRequest(Ajax 引擎)对象向服务器发送异步请求并接收服务器的响应数据，然后用 JavaScript 来操作 DOM，实现动态局部刷新。

14.1.3 Ajax 组成元素

Ajax 不是新的技术，而是 JavaScript、CSS、HTML 和 XMLHttpRequest 技术的集合。使用 Ajax 技术必须深入了解这些技术在 Ajax 中所起的作用，如表 14-1 所示。

表 14-1 Ajax 涉及的技术

技　术	作　用
JavaScript	JavaScript 是嵌入应用程序中的通用脚本语言。Web 浏览器中嵌入的 JavaScript 解释器，允许通过程序与浏览器进行交互。Ajax 应用程序是使用 JavaScript 编写的
CSS	CSS 是一种可重用的可视化样式。它提供了简单而又强大的方法，以一致的方式定义和使用可视化样式。在 Ajax 应用中，用户界面的样式可以通过 CSS 独立修改

续表

技　术	作　用
DOM	DOM 可以使用 JavaScript 操作的可编程对象，来展现出 Web 页面的结构。通过使用脚本修改 DOM，Ajax 应用程序可以在运行时改变用户界面，或者高效地重绘页面中的某个部分
XMLHttpRequest 对象	XMLHttpRequest 对象允许 Web 程序员从 Web 服务器获取数据。数据格式一般是 XML，但也支持任何基于文本的数据格式

Ajax 中使用的 CSS、DOM 和 JavaScript 技术很早就出现了，它们以前结合在一起称为动态 HTML，即 DHTML。Ajax 的核心技术是 JavaScript 语言中的 XmlHttpRequest 对象，Ajax 通过该对象实现与服务器端的通信。XmlHttpRequest 对象是在 Internet Explorer 5 中首次引入的，是一种支持异步请求的技术。即 XmlHttpRequest 对象可以使用 JavaScript 向服务器提出请求并处理响应，而不阻塞用户。

14.2　XMLHttpRequest 对象

Ajax 技术的核心是 XMLHttpRequest 对象(简称 XHR)。XMLHttpRequest 对象是浏览器的内置对象，主要作用是在后台与服务器之间实现通信，即交换数据。该对象主要用于网页的局部更新，而不是刷新整个页面。

14.2.1　XHR 对象简介

XMLHttpRequest 对象可以在不向服务器提交整个页面的情况下，实现网页的局部更新。当页面全部加载完后，客户端通过该对象向服务器请求数据，服务器接收数据并处理后，向客户端反馈数据。XMLHttpRequest 对象提供了对 HTTP 协议的完全访问，包括做出 POST 和 HEAD 请求以及普通的 GET 请求的能力。XMLHttpRequest 可以同步或异步返回 Web 服务器的响应，并且能以文本或者一个 DOM 文档形式返回内容。尽管名为 XMLHttpRequest，但它并不限于和 XML 文档一起使用；它可以接收任何形式的文本文档。XMLHttpRequest 对象是名为 Ajax 的 Web 应用程序架构的一项关键功能。

微软 Internet Explorer(IE) 5 中作为一个 ActiveX 对象形式引入了 XMLHttpRequest 对象。在认识到实现这一类型的价值及安全性特征之后，其他浏览器内也实现了 XMLHttpRequest 对象，而且微软在 IE 7 中把 XMLHttpRequest 实现为一个窗口对象属性。尽管它们的实现细节不同，但是所有浏览器的实现都具有类似的功能，并且实质上是相同方法。目前，W3C 组织正在努力进行 XMLHttpRequest 对象的标准化。

14.2.2　XHR 常用方法和属性

XMLHttpRequest 对象提供了各种属性、方法和事件，以便于脚本处理和控制 HTTP 请求与响应。

1. XHR 属性

XMLHttpRequest 对象提供了一系列属性，用于访问这个对象的具体参数。下面介绍该对象提供的这些属性。

1) readyState 属性

当 XMLHttpRequest 对象将一个 HTTP 请求发送到服务器端，经历若干种状态，直到请求被处理，然后由服务器端返回一个响应。XMLHttpRequest 对象通过 readyState 属性描述对象的当前状态，如表 14-2 所示。

表 14-2 readyState 属性值

readyState 取值	描述
0	请求未初始化；已经创建一个 XMLHttpRequest 对象，但没有初始化
1	服务器连接已建立；使用 open()方法建立到服务器的连接
2	请求已发送；已经通过 send()方法把一个请求发送到服务器端，但是还没有收到响应
3	请求处理中；接收到部分数据，数据还没接收完
4	请求已完成；响应已就绪

2) responseText 属性

该属性包含客户端接收到的服务器端的响应数据。当 readyState 值是 0、1 或 2 时，responseText 属性的值是一个空字符串。当 readyState 值是 3 时，responseText 属性中包含客户端还未完成的响应信息。当 readyState 值是 4 时，responseText 属性包含完整的响应信息。

3) responseXML 属性

该属性用于接收 XML 形式的响应数据。此时，Content-Type 头部指定 MIME 类型是 text/xml、application/xml 或以 +xml 结尾。若 Content-Type 头部不是这些类型，那么 responseXML 的值是 null。若 readyState 属性的值不是 4，那么 responseXML 属性的值是 null。

4) status 属性

status 属性描述了 HTTP 状态码，其类型为 short，如表 14-3 所示。当 readyState 属性的值是 3 或 4 时，status 属性才可以使用，否则发出一个异常。

表 14-3 HTTP 状态码

状态码	说明
200	ok
304	缓存
403	没有权限
404	not found
501	服务器级别错误

5) statusText 属性

statusText 属性描述了 HTTP 状态代码文本；当 readyState 值是 3 或 4 时，statusText 属性

才可以使用，否则发出一个异常。

2. XHR 方法

XMLHttpRequest 对象提供了各种方法，主要用于初始化和处理 HTTP 请求。下面介绍这些方法的使用。

1) 创建请求的方法

XHR 提供了用于创建请求的 open()方法，主要用来初始化一个 XMLHttpRequest 对象。其语法格式如下：

```
void open(String method,String url,Boolean async)
```

参数说明如下。

(1) method：必选参数，用于指定发送请求的 HTTP 方法。为了把数据发送到服务器，应该使用 POST 方法；为了从服务器端检索数据，应该使用 GET 方法。

(2) url：请求的地址，即文件在服务器上的位置。

(3) async：是否异步，true 表示异步，false 表示同步。

2) 发送请求的方法

XHR 提供了用于发送请求到服务器端的 send()方法。在通过调用 open()方法准备好一个请求后，且 readyState 属性的值是 1 时，调用 send()方法将该请求发送到服务器端；否则，XMLHttpRequest 对象将引发一个异常。该方法的语法格式如下：

```
void send(String body)
```

body：要发送的数据，仅用于 POST 请求。

3) 设置请求头的方法

XHR 提供了用于设置请求的头部信息的 setRequestHeader()方法。当 readyState 值是 1 时，用户可以在调用 open()方法后调用这个方法，否则将发生一个异常。该方法的语法格式如下：

```
void setRequestHeader(String header,String value)
```

参数说明如下。

(1) header：请求头的 key。

(2) value：请求头的 value。

4) 检索响应头部值的方法

XHR 提供了用于检索响应头部值的 getResponseHeader()方法，用于返回响应头中指定 header 对应的值。当 readyState 值是 3 或 4 时(即响应头部可用后)，调用该方法，否则该方法返回一个空字符串。该方法的语法格式如下：

```
String getResponseHeader(String header)
```

header：响应头的 key。

5) 获取所有响应头

XHR 提供了用于获取所有响应头的 getAllResponseHeaders()方法，该方法以一个字符串的形式，返回所有的响应头部(每一个头部占单独的一行)信息。如果 readyState 的值不是 3 或

4，则该方法返回 null。该方法的语法格式如下：

```
String getAllResponseHeaders()
```

6) 终止请求

XHR 提供了 abort()方法，用于终止与 XMLHttpRequest 对象的 HTTP 请求，从而把该对象复位到未初始化状态。该方法的语法格式如下：

```
void abort()
```

3. onreadystatechange 事件

无论 readyState 属性的值何时发生改变，XMLHttpRequest 对象都会激发一个 onreadystatechange 事件。XMLHttpRequest 对象中的 onreadystatechange 属性用于存储函数(或函数名)，当 readyState 属性改变时，就会调用该函数。

14.2.3 创建 XHR 对象

XMLHttpRequest 对象是 Ajax 技术的核心，现在流行的浏览器均支持 XMLHttpRequest 对象，而 IE5 和 IE6 则使用 ActiveXObject 对象。

1. 创建 XMLHttpRequest 对象

现在流行的浏览器(IE7+、Firefox、Chrome、Safari 及 Opera)均支持 XMLHttpRequest 对象。创建 XMLHttpRequest 对象的语法格式如下：

```
variable = new XMLHttpRequest();
```

2. 创建 ActiveXObject 对象

老版本的 Internet Explorer(IE5 和 IE6)使用 ActiveX 对象，创建 ActiveXObject 对象的基本语法格式如下：

```
variable=new ActiveXObject("Microsoft.XMLHTTP");
```

【例 14-1】创建 XMLHttpRequest 对象的通用代码如下。(源代码\ch14\WebRoot\index.jsp)

```
var xmlHttpReq;
if (window.XMLHttpRequest){
    //浏览器是 IE7+, Firefox, Chrome, Opera, Safari
    xmlHttpReq=new XMLHttpRequest();
 }else{
    //浏览器是 IE6, IE5
    xmlHttpReq=new ActiveXObject("Microsoft.XMLHTTP");
 }
```

【案例剖析】

在本案例中，首先通过 if 语句判断浏览器是否支持 XMLHttpRequest 对象，如果支持，则创建 XMLHttpRequest 对象；如果不支持，则创建 ActiveXObject 对象。

14.3 XHR 请求

XMLHttpRequest 对象一般通过 open()方法和 send()方法，用于向服务器发送数据。发送的请求大部分情况下 GET 和 POST 方式都可以，但是在以下情况下，要使用 POST 请求。
(1) 无法使用缓存文件，如更新服务器上的文件或数据库。
(2) 向服务器发送大量数据。
(3) 发送含有未知字符的用户输入时，POST 比 GET 更稳定和可靠。

14.3.1 GET 请求

XMLHttpRequest 对象可以使用 GET 方式向服务器提交数据，并通过 send()方法发送请求数据。使用 GET 方式提交数据时，可以在 url 中携带参数，但是由于 url 长度受限制，因此参数的个数有限。

【例 14-2】使用 GET 方式向服务器发送请求。

step 01 创建发送请求的页面。(源代码\ch14\WebRoot\get.jsp)

```jsp
<%@ page language="java" import="java.util.*" pageEncoding="utf-8"%>
<!DOCTYPE HTML PUBLIC "-//W3C//DTD HTML 4.01 Transitional//EN">
<html>
<head>
<title>XHR-GET 请求</title>
<script type="text/javascript">
    function GetXHR() {
        var xhr = null;
        //创建 XMLHttpRequest 对象
        if (XMLHttpRequest) {
            xhr = new XMLHttpRequest();
        } else {
            xhr = new ActiveXObject("Microsoft.XMLHTTP");
        }
        xhr.onreadystatechange = function() {
            //判断请求是否已经完成，获取 HTTP 请求的状态码
            if (xhr.readyState == 4 && xhr.status==200) {
                //将请求的响应数据在 myDiv 显示
                document.getElementById("myDiv").innerHTML = xhr.responseText
            }
        }
        xhr.open("POST", "show.jsp?message=Get request", true);
        xhr.send();
    }
</script>
</head>
<body>
    <input type="button" onclick="GetXHR()" value="Get 请求" />
<!-- 显示 get 请求的响应信息 -->
    <div id="myDiv"></div>
</body>
</html>
```

【案例剖析】

在本案例中，显示按钮，当单击按钮时调用 getXHR()函数。在该函数中，通过判断浏览器类型获取 XMLHttpRequest 对象。由于 readyState 属性的值发生了改变，因此 XMLHttpRequest 对象会激发一个 onreadystatechange 事件，并调用该事件定义的函数。在该函数中，判断请求是否完成以及 status 是否是 200，若是，则在名是 myDiv 的<div>标记处，显示请求返回数据。在 getXHR()函数中，是通过 open()方法向 show.jsp 页面发送 GET 请求的，并在 url 中带一个参数 message；再通过 send()方法发送请求数据。

step 02 创建处理请求的页面。(源代码\ch14\WebRoot\show.jsp)

```
<%@ page language="java" import="java.util.*" pageEncoding="utf-8"%>
<!DOCTYPE HTML PUBLIC "-//W3C//DTD HTML 4.01 Transitional//EN">
<html>
  <head>
    <title>响应数据</title>
  </head>
  <body>
    <hr>
    使用Ajax的请求方式：<%=request.getParameter("message") %>
  </body>
</html>
```

【案例剖析】

在本案例中，处理请求页面。在该页面中通过 request 对象提供的 getParameter()方法获取传递的参数 message 的值，并在该页面中显示。

【运行项目】

部署 Web 项目，启动 Tomcat。在浏览器的地址栏中输入"http://127.0.0.1:8888/ch14/get.jsp"，运行结果如图 14-1 所示。单击【Get 请求】按钮，运行结果如图 14-2 所示。

图 14-1　Get 请求

图 14-2　Get 请求响应数据

14.3.2　POST 请求

XMLHttpRequest 对象也可以使用 POST 方式向服务器提交数据，提交数据的参数个数不受限制。还可以提交 HTML 表单数据，只需要使用 setRequestHeader()方法添加 HTTP 头部信息即可，然后在 send()方法中，以字符串的形式发送请求的数据。

设置 setRequestHeader()方法的语法格式如下：

```
xmlhttp.setRequestHeader("Content-type", "application/x-www-form-urlencoded");
```

xmlhttp：XMLHttpRequest 的对象。

【例 14-3】 使用 POST 方式，提交 HTML 表单数据。

step 01 创建提交表单数据页面。(源代码\ch14\WebRoot\post.jsp)

```jsp
<%@ page language="java" import="java.util.*" pageEncoding="utf-8"%>
<html>
<head>
<title>XHR-POST 请求</title>
<script type="text/javascript">
    function loadXMLDoc() {
        var xmlhttp;
        if (window.XMLHttpRequest) {
            xmlhttp = new XMLHttpRequest();
        } else {
            xmlhttp = new ActiveXObject("Microsoft.XMLHTTP");
        }
        xmlhttp.onreadystatechange = function() {
            if (xmlhttp.readyState == 4 && xmlhttp.status == 200) {
                //服务器的返回数据，通过 XHR 对象的 responseText 属性获得
                document.getElementById("myDiv").innerHTML = xmlhttp.responseText;
            }
        }
        var n = document.getElementById("name").value;
        var s = document.getElementById("sex").value;
        xmlhttp.open("POST", "form.jsp", true);
        xmlhttp.setRequestHeader("Content-type", "application/x-www-form-
            urlencoded");
        xmlhttp.send("name="+n+"&sex="+s);
    }
    function loadName() {
        if(document.getElementById("name").value==""){
            document.getElementById("myName").innerHTML = "用户名不能为空！";
        }else{
            document.getElementById("myName").innerHTML = "";
        }
    }
</script>
</head>
<body>
    <form action="" method="post">
        姓名：<input id="name" id="name" type="text"
        onblur="loadName()"/><div id="myName"></div>
        性别：<input name="sex" type="radio" value="man" checked="checked"/> man
            <input name="sex" id="sex" type="radio" value="woman"/> woman <br>
            <input type="button" value="POST 请求" onclick="loadXMLDoc()"/>
    </form>
    <div id="myDiv"></div>
</body>
</html>
```

【案例剖析】

在本案例中，通过<input>标记的 type 属性设置文本框，用户输入姓名并通过 onblur 属性调用 loadName()函数，对用户名进行判断。通过<input>标记的 type 属性设置性别的单选按

钮。通过<input>标记的 type 属性设置按钮，当单击该按钮时，调用 loadXMLDoc()函数。

loadName()函数通过 document 提供的 getElementById()方法，获取输入用户名的文本框对象。获取该对象的值，并判断其值是否是空字符串，若是，则在页面中显示提示信息；否则，不显示。

loadXMLDoc()函数首先获取 XMLHttpRequest 的对象 xmlhttp。由于 readyState 属性的值发生改变，因此 XMLHttpRequest 对象激发一个 onreadystatechange 事件，并调用该事件的函数。在调用的函数中，判断请求是否完成以及 status 是否是 200，若是，则通过 XHR 对象的 responseText 属性获取服务器端的响应数据，并在页面中显示。在 loadXMLDoc()函数中通过 open()方法发送 POST 方式的请求，请求处理地址是 form.jsp，第三个参数是 true 表示异步处理；通过 XMLHttpRequest 对象的 setRequestHeader()方法设置 http 头部信息；并通过 send()方法发送请求的参数。

step 02 创建处理以 POST 方式提交的 Ajax 请求的页面。(源代码\ch14\WebRoot\form.jsp)

```jsp
<%@ page language="java" import="java.util.*" pageEncoding="utf-8"%>
<!DOCTYPE HTML PUBLIC "-//W3C//DTD HTML 4.01 Transitional//EN">
<%
    String name = request.getParameter("name");
    String sex = request.getParameter("sex");
%>
<html>
  <head>
    <title>表单数据</title>
  </head>
  <body>
    <hr>
    POST 请求提交的数据：<br>
    用户名：<%=new String(name.getBytes("iso-8859-1"),"utf-8") %><br>
    性别：<%=new String(sex.getBytes("iso-8859-1"),"utf-8") %><br>
  </body>
</html>
```

【案例剖析】

在本案例中，通过 request 对象获取用户输入的信息，并通过创建 String 对象进行编码转换。

【运行项目】

部署 Web 项目，启动 Tomcat。在浏览器的地址栏中输入"http://127.0.0.1:8888/ch14/post.jsp"，运行结果如图 14-3 所示。输入姓名并选择性别，单击【POST 请求】按钮，运行结果如图 14-4 所示。

图 14-3　POST 请求　　　　　　　　　　图 14-4　POST 请求响应数据

14.4 XHR 响应

XMLHttpRequest 对象一般使用 responseText 属性和 responseXML 属性，来获取服务器端的响应。responseText 属性以字符串形式返回 HTTP 响应，而 responseXML 以 XML 形式返回响应。responseXML 属性返回的是 XML 文档对象，可以使用 JavaScript 通过 DOM 的方式来解析该对象。

14.4.1 responseText 属性

使用 responseText 属性获取服务器端的响应数据是字符串的形式，该属性的使用语法如下：

```
document.getElementById("myDiv").innerHTML = xmlhttp.responseText;
```

  使用 responseText 属性返回服务器响应数据的例子，可参考 14.3 节 XHR 的请求。

14.4.2 responseXML 属性

使用 responseXML 属性，获取服务器端的响应数据是 XML 的形式。下面通过实例介绍该属性的使用。

【例 14-4】responseXML 属性返回服务器端 XML 形式的数据。

step 01 创建 xml 文件。(源代码\ch14\WebRoot\province.xml)

```xml
<?xml version="1.0" encoding="utf-8"?>
<Resume>
    <province id="1">
        <name>陕西</name>
    </province>
    <province id="2">
        <name>宁夏</name>
    </province>
    <province id="3">
        <name>甘肃</name>
    </province>
    <province id="4">
        <name>四川</name>
    </province>
    <province id="4">
        <name>重庆</name>
    </province>
    <province id="4">
        <name>贵州</name>
    </province>
    <province id="4">
```

```xml
            <name>广西</name>
        </province>
        <province id="4">
            <name>云南</name>
        </province>
        <province id="4">
            <name>西藏</name>
        </province>
        <province id="4">
            <name>青海</name>
        </province>
        <province id="4">
            <name>新疆</name>
        </province>
</Resume>
```

【案例剖析】

在本案例中,创建一个 XML 文件,在该文件中通过<province>节点,显示西部各个省份的名称。

step 02 显示服务器端返回的 XML 形式数据。(源代码\ch14\WebRoot\response.jsp)

```jsp
<%@ page language="java" import="java.util.*" pageEncoding="utf-8"%>
<html>
<head>
<script type="text/javascript">
    function loadXMLDoc() {
        var xmlhttp;
        var txt,x,i;
        if (window.XMLHttpRequest) {
            xmlhttp = new XMLHttpRequest();
        } else {
            xmlhttp = new ActiveXObject("Microsoft.XMLHTTP");
        }
        xmlhttp.onreadystatechange = function() {
            if (xmlhttp.readyState == 4 && xmlhttp.status == 200) {
                xmlDoc = xmlhttp.responseXML;//响应数据
                txt = "";
                x = xmlDoc.getElementsByTagName("name");
                for (i = 0; i < x.length; i++) {
                    txt = txt + x[i].childNodes[0].nodeValue + "<br/>";
                }
                document.getElementById("myDiv").innerHTML = txt;
            }
        }
        xmlhttp.open("GET", "province.xml", true);
        xmlhttp.send();
    }
</script>
</head>
<body>
<h4>中国省份:</h4>
<hr>
<div id="myDiv"></div>
```

```
<hr>
<button type="button" onclick="loadXMLDoc()">西部省份</button>
</body>
</html>
```

【案例剖析】

在本案例中,使用 GET 方式向 XML 文件发送请求,使用 XMLHttpRequest 对象提供的 open()方法发送请求,服务器端以 xml 形式响应数据。

使用 XMLHttpRequest 对象的 responseXML 属性,获取服务器端响应的数据,并存放到变量 xmlDoc 中。通过 xmlDoc 变量中的 XML,使用 DOM 提供的 getElementsByTagName()方法来获取指定元素的值。在 Web 页面中通过 HTML 语言中的 div 标记,显示返回的数据。

【运行项目】

部署 Web 项目 ch14,启动 Tomcat 服务器。在浏览器的地址栏中输入页面地址"http://127.0.0.1:8888/ch14/response.jsp",运行结果如图 14-5 所示。单击【西部省份】按钮,显示效果如图 14-6 所示。

图 14-5 GET 请求 XML 文件

图 14-6 XML 格式响应数据

14.5 大神解惑

小白:使用 XMLHttpRequest 对象的 open()方法,向服务器发送请求时,如何实现异步请求?

大神:使用 Ajax 的核心技术 XMLHttpRequest 对象实现异步请求,是通过 open()方法的第三个参数实现的，若该参数值是 true，则实现异步请求。这样使用 Ajax 技术发送异步请求时，就不用等待服务器的响应，而是在等待服务器响应时执行其他脚本，或当响应就绪后直接对响应进行处理。

小白：使用 Ajax 技术向服务器发送请求时，使用 GET 和 POST 的区别？

大神：使用 GET 请求时，参数在 URL 中显示；而使用 POST 方式时，则不会显示出来。使用 GET 请求发送数据量小，而 POST 请求发送的数据量大。

14.6 跟我学上机

练习 1：创建用户注册页面，注册信息包含用户名、密码、确认密码、性别等。当用户鼠标离开用户名、密码文本框时，若文本框内容是空，则提示"不能为空"。当用户鼠标离开确认密码文本框时，使用 Ajax 判断密码文本框和确认密码文本框中内容是否相同，不相同时，提示"两次输入密码不一致！"，相同则不提示信息。

练习 2：用户输入注册信息后，通过 XMLHttpRequest 对象在注册页面中显示用户的注册信息。

第 3 篇

框架应用

- 第 15 章　经典 MVC 框架技术——Struts 2 基础知识
- 第 16 章　技术更上一层楼——Struts 2 高级技术
- 第 17 章　数据持久化框架技术——Hibernate 4 技术
- 第 18 章　轻量级企业应用开发框架——Spring 4 技术
- 第 19 章　整合三大框架——Struts 2+Spring 4+Hibernate 4

第 15 章 经典 MVC 框架技术——Struts 2 基础知识

　　Struts 2 框架是在 Struts 1 和 WebWork 技术的基础上，进行合并的全新的 Struts 2 框架。Struts 2 以 WebWork 为核心，采用拦截器的机制来处理用户的请求。这样的设计使得业务逻辑控制器与 Servlet API 完全分离，所以 Struts 2 也可以理解为 WebWork 的更新产品。本章主要介绍 Struts 2 框架的基础知识、Struts 2 中的 Action 对象以及动态方法的调用等。

本章要点(已掌握的在方框中打钩)

- ☐ 掌握 Struts MVC 模式。
- ☐ 掌握 Struts 2 体系结构及基本配置。
- ☐ 掌握 Struts 2 的配置文件。
- ☐ 掌握 Struts 2 控制器 Action。
- ☐ 掌握 Struts 2 框架中动态方法的调用方式。
- ☐ 掌握使用 Map 类型变量存储信息。

15.1 Struts 2 概述

在 Web 应用开发中,实现 MVC 的框架非常多,常用的流行框架有 Struts、JSF 和 Spring MVC 等。到目前为止,Struts 框架已成为 Web 应用程序开发中 MVC 模式的标准。下面主要介绍使用 Struts 框架实现 MVC、Struts 框架的体系结构及基本配置。

15.1.1 Struts MVC 模式

MVC 全名 Model View Controller,是模型(Model)—视图(View)—控制器(Controller)的缩写,是一种用于将业务逻辑、数据和界面显示分离的方法。该模式是 20 世纪 80 年代为 Smaltalk 语言发展提出的,至今已经成为一种著名的设计模式。

Struts 框架是一个基于 MVC 设计模式的 Web 应用框架。Struts 框架主要有 Struts1.x 和 Struts 2.x 两个版本,它们都是遵循 MVC 设计理念的开源 Web 框架。

Struts 框架实现的 MVC 架构,各层结构功能如下。

1. 模型(Model)

模型层主要负责管理应用程序的数据,通过响应视图的请求和控制器的指令来更新数据。在 Web 应用程序中,一般使用 JavaBean 或 EJB 来实现系统的业务逻辑。在 Struts 框架中,模型层也是使用 JavaBean 或 EJB 实现的。

2. 视图(View)

视图层主要用于应用程序中处理数据的显示。在 Struts 框架中,视图层主要有 JSP 页面和 ActionForm 两部分。视图层是系统与用户交互的界面,用于接收用户的输入信息,并将处理后的数据显示给用户,但视图并不负责数据的实际处理。

JSP 页面是 MVC 模式中的主要视图组件,它承担了页面信息显示或控制器处理结果显示的功能。JavaBean 封装了用户提交的表单信息,在这些 JavaBean 中没有具体的业务逻辑,只提供了所有属性的 getter 和 setter 方法,这些属性与用户表单的输入项一一对应。在 Struts 框架中,通过使用 JavaForm 将用户输入的表单信息提交给控制器。

3. 控制器(Controller)

控制器主要负责接收用户的请求和数据,并判断应该将请求和数据交给哪个模型来处理以及处理后的请求和数据应该调用哪个视图来显示。控制器扮演的是调度者的角色,在 Web 应用程序中,一般是由 Servlet 实现控制器的作用。

ActionServlet 是 Struts 框架中的主要控制器,用来处理用户发送过来的所有请求。ActionServlet 接收到用户的请求后,根据配置文件 struts.xml 找到匹配的 URL,然后再将用户的请求发送给合适的控制器进行处理。

15.1.2 Struts 工作流程

Struts 2 框架是一个 MVC 模式的框架，Struts 2 的模型—视图—控制器模式是通过操作(Actions)、拦截器(Interceptors)、值栈(Value Stack)/OGNL、结果(Result)/结果类型和视图技术实现的。Struts 2 框架体系结构，如图 15-1 所示。

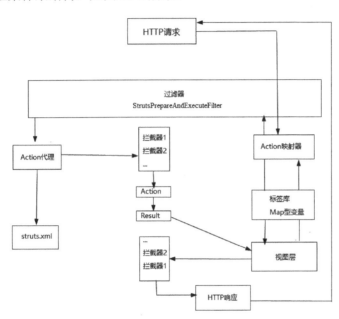

图 15-1　Struts 2 框架体系结构

根据图 15-1 中 Struts 2 框架的体系结构，Struts 2 框架中用户的请求执行流程如下。

(1) 当客户端发送一个 HTTP 请求时，需要通过过滤器拦截要处理的请求，这里需要在 web.xml 文件中配置 StrutsPrepareAndExecuteFilter 过滤器。

(2) 当 StrutsPrepareAndExecuteFilter 过滤器被调用时，Action 映射器查询对应的 Action 对象，然后返回 Action 对象的代理。Action 代理从配置文件中读取 Struts 2 框架的相关配置，然后经过一系列拦截器后，调用指定的 Action 对象。

(3) 当 Action 处理请求完成后，将响应的处理结果在视图层显示。在视图层通过 Map 类型的变量或 Struts 标签显示数据，最后将 HTTP 请求返回给浏览器，这个过程通过经历过滤器链。

15.1.3 Struts 基本配置

在 Web 应用程序开发中，使用 Struts 框架进行开发前，除了需要安装 JDK、Tomcat 和 MyEclipse 外，还需要在项目中配置 Struts 框架以及导入 Jar 包。具体操作步骤如下。

step 01 在 MyEclipse 中，右击，在弹出的快捷菜单中选择 New→Web Project 命令，如图 15-2 所示。

step 02 打开 New Web Project 对话框，输入 Project name 为 Struts，选择 Java version 是 1.8 版本，如图 15-3 所示。

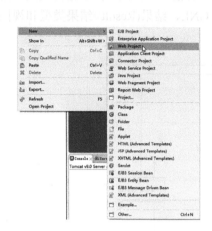

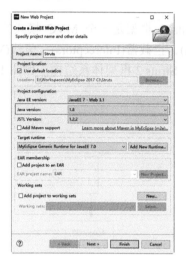

图 15-2 创建 Web 项目

图 15-3 New Web Project 对话框

step 03 单击 Finish 按钮，创建名是 Struts 的 Web 项目。

step 04 右击 Web 项目，在弹出的快捷菜单中选择 Configure Facets→Install Apache Struts(2.x) Facet 命令，如图 15-4 所示。

step 05 打开 Install Apache Struts(2.x) Facet 对话框，对 Struts 2 的 version 和 runtime 选择默认的选项，如图 15-5 所示。

图 15-4 配置 Struts

图 15-5 Install Apache Struts(2.x) Facet 对话框

step 06 单击 Next 按钮，配置 Struts 2 的 URL pattern，用于指定 Struts 2 框架要接收的请求后缀，这里有 3 个选项，分别是*.action、*.do 和/*，分别指接收后缀是 action、 do 和任何后缀形式的请求，如图 15-6 所示。

step 07 选择默认的*.action，单击 Finish 按钮，在 Web 项目中完成 Struts 2 的配置，同时 Struts 2 框架所需要的 jar 包也会自动导入，如图 15-7 所示。

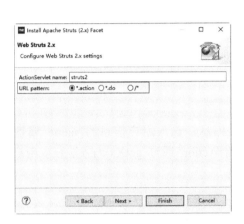

图 15-6　URL pattern 配置

图 15-7　Struts 的 jar 包

15.2　第一个 Struts 2 程序

Struts 2 框架是通过一个过滤器将 Struts 2 集成到 Web 应用程序中的，这个过滤器对象是 StrutsprepareAndExecuteFilter。Struts 2 框架通过过滤器对象，获取 Web 应用中的 Http 请求，并将 Http 请求转发到的指定 Action 进行处理，Action 根据处理结果返回给用户相应的页面。

构建一个简单 Struts 项目，需要创建与用户进行交互并获取输入信息的 JSP 页面；呈现最终信息的页面；创建一个用于业务逻辑处理的类；创建用于连接动作、视图及控制器的配置文件。

15.2.1　创建 JSP 页面

在 Web 项目中，创建输入信息的 JSP 页面，通过 form 表单的 action 属性值调用 Struts 框架中的 Action 对象，并最终呈现 success.jsp 信息页面。(源代码\ch15\Struts\WebRoot\index.jsp)

```
<%@ page language="java" import="java.util.*" pageEncoding="utf-8"%>
<!DOCTYPE HTML PUBLIC "-//W3C//DTD HTML 4.01 Transitional//EN">
<html>
<head>
<title>显示结果 </title>
```

```
</head>
<body>
    <center>
        <form action="messageAction.action" method="post">
            <table style="border: 0px ;margin-top: 50px;">
                <tr>
                    <td>
                        <input type="text" name="message" id="message" />
                    </td>
                    <td>
                         <input type="submit" value="提交" />
                    </td>
                </tr>
            </table>
        </form>
    </center>
</body>
</html>
```

【案例剖析】

在本案例中，使用 Form 表单提交用户的输入信息，输入用户信息的 name 属性值与 Action 对象中的属性必须一一对应，从而方便控制器 Action 通过 getXxx()方法获取用户的输入信息。

由于配置 Struts 2 时，选择过滤器拦截的地址后缀是*.action，因此在该页面的 form 表单中，action 属性的值指定处理 action 后必须加.action，即 userAction.action。

15.2.2 创建 Action

在 Struts 2 框架中，表单提交的数据会自动注入到实现 Action 接口类对象相应的属性中，这与 Spring 框架中的 IOC 注入原理相同。在实现 Action 接口的类中，一般通过 setter 方法为对象的属性进行注入。

Action 对象的作用是处理用户的请求，创建继承 ActionSupport 的类，用于处理用户提交的表单信息。(源代码\ch15\Struts\src\action\MessageAction.java)

```java
package action;
import java.util.Map;
import com.opensymphony.xwork2.ActionContext;
import com.opensymphony.xwork2.ActionSupport;
public class MessageAction extends ActionSupport {
    private String message;

    public String getMessage() {
        return message;
    }
    public void setMessage(String message) {
        this.message = message;
    }
    private Map session;
```

```java
@Override
public String execute() throws Exception {
    session= (Map)ActionContext.getContext().getSession();
    String str = "";
    if(message.equals("")||message==null){
        str = "输入信息不能为空！";
    }else{
        str = "信息不为空！";
    }
    if(str.equals("信息不为空！")){
        session.put("message",message);
        return "success";
    }else{
        return "failed";
    }
}
}
```

【案例剖析】

在本案例中，创建继承 ActionSupport 的类，用于处理用户的输入信息。在类中定义 String 类型的私有成员变量 message，并定义其 setter 和 getter 方法。在该类中通过 getMessage()方法，获取用户在 JSP 页面中输入的信息。声明 Map 类型的变量 session，通过 ActionContext 类提供的 getContext()方法获取 ActionContext 类的对象，再通过该对象调用 getSession()方法获取 Map 类型的变量 session，将用户输入的信息 message 保存到 session 中。

在该类中重写 execute()方法，通过 if 语句判断用户输入的信息是否是空字符串或 null，若是则 str 为"输入信息不能为空！"，否则执行 else 语句，str 是"信息不为空！"。通过 if 语句判断 str 的值，若其值是"信息不为空！"，则返回字符串 success，否则返回 failed。

15.2.3 struts.xml 文件

在 Struts.xml 配置文件中，配置用户请求 URL 和控制器 Action 之间的映射信息，并转发用户的请求。Struts.xml 文件的具体代码如下。(源代码\ch15\Struts\src\struts.xml)

```xml
<?xml version="1.0" encoding="UTF-8" ?>
<!DOCTYPE struts PUBLIC "-//Apache Software Foundation//DTD Struts Configuration 2.1//EN"
    "http://struts.apache.org/dtds/struts-2.1.dtd">
<struts>
 <package name="default" namespace="/" extends="struts-default">
    <action name="messageAction" class="action.MessageAction">
        <result name="success">/success.jsp</result>
        <result name="failed">/index.jsp</result>
    </action>
  </package>
</struts>
```

【案例剖析】

在本案例中，<action>节点没有指定 method 属性的值，则执行默认的方法，即 execute() 方法。根据 Action 类中 execute()方法的返回值，执行相应的<result>节点。若注册成功，则通过 success.jsp 页面返回注册信息；否则返回到注册页面。

<package>节点的 name 属性指定包的名称，在 Struts 2 的配置文件中不能重复，它并不是真正的包名，只是为了管理 Action。namespace 和<action>节点的 name 属性，决定 Action 的访问路径(以"/"开始)。<action>节点的 class 属性指定类的路径，包含包名和类名称，method 指定类中的方法。<result>节点的 name 属性默认值是 success。

配置文件说明如下。

(1) DOCTYPE(文档类型)，所有的 Struts 配置文件都需要有正确的 doctype。

(2) <struts>是根标记元素，在其下使用<package>标签声明不同的包。

(3) <package>标签允许配置的分离和模块化。在一个大项目中，可以通过该标签将项目分为多个不同的模块。例如，项目有 3 个域 business、customer 和 staff，可以创建 3 个包，并将相关的 Actions 存储到相应的包中。

<package>标签具有的属性如表 15-1 所示。

表 15-1 <package>标签属性

属性	描述
name	必选属性，为 package 的唯一标识
extends	指定 package 继承另一 package 的所有配置。通常情况下，struts-default 作为 package 的基础
abstract	定义 package 为抽象的。如果标记为 true，则 package 不能被最终用户使用
namespace	Actions 的唯一命名空间

(4) <action>标签对应要访问的每个 URL，即 Action 对象的映射。通过该标签指定 Action 对象请求地址以及处理后的映射页面。<action>标签的一些属性如表 15-2 所示。

表 15-2 <action>标签属性

属性	描述
name	配置 Action 对象被请求的 URL 映射
class	指定 Action 对象的类名，包含包名和类名
method	设置 Action 对象接收的请求，调用哪个方法
converter	指定 Action 对象类型转换器的类

注意
  method 的默认方法是 execute()，需要调用其他方法时通过该属性指定方法名即可。

(5) <result>标签是在执行操作后，返回到浏览器的内容，而从操作返回的字符串是该标签的名称。<result>标签按上述方式配置，或作为"全局"结果配置，可用于包中的每个操作。<result>标签有 name 和 type 属性可选，默认的 name 值是 success。

15.2.4 web.xml 文件

配置文件 web.xml 是一种 J2EE 配置文件，决定 Servlet 容器的 HTTP 元素需求如何进行处理。它严格来说不是一个 Struts 2 配置文件，但它是配置 Struts 2 框架的文件。

在 Struts1.x 中，Struts 框架是通过 Servlet 启动的，而在 Struts 2.x 中，Struts 框架则是通过 Filter 过滤器启动的。web.xml 文件的具体代码如下：

```
<?xml version="1.0" encoding="UTF-8"?>
<web-app xmlns:xsi=http://www.w3.org/2001/XMLSchema-instance
        xmlns="http://xmlns.jcp.org/xml/ns/javaee"
        xsi:schemaLocation="http://xmlns.jcp.org/xml/ns/javaee
        http://xmlns.jcp.org/xml/ns/javaee/web-app_3_1.xsd" version="3.1">
  <display-name>Struts</display-name>
  <filter>
    <filter-name>Struts 2</filter-name>
    <filter-class>org.apache.Struts 2.
dispatcher.ng.filter.StrutsPrepareAndExecuteFilter</filter-class>
  </filter>
  <filter-mapping>
    <filter-name>Struts 2</filter-name>
    <url-pattern>*.action</url-pattern>
  </filter-mapping>
</web-app>
```

【案例剖析】

在本案例中，该文件是 Struts 2 框架请求的接入点。在部署描述符(web.xml)中，Struts 2 应用程序的接入点是一个过滤器，因此在 web.xml 里定义一个 StrutsPrepareAndExecuteFilter 类的接入点。

过滤器<filter>节点中定义过滤器名称<filter-name>是 Struts 2，并通过<filter-class>指定 Struts 2 类的全限定名，即包名和类名。在<filter-mapping>节点中<filter-name>指定名称与之前定义的相同，并通过<url-pattern>节点指定过滤器要过滤的文件的后缀是*.action。

 在 StrutsPrepareAndExecuteFilter 类的 init()方法中，读取类路径下默认的配置文件 struts.xml，然后完成初始化操作。

15.2.5 显示信息

在 Struts.xml 配置文件中，配置了 Action 对象处理完成后，显示用户输入信息的页面 success.jsp。(源代码\ch15\Struts\WebRoot\success.jsp)

```
<%@ page language="java" import="java.util.*" pageEncoding="UTF-8"%>
<!DOCTYPE HTML PUBLIC "-//W3C//DTD HTML 4.01 Transitional//EN">
<html>
  <head>
    <title>显示结果</title>
  </head>
```

```
<body>
    输入信息: <br/>
    <%
        String str = (String)session.getAttribute("message");
        out.println("message = " + str + "<br/>");
    %>
</body>
</html>
```

【案例剖析】

在本案例中,通过 session 对象提供的 getAttribute()方法,获取存储的用户输入信息 message,并在页面中显示。

15.2.6　运行项目

部署 Web 项目 Struts,启动 Tomcat 服务器。在浏览器的地址栏中输入"http://localhost:8888/Struts/",在页面中输入信息,如图 15-8 所示。

图 15-8　注册页面

单击【提交】按钮,输入信息不为空,则进入成功页面,如图 15-9 所示。若输入信息是空,则返回输入信息页面。

图 15-9　注册成功页面

15.3　控制器 Action

Action 对象是 Struts 2 框架的核心,每个 URL 映射到特定的 Action,其提供处理来自用户的请求所需要的处理逻辑。Action 有两个重要的功能,即将数据从请求传递到视图和协助框架确定哪个结果应该呈现在响应请求的视图中。

15.3.1 Action 接口

Action 是 com.opensymphony.xwork2 包中的一个接口,提供了 5 个静态的成员变量,是 Struts 2 框架中为处理结果定义的静态变量。这些静态变量的具体介绍如表 15-3 所示。

表 15-3　Action 接口的静态变量

类 型	静态变量	说　　明
String	ERROR	指 Action 执行失败的返回值,如验证信息错误
String	INPUT	指返回到某个输入信息页面的返回值,如修改页面信息
String	LOGIN	指需要用户登录的返回值,例如用户登录时验证信息失败,需要重新登录时
String	NONE	指 Action 执行成功的返回值,但是不用返回到成功页面
String	SUCCESS	指 Action 执行成功的返回值。若 Action 执行成功,返回值设为 success,则返回到成功页面

ActionSupport 类实现了 Action 接口,在 Struts 2 框架中创建的控制器类一般继承该类。Struts 2 框架中的 actions 必须有一个无参数并且返回值是 String 或 Result 对象的方法。

15.3.2 属性注入值

在 Struts 2 框架中,用户提交的表单信息会自动注入到与 Action 对象相对应的属性中。注入属性值到 Action 对象中,在 Action 类中必须提供属性的 setter 方法。这是由于 Struts 2 框架是按照 JavaBean 规范中提供的 setter 方法,自动为属性注入值。

【例 15-1】通过 Struts 框架,将用户提交的信息,注入到 Action 对象对应的属性中。

step 01 创建继承 ActionSupport 的类,并定义一个属性,通过 Struts 2 框架对该属性注入值。(源代码\ch15\src\action\ParamAction.java)

```java
package action;
import java.util.Map;
import com.opensymphony.xwork2.ActionContext;
public class ParamAction extends ActionSupport{
    private String param;
    private Map session;
    public String getParam() {
        return param;
    }
    public void setParam(String param) {
        this.param = param;
    }
    @Override
    public String execute() throws Exception {
        session = (Map) ActionContext.getContext().getSession();
        session.put("p", param);
        if (param == null || param.equals("")) {
            return "failed";
        } else {
```

```
            return "success";
        }
    }
}
```

【案例剖析】

在本案例中,定义私有的成员变量 param,其名称与用户提交请求页面中参数的名称一致,以便于使用 getParam()方法获取用户输入的数据。重写 execute()方法,在该方法中获取 Map 类型变量 session 的值,通过 session 保存用户提交的数据。通过 if 语句判断,当 param 的值是空字符串或 null 时,返回 failed 字符串,否则返回 success 字符串。

step 02 创建输入参数信息的页面。(源代码\ch15\WebRoot\index.jsp)

```
<%@ page language="java" import="java.util.*" pageEncoding="utf-8"%>
<%if (session.getAttribute("p") == null) {
    out.print("");
} else {
    out.print("参数注入值是: " + session.getAttribute("p"));
}
%>
<!DOCTYPE HTML PUBLIC "-//W3C//DTD HTML 4.01 Transitional//EN">
<html>
<head>
<title>Action注入参数</title>
</head>
<body>
    <form action="paramAction.action" method="post">
        <input type="text" name="param">
        <input type="submit" value="参数">
    </form>
</body>
</html>
```

【案例剖析】

在本案例中,显示需要用户输入的信息。当单击【参数】按钮时,将用户请求交由 Action 对象处理。由于 Struts 框架指定了后缀为.action,因此这里 form 表单中 action 属性值加上.action,否则会出错。

step 03 在配置文件 struts.xml 中,配置 Action 对象。

```
<?xml version="1.0" encoding="UTF-8" ?>
<!DOCTYPE struts PUBLIC "-//Apache Software Foundation//DTD Struts
Configuration 2.1//EN"
"http://struts.apache.org/dtds/struts-2.1.dtd">
<struts>
<package name="default" namespace="/" extends="struts-default">
    <action name="paramAction" class="action.ParamAction">
        <result name="success">/index.jsp</result>
    </action>
  </package>
</struts>
```

【案例剖析】

在本案例中,通过<action>标签的 name 属性指定被请求的 URL 映射地址。当 Action 处理完成返回 success 字符串时,根据映射关系交由 index.jsp 页面显示数据信息。

【运行项目】

部署 Web 项目 ch15,启动 Tomcat。在浏览器的地址栏中输入"http://127.0.0.1:8888/ch15/",输入要注入参数的值,如图 15-10 所示。单击【提交】按钮,Action 处理成功返回当前页,并显示提交的参数值,如图 15-11 所示。

图 15-10 输入参数值

图 15-11 显示注入参数的值

15.4 动态方法调用

在 Struts 2 框架中动态方法的调用,是为了解决一个 Action 对应多个请求的处理,以避免 Action 太多。动态方法调用一般有感叹号方式、指定 method 属性和通配符方式 3 种。

15.4.1 感叹号方式

使用感叹号的方法进行动态方法的调用,是在请求 Action 的 URL 地址后加上请求字符串(方法名),与 Action 对象中的方法进行匹配,Action 地址与请求字符串之间以"!"号进行连接,这种方式一般不推荐使用。

【例 15-2】创建 Web 项目 Dynamic2,在项目中创建继承 ActionSupport 的类,在类中定义添加、删除、修改和查询方法,通过配置文件配置用户请求调用的方法。

step 01 创建继承 ActionSupport 的 Action 类。(源代码 \ch15\Dynamic\src\action\OperateAction.java)

```
package action;
import com.opensymphony.xwork2.ActionSupport;
public class OperateAction extends ActionSupport {
    public String add(){
        //添加操作
        return "add";
    }
    public String delete(){
        //删除操作
        return "delete";
    }
    public String update(){
        //修改操作
```

```
            return "update";
        }
        public String select(){
            //查询操作
            return "select";
        }
}
```

【案例剖析】

在本案例中，定义返回类型是 String 的 4 个方法，分别是 add()方法、delete()方法、update()方法和 select()方法。在实现 ActionSupport 的类中，每个方法的返回值不同。根据返回值的不同，在配置文件中通过<result>标签 name 属性值的不同，判断具体调用的是哪个方法。

step 02 配置文件 struts.xml。(源代码\ch15\Dynamic\src\struts.xml)

```xml
<?xml version="1.0" encoding="UTF-8" ?>
<!DOCTYPE struts PUBLIC "-//Apache Software Foundation//DTD Struts
Configuration 2.1//EN"
"http://struts.apache.org/dtds/struts-2.1.dtd">
<struts>
<constant name="struts.enable.DynamicMethodInvocation" value="true" />
<package name="default" namespace="/" extends="struts-default">
    <action name="operateAction" class="action.OperateAction">
        <result name="add">/add.jsp</result>
        <result name="update">/update.jsp</result>
        <result name="select">/select.jsp</result>
        <result name="delete">/delete.jsp</result>
    </action>
  </package>
</struts>
```

【案例剖析】

在本案例中，首先通过<constant>标签设置 name 的常量是 true，开启使用感叹号方式的开关。在配置文件中通过<result>标签 name 属性值的不同，调用不同的结果处理页面。

step 03 创建用户请求 JSP 页面。(源代码\ch15\Dynamic\WebRoot\index.jsp)

```jsp
<%@ page language="java" import="java.util.*" pageEncoding="utf-8"%>
<!DOCTYPE HTML PUBLIC "-//W3C//DTD HTML 4.01 Transitional//EN">
<html>
  <head>
    <title>动态 Action</title>
  </head>
  <body>
    <a href="operateAction!add.action">添加</a>
    <a href="operateAction!delete.action">删除</a>
    <a href="operateAction!update.action">编辑</a>
    <a href="operateAction!select.action">查询</a>
  </body>
</html>
```

【案例剖析】

在本案例中，通过超链接发送用户请求，超链接的 href 属性值是使用"！"号连接的

Action 请求的 URL 和方法名。由于配置 Struts 时选择的后缀是*.action，因此 href 中的地址需要添加上后缀.action，否则会出现异常。

注意　本项目中使用到的 add.jsp、update.jsp、delete.jsp 和 select.jsp 的页面，只是简单的显示，没有实际操作，因此这里省略它们的代码。

【运行项目】

部署 Web 项目 Dynamic，启动 Tomcat。在浏览器的地址栏中输入"http://127.0.0.1:8888/Dynamic/"，运行结果如图 15-12 所示。

图 15-12　感叹号方式

15.4.2　method 属性

用户发送请求 Action 对象时，在默认情况下执行 execute()方法。但在多个业务逻辑分支的 Action 对象中，则需要通过<action>标签的 method 属性指定请求的方法，并将一个请求交给指定的业务逻辑方法进行处理，从而减少 Action 对象的数目。

【例 15-3】创建 Web 项目 Dynamic2，在项目中创建 Action 类，在类中定义添加、删除、修改和查询 4 个方法，它们的返回值相同，通过 method 属性指定方法名。

step 01　创建继承 ActionSupport 的 Action 类。（源代码\ch15\Dynamic2\src\action\OperateAction2.java)

```java
package action;
import com.opensymphony.xwork2.ActionSupport;
public class OperateAction2 extends ActionSupport {
    public String add(){
        //添加操作
        return "success";
    }
    public String delete(){
        //删除操作
        return "success";
    }
    public String update(){
        //修改操作
        return "success";
    }
    public String select(){
        //查询操作
```

```
        return "success";
    }
}
```

【案例剖析】

在本案例中，定义返回类型是 String 的 4 个方法，分别是 add()方法、delete()方法、update()方法和 select()方法，这些方法的返回值都是 success。在配置文件中，通过<action>的 method 属性指定调用哪个方法，从而判断由哪个页面显示最终的处理结果。

step 02 在 Action 类中，所有方法的返回值都是字符串 success 时，struts.xml 配置文件的配置方法如下。(源代码\ch15\Dynamic2\src\struts.xml)

```xml
<?xml version="1.0" encoding="UTF-8" ?>
<!DOCTYPE struts PUBLIC "-//Apache Software Foundation//DTD Struts
Configuration 2.1//EN"
"http://struts.apache.org/dtds/struts-2.1.dtd">
<struts>
<package name="default" namespace="/" extends="struts-default">
    <action name=" operate_add" class="action.OperateAction2" method="add">
        <result>/add.jsp</result>
    </action>
    <action name="operate_update" class="action.OperateAction2" method="update">
        <result>/update.jsp</result>
    </action>
    <action name=" operate_select" class="action.OperateAction2" method="select">
        <result>/select.jsp</result>
    </action>
    <action name=" operate_delete" class="action.OperateAction2" method="delete">
        <result>/delete.jsp</result>
    </action>
  </package>
</struts>
```

【案例剖析】

在本案例中，通过设置<action>标签的 name 属性值不同指定不同的逻辑方法。在页面中发送请求到 Action 对象，根据 Action 对象URL 映射地址及 method 属性值，调用类中的不同方法，这些方法的返回值都是默认的字符串 success。

step 03 创建用户请求 JSP 页面。(源代码\ch15\Dynamic2\WebRoot\index.jsp)

```jsp
<%@ page language="java" import="java.util.*" pageEncoding="utf-8"%>
<!DOCTYPE HTML PUBLIC "-//W3C//DTD HTML 4.01 Transitional//EN">
<html>
  <head>
    <title>动态 Action</title>
  </head>
  <body>
    <a href="operate_add.action">添加</a>
    <a href=" operate_delete.action">删除</a>
    <a href="operate_update.action">编辑</a>
    <a href="operate_select.action">查询</a>
  </body>
</html>
```

【案例剖析】

在本案例中，通过超链接发送用户请求，超链接的 href 属性值是请求 Action 对象的 URL 映射地址。由于配置 Struts 时选择的后缀是*.action，因此 href 中的地址需要添加上后缀.action，否则出现异常。

注意

本项目中使用到的 add.jsp、update.jsp、delete.jsp 和 select.jsp 的页面，只是简单的显示，没有实际操作，因此这里省略它们的代码。

【运行项目】

部署 Web 项目 Dynamic，启动 Tomcat。在浏览器的地址栏中输入"http://127.0.0.1:8888/Dynamic2/"，运行结果如图 15-13 所示。

图 15-13　method 属性

15.4.3　通配符方式

在 Struts 框架的配置文件 struts.xml 中，还支持通配符的使用。常用的通配符主要有匹配 0 或多个字符的"*"和转义字符"\"，转义字符的使用需要匹配"/"。在多个 Action 请求对象的情况下，使用通配符的方式可以达到简化配置的效果。这是动态方法调用最常用的一种方式。

【例 15-4】使用通配符方式，实现 Action 的动态方法调用。

step 01　创建继承 ActionSupport 的类。（源代码 \ch15\Dynamic3\src\action\OperateAction3.java）

```
package action;
import com.opensymphony.xwork2.ActionSupport;
public class OperateAction3 extends ActionSupport {
    private static final long serialVersionUID = 1L;
    public String add(){
        //添加操作
        return "success";
    }
    public String delete(){
        //删除操作
        return "success";
    }
    public String update(){
        //修改操作
```

```
        return "success";
    }
    public String select(){
        //查询操作
        return "success";
    }
}
```

【案例剖析】

在本案例中，定义继承 ActionSupport 的类，并定义 add()、delete()、update()和 select()方法，它们返回字符串 success。

step 02 配置文件 struts.xml。(源代码\ch15\Dynamic3\src\struts.xml)

```xml
<?xml version="1.0" encoding="UTF-8" ?>
<!DOCTYPE struts PUBLIC "-//Apache Software Foundation//DTD Struts
Configuration 2.1
    //EN" "http://struts.apache.org/dtds/struts-2.1.dtd">
<struts>
<package name="default" namespace="/" extends="struts-default">
    <action name="operate_*" class="action.OperateAction3" method="{1}">
        <result>/add.jsp</result>
    </action>
</package>
</struts>
```

【案例剖析】

在本案例中，通过通配符"*"配置 Action 对象。<action>标签中 name 属性值 operate_* 匹配在 JSP 页面请求中的字符串，如 operate_add、operate_update、operate_delete 或 operate_select。对于通配符匹配的字符，在 Struts 2 框架的配置文件中可以获取，一般使用表达式{1}、{2}、{3}等的方式进行获取。{1}指定获取第一个通配符匹配的字符，{2}指定获取第二个通配符匹配的字符，以此类推。

step 03 请求 Action 对象的 JSP 页面。(源代码\ch15\Dynamic3\WebRoot\index.jsp)

```jsp
<%@ page language="java" import="java.util.*" pageEncoding="utf-8"%>
<!DOCTYPE HTML PUBLIC "-//W3C//DTD HTML 4.01 Transitional//EN">
<html>
  <head>
    <title>动态 Action</title>
  </head>
  <body>
    <a href="operate_add.action">添加</a>
    <a href="operate_delete.action">删除</a>
    <a href="operate_update.action">编辑</a>
    <a href="operate_select.action">查询</a>
  </body>
</html>
```

【案例剖析】

在本案例中，通过超链接<a>标记发送请求到 Action 对象。这里的 href 属性的值匹配配置文件中的 operate_*，而通配符"*"匹配的是继承 ActionSupport 类中的方法，因此一定要确保该类中有相应的 add()、delete()、update()和 select()方法。

【运行项目】

部署 Web 项目 Dynamic3，启动 Tomcat。在浏览器的地址栏中输入"http://127.0.0.1:8888/Dynamic3/"，运行结果如图 15-14 所示。

图 15-14　通配符方式

15.5　Map 类型变量

在 Web 项目中配置 Struts 2 框架，使用 Action 对象处理用户的请求。一般通过 ActionContext 对象获取 Map 类型的 request、session 和 application 变量，用于保存处理后的信息。

【例 15-5】创建 Web 项目，配置 Struts 框架。在继承 ActionSupport 的类中，使用 Map 类型的 request、session 和 application 保存请求处理完成后的信息。

step 01 创建继承 ActionSupport 的类，在类中使用 Map 类型的变量存储处理请求后的信息。

```
package action;
import java.util.Map;
import com.opensymphony.xwork2.ActionContext;
import com.opensymphony.xwork2.ActionSupport;
public class MapAction extends ActionSupport{
    @Override
    public String execute() throws Exception {
        Map request=(Map)ActionContext.getContext().get("request");
        Map session= (Map)ActionContext.getContext().getSession();
        Map application = ActionContext.getContext().getApplication();
        request.put("requ", "Map 类型的变量 request");
        session.put("sess", "Map 类型的变量 session");
        application.put("appl", "Map 类型的变量 application");
        return "success";
    }
}
```

【案例剖析】

在本案例中，通过 ActionContext 类提供的静态方法 getContext()方法，获取 ActionContext 类的对象，通过该对象调用 get()方法获取 Map 类型的 request 变量，通过 getSession()方法获取 Map 类型的 session 变量，通过 getApplication()方法获取 Map 类型的 application 变量。

step 02 在 struts.xml 文件中配置用户请求 URL 与 Action 的映射地址。

```xml
<?xml version="1.0" encoding="UTF-8" ?>
<!DOCTYPE struts PUBLIC "-//Apache Software Foundation//DTD Struts
Configuration 2.1//EN" "http://struts.apache.org/dtds/struts-2.1.dtd">
<struts>
    <package name="default" namespace="/" extends="struts-default">
        <action name="mapAction" class="action.MapAction">
            <result>index.jsp</result>
        </action>
    </package>
</struts>
```

【案例剖析】

在本案例中，配置 Action 对象的信息。通过<action>标签的 name 属性指定用户请求要访问的 Action 对象的 URL 映射地址。若 Action 对象处理成功，则由 index.jsp 页面显示处理后的数据。

step 03 显示用户请求处理完成后，Map 类型变量保存的信息。

```jsp
<%@ page language="java" import="java.util.*" pageEncoding="utf-8"%>
<!DOCTYPE HTML PUBLIC "-//W3C//DTD HTML 4.01 Transitional//EN">
<html>
  <head>
    <title>Map 类型变量    </title>
  </head>
  <body>
    Map 类型的变量：<br>
    request = <%=request.getAttribute("requ") %><br>
    session = <%=session.getAttribute("sess") %><br>
    application = <%=application.getAttribute("appl") %><br>
  </body>
</html>
```

【案例剖析】

在本案例中，显示使用 Map 类型的变量保存的信息。通过 request 变量的 getAttribute()方法获取 request 变量保存的值；通过 session 变量的 getAttribute()方法获取 session 变量保存的值；通过 application 变量的 getAttribute()方法获取 application 变量保存的值。

【运行项目】

部署 Web 项目 Map，启动 Tomcat 服务器。在浏览器的地址栏中输入 Action 对象的 URL 地址"http://127.0.0.1:8888/Map/mapAction.action"，运行结果如图 15-15 所示。

图 15-15　Map 类型变量

15.6 大神解惑

小白：创建 Web 项目并配置 Struts 2 框架后，使用 Struts 框架处理用户请求，出现 "There is no Action mapped for namespace / and action name helloworld. - [unknown location]" 错误，为什么？

大神：导致这个错误的原因主要有两个，具体介绍如下。

1. struts.xml 文件

这种错误一般分为 3 种情况，具体如下。

(1) struts.xml 文件名错误。

(2) struts.xml 文件存放路径错误，一定要将该文件放在 src 目录下。编译成功后，要确认是否编译到 classes 目录中。

(3) struts.xml 文件内容错误。

2. web.xml 文件

在 web.xml 文件中的<welcome-file>信息中是否配置了工程的启动页面。如果没有配置，地址栏中要输入完成的 URL，如 "http://127.0.0.1:8888/项目名/xxxAction.action"。

小白：Struts 1.x 与 Struts 2 的区别是什么？

大神：Struts 2 不是 Struts 1 的升级，而是继承 webwork 的血统，它吸收了 Struts1 和 webwork 的优势。Struts 1.x 和 Struts 2 都必须进行安装，只是安装的方法不同。Struts 1 的入口点是一个 Servlet，而 Struts 2 的入口点是一个过滤器(Filter)。因此，Struts 2 要按过滤器的方式配置。

小白：如何修改 Struts 框架默认的 Action 后缀？

大神：Struts 2 框架同时支持/*、*.action 和*.do 这 3 种形式的请求。创建完 Web 项目并配置 Struts 2 框架后，默认后缀形式是*.action，如果修改默认 Action 后缀为*.do，一般通过两步，具体如下。

step 01 修改 web.xml 文件，<url-pattern>标签指定过滤文件类型为*.do。web.xml 中部分代码如下：

```
<filter-mapping>
    <filter-name>Struts 2</filter-name>
    <url-pattern>*.do</url-pattern>
</filter-mapping>
```

step 02 通过以下 3 种方式，修改默认 Action 后缀形式。

(1) 在 web.xml 文件中，修改默认的 action 后缀，部分代码如下：

```
<filter>
    <filter-name>Struts 2</filter-name>
    <filter-class>org.apache.Struts 2.dispatcher.ng.filter.StrutsPrepareAndExecuteFilter</filter-class>
    <init-param>
```

```
        <param-name>struts.action.extension</param-name>
        修改默认的 action 后缀
        <param-value>do</param-value>
    </init-param>
</filter>
```

(2) 在 struts.xml 文件中，修改默认的 action 后缀，在<struts>标签中<package>标签前，添加如下代码：

```
<constant name="struts.action.extension" value="do"></constant>
```

(3) 在项目的 src 文件下，创建 struts.properties 文件，在文件中添加如下代码：

```
//将后缀修改为.do
struts.action.extension=do
```

将默认 Action 后缀修改为/*时，修改方式和上述相同。

15.7 跟我学上机

练习 1：创建 Web 项目，并配置 Struts 2 框架。

练习 2：在创建的项目中，实现将用户注册信息通过 Action 对象处理后，在页面中显示。

练习 3：创建 Web 项目，并配置 Struts 2 框架，在该项目中使用通配符方式调用 Action 类中指定的方法(添加、删除、修改或查询等)。

第 16 章

技术更上一层楼——Struts 2 高级技术

在学习了 Struts 2 框架的基础知识后，本章介绍 Struts 2 的高级技术。Struts 2 框架的高级技术有拦截器、标签库、OGNL 表达式、文件上传及数据验证。

本章要点(已掌握的在方框中打钩)

- ☐ 掌握 Struts 2 自带拦截器的使用。
- ☐ 掌握 Struts 2 自定义拦截器。
- ☐ 掌握 Struts 2 标签库的使用。
- ☐ 掌握 OGNL 获取 ActionContext 对象信息。
- ☐ 掌握 OGNL 获取属性与方法。
- ☐ 掌握 OGNL 访问静态属性与方法。
- ☐ 掌握 OGNL 访问数组和集合。
- ☐ 掌握 OGNL 中过滤与投影的使用。
- ☐ 掌握使用 Struts 上传文件。
- ☐ 掌握 Struts 2 手动验证与 XML 验证。

16.1 Struts 拦截器

拦截器(Interceptor)是 Struts 2 框架的一个核心对象,很多重要的功能是通过它实现的,它还可以动态增强 Action 对象的功能。例如,在 Struts 2 框架中的 Action 进行请求处理时,一般通过拦截器增强 Action 的功能。

16.1.1 拦截器概述

Struts 2 框架中的拦截器在概念上与 Servlet 过滤器或 JDK 代理类相同,它允许将 Action 及框架分开实现。使用拦截器可以实现 3 个功能,分别是在调用 action 之前提供预处理逻辑,在调用 action 后提供后处理逻辑及捕获异常。

拦截器的工作原理非常简单:当浏览器发送请求给 Struts 2 的 Action 时,经过 Struts 2 框架的过滤器进行拦截。此时,Struts 2 过滤器会创建 Action 的代理对象,之后通过一系列拦截器对请求进行处理,最后再交给指定的 Action 对象进行处理。在此期间,拦截器对象作用于 Action、Result 的前后,可以在 Action 对象前后、Result 对象前后进行任何操作。

Struts 2 拦截器是在访问某个 Action 或 Action 的某个方法、字段之前或之后实施拦截,并且 Struts 2 拦截器是可插拔的。拦截器是 AOP 的一种实现。拦截器栈(Interceptor Stack)是将拦截器按一定的顺序联结成一条链,在访问被拦截的方法或字段时,Struts 2 拦截器链中的拦截器就会按其之前定义的顺序被调用。

Struts 2 框架中提供的许多功能都是通过拦截器实现的,包括表单重复提交、对象类型转换、异常处理、文件上传、生命周期回调和验证等。Struts 2 框架提供了一个良好的开箱即用的拦截器列表,这些拦截器预先配置好并可以使用。常用的拦截器如表 16-1 所示。

表 16-1 Struts 2 框架拦截器

序 号	拦 截 器	说 明
1	alias	在不同请求之间将请求参数在不同名字间转换,请求内容不变
2	checkbox	通过为未检查的复选框添加参数值 false,以辅助管理复选框
3	conversionError	将字符串转换为参数类型的错误信息放置到 action 的错误字段中
4	createSession	自动的创建 HttpSession,为需要用到 HttpSession 的拦截器服务
5	debugging	提供不同的调式页面,为开发人员展示数据内部状况
6	execAndWait	当 action 在后台执行时,将用户发送到中间的等待页面
7	exception	映射从 action 到结果抛出的异常,允许通过重定向自动处理异常
8	fileUpload	提供文件上传功能
9	i18n	在用户会话期间跟踪选定的区域
10	logger	通过输出正在执行的 action 的名称提供简单的日志记录
11	params	设置 action 上的请求参数

续表

序号	拦截器	说明
12	prepare	这通常用于执行预处理工作，如设置数据库连接
13	profile	允许记录 action 的简单分析信息
14	scope	在会话或应用程序范围内存储和检索 action 的状态
15	ServletConfig	提供可访问各种基于 servlet 信息的 action
16	timer	以 action 执行时间的形式提供简单的分析信息
17	token	检查 action 的有效性，以防止重复提交表单
18	validation	提供 action 的验证支持

16.1.2 拦截器实例

Struts 2 框架的 struts-default.xml 中，预定义了一些自带的拦截器，如 timer、params 等。如果在 struts.xml 配置文件的<package>标签中继承 struts-default，则当前 package 就会自动拥有 struts-default.xml 中的所有配置。

Struts 2 框架提供了很多拦截器，下面使用 timer 拦截器，主要用于测量执行 Action 方法所需要的时间。

【例 16-1】使用 timer 拦截器，测量执行 Action 方法所需的时间。

step 01 创建继承 ActionSupport 的类，在该类中重写 execute()方法。(源代码\ch16\Interceptor\src\action\InterceptorAction.java)

```java
package action;
import com.opensymphony.xwork2.ActionSupport;
public class InterceptorAction extends ActionSupport{
    @Override
    public String execute() throws Exception {
        return "success";
    }
}
```

【案例剖析】

在本案例中，定义实现 ActionSupport 的类，在类中重写 execute()方法，该方法什么都不执行，返回字符串"success"。

step 02 在配置文件 struts.xml 中，配置拦截器 timer。(源代码\ch16\Interceptor\src\struts.xml)

```xml
<?xml version="1.0" encoding="UTF-8" ?>
<!DOCTYPE struts PUBLIC "-//Apache Software Foundation//
    DTD Struts Configuration 2.1//EN"
"http://struts.apache.org/dtds/struts-2.1.dtd">
<struts>
    <package name="default" namespace="/" extends="struts-default">
        <action name="interceptorAction" class="action.InterceptorAction">
            <interceptor-ref name="timer" /> <!-- 配置时间拦截器 -->
```

```
            <result>index.jsp</result>
        </action>
    </package>
</struts>
```

【案例剖析】

在本案例中，通过<interceptor-ref>标签的 name 属性，配置 timer 拦截器。在请求 Action 对象时，timer 拦截器测量当前 Action 的执行时间。

【运行项目】

部署 Web 项目 Interceptor，启动 Tomcat 服务器。在浏览器的地址栏中输入 Action 对象的 URL 地址"http://127.0.0.1:8888/Interceptor/interceptorAction.action"，Action 对象的执行时间如图 16-1 所示。

图 16-1 timer 拦截器

16.1.3　Interceptor 接口

在 Struts 2 API 中的 com.opensymphony.xwork2.interceptor 包中有一个 Interceptor 接口，它是 Struts 2 框架中的拦截器对象，其他拦截器直接或间接地实现此接口。通过该接口创建拦截器对象时，必须要实现它提供的 3 个抽象方法，如表 16-2 所示。

表 16-2 Interceptor 接口提供的方法

返 回 值	方 法 名	说　　明
void	destroy()	指拦截器声明周期结束。释放资源，被销毁前调用
void	init()	初始化拦截器，拦截器实例化后 intercept()方法执行前调用
String	intercept()	执行 Action 对象中请求处理的方法以及在 Action 的前后进行一些操作

为了简化程序的开发，一般通过 Struts 2 API 中提供的 AbstractInterceptor 对象创建拦截器对象。AbstractInterceptor 对象是一个抽象类，它实现了 Interceptor 接口。在实现 AbstractInterceptor 抽象类的类中，只需要重写 intercept()方法，对于使用不到的 init()方法和 destroy()方法则不需要重写，因此创建拦截器对象的方式更加简单。

16.1.4　自定义拦截器

在 Struts 2 框架中，如果在 Action 对象上使用拦截器，首先创建一个拦截器对象，然后配置拦截器。在 Struts 2 框架中，创建拦截器需要继承 AbstractInterceptor 对象，而配置拦截器则需要在配置文件中使用<interceptor-ref>标签进行配置。

AbstractInterceptor 对象实现了 Interceptor 接口的抽象方法。继承该抽象类自定义拦截器时，只需要重写 intercept()方法。它是拦截器的核心方法，每次拦截器生效时都会执行该方法。

【例 16-2】创建 Web 项目 DefineInterceptor，在项目中自定义拦截器，并使用自定义的拦截器。

step 01 创建继承 AbstractInterceptor 对象的拦截器类。(源代码\ch16\DefineInterceptor\src\interceptor\MyInterceptor.java)

```java
package interceptor;
import com.opensymphony.xwork2.ActionInvocation;
import com.opensymphony.xwork2.interceptor.AbstractInterceptor;
public class MyInterceptor extends AbstractInterceptor{
    @Override
    public String intercept(ActionInvocation inter) throws Exception {
        System.out.println("---执行自定义拦截器前---");
        String str = inter.invoke();
        System.out.println("---执行自定义拦截器后---");
        return str;
    }
}
```

【案例剖析】

在本案例中，定义继承 AbstractInterceptor 的拦截器，在类中重写 intercept()方法。在该方法中根据需求做一些预处理和一些后处理，并通过调用 ActionInvocation 对象的 invoke()方法来启动进程。

invoke()方法的主要作用是通知 Struts 2 框架接下来要做什么，如调用下一个拦截器或执行下一个 Action，在执行期间会退出当前自定义的拦截器。如果只有一个拦截器，invoke()方法执行完后，执行后面的 Action；如果有多个拦截器，顺序地执行完所有拦截器后，执行后面的 Action。

step 02 创建继承 ActionSupport 的类。(源代码\ch16\DefineInterceptor\src\action\InterAction.java)

```java
import com.opensymphony.xwork2.ActionContext;
import com.opensymphony.xwork2.ActionSupport;
public class InterAction extends ActionSupport{
    private String message;
    private Map session;
    public String getMessage() {
        return message;
    }
    public void setMessage(String message) {
        this.message = message;
    }
    @Override
    public String execute() throws Exception {
        session = (Map)ActionContext.getContext().getSession();
        session.put("m", message);
        return "success";
    }
}
```

【案例剖析】

在本案例中，定义私有成员变量 message，并定义它的 getter 和 setter 方法。重写 execute() 方法，在该方法中通过 ActionContext 类提供的静态方法 getContext() 获取该类的对象，并通过该对象调用类的 getSession() 方法获取 Map 类型的 session 变量。session 变量主要用于保存 Action 对象处理后的信息。

 由于该类中定义了私有成员变量 message，因此需要在配置文件中添加 params 拦截器，即<interceptor-ref name="params"/>，否则在最后的 JSP 页面中显示 message 的值是 null。

step 03 配置 struts.xml 文件。(源代码\ch16\DefineInterceptor\src\struts.xml)

```xml
<?xml version="1.0" encoding="UTF-8" ?>
<!DOCTYPE struts PUBLIC "-//Apache Software Foundation//DTD Struts Configuration 2.1//EN" "http://struts.apache.org/dtds/struts-2.1.dtd">
<struts>
    <package name="default" namespace="/" extends="struts-default">
        <!-- 配置拦截器 -->
        <interceptors>
            <interceptor name="myinterceptor" class="interceptor.MyInterceptor" />
        </interceptors>
        <!-- 定义默认拦截器 -->
        <default-interceptor-ref name="myinterceptor"/>
        <action name="interAction" class="action.InterAction" method="execute">
            <!-- 参数拦截器，否则message变量值是null -->
            <interceptor-ref name="params"/>
            <!-- 自定义拦截器 -->
            <interceptor-ref name="myinterceptor"></interceptor-ref>
            <result>success.jsp</result>
        </action>
    </package>
</struts>
```

【案例剖析】

在本案例中，首先配置用户自定义的拦截器，通过<interceptor>标签中的 name 属性指定拦截器的名称是 myinterceptor，class 属性指定自定义拦截器的包名和列名。通过<default-interceptor>标签指定默认拦截器是自定义拦截器 myinterceptor。在<action>标签中通过<interceptor-ref>标签指定 Action 对象上要使用的拦截器，这里使用参数拦截器 params 和用户自定义拦截器 myinterceptor。

step 04 创建用户请求页面。(源代码\ch16\DefineInterceptor\WebRoot\index.jsp)

```jsp
<%@ page language="java" import="java.util.*" pageEncoding="utf-8"%>
<!DOCTYPE HTML PUBLIC "-//W3C//DTD HTML 4.01 Transitional//EN">
<html>
  <head>
    <title>自定义拦截器</title>
  </head>
  <body>
    <form action="interAction.action" method="post">
```

```
        <input type="text" name="message" >
        <input type="submit" value="提交">
    </form>
  </body>
</html>
```

【案例剖析】

在本案例中，创建输入用户信息的 JSP 页面，并将用户输入的信息，通过 Action 对象注入继承 ActionSupport 类的对应属性中。

step 05　创建显示最后处理结果的页面。(源代码\ch16\DefineInterceptor\WebRoot\success.jsp)

```
<%@ page language="java" import="java.util.*" pageEncoding="utf-8"%>
输入信息：<%=session.getAttribute("m") %>
```

【案例剖析】

在本案例中，使用 session 对象的 getAttribute()方法获取变量 m 的值，并在页面中显示。

【运行项目】

部署 Web 项目 DefineInterceptor，启动 Tomcat 服务器。在浏览器的地址栏中输入用户请求页面地址 "http://127.0.0.1:8888/DefineInterceptor/"，输入 "自定义拦截器"，如图 16-2 所示。

图 16-2　自定义拦截器

(1) 单击【提交】按钮，页面显示效果如图 16-3 所示。

图 16-3　显示页面

(2) 在 MyEclipse 的 Console 窗口中，用户请求执行完成后，显示信息如图 16-4 所示。

图 16-4　拦截器信息

16.2 Struts 标签库

Struts 2 标签库提供了具有扩展性的主题和模板的支持，极大地简化了视图页面代码的编写，更好地实现了代码的复用。Struts 2 允许在页面中使用自定义组件，这完全能满足项目中页面显示复杂、多变的需求。Struts 2 的标签库的标签不依赖于任何表现层技术，大部分标签可以使用在各种表现技术中，包括在 JSP 页面、Velocity 和 FreeMarker 等模板技术中。

16.2.1 标签库的分类

Struts 2 标签库的标签主要分为 UI(User Interface，用户界面)标签、非 UI 标签和 Ajax 标签，具体介绍如下。

(1) UI 标签。主要用于生成 HTML 元素标签，UI 标签又可分为表单标签和非表单标签。

(2) 非 UI 标签。主要用于数据访问和逻辑控制等的标签。非 UI 标签可以分为流程控制标签(包括实现分支、循环等流程控制的标签)和数据访问标签(主要包括用户输出 ValueStack 中的值、完成国际化等功能的)。

(3) Ajax 标签。用于显示异步加载的数据。

本节主要介绍流程控制标签、数据访问标签和表单标签的使用。

16.2.2 标签库的配置

在 Web 项目开发中，在使用标签前首先要进行配置。Struts 2 标签库的配置主要有在 JSP 页面中使用标签时引入标签库和在配置文件中声明标签库，具体操作如下。

(1) 在 JSP 页面中引入标签库。具体代码如下：

```
<%@ taglib uri="/struts-tags" prefix="s"%>
```

(2) 在配置文件 web.xml 中声明要使用的标签库。具体代码如下：

```
<filter>
<filter-name>Struts 2</filter-name>
<filter-class>org.apache.Struts 2.
dispatcher.ng.filter.StrutsPrepareAndExecuteFilter</filter-class>
</filter>
```

注意　在 MyEclipse 开发环境中配置 Struts 2 框架时，上述声明标签库的代码一般会自动生成。

16.2.3 数据访问标签

Struts 2 的数据访问标签主要用于操作页面上显示的数据。数据访问标签主要有 property

标签、action 标签、set 标签、a 标签、param 标签、include 标签、bean 标签、date 标签、push 标签和 url 标签等。

1. property 标签

property 标签主要用于获取数据的值，并将数据的值输出到页面中。如果没有指定，它将默认在值栈的顶部。

2. action 标签

action 标签用于执行一个 Action 请求，在 JSP 页面中通过指定 action 名称和可选的命名空间调用 action 标签执行 Action 请求，并将 Action 处理结果在 JSP 页面中显示。

在配置文件 struts.xml 中，定义 action 的处理结果执行程序被忽略，但是可以通过指定参数 executeResult 为 true 指定 Action 返回处理结果。

action 标签的属性及说明如表 16-3 所示。

表 16-3 action 标签的属性

类　型	属　性	说　明
String	name	Action 对象所映射的名称，与配置文件中名称一致
String	executeResult	指定是否使 Action 返回到执行结果，默认是 false
String	var	引用当前 action 的名称
String	namespace	指定命名空间的名称
Boolean	flush	是否刷新输出结果，默认是 true
Boolean	ignoreContextParams	是否将页面的请求参数传入 Action，默认是 false

3. set 标签

set 标签为指定范围内的变量赋值以及指定变量的作用域，作用域有 application、session、request、page 和 action。set 标签的属性及说明如表 16-4 所示。

表 16-4 set 标签的属性

类　型	属　性	说　明
String	var	定义变量的名称
String	value	设置变量的值
String	scope	设置变量的作用域，默认是 action

4. a 标签

a 标签用于构建一个超链接，作用域 HTML 中超链接效果相同。该标签的属性及说明如表 16-5 所示。

表 16-5　a 标签的属性

类　　型	属　　性	说　　明
String	href	指定 url 的路径
String	action	请求动作名称
String	scope	请求动作所在的命名空间
String	id	指定 HTML 中属性名称
String	method	指定调用 Action 中声明的方法名

5. param 标签

param 标签主要用于对参数赋值，主要用作其他标签的子标签。该标签具有 name 和 value 两个参数。字符串 name 指参数的名称，对象 value 指参数的值。

6. include 标签

include 标签主要用于在另一个 JSP 页面中包含一个页面，在目标页面中可以通过 param 标签传递请求的参数。include 标签有一个 value 属性，用于指定包含另一个 JSP 页面或 Servlet 的地址。

7. date 标签

data 标签用于格式化日期，用户可以自定义日期的格式，如 "dd/MM/yyyy hh:mm"。date 标签的属性及说明如表 16-6 所示。

表 16-6　date 标签的属性

类　　型	属　　性	说　　明
String	format	设置格式化日期的格式
String	name	日期的值
String	var	格式化时间的名称变量，通过该变量对其进行引用
Boolean	nice	是否输出日期与当前日期之间的时差，默认 false

8. push 标签

push 标签用于将对象或值放到值栈中。对象或值是放在值栈的顶部。在值栈中的对象或值可以直接调用。因此，使用 push 标签可以简化操作。push 标签只有一个 value 属性，存放压入值栈中的对象或值。

9. url 标签

url 标签用于创建 URL，该标签提供了多个属性用于满足不同格式的 url 需求。该标签的属性及说明如表 16-7 所示。

表 16-7　url 标签的属性

类　型	属　性	说　明
String	value	指定生成的 URL 地址值
String	action	Action 对象的映射 URL
String	method	指定请求 Action 对象要调用的方法
String	var	生成 URL 的变量名称，通过该变量引用 URL
String	namespace	指定 Action 对象映射地址的名称空间
String	includeParams	是否包含可选参数，可选值有 none、get 和 all。默认值是 none
Boolean	includeContext	生成的 URL 是否包含上下文路径，默认是 true

16.2.4　流程控制标签

在 Struts 2 框架中，流程控制标签主要有 if 标签、iterator 标签、merge 标签、append 标签和 generator 标签。下面具体介绍它们的使用。

1．if 标签

if 标签是一种基本的条件流程控制标签，主要针对一种逻辑多种条件进行处理，即"如果满足某条件，则进行处理，否则执行另一种处理"。Struts 2 框架的 if 标签可以单独使用，也可以与 elseif 标签或 else 标签一起使用。

if 标签的使用语法格式如下：

```
<s:if test="表达式(布尔值)">
输出值
</s:if>
<s:elseif test="表达式(布尔值)">
可以使用多个<s:elseif>
…
</s:selseif>
<s:else>
输出结果
</s:else>
```

<s:if>标签和<s:elseif>标签都有一个名为 test 的属性，用于设置标签的判断条件。test 属性的值是布尔类型的条件表达式。

【例 16-3】使用 if 标签的显示用户选择的内容。

step 01 用户根据下拉列表内容，选择今天是星期几。(源代码\ch16\label\WebRoot\if.jsp)

```
<%@ page language="java" import="java.util.*" pageEncoding="utf-8"%>
<!DOCTYPE HTML PUBLIC "-//W3C//DTD HTML 4.01 Transitional//EN">
<html>
  <head>
    <title>if 标签的使用</title>
  </head>
  <body>
```

```
    今天星期几?
    <form action="ifAction.action" method="post">
    <select name="week">
        <option value=星期一>星期一</option>
        <option value="星期二">星期二</option>
        <option value="星期三">星期三</option>
        <option value="星期四">星期四</option>
        <option value="星期五">星期五</option>
        <option value="星期六">星期六</option>
        <option value="星期日">星期日</option>
    </select>
    <input type="submit" value="提交"/>
    </form>
  </body>
</html>
```

【案例剖析】

在本案例中，使用 HTML 语言提供的下拉列表<select>标记来选择星期几。

step 02 创建继承 ActionSupport 的类。(源代码\ch16\label\src\action\IfAction.java)

```
package action;
import java.util.Map;
import com.opensymphony.xwork2.ActionContext;
import com.opensymphony.xwork2.ActionSupport;
public class IfAction extends ActionSupport{
    private String week;
    public String getWeek() {
        return week;
    }
    public void setWeek(String week) {
        this.week = week;
    }
}
```

【案例剖析】

在本案例中，创建继承 ActionSupport 的类，定义私有成员变量 week，以及它的 getter 和 setter 方法。

step 03 在配置文件中，配置 Action 对象请求与 URL 的映射。(源代码\ch16\label\WebRoot\ showif.jsp)

```
<?xml version="1.0" encoding="UTF-8" ?>
<!DOCTYPE struts PUBLIC "-//Apache Software Foundation//DTD Struts Configuration 2.1//
       EN" "http://struts.apache.org/dtds/struts-2.1.dtd">
<struts>
    <package name="default" namespace="/" extends="struts-default">
        <action name="ifAction" class="action.IfAction">
            <result>showif.jsp</result>
        </action>
    </package>
</struts>
```

【案例剖析】

在本案例中，通过<action>标签配置 Action 对象与 URL 的映射地址，并在 showif.jsp 页面中显示用户的选择信息。

step 04 在 JSP 页面中，通过 Struts 框架提供的 if 标签，显示用户选择的内容。(源代码 \ch16\label\WebRoot\showif.jsp)

```
<%@ page language="java" import="java.util.*" pageEncoding="utf-8"%>
<!-- 引入 Struts 标签库  -->
<%@ taglib uri="/struts-tags" prefix="s"%>
<!DOCTYPE HTML PUBLIC "-//W3C//DTD HTML 4.01 Transitional//EN">
<html>
  <head>
    <title>if 标签的使用</title>
  </head>
  <body>
    今天是：
    <s:if test="week=='星期一'">
        星期一
    </s:if>
    <s:elseif test="week=='星期二'">
        星期二
    </s:elseif>
    <s:elseif test="week=='星期三'">
        星期三
    </s:elseif>
    <s:elseif test="week=='星期四'">
        星期四
    </s:elseif>
    <s:elseif test="week=='星期五'">
        星期五
    </s:elseif>
    <s:elseif test="week=='星期六'">
        星期六
    </s:elseif>
    <s:else>
        星期日
    </s:else>
  </body>
</html>
```

【案例剖析】

在本案例中，通过 Struts 框架提供的 if 标签，判断用户在下拉列表框中选择的值，并在当前页面中显示。

【运行项目】

部署 Web 项目 label，启动 Tomcat。在浏览器的地址栏中输入"http://127.0.0.1:8888/label/if.jsp"，运行结果如图 16-5 所示。选择星期四，单击【提交】按钮，显示结果如图 16-6 所示。

图 16-5　选择信息　　　　　　　　　图 16-6　if 标签显示信息

2. iterator 标签

iterator 标签是一个迭代数据标签。该标签根据循环条件，遍历数组或集合中的数据。在迭代一个 iterator 时，可以使用<s:sort>标签对结果进行排序，或者使用<s:subset>标签来获取集合或数组的子集。iterator 标签有包含的属性，如表 16-8 所示。

表 16-8　iterator 标签属性

类　　型	属　性　名	说　　明
String	var	一个普通的字符串
String	value	指迭代集合或数组对象
Integer	begin	开始遍历的索引
Integer	end	遍历的结束索引
Integer	step	遍历的步长
String	status	迭代过程中的状态
Integer	count	已经遍历的集合元素个数
Integer	index	当前遍历元素的索引值
Integer	odd	是否奇数行
Integer	even	是否偶数行
Integer	first	是否是第一行
Integer	last	是否是最后一行

注意

若 var 存在时，每次遍历的对象是 value，而 var 是 key 值存入 ContextMap 中；若 var 不存在时，将每次遍历的对象存入栈顶，在下次遍历前从栈顶移出。

【例 16-4】iterator 标签的使用。

step 01 创建继承 ActionSupport 的类。(源代码\ch16\label\src\action\IteratorAction.java)

```
package action;
import java.util.ArrayList;
import com.opensymphony.xwork2.ActionSupport;
public class IteratorAction extends ActionSupport{
    private ArrayList<String> list;
    public ArrayList<String> getList() {
        return list;
```

```
    }
    public void setList(ArrayList<String> list) {
        this.list = list;
    }
    @Override
    public String execute() throws Exception {
        list = new ArrayList<String>();
        list.add("Apple");
        list.add("Banana");
        list.add("Pear");
        list.add("Peach");
        return "success";
    }
}
```

【案例剖析】

在本案例中,创建继承 ActionSupport 的类,在该类中定义私有的 ArrayList 类型的变量 list,并设置它的 setter 和 getter 方法。在 execute()方法中,创建变量 list 的对象并对该变量赋值。

step 02 在配置文件中,添加 Action 对象的配置代码。(源代码\ch16\label\src\action\IteratorAction.java)

```
<action name="iteratorAction" class="action.IteratorAction">
        <result>iterator.jsp</result>
</action>
```

【案例剖析】

在本案例中,将 Action 对象的配置代码添加到 struts.xml 文件的<package>标签中。

step 03 创建使用标签显示迭代数据的页面。

```
<%@ page language="java" import="java.util.*" pageEncoding="utf-8"%>
<!-- 引入 Struts 标签库   -->
<%@ taglib uri="/struts-tags" prefix="s"%>
<!DOCTYPE HTML PUBLIC "-//W3C//DTD HTML 4.01 Transitional//EN">
<html>
  <head>
    <title>iterator 标签的使用</title>
  </head>

  <body>
    水果列表如下:<br>
    <s:iterator value="list">
        <s:property/><br>
    </s:iterator>
  </body>
</html>
```

【案例剖析】

在本案例中,使用<s:iterator>标签迭代集合 ArrayList 中的数据,它的 value 属性指定集合的名称,通过<s:property>标签输出迭代器的当前值。

【运行项目】

部署 Web 项目，启动 Tomcat 服务器。在浏览器的地址栏中输入 Action 对象的地址"http://127.0.0.1:8888/label/iteratorAction.action"，运行结果如图 16-7 所示。

图 16-7 <s:iterator>标签

16.2.5 表单标签

在 Struts 2 框架中，提供了一系列表单标签，它们主要用于生成表单及表单中的元素，可以与 Struts 2 API 进行交互。Struts 2 提供的常用表单标签主要有 form 标签、submit 标签、password 标签、radio 标签、checkboxlist 标签和 select 标签等。

1. form 标签

form 标签主要用于生成一个 form 表单，相当于 HTML 标记语言中的<form>标记。该标签的主要属性如表 16-9 所示。

表 16-9　form 标签的属性

类　型	属 性 名	是否必填	说　明
String	action	否	指定提交时对应的 action，不需要 action 后缀
String	enctype	否	HTML 表单 enctype 属性
String	method	否	HTML 表单 method 属性
String	namespace	否	所提交 action 的命名空间

2. submit 标签

submit 标签主要用于生成一个 HTML 中的提交按钮，相当于 HTML 标记语言中的<input type="submit">代码。该标签的属性及说明如表 16-10 所示。

表 16-10　submit 标签的属性

类　型	属 性 名	是否必填	说　明
String	action	否	指定提交时对应的 action
String	method	否	指定 action 中调用的方法

3. password 标签

password 标签主要用于生成一个 HTML 中的密码框，相当于 HTML 标记语言中的<input

type="password">代码。该标签的属性及说明如表 16-11 所示。

表 16-11 password 标签的属性

属 性 名	说 明
Name	用于指定密码输入框的名称
Size	用于指定密码输入框的显示宽度，以字符数为单位
MaxLength	用于限定密码输入框的最大输入字符串个数
showPassword	是否显示初始值，即使显示也仍为密文显示，用掩码代替

4. radio 标签

radio 标签主要用于生成一个 HTML 中的单选按钮，相当于 HTML 标记语言中的<input type="radio">代码。该标签的属性及说明如表 16-12 所示。

表 16-12 radio 标签的属性

类 型	属 性 名	是否必填	说 明
Collection、Map、Enmumeration、Iterator、array	List	是	用于生成单选按钮中的集合
String	listKey	否	指定集合对象中的哪个属性作为选项的 value
String	listValue	否	指定集合对象中的哪个属性作为选项的内容

5. checkboxlist 标签

checkboxlist 标签主要用于生成一个或多个 HTML 中的复选框，相当于 HTML 标记语言中的<input type="checkboxlist">代码。该标签的属性及说明如表 16-13 所示。

表 16-13 checkboxlist 标签的属性

类 型	属 性 名	是否必填	说 明
String	name	否	指定该元素的 name
Collection、Map、Enmumeration、Iterator、array	list	是	用于生成复选框的集合
String	listKey	否	生成 checkbox 的 value 属性
String	listValue	否	生成 checkbox 后面显示的文字

6. textarea 标签

textarea 标签主要用于输出一个 HTML 中的多行文本输入框，相当于 HTML 中的 <textarea/>代码。该标签的属性及说明如表 16-14 所示。

表 16-14 textarea 标签的属性

类 型	属 性 名	是否必填	说 明
Integer	cols	否	列数
Integer	rows	否	行数
Boolean	readonly	否	属性是 true 时不能输入。默认是 false
Boolean	wrap	否	指定多行文本框是否换行。默认是 false
Object/String	id	否	用来标识 textarea 的 id。在 ui 和表单中为 HTML 的 id 属性

7. select 标签

select 标签主要用于输出一个 HTML 中的下拉列表，相当于 HTML 中的"<select><option>下拉列表项</option></select>"代码。该标签的属性及说明如表 16-15 所示。

表 16-15 select 标签的属性

类 型	属 性 名	是否必填	说 明
Collection、Map、Enmumeration、Iterator、array	list	是	用于生成下拉列表框的集合
String	listKey	否	生成选项的 value 属性
String	listValue	否	生成选项的显示文字
String	headerKey	否	在所有的选项前再加额外的一个选项作为其标题的 value 值
String	headerValue	否	显示在页面中 header 选项的内容
Boolean	Multiple	否	指定是否多选，默认为 false
Boolean	emptyOption	否	是否在标题和真实的选项之间加一个空选项
Int	size	否	下拉列表框的高度，即最多可以同时显示多少个选项

【例 16-5】Struts 2 框架中表单标签的使用。

step 01 使用标签，创建用户注册页面。(源代码\ch16\label\WebRoot\form.jsp)

```jsp
<%@ page language="java" import="java.util.*" pageEncoding="utf-8"%>
<!-- 引入 Struts 标签库   -->
<%@ taglib uri="/struts-tags" prefix="s"%>
<!DOCTYPE HTML PUBLIC "-//W3C//DTD HTML 4.01 Transitional//EN">
<html>
<head>
<title>注册用户</title>
</head>
<body>
    <s:form action="formAction" namespace="/">
        <s:textfield name="user.username" label="用户名"></s:textfield>
        <s:password name="user.password" label="密码"></s:password>
```

```
            <s:radio label="性别" name="user.sex" list="{'男','女'}"></s:radio>
            <s:select label="学历" name="user.edu" list="{'大专','本科','硕士','博士'}" />
            <s:checkboxlist name="user.interest" list="{'足球','篮球','排球',
                '游泳'}" label="兴趣" />
            <s:textarea label="简介" cols="19" rows="3" name="user.introduce">
                </s:textarea>
            <s:submit value="注册" align="left"></s:submit>
        </s:form>
</body>
</html>
```

【案例剖析】

在本案例中，使用 Struts 2 框架的标签，定义用户的注册信息。使用<s:textfield>标签定义用户名文本框，使用<s:password>标签定义密码本文框，使用<s:radio>标签定义性别单选按钮，使用<s:select>标签定义学历下拉列表，使用<s:checkboxlist>标签定义兴趣复选框，使用<s:textarea>标签定义多行多列的简介文本域，使用<s:submit>标签定义提交注册信息的按钮。

注意

这里用户注册信息的命名，是在 Action 类中定义的对象 user 后面加字符串，通过符号"."连接，即 user.username。实现将用户注册信息注入到 Action 类的对应属性 user 中。

step 02 创建用户注册信息的 JavaBean 类。(源代码\ch16\label\src\bean\User.java)

```java
package bean;
public class User {
    private String username;
    private String password;
    private String sex;
    private String edu;
    private String interest;
    private String introduce;
    public String getUsername() {
        return username;
    }
    public void setUsername(String username) {
        this.username = username;
    }
    public String getPassword() {
        return password;
    }
    public void setPassword(String password) {
        this.password = password;
    }
    public String getSex() {
        return sex;
    }
    public void setSex(String sex) {
        this.sex = sex;
    }
    public String getEdu() {
        return edu;
    }
```

```
    public void setEdu(String edu) {
        this.edu = edu;
    }
    public String getInterest() {
        return interest;
    }
    public void setInterest(String interest) {
        this.interest = interest;
    }
    public String getIntroduce() {
        return introduce;
    }
    public void setIntroduce(String introduce) {
        this.introduce = introduce;
    }
    public User(String username, String password, String sex, String edu,
        String interest, String introduce) {
        super();
        this.username = username;
        this.password = password;
        this.sex = sex;
        this.edu = edu;
        this.interest = interest;
        this.introduce = introduce;
    }
    public User() {
        super();
    }
}
```

【案例剖析】

在本案例中,创建用户注册信息的类。该类中包含用户的注册信息,如用户名、密码、性别、学历、兴趣和简介,并定义它们的 setter 和 getter 方法,以及带有参数和无参数的类的构造方法。

step 03 创建处理注册请求的 Action 类。(源代码\ch16\label\src\action\FormAction.java)

```
package action;
import java.util.Map;
import com.opensymphony.xwork2.ActionContext;
import com.opensymphony.xwork2.ActionSupport;
import bean.User;
public class FormAction extends ActionSupport{
    private User user;
    public User getUser() {
        return user;
    }
    public void setUser(User user) {
        this.user = user;
    }
    private Map session;
    @Override
    public String execute() throws Exception {
        session = ActionContext.getContext().getSession();
```

```
        //将用户注册信息作为一个 User 对象
        session.put("user", user);
        return "success";
    }
}
```

【案例剖析】

在本案例中，该类继承 ActionSupport，定义类的私有成员变量 session 和 user，并设置它们的 setter 和 getter 方法。重写类的 execute()方法，在该方法中创建 session 对象，并将 user 变量获取的用户注册信息通过 session 保存。

step 04 在配置文件 struts.xml 中，添加 Action 对象的 URL 映射信息。部分代码如下。
(源代码\ch16\label\src\struts.xml)

```xml
<action name="formAction" class="action.FormAction">
        <result>regit.jsp</result>
</action>
```

【案例剖析】

在本案例中，在<package>节点下添加 Action 对象的 URL 映射关系。通过<action>节点的 name 属性指定 Action 对象的 URL，class 属性指定 Action 类的路径，即包含包名和类名。通过<result>标签指定 Action 对象处理后的结果处理页面。

step 05 在配置文件 web.xml 中，添加 jsp 的过滤器。部分代码如下。(源代码\ch16\label\WebRoot\WEB-INF\web.xml)

```xml
<!--添加 jsp 的过滤器 -->
  <filter-mapping>
    <filter-name>Struts 2</filter-name>
    <url-pattern>*.jsp</url-pattern>
</filter-mapping>
```

【案例剖析】

在本案例中，使用<filter-mapping>标签添加 jsp 的过滤器。<filter-name>指定过滤器的名称是 Struts 2。<url-pattern>指定要过滤文件后缀是.jsp 的所有文件。

【运行项目】

部署 Web 项目，启动 Tomcat 服务器。在浏览器的地址栏中输入"http://127.0.0.1:8888/label/form.jsp"，输入注册信息，如图 16-8 所示。单击【注册】按钮，显示注册信息页面，如图 16-9 所示。

图 16-8 输入注册信息

图 16-9 信息显示

16.3 OGNL 表达式语言

OGNL(Object-Graph Navigation Language，对象图导航语言)是一种强大的表达式语言，用于引用和操作值栈上的数据，以及用于数据传输和类型转换。

16.3.1 Struts 2 OGNL 表达式

在 Struts 框架中，OGNL 是默认的表达式语言，它支持获取属性和方法、访问静态属性与方法、操作数组和集合等。OGNL 表达式语言的核心对象是 OGNL 上下文，它相当于一个 MAP 容器，实现了 java.utils.Map 接口。在 OGNL 上下文中可以存放多个对象，访问对象时要使用#符号。

在 Struts 2 框架中的 OGNL 上下文作用于 ActionContext 对象。ActionContext 对象是 Struts 2 框架中的一个核心对象。ActionContext 的结构如图 16-10 所示。

值栈(ValueStack)有后进先出的特性。在 ActionContext 中包含多个对象，而值栈是 OGNL 上下文的根。如果要访问根对象(即 ValueStack)中对象的属性，则可以省略#命名空间，直接访问该对象的属性即可。

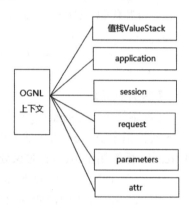

图 16-10 ActionContext 的结构

16.3.2 获取 ActionContext 对象信息

当 Struts 2 接受一个 Action 请求时，会迅速创建 ActionContext、ValueStack 和 Action。然后将 Action 放入 ValueStack，因此 Action 的实例变量可以被 OGNL 访问。由于 OGNL 作用于 ActionContext 对象，因此通过 OGNL 表达式可以获取 ActionContext 中的所有对象信息。

1. 获取值栈中的对象

由于 OGNL 上下文中的根可以直接获取，而值栈又是 Struts 2 框架的根对象，因此可以直接访问值栈中对象的信息。获取对象信息的语法格式如下：

${对象.属性名}

如果访问一个对象的属性，在 OGNL 中一般通过"."号来指定属性名。

2. 获取 application 中的对象

由于 ActionContext 对象中包含的 application 对象不是 OGNL 上下文的根对象，因此访问

ServletContext 时需要添加#前缀。其获取对象信息的语法格式如下：

```
#application.属性名
```

或

```
#application["属性名"]
```

上述语法的功能，相当于调用了 application.getAttribute("属性名")。

3. 获取 session 中的对象

由于 ActionContext 对象中包含的 session 对象不是 OGNL 上下文的根对象，因此访问 HttpSession 时需要添加#前缀。其获取对象信息的语法格式如下：

```
#session.属性名
```

或

```
session["属性名"]
```

上述语法的功能，相当于调用了 session.getAttribute("属性名")。

4. 获取 request 中的对象

由于 ActionContext 对象中包含的 request 对象不是 OGNL 上下文的根对象，因此访问 HttpServletRequest 属性的 Map 时需要添加#前缀。其获取对象信息的语法格式如下：

```
#request.属性名
```

或

```
request["属性名"]
```

上述语法的功能，相当于调用了 request.getAttribute("属性名")。

5. 获取 parameters 中的对象

由于 ActionContext 对象中包含的 parameters 对象不是 OGNL 上下文的根对象，因此访问 HTTP 的请求参数时需要添加#前缀。其获取对象信息的语法格式如下：

```
#parameters.属性名
```

或

```
parameters ["属性名"]
```

上述语法的功能，相当于调用了 request.getParameter("属性名")。

6. 获取 attr 中的对象

如果没有指定访问的范围，可以使用 attr 来获取属性的值。获取属性值要按照 page→request→session→application 的顺序进行搜索。其获取对象信息的语法格式如下：

```
#attr.属性名
```

或

```
attr["属性名"]
```

注意

在 Struts 2 框架中，OGNL 表达式需要配合 Struts 标签才可以使用。

【例 16-6】使用 OGNL 获取 ActionContext 中对象的信息。

step 01 创建用户输入信息的页面。(源代码\ch16\ognl\WebRoot\index.jsp)

```
<%@ page language="java" import="java.util.*" pageEncoding="utf-8"%>
<%@ taglib uri="/struts-tags" prefix="s"%>
<!DOCTYPE HTML PUBLIC "-//W3C//DTD HTML 4.01 Transitional//EN">
<html>
<head>
<title>OGNL 使用</title>
</head>
<body>
    <s:form action="ognlAction" namespace="/">
        <s:textfield name="message" label="输入信息" />
        <s:submit value="提交" align="left"/>
    </s:form>
</body>
</html>
```

【案例剖析】

在本案例中，通过<s:textfield>标签显示输入信息，通过<s:submit>标签提交用户的输入信息，通过<s:form>标签的 action 属性指定处理 Action 请求的类。

step 02 创建继承 ActionSupport 的类。(源代码\ch16\ognl\src\action\OgnlAction.java)

```
package action;
import java.util.*;
import com.opensymphony.xwork2.util.ValueStack;
import com.opensymphony.xwork2.ActionContext;
import com.opensymphony.xwork2.ActionSupport;
public class OgnlAction extends ActionSupport {
    private String message;
    public String getMessage() {
        return message;
    }
    public void setMessage(String message) {
        this.message = message;
    }
    public String execute() throws Exception {
        //创建值栈，OGNL 的根对象
        ValueStack stack = ActionContext.getContext().getValueStack();
        //创建 Map 容器
        Map<String, Object> map = new HashMap<String, Object>();
        //向值栈中添加数据
        map.put("str1", new String("Map 中第一个数据"));
        map.put("str2", new String("Map 中第二个数据"));
        //将 Map 容器放入值栈
```

```java
        stack.push(map);
        //application 对象中的数据
        Map<String,Object> application = (Map<String,Object>)
            ActionContext.getContext().getApplication();
        application.put("appli","application 中属性值");
        //session 对象中的数据
        Map<String,Object> session = (Map<String,Object>)
            ActionContext.getContext().getSession();
        session.put("sess","session 中属性值");
        //request 对象中的数据
        Map<String,Object> request = (Map<String,Object>)
            ActionContext.getContext().get("request");
        request.put("req","request 中属性值");
        System.out.println("值栈大小: " + stack.size());
        return "success";
    }
}
```

【案例剖析】

在本案例中，定义类的私有成员变量 message，以及它的 setter 和 getter 方法，根据用户的输入信息自动注入 message 中。通过 ActionContext 类的 getValueStack()方法获取 ValueStack(值栈)的对象 stack。

(1) Struts 2 在执行时会将 Action 自动添加到值栈的顶部，因此使用 setters 或 getters 方法将值添加到 Action 类中，即放入了值栈中，然后使用<s:property>标签访问值。

(2) 创建 Map 类型的容器 map，添加另一个 String 类型的信息到 map 容器，然后通过值栈 stack 的 put()方法将容器 map 添加到值栈中。

(3) 创建 Map 类型的 application、session 和 request 变量，通过 put()方法分别向 3 个变量中添加字符串值。

step 03 显示 ActionContext 对象中的信息。(源代码\ch16\ognl\WebRoot\show.jsp)

```jsp
<%@ page language="java" import="java.util.*" pageEncoding="utf-8"%>
<%@ taglib uri="/struts-tags" prefix="s"%>
<!DOCTYPE HTML PUBLIC "-//W3C//DTD HTML 4.01 Transitional//EN">
<html>
  <head>
    <title>OGNL 使用</title>
  </head>

  <body>
    ActionContext 信息:<br/>
    message = <s:property value="message"/><br/>
    str1 = <s:property value="str1"/><br/>
    str2 = <s:property value="str2"/><br/>
    appli = <s:property value="#application.appli"/><br/>
    sess = <s:property value="#session['sess']"/><br/>
    req = <s:property value="#request.req"/><br/>
  </body>
</html>
```

【案例剖析】

在本案例中，通过<s:property>标签的 value 属性直接访问值栈中的数据，即 message、str1 和 str2。由于 application、session 和 request 不是值栈的根对象，因此使用"#"号访问。

step 04 在配置文件 struts.xml 中添加 Action 的配置信息。

```xml
<?xml version="1.0" encoding="UTF-8" ?>
<!DOCTYPE struts PUBLIC "-//Apache Software Foundation//DTD Struts Configuration 2.1
    //EN" "http://struts.apache.org/dtds/struts-2.1.dtd">
<struts>
    <package name="default" namespace="/" extends="struts-default">
        <action name="ognlAction" class="action.OgnlAction">
            <result>show.jsp</result>
        </action>
    </package>
</struts>
```

【案例剖析】

在本案例中，通过<action>节点设置 Action 的 URL 映射关系，name 属性指定 Action 类的访问地址，class 指定 Action 类的路径，即包名和类名。通过<result>节点指定 Action 处理后显示结果的页面。

step 05 在配置文件 web.xml 中添加 jsp 页面的过滤器。部分代码如下：

```xml
<!--添加jsp的过滤器 -->
    <filter-mapping>
        <filter-name>Struts 2</filter-name>
        <url-pattern>*.jsp</url-pattern>
    </filter-mapping>
```

【案例剖析】

在本案例中，由于配置文件中过滤器只过滤后缀是*.action 的文件，.jsp 文件不能访问，因此需要添加.jsp 文件的过滤器。

【运行项目】

部署 Web 项目，启动 Tomcat。在浏览器的地址栏中输入"http://127.0.0.1:8888/ognl/index.jsp"，用户输入信息，如图 16-11 所示。单击【提交】按钮，显示信息如图 16-12 所示。

图 16-11 输入信息

图 16-12　ActionContext 信息

16.3.3　获取属性与方法

在 Struts 2 框架中，可以使用 OGNL 表达式语言获取属性与方法。获取属性的方法主要有两种，它们的语法格式如下：

对象.属性名

或

对象[属性名]

OGNL 不仅支持属性的获取，同样也支持方法的调用。其语法格式如下：

对象.方法名()

【例 16-7】获取属性与方法。

step 01　创建 Person 类。(源代码\ch16\ognl\src\bean\Person.java)

```
package bean;
public class Person {
    private String name;
    private int age;
    public String getName() {
        return name;
    }
    public void setName(String name) {
        this.name = name;
    }
    public int getAge() {
        return age;
    }
    public void setAge(int age) {
        this.age = age;
    }
    public String show(){
        return "类的方法";
    }
}
```

【案例剖析】

在本案例中，定义类的私有成员变量 name、age，并定义它们的 getter 和 setter 方法，以及公共的 show()方法。

step 02 创建输入用户信息的页面。(源代码\ch16\ognl\WebRoot\attribute.jsp)

```
<%@ page language="java" import="java.util.*" pageEncoding="utf-8"%>
<!DOCTYPE HTML PUBLIC "-//W3C//DTD HTML 4.01 Transitional//EN">
<html>
  <head>
    <title>输入信息</title>
  </head>

  <body>
    <form action="attribute.action" method="post">
    姓名: <input type="text" name="person.name" /><br/>
    年龄: <input type="text" name="person.age"/><br/>
     <input type="submit" value="提交" /><br/>
    </form>
  </body>
</html>
```

【案例剖析】

在本案例中,定义用户输入 Person 类的用户名、年龄的表单页面,用户输入的信息自动注入 Action 类的 person 属性中。

step 03 创建处理用户请求的 Action 类。(源代码\ch16\ognl\src\action\AttributeAction.java)

```
package action;
import com.opensymphony.xwork2.ActionSupport;
import bean.Person;
public class AttributeAction extends ActionSupport{
    private Person person;
    public Person getPerson() {
        return person;
    }
    public void setPerson(Person person) {
        this.person = person;
    }
}
```

【案例剖析】

在本案例中,定义继承 ActionSupport 的类,在类中定义 Person 类型的私有成员变量 person,并定义的 getter 和 setter 方法。用于获取用户输入的 Person 类的信息。

step 04 在配置文件 struts.xml 中,添加如下代码。(源代码\ch16\ognl\src\struts.xml)

```
<action name="attribute" class="action.AttributeAction">
    <result>showAttribute.jsp</result>
</action>
```

【案例剖析】

在本案例中,添加 Action 对象的 URL 地址映射信息到配置文件中,并通过<result>节点指定处理后的结果显示页面。

step 05 创建显示属性和方法的页面。(源代码\ch16\ognl\WebRoot\showAttribute.jsp)

```
<%@ page language="java" import="java.util.*" pageEncoding="utf-8"%>
<%@ taglib uri="/struts-tags" prefix="s" %>
```

```html
<!DOCTYPE HTML PUBLIC "-//W3C//DTD HTML 4.01 Transitional//EN">
<html>
  <head>
    <title>访问属性与方法</title>
  </head>
  <body>
    姓名：<s:property value="person.name"/><br>
    年龄：<s:property value="person.age"/><br>
    方法：<s:property value="person.show()"/>
  </body>
</html>
```

【案例剖析】

在本案例中，使用<s:property>标签输出类的 name 属性和 age 属性的值以及类的 show()方法的返回值。

【运行项目】

部署 Web 项目，启动 Tomcat。在浏览器的地址栏中输入"http://127.0.0.1:8888/ognl/attribute.jsp"，输入信息，如图 16-13 所示。单击【提交】按钮后，显示用户信息页面，如图 16-14 所示。

图 16-13　输入信息页面

图 16-14　获取属性与方法

16.3.4　访问静态属性与方法

在 Struts 2 框架中，使用 OGNL 表达式同样支持访问静态方法和静态属性，需要使用符号@进行标注。访问静态属性的语法格式如下：

@包名.类名@属性名

访问静态方法的语法格式如下：

@包名.类名@方法名()

在 Struts 2 框架中，提供了一个常量"struts.ognl.allowStaticMethodAccess"，用于设置是否允许 OGNL 调用静态方法，该常量默认值是 false，即在默认情况下，不允许 OGNL 调用静态方法。如果需要调用静态方法，则必须在配置文件 struts.xml 中加入如下代码：

```xml
<constant name="struts.ognl.allowStaticMethodAccess" value="true"/>
```

【例 16-8】 访问静态属性和静态方法。

step 01 在 ognl 项目的 Person 类中，添加静态属性和静态方法的代码。(源代码 \ch16\ognl\src\bean\Person.java)

```java
package bean;
public class Person {
    public static String MESSAGE="sataic 属性";
    private String name;
    private int age;
    public String getName() {
        return name;
    }
    public void setName(String name) {
        this.name = name;
    }
    public int getAge() {
        return age;
    }
    public void setAge(int age) {
        this.age = age;
    }
    public String show(){
        return "类的方法";
    }
    public static String staticMethod(){
        return "sataic 方法";
    }
}
```

【案例剖析】

在本案例中，在该类中添加静态成员变量 MESSAGE 并赋值，并定义类的静态方法 staticMethod()，用于返回一个字符串。

step 02 在 ognl 项目的 showAttribute.jsp 页面中，添加访问静态属性和方法的代码。(源代码\ch16\ognl\WebRoot\showAttribute.jsp)

```jsp
<%@ page language="java" import="java.util.*" pageEncoding="utf-8"%>
<%@ taglib uri="/struts-tags" prefix="s" %>
<!DOCTYPE HTML PUBLIC "-//W3C//DTD HTML 4.01 Transitional//EN">
<html>
  <head>
    <title>访问属性与方法</title>
  </head>
  <body>
    姓名：<s:property value="person.name"/><br>
    年龄：<s:property value="person.age"/><br>
```

```
    方法：<s:property value="person.show()"/><br>
    静态属性：<s:property value="@bean.Person@MESSAGE"/><br>
    静态方法：<s:property value="@bean.Person@staticMethod()"/><br>
  </body>
</html>
```

【案例剖析】

在本案例中，添加了使用@标记访问类的静态属性和静态方法，在页面中显示静态属性的值和静态方法的返回值。

step 03 由于要访问静态方法，因此需要在配置文件 struts.xml 中添加如下代码：

```
<constant name="struts.ognl.allowStaticMethodAccess" value="true"/>
```

【案例剖析】

在本案例中，在<struts>节点中<package>节点外，添加上述代码，目的是使用 OGNL 调用静态的方法。

【运行项目】

部署 Web 项目，启动 Tomcat。在浏览器的地址栏中输入"http://127.0.0.1:8888/ognl/attribute.jsp"，输入用户信息并单击【提交】按钮，显示信息，如图 16-15 所示。

图 16-15　静态属性与静态方法

16.3.5　访问数组和集合

在 Struts 2 框架中，使用 OGNL 表达式不仅可以访问属性与方法，还可以访问数组与集合中的数据。

1. 数组

使用 OGNL 表达式访问数组中的元素与 Java 语言中访问数组元素的方法类似，即通过下标访问。使用 OGNL 表达式访问数组的语法格式如下：

数组名[下标]

OGNL 不仅可以访问数组中的元素，还可以获取数组的长度。其语法格式如下：

数组名.length

2. 集合

使用 OGNL 表达式同样可以访问集合中的数据。由于不同集合的存储结构不同，因此不同集合的访问方式也存在差异。

1) List 集合

List 集合是一个有序集合，使用 OGNL 访问该集合时，可以通过下标值进行访问。其语法格式如下：

```
list[下标]
```

list：List 类型的集合名。

2) Set 集合

Set 集合是一个无序集合，对象在该集合中的存储方式是无序的，因此不能通过下标值的方式访问该集合中的数据。

3) Map 集合

Map 集合中的数据是以 key、value 的方式进行存储。使用 OGNL 访问 Map 集合，一般通过获取 key 值来访问 value。其语法格式如下：

```
map.key
```

或

```
map.['key']
```

map：Map 类型的集合名。

由于 Map 对象是包含 Key 与 Value 的集合，因此 OGNL 表达式提供了获取 Map 集合中所有 Key 与 Value 的方法，从而返回 Key 与 Value 的数组。获取方法如下：

```
map.keys        //获取 Map 集合中所有的 Key
map.values      //获取 Map 集合中所有的 Value
```

在 OGNL 中提供了两个通用的方法，用于判断集合中元素是否为空和获取集合长度。其语法格式如下：

```
集合名.isEmpty    //判断集合元素是否为空
集合名.size()     //获取集合的长度
```

【例 16-9】使用 OGNL 访问集合和数组。

step 01 创建继承 ActionSupport 的类。(源代码\ch16\src\action\MapAction.java)

```
package action;
import java.util.ArrayList;
import java.util.HashMap;
import java.util.Map;
import com.opensymphony.xwork2.ActionSupport;
public class MapAction extends ActionSupport{
    private String[] array;
    private Map<String, Object> map;
    private ArrayList<String> list;

    public String[] getArray() {
```

```java
        return array;
    }

    public void setArray(String[] array) {
        this.array = array;
    }

    public Map<String, Object> getMap() {
        return map;
    }

    public void setMap(Map<String, Object> map) {
        this.map = map;
    }

    public ArrayList<String> getList() {
        return list;
    }

    public void setList(ArrayList<String> list) {
        this.list = list;
    }

    @Override
    public String execute() throws Exception {
        array = new String[3];
        array[0] = "星期一";
        array[1] = "星期二";
        array[2] = "星期三";
        map = new HashMap<String, Object>();
        map.put("1", "赤");
        map.put("2", "橙");
        map.put("3", "黄");
        map.put("4", "绿");
        map.put("5", "青");
        map.put("6", "蓝");
        map.put("7", "紫");
        list = new ArrayList<String>();
        list.add("苹果");
        list.add("香蕉");
        list.add("橘子");
        return "success";
    }
}
```

【案例剖析】

在本案例中，定义继承 ActionSupport 的类，在类中定义私有成员变量 array、map 和 list，以及它们的 getter 和 setter 方法。重写 execute()方法，在该方法中创建 array 数组对象并赋值；创建 HashMap 类型的集合 map，并添加 7 个颜色值；创建 ArrayList 集合，向 list 集合中添加 3 种水果。

step 02 使用 OGNL 访问数组和集合中的数据并显示。（源代码\ch16\WebRoot\

showMap.jsp)

```
<%@ page language="java" import="java.util.*" pageEncoding="utf-8"%>
<%@ taglib uri="/struts-tags" prefix="s" %>
<!DOCTYPE HTML PUBLIC "-//W3C//DTD HTML 4.01 Transitional//EN">
<html>
  <head>
    <title>访问数组和集合</title>
  </head>
  <body>
    数组的值：<br/>
    array[0] = <s:property value="array[0]"/><br/>
    array[1] = <s:property value="array[1]"/><br/>
    array[2] = <s:property value="array[2]"/><br/>
    Map 集合的值：<br/>
    <s:property value="map['1']"/><br/>
    <s:property value="map['2']"/><br/>
    <s:property value="map['3']"/><br/>
    <s:property value="map['4']"/><br/>
    <s:property value="map['5']"/><br/>
    <s:property value="map['6']"/><br/>
    <s:property value="map['7']"/><br/>
        Map 集合所有的 Key 值：
    <s:property value="map.keys"/><br/>
    Map 集合所有的 Value 值：
    <s:property value="map.values"/><br/>
    ArrayList 集合的值：<br/>
    <s:property value="list[0]"/><br/>
    <s:property value="list[1]"/><br/>
    <s:property value="list[2]"/><br/>
  </body>
</html>
```

【案例剖析】

在本案例中，使用标签和 OGNL 访问数组和集合，将数组和集合的内容在页面中显示。

step 03 在配置文件 struts.xml 中，添加 Action 映射 URL。(源代码\ch16\src\struts.xml)

```
<action name="mapAction" class="action.MapAction">
        <result>showMap.jsp</result>
</action>
```

【案例剖析】

在本案例中，添加 Action 对象的映射 URL 到配置文件，name 指定 Action 的 URL，class 指定 Action 类的包名和类名，通过<result>节点指定 Action 处理后结果的显示页面。

【运行项目】

部署 Web 项目 ognl，启动 Tomcat 服务器。在浏览器的地址栏中输入"http://127.0.0.1:8888/ognl/mapAction.action"，运行结果如图 16-16 所示。

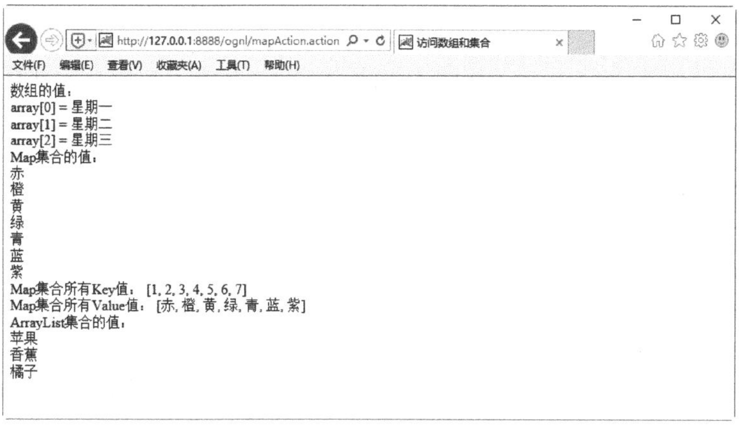

图 16-16 访问数组和集合

16.3.6 过滤与投影

在 Struts 2 框架中，OGNL 表达式还可以对集合进行过滤与投影操作。如果将集合中的数据想象成是数据库表中的数据，那么过滤与投影就是对数据库中表的行和列进行的操作。

1. 过滤

过滤也称为选择，指将满足 OGNL 表达式的结果选择出来构成的一个新的集合。OGNL 中的操作符号及说明如表 16-16 所示。过滤的语法格式如下：

```
collection.{? expression}   //符合表达式的所有结果
```

或

```
collection.{^expression}   //符合表达式的第一个结果
```

或

```
collection.{$expression}   //符合表达式的最后一个结果
```

参数说明如下。
(1) collection：集合名称。
(2) expression：OGNL 表达式。

表 16-16　OGNL 中的操作符号及说明

符　号	说　明
?	选取与逻辑表达式匹配的所有结果
^	选取与逻辑表达式匹配的第一个结果
$	选取与逻辑表达式匹配的最后一个结果
#this	代表当前迭代的元素

2. 投影

投影就是从数据库表中选取某一列所构成的一个新的集合。投影的语法格式如下：

```
collection.{expression}
```

参数说明如下。

(1) collection：集合名称。

(2) expression：OGNL 表达式。

【例 16-10】OGNL 中对集合的过滤与投影操作。

(1) 集合对象在值栈中：直接访问集合对象。

step 01 创建继承 ActionSupport 的 Action 类。（源代码 \ch16\ognl\src\action\FilterAction.java）

```java
package action;
import java.util.ArrayList;
import com.opensymphony.xwork2.ActionContext;
import com.opensymphony.xwork2.ActionSupport;
import com.opensymphony.xwork2.util.ValueStack;
import bean.Person;
public class FilterAction extends ActionSupport{
    private ArrayList<Person> list;
    public ArrayList<Person> getList() {
        return list;
    }
    public void setList(ArrayList<Person> list) {
        this.list = list;
    }
    @Override
    public String execute() throws Exception {
        list = new ArrayList<Person>();
        list.add(new Person("Andy",12));
        list.add(new Person("Ben",20));
        list.add(new Person("David",25));
        list.add(new Person("Dylan",28));
        list.add(new Person("Frank",8));
        list.add(new Person("Harry",18));
        list.add(new Person("Jim",22));
        return "success";
    }
}
```

【案例剖析】

在本案例中，创建继承 ActionSupport 的类，在该类中定义私有成员变量 list 及它的 getter 和 setter 方法。在重写的 execute()方法中，向 list 容器中添加 Person 类型的数据。Struts 2 在执行时，会将 Action 自动添加到值栈的顶部，因此使用 setters 或 getters 方法将 list 私有成员变量值添加到 Action 类中，即放入了值栈中，然后使用<s:property>标签访问值。

step 02 创建显示 Action 处理结果的页面。(源代码\ch16\ognl\WebRoot\showFilter.jsp)

```
<%@ page language="java" import="java.util.*" pageEncoding="utf-8"%>
<%@ taglib uri="/struts-tags" prefix="s" %>
<!DOCTYPE HTML PUBLIC "-//W3C//DTD HTML 4.01 Transitional//EN">
<html>
  <head>
    <title>投影与过滤</title>
  </head>
  <body>
    --- 投影---<br>
    姓名：<s:property value="list.{name}"/><br>
    年龄：<s:property value="list.{age}"/><br>
    --- 过滤---<br>
    age 小于 20 的所有结果：<s:property value="list.{?#this.age<20}"/><br>
    age 小于 20 的第一个结果：<s:property value="list.{^#this.age<20}"/><br>
    age 小于 20 的最后一个结果：<s:property value="list.{$#this.age<20}"/><br>
  </body>
</html>
```

【案例剖析】

在本案例中，使用 OGNL 表达式显示值栈中 list 集合中的数据信息。获取集合中 Person 类的 name 属性的集合，使用投影 list.{name}。使用#this 指定当前对象，age<20 是选择当前对象 list 中满足条件的结果，使用？符号则返回所有结果，使用^符号返回结果中第一个元素，使用$符号返回结果中最后一个元素。

step 03 在 Person 类中添加如下代码。(源代码\ch16\ognl\src\bean\Person.java)

```java
public Person(String name, int age) {
        super();
        this.name = name;
        this.age = age;
    }
    @Override
    public String toString(){
        return name+":"+age;
    }
}
```

【案例剖析】

在本案例中，添加 Person 类的带参数的构造方法。重写 toString()方法，在方法中返回用户名和年龄的字符串。

step 04 在配置文件 struts.xml 中，配置 Action 的映射信息。(源代码\ch16\ognl\src\struts.xml)

```xml
<action name="filterAction" class="action.FilterAction">
        <result>showFilter.jsp</result>
</action>
```

【运行项目】

部署 Web 项目 ognl，启动 Tomcat 服务器。在浏览器的地址栏中输入"http://127.0.0.1:8888/ognl/filterAction.action"，运行结果如图 16-17 所示。

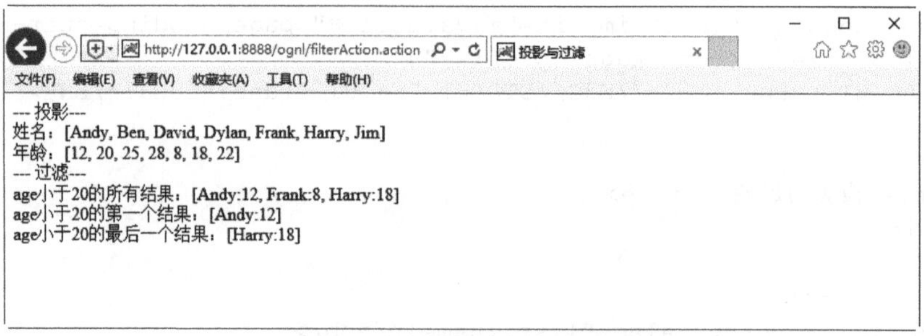

```
---投影---
姓名：[Andy, Ben, David, Dylan, Frank, Harry, Jim]
年龄：[12, 20, 25, 28, 8, 18, 22]
---过滤---
age小于20的所有结果：[Andy:12, Frank:8, Harry:18]
age小于20的第一个结果：[Andy:12]
age小于20的最后一个结果：[Harry:18]
```

图 16-17 过滤与投影

(2) 集合对象不在值栈中：需要使用"#"获取集合对象。

step 01 创建继承 ActionSupport 的类。(源代码\ch16\ognl\src\action\FilterAction2.java)

```java
package action;
import java.util.ArrayList;
import java.util.Map;
import com.opensymphony.xwork2.ActionContext;
import com.opensymphony.xwork2.ActionSupport;
import com.opensymphony.xwork2.util.ValueStack;
import bean.Person;

public class FilterAction2 extends ActionSupport{
    @Override
    public String execute() throws Exception {
        ArrayList<Person> list = new ArrayList<Person>();
        list.add(new Person("Andy",12));
        list.add(new Person("Ben",20));
        list.add(new Person("David",25));
        list.add(new Person("Dylan",28));
        list.add(new Person("Frank",8));
        list.add(new Person("Harry",18));
        list.add(new Person("Jim",22));
        Map<String, Object> session = ActionContext.getContext().getSession();
        session.put("list", list);
        return "success";
    }
}
```

【案例剖析】

在本案例中，重写 execute()方法，在方法中添加 Person 类型的数据，通过 ActionContext 获取 session 变量，通过它存储 list 集合的数据。

step 02 创建显示 Action 处理结果的页面。(源代码\ch16\ognl\WebRoot\showFilter2.jsp)

```jsp
<%@ page language="java" import="java.util.*" pageEncoding="utf-8"%>
<%@ taglib uri="/struts-tags" prefix="s" %>
<!DOCTYPE HTML PUBLIC "-//W3C//DTD HTML 4.01 Transitional//EN">
<html>
  <head>
    <title>投影与过滤</title>
  </head>
  <body>
```

```
    --- 投影---<br>
    姓名：<s:property value="#session.list.{name}"/><br>
    年龄：<s:property value="#session.list.{age}"/><br>
    --- 过滤---<br>
    age 小于 20 的所有结果：<s:property
value="#session.list.{?#this.age<20}"/><br>
    age 小于 20 的第一个结果：<s:property
value="#session.list.{^#this.age<20}"/><br>
    age 小于 20 的最后一个结果：<s:property
value="#session.list.{$#this.age<20}"/><br>
  </body>
</html>
```

【案例剖析】

在本案例中，集合对象不在值栈中的，使用 "#" 获取对象，即#session.list。在页面中使用获取 name 属性的投影，即#session.list.name。过滤操作类似。

step 03 在配置文件中添加如下代码。(源代码\ch16\ognl\src\struts.xml)

```
<action name="filterAction2" class="action.FilterAction2">
        <result>showFilter2.jsp</result>
</action>
```

【运行项目】

部署 Web 项目 ognl，启动 Tomcat 服务器。在浏览器的地址栏中输入 "http://127.0.0.1:8888/ognl/filterAction2.action"，运行结果如图 16-18 所示。

图 16-18 session 存储对象

16.4 Struts 上传文件

Struts 2 框架支持 "基于表单的 HTML 文件上传" 所进行的文件处理。Struts 2 默认使用 Jakarta 的 Common-FileUpload 框架来上传文件。因此，Struts 2 框架中包含 commons-fileupload-1.2.jar 和 commons-io-1.3.1.jar 两个 jar 包。Struts 2 框架在原来上传框架基础上做了进一步封装，简化了文件上传代码，取消了不同上传框架上的编程差异。

当文件上传时，它通常会存储在临时目录中，然后 Action 类对其进行处理或移动到固定目录中，从而确保数据不会丢失。

在 Struts 2 框架中，通过 org.apache.Struts 2.interceptor.FileUploadInterceptor 类获得一个名为 FileUpload 的预定义拦截器，是 defaultStack 拦截器的一部分。使用拦截器 FileUpload 可以

在 Struts 2 框架中上传文件,并在 struts.xml 文件中设置各种参数。

FileUpload 拦截器有 3 个参数,即 maximumSize、allowedTypes 和 allowedExtensions。maximumSize 参数是设置所允许的文件大小的最大值(默认约为 2MB);allowedTypes 参数是所允许的内容(MIME)类型的用逗号分隔的列表;allowedExtensions 上传文件的可扩展文件类型。

【例 16-11】Struts 框架实现文件的上传。

step 01 创建上传文件的 JSP 页面。(源代码\ch16\file\WebRoot\index.jsp)

```
<%@ page language="java" import="java.util.*" pageEncoding="utf-8"%>
<%@ taglib uri="/struts-tags" prefix="s"%>
<!DOCTYPE HTML PUBLIC "-//W3C//DTD HTML 4.01 Transitional//EN">
<html>
  <head>
    <title>文件上传</title>
  </head>
  <body>
    <s:form action="fileAction.action" method="post" enctype=
          "multipart/form-data">
        <s:file name=" uploadFile" label="选择上传的文件" />
        <s:submit value="上传" />
    </s:form>
  </body>
</html>
```

【案例剖析】

在本案例中,通过 Struts 2 框架的核心标签,显示用户上传文件的页面。其中 enctype 的值设为 multipart/form-data,使得上传文件拦截器可以处理文件的上传。<s:file>标签中 name 的值必须与 Action 类中定义属性名一致,即 uploadFile。

注意

multipart/form-data 编码方式的表单,会以二进制流的方式来处理表单数据。这种编码方式将文件域指定文件的内容也封装到请求参数中。

step 02 创建处理 Action 请求的类。(源代码\ch16\file\src\action\FileAction.java)

```
package action;
import java.io.File;
import java.io.IOException;
import org.apache.commons.io.FileUtils;
import com.opensymphony.xwork2.ActionSupport;
public class FileAction extends ActionSupport {
    private File uploadFile; //得到上传的文件
    private String uploadFileContentType; //得到文件的类型
    private String uploadFileFileName; //得到文件的名称
    public String execute()throws Exception{
        System.out.println("上传文件名:" + uploadFileFileName);
        System.out.println("上传文件类型:" + uploadFileContentType);
        System.out.println("上传的文件:" + uploadFile);
        //获取要保存文件夹的物理路径(绝对路径)
        String path = "d:/file/";
```

```
            File file = new File(path,uploadFileFileName);
            try {
                //保存文件
                FileUtils.copyFile(uploadFile, file);
            } catch (IOException e) {
                e.printStackTrace();
            }
            return SUCCESS;
    }
    public File getUploadFile() {
        return uploadFile;
    }
    public void setUploadFile(File uploadFile) {
        this.uploadFile = uploadFile;
    }
    public String getUploadFileContentType() {
        return uploadFileContentType;
    }
    public void setUploadFileContentType(String uploadFileContentType) {
        this.uploadFileContentType = uploadFileContentType;
    }
    public String getUploadFileFileName() {
        return uploadFileFileName;
    }
    public void setUploadFileFileName(String uploadFileFileName) {
        this.uploadFileFileName = uploadFileFileName;
    }
}
```

【案例剖析】

在本案例中，定义私有成员变量上传文件名 uploadFileFileName、上传文件类型 uploadFileContentType 和上传文件对象 uploadFile，以及它们的 setter 和 getter 方法。重写 execute()方法，在方法中负责上传文件并将文件存储在创建的文件 file 中。

FileUpload 拦截器和 Parameters 拦截器为我们承担了所有重工作量。在默认情况下，FileUpload 拦截器提供 3 个参数，它们分别按以下方式命名。

(1) [文件名参数]：指用户上传的实际文件，例如 uploadFile。
(2) [文件名参数]ContentType：指上传文件的类型，例如 uploadFileContentType。
(3) [文件名参数]FileName：指上传文件的名称，例如 uploadFileFileName。

step 03 在配置文件 struts.xml 中，添加 Action 的映射信息，以及设置上传文件。(源代码\ch16\ file\src\struts.xml)

```xml
<?xml version="1.0" encoding="UTF-8" ?>
<!DOCTYPE struts PUBLIC "-//Apache Software Foundation
        //DTD Struts Configuration 2.1//EN"
"http://struts.apache.org/dtds/struts-2.1.dtd">
<struts>
<package name="default" namespace="/" extends="struts-default">
    <action name="fileAction" class="action.FileAction">
        <!-- 指定上传文件的类型，定义局部拦截器，修改默认拦截器的属性
            "fileUpload.maximumSize" : 上传最大的文件大小。
            "fileUpload.allowedTypes": 上传文件的类型。
            "fileUpload.allowedExtensions": 上传文件的可扩展文件类型。 -->
```

```
            <interceptor-ref name="defaultStack">
                <param name="fileUpload.maximumSize">500000000</param>
                <param name="fileUpload.allowedTypes">text/plain,application/
                    vnd.ms-powerpoint</param>
                <param name="fileUpload.allowedExtensions">.txt,.ppt</param>
            </interceptor-ref>
            <result>/success.jsp</result>
            <!-- 出现错误自动会返回 input 结果，进入错误页面 -->
            <result name="input" >/error.jsp</result>
        </action>
    </package>
</struts>
```

【案例剖析】

在本案例中，配置 Action 对象的 URL 映射信息，通过<param>节点 name 属性 maximumSize 定义上传文件大小；name 是 allowedTypes，定义上传文件类型是 txt 和 ppt；name 是 allowedExtensions，指定文件扩展类型。

INPUT 和 SUCCESS 是 Action 接口中的两个静态的成员变量。INPUT 指返回到某个输入信息页面的返回值，如修改页面信息。SUCCESS 指 Action 执行成功的返回值。若 Action 执行成功，返回值设为 success，则返回到成功页面。

step 04 在配置文件 web.xml 中，添加过滤 jsp 文件的过滤器。(源代码\ch16\file\WebRoot\WEB_INF\web.xml)

```
<?xml version="1.0" encoding="UTF-8"?>
<web-app xmlns:xsi="http://www.w3.org/2001/XMLSchema-instance"
    xmlns="http://xmlns.jcp.org/xml/ns/javaee"
    xsi:schemaLocation="http://xmlns.jcp.org/xml/ns/javaee
    http://xmlns.jcp.org/xml/ns/javaee/web-app_3_1.xsd" version="3.1">
  <display-name>file</display-name>
  <filter>
    <filter-name>Struts 2</filter-name>
    <filter-class>org.apache.Struts 2.dispatcher.ng.filter.
StrutsPrepareAndExecuteFilter </filter-class>
  </filter>
  <filter-mapping>
    <filter-name>Struts 2</filter-name>
    <url-pattern>*.action</url-pattern>
  </filter-mapping>
  <filter-mapping>
    <filter-name>Struts 2</filter-name>
    <url-pattern>*.jsp</url-pattern>
  </filter-mapping>
</web-app>
```

【案例剖析】

在本案例中，设置过滤后缀是 jsp 文件的过滤器。

step 05 创建显示上传文件成功的页面。(源代码\ch16\file\WebRoot\success.jsp)

```
<%@ page language="java" import="java.util.*" pageEncoding="utf-8"%>
<!DOCTYPE HTML PUBLIC "-//W3C//DTD HTML 4.01 Transitional//EN">
```

```
<html>
  <head>
    <title>成功页面</title>
  </head>
  <body>
     文件"<s:property value="uploadFileFileName"/>"上传成功。
  </body>
</html>
```

【案例剖析】

在本案例中，显示上传文件的名称。

step 06 创建显示上传文件错误的页面。(源代码\ch16\file\ WebRoot\error.jsp)

```
<%@ page language="java" import="java.util.*" pageEncoding="utf-8"%>
<!-- 引入 Struts 2 的标签库 -->
<%@ taglib uri="/struts-tags" prefix="s"%>
<!DOCTYPE HTML PUBLIC "-//W3C//DTD HTML 4.01 Transitional//EN">
<html>
  <head>
    <title>错误页面</title>
  </head>
  <body>
       --- 跳转错误页面---<br>
         <!-- fielderror 标签输出 action 的 fieldErrors 属性保存的字段错误，
            fieldErrors 是一个 map 类型的属性。-->
     <s:fielderror />
     <!-- 生产一个查看 debug 信息的链接 -->
     <s:debug />
  </body>
</html>
```

【案例剖析】

在本案例中，显示上传文件出错信息的页面。在该页码中使用<s:fielderror>标签输出错误信息，并通过<s:debug>标签查看 debug 的信息。

【运行项目】

部署 Web 项目 File，启动 Tomcat。在浏览器的地址栏中输入"http://127.0.0.1:8888/file/"，如图 16-19 所示。单击【浏览】按钮，选择上传文件"文件上传.txt"，如图 16-20 所示。

图 16-19　上传页面

图 16-20　上传文件

单击【上传】按钮，显示效果如图 16-21 所示。若选择格式是 jpg 的文件，单击【上传】按钮，显示效果如图 16-22 所示。

图 16-21　txt 文件上传成功

图 16-22　jpg 文件上传失败

16.5　Struts 2 数据验证

Struts 2 框架中提供了两种数据验证的方法，分别是通过 ActionSupport 类中提供的 validate()方法和在 Action 类旁放置一个 xml 文件。

16.5.1　手动验证

手动验证是指使用 Validateable 接口中提供的抽象方法 validate()进行数据验证。在 Struts 2 框架中 Action 类一般继承 ActionSupport，而 ActionSupport 又实现了 Validateable 接口。因此，一般在 Action 类中重写 validate()方法进行数据验证。

当用户发出 Action 对象请求时，Struts 2 将自动执行 Action 类中的 validate()方法，进行数据验证，而验证的错误信息一般是通过 addFieldError()方法指定，该方法的语法格式如下：

```
addFieldError("form字段名称","错误信息");
```

【例 16-12】Struts 2 框架中的数据验证。

step 01　创建用户注册信息页面。

```jsp
<%@ page language="java" import="java.util.*" pageEncoding="utf-8"%>
<%@ taglib prefix="s" uri="/struts-tags"%>
<!DOCTYPE html PUBLIC "-//W3C//DTD HTML 4.01 Transitional//EN"
"http://www.w3.org/TR/html4/loose.dtd">
<html>
<head>
<title>用户注册</title>
</head>
<body>
  <s:form action="dataAction.action" method="post">
    <s:textfield name="name" label="姓名" />
    <s:textfield name="age" label="年龄" />
    <s:submit value="提交" align="left" />
  </s:form>
</body>
</html>
```

【案例剖析】

在本案例中，通过标签创建用户输入注册信息，并通过<s:form>标签指定交由哪个 Action

对象处理用户的请求。

step 02 创建处理用户注册信息验证的 Action 类。

```java
package action;
import javax.persistence.criteria.CriteriaBuilder.In;
import com.opensymphony.xwork2.ActionSupport;
public class DataAction extends ActionSupport {
    private String name;
    private String age;
    public String execute() throws Exception{
        return SUCCESS;
    }
    public String getName() {
        return name;
    }
    public void setName(String name) {
        this.name = name;
    }
    public String getAge() {
        return age;
    }
    public void setAge(String age) {
        this.age = age;
    }
    //验证数据信息
    @Override
    public void validate() {
        if (name == null || name.trim().equals("")) {
            addFieldError("name", "姓名不能为空！");
        }
        if(age == null || age.trim().equals("")){
            addFieldError("age", "年龄不能为空！");
        }else if(Integer.parseInt(age)>50){
            addFieldError("age", "年龄必须在 50 以内");
        }
    }
}
```

【案例剖析】

在本案例中，创建继承 ActionSupport 的类，在该类中重写 validate()方法。在方法中通过 if 语句判断 name 和 age 是否是空字符串或 null，若是则通过 addFieldError()方法，对 name 和 age 字符分别添加错误提示信息；若上述 if 语句不满足，则通过 else if 语句判断 age 的值是否大于 50，若满足则对 age 字段添加错误提示信息。

step 03 创建处理结果显示页面。

```jsp
<%@ page language="java" import="java.util.*" pageEncoding="utf-8"%>
<%@ taglib prefix="s" uri="/struts-tags"%>
<!DOCTYPE html PUBLIC "-//W3C//DTD HTML 4.01 Transitional//EN"
"http://www.w3.org/TR/html4/loose.dtd">
<html>
<head>
<title>Success</title>
```

```
</head>
<body>
   用户注册成功：<br>
 姓名 = <s:property value="name"/> <br>
 年龄 = <s:property value="age"/>
</body>
</html>
```

【案例剖析】

在本案例中，使用标签显示用户注册成功后的页面信息。

step 04 在配置文件 struts.xml 中，添加 Action 对象的配置信息。

```
<?xml version="1.0" encoding="UTF-8" ?>
<!DOCTYPE struts PUBLIC "-//Apache Software Foundation//DTD Struts Configuration 2.1
        //EN" "http://struts.apache.org/dtds/struts-2.1.dtd">
<struts>
    <package name="default" extends="struts-default" namespace="/">
        <action name="dataAction" class="action.DataAction" method="execute">
            <result name="input">/index.jsp</result>
            <result name="success">/success.jsp</result>
        </action>
    </package>
</struts>
```

【案例剖析】

在本案例中，配置 Action 对象的映射信息，并通过<result>标签设置 Action 处理结果的显示页面。当处理返回 success 时则进入 success.jsp 页面；当处理返回 input 时则进入 index.jsp 页面。

step 05 在配置文件 web.xml 中，添加过滤器。

```
<?xml version="1.0" encoding="UTF-8"?>
<web-app xmlns:xsi="http://www.w3.org/2001/XMLSchema-instance"
xmlns="http://xmlns.jcp.org/xml/ns/javaee"
xsi:schemaLocation="http://xmlns.jcp.org/xml/ns/javaee
http://xmlns.jcp.org/xml/ns/javaee/web-app_3_1.xsd" version="3.1">
  <display-name>data</display-name>
  <filter>
    <filter-name>Struts 2</filter-name>
    <filter-class>org.apache.Struts 2.dispatcher.ng.filter.
StrutsPrepareAndExecuteFilter</filter-class>
  </filter>
  <filter-mapping>
    <filter-name>Struts 2</filter-name>
    <url-pattern>*.action</url-pattern>
  </filter-mapping>
  <filter-mapping>
    <filter-name>Struts 2</filter-name>
    <url-pattern>*.jsp</url-pattern>
  </filter-mapping>
</web-app>
```

【运行项目】

部署 Web 项目 data，启动 Tomcat。在浏览器的地址栏中输入"http://127.0.0.1:8888/data/index.jsp"，运行结果如图 16-23 所示。单击【提交】按钮，显示错误信息提示，效果如图 16-24 所示。

图 16-23　注册页面　　　　　　　　　　图 16-24　错误信息提示

输入姓名与年龄(年龄大于 50，出现错误提示)，效果如图 16-25 所示。重新输入 50 以内的年龄，运行效果如图 16-26 所示。

图 16-25　年龄大于 50　　　　　　　　　图 16-26　注册成功

16.5.2　XML 验证

XML 验证是指在 Action 类旁边放置一个 xml 文件。Struts 2 基于 XML 的验证提供了更多的验证方式，如 email 验证、integer range 验证、form 验证、expression 验证、regex 验证、required 验证、requiredstring 验证、stringlength 验证等。

使用 XML 验证的验证文件名需要遵循一定的命名规则，具体介绍如下。

(1) 数据验证用户整个 Action 对象，验证 Action 对象的请求业务处理方法。若 Action 对象中只存在单一的验证处理方法，或者多个请求处理方法规则相同，则使用该命名方式：

```
ActionName-validation.xml
```

(2) 若 Action 对象中包含多个请求处理方法，若不对每个方法进行验证，而只对 Action 对象中特定的方法进行验证，则使用该命名方式：

```
ActionName-AliasName-validation.xml
```

参数说明如下。

① ActionName：Action 类名。

② AliasName：配置文件中 Action 元素对应 name 属性的名称。

【例 16-13】使用 XML 数据验证。在例 16-12 基础上，修改 Action 文件。

step 01　修改 Action 文件。(源代码\ch16\data\src\action\DataAction.java)

```
package action;

import javax.persistence.criteria.CriteriaBuilder.In;

import com.opensymphony.xwork2.ActionSupport;

public class DataAction extends ActionSupport {
    private String name;
    private String age;

    public String execute() throws Exception{
        return SUCCESS;
    }

    public String getName() {
        return name;
    }
    public void setName(String name) {
        this.name = name;
    }
    public String getAge() {
        return age;
    }
    public void setAge(String age) {
        this.age = age;
    }
}
```

【案例剖析】

在本案例中,删除 validate()方法,只定义成员变量 name 和 age 的 setter 和 getter 方法。

step 02 创建 XML 验证文件。(源代码\ch16\data\src\action\DataAction-validation.xml)

```
<?xml version="1.0" encoding="UTF-8"?>
 <!DOCTYPE validators PUBLIC
        "-//Apache Struts//XWork Validator 1.0.3//EN"
        "http://struts.apache.org/dtds/xwork-validator-1.0.3.dtd">
<validators>
    <field name="name">
        <field-validator type="requiredstring">
            <message>
                姓名不能为空!
            </message>
        </field-validator>
    </field>
    <field name="age">
        <field-validator type="requiredstring">
            <param name="max">50</param>
            <message>
                年龄不能大于 50!
            </message>
        </field-validator>
    </field>
</validators>
```

【案例剖析】

在本案例中，定义 xml 用于判断 name 是否是空字符串或 null，age 不能大于 50。<field>标签的 name 属性指定要验证的字；<field-validator>标签的 type 属性指定验证字段的类型，它的<param>子标签指定验证字段限制值，<message>子标签指定验证字段的提示信息。

16.6　大 神 解 惑

小白：在 OGNL 上下文中，对于不是根的对象，怎样输出它们当中的值？

大神：对于不是根的对象，其内的值一般需要使用#号来获取指定参数的值，例如"#request.参数名"或"#request['参数名']"获取参数的值。

小白：使用拦截器是如何处理请求的？

大神：使用继承 AbstractInterceptor 的类，当调用 intercept()方法中的 invocation 参数提供的 invoke()方法时，才会执行 Action 对象的请求处理方法。

16.7　跟我学上机

练习 1：创建 Web 项目，使用标签和 OGNL 表达式创建用户注册页面，以及在处理结果页面中显示用户的注册信息。

练习 2：创建 Web 项目，在页面中创建注册图书信息，并上传图书的图片。输入的图书信息使用 XML 或手动验证进行验证。

【文档结构】

上述XML文档中，主要 xml 中元素 name 是在 C# 客户端 public age 下根据于 50 、Yields 中 Sql name 指的是测试文接上个,例如 validator 在 web) type 是所需要的数据源类型,是 http-param 等。除此之外可以正式用到外部的、messages 了。messages 子元素的定义是配置外部出来。

16.6 大神醒悟

本届请在 OGNL 上下文中,可以自由引入上级的类,并调用它们的方法。

在本章,我们了解到在线学生,了解并创建自主上学网计出学生的处理过程,我们
同时创建单元,以及了解 Struts 2 的工作流程。在了学习之后,对以什么进
一步的扩展,这些内容需要你自己研究 Struts 2 以及阅读类的源代码才能得到。

首先,可以了解 Action 级到达 Action 方法之间的整流过程。

其次,了解 Action 方法设定后,到底是以怎样的一种方式,将其数值传到
指定的接收者,以及其间又进行了怎样的处理。

16.7 脱技学上机

本章主要以介绍 Struts 2 应用开发为主线,重点介绍 Struts 2 框架的应用开发
的处理过程,上机部分:

参见下载的文件的第 16 章目录下,完成了解整个 Struts 2 框架的应用开发
过程以及 XML 配置文件的使用。

第 17 章

数据持久化框架技术——Hibernate 4 技术

Hibernate 框架是一个基于 Java 对象/关系数据库映射的工具,它的源代码是开放的。Hibernate 框架对 JDBC 进行了轻量级的对象封装,将 POJO 与数据库表建立映射关系,它是一个全自动的 ORM 框架。Hibernate 可以自动生成 SQL 语句,并自动执行,使得 Java 程序员可以方便地使用对象编程的思维,来操纵数据库。

本章要点(已掌握的在方框中打钩)

- ☐ 掌握 Hibernate 如何关联数据库。
- ☐ 掌握如何配置 Hibernate。
- ☐ 了解 Hibernate 的配置文件。
- ☐ 掌握 Hibernate 的相关类。
- ☐ 掌握 Hibernate 框架中对象的状态。
- ☐ 掌握 Hibernate 中如何创建数据表。
- ☐ 掌握在 Hibernate 中数据表和实体类的映射关系。
- ☐ 掌握如何使用 session 和 DAO 操作数据。
- ☐ 掌握 HQL 语言的使用。
- ☐ 掌握使用分页查询的功能。

17.1 Hibernate 概述

Hibernate 是一个采用 ORM(Object/Relation Mapping 对象关系映射)机制持久层的开源框架，它的核心思想是面向对象而非面向过程。面向对象就是通过 ORM 实现的。

17.1.1 ORM 概述

ORM(对象关系映射)是将表与表之间的操作，映射为对象与对象之间的操作，从而实现通过操作实体类来操作表的目的。从数据库中获取的数据，自动按设置的映射要求封装成特定的对象。然后通过对对象进行操作来修改数据库中表的数据。这个过程中操作的数据信息就是一个对象。

Hibernate 将数据表的字段映射到类的属性上，这样数据表的定义就对应于一个类的定义，而每一个数据行将映射成该类的一个对象。因此，Hibernate 通过数据表和实体类之间的映射关系，对对象进行的修改就是对数据行的修改，而不用考虑关系型的数据库表，使得程序完全对象化，更符合面向对象思维，同时也简化了持久层的代码，使逻辑结构更清晰。

17.1.2 Hibernate 架构

Hibernate 是 ORM 的映射工具，其作为一个持久层框架，不仅体现了 ORM 的设计理念，还提供了高效的对象到关系型数据库的持久化服务。Hibernate 框架使业务逻辑的处理更加简便，程序间的业务关系更加紧密，程序的开发与维护也更加便利。Hibernate 的架构如图 17-1 所示。该架构图显示了 Hibernate 框架，利用数据库和配置文件，向应用程序提供持久化对象。

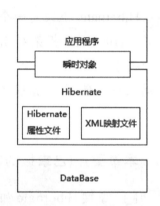

图 17-1 Hibernate 架构

17.2 开发环境配置

使用集成开发环境 MyEclipse，进行基于 Hibernate 的 Web 应用程序开发时，使用 MySql 数据库。Hibernate 开发环境的配置具体如下。

17.2.1 关联数据库

使用 MyEclipse 进行基于 Hibernate 的应用程序开发时，首先需要在 MyEclipse 中关联 MySql 数据库。具体操作步骤如下。

step 01 打开 MyEclipse，选择 Window→Show View→Other 菜单命令，如图 17-2 所示。

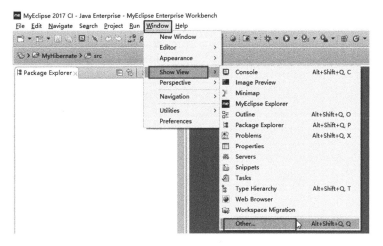

图 17-2 选择 Other 命令

step 02 打开 Show View 对话框，如图 17-3 所示。

step 03 在文本框中输入"DB Browser"，如图 17-4 所示。

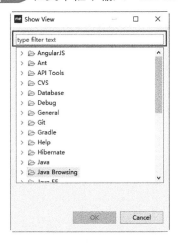

图 17-2 Show View 对话框

图 17-4 输入"DB Browser"

step 04 选择 DB Browser 选项，在打开的 DB Browser 窗口中，右击，在弹出的快捷菜单中选择 New 命令，如图 17-5 所示。

step 05 打开 Database Driver 对话框，在 Driver template 下拉列表中选择 MySQL Connector/J，在 Driver name 文本框中输入"MySql"，在 Connection URL 文本框中输入"jdbc:mysql://localhost:3306/mydb"，在 User name 文本框中输入 MySql 数据库的用户名"root"，在 Password 文本框中输入 MySql 数据库的密码"123456"，单击 Add JARs 按钮，找到 MySql 数据库的驱动 mysql-connector-java-5.1.40-bin.jar，选择并添加，在 Driver classname 下拉列表中选择 com.mysql.jdbc.Driver，如图 17-6 所示。

step 06 选中 Save password 复选框，单击 Test Driver 按钮，如图 17-7 所示，测试数据库连接是否成功，若数据库连接成功，则出现如图 17-8 所示的提示框。

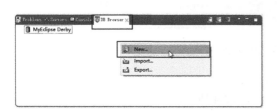

图 17-5　DB Browser 窗口

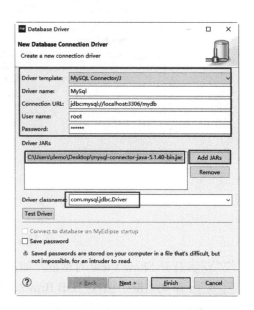

图 17-6　Database Driver 对话框

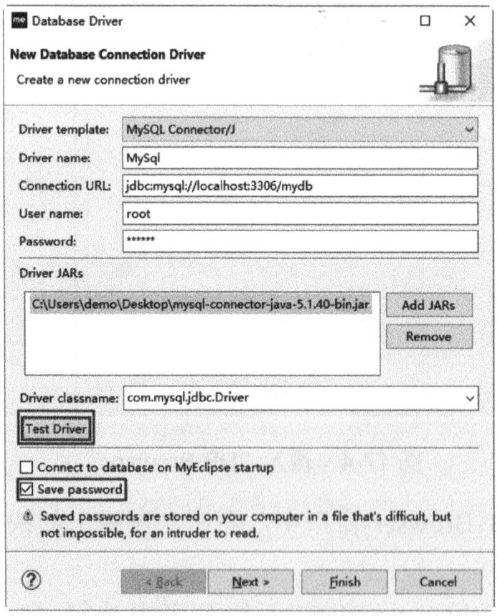

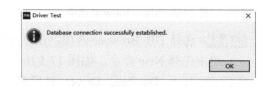

图 17-7　保存密码　　　　　　　　　　　图 17-8　测试成功提示框

17.2.2　配置 Hibernate

在 MyEclipse 中创建 Web 项目，配置 Hibernate，在项目中通过使用 Hibernate 对数据库进行操作。

step 01 创建 Web 项目 MyHibernate，右击 Web 项目，在弹出的快捷菜单中选择 Configure Facets→Install Hibernate Facet 命令，如图 17-9 所示。

step 02 打开 Install Hibernate Facet 对话框，在 Target runtime 下拉列表中，选择 Apache Tomcat v9.0 选项，如图 17-10 所示。

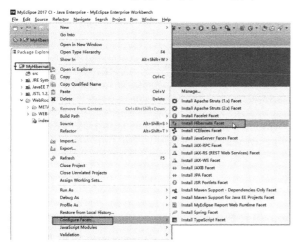

图 17-9　选择 Install Hibernate Facet 命令　　　　图 17-10　Install Hibernate Facet 对话框

step 03 单击 Next 按钮，取消选中 Create SessionFactory class？复选框，如图 17-11 所示。
step 04 单击 Next 按钮，在 DB Driver 下拉列表中，选择 MySql 选项，有关数据库的信息自动填充，如图 17-12 所示。

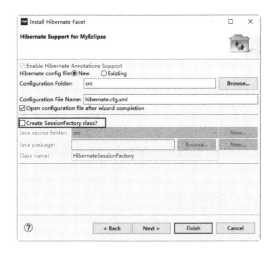

图 17-11　取消选项　　　　　　　　　　图 17-12　设置 DB Driver

step 05 单击 Finish 按钮，Web 项目配置 Hibernate 完成。

17.3　Hibernate 配置文件

在 Web 项目中配置完成 Hibernate 后，会自动生成一个 hibernate.cfg.xml，该文件在项目的 src 目录下。hibernate.cfg.xml 配置文件代码如下：

```xml
<?xml version='1.0' encoding='UTF-8'?>
<!DOCTYPE hibernate-configuration PUBLIC
        "-//Hibernate/Hibernate Configuration DTD 3.0//EN"
        "http://www.hibernate.org/dtd/hibernate-configuration-3.0.dtd">
<!-- Generated by MyEclipse Hibernate Tools.                   -->
<hibernate-configuration>
    <session-factory>
        <property name="myeclipse.connection.profile">MySql</property>
        <property name="dialect">org.hibernate.dialect.MySQLDialect</property>
        <property name="connection.password">123456</property>
        <property name="connection.username">root</property>
        <property name="connection.url">jdbc:mysql://localhost:3306/mydb</property>
        <property name="connection.driver_class">com.mysql.jdbc.Driver</property>
    </session-factory>
</hibernate-configuration>
```

【案例剖析】

在本案例中，配置文件包含数据库的信息，包含数据库的驱动、URL 地址、用户名、密码和拦截数据库使用的 SQL 方言 DENG。通过<mapping/>标签的 resource 属性指定使用 Hibernate 生成的数据库表对应的 Java 类，即持久化类。

配置文件中的<property>标签，常用属性及说明如下。

(1) connection.driver_class：连接数据库的驱动。

(2) connection.url：连接数据库的 URL 地址。

(3) connection.username：连接数据库的用户名。

(4) connection.password：连接数据库的密码。

(5) dialect：连接数据库所使用的 SQL 方言。

(6) show_sql：设置是否在控制台打印 SQL 语句，一般将该属性设置为 true，从而方便程序的调试。

(7) format_sql：设置是否格式化 SQL 语句。

(8) hbm2ddl.auto：是否自动生成数据库表。

上述 Hibernate 的配置只是一小部分，还可以配置数据库表的自动生成、事务策略等。

17.4 Hibernate 相关类

在使用 Hibernate 过程中，会发现 Hibernate 提供了很多类，但是常用的类仅有 3 个，分别是配置类 Configuration、会话工厂类 SessionFactory 和会话类 Session。

17.4.1 配置类

配置类 Configuration 的作用是管理 Hibernate 的配置信息以及启动 Hibernate。在 Hibernate 运行时，Configuration 会读取数据库 URL、数据库用户名、数据库密码、数据库驱动类及数据库适配器等基本信息。

一个 Configuration 类的对象代表了应用程序中 Java 类到数据库的映射的集合。应用程序一般只会创建一个 Configuration 对象，并通过它创建会话工厂类 SessionFactory 的对象。Configuration 加载 Hibernate 配置文件的语法格式如下：

```
Configuration conf = new Configuration().configure();   //加载 Hibernate 配置文件
```

　　Configuration 是 Hibernate 的入口。在创建一个 Configuration 对象时，Hibernate 会通过 configure()方法查找 XML 文件，并加载其配置信息。如果 configure()方法中没有指定加载配置文档的路径，那么 Configuration 对象会加载系统默认的 hibernate.cfg.xml 文件，否则会根据 configure()方法指定的配置文件路径加载 XML 文件。

17.4.2　会话工厂类

　　会话工厂类 SessionFactory 是生成 Session 的工厂，用于保存当前数据库中所有的映射关系。它的线程是安全的，是一个重量级对象，在初始化过程中会耗费大量系统资源。

　　SessionFactory 类主要负责创建 Session 对象，而 SessionFactory 类的对象则是由 Configuration 类创建的。在 Hibernate 初始化时加载映射文件 hibernate.cfg.xml，并创建 Configuration 类的对象。

　　创建 SessionFactory 对象的语法格式如下：

```
SessionFactory factory = conf.buildSessionFactory();   //实例化 SessionFactory
```

　　conf：创建的 Configuration 类的对象。

　　由于 SessionFactory 类是线程安全的，因此可以被多个线程调用以创建 Session 对象。由于创建 SessionFactory 类的对象会耗费大量系统资源，因此一般一个应用中只初始化一个 SessionFactory 对象。

17.4.3　会话类

　　会话类 Session 是用于获取与数据库的物理连接。Session 对象是轻量级的、线程不安全的，在每次需要与数据库进行交互时被创建，不需要时则销毁。Session 类的主要功能是负责 Hibernate 所有的持久化操作，创建持久化实体类对象，并为实体类提供对数据库进行增、删、改和查的操作。

17.5　Hibernate 中对象状态

　　持久化实体类的对象有 3 种状态，分别是临时状态、持久状态和脱管状态。Hibernate 中对象的这 3 种状态转换如图 17-13 所示。

　　1. 临时状态

　　通过 new 关键字开辟内存空间的 java 对象处于临时状态，如果没有变量引用它，它将会被 JVM(垃圾回收器)收回。临时状态的对象在内存中是孤立存在的，该对象只是携带信息的载体，与数据库中的数据没有任何关联。

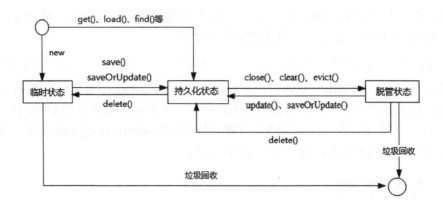

图 17-13　对象状态转换

通过 Session 提供的 save()方法和 saveOrUpdate()方法，可以将一个临时状态的对象与数据库相关联，并将临时状态的对象所携带的信息，通过配置文件的映射添加到数据库中，这样临时状态的对象就成为持久化对象。

2. 持久状态

持久状态的对象在数据库中有相应的记录，这些对象可能是刚被保存的或刚被加载的，但都是在相关联的 Session 声明周期中保存这个状态。如果是通过数据库查询所返回的数据对象，则这些对象和数据库中的字段相关联，具有相同的 id，它们立刻转换为持久化状态的对象。如果一个临时对象被持久化对象引用，也立刻转换为持久化对象。

持久化对象一般与 Session 和 Transaction(事务)关联在一起。在一个 Session 中对持久化对象的操作不会立即写入数据库，只有当 Transaction(事务)结束时，才真正地对数据库进行更新，从而完成持久化对象与数据库的同步。

当一个 Session 执行 delete()方法时，持久化对象变为临时状态的对象，并且删除数据库中相应的记录，这个对象不再与数据库有任何联系。

当一个 Session 执行 close()、clear()或 evict()之后，持久状态的对象变为脱管状态的对象。这时对象的 id 虽然拥有数据库的识别值，但已经不在 Hibernate 持久层的管理下。它和临时对象基本上一样，只不过比临时对象多了数据库标识 id。当没有任何变量引用时 JVM 将其回收。

3. 脱管状态

一旦关闭 Hibernate Session，与此 Session 关联的持久状态的对象就变为脱管状态的对象，可以继续对这个对象进行修改。如果脱管对象被重新关联到某个新的 Session 上，会再次转变为持久状态的对象。

脱管状态的对象有用户的标识 id，因此通过 update()、saveOrUpdate()等方法，可以再次与持久层相关联。

17.6　Hibernate ORM

使用 Hibernate 框架，创建数据库表与实体类的关联，并通过相应的映射文件 (*.hbm.xml)，展示数据库表字段与实体类属性之间的对应关系。

17.6.1　MyEclipse 中建表

在集成开发工具 MyEclispe 的 DB Browser 窗口中，打开与数据库的连接 MySql，创建数据库表。具体操作步骤如下。

step 01　在 DB Browser 窗口中双击打开数据库连接 MySql，在数据库 mydb 的表 Table 上右击，在弹出的快捷菜单中选择 New Table 命令，创建表 student，如图 17-14 所示。

step 02　在打开的 Table Wizard 对话框中，在 Table name 文本框中输入表名 "student"，选择 Columns 选项卡，单击 Add 按钮，如图 17-15 所示。

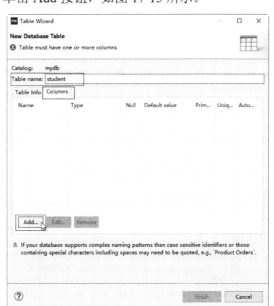

图 17-14　创建表　　　　　　　　图 17-15　输入表名

step 03　打开 Column Wizard 对话框，在 Name 文本框中输入列名 "id"，在 Type 下拉列表中选择类型为 INT，在 Size 文本框中输入 "17"，选中 Primary key 复选框，即 id 是表的主键，如图 17-16 所示。

step 04　单击 Finish 按钮，id 列添加完成，根据上述操作依次添加列 name 和 age，name 的类型是 varchar，age 的类型是 int。添加完成后，如图 17-17 所示。

step 05　单击 Finish 按钮，student 表创建完成。

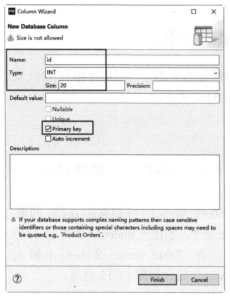

图 17-16 添加 id 列

图 17-17 列添加完成

17.6.2　Hibernate 反转控制

在 MyEclipse 中，创建数据库表与对象的映射关系。具体操作步骤如下。

step 01　在 DB Browser 窗口中打开与数据库的连接 MySql，选择数据库 mydb→TABLE→student 表，如图 17-18 所示。

step 02　右击 student 表，在弹出的快捷菜单中选择 Hibernate Reverse Engineering 命令，如图 17-19 所示。

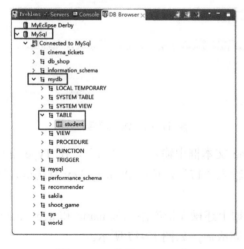

图 17-18　选择 student 表

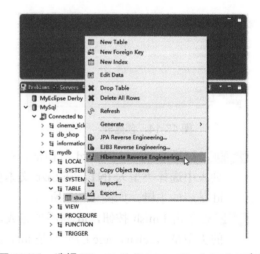

图 17-19　选择 Hibernate Reverse Engineering 命令

step 03　打开 Hibernate Reverse Engineering 对话框，单击 Browse 按钮选择 Java src folder 为/MyHibernate/src，单击 Browse 按钮选择 Java package 包为 stu.bean。选中 Create

POJO、Java Data Object 和 Java Data Access Object 复选框，如图 17-20 所示。

step 04 单击 Next 按钮，在 Id Generator 下拉列表中选择 increment 选项，如图 17-21 所示。

图 17-20　Hibernate Reverse Engineering 对话框　　图 17-21　设置 Id Generator

主键生成策略 Id Generator 下拉列表中的选项及说明如表 17-1 所示。

表 17-1　Id Generator

id 生成	说　明
assigned	主键由外部程序负责生成，无须 Hibernate 参与
hilo	通过 hi/lo 算法实现的主键生成机制，需要额外的数据库表保存主键生成历史状态
seqhilo	与 hilo 类似，通过 hi/lo 算法实现的主键生成机制，只是主键历史状态保存在 Sequence 中，适用于支持 Sequence 的数据库，如 Oracle
increment	主键按数值顺序递增。此方式的实现机制为在当前应用实例中维持一个变量，以保存着当前的最大搜索值，之后每次需要生成主键时将此值加 1 作为主键
identity	采用数据库提供的主键生成机制。如 DB2、SQL Server、MySQL 中的主键生成机制
sequence	采用数据库提供的 sequence 机制生成主键。如 Oracle 中的 Sequence
native	由 Hibernate 根据底层数据库自行判断采用 identity、hilo、sequence 其中一种作为主键生成方式
uuid.hex	由 Hibernate 基于 128 位唯一值产生算法生成 16 进制数值(编码后以长度 32 的字符串表示)作为主键
uuid.string	与 uuid.hex 类似，只是生成的主键未进行编码(长度 16)。在某些数据库中可能出现问题(如 PostgreSQL)
foreign	使用外部表的字段作为主键

step 05 单击 Finish 按钮，完成数据库表与对象的映射。稍等一会儿出现如图 17-22 所示的对话框，单击 No 按钮。

step 06 对数据库中的表进行反转控制后，会自动生成一些文件，如图 17-23 所示。

图 17-22 确认信息框

图 17-23 生成文件

17.6.3 Hibernate 持久化类

Hibernate 持久化管理层提取 Java 类属性中的值，并且将这些值保存到数据库表中。Hibernate 根据映射文件确定如何从类中提取值，并将它们映射在表格和相关域中。

在 Hibernate 中，将会被存储在数据库表中的 Java 类被称为持久化类。若该类遵循一些简单的规则，即 Plain Old Java Object (POJO)编程模型，Hibernate 就会处于最佳运行状态。

下面是持久化类的一些规则。

(1) 所有将被持久化的 Java 类都必须有一个默认的构造函数。

(2) 为了使对象能够在 Hibernate 和数据库中被识别，所有类都需要一个 ID 标识。该属性映射到数据库表的主键列。

(3) 所有将被持久化的属性都声明为 private，并且根据 JavaBean 风格定义 getter 和 setter 方法。

(4) Hibernate 的一个重要特征为代理，它取决于该持久化类是处于非 final 的，还是处于一个所有方法都声明为 public 的接口。

(5) 所有的类是不可扩展或按 EJB 要求实现的一些特殊的类和接口。

(6) POJO 的名称指定对象是普通的 Java 对象，而不是特殊的对象。

【例 17-1】Hibernate 持久化类。

在创建的 Web 项目 MyHibernate 中，对表 student 执行 Hibernate Reverse 后，会自动生成一些文件，其中 Student.java 就是一个持久化类，其代码如下。(源代码\ch17\MyHibernate\stu\bean\Student.java)

```
package stu.bean;
/**
 * Student entity. @author MyEclipse Persistence Tools
 */
```

```java
public class Student implements java.io.Serializable {
    // Fields
    private Integer id;
    private String name;
    private Integer age;
    // Constructors
    /** default constructor */
    public Student() {
    }
    /** full constructor */
    public Student(String name, Integer age) {
        this.name = name;
        this.age = age;
    }
    // Property accessors
    public Integer getId() {
        return this.id;
    }
    public void setId(Integer id) {
        this.id = id;
    }
    public String getName() {
        return this.name;
    }
    public void setName(String name) {
        this.name = name;
    }
    public Integer getAge() {
        return this.age;
    }
    public void setAge(Integer age) {
        this.age = age;
    }
}
```

【案例剖析】

在本案例中，定义了私有成员变量 id、name 和 age，并定义了它们的 setter 和 getter 方法，重写类的无参数构造方法，以及带 name 和 age 参数的构造方法。

17.6.4 Hibernate 类映射

Hibernate 的本质是对象关系映射，而将对象和数据库表关联起来的文件就是映射文件，该文件以.hbm.xml 作为文件的后缀。

【例 17-2】在 Web 项目 MyHibernate 中，生成的 Student.hbm.xml 文件就是一个对象关系映射文件。(源代码\ch17\MyHibernate\src\stu\bean\Student.hbm.xml)

```xml
<?xml version="1.0" encoding="utf-8"?>
<!DOCTYPE hibernate-mapping PUBLIC "-//Hibernate/Hibernate Mapping DTD 3.0//EN"
"http://www.hibernate.org/dtd/hibernate-mapping-3.0.dtd">
<!--
    Mapping file autogenerated by MyEclipse Persistence Tools
```

```xml
-->
<hibernate-mapping>
    <class name="stu.bean.Student" table="student" catalog="mydb">
        <id name="id" type="java.lang.Integer">
            <column name="id" />
            <generator class="increment" />
        </id>
        <property name="name" type="java.lang.String">
            <column name="name" length="80" />
        </property>
        <property name="age" type="java.lang.Integer">
            <column name="age" />
        </property>
    </class>
</hibernate-mapping>
```

【案例剖析】

在本案例中，通过<class>元素的 name 属性指定持久类 JavaBean 的全限名，table 属性指定对应数据库中的表名，catalog 属性指定数据库名。<id>元素的 name 属性指定类的成员变量 id，type 属性指定该属性的数据类型是 Integer，<column>元素指定对应数据库中的表字段，<generator>元素的 class 属性指定该字段的生成策略。<property>元素的 name 属性分别指定类的成员变量 name 和 age，type 属性指定它们数据类型是 String，<column>元素的 name 属性指定它们对应数据库中的字段分别是 name 和 age。

对象关系映射文件有<?xml>、<!DOCTYPE>和<hibernate-mapping>三大元素组成，具体介绍如下。

1. <?xml>元素

该元素通过 version 属性指定 XML 的版本号，encoding 属性指定编码格式。

2. <!DOCTYPE>元素

每个 XML 映射文件都需要加上<!DOCTYPE>，用于从上述 URL 中获取 DTD。Hibernate 在搜索 DTD 文件时首先搜索 classpath，如果它是通过 Internet 查找 DTD 文件，则通过 classpath 目录检查 XML 中 DTD 的声明。

3. <hibernate-mapping>元素

该元素是其他元素的根元素，它包含一些可选属性。例如，package 属性指定一个包前缀，如果映射文件的<class>元素中没有指定全限定的类名，则使用 package 属性定义的包作为该类的包名。

1) 持久化类与数据库表

使用<class>元素指定数据库表和持久化类的关联。<class>元素的 name 属性指定 JavaBean 类的全限定名，即包含包名和类名。table 属性指定对应数据库中表的名称。<class>元素包含一个<id>元素和多个<property>元素。

2) 主键映射

<id>元素是持久化类的唯一标识，通过它的 name 属性指定持久类中属性的名称，type 属

性指定类的属性的数据类型。通过<column>元素指定该属性对应数据库表中主键字段的名称；通过<generator>元素的 class 属性指定主键的生成策略。

3) 普通字段映射

通过<property>元素 name 属性指定持久类中属性的名称，type 属性指定类的属性的数据类型。<column>元素指定该属性对应数据库表中的字段名称，length 属性指定该字段的长度。

17.6.5 Session 管理

Session 是 Hibernate 的核心，有效地管理 Session 是 Hibernate 的重点。对象的生命周期、数据库的存取以及事务的管理都与 Session 相关。Session 是由 SessionFactory 创建的。SessionFactory 是线程安全的，可以使多个线程共享 SessionFactory 而不引起冲突。但是 Session 对象线程不安全，因此多线程共享一个 Session 时，会引起冲突。

在创建的 Web 项目 MyHibernate 中，对表 student 执行 Hibernate Reverse 后，会自动生成一些文件，其中 HibernateSessionFactory.java 是一个管理 Session 的类，通过该类可以避免多线程之间数据共享的问题。

【例 17-3】使用 ThreadLocal 类的对象管理 Session。(源代码\ch17\MyHibernate\stu\bean\Student.java)

```java
package stu.bean;
import org.hibernate.HibernateException;
import org.hibernate.Session;
import org.hibernate.cfg.Configuration;
import org.hibernate.service.ServiceRegistry;
import org.hibernate.boot.MetadataSources;
import org.hibernate.boot.registry.StandardServiceRegistryBuilder;
/**
 * Configures and provides access to Hibernate sessions, tied to the
 * current thread of execution.  Follows the Thread Local Session
 * pattern, see {@link http://hibernate.org/42.html }.
 */
public class HibernateSessionFactory {
    /**
     * Location of hibernate.cfg.xml file.
     * Location should be on the classpath as Hibernate uses
     * #resourceAsStream style lookup for its configuration file.
     * The default classpath location of the hibernate config file is
     * in the default package. Use #setConfigFile() to update
     * the location of the configuration file for the current session.
     */
    private static final ThreadLocal<Session> threadLocal = new ThreadLocal<Session>();
    private static org.hibernate.SessionFactory sessionFactory;
    private static Configuration configuration = new Configuration();
    private static ServiceRegistry serviceRegistry;
    static {
    try {
            configuration.configure();
```

```java
            serviceRegistry = new StandardServiceRegistryBuilder().
                configure().build();
            try {
                sessionFactory = new MetadataSources(serviceRegistry)
                    .buildMetadata().buildSessionFactory();
            } catch (Exception e) {
                StandardServiceRegistryBuilder.destroy(serviceRegistry);
                e.printStackTrace();
            }
        } catch (Exception e) {
            System.err.println("%%%% Error Creating SessionFactory %%%%");
            e.printStackTrace();
        }
    }
    private HibernateSessionFactory() {
    }
    /**
     * Returns the ThreadLocal Session instance.  Lazy initialize
     * the <code>SessionFactory</code> if needed.
     * @return Session
     * @throws HibernateException
     */
    public static Session getSession() throws HibernateException {
        Session session = (Session) threadLocal.get();
        if (session == null || !session.isOpen()) {
            if (sessionFactory == null) {
                rebuildSessionFactory();
            }
            session = (sessionFactory != null) ? sessionFactory.openSession()
                    : null;
            threadLocal.set(session);
        }
        return session;
    }
    /**
     * Rebuild hibernate session factory
     */
    public static void rebuildSessionFactory() {
        try {
            configuration.configure();
            serviceRegistry = new StandardServiceRegistryBuilder().
                configure().build();
            try {
                sessionFactory = new MetadataSources(serviceRegistry)
                    .buildMetadata().buildSessionFactory();
            } catch (Exception e) {
                StandardServiceRegistryBuilder.destroy(serviceRegistry);
                e.printStackTrace();
            }
        } catch (Exception e) {
            System.err.println("%%%% Error Creating SessionFactory %%%%");
            e.printStackTrace();
        }
    }
```

```
    /**
     * Close the single hibernate session instance.
     *
     * @throws HibernateException
     */
    public static void closeSession() throws HibernateException {
        Session session = (Session) threadLocal.get();
        threadLocal.set(null);
        if (session != null) {
            session.close();
        }
    }
    /**
     * return session factory
     *
     */
    public static org.hibernate.SessionFactory getSessionFactory() {
        return sessionFactory;
    }
    /**
     * return hibernate configuration
     *
     */
    public static Configuration getConfiguration() {
        return configuration;
    }
}
```

【案例剖析】

在本案例中，通过 ThreadLocal 类的变量 threadLocal 对 Session 进程进行管理，从而避免多个线程之间使用数据出现冲突的问题。

17.7 操作持久化类

有了持久化类后，就可以通过 Hibernate 对其进行操作了，通过 Session 类或 DAO 来操作数据，间接地将持久化类中的属性值保存到数据库中。

17.7.1 利用 Session 操作数据

Hibernate 是对 JDBC 的操作进行了轻量级的封装。开发人员可以使用 Session 对象用面向对象的思想实现对关系型数据库的操作，从而实现对数据库的增、删、改和查的操作。

使用 Session 对数据库进行操作。(源代码\ch17\MyHibernate\stu\bean\ HibernateTest.java)

```
package stu.bean;
import java.util.List;
import org.hibernate.Query;
import org.hibernate.Session;
import org.hibernate.SessionFactory;
import org.hibernate.cfg.Configuration;
public class HibernateTest {
```

```java
public static void main(String[] args) {
    //获取配置文件对象config
    Configuration config = new Configuration().configure();
    //获取会话工厂对象factory
    SessionFactory factory = config.buildSessionFactory();
    //获取session对象
    Session session = factory.openSession();
    //添加数据到student表中
    Student stu1=new Student("张三",20);
    session.save(stu1);
    Student stu2=new Student("李四",18);
    session.save(stu2);
    Student stu3=new Student("王五",26);
    session.save(stu3);
    //提交事务
    session.beginTransaction().commit();
    //查询数据库student表中的数据
    Query query = session.createQuery("from Student");
    List<Student> stu = query.list();
    System.out.println("---数据库表student中数据---");
    for (Student s : stu) {
        System.out.println(s.getId() + ":" + s.getName() + ":" + s.getAge());
    }
    session.close();
}
}
```

在 Java 类中右击，在弹出的快捷菜单中选择 Run As→Java Application 命令，运行上述类，效果如图 17-24 所示。

图 17-24 利用 Session 类操作数据库

【案例剖析】

在本案例中，创建 Configuration 配置类的对象 config，通过 config 对象的 buildSessionFactory()方法创建会话工厂类的对象 factory，再通过 factory 对象的 openSession() 方法创建 Session 类的对象 session。创建 Student 类的 3 个对象 stu1、stu2 和 stu3，并通过构造函数赋值，通过 session 对象调用 save()方法，保存 stu1、stu2 和 stu3 的数据到数据库中。

通过 session 对象调用 beginTransaction()方法获取 Transaction 类的对象，再通过该对象调用 commit()方法提交事务。

通过 session 对象的 createQuery()方法，获取 Query 类的对象 query，并通过该对象调用 list()方法，获取数据库表 student 中的所有数据，并返回到 List 集合 stu 中。通过增强的 for 循环将集合中的数据在控制台输出。

17.7.2 利用 DAO 操作数据

使用 Session 提供的方法操作持久化类。在实际开发过程中，使用 DAO(Data Access Object)操作数据库，DAO 是持久化对象的客户端，主要负责所有与数据库操作相关的逻辑。

使用 DAO 操作数据，提供更抽象的 API 给高层应用。(源代码\ch17\ MyHibernate\stu\bean\ HibernateAuto.java)

```java
package stu.bean;
import java.util.List;
public class HibernateAuto {
    public static void main(String[] args) {
        Student stu = new Student("Lucy",25);
        StudentDAO stuDao = new StudentDAO();
        //将数据 stu 添加到数据库表 student 中
        stuDao.save(stu);
        List<Student> allstu = (List<Student>)stuDao.findAll();
        for(Student s : allstu){
            System.out.println("学生 id = " + s.getId());
        }
    }
}
```

在 Java 类中右击，在弹出的快捷菜单中选择 Run As→Java Application 命令，运行上述类，效果如图 17-25 所示。

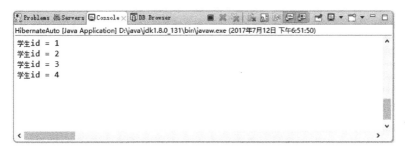

图 17-25 利用 DAO 模式操作数据库

【案例剖析】

在本案例中，通过带参数的 Student 构造方法，创建 Student 类 stu，创建 StudentDAO 类的对象 stuDao，通过 stuDao 对象调用 save()方法，将用户 stu 的数据信息添加到数据库中。通过 stuDao 调用 findAll()方法，获取数据库中 student 表中的所有数据，并返回到 allstu 集合中。通过增强的 for 循环输出数据库表中的数据。

由于要调用 StudentDao 类中的 save()方法，因此需要在该方法中添加提交事务的代码，否则执行 save()方法后将数据添加不到数据表中。具体代码如下：

```
//添加提交事务的语句
getSession().beginTransaction().commit();
```

使用 Dao 操作数据时，保存数据到数据库直接调用 DAO 的 save()方法，DAO 类中的 delete()方法、merge()方法和 findAll()方法分别是对数据进行删除、修改和查询的方法，其中 findByXxx()方法是根据类中相应的属性查找数据库中的信息。

17.8 Hibernate 查询语言

Hibernate 查询语言(HQL)是一种面向对象的查询语言，与 SQL 类似，但 HQL 语言不是对表和列进行操作，而是面向对象及其属性。HQL 查询被 Hibernate 翻译为传统的 SQL 查询从而对数据库进行操作。

在 HQL 中一些关键字比如 SELECT、FROM 和 WHERE 等，是不区分大小写的，但是一些属性如表名和列名是区分大小写的。

17.8.1 HQL 语言介绍

Hibernate 支持强大并易使用的 HQL 语言。HQL 语言和 SQL 语言类似，但是由于 HQL 语言是面向对象的查询语言，因此它查询目标对象并返回信息是单个或多个实体对象的集合，而 SQL 语言查询数据库表返回信息是单条或多条信息的集合。

HQL 的基本语法如下：

```
select 类名.属性名
from 类名
where 条件
group by 类名.属性名 having 分组条件
order by 类名.属性名
```

HQL 语言是面向对象的查询语句，因此它的查询目标是实体对象，即 Java 类。由于 Java 类区分大小写，所以 HQL 也区分大小写，而 SQL 语句并不区分大小写。

【例 17-4】使用 HQL 语句查询 Student 中所有学生信息。

```
select * from Student;
```

【案例剖析】

在本案例中，查询数据库表 student 的信息，返回实体类对象的集合，其中 Student 是实体类名。

17.8.2 FROM 语句

在 HQL 查询语言中，可以直接使用 from 子句对实体对象进行查询。

【例 17-5】 通过 from 子句对实体进行查询。

```
from Student;
```

一般给查询的实体指定一个别名，以方便在查询语句的其他地方引用实体对象。一般使用关键字 AS 指定一个别名，关键字 AS 可以省略，具体代码如下：

```
from Student stu;
```

17.8.3 WHERE 语句

where 查询是在查询语句中指定过滤数据库的条件，从而获取对用户有价值的信息。HQL 的条件查询与 SQL 语句的条件查询都是通过 where 子句实现的。

【例 17-6】 使用 where 子句实现条件查询。(源代码\ch17\MyHibernate\src\stu\bean\HQLTest.java)

```java
package stu.bean;
import java.util.List;
import org.hibernate.Query;
import org.hibernate.Session;
import org.hibernate.SessionFactory;
import org.hibernate.cfg.Configuration;
public class HQLTest {
    public static void main(String[] args) {
        //获取配置文件对象config
        Configuration config = new Configuration().configure();
        //获取会话工厂对象factory
        SessionFactory factory = config.buildSessionFactory();
        //获取session对象
        Session session = factory.openSession();
        //添加数据到student表中
        Student stu1=new Student("小花",23);
        session.save(stu1);
        Student stu2=new Student("小红",16);
        session.save(stu2);
        Student stu3=new Student("小草",27);
        session.save(stu3);
        //提交事务
        session.beginTransaction().commit();
        //查询数据库student表中的数据
        Query query = session.createQuery("from Student stu where stu.age<20");
        List<Student> stu = query.list();
        System.out.println("---数据库表student中数据---");
        for (Student s : stu) {
            System.out.println(s.getId() + ":" + s.getName() + ":" + s.getAge());
        }
        session.close();
    }
}
```

在 Java 类中右击，在弹出的快捷菜单中选择 Run As→Java Application 命令，运行上述类，效果如图 17-26 所示。

【案例剖析】

在本案例中，使用 Configuration 类的 configure()方法获取类的对象 config，并通过该对象调用 buildSessionFactory()方法创建会话工厂类的对象 factory，通过该对象调用 openSession()方法获取 Session 类的对象。

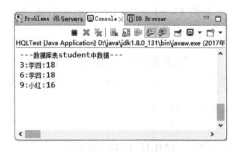

图 17-26　where 子句的使用

创建 Student 类的对象并通过构造方法赋值，通过 session 对象调用 save()方法将 Student 类的数据添加到数据库表中，并通过 commit()方法提交 session 的事务。session 对象在 createQuery()方法中，通过 from 子句与 where 子句查询数据库中满足 age 大于 20 的信息，并将 Student 类的对象返回到 List 集合中，通过增强的 for 循环在控制台输出对象的信息。

17.8.4　UPDATE 语句

HQL Hibernate 3 与 HQL Hibernate 2 相比，它新增了批量更新的功能。查询接口包含一个 executeUpdate()方法，可以执行 HQL 的 UPDATE 语句。

UPDATE 语句能够更新一个或多个对象的一个或多个属性。UPDATE 语句的使用语法如下：

```
update 类名 set 属性名=修改值 where 语句
```

【例 17-7】UPDATE 语句的使用。(源代码\ch17\MyHibernate\src\stu\bean\Update.java)

```java
package stu.bean;
import java.util.List;
import org.hibernate.Query;
import org.hibernate.Session;
import org.hibernate.SessionFactory;
import org.hibernate.cfg.Configuration;
public class Update {
    public static void main(String[] args) {
        //获取配置文件对象config
        Configuration config = new Configuration().configure();
        //获取会话工厂对象factory
        SessionFactory factory = config.buildSessionFactory();
        //获取session对象
        Session session = factory.openSession();
        Query query = session.createQuery("update Student set name='Lily' where id=3");
        int i = query.executeUpdate();
        if(i>0){
            System.out.println("更新成功！");
        }
        session.close();
    }
}
```

在 Java 类中右击，在弹出的快捷菜单中选择 Run As→Java Application 命令，运行上述类，效果如图 17-27 所示。

【案例剖析】

在本案例中，使用 UPDATE 语句更新 id=3 的学生信息的姓名为 Lily，对象 query 调用 executeUpdate()方法执行更新操作。

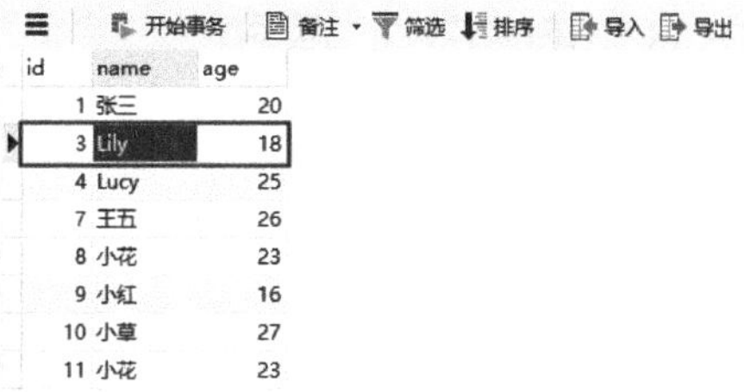

图 17-27　UPDATE 语句的使用

17.8.5　DELETE 语句

HQL Hibernate 3 比 HQL Hibernate 2 不仅新增了批量更新的功能，还增加了选择性删除的功能。查询接口包含一个 executeUpdate()方法，可以执行 HQL 的 DELETE 语句。

DELETE 语句可以用来删除一个或多个对象。使用 DELETE 语句的语法格式如下：

```
delete from 类名 where 语句
```

【例 17-8】DELETE 语句的使用。(源代码\ch17\MyHibernate\src\stu\bean\Delete.java)

```java
package stu.bean;
import org.hibernate.Query;
import org.hibernate.Session;
import org.hibernate.SessionFactory;
import org.hibernate.cfg.Configuration;
public class Delete {
    public static void main(String[] args) {
        //获取配置文件对象config
        Configuration config = new Configuration().configure();
        //获取会话工厂对象factory
        SessionFactory factory = config.buildSessionFactory();
        //获取session对象
        Session session = factory.openSession();
        Query query = session.createQuery("delete Student where id=12");
        int i = query.executeUpdate();
        if(i>0){
            System.out.print("删除成功！");
        }else{
            System.out.print("删除失败！");
        }
        session.close();
    }
}
```

在 Java 类中右击，在弹出的快捷菜单中选择 Run As→Java Application 命令，运行上述类，效果如图 17-28 所示。

【案例剖析】

在本案例中，使用 DELETE 语句删除数据库表 student 中 id=12 的学生信息记录，由于 id=12 这条记录不存在，因此在控制台打印"删除失败"。

图 17-28　DELETE 语句的使用

17.8.6 INSERT 语句

在 HQL 语言中，只有当记录从一个对象插入到另一个对象时才支持 INSERT INTO 语句。使用 INSERT INTO 语句的语法格式如下：

```
insert into 类名1(属性名1, 属性名2, …)
select 属性名1, 属性名2, … from 类名2
```

17.8.7 动态赋值

Hibernate 的 HQL 查询功能支持动态赋值的功能，可以使查询语句与参数赋值分开，这样 HQL 查询功能既可以接受来自用户的简单输入，又不用防御 SQL 注入攻击。

1. 占位符代替参数

在 HQL 语言中，提供了使用占位符 "?" 实现动态赋值的功能。占位符 "?" 代替具体的参数值，使用 Query 类的 setParameter()方法对占位符进行赋值，其操作方式与 JDBC 中的 PreparedStatement 对象动态赋值方式类似。

【例 17-9】占位符代替具体的参数。(源代码\ch17\MyHibernate\src\bean\HQLParam.java)

```java
package stu.bean;
import java.util.List;
import org.hibernate.Query;
import org.hibernate.Session;
import org.hibernate.SessionFactory;
import org.hibernate.cfg.Configuration;
public class HQLParam {
    public static void main(String[] args) {
        //获取配置文件对象config
        Configuration config = new Configuration().configure();
        //获取会话工厂对象factory
        SessionFactory factory = config.buildSessionFactory();
        //获取session对象
        Session session = factory.openSession();
        //查询数据库student表中的数据
        Query query = session.createQuery("from Student stu where stu.name=?");
        query.setParameter(0, "小花");
        List<Student> stu = query.list();
        System.out.println("---数据库表student中数据---");
        for (Student s : stu) {
            System.out.println("id = " + s.getId());
            System.out.println("name = " + s.getName());
            System.out.println("age = " + s.getAge());
        }
        session.close();
    }
}
```

在 Java 类中右击，在弹出的快捷菜单中选择 Run As→Java Application 命令，运行上述类，效果如图 17-29 所示。

【案例剖析】

在本案例中，使用 HQL 查询语言查询 Student 类的对象时，在 where 子句中使用占位符"?"代替具体的参数。通过 query 对象的 setParameter()方法设置顺序占位符的第 0 个参数值是"小花"时，将对象返回到 List 集合 stu 中，再通过增强 for 循环，在控制台输出符合条件的数据信息。

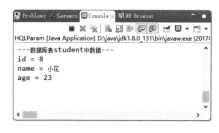

图 17-29　占位符"?"的使用

2．引用占位符代替参数

在 HQL 语言中，除了支持顺序占位符"?"外，还支持引用占位符":parameter"，它是占位符号":"和自定义参数名的组合。

【例 17-10】引用占位符代替参数。

修改上述使用占位符的例子。(源代码\ch17\MyHibernate\src\bean\ HQLParam2.java)

```
//查询数据库 student 表中的数据
Query query = session.createQuery("from Student stu where stu.name=:name");
query.setParameter("name", "小花");
List<Student> stu = query.list();
```

【案例剖析】

在本案例中，通过使用引用占位符":参数名"代替具体参数，再通过 query 对象调用 setParameter()方法，对指定的参数 name 赋值"小花"，通过 query 对象调用 list()方法，返回存放 Student 对象的 List 集合 stu 中。

17.8.8　排序查询

HQL 语言与 SQL 语言类似，使用 order by 子句和 asc、desc 关键字实现对查询实体对象的属性进行排序的操作，asc 是正序排列，desc 是降序排列。

【例 17-11】在 HQL 语言中使用 order by 子句进行排序查询。(源代码\ch17\MyHibernate\src\stu\bean\OrderBy.java)

```
package stu.bean;
import java.util.List;
import org.hibernate.Query;
import org.hibernate.Session;
import org.hibernate.SessionFactory;
import org.hibernate.cfg.Configuration;
public class OrderBy {
    public static void main(String[] args) {
        //获取配置文件对象 config
        Configuration config = new Configuration().configure();
        //获取会话工厂对象 factory
```

```
        SessionFactory factory = config.buildSessionFactory();
        //获取session对象
        Session session = factory.openSession();
        //查询数据库student表中的数据
        Query query = session.createQuery("from Student stu order by age asc");
        List<Student> stu = query.list();
        System.out.println("---数据库表student中数据---");
        for (Student s : stu) {
            System.out.print("id=" + s.getId() + "  ");
            System.out.print("name=" + s.getName() + "  ");
            System.out.print("age=" + s.getAge());
            System.out.println();
        }
        session.close();
    }
```

在 Java 类中右击，在弹出的快捷菜单中选择 Run As→Java Application 命令，运行上述类，效果如图 17-30 所示。

【案例剖析】

在本案例中，通过使用 HQL 语句查询实体对象时，通过 order by 子句指定查询对象结果集，按照 age 的值 asc(升序)排列，通过增强 for 循环在控制台打印排序后的数据。

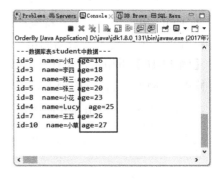

图 17-30 order by 排序

17.8.9 分组查询

在 HQL 查询语言中，使用 group by 子句进行分组查询。使用 group by 子句查询使用 having 语句时，需要底层数据库的支持，而 MySql 数据库不支持 having 语句。

【例 17-12】创建水果表 fruit，并创建它的映射实体类及映射文件。使用 group by 子句对 Fruit 类进行分组查询。

step 01 生成数据库表 fruit 的实体类。(源代码\ch17\MyHibernate\src\fruit\bean\Fruit.java)

```
package fruit.bean;
/**
 * Fruit entity. @author MyEclipse Persistence Tools
 */
public class Fruit implements java.io.Serializable {
    // Fields
    private Integer id;
    private String name;
    private String color;
    // Constructors
    /** default constructor */
    public Fruit() {
    }
    /** full constructor */
    public Fruit(String name, String color) {
        this.name = name;
```

```
            this.color = color;
    }
    // Property accessors
    public Integer getId() {
        return this.id;
    }
    public void setId(Integer id) {
        this.id = id;
    }
    public String getName() {
        return this.name;
    }
    public void setName(String name) {
        this.name = name;
    }
    public String getColor() {
        return this.color;
    }
    public void setColor(String color) {
        this.color = color;
    }
}
```

【案例剖析】

在本案例中，定义成员变量 id、name 和 color，并定义它们的 setter 和 getter 方法。重写类的无参数构造方法，以及带参数 name 和 color 的构造方法。

 生成的其他文件，如 FruitDAO 文件、Fruit.hbm.xml 文件省略，具体代码在源代码下 ch17 文件夹的 MyHibernate 项目中。

step 02 创建 GroupBy 类，对 Fruit 类进行分组查询。(源代码\ch17\MyHibernate\src\fruit\bean\GroupBy.java)

```
package fruit.bean;
import java.util.Iterator;
import java.util.List;
import org.hibernate.Query;
import org.hibernate.Session;
import org.hibernate.SessionFactory;
import org.hibernate.cfg.Configuration;
import stu.bean.Student;
public class GroupBy {
    public static void main(String[] args) {
        //获取配置文件对象config
        Configuration config = new Configuration().configure();
        //获取会话工厂对象factory
        SessionFactory factory = config.buildSessionFactory();
        //获取session对象
        Session session = factory.openSession();
        //向表fruit添加数据
        Fruit fruit1 = new Fruit("苹果", "红色");
        session.save(fruit1);
        Fruit fruit2 = new Fruit("草莓", "红色");
```

```
        session.save(fruit2);
        Fruit fruit3 = new Fruit("圣女果", "红色");
        session.save(fruit3);
        Fruit fruit4 = new Fruit("香蕉", "黄色");
        session.save(fruit4);
        Fruit fruit5 = new Fruit("梨", "黄色");
        session.save(fruit5);
        Fruit fruit6 = new Fruit("葡萄", "绿色");
        session.save(fruit6);
        //提交保存事务
        session.beginTransaction().commit();
        //查询数据库student表中的数据
        Query query = session.createQuery("select f.color,count(*) from
            Fruit f group by color");
        List<Fruit> f = query.list();
        System.out.println("---数据库表Fruit中数据---");
        Iterator iterator = f.iterator();
        while(iterator.hasNext()){
            Object[] fs = (Object[])iterator.next();
            System.out.println(fs[0] + ": " + fs[1] + "个");
        }
        session.close();
    }
}
```

在 Fruit 类中右击，在弹出的快捷菜单中选择 Run As→Java Application 命令，项运行上述类，效果如图 17-31 所示。

【案例剖析】

在本案例中，通过 session 的 save()方法将创建的 Fruit 类的对象信息添加到数据库中，通过 session 对象调用 createQuery()方法指定分组的 sql 语句，在该 sql 语句中通过 f.color 查询颜色名称，count()方法统计该颜色水果的种类数。通过集合 f 调用 iterator()方法返回 Iterator 类的对象 iterator。在 while 循环中，通过 iterator 调用 hasNext()方法判断是否存在下一元素，存在则通过 next()方法返回 Object 数组 fs 中，并通过 fs 数组在控制台打印颜色名称和水果的数量。

图 17-31　group by 查询

17.8.10　聚合函数

HQL 语言与 SQL 类似，支持一些常用的聚合函数，这些函数的使用方式与在 SQL 中的使用方式相同。常用的聚合函数如表 17-2 所示。

表 17-2　聚合函数

S.N.	方　　法	描　　述
1	avg(name)	name 属性的平均值
2	count(name 或 *)	name 属性在结果中出现的次数

续表

S.N.	方　法	描　述
3	max(name)	name 属性值的最大值
4	min(name)	name 属性值的最小值
5	sum(name)	name 属性值的总和

【例 17-13】聚合函数的使用。(源代码\ch17\MyHibernate\src\stu\bean\Function.java)

```java
package stu.bean;
import java.util.Iterator;
import java.util.List;
import org.hibernate.Query;
import org.hibernate.Session;
import org.hibernate.SessionFactory;
import org.hibernate.cfg.Configuration;
public class Function {
    public static void main(String[] args) {
        //获取配置文件对象config
        Configuration config = new Configuration().configure();
        //获取会话工厂对象factory
        SessionFactory factory = config.buildSessionFactory();
        //获取session对象
        Session session = factory.openSession();
            Query query = session.createQuery("select min(s.age),
            max(s.age),sum(s.age), avg(s.age) from Student s");
        List list = query.list();
        System.out.println("---数据库表中数据---");
        Iterator iter = list.iterator();
        System.out.println("min max  sum  avg");
        while(iter.hasNext()){
            Object[] obj = (Object[])iter.next();
            for(Object o : obj){
                System.out.print(o + "  ");
            }
        }
        session.close();
    }
}
```

在 Fruit 类中右击，在弹出的快捷菜单中选择 Run As→Java Application 命令，运行上述类，效果如图 17-32 所示。

【案例剖析】

在本案例中，使用聚合函数 min()、max()、sum()、avg()分别计算学生年龄的最小值、最大值、所有学生年龄的和以及所有学生年龄的平均值。

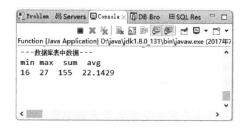

图 17-32　聚合函数的使用

关键字 distinct：只计算行集中的唯一值。在上述例子中修改部分代码如下：

```
//向数据库中插入一条已经存在的学生信息
Student stu = new Student("小花", 23);
session.save(stu);
//提交事务
session.beginTransaction().commit();
Query query = session.createQuery("select count(distinct name) from Student");
List list = query.list();
System.out.print("表Student中不同姓名的个数：");
for(Object obj:list){
    System.out.print(obj);
}
```

在 Fruit 类中右击，在弹出的快捷菜单中选择 Run As→Java Application 命令，运行上述类，效果如图 17-33 所示。

【案例剖析】

在本案例中，可以发现无论执行多少次 save(stu)，数据库中使用 distinct 关键字查询到的学生不同的 name 个数都是 7。distinct 关键字将相同的 name 舍弃，使用 count()方法计算的是不同的 name 的个数。

图 17-33　distinct 关键字的使用

17.8.11　联合查询

在 HQL 语言中，与 SQL 语言一样通过 join 关键字实现联合查询。联合查询有内连接(inner join)、左外连接(left join)、右外连接(right join)、全连接(full join) 4 种。

【例 17-14】联合查询的 HQL 语句。(源代码\ch17\myhibernate\stu\course\Join.java)

```
package stu.course;
import java.util.Iterator;
import java.util.List;
import org.hibernate.Query;
import org.hibernate.Session;
import org.hibernate.SessionFactory;
import org.hibernate.cfg.Configuration;
import stu.bean.Student;

public class Join {
    public static void main(String[] args) {
        //获取配置文件对象config
        Configuration config = new Configuration().configure();
        //获取会话工厂对象factory
        SessionFactory factory = config.buildSessionFactory();
        //获取session对象
```

```
        Session session = factory.openSession();
        //查询数据库 student 表中的数据
        String sql = "select s.name,c.course from Student s inner join
            Course c on s.id=c.stuid";
        Query query = session.createQuery(sql);
        List stu = query.list();
        System.out.println("---数据库表 student 中数据---");
        Iterator it = stu.iterator();
        System.out.println("姓名--课程");
        while (it.hasNext()) {
            Object[] obj = (Object[])it.next();
            System.out.println(obj[0] + "--" + obj[1]);
        }
        session.close();
    }
}
```

在 Fruit 类中右击，在弹出的快捷菜单中选择 Run As→Java Application 命令，运行上述类，效果如图 17-34 所示。

【案例剖析】

在本案例中，使用内连接实现在表 student 和表 course 之间数据的查询，两表之间通过学生的 id 关联。

图 17-34 内连接查询

17.8.12 子查询

【例 17-15】查询年龄大于平均年龄的学生信息。(源代码\ch17\MyHibernate\src\stu\bean\Select.java)

```
package stu.bean;
import java.util.List;
import org.hibernate.Query;
import org.hibernate.Session;
import org.hibernate.SessionFactory;
import org.hibernate.cfg.Configuration;

public class Select {
    public static void main(String[] args) {
        //获取配置文件对象 config
        Configuration config = new Configuration().configure();
        //获取会话工厂对象 factory
        SessionFactory factory = config.buildSessionFactory();
        //获取 session 对象
        Session session = factory.openSession();
        //查询数据库 student 表中的数据
        Query query = session.createQuery("from Student s where s.age
            >(select avg(age) from Student)");
        List<Student> stu = query.list();
        System.out.println("---数据库表 student 中数据---");
```

```
        for (Student s : stu) {
            System.out.println(s.getId() + ":" + s.getName() + ":" + s.getAge());
        }
        session.close();
    }
}
```

在 Fruit 类中右击，在弹出的快捷菜单中选择 Run As→Java Application 命令，运行上述类，效果如图 17-35 所示。

【案例剖析】

在本案例中，通过 session 调用 createQuery() 执行 SQL 语句，这条 SQL 语句是通过 avg()方法查询学生的平均年龄，再通过 where 语句设置 age 大于平均年龄。

图 17-35 子查询

17.8.13 使用分页查询

在 HQL 语言中，实现分页查询的方法有两种，如表 17-3 所示。

表 17-3 分页查询方法

方　法	说　明
Query setFirstResult(int startPosition)	以一个整数表示结果中的第一行，从 0 行开始
Query setMaxResults(int maxResult)	告诉 Hibernate 来检索固定数量，即 maxResults 个对象

【例 17-16】在 Web 项目中，使用上述两种方法，对查询的数据进行分页处理。

step 01 创建获取数据库表中数据的 Action 类。(源代码\ch17\MyHibernate\src\stu\action\PageAction.java)

```
package stu.action;
import java.util.List;
import java.util.Map;
import org.hibernate.Query;
import org.hibernate.Session;
import org.hibernate.SessionFactory;
import org.hibernate.cfg.Configuration;
import com.opensymphony.xwork2.ActionContext;
import com.opensymphony.xwork2.ActionSupport;
import stu.bean.Student;
public class PageAction extends ActionSupport{
    private Map session;
    private Map request;
    private String page;
    private long num = 4;
    public String getPage() {
        return page;
    }
    public void setPage(String page) {
```

```java
        this.page = page;
    }
    @Override
    public String execute() throws Exception {
        request=(Map) ActionContext.getContext().get("request");
        session = ActionContext.getContext().getSession();
        //获取配置文件对象config
        Configuration config = new Configuration().configure();
        //获取会话工厂对象factory
        SessionFactory factory = config.buildSessionFactory();
        //获取session对象
        Session s = factory.openSession();
        Query query = s.createQuery("From Student");
        if(page==null||page==""){
            //page 是空时，显示第一页
            page="0";
        }
        //分页查询
        query.setFirstResult(Integer.parseInt(page));
        query.setMaxResults(Integer.parseInt(page+num));
        //查询学生信息
        List<Student> results = (List<Student>)query.list();
        session.put("rs", results);
        request.put("page", page);
        long c = count();
        session.put("count", c);
        return "success";
    }
    public long count(){
        session = ActionContext.getContext().getSession();
        //获取配置文件对象config
        Configuration config = new Configuration().configure();
        //获取会话工厂对象factory
        SessionFactory factory = config.buildSessionFactory();
        //获取session对象
        Session s = factory.openSession();
        Query q = s.createQuery("select count(*) from Student");
        List list = q.list();
        for(Object obj:list){
            long count = (Long)obj;
            return count;
        }
        return 0;
    }
}
```

【案例剖析】

在本案例中，创建继承 ActionSupport 的类，定义 count()方法统计 student 表中记录的数目。重写 execute()方法，在该方法中，通过 setFirstResult()方法设置读取的第一条记录，setMaxResults()方法设置读取的记录数，将获取的记录返回到 List 集合中。将获取的数据存入 Map 类型的 session 变量中。

step 02 显示获取的数据页面，每页显示 4 条数据。(源代码\ch17\MyHibernate\WebRoot\

index.jsp)

```jsp
<%@page import="stu.bean.Student"%>
<!-- 引入Struts标签库 -->
<%@ taglib uri="/struts-tags" prefix="s"%>
<%@ page language="java" import="java.util.*" pageEncoding="utf-8"%>
<%
List<Student> list = (List<Student>)session.getAttribute("rs");
String p = (String)request.getAttribute("page");
long i = Long.parseLong(p);
long c = (Long)session.getAttribute("count");
%>
<!DOCTYPE HTML PUBLIC "-//W3C//DTD HTML 4.01 Transitional//EN">
<html>
  <head>
    <title>学生信息</title>
  </head>
  <body>
      --学生信息--<br>
<%
   for(Student s:list){
       out.print(s.getName()+"  ");
       out.print(s.getAge()+"<br>");
   }
%>
<%
long num = 4;
long pp = i + num;
if(pp>=c){ %>
    下一页
<%}else{ %>
<a href=pageAction.action?page=<%=i+num%>>下一页 </a>  
<%} %>
<%
long pp1 = i - num;
if(pp1<0){ %>
    上一页
<%}else{ %>
<a href=pageAction.action?page=<%=i-num %>>上一页 </a>  
<%} %>
  </body>
</html>
```

【案例剖析】

在本案例中,通过 session 变量获取存储的数据,通过 for 循环输出读取的 Student 数据。通过<a>标记控制上一页和下一页,num 是每页读取的记录数,若 pp 大于数据库中的记录数,则没有下一页;若 pp1 小于 0,则没有上一页,当前页即首页。

step 03 在配置文件 struts.xml 中配置 Action。(源代码\ch17\MyHibernate\src\struts.xml)

```xml
<?xml version="1.0" encoding="UTF-8" ?>
<!DOCTYPE struts PUBLIC "-//Apache Software Foundation//DTD Struts Configuration 2.1
        //EN" "http://struts.apache.org/dtds/struts-2.1.dtd">
```

```
<struts>
    <package name="default" namespace="/" extends="struts-default">
        <action name="pageAction" class="stu.action.PageAction">
            <result>index.jsp</result>
        </action>
    </package>
</struts>
```

【案例剖析】

在本案例中，配置 Action 对象的 URL 映射地址，通过 name 属性指定要访问的地址，class 属性指定 Action 类对应的 Java 类的权限名，<result>节点指定处理结束后显示结果的页面。

【运行项目】

部署 Web 项目 MyHibernate，启动 Tomcat 服务器。在浏览器的地址栏中输入 Action 地址 "http://127.0.0.1:8888/MyHibernate/pageAction.action"，运行效果如图 17-36 所示。

图 17-36　分页查询

单击【下一页】超链接，页面显示效果如图 17-37 所示。

图 17-37　下一页

17.9　Hibernate 实体映射

Hibernate 框架的实体映射有 7 种映射，分别是单向一对一关联映射(one-to-one)、单向多对一关联映射(many-to-one)、单向一对多关联映射(one-to-many)、单向多对多映射(many-to-many)、双向一对一关联映射、双向一对多关联映射和双向多对多关联映射。

本节主要介绍一对一双向主键关联、一对一双向外键关联、一对多双向关联和多对多双向关联。

17.9.1 一对一双向主键关联

两个实例对象之间的对应关系，有主键和外键两种方式。主键一对一关联是设置两个实体对象具有相同的主键值，来表示它们之间一一对应的关系，在数据库表中不再通过其他字段来维护它们之间的关系，只是通过两个表的主键来进行关联。

【例 17-17】People2 类和 Address1 两个实体对象，通过 id 进行双向一对一的关联。

step 01 创建表 Address1，结构如图 17-38 所示，表 People1 如图 17-39 所示。

图 17-38　Address1 表结构　　　　图 17-39　People1 表结构

step 02 表 Address1 字段 id 的外键 main_key 如图 17-40 所示。

图 17-40　外键 main_key

step 03 通过 Hibernate 的控制反转，自动生成表 Address1 的持久类。(源代码 \ch17\foreign\ src\one\to\one\main\Address1.java)

```
package one.to.one.main;
/**
 * Address1 entity. @author MyEclipse Persistence Tools
 */
public class Address1 implements java.io.Serializable {
    // Fields
    private Integer id;
    private People1 people1;
    private String detail;

    // Constructors
    /** default constructor */
    public Address1() {
    }
```

```java
    /** minimal constructor */
    public Address1(People1 people1) {
        this.people1 = people1;
    }
    /** full constructor */
    public Address1(People1 people1, String detail) {
        this.people1 = people1;
        this.detail = detail;
    }
    // Property accessors
    public Integer getId() {
        return this.id;
    }

    public void setId(Integer id) {
        this.id = id;
    }

    public People1 getPeople1() {
        return this.people1;
    }

    public void setPeople1(People1 people1) {
        this.people1 = people1;
    }

    public String getDetail() {
        return this.detail;
    }
    public void setDetail(String detail) {
        this.detail = detail;
    }
}
```

【案例剖析】

在本案例中，通过 Hibernate 的对象关系映射，自动生成有成员变量 id、detail 和 people1 的类，在该类中定义带参数的构造方法，以及成员变量的 getter 和 setter 方法。

step 04 通过 hibernate 的控制反转，自动生成表 Address1 类的映射文件。(源代码\ch17\foreign\src\one\to\one\main\Address1.hbm.xml)

```xml
<?xml version="1.0" encoding="utf-8"?>
<!DOCTYPE hibernate-mapping PUBLIC "-//Hibernate/Hibernate Mapping DTD 3.0//EN"
"http://www.hibernate.org/dtd/hibernate-mapping-3.0.dtd">
<!--
    Mapping file autogenerated by MyEclipse Persistence Tools
-->
<hibernate-mapping>
    <class name="one.to.one.main.Address1" table="address1" catalog="mydb">
        <id name="id" column="id" type="java.lang.Integer">
            <!-- class="foreign": 一对一主键映射中，使用另外一个相关联的对象的标识符 -->
            <generator class="foreign">
                <param name="property">people1</param>
            </generator>
```

```
        </id>
        <property name="detail" type="java.lang.String">
            <column name="detail" />
        </property>
         <!-- 表示在 address 表存在一个外键约束,外键参考相关联的表 People -->
    <one-to-one name="people1" constrained="true"/>
    </class>
</hibernate-mapping>
```

【案例剖析】

在本案例中,定义数据库表 address1 中字段与持久类 Address1 中成员变量的对应关系。通过<generator>标签的 class 属性指定表的外键。通过<one-to-one>标签指定在 address 表中有一个外键约束,外键约束参考表 people1。

step 05 通过 hibernate 的控制反转,自动生成表 People1 的持久类。(源代码\ch17\foreign\src\one\to\one\main\People1.java)

```java
package one.to.one.main;
/**
 * People1 entity. @author MyEclipse Persistence Tools
 */
public class People1 implements java.io.Serializable {
    // Fields
    private Integer id;
    private String name;
    private Address1 address1;

    // Constructors

    /** default constructor */
    public People1() {
    }

    /** full constructor */
    public People1(String name, Address1 address1) {
        this.name = name;
        this.address1 = address1;
    }

    // Property accessors

    public Integer getId() {
        return this.id;
    }

    public void setId(Integer id) {
        this.id = id;
    }

    public String getName() {
        return this.name;
    }

    public void setName(String name) {
```

```
        this.name = name;
    }

    public Address1 getAddress1() {
        return this.address1;
    }
    public void setAddress1(Address1 address1) {
        this.address1 = address1;
    }
}
```

【案例剖析】

在本案例中，通过 Hibernate 的控制反转，自动生成有成员变量 id、name 和 address1 的类 People1，在该类中定义带参数的构造方法，以及成员变量的 getter 和 setter 方法。

step 06 通过 hibernate 的控制反转，自动生成表 People1 的映射文件。(源代码\ch17\foreign\src\one\to\one\main\People1.hbm.xml)

```xml
<?xml version="1.0" encoding="utf-8"?>
<!DOCTYPE hibernate-mapping PUBLIC "-//Hibernate/Hibernate Mapping DTD
3.0//EN"
"http://www.hibernate.org/dtd/hibernate-mapping-3.0.dtd">
<!--
    Mapping file autogenerated by MyEclipse Persistence Tools
-->
<hibernate-mapping>
    <class name="one.to.one.main.People1" table="people1" catalog="mydb">
        <id name="id" column="id" type="java.lang.Integer">
            <!-- id自定义 -->
            <generator class="native" />
        </id>
        <property name="name" type="java.lang.String">
            <column name="name" />
        </property>
     <!-- cascade="all"：在保存people1对象的时候，级联保存people1对象关联的
          address1对象    -->
        <one-to-one name="address1" cascade="all"></one-to-one>
    </class>
</hibernate-mapping>
```

【案例剖析】

在本案例中，定义数据库表 people1 中字段与持久类 People1 中成员变量的对应关系。通过<generator>标签的 class 属性指定主键 id 自增。通过<one-to-one>标签的 cascade 属性指定在保存 people1 对象时级联保存 address1 对象。

step 07 测试双向一对一主键关联测试类。(源代码\ch17\foreign\src\one\to\one\main\OneMain.java)

```
package one.to.one.main;
import org.hibernate.Session;
import org.hibernate.SessionFactory;
import org.hibernate.Transaction;
import org.hibernate.cfg.Configuration;
```

```java
public class OneMain {
    public static void main(String[] args){
        //创建 People 对象并赋值
        People1 p1=new People1();
        p1.setName("张三");

        //创建 Address 类对象并赋值
        Address1 add=new Address1();
        add.setDetail("北京路 223 号");
        add.setPeople1(p1);
        p1.setAddress1(add);

        //获取 session 对象
        Configuration conf = new Configuration();
        SessionFactory sessionFactory = conf.configure().buildSessionFactory();
        Session session = sessionFactory.openSession();
        //创建事务对象 tx
        Transaction tx=session.beginTransaction();
        //保存
        session.save(p1);
        //提交事务
        tx.commit();
        //关闭 session
        session.close();
    }
}
```

【案例剖析】

在本案例中，创建 People1 类的对象 p1，并通过 setName() 方法设置 name 属性的值，创建 Address1 类的对象 add，并设置 detail 属性的值，设置 people1 属性的值 p1。设置 People1 类中 address1 属性值 add。

通过 buildSessionFactory() 方法获取 SessionFactory 类的对象，通过其 openSession() 方法获得 session 对象，通过 session 对象的 save() 方法保存 p1，同时会自动保存 add 对象的数据。

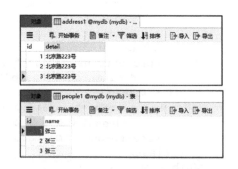

图 17-41　一对一双向主键关联

step 08 运行测试类，数据库中的结果如图 17-41 所示。

17.9.2　一对一双向外键关联

外键关联一般是用于多对一的配置，但是在加上唯一的限制后，也可以用来表示一对一的关联关系，它是多对一的一种特殊情况。这种限制是采用<many-to-one>标签来映射的，即在该标签中指定多的一端 unique 是 true，从而限制多的一端的多重性为一。

【例 17-18】唯一外键关联。

step 01 创建表 Address，结构如图 17-42 所示，表 People 如图 17-43 所示。

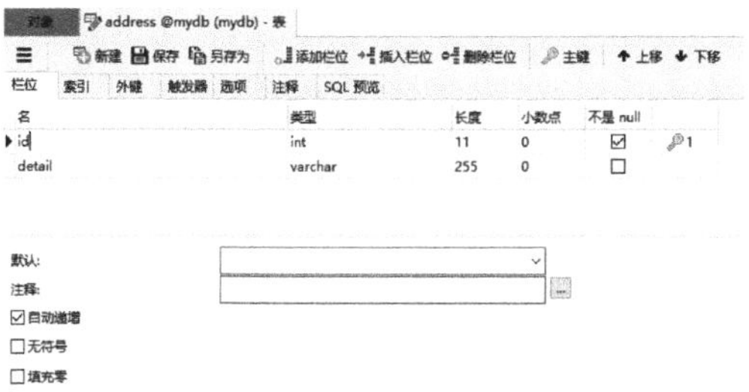

图 17-42 Address 表结构 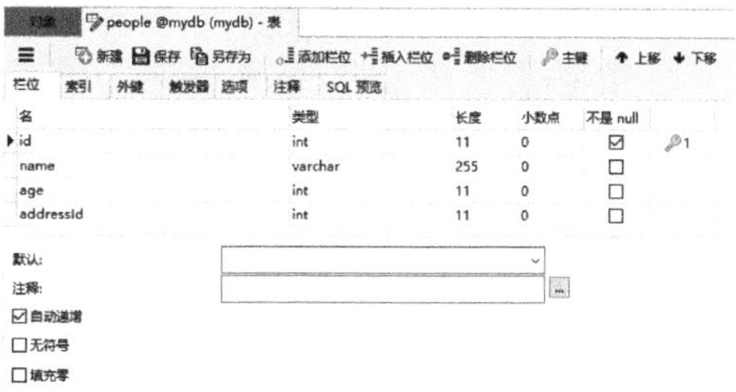　　　　　　　　图 17-43 People 表结构

step 02 表 People 字段 addressId 的外键 fk_f，如图 17-44 所示。

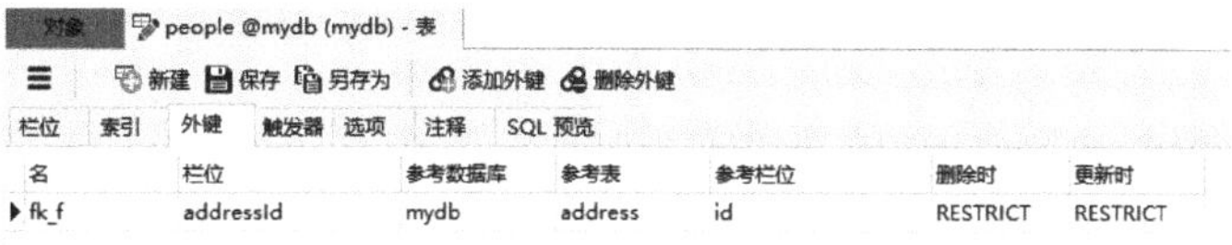

图 17-44 外键 fk_f

step 03 通过 hibernate 的控制反转，自动生成表 Address 的持久类。(源代码 \ch17\foreign\ src\one\to\one\Address.java)

```java
package one.to.one;
/**
 * Address entity. @author MyEclipse Persistence Tools
 */
public class Address implements java.io.Serializable {
    // Fields
    private Integer id;
    private String detail;
    private People people;
    // Constructors
    /** default constructor */
    public Address() {
    }
    /** full constructor */
    public Address(String detail, People people) {
        this.detail = detail;
        this.people = people;
    }

    // Property accessors
    public Integer getId() {
        return this.id;
    }

    public void setId(Integer id) {
        this.id = id;
    }

    public String getDetail() {
        return this.detail;
```

```java
    }
    public void setDetail(String detail) {
        this.detail = detail;
    }
    public People getPeople() {
        return this.people;
    }
    public void setPeople(People people) {
        this.people = people;
    }
}
```

【案例剖析】

在本案例中，通过 Hibernate 的对象关系映射，生成有成员变量 id、detail 和 people 的类，并定义它们的构造方法以及 setter 和 getter 方法。

step 04 通过 hibernate 的控制反转，自动生成表 Address 类的映射文件。(源代码\ch17\foreign\src\one\to\one\Address.hbm.xml)

```xml
<?xml version="1.0" encoding="utf-8"?>
<!DOCTYPE hibernate-mapping PUBLIC "-//Hibernate/Hibernate Mapping DTD 3.0//EN"
"http://www.hibernate.org/dtd/hibernate-mapping-3.0.dtd">
<!--
    Mapping file autogenerated by MyEclipse Persistence Tools
-->
<hibernate-mapping>
    <class name="one.to.one.Address" table="address" catalog="mydb">
        <id name="id" type="java.lang.Integer">
            <column name="id" />
            <generator class="native" />
        </id>
        <property name="detail" type="java.lang.String">
            <column name="detail" />
        </property>
        <!-- 表示在 address 表存在一个外键约束，外键参考相关联的表 People -->
        <one-to-one name="people" constrained="true" cascade="all"/>
    </class>
</hibernate-mapping>
```

【案例剖析】

在本案例中，定义数据库表 address 中字段与持久类 Address 中成员变量的对应关系。通过<generator>标签的 class 属性指定表的主键 id 自动增长。通过<one-to-one>标签指定在 address 表中有一个外键约束，外键约束参考表 people。

step 05 通过 hibernate 的控制反转，自动生成表 People 的持久类。(源代码\ch17\foreign\src\one\to\one\ People.java)

```java
package one.to.one;
/**
 * People entity. @author MyEclipse Persistence Tools
```

```java
*/
public class People implements java.io.Serializable {
    // Fields
    private Integer id;
    private Address address;
    private String name;
    private Integer age;
    // Constructors
    /** default constructor */
    public People() {
    }
    /** full constructor */
    public People(Address address, String name, Integer age) {
        this.address = address;
        this.name = name;
        this.age = age;
    }

    // Property accessors

    public Integer getId() {
        return this.id;
    }

    public void setId(Integer id) {
        this.id = id;
    }

    public Address getAddress() {
        return this.address;
    }

    public void setAddress(Address address) {
        this.address = address;
    }

    public String getName() {
        return this.name;
    }

    public void setName(String name) {
        this.name = name;
    }

    public Integer getAge() {
        return this.age;
    }

    public void setAge(Integer age) {
        this.age = age;
    }
}
```

【案例剖析】

在本案例中,通过 Hibernate 的对象关系映射,生成有成员变量 id、name、age 和 address

的类，并定义它们的构造方法以及 setter 和 getter 方法。

step 06 通过 hibernate 的控制反转，自动生成表 People 类的映射文件。(源代码\ch17\foreign\one\to\one\People.hbm.xml)

```xml
<?xml version="1.0" encoding="utf-8"?>
<!DOCTYPE hibernate-mapping PUBLIC "-//Hibernate/Hibernate Mapping DTD 3.0//EN"
"http://www.hibernate.org/dtd/hibernate-mapping-3.0.dtd">
<!--
    Mapping file autogenerated by MyEclipse Persistence Tools
-->
<hibernate-mapping>
    <class name="one.to.one.People" table="people" catalog="mydb">
        <id name="id" type="java.lang.Integer">
            <column name="id" />
            <generator class="native" />
        </id>
        <property name="name" type="java.lang.String">
            <column name="name" />
        </property>
        <property name="age" type="java.lang.Integer">
            <column name="age" />
        </property>
        <!-- 外键关联 -->
 <many-to-one name="address" class="one.to.one.Address" fetch="select" unique="true" cascade="all">
            <column name="addressId" />
        </many-to-one>
    </class>
</hibernate-mapping>
```

【案例剖析】

在本案例中，定义数据库表 people 中字段与持久类 People 中成员变量的对应关系。通过 <generator>标签的 class 属性指定表的 id 主键自增长，<many-to-one>标签的 unique 属性指定唯一性约束，即一对一外键关联是一对多外键关联的特例。

step 07 创建一对一外键单向关联测试类。(源代码\ch17\foreign\one\to\one\OneForeign.java)

```java
package one.to.one;
import org.hibernate.Session;
import org.hibernate.SessionFactory;
import org.hibernate.Transaction;
import org.hibernate.cfg.Configuration;
public class OneForeign {
    public static void main(String[] args){
        //创建 People 对象并赋值
        People p=new People();
        p.setAge(18);
        p.setName("张三");
        //创建 Address 类对象并赋值
        Address add=new Address();
        add.setDetail("北京路 223 号");
```

```
    add.setPeople(p);
//对象设置地址值
    p.setAddress(add);
//获取 session 对象
    Configuration conf = new Configuration();
    SessionFactory sessionFactory = conf.configure().buildSessionFactory();
    Session session = sessionFactory.openSession();
//创建事务对象 tx
    Transaction tx=session.beginTransaction();
//保存地址和人
    session.save(add);
//提交事务
    tx.commit();
//关闭 session
    session.close();
    }
}
```

【案例剖析】

在本案例中,创建 People 类的对象 p,并通过 setter 方法设置 name 和 age 属性的值。创建 Address 类的对象 add,并设置 detail 属性的值,通过对象 add 设置 people 属性的值 p。通过对象 p 设置 People 类中 address 属性值 add。

通过 buildSessionFactory() 方法获取 SessionFactory 类的对象,通过其 openSession() 方法获得 session 对象,通过 session 对象的 save()方法保存 p,同时会自动保存 add 对象的数据。

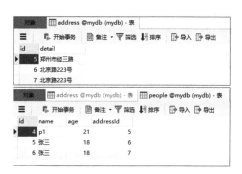

图 17-45 一对一双向外键关联

step 08 运行测试类,数据库中结果如图 17-45 所示。

 由于一对一主键关联映射的扩展性不好,当需要发生改变时就无法操作了,因此在遇到一对一关联时,一般使用唯一外键关联,而很少使用一对一主键关联。

17.9.3 一对多双向关联

一对多关联映射是 Hibernate 实体映射中最重要的一种映射。

一对多双向关联的映射方式如下。

(1) 在一的一端的集合上,采用<key>标签。
(2) 在多的一端采用<many-to-one>标签。
(3) <key>标签和<many-to-one>标签加入的字段保持一致,否则会产生数据混乱。

【例 17-19】双向一对多关联,一个人对应多个地址。

step 01 创建表 Address2,结构如图 17-46 所示,表 People2 如图 17-47 所示。

图 17-46　Address2 表结构　　　　　　　图 17-47　People2 表结构

step 02 表 Address2 字段 pid 的外键 p_key，如图 17-48 所示。

图 17-48　外键 p_key

step 03 通过 hibernate 的控制反转，自动生成表 Address2 的持久类。(源代码 \ch17\foreign\ src\one\to\many\Address2.java)

```java
package one.to.many;
/**
 * Address2 entity. @author MyEclipse Persistence Tools
 */

public class Address2 implements java.io.Serializable {
    // Fields
    private Integer id;
    private People2 people2;
    private String detail;
    // Constructors
    /** default constructor */
    public Address2() {
    }
    /** full constructor */
    public Address2(People2 people2, String detail) {
        this.people2 = people2;
        this.detail = detail;
    }

    // Property accessors

    public Integer getId() {
        return this.id;
    }

    public void setId(Integer id) {
        this.id = id;
    }
```

```java
    public People2 getPeople2() {
        return this.people2;
    }

    public void setPeople2(People2 people2) {
        this.people2 = people2;
    }

    public String getDetail() {
        return this.detail;
    }

    public void setDetail(String detail) {
        this.detail = detail;
    }
}
```

【案例剖析】

在本案例中,通过 Hibernate 的对象关系映射,生成有成员变量 id、detail 和 people2 的类,并定义它们的构造方法以及 setter 和 getter 方法。

step 04 通过 hibernate 的控制反转,自动生成表 Address2 类的映射文件。(源代码\ch17\foreign\src\one\to\many\Address2.hbm.xml)

```xml
<?xml version="1.0" encoding="utf-8"?>
<!DOCTYPE hibernate-mapping PUBLIC "-//Hibernate/Hibernate Mapping DTD
3.0//EN"
"http://www.hibernate.org/dtd/hibernate-mapping-3.0.dtd">
<!-- 
    Mapping file autogenerated by MyEclipse Persistence Tools
-->
<hibernate-mapping>
    <class name="one.to.many.Address2" table="address2" catalog="mydb">
        <id name="id" type="java.lang.Integer">
            <column name="id" />
            <generator class="native" />
        </id>
        <many-to-one name="people2" class="one.to.many.People2" fetch="select">
            <column name="pid" />
        </many-to-one>
        <property name="detail" type="java.lang.String">
            <column name="detail" />
        </property>
    </class>
</hibernate-mapping>
```

【案例剖析】

在本案例中,定义数据库表 address2 中字段与持久类 Address2 中成员变量的对应关系。通过<generator>标签的 class 属性指定表的主键自增。通过<property>标签指定类的属性与表中字段的关系。通过<many-to-one>标签的 name 属性指定类的属性 people2,class 属性指定该对象的权限名。

注意

(1) <one-to-one>标签不影响存储只影响加载,不修改数据库,即不会添加字段。而<many-to-one>标签会修改数据库,也会增加一个字段。

(2) 抓取策略:属性 fetch="select",设置查取数据的顺序。

step 05 通过 hibernate 的控制反转,自动生成表 People2 的持久类。(源代码 \ch17\foreign\ src\one\to\many\People2.java)

```java
package one.to.many;
import java.util.HashSet;
import java.util.Set;
/**
 * People2 entity. @author MyEclipse Persistence Tools
 */
public class People2 implements java.io.Serializable {
    // Fields
    private Integer id;
    private String name;
    private String sex;
    private Set address2 = new HashSet(0);
    // Constructors
    /** default constructor */
    public People2() {
    }
    /** full constructor */
    public People2(String name, String sex, Set address2) {
        this.name = name;
        this.sex = sex;
        this.address2 = address2;
    }

    // Property accessors

    public Integer getId() {
        return this.id;
    }

    public void setId(Integer id) {
        this.id = id;
    }

    public String getName() {
        return this.name;
    }

    public void setName(String name) {
        this.name = name;
    }

    public String getSex() {
        return this.sex;
    }

    public void setSex(String sex) {
        this.sex = sex;
```

```
    }
    public Set getAddress2() {
        return this.address2;
    }
    public void setAddress2(Set address2) {
        this.address2 = address2;
    }
}
```

【案例剖析】

在本案例中,通过 Hibernate 的对象关系映射,生成有成员变量 id、name、sex 和 address2 的类,并定义它们的构造方法以及 setter 和 getter 方法。

step 06 通过 hibernate 的控制反转,自动生成表 People2 类的映射文件。(源代码\ch17\foreign\one\to\many\People2.hbm.xml)

```xml
<?xml version="1.0" encoding="utf-8"?>
<!DOCTYPE hibernate-mapping PUBLIC "-//Hibernate/Hibernate Mapping DTD
3.0//EN"
"http://www.hibernate.org/dtd/hibernate-mapping-3.0.dtd">
<!--
    Mapping file autogenerated by MyEclipse Persistence Tools
-->
<hibernate-mapping>
    <class name="one.to.many.People2" table="people2" catalog="mydb">
        <id name="id" type="java.lang.Integer">
            <column name="id" />
            <generator class="native" />
        </id>
        <property name="name" type="java.lang.String">
            <column name="name" />
        </property>
        <property name="sex" type="java.lang.String">
            <column name="sex" />
        </property>
        <!--映射集合属性,关联到持久化类-->
        <set name="address2" inverse="true">
            <key>
                <column name="pid" />
            </key>
            <!--映射关联类-->
            <one-to-many class="one.to.many.Address2" />
        </set>
    </class>
</hibernate-mapping>
```

【案例剖析】

在本案例中,定义数据库表 people2 中字段与持久类 People2 中成员变量的对应关系。通过<generator>标签的 class 属性指定表的 id 主键自动增长。在<set>标签中通过 name 属性指定 Person2 类中的属性名 address2。<key>标签的子标签<column>指定关联到 Address2 类的 pid 字段。<one-to-many>标签的 class 属性指定映射关联类 Address2。

> 注意：Person2 类是一的一端，一般由一的一端维护关系(<set>集合)。

step 07 创建双向一对多关联测试类。(源代码\ch17\ foreign\one\to\many\OneToMany.java)

```java
package one.to.many;
import org.hibernate.Session;
import org.hibernate.SessionFactory;
import org.hibernate.Transaction;
import org.hibernate.cfg.Configuration;
public class OneToMany {
    public static void main(String[] args){
    //一个人，多个地址
        Address2 add1=new Address2();
        Address2 add2=new Address2();
        People2 p=new People2();
        //为地址赋值
        add1.setDetail("团结南路 22 号");
        add2.setDetail("井一路 225 号");
        //为人赋值
        p.setName("李四");
        p.setSex("男");
        //为人添加两个地址
        p.getAddress2().add(add1);
        p.getAddress2().add(add2);
        //分别为 2 个地址添加人
        add1.setPeople2(p);
        add2.setPeople2(p);

        //获取 session 对象
        Configuration conf = new Configuration();
         SessionFactory sessionFactory = conf.configure().buildSessionFactory();
         Session session = sessionFactory.openSession();
        //创建事务对象 tx
        Transaction tx=session.beginTransaction();
        //保存用户数据
        session.save(p);
        session.saveOrUpdate(add1);
        session.saveOrUpdate(add2);
        //提交事务
        tx.commit();
        //关闭 session
        session.close();
    }
}
```

【案例剖析】

在本案例中，创建 People2 类(一)的对象 p 和 Address2 类(多)的对象 add1、add2，并通过 setter 方法设置 add1 和 add2 对象的属性 detail 的值，设置对象 p 的 name 和 sex 值，将 add1 和 add2 的地址信息添加到对象 p 中，在对对象 add1 和 add2 设置一端的对象 p。创建 Address 类的对象 add，并设置 detail 属性的值，通过对象 add 设置 people 属性的值 p。通过对象 p 设置 People 类中 address 属性值 add。

通过 buildSessionFactory() 方法获取 SessionFactory 类的对象，通过其 openSession()方法获得 session 对象，通过 session 对象的 save()方法保存 p，同时会自动保存对象 add1 和 add2。saveOrUpdate()方法更新两个地址信息。

step 08 运行测试类，数据库中结果如图 17-49 所示。

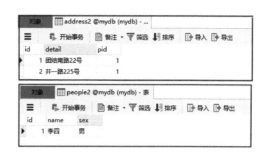

图 17-49 双向一对多关联

17.9.4 多对多双向关联

多对多双向关联映射作用是让两个实体类都能加载对方，和单向多对多的区别是双向需要在两个实体类中加入标签映射。

> 注意：生成的中间表名称(如 join)必须相同，生成的中间表中的字段必须相同。

【例 17-20】双向多对多，一个人可以对应多个地址，一个地址也可以对应多个人。

step 01 创建表 Address3，结构如图 17-50 所示，表 People3 如图 17-51 所示。

图 17-50 Address3 表结构

图 17-51 People3 表结构

step 02 创建表 join，结构如图 17-52 所示。创建表 join 的外键 pid_key 和 aid_key，如图 17-53 所示。

图 17-52 join 表结构

图 17-53 join 的外键

step 03 通过 hibernate 的控制反转，自动生成表 Address3 的持久类。(源代码

\ch17\foreign\ src\many\to\many\Address3.java)

```java
package many.to.many;
import java.util.HashSet;
import java.util.Set;
/**
 * Address3 entity. @author MyEclipse Persistence Tools
 */
public class Address3 implements java.io.Serializable {

    // Fields
    private Integer id;
    private String detail;
    private Set joins = new HashSet(0);

    // Constructors
    /** default constructor */
    public Address3() {
    }

    /** full constructor */
    public Address3(String detail, Set joins) {
        this.detail = detail;
        this.joins = joins;
    }

    // Property accessors

    public Integer getId() {
        return this.id;
    }

    public void setId(Integer id) {
        this.id = id;
    }

    public String getDetail() {
        return this.detail;
    }

    public void setDetail(String detail) {
        this.detail = detail;
    }

    public Set getJoins() {
        return this.joins;
    }

    public void setJoins(Set joins) {
        this.joins = joins;
    }

}
```

【案例剖析】

在本案例中，通过 Hibernate 的对象关系映射，生成有成员变量 id、detail 和 joins 的类，并定义它们的构造方法以及 setter 和 getter 方法。

step 04 通过 hibernate 的控制反转，自动生成表 Address3 类的映射文件。(源代码\ch17\foreign\src\many\to\many\Address3.hbm.xml)

```xml
<?xml version="1.0" encoding="utf-8"?>
<!DOCTYPE hibernate-mapping PUBLIC "-//Hibernate/Hibernate Mapping DTD 3.0//EN"
"http://www.hibernate.org/dtd/hibernate-mapping-3.0.dtd">
<!--
    Mapping file autogenerated by MyEclipse Persistence Tools
-->
<hibernate-mapping>
    <class name="many.to.many.Address3" table="address3" catalog="mydb">
        <id name="id" type="java.lang.Integer">
            <column name="id" />
            <generator class="native" />
        </id>
        <property name="detail" type="java.lang.String">
            <column name="detail" />
        </property>
        <set name="joins" inverse="true">
            <key>
                <!--column="addressid"是连接表中关联本实体的外键-->
                <column name="addressId" />
            </key>
            <one-to-many class="many.to.many.Join" />
        </set>
    </class>
</hibernate-mapping>
```

【案例剖析】

在本案例中，定义数据库表 address3 中字段与持久类 Address3 中成员变量的对应关系。<generator>标签的 class 属性指定表的 id 主键是 native，即自动增长。<property>标签指定 address3 表中字段与 Address3 类中属性的对应关系。<set>标签的 name 属性指定类的属性 joins。标签<key>子标签<column> name 属性指定关联外键。<one-to-many>标签的 class 属性指定外键所在类的权限名。

step 05 通过 hibernate 的控制反转，自动生成表 People3 的持久类。(源代码\ch17\foreign\ src\many\to\many\People3.java)

```java
package many.to.many;
import java.util.HashSet;
import java.util.Set;
/**
 * People3 entity. @author MyEclipse Persistence Tools
 */
public class People3 implements java.io.Serializable {
    // Fields
    private Integer id;
    private String name;
```

```
    private String sex;
    private Set joins = new HashSet(0);
    // Constructors
    /** default constructor */
    public People3() {
    }

    /** full constructor */
    public People3(String name, String sex, Set joins) {
        this.name = name;
        this.sex = sex;
        this.joins = joins;
    }

    // Property accessors

    public Integer getId() {
        return this.id;
    }

    public void setId(Integer id) {
        this.id = id;
    }

    public String getName() {
        return this.name;
    }

    public void setName(String name) {
        this.name = name;
    }

    public String getSex() {
        return this.sex;
    }

    public void setSex(String sex) {
        this.sex = sex;
    }

    public Set getJoins() {
        return this.joins;
    }

    public void setJoins(Set joins) {
        this.joins = joins;
    }
}
```

【案例剖析】

在本案例中，通过 Hibernate 的对象关系映射，生成有成员变量 id、name、sex 和 joins 的类，并定义它们的构造方法以及 setter 和 getter 方法。

step 06 通过 hibernate 的控制反转，自动生成表 People3 类的映射文件。(源代码\ch17\

foreign\many\to\many\People3.hbm.xml)

```xml
<?xml version="1.0" encoding="utf-8"?>
<!DOCTYPE hibernate-mapping PUBLIC "-//Hibernate/Hibernate Mapping DTD
3.0//EN"
"http://www.hibernate.org/dtd/hibernate-mapping-3.0.dtd">
<!--
    Mapping file autogenerated by MyEclipse Persistence Tools
-->
<hibernate-mapping>
    <class name="many.to.many.People3" table="people3" catalog="mydb">
        <id name="id" type="java.lang.Integer">
            <column name="id" />
            <generator class="native" />
        </id>
        <property name="name" type="java.lang.String">
            <column name="name" />
        </property>
        <property name="sex" type="java.lang.String">
            <column name="sex" />
        </property>
            <!--映射集合属性,关联到持久化类-->
        <set name="joins" cascade="all">
            <key>
              <!--column="personid"指定连接表中,关联当前实体类的列名-->
                <column name="peopleId" />
            </key>
            <!--column="addressid"是连接表中,关联本实体的外键-->
            <one-to-many class="many.to.many.Join" />
        </set>
    </class>
</hibernate-mapping>
```

【案例剖析】

在本案例中,定义数据库表 address3 中字段与持久类 People3 中成员变量的对应关系。通过<generator>标签的 class 属性指定表的主键 id 自动增长。<set>标签的 name 属性指定类的属性 joins。<key>子标签<column>标签 name 属性指定关联外键。<one-to-many>标签的 class 属性指定外键所在类的权限名。

step 07 通过 hibernate 的控制反转,自动生成表 join 的持久类。(源代码\ch17\foreign\many\to\many\Join.java)

```java
package many.to.many;
/**
 * Join entity. @author MyEclipse Persistence Tools
 */
public class Join implements java.io.Serializable {
    // Fields
    private Integer id;
    private Address3 address3;
    private People3 people3;
    // Constructors
    /** default constructor */
```

```
    public Join() {
    }
    /** full constructor */
    public Join(Address3 address3, People3 people3) {
        this.address3 = address3;
        this.people3 = people3;
    }

    // Property accessors

    public Integer getId() {
        return this.id;
    }

    public void setId(Integer id) {
        this.id = id;
    }

    public Address3 getAddress3() {
        return this.address3;
    }

    public void setAddress3(Address3 address3) {
        this.address3 = address3;
    }

    public People3 getPeople3() {
        return this.people3;
    }

    public void setPeople3(People3 people3) {
        this.people3 = people3;
    }
}
```

【案例剖析】

在本案例中，通过 Hibernate 的对象关系映射，生成 join 表所对应的类 Join，该类含有成员变量 id、People3 和 Address3，在该类中定义了成员变量的 setter 和 getter 方法，带参数和不带参数的构造方法。

step 08 通过 hibernate 的控制反转，自动生成表 Join 类的映射文件。(源代码\ch17\foreign\many\to\many\Join.hbm.xml)

```xml
<?xml version="1.0" encoding="utf-8"?>
<!DOCTYPE hibernate-mapping PUBLIC "-//Hibernate/Hibernate Mapping DTD 3.0//EN"
"http://www.hibernate.org/dtd/hibernate-mapping-3.0.dtd">
<!--
    Mapping file autogenerated by MyEclipse Persistence Tools
-->
<hibernate-mapping>
    <class name="many.to.many.Join" table="join" catalog="mydb">
        <id name="id" type="java.lang.Integer">
            <column name="id" />
```

```xml
            <generator class="native" />
        </id>
        <many-to-one name="address3" class="many.to.many.Address3" fetch="select">
            <column name="addressId" />
        </many-to-one>
        <many-to-one name="people3" class="many.to.many.People3" fetch="select">
            <column name="peopleId" />
        </many-to-one>
    </class>
</hibernate-mapping>
```

【案例剖析】

在本案例中，定义数据库表 join 中字段与持久类 Join 中成员变量的对应关系。通过<generator>标签的 class 属性指定表的主键 id 自动增长。标签<many-to-one>子标签<column>指定表中列 address3 和 people3 分别对应类中的属性 address3 和 people3。

step 09 创建双向一对多关联测试类。(源代码\ch17\foreign\many\to\many\Test.java)

```java
package many.to.many;
import org.hibernate.Session;
import org.hibernate.SessionFactory;
import org.hibernate.Transaction;
import org.hibernate.cfg.Configuration;
public class Test {
    public static void main(String[] args) {
        People3 p3 = new People3();
        p3.setName("Lucy");
        p3.setSex("女");
        
        Address3 a3 = new Address3();
        a3.setDetail("团结南街 223 号");
        
        Join join = new Join(a3,p3);
        //获取 session 对象
    Configuration conf = new Configuration();
        SessionFactory sessionFactory = conf.configure().buildSessionFactory();
        Session session = sessionFactory.openSession();
        //创建事务对象 tx
        Transaction tx=session.beginTransaction();
        session.save(p3);
        session.save(a3);
        session.save(join);
        session.close();
    }
}
```

【案例剖析】

在本案例中，创建 People3 类的对象 p3，并通过 setter 方法设置 name 和 sex 属性的值。创建 Address3 类的对象 a3，并设置 detail 属性的值。创建类 Join 的对象 join，并将 a3 和 p3 作为构造函数的参数。

通过 buildSessionFactory()方法获取 SessionFactory 类的对象，通过其 openSession()方法获得 session 对象，通过 session 对象的 save()方法保存 p3、a3 和 join。

step 10 运行测试类，数据库中结果如图 17-54 所示。

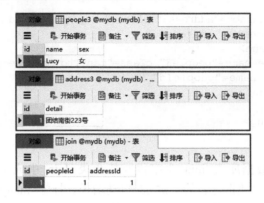

图 17-54　多对多双向关联

17.10　大神解惑

小白：HQL 与 SQL 语言的区别是什么？

大神：在 Hibernate 框架中，使用的 HQL 语言在实际运行时要转换为 SQL 语句。它们的区别如下。

（1）HQL 语言在所有数据库中是通用的，而 SQL 语言在不同数据库中语法不同。

（2）HQL 语言是面向对象的，而 SQL 语言只是结构化的查询语言。

（3）HQL 语言的大小写敏感。

小白：在使用 DAO 操作数据时，调用 save()方法后，为什么数据表中没有数据？

大神：这是由于 XxxDAO.java 文件中，save()方法没有提交事务，因此需要在保存数据完成后，添加提交事务的代码：

```
//添加提交事务的语句
getSession().beginTransaction().commit();
```

17.11　跟我学上机

练习 1：在 MySql 的视图工具 Navicat 中，创建表 book(id,name,price)，通过 Hibernate 创建表的实体类，通过 session 对象操作数据库，向表中添加数据。

练习 2：在 MySql 的视图工具 Navicat 中，创建表 book(id,name,price)，通过 Hibernate 创建表的实体类和 DAO 类，通过 DAO 添加数据到表 book。

第 18 章
轻量级企业应用开发框架——Spring 4 技术

Spring 是一种轻量级企业应用开发框架,它提供了控制反转(IoC)和面向切面编程(AOP)两大核心技术。本章主要介绍 Spring 的基本知识,以及它提供的控制反转和面向切面编程技术。

本章要点(已掌握的在方框中打钩)

- ☐ 掌握 Spring 的模块。
- ☐ 掌握 Spring 的环境配置。
- ☐ 掌握 Spring 的控制反转。
- ☐ 掌握 ApplicationContext 接口的实现类。
- ☐ 掌握在 Spring 中使用赋值注入依赖关系。
- ☐ 掌握在 Spring 中使用构造器注入依赖关系。
- ☐ 了解 Spring AOP 的基础知识。
- ☐ 掌握 Spring 中 AOP 的使用。

18.1 Spring 简介

Spring 是一个开源框架。Spring 是于 2003 年兴起的一个轻量级的 Java 开发框架，由 Rod Johnson 创建。简单来说，Spring 是一个分层的 JavaSE/EEfull-stack(一站式)轻量级开源框架。

18.1.1 Spring 模块

Spring 框架主要由 7 个模块组成，这些模块提供了企业级开发所需要的基本功能。这些模块可以单独使用，也可以组合使用。Spring 框架的模块如图 18-1 所示。

1. 核心模块

核心模块是 Spring 框架的基本功能，其主要组成部分是 BeanFactory 类，该类提供了 Spring 框架的核心功能。BeanFactory 类采用工厂的模式实现反转控制及依赖注入，从而实现对 JavaBean 的配置与管理。

2. Application Context 模块

Application Context 模块是对 BeanFactory 类的扩展，该模块添加了对国际化消息、事件传播以及验证的支持。该模块还提供了对 Java 企业级服务的支持，如访问 JNDI、电子邮件服务、远程调用等。

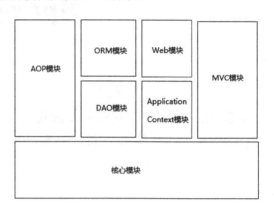

图 18-1　Spring 模块

3. AOP 模块

在 AOP 模块中集成了面向切面编程的功能。Spring 框架提供的 AOP，为基于 Spring 的应用系统提供了事务等管理服务。这样通过 AOP 就可以不用依赖 EJB，还可以在应用系统中声明事务管理策略。

4. DAO 模块

DAO 模块提供数据库操作的模块代码，它是 JDBC 的抽象层。Spring 通过该模块提供的代码，不仅可以简化数据库操作还能释放数据库资源，从而避免数据资源释放失败而引起的性能问题。该模块还提供了对声明式事务和编程式事务的支持。

5. ORM 映射模块

Spring 框架不提供对 ORM 映射的实现，而是提供对 ORM 工具的支持，从而在 Spring 框架中集成现有的 ORM 映射工具。目前流行的 ORM 工具，如 Hibernate，Spring 对 Hibernate 框架提供了整合的功能，也提供了对其他 ORM 工具的支持。

```
        http://www.springframework.org/schema/beans/spring-beans-3.0.xsd">
        <!-- 该文件用于给不同的bean分配唯一的ID,并控制对象的创建,而不影响Spring的任何
源文件 -->
        <bean id="showspring" class="spring.ShowSpring">
            <property name="message" value="Spring框架的使用!" />
        </bean>
</beans>
```

【案例剖析】

在本案例中,使用<beans>标签中的<bean>标签的 id 属性指定 JavaBean 的对象,class 属性指定 JavaBean 类的权限名(路径和类名)。使用<property>标签的 name 属性指定 JavaBean 中的属性,value 属性指定 message 属性的值,即依赖注入。

【运行项目】

在 SpringTest.java 中,右击,在弹出的快捷菜单中选择 Run As→Java Application 命令,运行 Java 类,在 MyEclipse 的控制台窗口中打印信息,如图 18-7 所示。

图 18-7 Spring 实例

18.2.4 赋值注入

在 JavaBean 中一般使用 getter 和 setter 方法,获取和设置 JavaBean 的属性值。在 Spring 框架的配置文件中,每个对象都是以<bean>的形式实例化。<property>元素指定要配置的属性以及使用 JavaBean 的 setter 方法来注入值。

【例 18-2】使用赋值注入的方式,在 Spring 框架中注入依赖关系。

step 01 创建带有 setter、getter 方法的公司类。(源代码\ch18\MySpring\src\bean\Company.java)

```
package bean;
public class Company {
    private int id;
    private String name;
    public int getId() {
        return id;
    }
    public void setId(int id) {
        this.id = id;
    }
    public String getName() {
        return name;
    }
    public void setName(String name) {
        this.name = name;
    }
}
```

【案例剖析】

在本案例中,创建含有私有成员变量 id 和 name 的 JavaBean,根据其规范创建 id 和 name

的 getter 和 setter 方法。

step 02 创建有 setter、getter 方法的订单雇员类。(源代码\ch18\MySpring\src\bean\Employee.java)

```java
package bean;
import java.util.List;
public class Employee {
    private int id;
    private String name;
    private Company company;
    private List like;
    public int getId() {
        return id;
    }
    public void setId(int id) {
        this.id = id;
    }
    public String getName() {
        return name;
    }
    public void setName(String name) {
        this.name = name;
    }
    public Company getCompany() {
        return company;
    }
    public void setCompany(Company company) {
        this.company = company;
    }
    public List getLike() {
        return like;
    }
    public void setLike(List like) {
        this.like = like;
    }
    public void show(){
        System.out.println(name+" 在-"+company.getName()+"-上班。");
        System.out.print("爱好: ");
        for(int i=0;i<like.size();i++){
            System.out.print(like.get(i)+" ");
        }
    }
}
```

【案例剖析】

在本案例中，创建含有私有成员变量 id、name、company 和 like 的 JavaBean，并定义它们的 getter 和 setter 方法。定义 public 的 show()方法，用于显示雇员的信息。

step 03 创建使用赋值注入的 XML 配置文件类。(源代码\ch18\MySpring\src\bean\Inpouring.java)

```xml
<?xml version="1.0" encoding="UTF-8"?>
<beans xmlns="http://www.springframework.org/schema/beans"
```

```xml
    xmlns:xsi="http://www.w3.org/2001/XMLSchema-instance"
    xsi:schemaLocation="http://www.springframework.org/schema/beans
    http://www.springframework.org/schema/beans/spring-beans-3.0.xsd">
    <!-- 该文件用于给不同的bean分配唯一的ID,并控制对象的创建,而不影响Spring的任何源文件-->
    <bean id="c" class="bean.Company">
        <property name="id">
            <value>101</value>
        </property>
        <property name="name">
            <value>微软</value>
        </property>
    </bean>
    <bean id="employee" class="bean.Employee">
        <property name="id">
            <value>1001</value>
        </property>
        <property name="name">
            <value>雇员</value>
        </property>
        <property name="company">
            <ref bean="c"/>
        </property>
        <property name="like">
            <list>
                <value>乒乓球</value>
                <value>羽毛球</value>
                <value>游泳</value>
                <value>跳舞</value>
                <value>唱歌</value>
            </list>
        </property>
    </bean>
</beans>
```

【案例剖析】

在本案例中,通过配置信息来注入各个属性的值。简单类型的属性通过<property>标签的name属性指定要注入的属性名称。<value>标签指定要注入属性的值。第一个<bean>标签的作用是指c这个JavaBean被调用时,由Spring给指定的id和name属性注入指定的值。

第二个<bean>标签中不仅含有简单类型的属性值注入,还包含了List和类的属性注入。类的属性注入是通过<property>标签的name属性指定JavaBean中属性名company,使用<ref>标签来引用JavaBean。<ref>标签的bean属性指定调用JavaBean的id,即调用Company类的JavaBean的id是c。这个JavaBean已经在配置文件中配置完成,可以直接使用。集合属性注入是通过<property>标签的name属性指定JavaBean的属性名like。<list>标签指定list集合。<value>标签指定集合的值。

step 04 测试使用赋值注入依赖关系的 JavaBean 类。(源代码\ch18\MySpring\src\bean\InpourTest.java)

```java
package bean;
import org.springframework.context.ApplicationContext;
```

```
import org.springframework.context.support.ClassPathXmlApplicationContext;
public class InpourTest {
    public static void main(String[] args) {
        //加载 xml 文件,创建应用程序的上下文
        ApplicationContext context = new ClassPathXmlApplicationContext
            ("Inpouring.xml");
        //通过上下文对象的 getBean()方法,获取所需要的 bean 对象
        Employee e = (Employee) context.getBean("employee");
        //调用 Company 类中的方法
        System.out.println("-赋值注入--");
        e.show();
    }
}
```

【案例剖析】

在本案例中,通过 ApplicationContext 接口的实现类 ClassPathXmlApplicationContext,来加载配置文件 Inpouring.xml,并获得对象 context。通过该对象调用 getBean()方法,根据方法的参数指定 JavaBean 的 id,获得 Employee 类的对象 e。通过对象 e,调用 Employee 类中定义的 show()方法,从而在控制台输入雇员的信息。

在调用 Employee 这个 JavaBean 时,Spring 会自动将 c 这个 JavaBean 注入到 Employee 类的 company 属性中,从而实现对象之间依赖关系的注入。

【运行项目】

在 InpourTest.java 中,右击,在弹出的快捷菜单中选择 Run As→Java Application 命令,运行 Java 类。在控制台打印信息,如图 18-8 所示。

图 18-8 赋值注入

18.2.5 构造器注入

使用赋值注入时,通过<property>元素来注入属性的值,而使用构造器注入时,则是通过<bean>元素的子元素<constructor-arg>,来指定实例化 JavaBean 时要注入的参数值。这种注入方式,必须在 JavaBean 类中,定义对应的构造方法,而不用提供属性的 setter 和 getter 方法。

【例 18-3】使用构造器注入的方式,在 Spring 框架中注入依赖关系。

step 01 创建只含有构造方法的雇员类。(源代码 \ch18\MySpring\src\constructor\Employee.java)

```
package constructor;
import java.util.List;
import bean.Company;
public class Employee {
    private int id;
    private String name;
    private Company company;
    private List like;
    public Employee(int id, String name, Company company, List like) {
        this.id = id;
        this.name = name;
```

```
        this.company = company;
        this.like = like;
    }
    public void show(){
        System.out.println(name+" 在-"+company.getName()+"-上班。");
        System.out.print("爱好: ");
        for(int i=0;i<like.size();i++){
            System.out.print(like.get(i)+"  ");
        }
    }
}
```

【案例剖析】

在本案例中，定义类的私有成员变量 id、name、company 和 like，并定义类的带参数的构造方法，以便于使用构造器注入对象的依赖关系。

step 02 创建使用构造器注入的 XML 配置文件。(源代码 \ch18\MySpring\src\Construct.xml)

```xml
<?xml version="1.0" encoding="UTF-8"?>
<beans xmlns="http://www.springframework.org/schema/beans"
    xmlns:xsi="http://www.w3.org/2001/XMLSchema-instance"
    xsi:schemaLocation="http://www.springframework.org/schema/beans
    http://www.springframework.org/schema/beans/spring-beans-3.0.xsd">
    <!-- 该文件用于给不同的bean 分配唯一的ID，并控制对象的创建，而不影响Spring 的任何源文件 -->
    <bean id="c" class="bean.Company">
        <property name="id">
            <value>101</value>
        </property>
        <property name="name">
            <value>微软</value>
        </property>
    </bean>
    <bean id="employee" class="constructor.Employee">
        <constructor-arg index="0">
            <value>1001</value>
        </constructor-arg>
        <constructor-arg index="1">
            <value>雇员</value>
        </constructor-arg>
        <constructor-arg index="2">
            <ref bean="c"/>
        </constructor-arg>
        <constructor-arg index="3">
            <list>
                <value>乒乓球</value>
                <value>羽毛球</value>
                <value>游泳</value>
                <value>跳舞</value>
                <value>唱歌</value>
            </list>
        </constructor-arg>
```

```
        </bean>
</beans>
```

【案例剖析】

在本案例中，通过<bean>元素指定 JavaBean 的配置信息。使用赋值注入依赖关系时，使用<property>标签指定要输入属性的信息，而使用构造器注入则使用<constructor-arg>标签。当构造方法有多个参数时，一般使用<constructor-arg>标签的 index 属性指明构造方法中参数的顺序。index 的初始值是 0。Spring 框架会按照 index 的值将对应的值传递给相应的参数。

step 03 测试使用构造器注入依赖关系的 JavaBean 类。(源代码\ch18\MySpring\src\constructor\ConstructTest.java)

```java
package constructor;
import org.springframework.context.ApplicationContext;
import org.springframework.context.support.ClassPathXmlApplicationContext;
public class ConstructTest {
    public static void main(String[] args) {
        //加载 xml 文件，创建应用程序的上下文
        ApplicationContext context = new ClassPathXmlApplicationContext
            ("Construct.xml");
        //通过上下文对象的 getBean()方法，获取所需要的 bean 对象
        Employee e = (Employee) context.getBean("employee");
        //调用 Company 类中的方法
        System.out.println("--构造器注入--");
        e.show();
    }
}
```

【案例剖析】

在本案例中，通过 ClassPathXmlApplicationContext 类加载使用构造器注入的配置文件，并获取 ApplicationContext 的对象 context。通过该对象调用 getBean()方法，获取 Employee 类的对象 e，通过对象 e 调用 Employee 类中的方法。

【运行项目】

在 ConstructTest.java 中，右击，在弹出的快捷菜单中选择 Run As→Java Application 命令，运行 Java 类。在控制台打印信息，如图 18-9 所示。

图 18-9 构造器注入

18.3 Spring AOP 编程

面向切面编程(Aspect Oriented Programming，AOP)是 Spring 框架的另一个核心技术。AOP 基于 Spring IoC，弥补了面向对象编程的不足。

在 Spring 框架中，提供了对 AOP 的支持。Spring 框架中的 AOP 将分散在系统中的模块集中起来，通过 AOP 中的切面实现，并通过 Spring 框架中的切入点机制在程序中随时引入

切面。

18.3.1 AOP 基础知识

在 AOP 中集中起来的功能模块成为切面，在需要使用的地方，通过配置文件以声明的方式，将这些功能添加到指定的位置，而不用在各个模块中通过代码来调用。

下面介绍 AOP 中的一些基本概念和术语。

1. 切面

切面(aspect)就是一个抽象出来的功能模块的实现。

2. 连接点

连接点(joinpoint)是程序运行过程中的某个阶段点，如方法调用、异常抛出等。在阶段点可以引入切面，从而增加系统的功能。

3. 通知

通知(advice)是在某个连接点所采用的处理逻辑，是切面功能的具体实现。通知有 Before、After、Around 和 Throw 这 4 种。

4. 切入点

切入点(pointcut)是连接点的集合，指定通知在什么时候被触发。它可以是类名，也可以是匹配类名和方法名的正则表达式。

5. 目标对象

目标对象(Target)指被通知的对象。

6. 代理

代理(Proxy)是在目标对象中，使用通知后创建的新对象。该对象不仅有目标对象的全部功能，而且还有通知提供的功能。

7. 织入

织入(weave)指将切面应用到目标对象，并导致代理对象创建的过程。

8. 引入

在不修改代码的前提下，引入(introduction)可以在运行期为类动态地添加一些方法或字段。

18.3.2 在 Spring 中使用 AOP

Spring 中 AOP 的本质是拦截，而拦截的本质是代理。AOP 代理由 Spring 的 IoC 容器负责生成、管理，其依赖关系也由 IoC 容器负责管理。因此，AOP 代理可以直接使用容器中的其他 Bean 实例作为目标，这种关系可由 IoC 容器的依赖注入提供。

Spring 框架提供了 4 种实现 AOP 的方式，分别是经典的基于代理的 AOP、@AspectJ 注解驱动的切面、纯 POJO 切面和注入式 AspectJ 切面。

经典的基于代理的 AOP，Spring 框架支持 4 种类型的通知，分别是 Before、After、Around 和 Throw。创建这些通知时，需要分别实现相应的接口，具体如下：

```
Before(前): org.apringframework.aop.MethodBeforeAdvice
After(后): org.springframework.aop.AfterReturningAdvice
Around(周围): org.aopaliance.intercept.MethodInterceptor
Throw(异常): org.springframework.aop.ThrowsAdvice
```

创建基于代理的 AOP 代理，一般需要通过以下几个步骤。

step 01 创建通知，实现相应的接口，并将实现其抽象方法。

step 02 定义切点和通知者，在 Spring 配制文件中配置信息。

step 03 在配置文件中，使用 ProxyFactoryBean 来生成代理。

1. 在 Spring 中创建 Before 通知

创建 Before 通知前，首先创建目标对象，即 JavaBean 类；其次创建通知类，该通知类必须实现 org.apringframework.aop.MethodBeforeAdvice 接口，在该类中重写 before()方法。最后在配置文件中通过 ProxyFactoryBean 类指定一个 AOP 代理，并将创建的通知附加到目标对象中。

【例 18-4】在 Spring 框架中，创建 Before 通知。

step 01 创建目标对象类。(源代码\ch18\MySpring\aop\before\Student.java)

```
package aop.before;
public class Student {
    //定义私有成员变量
    private String name;
    //name 变量的 setter 和 getter 方法
    public String getName() {
        return name;
    }
    public void setName(String name) {
        this.name = name;
    }
    //定义方法，打印信息
    public void show() {
        System.out.println("学生-" + this.name +"-在购物...");
    }
}
```

【案例剖析】

在本案例中，创建目标对象类，在类中定义私有成员变量 name，并定义它们的 setter 和 getter 方法，定义 public 的 show()方法，用于在控制台打印信息。

step 02 创建通知类。(源代码\ch18\MySpring\aop\before\Before.java)

```
package aop.before;
import java.lang.reflect.Method;
import org.springframework.aop.MethodBeforeAdvice;
```

```
public class Before implements MethodBeforeAdvice{
    //实现抽象方法before()
    public void before(Method arg0, Object[] arg1, Object arg2)throws Throwable {
        System.out.println("before: 欢迎...");
    }
}
```

【案例剖析】

在本案例中，创建实现 MethodBeforeAdvice 接口的类，并实现抽象方法 before()，在方法中实现在控制台打印信息。

step 03 创建配置文件。(源代码\ch18\MySpring\aop\before\beans.xml)

```xml
<?xml version="1.0" encoding="UTF-8"?>
<beans xmlns="http://www.springframework.org/schema/beans"
    xmlns:xsi="http://www.w3.org/2001/XMLSchema-instance"
    xsi:schemaLocation="http://www.springframework.org/schema/beans
    http://www.springframework.org/schema/beans/spring-beans-2.0.xsd">
    <!-- 目标对象 -->
    <bean id="studentTarget" class="aop.before.Student">
        <property name="name">
            <value>张三</value>
        </property>
    </bean>
    <!-- 通知 -->
    <bean id="before" class="aop.before.Before">
    </bean>
    <!-- 创建代理 student -->
    <bean id="student" class="org.springframework.aop.framework.ProxyFactoryBean">
        <property name="interceptorNames">
            <list>
                <!-- Before 前置通知 -->
                <value>before</value>
            </list>
        </property>
        <property name="target">
            <ref bean="studentTarget"/>
        </property>
    </bean>
</beans>
```

【案例剖析】

在本案例中，<bean>标签指定目标对象的信息，标签的 id 属性指定目标对象名是 studentTarget，class 指定目标对象类的权限名。<property>标签的 name 属性指定该类的成员变量名 name。<value>标签设置该变量的值。第二个<bean>标签指定通知类。

第三个标签指定代理信息。该标签的 id 属性指定代理名是 student，class 属性指定通过 ProxyFactoryBean 类将通知 before 添加到目标对象 studentTarget 上，从而创建新对象 student。<property>标签的 name 属性指定通知名 interceptorNames。<list>标签指定通知。<property>标签的 name 属性指定目标对象 target，并通过<ref>标签的 bean 属性指定目标对象。

step 04 测试 Before 前置通知的类。(源代码\ch18\MySpring\aop\before\StudentBefore.java)

```
package aop.before;
import org.springframework.context.ApplicationContext;
import org.springframework.context.support.ClassPathXmlApplicationContext;
public class StudentBefore {
    public static void main(String[] args) {
        //加载 xml 文件，创建应用程序的上下文
        ApplicationContext context = new 
ClassPathXmlApplicationContext("aop/before/beans.xml");
        //通过上下文对象的 getBean()方法，获取所需要的 bean 对象
        Student student = (Student) context.getBean("student");
        //调用 Company 类中的方法
        System.out.println("--Spring AOP Before--");
        student.show();
    }
}
```

【案例剖析】

在本案例中，通过 ClassPathXmlApplicationContext 类获取 ApplicationContext 对象 context，通过该对象调用 getBean()方法。该方法的参数指定的就是配置文件中配置的代理的 id，即 student。通过该方法获取目标对象类的实例，通过该实例可以调用目标对象类的所有方法，即 show()。

【运行项目】

在 StudentBefore.java 类中，右击，在弹出的快捷菜单中选择 Run As→Java Application 命令，运行 Java 类，在控制台打印信息，如图 18-10 所示。

图 18-10　Before 通知

2. 在 Spring 中创建 After 通知

在创建 After 通知前，首先创建目标对象，即 JavaBean 类。其次创建通知类，该通知类必须实现 org.apringframework.aop.AfterReturningAdvice 接口，在该类中重写 afterReturning()方法。最后再在配置文件中通过 ProxyFactoryBean 类指定一个 AOP 代理，并将创建的通知附加到目标对象中。

【例 18-5】在 Spring 框架中创建 After 通知。

step 01　创建通知类。(源代码\ch18\MySpring\aop\before\After.java)

```
package aop.after;
import java.lang.reflect.Method;
import org.springframework.aop.AfterReturningAdvice;
public class After implements AfterReturningAdvice{
    //重写方法
    public void afterReturning(Object arg0, Method arg1, Object[] arg2,
            Object arg3) throws Throwable {
        System.out.println("再见，欢迎下次光临！");
    }
}
```

【案例剖析】

在本案例中，创建实现 AfterReturningAdvice 接口的类，并在类中重写 afterReturning()方法，在该方法中实现在控制台打印信息。

step 02 创建配置文件。(源代码\ch18\MySpring\aop\after\beans.xml)

```xml
<?xml version="1.0" encoding="UTF-8"?>
<beans xmlns="http://www.springframework.org/schema/beans"
    xmlns:xsi="http://www.w3.org/2001/XMLSchema-instance"
    xsi:schemaLocation="http://www.springframework.org/schema/beans
    http://www.springframework.org/schema/beans/spring-beans-2.0.xsd">
    <!-- 目标对象 -->
    <bean id="studentTarget" class="aop.before.Student">
        <property name="name">
            <value>张三</value>
        </property>
    </bean>
    <!-- After 通知 -->
    <bean id="after" class="aop.after.After">
    </bean>
    <!-- AOP 代理 -->
    <bean id="student" class="org.springframework.aop.framework.ProxyFactoryBean">
        <property name="interceptorNames">
            <list>
                <value>after</value>
            </list>
        </property>
        <property name="target">
            <ref bean="studentTarget"/>
        </property>
    </bean>
</beans>
```

【案例剖析】

在本案例中，第一个<bean>标签指定目标对象，是创建 before 通知时创建的 Student。第二个<bean>标签指定 after 通知。第三个<bean>标签指定 AOP 代理。<property>标签的 name 属性指定通知名 interceptorNames。<list>标签的子标签<value>指定通知 after。<property>标签的 name 属性是 target。<ref>标签的 bean 属性指定目标对象是 studentTarget。

step 03 创建测试 After 通知的类。(源代码\ch18\MySpring\aop\after\StudentAfter.java)

```java
package aop.after;
import org.springframework.context.ApplicationContext;
import org.springframework.context.support.ClassPathXmlApplicationContext;
import aop.before.Student;
public class StudentAfter {
    public static void main(String[] args) {
        //加载 xml 文件，创建应用程序的上下文
        ApplicationContext context = new ClassPathXmlApplicationContext
            ("aop/after/beans.xml");
        //通过上下文对象的 getBean()方法，获取所需要的 bean 对象
        Student student = (Student) context.getBean("student");
        //调用 Company 类中的方法
```

```
        System.out.println("--Spring AOP After--");
        student.show();
    }
}
```

【案例剖析】

在本案例中，通过 ClassPathXmlApplicationContext 类加载配置文件 beans.xml，并获取 ApplicationContext 类的对象 context。通过该对象的 getBean()方法获取 Student 类的对象 student，该方法的参数指定代理的 id。通过 student 对象调用 Student 类中的任何方法。

【运行项目】

在 StudentAfter.java 类中，右击，在弹出的快捷菜单中选择 Run As→Java Application 命令，运行 Java 类，在控制台打印信息，如图 18-11 所示。

图 18-11 After 通知

3. 在 Spring 中创建 Around 通知

在实际开发中，除了 Before 通知和 After 通知外，还会有 Around 通知，即在方法执行前和方法返回后需要进行的处理，在 Spring 中指 Around 通知。

【例 18-6】在 Spring 框架中创建拦截通知。

step 01 创建通知类。(源代码\ch18\MySpring\aop\around\Watch.java)

```
package aop.around;
import org.aopalliance.intercept.MethodInterceptor;
import org.aopalliance.intercept.MethodInvocation;
public class Watch implements MethodInterceptor{
    public Object invoke(MethodInvocation method) throws Throwable {
        System.out.println("被监视方法信息:");
        System.out.println(method);
        //指定目标对象中的方法
        Object show = method.proceed();
        System.out.print("方法执行结束，并返回 invoke()方法继续执行。");
        return show;
    }
}
```

【案例剖析】

在本案例中，创建实现 MethodInterceptor 接口的类，在类中实现 invoke()方法，在方法中打印信息。MethodInvocation 类型的参数 method，其值就是拦截通知的目标对象。method 调用 proceed()方法就是执行目标对象 Student 类中的 show()方法，执行完成后，返回 invoke()方法。

step 02 创建配置文件。(源代码\ch18\MySpring\aop\around\beans.xml)

```
<?xml version="1.0" encoding="UTF-8"?>
<beans xmlns="http://www.springframework.org/schema/beans"
    xmlns:xsi="http://www.w3.org/2001/XMLSchema-instance"
    xsi:schemaLocation="http://www.springframework.org/schema/beans
        http://www.springframework.org/schema/beans/spring-beans-2.0.xsd">
```

```xml
        <!--目标对象  -->
    <bean id="studentTarget" class="aop.before.Student">
        <property name="name">
            <value>张三</value>
        </property>
    </bean>
    <!-- 通知  -->
    <bean id="watch" class="aop.around.Watch">
    </bean>
    <!-- 代理 -->
    <bean id="student" class="org.springframework.aop.framework.ProxyFactoryBean">
        <property name="interceptorNames">
            <list>
                <value>watch</value>
            </list>
        </property>
        <property name="target">
            <ref bean="studentTarget"/>
        </property>
    </bean>
</beans>
```

【案例剖析】

在本案例中，通过<bean>标签指定目标对象、通知和 AOP 代理。创建拦截通知，使用的目标对象仍是创建 before 通知时使用的 Student 类。<bean>标签的 id 属性指定通知是 watch，class 属性指定通知类的权限名。<bean>标签的 id 属性指定代理是 student，class 属性指定使用 ProxyFactoryBean 类创建代理。<property>标签的<list>子标签<value>，将拦截通知 watch 添加到目标对象 studentTarget 上。

step 03 创建测试 After 通知的类。(源代码\ch18\MySpring\aop\around\ StudentAround.java)

```java
package aop.around;
import org.springframework.beans.factory.BeanFactory;
import org.springframework.beans.factory.xml.XmlBeanFactory;
import org.springframework.context.ApplicationContext;
import org.springframework.context.support.ClassPathXmlApplicationContext;
import org.springframework.core.io.ClassPathResource;
import aop.before.Student;
public class StudentAround {
    public static void main(String[] args) {
        //加载 xml 文件，创建应用程序的上下文
        ApplicationContext context = new ClassPathXmlApplicationContext
            ("aop/around/beans.xml");
        //通过上下文对象的 getBean()方法，获取所需要的 bean 对象
        Student student = (Student) context.getBean("student");
        //调用 Company 类中的方法
        System.out.println("--Spring AOP Around--");
        student.show();
    }
}
```

【案例剖析】

在本案例中，通过 ClassPathXmlApplicationContext 类加载配置文件，并获取上下文对象

context，通过该对象调用 getBean()方法。该方法参数指定代理的 id，方法返回目标对象类 Student 的对象，通过该对象可以调用 show()方法。

【运行项目】

在 StudentAround.java 类中右击，在弹出的快捷菜单中选择 Run As→Java Application 命令，运行 Java 类，在控制台打印信息，如图 18-12 所示。

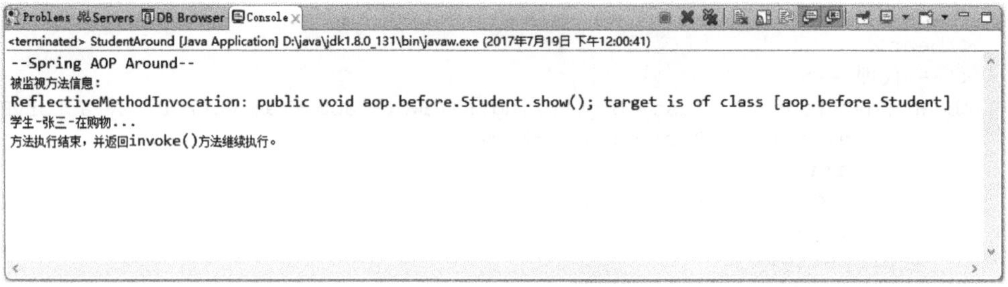

```
<terminated> StudentAround [Java Application] D:\java\jdk1.8.0_131\bin\javaw.exe (2017年7月19日 下午12:00:41)
--Spring AOP Around--
被监视方法信息：
ReflectiveMethodInvocation: public void aop.before.Student.show(); target is of class [aop.before.Student]
学生-张三-在购物...
方法执行结束，并返回invoke()方法继续执行。
```

图 18-12　Around 通知

4．在 Spring 中创建 Throw 通知

在 Spring 框架中，除了程序正常运行时添加的通知外，还有目标对象发生异常时被调用的通知，这种通知在 Spring 中指异常通知。

【例 18-7】在 Spring 框架中创建异常通知。

step 01　创建目标对象。(源代码\ch18\MySpring\aop\error\Student.java)

```java
package aop.error;
public class Student {
    private String name;
    public void show() throws Exception {
        int i = 10 / 0;
        System.out.println("学生-" + this.name + "-信息...");
    }

    public String getName() {
        return name;
    }
    public void setName(String name) {
        this.name = name;
    }
}
```

【案例剖析】

在本案例中，创建目标对象类，在该类中定义私有成员变量 name，并实现它们的 setter 和 getter 方法。定义 public 的 show()方法，在该方法中定义分母是 0 的运算，并在控制台打印信息。

step 02　创建通知类。(源代码\ch18\MySpring\aop\error\Error.java)

```java
package aop.error;
import org.springframework.aop.ThrowsAdvice;
public class Error implements ThrowsAdvice {
    public void afterThrowing(Exception ex) {
```

```
            System.out.println("执行show()方法时，出现异常。");
            System.out.println("异常错误信息如下:");
            System.out.println(ex.getMessage());
        }
    }
}
```

【案例剖析】

在本案例中，定义实现 ThowsAdvice 接口的类，在类中实现 afterThrowing()方法。该方法的作用是当指定目标对象的 show()方法时，若发生异常，通过 getMessage()方法打印异常信息。

step 03 创建配置文件。(源代码\ch18\MySpring\aop\error\beans.xml)

```
package aop.error;
import org.springframework.context.ApplicationContext;
import org.springframework.context.support.ClassPathXmlApplicationContext;
public class StudentError {
    public static void main(String[] args) {
        //加载xml文件，创建应用程序的上下文
        ApplicationContext context = new ClassPathXmlApplicationContext
            ("aop/error/beans.xml");
        //通过上下文对象的getBean()方法，获取所需要的bean对象
        Student student = (Student) context.getBean("student");
        //调用Company类中的方法
        System.out.println("--Spring AOP Throws--");
        try {
            student.show();
        } catch (Exception e) {

        }
    }
}
```

step 04 创建测试 After 通知的类。(源代码\ch18\MySpring\aop\error\StudentAfter.java)

```xml
<?xml version="1.0" encoding="UTF-8"?>
<beans xmlns="http://www.springframework.org/schema/beans"
    xmlns:xsi="http://www.w3.org/2001/XMLSchema-instance"
    xsi:schemaLocation="http://www.springframework.org/schema/beans
        http://www.springframework.org/schema/beans/spring-beans-2.0.xsd">
    <bean id="studentTarget" class="aop.error.Student">
        <property name="name">
            <value>张三</value>
        </property>
    </bean>
    <bean id="error" class="aop.error.Error">
    </bean>
    <bean id="student" class="org.springframework.aop.framework.ProxyFactoryBean">
        <property name="interceptorNames">
            <list>
                <value>error</value>
            </list>
        </property>
        <property name="target">
```

```
            <ref bean="studentTarget"/>
        </property>
    </bean>
</beans>
```

【案例剖析】

在本案例中，<bean>标签指定目标对象 Student。<property>标签的 name 属性指定该类的属性 name，<value>标签对该属性赋值。<bean>标签的 id 属性指定通知名，class 属性指定通知类的权限名。<bean>标签的子标签<property>的 name 属性指定通知名 interceptorNames。<list>标签的子标签<value>指定通知的 id，即 error。<property>标签的 name 属性指定目标名 target。<ref>标签的 bean 属性指定目标对象的 id，即 studentTarget。

【运行项目】

在 StudentError.java 类中右击，在弹出的快捷菜单中选择 Run As → Java Application 命令，运行 Java 类，在控制台打印信息，如图 18-13 所示。

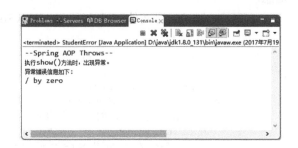

图 18-13　Throw 通知

18.4　大神解惑

小白：BeanFactory 和 ApplicationContext 有什么异同？

大神：BeanFactory 和 ApplicationContext 的异同如下。

（1）相同点。两者都是通过 XML 配置文件加载 Bean，ApplicationContext 比 BeanFacotry 提供了更多的扩展功能。

（2）不同点。BeanFactory 是延迟加载，如果 Bean 的某一个属性没有注入，BeanFacotry 加载后，直至第一次调用 getBean()方法才会抛出异常。而 ApplicationContext 则在初始化时检验，这样有利于检查所依赖属性是否注入。因此一般情况下，选择使用 ApplicationContext。

在实际开发中，由于 BeanFactory 提供的 XmlBeanFactory 类，已经被最新版的 Spring4.1 废弃，因此使用 BeanFactory 接口的子接口 ApplicationContext，来读取 XML 格式配置文件并加载 JavaBean。

18.5　跟我学上机

练习 1：在使用 Spring 框架的项目中，创建 JavaBean 类 Student，该类包含 id、name、age 和 school 四个成员变量。使用赋值注入的方式实现注入依赖关系。

练习 2：在使用 Spring 框架的项目中，重新定义 Student 类，实现使用构造器注入依赖关系。

练习 3：在使用 Spring 框架的项目中，在 Student 类中添加 Before 通知，在控制台打印信息。

第 19 章

整合三大框架——Struts 2+Spring 4+Hibernate 4

介绍了 Struts 框架、Hibernate 框架和 Spring 框架的使用后,本章通过用户注册模块介绍如何整合 Struts 2、Spring 4 和 Hibernate 4,以及如何使用这三大框架进行 Web 项目开发。

本章要点(已掌握的在方框中打钩)

- ☐ 掌握如何配置 Struts 2 框架。
- ☐ 掌握如何配置 Spring 4 框架。
- ☐ 掌握如何配置 Hibernate4 框架。
- ☐ 掌握如何使用 Navicat 工具创建表。
- ☐ 掌握如何实现对象关系映射。
- ☐ 掌握注册用户信息的视图层。
- ☐ 掌握如何通过 Action 对象实现控制层。

19.1 配置 Struts 2 框架

在 MyEclipse 中，创建 Web 项目 S2SH，并对当前项目进行配置。下面主要介绍在 Web 项目中配置 Struts 2 框架。具体操作步骤如下。

step 01 在 Web 项目 S2SH 上右击，在弹出的快捷菜单中选择 Configure Facets→Install Apache Struts 2 Facet 命令，如图 19-1 所示。

step 02 打开 Install Apache Struts (2.x) Facet 对话框，在 Target runtime 下拉列表中，选择 Apache Tomcat v9.0，如图 19-2 所示。

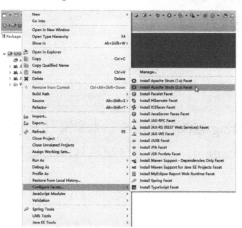
图 19-1 选择 Struts 2 配置

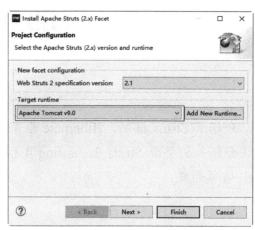
图 19-2 设置 Target runtime

step 03 单击 Next 按钮，打开 Web Struts 2.x 界面，这里可以选择 URL pattern，即在浏览器中输入 url 地址的后缀，这里默认是.action，如图 19-3 所示。

step 04 单击 Next 按钮，打开 Configure Project Libraries 界面，选择 Spring Plugin 选项，如图 19-4 所示。

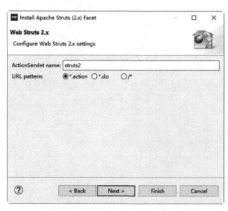
图 19-3 Web Struts 2.x 界面

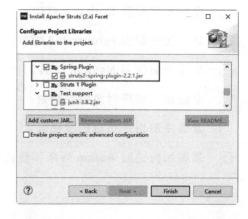
图 19-4 Configure Project Libraries 界面

step 05 单击 Finish 按钮，配置 Struts 2 完成。

19.2　配置 Spring 4 框架

配置完 Struts 2 框架后，配置 Spring 4 框架。在 Web 项目中，配置 Spring 4 框架的具体步骤如下。

step 01 右击 Web 项目 S2SH，在弹出的快捷菜单中选择 Configure Facets→Install Spring Facet 命令，如图 19-5 所示。

step 02 打开 Install Spring Facet 对话框，Spring 的版本号是 4.1，使用 Tomcat 9.0，如图 19-6 所示。

图 19-5　选择 Install Spring Facet 命令

图 19-6　Project Configuration 界面

step 03 单击 Next 按钮，打开 Add Spring Capabilities 界面，保持默认选项，如图 19-7 所示。

step 04 单击 Next 按钮，打开 Configure Project Libraries 界面，添加需要的 jar 包，如图 19-8 所示。

图 19-7　Add Spring Capabilities 界面

图 19-8　Configure Project Libraries 界面

step 05 单击 Finish 按钮，Spring 框架配置完成。

19.3 配置 Hibernate 4 框架

配置完成 Struts 2、Spring 4，最后配置 Hibernate 4 框架。在 Web 项目 S2SH 中，配置 Hibernate 的具体操作步骤如下。

step 01 右击 Web 项目 S2SH，在弹出的快捷菜单中选择 Configure Facets→Install Hibernate Facet 命令，如图 19-9 所示。

step 02 打开 Install Hibernate Facet 对话框，选择 Hibernate 的版本号是 4.1(Spring4.1 不支持 Hibernate5.1)，使用 Tomcat 9.0，如图 19-10 所示。

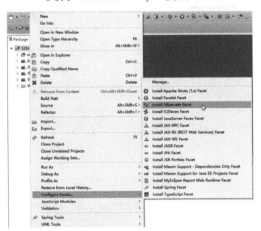

图 19-9 选择 Install Hibernate Facet 命令　　　　图 19-10 选择 Hibernate 版本

step 03 单击 Next 按钮，打开 Hibernate Support for MyEclipse 界面，取消选中 Create SessionFactory class 复选框，如图 19-11 所示。

step 04 单击 Next 按钮，打开配置 DB Driver 的界面，在其下拉列表中选择创建的 MySql 数据库驱动(若 MySql 不存在，参照第 17 章 17.2.1 节)，如图 19-12 所示。

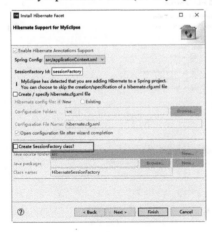

图 19-11 配置 Hibernate　　　　图 19-12 配置 DB Driver

step 05 单击 Next 按钮，打开 Configure Project Libraries 界面，选择需要的 jar 包，这里保持默认选项，如图 19-13 所示。

图 19-13 选择 Jar 包

step 06 单击 Finish 按钮，Hibernate 框架配置完成。

19.4 对象关系映射

通过 Hibernate 的对象关系映射 ORM，生成数据库表对应持久类、数据库表与持久类对应关系的配置文件以及与数据库操作相关的 DAO 类。

19.4.1 创建数据库表

启动 MySql 服务器，在数据库 MySql 的视图工具 Navicat 中，双击打开数据库 mydb，在数据库中创建 user 表。表 user 包含字段 id、name、sex 和 age，它们的字段类型分别是 int、varchar、varchar 和 int，具体如图 19-14 所示。

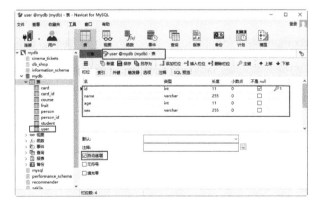

图 19-14 创建表 user

19.4.2 生成持久类

创建完数据库表 user 后，创建 User 持久类。创建的具体步骤如下。

step 01 在 DB Browser 窗口中，双击打开 MySql，在数据库 mydb 中，右击表 user，在弹出的快捷菜单中选择 Hibernate Reverse Engineering 命令，如图 19-15 所示。

step 02 打开 Hibernate Mapping and Application Generation 界面，选中 Create POJO、Java Data Object 和 Java Data Access Object(DAO)三个复选框，如图 19-16 所示。

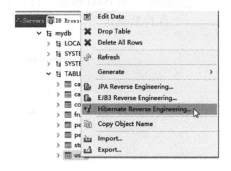

图 19-15 Hibernate Reverse

step 03 单击 Next 按钮，在弹出的界面中，在 Id Generator 下拉列表中，选择 native 选项，即 id 的自动生成策略，如图 19-17 所示。

step 04 单击 Finish 按钮，持久类完成配置。

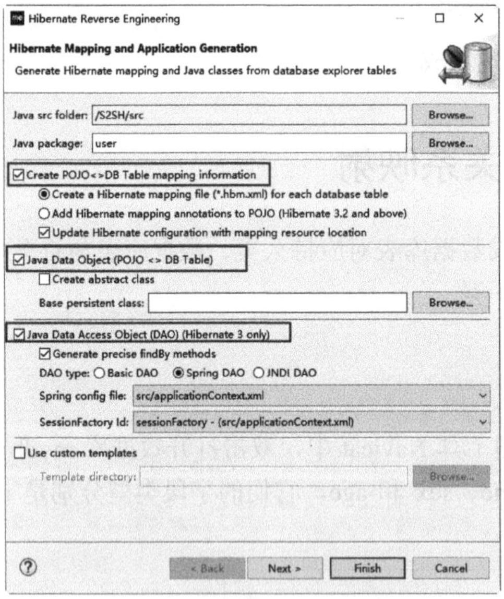

图 19-16 Hibernate Mapping 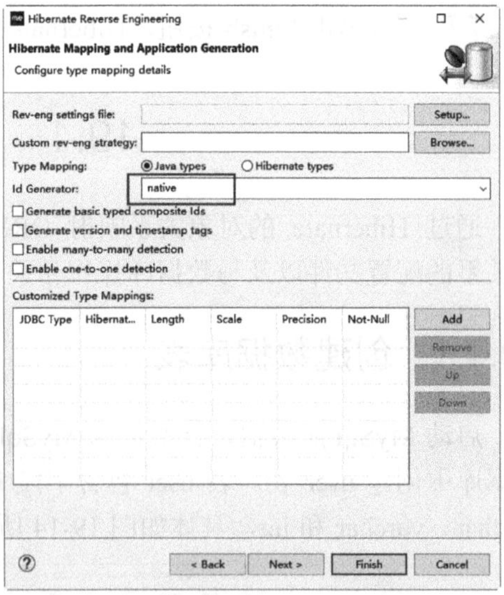　　　　　　图 19-17 设置 Id Generation

step 05 自动生产的持久类 User.java，代码如下。(源代码\ch19\ssh\src\user\User.java)

```
package user;
public class User implements java.io.Serializable {
    // Fields
    private Integer id;
    private String name;
    private Integer age;
    private String sex;
    // Constructors
    /** default constructor */
```

```java
    public User() {
    }

    /** full constructor */
    public User(String name, Integer age, String sex) {
        this.name = name;
        this.age = age;
        this.sex = sex;
    }

    // Property accessors
    public Integer getId() {
        return this.id;
    }

    public void setId(Integer id) {
        this.id = id;
    }

    public String getName() {
        return this.name;
    }

    public void setName(String name) {
        this.name = name;
    }

    public Integer getAge() {
        return this.age;
    }

    public void setAge(Integer age) {
        this.age = age;
    }

    public String getSex() {
        return this.sex;
    }

    public void setSex(String sex) {
        this.sex = sex;
    }
}
```

【案例剖析】

在本案例中,根据数据库表 user 的字段 id、name、sex 和 age,自动生成它们的 getter 和 setter 方法,以及无参构造方法和带有参数 name、age 和 sex 的构造方法。

step 06 持久类的配置文件 User.hbm.xml。(源代码\ch19\ssh\src\user\User.hbm.xml)

```xml
<?xml version="1.0" encoding="utf-8"?>
<!DOCTYPE hibernate-mapping PUBLIC "-//Hibernate/Hibernate Mapping DTD 3.0//EN"
"http://www.hibernate.org/dtd/hibernate-mapping-3.0.dtd">
<!--
```

```xml
    Mapping file autogenerated by MyEclipse Persistence Tools
-->
<hibernate-mapping>
    <class name="user.User" table="user" catalog="mydb">
        <id name="id" type="java.lang.Integer">
            <column name="id" />
            <generator class="native" />
        </id>
        <property name="name" type="java.lang.String">
            <column name="name" />
        </property>
        <property name="age" type="java.lang.Integer">
            <column name="age" />
        </property>
        <property name="sex" type="java.lang.String">
            <column name="sex" />
        </property>
    </class>
</hibernate-mapping>
```

【案例剖析】

在本案例中，<class>标签的 name 属性指定持久类的权限名，table 属性指定数据库表中的表名，catalog 属性指定数据库名。<property>标签的 name 属性指定持久类 User 中成员变量，type 指定其类型。在该标签中嵌套<column>标签，通过其 name 属性指定对应数据库表中的字段名。

19.4.3 数据库操作

通过对象关系映射，不仅自动生成持久类及其配置文件，同时还生成用于操作数据库的 DAO 类，在该类中对数据库表进行增、删、改、查等操作。

DAO 类的具体代码如下。(源代码\ch19\ssh\src\dao\UserDAO.java)

```java
package dao;
import java.util.List;
import org.hibernate.LockOptions;
import org.hibernate.Query;
import org.hibernate.Session;
import org.hibernate.SessionFactory;
import org.hibernate.Transaction;
import org.hibernate.criterion.Example;
import org.slf4j.Logger;
import org.slf4j.LoggerFactory;
import org.springframework.context.ApplicationContext;
import org.springframework.context.support.ClassPathXmlApplicationContext;
import org.springframework.transaction.annotation.Transactional;
import user.User;
@Transactional
public class UserDAO {
    private static final Logger log = LoggerFactory.getLogger(UserDAO.class);
    // property constants
    public static final String NAME = "name";
```

```java
public static final String AGE = "age";
public static final String SEX = "sex";

private SessionFactory sessionFactory;
private ApplicationContext ctx;

public void setSessionFactory(SessionFactory sessionFactory) {
    this.sessionFactory = sessionFactory;
}

private Session getSessionFactory() {
    //手动获取 sessionFactory
    ctx = new ClassPathXmlApplicationContext("applicationContext.xml");
    sessionFactory = (SessionFactory)ctx.getBean("sessionFactory");
    return sessionFactory.openSession();
}

protected void initDao() {
    // do nothing
}

public void save(User transientInstance) {
    log.debug("saving User instance");
    try {
        //获取 session
        Session session = getSessionFactory();
        //开始事务
        Transaction tran = session.beginTransaction();
        //保存
        session.save(transientInstance);
        //提交事务
        tran.commit();
        log.debug("save successful");
    } catch (RuntimeException re) {
        log.error("save failed", re);
        throw re;
    }
}

public void delete(User persistentInstance) {
    log.debug("deleting User instance");
    try {
        //获取 session
        Session session = getSessionFactory();
        //开始事务
        Transaction tran = session.beginTransaction();
        //删除
        session.delete(persistentInstance);
        //提交事务
        tran.commit();
        log.debug("save successful");
        log.debug("delete successful");
    } catch (RuntimeException re) {
        log.error("delete failed", re);
```

```java
            throw re;
        }
    }

    public User findById(java.lang.Integer id) {
        log.debug("getting User instance with id: " + id);
        try {
            User instance = (User) getSessionFactory().get("user.User", id);
            return instance;
        } catch (RuntimeException re) {
            log.error("get failed", re);
            throw re;
        }
    }

    public List findByExample(User instance) {
        log.debug("finding User instance by example");
        try {
            List results =
            getSessionFactory().createCriteria("user.User").add
                (Example.create(instance)).list();
            log.debug("find by example successful, result size: " + results.size());
            return results;
        } catch (RuntimeException re) {
            log.error("find by example failed", re);
            throw re;
        }
    }

    public List findByProperty(String propertyName, Object value) {
        log.debug("finding User instance with property: " + propertyName +
            ", value: " + value);
        try {
            String queryString = "from User as model where model." +
                propertyName + "= ?";
            Query queryObject = getSessionFactory().createQuery(queryString);
            queryObject.setParameter(0, value);
            return queryObject.list();
        } catch (RuntimeException re) {
            log.error("find by property name failed", re);
            throw re;
        }
    }

    public List findByName(Object name) {
        return findByProperty(NAME, name);
    }

    public List findByAge(Object age) {
        return findByProperty(AGE, age);
    }

    public List findBySex(Object sex) {
        return findByProperty(SEX, sex);
```

```java
    }

    public List findAll() {
        log.debug("finding all User instances");
        try {
            String queryString = "from User";
            Query queryObject = getSessionFactory().createQuery(queryString);
            return queryObject.list();
        } catch (RuntimeException re) {
            log.error("find all failed", re);
            throw re;
        }
    }

    public User merge(User detachedInstance) {
        log.debug("merging User instance");
        try {
            //获取session
            Session session = getSessionFactory();
            //开始事务
            Transaction tran = session.beginTransaction();
            //修改
            User result = (User) session.merge(detachedInstance);
            //提交事务
            tran.commit();
            log.debug("save successful");
            log.debug("merge successful");
            return result;
        } catch (RuntimeException re) {
            log.error("merge failed", re);
            throw re;
        }
    }

    public void attachDirty(User instance) {
        log.debug("attaching dirty User instance");
        try {
            getSessionFactory().saveOrUpdate(instance);
            log.debug("attach successful");
        } catch (RuntimeException re) {
            log.error("attach failed", re);
            throw re;
        }
    }

    public void attachClean(User instance) {
        log.debug("attaching clean User instance");
        try {
            getSessionFactory().buildLockRequest(LockOptions.NONE).lock(instance);
            log.debug("attach successful");
        } catch (RuntimeException re) {
            log.error("attach failed", re);
            throw re;
        }
```

```
        }
        public static UserDAO getFromApplicationContext(ApplicationContext ctx) {
            return (UserDAO) ctx.getBean("UserDAO");
        }
    }
```

【案例剖析】

在本案例中，通过 Hibernate 框架自动生成对数据库表进行添加、删除、编辑和查找的方法。

19.5 Spring 配置文件

配置完成 Spring 后，自动生成一个配置文件 applicationContext.xml。执行对象关系映射后，该配置文件会自动增加数据源、事务、DAO 等的配置。

Spring 配置文件代码如下。(源代码\ch19\ssh\src\applicationContext.xml)

```
<?xml version="1.0" encoding="UTF-8"?>
<beans xmlns="http://www.springframework.org/schema/beans"
    xmlns:xsi="http://www.w3.org/2001/XMLSchema-instance"
    xmlns:p="http://www.springframework.org/schema/p"
    xsi:schemaLocation="http://www.springframework.org/schema/beans
    http://www.springframework.org/schema/beans/spring-beans-4.1.xsd
    http://www.springframework.org/schema/tx
    http://www.springframework.org/schema/tx/spring-tx.xsd"
    xmlns:tx="http://www.springframework.org/schema/tx">
<!--数据源配置-->
    <bean id="dataSource" class="org.apache.commons.dbcp.BasicDataSource">
        <property name="driverClassName" value="org.gjt.mm.mysql.Driver">
        </property>
        <property name="url" value="jdbc:mysql://localhost:3306/mydb?useSSL=false">
        </property>
        <property name="username" value="root"></property>
        <property name="password" value="123456"></property>
    </bean>
<!--sessionFactory配置 -->
    <bean id="sessionFactory" class="org.springframework.orm.hibernate4.LocalSessionFactoryBean">
        <property name="dataSource">
            <ref bean="dataSource" />
        </property>
        <property name="hibernateProperties">
            <props>
                <prop key="hibernate.dialect">
                    org.hibernate.dialect.MySQLDialect
                </prop>
                <prop key="hibernate.show_sql">true</prop>
                <!-- 事务自动提交 -->
                <prop key="hibernate.connection.autocommit">true</prop>
            </props>
        </property>
```

```xml
            <property name="mappingResources">
                <list>
                    <value>user/User.hbm.xml</value>
                </list>
            </property>
        </bean>
        <!-- 事务管理器 -->
        <bean id="transactionManager"
              class="org.springframework.orm.hibernate4.HibernateTransactionManager">
            <property name="sessionFactory" ref="sessionFactory" />
        </bean>
        <tx:annotation-driven transaction-manager="transactionManager" />
        <!- DAO 文件配置 —>
        <bean id="UserDAO" class="dao.UserDAO">
            <property name="sessionFactory">
                <ref bean="sessionFactory" />
            </property>
        </bean>
</beans>
```

【案例剖析】

在本案例中，配置完 Spring 框架和 Hibernate 对象关系映射后，自动生成配置数据源的 <bean> 标签、配置 sessionFactory 的 <bean> 标签、事务管理器 <bean> 标签以及配置 DAO 文件的 <bean> 标签。

19.6 视 图 层

在 Web 项目 ssh 中，视图层含有注册用户信息的页面、显示用户注册信息的列表页面、编辑注册用户信息的页面以及项目运行的首页共 4 个页面。

19.6.1 注册用户

注册用户页面通过表格控制用户注册信息，包含姓名、年龄和性别。(源代码 \ch19\ssh\WebRoot\regit.jsp)

```jsp
<%@ page language="java" import="java.util.*" pageEncoding="utf-8"%>
<!DOCTYPE HTML PUBLIC "-//W3C//DTD HTML 4.01 Transitional//EN">
<html>
  <head>
    <title></title>
  </head>
  
  <body>
    <center>
        <form action="addAction.action" method="post">
            <table border="1" >
                <tr>
                    <td>
                        姓名:
```

```html
            </td>
            <td>
                <input type="text" name="user.name" id="user.name" />
            </td>
        </tr>
        <tr>
            <td>
                性别:
            </td>
            <td>
                <input type="radio" name="user.sex" id="user.sex" value="男"
                    checked="checked"/>男
                <input type="radio" name="user.sex" id="user.sex" value="女"/>女
            </td>
        </tr>
        <tr>
            <td>
                年龄:
            </td>
            <td>
                <input type="text" name="user.age" id="user.age" />
            </td>
        </tr>
        <tr>
            <td colspan="2" align="center">
                <input type="submit" value="注册" />
            </td>
        </tr>
    </table>
  </form>
 </center>
 </body>
</html>
```

【案例剖析】

在本案例中,在表格中通过 3 行,分别显示注册用户的姓名、年龄和性别,并通过 form 表单将用户的注册信息交由 Action 对象处理。

19.6.2 用户列表

用户列表页面,用户显示在数据库中查询到的所有用户的注册信息。(源代码 \ch19\ssh\WebRoot\list.jsp)

```jsp
<%@page import="user.User"%>
<%@ taglib uri="/struts-tags" prefix="s"%>
<%@ page language="java" import="java.util.*" pageEncoding="utf-8"%>
<%
    List users = (List) session.getAttribute("all");
    if (users != null) {
%>
<!DOCTYPE HTML PUBLIC "-//W3C//DTD HTML 4.01 Transitional//EN">
<html>
```

```
<head>
<title>用户列表</title>
</head>
<body>
    <table border="1">
        <tr>
            <td colspan="5" align="center"><a href="regit.jsp">用户注册</a></td>
        </tr>
        <tr>
            <td>姓名</td>
            <td>性别</td>
            <td>年龄</td>
            <td colspan="2">编辑</td>
        </tr>

        <%
            for (Object obj : users) {
                User u = (User) obj;
        %>
        <tr>
            <td><%=u.getName()%></td>
            <td><%=u.getSex()%></td>
            <td><%=u.getAge()%></td>
            <td><a href="deleteAction.action?id=<%=u.getId()%>"
                onClick="return confirm('确定删除?');">删除</a></td>
            <td><a href="editAction.action?id=<%=u.getId()%>">编辑</a></td>
        </tr>

        <%
            }
        %>
    </table>
    <%
        } else {
            out.print("暂无注册用户信息。<br>");
        }
    %>
</body>
</html>
```

【案例剖析】

在本案例中，显示数据库中所有注册用户的信息。在该页面中使用表格和增强的 for 循环，显示注册用户的信息。在每条注册用户信息之后，通过超链接进行删除、编辑注册信息的操作。

19.6.3 编辑用户

单击要编辑的注册用户的超链接后，打开含有该注册用户信息的页面。(源代码\ch19\ssh\WebRoot\edit.jsp)

```
<%@page import="user.User"%>
<%@ page language="java" import="java.util.*" pageEncoding="utf-8"%>
```

```jsp
<%
    User u = (User) session.getAttribute("u");
%>
<!DOCTYPE HTML PUBLIC "-//W3C//DTD HTML 4.01 Transitional//EN">
<html>
<head>
<title></title>
</head>

<body>
    <center>
        <form action="updateAction.action" method="post">
            <table border="1">
                <tr>
                    <td>姓名: </td>
                    <td><input type="hidden" name="user.id" id="user.id"
                        value="<%=u.getId()%>"> <input type="text"
                        name="user.name" id="user.name" value=
                            "<%=u.getName()%>" /></td>
                </tr>
                <tr>
                    <td>年龄: </td>
                    <td><input type="text" name="user.age" id="user.age"
                        value="<%=u.getAge()%>" /></td>
                </tr>
                <tr>
                    <td>性别: </td>
                    <td>
                        <%
                            if (u.getSex().equals("男")) {
                        %> <input type="radio" name="user.sex" id="user.sex"
                            value="男"
                        checked="checked" />男 <input type="radio" name="user.sex"
                            id="user.sex" value="女" />女 <%
                        } else {
                        %> <input type="radio" name="user.sex" id="user.sex"
                            value="男" />男
                            <input type="radio" name="user.sex" id="user.sex"
                                value="女"
                            checked="checked" />女 <%
                        }
                        %>

                    </td>
                </tr>

                <tr>
                    <td colspan="2" align="center"><input type="submit"
                        value="编辑" />
                    </td>
                </tr>
            </table>
        </form>
    </center>
```

```
  </body>
</html>
```

【案例剖析】

在本案例中，通过单击编辑超链接执行 editAction。根据配置文件信息执行 UserAction 类的 edit()方法。在该方法中通过注册用户 id 查找到要修改用户的信息，并返回 User 类的对象。在该页面中通过该对象显示注册用户的信息。修改完成后，单击【编辑】按钮，根据配置文件信息，执行 UserAction 类中的 update()方法，修改数据库表中的数据。

19.6.4 首页

在浏览器的地址栏中输入 Web 项目地址，首先执行该页面。(源代码\ch19\ssh\WebRoot\index.jsp)

```
<%@ page language="java" import="java.util.*" pageEncoding="utf-8"%>
<!DOCTYPE HTML PUBLIC "-//W3C//DTD HTML 4.01 Transitional//EN">
<html>
  <head>
    <title></title>
  </head>

  <body>
    <%
        response.sendRedirect("listAction.action");
    %>
  </body>
</html>
```

【案例剖析】

在执行该页面时，通过 response 对象的 sendRedirect()方法执行 listAction，根据配置文件信息，直接执行 UserAction 类中的 list()方法。

19.7 控制层

在 Web 项目中，一般是通过 Action 对象实现控制层的功能。Action 对象用于处理用户的请求，主要作为视图层与数据库操作的纽带，以便用户处理具体的业务逻辑。

Action 类的具体代码如下。(源代码\ch19\ssh\src\action\UserAction.java)

```
package action;
import java.util.List;
import java.util.Map;
import com.opensymphony.xwork2.ActionContext;
import com.opensymphony.xwork2.ActionSupport;
import dao.UserDAO;
import user.User;

public class UserAction extends ActionSupport {
    private User user;
```

```java
    private int id;
    private Map session;
    public User getUser() {
        return user;
    }

    public void setUser(User user) {
        this.user = user;
    }
    public int getId() {
        return id;
    }

    public void setId(int id) {
        this.id = id;
    }
    public String add(){
        UserDAO dao = new UserDAO();
        List list = (List)dao.findAll();
        if(list.size()!=0){
            for(Object obj:list){
                User u = (User)obj;
                if(!u.getName().equals(user.getName())){
                    //用户名不存在时,添加
                    dao.save(user);
                    list();
                    return "success";
                }
            }
        }else{
            if(!user.getName().equals("")){
                //用户名不存在时,添加
                dao.save(user);
                list();
                return "success";
            }
        }
        return "failed";
    }
    public String list(){
        UserDAO dao = new UserDAO();
        List list = (List)dao.findAll();
        if(list.size()==0){
            return "failed";
        }else{
            session = (Map)ActionContext.getContext().getSession();
            session.put("all", list);
            return "success";
        }
    }
    public String delete(){
        UserDAO dao = new UserDAO();
        User u = dao.findById(id);
        if(u!=null){
```

```
            dao.delete(u);
            list();
            return "success";
        }
        return "failed";
    }
    public String edit(){
        UserDAO dao = new UserDAO();
        User u = dao.findById(id);
        session = (Map)ActionContext.getContext().getSession();
        session.put("u", u);
        return "success";
    }
    public String update(){
        UserDAO dao = new UserDAO();
        if(user.getName().equals("")){
            return "failed";
        }else{
            dao.merge(user);
            list();
            return "success";
        }
    }
}
```

【案例剖析】

在本案例中，创建实现 ActionSupport 类的 Action 类，在该类中创建调用 DAO 类的方法包括 DAO 类的增加、删除、修改和查询的方法。

19.8 运 行 项 目

Web 项目创建完成后，部署 Web 项目 ssh，启动 Tomcat。在浏览器的地址栏中输入项目首页地址"http://127.0.0.1:8888/ssh/.jsp"，运行结果如图 19-18 所示。当数据表中没有数据时，则在页面中显示"暂无注册用户信息。"，如图 19-19 所示。

图 19-18 注册用户列表

1. 用户注册

在 Web 项目首页(注册用户列表)中，单击【用户注册】超链接，打开用户注册页面，输入注册信息，如图 19-20 所示。单击【注册】按钮，用户注册完成，显示注册用户列表，如图 19-21 所示。

图 19-19　无注册信息

图 19-20　用户注册页面

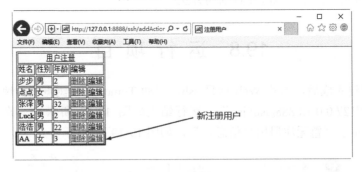

图 19-21　新注册用户

2．删除

在用户列表页面中，单击【删除】超链接，弹出确认删除对话框，如图 19-22 所示。当单击【取消】按钮时，不执行任何操作；当单击【确定】按钮时，删除该注册用户信息，如图 19-23 所示。

3．编辑

在用户列表页面中，对姓名是"张泽"的用户进行编辑，即单击【编辑】超链接，打开编辑页面，如图 19-24 所示。在该页面中修改用户的注册信息，即姓名修改为"张原"，修改完成后，单击【编辑】按钮，显示修改后的用户列表，如图 19-25 所示。

图 19-22　确认删除对话框

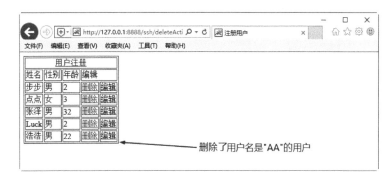

图 19-23　删除后的列表

图 19-24　编辑页面

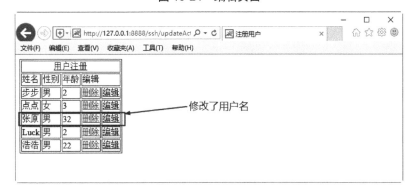

图 19-25　编辑后的列表

19.9　大 神 解 惑

小白：配置的服务器 Apache Tomcat v9.0 找不到，为什么？

大神：在 MyEclipse 中，右击 Web 项目，在弹出的快捷菜单中选择 properties→Project Facets 命令，在右侧的 Runtimes 选项卡中，选择适合的 Tomcat 版本，如图 19-26 所示。

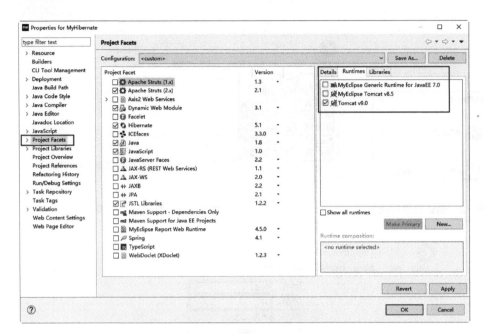

图 19-26　更改 Tomcat 版本

19.10　跟我学上机

练习：在整合三大框架 Struts 2、Spring 4 和 Hibernate 4 的 Web 项目中，通过注册的用户，实现用户登录页面。

第 4 篇

项目实训

- 第 20 章　项目实训 1——开发在线购物商城
- 第 21 章　项目实训 2——开发在线考试系统
- 第 22 章　项目实训 3——开发火车订票系统

第 20 章
项目实训 1——开发在线购物商城

本章介绍一个在线衣贸商城系统,是一个基于 Java 为后台的 B/S 系统。包括前台购买功能和后台管理功能。顾客可以浏览商品。普通顾客可以进入前台购买界面购买商品;系统管理人员可以进入后台管理界面进行管理操作。

本章要点(已掌握的在方框中打钩)

- ☐ 了解本项目的需求分析和功能分析。
- ☐ 熟悉数据库设计。
- ☐ 掌握模型、数据库操作、控制层。
- ☐ 掌握前台和后台模块实现功能。
- ☐ 掌握项目的配置文件。
- ☐ 掌握项目的视图模块。
- ☐ 掌握如何部署和运行系统。

20.1 学习目标

通过该案例的学习，读者可以熟悉 Java 的基础部分及 Java EE 网站开发，能够学习对数据结构的组织和软件层次的设计，完成基本的项目编程任务，提高自身的设计和编程能力，其主要表现在如下几个方面。

(1) 掌握 Java Web 构建基本的网站信息管理系统的一般方法。
(2) 学习如何根据具体应用场景设计和实现管理系统的结构和功能。
(3) 了解不同类的"对象"间数据的逻辑关联和相互影响。
(4) 熟悉数据库的连接和操作方法。
(5) 使用 JDBC 插件实现数据的添加与查询。
(6) 了解 Java 页面的 UI 设计。

20.2 需求分析

在开发在线衣贸商城前，首先需要对该项目进行需求分析，了解该项目要实现的功能，并通过功能分析，介绍该项目的各个实现模块。需求分析是开发在线衣贸商城的第一步，也是软件开发中最重要的步骤。

在线衣贸商城主要包括前台用户购买和后台管理发货两个部分。该系统的结构如图 20-1 所示。

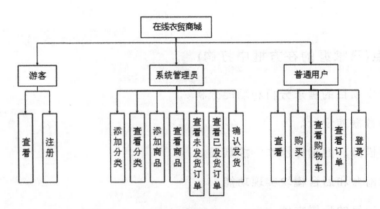

图 20-1　在线衣贸商城的系统结构

在前台购买界面，首先会按分类显示商品信息，包括商品的名称、品牌、图片及价格等基本信息。顾客只能浏览商品信息，只有登录系统成为普通用户才可以购买商品。顾客通过输入用户名和密码登录系统成为普通用户。普通用户可以选择将商品加入购物车，可以返回继续添加商品。选择完要购买的商品后，进入购物车界面单击购买按钮，系统会将购物车内的商品以及用户信息生成一个订单。普通用户还可以进入订单界面查看订单是否发货。

在后台管理页面中，系统管理员可以分别对分类、商品和用户订单 3 个部分进行管理。具体功能如下。

(1) 分类管理包含添加分类及查看分类两个部分。管理员通过填写分类名称和分类描述创建新的分类。

(2) 商品管理包含添加商品及查看商品两个部分。管理员通过填写商品名称、品牌、售价、商品描述以及上传图片和选择分类创建新商品。

(3) 订单管理包括查看未发货订单、查看已发货订单和确认发货 3 个部分。未发货订单被确认发货后，会变成已发货订单。

20.3 功 能 分 析

通过需求分析，了解在线衣贸商城需要实现的功能。该系统可以分为模型 Model、控制层 Service、视图(View)、数据库操作 Dao、前台模块和后台模块。

1. 模型(Model)

该模块主要包含在 Web 项目中使用的实体类，即数据库表对应的模型。模型 Model 主要有分类 Category、商品 Clothes、订单 Order、订单项 OrderItem、用户 User，这些模型的定义遵循 JavaBean 的规范，因此这些类中定义了成员变量及其 getter/setter 方法。购物车 Cart、购物车项 CartItem 和分页 Page 也作为模型，以便于在 Web 项目中使用。

2. 控制层(Service)

该模块主要包含实现控制的接口和实现类。在 Web 项目 service 文件夹中，定义了实现系统主要逻辑控制功能的接口 BusinessService 以及该接口的实现类 BusinessServiceImpl，实现类在 service.impl 文件夹下。

3. 视图(View)

该模块主要包含实现 Web 项目 ClothesOrderSystem 的视图页面。视图页面一般保存在 WebRoot 文件夹下。该文件夹中的 client 文件包含了前台的各个界面，manager 文件包含了后台的各个界面。在 WebRoot 根目录下的 message.jsp 页面，则是信息的提示界面。

4. 数据库操作(Dao)

该模块直接对数据库进行操作，主要作用是将数据封装到类的对象中，从而完成对数据库的查询和添加的功能。在 Web 项目 ClothesOrderSystem 的 dao 文件夹中，包含了对分类 CategoryDao、商品 ClothesDao、订单 OrderDao 和用户 UserDao 的接口，以及在 impl 包中对应的各实现接口。

5. 前台模块

该模块主要包含在前台界面中实现用户登录、用户注册、购买商品、生成订单、订单详情、退出登录等功能，它们的实现类在 src 目录下的 com.demo.servlet.client 文件夹中。前台模块主要是通过 Servlet 实现的，在 Servlet 中通过 Service 类调用 Dao，从而实现用户对数据库的操作。

6. 后台模块

该模块主要包含在后台界面中实现分类管理、商品管理、确认发货、订单列表、订单详情等功能，它们的实现类在 src 目录下的 com.demo.servlet.manager 文件夹中。后台模块同样是通过 Servlet 实现的，在 Servlet 中通过 Service 类调用 Dao，从而实现后台管理员对数据库的操作。

20.4 数据库设计

在完成系统的需求分析及功能分析后，接下来需要进行数据库的分析。在线衣贸商城主要有用户、商品、分类、订单和订单项 5 个表。下面主要介绍如何创建这 5 个表。

1. 创建用户表

用户表 user 的字段有用户名、密码、电话、座机、邮箱和住址。创建 table 的 SQL 语句具体如下：

```sql
create table user  (
        id varchar(40) primary key,
        username varchar(40) not null unique,
        password varchar(40) not null,
        phone varchar(40) not null,
        cellphone varchar(40) not null,
        email varchar(40) not null,
        address varchar(255) not null
    );
```

2. 创建商品表

商品表 clothes 的字段有商品名、品牌、售价、商品图片、商品描述和分类 id。创建分类 id 是分类表的外键。创建 table 的 SQL 语句具体如下：

```sql
create table clothes (
          id varchar(40) primary key,
          name varchar(100) not null unique,
          brand varchar(100) not null,
          price double not null,
          image varchar(100),
          description varchar(255),
          category_id varchar(40),
          constraint category_id_FK foreign key(category_id) references
              category(id)
      );
```

3. 创建分类的表

分类表 category 的字段有分类名和分类描述两个字段。创建表 category 的 SQL 语句具体如下：

```
create table category (
    id varchar(40) primary key,
    name varchar(100) not null unique,
    description varchar(255)
);
```

4. 创建订单表

订单表 orders 的字段有订单时间、订单总价、订单状态和下单人 id。下单人 id 是用户表的外键。创建表 orders 的 SQL 语句具体如下：

```
create table orders (
    id varchar(40) primary key,
    ordertime datetime not null,
    price double not null,
    state boolean,
    user_id varchar(40),
    constraint user_id_FK foreign key(user_id) references user(id)
);
```

5. 创建订单项表

订单项表 orderitem 的字段有数量、售价、订单 id 和商品 id。订单 id 是订单表的外键；商品 id 是商品表的外键。创建表 orderitem 的 SQL 语句具体如下：

```
create table orderitem (
    id varchar(40) primary key,
    quantity int,
    price double,
    order_id varchar(40),
    clothes_id varchar(40),
    constraint order_id_FK foreign key(order_id) references orders(id),
    constraint clothes_id_FK foreign key(clothes_id) references clothes(id)
);
```

从上述建表的 SQL 语句中，可以看出分类与商品是一对多的关系；订单商品信息与用户、订单信息都是一对多的关系。数据库表的 E-R 图如图 20-2 所示。

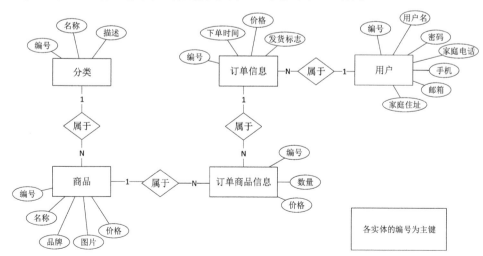

图 20-2　E-R 图

20.5 系统代码编写

根据系统的功能分析，下面主要介绍各个功能模块的核心代码。

20.5.1 模型

模型(Model)主要有分类、商品、订单、订单项、用户、购物车、购物车项和分页。它们对应的 Java 类分别是 Category.java、Clothes.java、Order.java、OrderItem.java、User.java、Cart.java、CartItem.java 和 Page.java。这些类中分别定义了相应的属性及 getter/setter 方法。

这些模型的代码具体如下。

(1) 分类 Category。(源代码\ch20\ClothesOrderSystem\com.demo.model\Category.java)

```java
package com.demo.model;
public class Category {
    private String id;
    private String name;
    private String description;
    省略 setter/getter 方法
}
```

【案例剖析】

在本案例中，创建含有成员变量 id、name、description 的类，并定义它们的 setter 和 getter 方法。

(2) 商品 Clothes。(源代码\ch20\ClothesOrderSystem\com.demo.model\Clothes.java)

```java
package com.demo.model;
public class Clothes {
    private String id;
    private String name;
    private String brand;
    private double price;
    private String image;//记住图片的名称
    private String description;
    private String categoryId;//维护所属分类的 id
    省略 setter/getter 方法
}
```

【案例剖析】

在本案例中，创建含有成员变量 id、name、brand、price、image、description 和 categoryId 的类，并定义它们的 setter 和 getter 方法。

(3) 订单 Order。(源代码\ch20\ClothesOrderSystem\com.demo.model\Order.java)

```java
package com.demo.model;
import java.util.*;
public class Order {
    private String id;
    private Date orderTime;
```

```
    private double price;
    private boolean state;
    private User user;//记住订单属于哪个用户    user_id
    private Set<OrderItem> orderItems = new HashSet<OrderItem>(); //用来保存订单项的集合
    省略 setter/getter 方法
}
```

【案例剖析】

在本案例中，创建含有成员变量 id、orderTime、price、state、user 和 orderItems 的类，并定义它们的 setter 和 getter 方法。

(4) 订单项 OrderItem。(源代码\ch20\ClothesOrderSystem\com.demo.model\OrderItem.java)

```
package com.demo.model;
public class OrderItem {
    private String id;
    private Clothes clothes;
    private int quantity;
    private double price;
    省略 setter/getter 方法
}
```

【案例剖析】

在本案例中，创建含有成员变量 id、clothes、quantity 和 price 的类，并定义它们的 setter 和 getter 方法。

(5) 用户 User。(源代码\ch20\ClothesOrderSystem\com.demo.model\User.java)

```
package com.demo.model;
public class User {
    private String id;
    private String username;
    private String password;
    private String phone;
    private String cellphone;
    private String email;
    private String address;
    省略 setter/getter 方法
}
```

【案例剖析】

在本案例中，创建含有成员变量 id、username、password、phone、cellphone、email 和 address 的类，并定义它们的 setter 和 getter 方法。

(6) 购物车 Cart。(源代码\ch20\ClothesOrderSystem\com.demo.model\Cart.java)

```
package com.demo.model;
import java.util.HashMap;
import java.util.Map;
public class Cart {
    private Map<String, CartItem> map = new HashMap<String, CartItem>();//单项
    private double price;//总价
    // 向购物车里添加商品
    public void add(Clothes clothes){
        CartItem item = map.get(clothes.getId());
```

```java
        if(item ==null){
            item = new CartItem();
            item.setClothes(clothes);
            item.setQuantity(1);
            item.setPrice(clothes.getPrice());
            map.put(clothes.getId(), item);
        }else{
            item.setQuantity(item.getQuantity() + 1);
            item.setPrice(item.getPrice() + clothes.getPrice());
        }
    }
    public Map<String, CartItem> getMap() {
        return map;
    }
    public void setMap(Map<String, CartItem> map) {
        this.map = map;
    }
    public double getPrice() {
        double totalPrice = 0;
        for(Map.Entry<String, CartItem> me : map.entrySet()){
            CartItem item = me.getValue();
            totalPrice = totalPrice + item.getPrice();
        }
        this.price = totalPrice;
        return price;
    }
    public void setPrice(double price) {
        this.price = price;
    }
}
```

【案例剖析】

在本案例中，定义了私有成员变量 price 和 Map 类型的变量 map，并分别定义了它们的 getter 和 setter 方法，以及向购物车添加商品的方法 add()。

(7) 购物车项 CartItem。(源代码\ch20\ClothesOrderSystem\com.demo.model\CartItem.java)

```java
package com.demo.model;
public class CartItem {
    private Clothes clothes;
    private int quantity;//数量
    private double price;//总价
    省略部分 setter 和 getter 代码
}
```

【案例剖析】

在本案例中，创建含有成员变量 clothes、quantity 和 price 的类，并定义它们的 setter 和 getter 方法。

(8) 分页 Page。(源代码\ch20\ClothesOrderSystem\com.demo.model\Page.java)

```java
package com.demo.model;
import java.util.List;
// 实体类-分页
public class Page {
```

```
    private int totalPage; //记住总页数
    private int pageSize = 3; //页面大小
    private int totalRecord; //总记录数
    private int pageNum; //记住当前页
    private List list; //记住页面数据
    private int startPage; //起始页号
    private int endPage;
    private int startIndex; //记住用户想看的页的数据从哪个地方开始取
    public Page(int pageNum, int totalrecord){
        this.pageNum = pageNum;
        this.totalRecord = totalrecord;
        //算出总页数
        this.totalPage = (this.totalRecord + this.pageSize - 1) / this.pageSize;
        //算出用户想看的页的数据从数据库哪个地方开始取
        this.startIndex = (this.pageNum - 1) * this.pageSize;
        if(this.totalPage <= 3){
            this.startPage = 1;
            this.endPage = this.totalPage;
        }else{
            this.startPage = pageNum - 1;
            this.endPage = pageNum + 1;

            if(this.startPage < 1){
                this.startPage = 1;
                this.endPage = 3;
            }
            if(this.endPage > this.totalPage){
                this.endPage = this.totalPage;
                this.startPage = this.totalPage - 2;
            }
        }
    }
    省略成员变量的setter/getter方法
}
```

【案例剖析】

在本案例中，定义了成员变量 totalPage、pageSize、totalRecord、pageNum、list、startPage、endPage 和 startIndex，并定义它们的 setter 和 getter 方法。在类中定义带参数 pageNum 和 totalRecord 的构造方法，该方法主要用于更新类的成员变量的值。

20.5.2 数据库操作(Dao)

在 Web 项目 ClothesOrderSystem 的 src/com.demo.dao 文件夹中，包含分类、商品、订单和用户的接口，分别是 CategoryDao.java、ClothesDao.java、OrderDao.java、UserDao.java，它们分别对应于 impl 包下的各实现接口。在 src/com.demo.dao.impl 文件夹中，通过 CategoryDaoImpl.java、ClothesDaoImpl.java、OrderDaoImpl.java、UserDaoImpl.java 类，分别实现了分类、商品、订单和用户的接口。通过将数据封装到这些类的对象中，简便快捷地完成数据库中的查询和添加的功能。

接口的代码请读者参考源文件，而实现接口类的代码如下。

(1) 分类 Dao 的实现类。(源代码 \ch20\ClothesOrderSystem\src\com.demo.dao.imp\CategoryDaoImpl.java)

```java
package com.demo.dao.impl;
import 语句省略
//dao 层实现-对数据库：分类表的操作
public class CategoryDaoImpl implements CategoryDao {
    /** (non-Javadoc)
     * @see com.demo.dao.CategoryDao#add(com.demo.model.Category)
     */
    @Override
    public void add(Category category){
        try{
            // JDBC 的调用者，数据库操作类，DBUtils 工具，参数为 c3p0 连接池
            QueryRunner runner = new QueryRunner(JdbcUtils.getDataSource());
            // SQL 语句
            String sql = "insert into category(id,name,description) values(?,?,?)";
            // 多个参数封装为对象数组
            Object params[] = {category.getId(), category.getName()
                    , category.getDescription()};
            // 执行 SQL 语句
            runner.update(sql, params);
        } catch(Exception e){
            e.printStackTrace();
            throw new RuntimeException(e);
        }
    }
    /** (non-Javadoc)
     * @see com.demo.dao.CategoryDao#find(java.lang.String)
     */
    @Override
    public Category find(String id){
        try {
            // JDBC 的调用者，数据库操作类，DBUtils 工具，参数为 c3p0 连接池
            QueryRunner runner = new QueryRunner(JdbcUtils.getDataSource());
            // SQL 语句
            String sql = "select * from category where id=?";
            // 执行 SQL 语句，并使用 BeanHandler 工具将结果转为 POJO 对象
            return (Category)runner.query(sql, id, new BeanHandler(Category.class));
        } catch (SQLException e) {
            e.printStackTrace();
            throw new RuntimeException(e);
        }
    }
    /** (non-Javadoc)
     * @see com.demo.dao.CategoryDao#getAll()
     */
    @Override
    public List<Category> getAll(){
        try {
            // JDBC 的调用者，数据库操作类，DBUtils 工具，参数为 c3p0 连接池
            QueryRunner runner = new QueryRunner(JdbcUtils.getDataSource());
            String sql = "select * from category";// SQL 语句
```

```
            // 执行SQL语句,并用BeanListHandler工具将结果转换为List<POJO>对象
            return (List<Category>)runner.query(sql, new BeanListHandler
                (Category.class));
        } catch (SQLException e) {
            e.printStackTrace();
            throw new RuntimeException(e);
        }
    }
}
```

【案例剖析】

在本案例中,主要通过dao层实现对数据库分类表的操作。该类中定义的add()方法实现向数据库中添加分类,getAll()方法获取数据库中所有分类并以集合形式返回,find()方法主要是根据指定id获取分类Category的对象。

(2) 商品Dao的实现类。(源代码\ch20\ClothesOrderSystem\src\com.demo.dao.imp\ClothesDaoImpl.java)

```
package com.demo.dao.impl;
import 语句省略
// dao层实现-对数据库:商品表的操作
public class ClothesDaoImpl implements ClothesDao {
    /** (non-Javadoc)
     * @see com.demo.dao.ClothesDao#add(com.demo.model.Clothes)
     */
    @Override
    public void add(Clothes clothes){
        try {
            // JDBC的调用者,数据库操作类,DBUtils工具,参数为c3p0连接池
            QueryRunner runner = new QueryRunner(JdbcUtils.getDataSource());
            // SQL语句
            String sql = "insert into clothes(id,name,brand,price,image,
                description,category_id)
                    values(?,?,?,?,?,?,?)";
            // 多个参数封装为对象数组
            Object params[] = {clothes.getId(), clothes.getName()
                    , clothes.getBrand(), clothes.getPrice()
                    , clothes.getImage(), clothes.getDescription()
                    , clothes.getCategoryId()};
            // 执行SQL语句
            runner.update(sql, params);
        } catch (SQLException e) {
            e.printStackTrace();
            throw new RuntimeException(e);
        }
    }
    /** (non-Javadoc)
     * @see com.demo.dao.ClothesDao#find(java.lang.String)
     */
    @Override
    public Clothes find(String id){
        try {
            // JDBC的调用者,数据库操作类,DBUtils工具,参数为c3p0连接池
```

```java
            QueryRunner runner = new QueryRunner(JdbcUtils.getDataSource());
            // SQL 语句
            String sql = "select * from clothes where id=?";
            // 执行 SQL 语句,并用 BeanHandler 工具将结果转换为 POJO 对象
            return (Clothes)runner.query(sql, id, new BeanHandler(Clothes.class));
        } catch (SQLException e) {
            e.printStackTrace();
            throw new RuntimeException(e);
        }
    }
    /** (non-Javadoc)
     * @see com.demo.dao.ClothesDao#getPageData(int, int)
     */
    @Override
    public List<Clothes> getPageData(int startIndex, int pageSize){
        try {
            // JDBC 的调用者,数据库操作类,DBUtils 工具,参数为 c3p0 连接池
            QueryRunner runner = new QueryRunner(JdbcUtils.getDataSource());
            // SQL 语句
            String sql = "select * from clothes limit ?,?";
            // 多个参数封装为对象数组
            Object params[] = {startIndex, pageSize};
            // 执行 SQL 语句,并用 BeanListHandler 工具将结果转换为 List<POJO>对象
            return (List<Clothes>)runner.query(sql, params, new BeanListHandler
                (Clothes.class));
        } catch (Exception e) {
            e.printStackTrace();
            throw new RuntimeException(e);
        }
    }
    /** (non-Javadoc)
     * @see com.demo.dao.ClothesDao#getTotalRecord()
     */
    @Override
    public int getTotalRecord(){
        try {
            // JDBC 的调用者,数据库操作类,DBUtils 工具,参数为 c3p0 连接池
            QueryRunner runner = new QueryRunner(JdbcUtils.getDataSource());
            // SQL 语句
            String sql = "select count(*) from clothes";
            // 执行 SQL 语句,并用 ScalarHandler 工具将结果转换为 Long 类型
            long totalrecord = (Long)runner.query(sql, new ScalarHandler());
            return (int)totalrecord;
        } catch (Exception e) {
            e.printStackTrace();
            throw new RuntimeException(e);
        }
    }
    /** (non-Javadoc)
     * @see com.demo.dao.ClothesDao#getPageData(int, int, java.lang.String)
     */
    @Override
    public List<Clothes> getPageData(int startIndex, int pageSize, String
        categoryId){
```

```java
        try {
            // 执行 SQL 语句，并用 ScalarHandler 工具将结果转换为 Long 类型
            QueryRunner runner = new QueryRunner(JdbcUtils.getDataSource());
            // SQL 语句
            String sql = "select * from clothes where category_id=? limit ?,?";
            // 多个参数封装为对象数组
            Object params[] = {categoryId, startIndex, pageSize};
            // 执行 SQL 语句，并用 BeanListHandler 工具将结果转换为 List<POJO>对象
            return (List<Clothes>)runner.query(sql, params, new BeanListHandler
                (Clothes.class));
        } catch (Exception e) {
            e.printStackTrace();
            throw new RuntimeException(e);
        }
    }
    /** (non-Javadoc)
     * @see com.demo.dao.ClothesDao#getTotalRecord(int)
     */
    @Override
    public int getTotalRecord(String categoryId){
        try {
            // JDBC 的调用者，数据库操作类，DBUtils 工具，参数为 c3p0 连接池
            QueryRunner runner = new QueryRunner(JdbcUtils.getDataSource());
            // SQL 语句
            String sql = "select count(*) from clothes where category_id=?";
            // 执行 SQL 语句，并用 ScalarHandler 工具将结果转换为 Long 类型
            long totalrecord = (Long)runner.query(sql, categoryId, new
                ScalarHandler());
            return (int)totalrecord;
        } catch (Exception e) {
            e.printStackTrace();
            throw new RuntimeException(e);
        }
    }
}
```

【案例剖析】

在本案例中，定义了添加商品的 add()方法，根据 id 查找对应商品的 find()方法，获取商品集合的 getPageData()方法，获取数据库中商品记录数的 getTotalRecord()方法以及根据分类获取指定类下商品数量的 getTotalRecord()方法。

(3) 订单 Dao 的实现类。(源代码 \ch20\ClothesOrderSystem\src\com.demo.dao.imp\OrderDaoImpl.java)

```java
package com.demo.dao.impl;
import 语句省略
/**
 * dao 层实现-对数据库：订单表及订单商品表的操作
 * @author shao
 */
public class OrderDaoImpl implements OrderDao {

    /** (non-Javadoc)
```

```java
 * @see com.demo.dao.OrderDao#add(com.demo.model.Order)
 */
@Override
public void add(Order order){
    try{
        // JDBC 的调用者，数据库操作类，DBUtils 工具，参数为 c3p0 连接池
        QueryRunner runner = new QueryRunner(JdbcUtils.getDataSource());
        //1. 把 order 的基本信息保存到 order 表
        String sql = "insert into orders(id,ordertime,price,state,user_id)
            values(?,?,?,?,?)";
        // 多个参数封装为对象数组
        Object params[] = {order.getId(), order.getOrderTime()
                , order.getPrice(), order.isState()
                , order.getUser().getId()};
        runner.update(sql, params);// 执行 SQL 语句
        //2. 把 order 中的订单项保存到 orderitem 表中
        Set<OrderItem> set = order.getOrderItems();// 从订单中取出订单项集
        for(OrderItem item : set){// 从订单项集中取出订单项
            // SQL 语句
            sql = "insert into orderitem(id,quantity,price,order_id,clothes_id)
                values(?,?,?,?,?)";
            // 多个参数封装为对象数组
            params = new Object[]{item.getId(), item.getQuantity()
                    , item.getPrice(), order.getId()
                    , item.getClothes().getId()};
            runner.update(sql, params);// 执行 SQL 语句
        }
    } catch(Exception e){
        e.printStackTrace();
        throw new RuntimeException(e);
    }
}
/** (non-Javadoc)
 * @see com.demo.dao.OrderDao#find(java.lang.String)
 */
@Override
public Order find(String id){
    try{
        // JDBC 的调用者，数据库操作类，DBUtils 工具，参数为 c3p0 连接池
        QueryRunner runner = new QueryRunner(JdbcUtils.getDataSource());
        //1.找出订单的基本信息
        String sql = "select * from orders where id=?";// SQL 语句
        // 执行 SQL 语句，并使用 BeanHandler 工具将结果转换为 POJO 对象
        Order order = (Order) runner.query(sql, id, new BeanHandler
            (Order.class));
        //2.找出订单中所有的订单项
        sql = "select * from orderitem where order_id=?";// SQL 语句
        // 执行 SQL 语句，并用 BeanListHandler 工具将结果转换为 List<POJO>对象
        List<OrderItem> list = runner.query(sql, id, new BeanListHandler
            (OrderItem.class));
        // 填充订单项中的商品信息
        for(OrderItem item : list){
            // SQL 语句
```

```java
            sql = "select clothes.* from orderitem,clothes where "
                + "orderitem.id=? and orderitem.clothes_id=clothes.id";
            // 执行 SQL 语句，并用 BeanHandler 工具将结果转换为 POJO 对象
            Clothes clothes =
                (Clothes) runner.query(sql, item.getId(), new BeanHandler
                    (Clothes.class));
            item.setClothes(clothes);// 填充
        }
        //把找出的订单项放进 order
        order.getOrderItems().addAll(list);
        //3.找出订单属于哪个用户
        sql = "select * from orders,user where orders.id=? and
            orders.user_id=user.id";
        // 执行 SQL 语句，并用 BeanHandler 工具将结果转换为 POJO 对象
        User user = (User) runner.query(sql, order.getId(), new BeanHandler
            (User.class));
        order.setUser(user);// 填充
        return order;
    }catch(Exception e){
        e.printStackTrace();
        throw new RuntimeException(e);
    }
}
/** (non-Javadoc)
 * @see com.demo.dao.OrderDao#getAll(boolean)
 */
@Override
public List<Order> getAll(boolean state){
    try{
        // JDBC 的调用者，数据库操作类，DBUtils 工具，参数为 c3p0 连接池
        QueryRunner runner = new QueryRunner(JdbcUtils.getDataSource());
        String sql = "select * from orders where state=?";// SQL 语句
        // 执行 SQL 语句，并用 BeanListHandler 工具将结果转换为 List<POJO>对象
        List<Order> list =
            (List<Order>) runner.query(sql, state, new BeanListHandler
                (Order.class));
        for(Order order : list){
            //找出当前订单属于哪个用户
            sql = "select user.* from orders,user where orders.id=? and
                orders.user_id=user.id";
            // 执行 SQL 语句，并用 BeanHandler 工具将结果转换为 POJO 对象
            User user = (User) runner.query(sql, order.getId(), new
                BeanHandler(User.class));
            order.setUser(user);
        }
        return list;
    } catch(Exception e){
        e.printStackTrace();
        throw new RuntimeException(e);
    }
}
/** (non-Javadoc)
 * @see com.demo.dao.OrderDao#getAll(boolean, java.lang.String)
 */
```

```java
@Override
public List<Order> getAll(boolean state, String userId){
    try{
        // JDBC 的调用者，数据库操作类，DBUtils 工具，参数为 c3p0 连接池
        QueryRunner runner = new QueryRunner(JdbcUtils.getDataSource());
        String sql = "select * from orders where state=? and
            orders.user_id=?";// SQL 语句
        Object params[] = {state, userId};// 多个参数封装为对象数组
        // 执行 SQL 语句，并用 BeanListHandler 工具将结果转换为 List<POJO>对象
        List<Order> list =
            (List<Order>) runner.query(sql, params, new BeanListHandler
                (Order.class));
        //将所有该user 加到list 中
        for(Order order : list){// 填写订单的用户信息
            sql = "select * from user where user.id=?";// SQL 语句
            // 执行 SQL 语句，并用 BeanHandler 工具将结果转换为 POJO 对象
            User user = (User) runner.query(sql, userId, new BeanHandler
                (User.class));
            order.setUser(user);
        }
        return list;
    } catch(Exception e){
        e.printStackTrace();
        throw new RuntimeException(e);
    }
}
/** (non-Javadoc)
 * @see com.demo.dao.OrderDao#getAllOrder(java.lang.String)
 */
@Override
public List<Order> getAllOrder(String userId){
    try{
        // JDBC 的调用者，数据库操作类，DBUtils 工具，参数为 c3p0 连接池
        QueryRunner runner = new QueryRunner(JdbcUtils.getDataSource());
        String sql = "select * from orders where user_id=?";// SQL 语句
        // 执行 SQL 语句，并用 BeanListHandler 工具将结果转换为 List<POJO>对象
        List<Order> list =
            (List<Order>) runner.query(sql, userId, new BeanListHandler
                (Order.class));
        //将所有该user 加到List 中去
        for(Order order : list){// 填写订单的用户信息
            sql = "select * from user where id=?";// SQL 语句
            // 执行 SQL 语句，并用 BeanHandler 工具将结果转换为 POJO 对象
            User user = (User) runner.query(sql, userId, new BeanHandler
                (User.class));
            order.setUser(user);
        }
        return list;
    } catch(Exception e){
        e.printStackTrace();
        throw new RuntimeException(e);
    }
}
```

```
    /** (non-Javadoc)
     * @see com.demo.dao.OrderDao#update(com.demo.model.Order)
     */
    @Override
    public void update(Order order){           //这里只改变发货状态,实际中还可以改变
        //购买数量等其他信息
        try{
            // JDBC 的调用者,数据库操作类,DBUtils 工具,参数为 c3p0 连接池
            QueryRunner runner = new QueryRunner(JdbcUtils.getDataSource());
            String sql = "update orders set state=? where id=?";// SQL 语句
            // 多个参数封装为对象数组
            Object params[] = {order.isState(), order.getId()};
            runner.update(sql, params);// 执行 SQL 语句
        } catch(Exception e){
            e.printStackTrace();
            throw new RuntimeException(e);
        }
    }
}
```

【案例剖析】

在本案例中,定义了根据订单 id 获取指定 Order 对象的 find()方法。getAll()方法获取数据库中所有的订单并保存到 list 集合中,限制条件可以一种是状态 state,另一种是状态和下单用户的 id。定义了通过用户 id 查找该用户所下的单的方法 getAllOrder(),更改发货状态的 update()方法。

(4) 用户 Dao 的实现类。(源代码\ch20\ClothesOrderSystem\src\com.demo.dao.imp\UserDaoImpl.java)

```
package com.demo.dao.impl;
import 语句省略
/**
 * dao 层实现-对数据库:用户表的操作
 * @author shao
 */
public class UserDaoImpl implements UserDao {
    /** (non-Javadoc)
     * @see com.demo.dao.UserDao#add(com.demo.model.User)
     */
    @Override
    public void add(User user){
        try{
            // JDBC 的调用者,数据库操作类,DBUtils 工具,参数为 c3p0 连接池
            QueryRunner runner = new QueryRunner(JdbcUtils.getDataSource());
            String sql = "insert into user(id,username,password,phone,
                cellphone,address,email) "
                    + "values(?,?,?,?,?,?,?)";// SQL 语句
            Object params[] = {user.getId(), user.getUsername()
                    , user.getPassword(), user.getPhone()
                    , user.getCellphone(), user.getAddress()
                    , user.getEmail()};// 多个参数封装为对象数组
            runner.update(sql, params);// 执行 SQL 语句
        } catch(Exception e){
```

```java
            throw new RuntimeException(e);
        }
    }
    /** (non-Javadoc)
     * @see com.demo.dao.UserDao#find(java.lang.String)
     */
    @Override
    public User find(String id){
        try{
            // JDBC 的调用者，数据库操作类，DBUtils 工具，参数为 c3p0 连接池
            QueryRunner runner = new QueryRunner(JdbcUtils.getDataSource());
            String sql = "select * from user where id=?";// SQL 语句
            // 执行 SQL 语句，并用 BeanHandler 工具将结果转换为 POJO 对象
            return (User)runner.query(sql, id, new BeanHandler(User.class));
        } catch(Exception e){
            throw new RuntimeException(e);
        }
    }
    /** (non-Javadoc)
     * @see com.demo.dao.UserDao#find(java.lang.String, java.lang.String)
     */
    @Override
    public User find(String username, String password){
        try{
            // JDBC 的调用者，数据库操作类，DBUtils 工具，参数为 c3p0 连接池
            QueryRunner runner = new QueryRunner(JdbcUtils.getDataSource());
            String sql = "select * from user where username=? and
                password=?";// SQL 语句
            Object params[] = {username, password};// 多个参数封装为对象数组
            // 执行 SQL 语句，并用 BeanHandler 工具将结果转换为 POJO 对象
            return (User)runner.query(sql, params, new BeanHandler(User.class));
        } catch(Exception e){
            throw new RuntimeException(e);
        }
    }
}
```

【案例剖析】

在本案例中，定义了添加用户的 add()方法，根据用户 id 查找用户对象的 find()方法和根据用户名与密码查找用户的新的 find()方法。

20.5.3 控制层(Service)

在 Web 项目 ClothesOrderSystem 的 src/com.demo.service 文件夹中，定义了接口 BusinessService.java，该类对应于 src/com.demo.service.impl 文件夹下的实现接口 BusinessServiceImpl.java。该实现接口用于实现系统的主要功能，如添加、查找、购买商品等。

Service 主要作为 Servlet 与数据库 Dao 之间的一个桥梁。BusinessServiceImpl 类的代码具体如下。(源代码\ch20\ClothesOrderSystem\src\com\demo\service\impl\ BusinessServiceImpl.java)

```java
package com.demo.service.impl;
/**
```

```java
 * 面向控制层的实现-对应于系统的主要功能
 */
public class BusinessServiceImpl implements BusinessService {
    private CategoryDao categoryDao =
    DaoFactory.getInstance().createDao("com.demo.dao.impl.CategoryDaoImpl",
        CategoryDao.class);
    private ClothesDao clothesDao =
        DaoFactory.getInstance().createDao ("com.demo.dao.impl.ClothesDaoImpl",
            ClothesDao.class);
    private UserDao userDao =
        DaoFactory.getInstance().createDao("com.demo.dao.impl.UserDaoImpl",
            UserDao.class);
    private OrderDao orderDao =
        DaoFactory.getInstance().createDao("com.demo.dao.impl.OrderDaoImpl",
            OrderDao.class);
    /** (non-Javadoc)
     * @see com.demo.service.BusinessService#addCategory(com.demo.model.Category)
     */
    @Override
    public void addCategory(Category category){
        categoryDao.add(category);
    }
    /** (non-Javadoc)
     * @see com.demo.service.BusinessService#findCategory(java.lang.String)
     */
    @Override
    public Category findCategory(String id){
        return categoryDao.find(id);
    }
    /** (non-Javadoc)
     * @see com.demo.service.BusinessService#getAllCategory()
     */
    @Override
    public List<Category> getAllCategory(){
        return categoryDao.getAll();
    }
    /** (non-Javadoc)
     * @see com.demo.service.BusinessService#addClothes(com.demo.model.Clothes)
     */
    @Override
    public void addClothes(Clothes clothes){
        clothesDao.add(clothes);
    }
    /** (non-Javadoc)
     * @see com.demo.service.BusinessService#findClothes(java.lang.String)
     */
    @Override
    public Clothes findClothes(String id){
        return clothesDao.find(id);
    }
    /** (non-Javadoc)
     * @see com.demo.service.BusinessService#getClothesPageData(java.lang.String)
     */
    @Override
```

```java
    public Page getClothesPageData(String pageNum){
        int totalrecord = clothesDao.getTotalRecord();//获取数据总数
        Page page = null;
        if(pageNum == null){  //若参数是空,显示第一页
            page = new Page(1,totalrecord);
        }else{  //若参数不是空,显示第 pageNum 页
            page = new Page(Integer.parseInt(pageNum), totalrecord);
        }
        List<Clothes> list = clothesDao.getPageData(page.getStartIndex(),
            page.getPageSize());
        page.setList(list);
        return page;
    }
    /** (non-Javadoc)
     * @see com.demo.service.BusinessService#getClothesPageData (java.lang.String,
        java.lang.String)
     */
    @Override
    public Page getClothesPageData(String pageNum, String categoryId){
        int totalrecord = clothesDao.getTotalRecord(categoryId); //获取数据总数
        Page page = null;
        if(pageNum == null){  //若参数是空,显示第一页
            page = new Page(1,totalrecord);
        }else{//若参数不是空,显示第 pageNum 页
            page = new Page(Integer.parseInt(pageNum), totalrecord);
        }
        //获取分页数据
        List<Clothes> list = clothesDao.getPageData(page.getStartIndex(),
            page.getPageSize(), categoryId);
        page.setList(list);
        return page;
    }
/** (non-Javadoc)
 * @see com.demo.service.BusinessService#buyClothes(com.demo.model.Cart,
com.demo.model.Clothes)
 */
    @Override
    public void buyClothes(Cart cart, Clothes clothes){
        cart.add(clothes);
    }
    /** (non-Javadoc)
     * @see com.demo.service.BusinessService#registerUser(com.demo.model.User)
     */
    @Override
    public void registerUser(User user){
        userDao.add(user);
    }
    /** (non-Javadoc)
     * @see com.demo.service.BusinessService#findUser(java.lang.String)
     */
    @Override
    public User findUser(String id){
        return userDao.find(id);
    }
```

```java
    /** (non-Javadoc)
     * @see com.demo.service.BusinessService#userLogin(java.lang.String,
        java.lang.String)
     */
    @Override
    public User userLogin(String username, String password){
        return userDao.find(username, password);
    }
/** (non-Javadoc)
 * @see com.demo.service.BusinessService#createOrder(com.demo.model.Cart,
    com.demo.model.User)
 */
    @Override
    public void createOrder(Cart cart, User user){
        if(cart == null){
            throw new RuntimeException("对不起,您还没有购买任何商品");
        }
        Order order = new Order();
        order.setId(WebUtils.makeID());
        order.setOrderTime(new Date());
        order.setPrice(cart.getPrice());
        order.setState(false);
        order.setUser(user);
        for(Map.Entry<String, CartItem> me : cart.getMap().entrySet()){
            //得到一个购物项就生成一个订单项
            CartItem cItem = me.getValue();
            OrderItem oItem = new OrderItem();
            oItem.setClothes(cItem.getClothes());
            oItem.setPrice(cItem.getPrice());
            oItem.setId(WebUtils.makeID());
            oItem.setQuantity(cItem.getQuantity());
            order.getOrderItems().add(oItem);
        }
        orderDao.add(order);
    }
    /** (non-Javadoc)
     * @see com.demo.service.BusinessService#listOrder(java.lang.String)
     */
    @Override
    public List<Order> listOrder(String state) {
        return orderDao.getAll(Boolean.parseBoolean(state));
    }
    /** (non-Javadoc)
     * @see com.demo.service.BusinessService#findOrder(java.lang.String)
     */
    @Override
    public Order findOrder(String orderId) {
        return orderDao.find(orderId);
    }
    /** (non-Javadoc)
     * @see com.demo.service.BusinessService#confirmOrder(java.lang.String)
     */
    @Override
    public void confirmOrder(String orderId) {
```

```
            Order order = orderDao.find(orderId);
            order.setState(true);
            orderDao.update(order);
    }
    /** (non-Javadoc)
     * @see com.demo.service.BusinessService#listOrder(java.lang.String,
       java.lang.String)
     */
    @Override
    public List<Order> listOrder(String state, String userId) {
        return orderDao.getAll(Boolean.parseBoolean(state), userId);
    }
    /** (non-Javadoc)
     * @see com.demo.service.BusinessService#clientListOrder(java.lang.String)
     */
    @Override
    public List<Order> clientListOrder(String userId) {
        return orderDao.getAllOrder(userId);
    }
}
```

【案例剖析】

在本案例中，定义了获取商品页数的方法 getClothesPageData()，根据该方法的参数不同重写了该方法。创建订单的 createOrder()方法，购物车类对象和用户类对象作为该方法的参数。

20.5.4 前台模块

在 Web 项目 ClothesOrderSystem 的 src/com.demo.servlet.client 文件夹中，包含前台界面的首页、登录、注册、购买、生成订单、获取订单、订单详情和退出功能的 Servlet，分别对应 IndexServlet.java、LoginServlet.java、RegisterServlet.java、BuyServlet.java、OrderServlet.java、ClientListOrderServlet.java、ClientOrderDetailServlet.java、LoginOutServlet.java。在 Servlet 中，通过 Service 类调用 Dao 实现用户输入数据与数据库的操作。

（1）首页 Servlet。（源代码 \ch20\ClothesOrderSystem\src\com\demo\service\client\IndexServlet.java）

```
package com.demo.servlet.client;
public class IndexServlet extends HttpServlet {
    public void doGet(HttpServletRequest request, HttpServletResponse response)
            throws ServletException, IOException {
        //获取 request 数据
        String method = request.getParameter("method");
        if(method.equalsIgnoreCase("getAll")){    //获取全部商品
            getAll(request, response);
        }else if(method.equalsIgnoreCase("listClothesWithCategory")){
            //获取某分类下的商品
            listBookWithCategory(request, response);
        }
    }
    private void getAll(HttpServletRequest request, HttpServletResponse response)
```

```
            throws ServletException, IOException {
        //获取 request 数据
        String pageNum = request.getParameter("pageNum");
        //执行业务逻辑
        BusinessServiceImpl service = new BusinessServiceImpl();
        List<Category> categories = service.getAllCategory(); //获取全部分类
        Page page = service.getClothesPageData(pageNum); //获取商品分页数据
        //要传送的数据
        request.setAttribute("categories", categories);
        request.setAttribute("page", page);
        //跳转
        request.getRequestDispatcher("/client/body.jsp").forward(request, response);
    }
    public void listBookWithCategory(HttpServletRequest request,
        HttpServletResponse response)
            throws ServletException, IOException{
        //获取 request 数据
        String categoryId = request.getParameter("categoryId");
        String pageNum = request.getParameter("pageNum");
        //执行业务逻辑
        BusinessService service = new BusinessServiceImpl();
        List<Category> categories = service.getAllCategory();
        Page page = service.getClothesPageData(pageNum, categoryId);
        //要传送数据
        request.setAttribute("categories", categories);
        request.setAttribute("page", page);
        //跳转
        request.getRequestDispatcher("/client/body.jsp").forward(request, response);
    }
    部分代码省略
}
```

【案例剖析】

在本案例中，定义了获取全部商品的 getAll()方法，获取某分类下商品的 listClothesWithCategory()方法，以及通过 get 方法传送数据的 doGet()方法。

(2) 登录 Servlet。(源代码\ch20\ClothesOrderSystem\src\com\demo\service\client\LoginServlet.java)

```
package com.demo.servlet.client;
public class LoginServlet extends HttpServlet {
    public void doGet(HttpServletRequest request, HttpServletResponse response)
            throws ServletException, IOException {
        // 获取 request 数据
        String username = request.getParameter("username");
        String password = request.getParameter("password");
        // 执行业务逻辑
        BusinessService service = new BusinessServiceImpl();
        User user = service.userLogin(username, password);
        if(user == null){// 携带失败信息跳转至提示信息界面
            request.setAttribute("message", "用户名和密码不对");
            request.getRequestDispatcher("/message.jsp").forward(request, response);
            return;
```

```
            }
            request.getSession().setAttribute("user", user);// 要传送的数据
            // 跳转
            request.getRequestDispatcher("/client/head.jsp").forward(request, response);
        }
        部分代码省略
}
```

【案例剖析】

在本案例中,在 doGet()方法中通过 request 对象获取登录用户的用户名和密码,根据用户名和密码调用 BusinessService 类中的 userLogin()方法进行登录。doPost()执行时调用 doGet()方法。

(3) 注册 Servlet。(源代码\ch20\ClothesOrderSystem\src\com\demo\service\client\RegisterServlet.java)

```
package com.demo.servlet.client;
public class RegisterServlet extends HttpServlet {
    public void doGet(HttpServletRequest request, HttpServletResponse response)
            throws ServletException, IOException {
        try{
            // 获取request数据
            String username = request.getParameter("username");
            String password = request.getParameter("password");
            String phone = request.getParameter("phone");
            String cellphone = request.getParameter("cellphone");
            String email = request.getParameter("email");
            String address = request.getParameter("address");
            // 生成注册用户
            User user = new User();
            user.setAddress(address);
            user.setCellphone(cellphone);
            user.setEmail(email);
            user.setId(WebUtils.makeID());
            user.setPassword(password);
            user.setPhone(phone);
            user.setUsername(username);
            // 执行业务逻辑
            BusinessService service = new BusinessServiceImpl();
            service.registerUser(user);
            request.setAttribute("message", "注册成功");// 要传送的数据
            // 跳转
            request.getRequestDispatcher("/message.jsp").forward(request, response);
        }catch(Exception e){
            e.printStackTrace();
            // 携带失败信息跳转至提示信息界面
            request.setAttribute("message", "注册失败");
            request.getRequestDispatcher("/message.jsp").forward(request, response);
        }
    }
    部分代码省略
}
```

【案例剖析】

在本案例中，在 doGet()方法中，通过 request 对象获取用户的注册信息，创建用户 User 类的对象 user，并对该对象进行复制。通过调用 BusinessService 类中的 registerUser()方法，User 类的对象作为该方法的参数，从而实现用户注册。

(4) 购买 Servlet。(源代码 \ch20\ClothesOrderSystem\src\com\demo\service\client\BuyServlet.java)

```java
package com.demo.servlet.client;
public class BuyServlet extends HttpServlet {
    public void doGet(HttpServletRequest request, HttpServletResponse response)
            throws ServletException, IOException {
        try{
            // 获取 request 数据
            String clothesId = request.getParameter("clothesId");
            // 执行业务逻辑
            BusinessService service = new BusinessServiceImpl();
            Clothes clothes = service.findClothes(clothesId);
            // 获取 session 数据
            Cart cart = (Cart) request.getSession().getAttribute("cart");
            if(cart == null){
                cart = new Cart();
                // 存放 session 数据
                request.getSession().setAttribute("cart", cart);
            }
            // 执行业务逻辑
            service.buyClothes(cart, clothes);
            // 跳转
            request.getRequestDispatcher("/client/listCart.jsp").forward
                (request, response);
        }catch(Exception e){
            e.printStackTrace();
            // 携带失败信息跳转至提示信息界面
            request.setAttribute("message", "购买失败");
            request.getRequestDispatcher("/message.jsp").forward(request, response);
        }
    }
    部分代码省略
}
```

【案例剖析】

在本案例中，在 doGet()方法中，通过 request 对象获取购买商品的 id，通过调用 BusinessService 类中的 findClothes()方法，获取要购买商品的对象 clothes，并通过 request 对象获取购物车对象 cart，在 cart 是 null 时创建购物车。然后调用 BusinessService 类中的 buyClothes()方法，将商品放入购物车。

(5) 生成订单 Servlet。(源代码 \ch20\ClothesOrderSystem\src\com\demo\service\client\OrderServlet.java)

```java
package com.demo.servlet.client;
public class OrderServlet extends HttpServlet {
    public void doGet(HttpServletRequest request, HttpServletResponse response)
```

```java
        throws ServletException, IOException {
    try{
        // 获取session数据
        User user = (User) request.getSession().getAttribute("user");

        if(user == null){// 携带失败信息跳转至提示信息界面
            request.setAttribute("message", "对不起，请先登录");
            request.getRequestDispatcher("/message.jsp").forward(request,
                response);
            return;
        }
        // 获取session数据
        Cart cart = (Cart) request.getSession().getAttribute("cart");
        // 执行业务逻辑
        BusinessService service = new BusinessServiceImpl();
        service.createOrder(cart, user);
        // 携带成功信息跳转至提示信息界面
        request.setAttribute("message", "订单已生成");
        request.getSession().removeAttribute("cart");//清空购物车
        request.getRequestDispatcher("/message.jsp").forward(request, response);
    }catch(Exception e){
        e.printStackTrace();
        // 携带失败信息跳转至提示信息界面
        request.setAttribute("message", "订单生成失败");
        request.getRequestDispatcher("/message.jsp").forward(request, response);
    }
}
```

【案例剖析】

在本案例中，通过 request 对象获取下单用户的对象 user 和购物车对象 cart。通过调用 BusinessService 类的 createOrder()方法，将购物车中的商品生成订单。通过 removeAttribute() 方法删除 session 对象中的购物车对象 cart。

（6）获取订单 Servlet。（源代码 \ch20\ClothesOrderSystem\src\com\demo\service\client\ClientListOrderServlet.java）

```java
package com.demo.servlet.client;
public class ClientListOrderServlet extends HttpServlet {
    public void doGet(HttpServletRequest request, HttpServletResponse response)
            throws ServletException, IOException {
        String userId = request.getParameter("userId"); //获取request数据
        //执行业务逻辑——获取用户订单
        BusinessServiceImpl service = new BusinessServiceImpl();
        List<Order> orders = service.clientListOrder(userId);
        request.setAttribute("orders", orders); //保存订单数据
        //跳转
        request.getRequestDispatcher("/client/clientListOrder.jsp").forward
            (request, response);
    }
    部分代码省略
}
```

【案例剖析】

在本案例中，通过 request 对象获取用户的 id。通过调用 BusinessService 类的 clientListOrder()方法，根据用户 id 获取该用户所有的订单集合，并存储在 List 集合 orders 中。通过 request 对象保存获取的订单集合 orders。通过 request 对象的 getRequestDispatcher() 方法实现页面的跳转。

（7）订单详情 Servlet。（源代码\ch20\ClothesOrderSystem\src\com\demo\service\client\ClientOrderDetailServlet.java）

```java
package com.demo.servlet.client;
public class ClientOrderDetailServlet extends HttpServlet {
    public void doGet(HttpServletRequest request, HttpServletResponse response)
            throws ServletException, IOException {
        String orderId = request.getParameter("orderId"); //获取request 数据
        //执行获取订单详情的业务逻辑
        BusinessServiceImpl service = new BusinessServiceImpl();
        Order order = service.findOrder(orderId);
        request.setAttribute("order", order);   //保存订单
        //跳转
        request.getRequestDispatcher("/client/clientOrderDetail.jsp").forward
            (request, response);
    }
    部分代码省略
}
```

【案例剖析】

在本案例中，在 doGet()方法中通过 request 对象获取订单的 id，调用 BusinessService 类的 findOrder()方法，根据指定的订单 id 获取订单对象 order，并通过 request 对象保存订单信息。

（8）退出 Servlet。（源代码\ch20\ClothesOrderSystem\src\com\demo\service\client\LoginOutServlet.java）

```java
package com.demo.servlet.client;
public class LoginOutServlet extends HttpServlet {
    public void doGet(HttpServletRequest request, HttpServletResponse response)
            throws ServletException, IOException {
        request.getSession().invalidate();//注销
        //跳转
        request.getRequestDispatcher("/client/head.jsp").forward(request,
            response);
    }
    部分代码省略
}
```

【案例剖析】

在本案例中，在 doGet()方法中通过 request 对象的 getSession()方法获取 session 对象，通过调用 session 对象的 invalidate()方法注销用户。

20.5.5 后台模块

在 Web 项目 ClothesOrderSystem 的 src/com.demo.servlet.manager 文件夹中，包含后台管理界面的分类管理、商品管理、确认发货、订单列表、订单详情的 Servlet，分别对应 CategoryServlet.java、ClothesServlet.java、ConfirmOrderServlet.java、ListOrderServlet.java、OrderDetailServlet.java 文件。

在 Servlet 中，通过 Service 类调用 Dao 实现用户输入数据与数据库的操作。Servlet 类具体介绍如下。

(1) 分类管理。（源代码 \ch20\ClothesOrderSystem\src\com\demo\service\manager\CategoryServlet.java)

```java
package com.demo.servlet.manager;
import 语句省略
public class CategoryServlet extends HttpServlet {
    private void listAll(HttpServletRequest request,
            HttpServletResponse response) throws ServletException, IOException {
        //执行业务逻辑
        BusinessServiceImpl service = new BusinessServiceImpl();
        List<Category> CategoryList = service.getAllCategory();
        request.setAttribute("categories", CategoryList);   //保存数据
        //跳转
        request.getRequestDispatcher("/manager/listCategory.jsp").forward
            (request, response);
    }
    private void add(HttpServletRequest request, HttpServletResponse response)
        throws ServletException, IOException {
        try {
            //获取 request 数据
            String name = request.getParameter("name");
            String description = request.getParameter("description");
            if(name.length() <=0 || name.equals("") )
                throw new Exception();
            if(description.length() <=0 || description.equals("") )
                throw new Exception();
            System.out.println(name + " " + description);
            //生成分类对象，并赋值
            Category category = new Category();
            category.setName(name);
            category.setDescription(description);
            category.setId(WebUtils.makeID());
            //执行业务逻辑
            BusinessServiceImpl service = new BusinessServiceImpl();
            service.addCategory(category);
            request.setAttribute("message", "添加成功");
        } catch (Exception e) {
            e.printStackTrace();
            request.setAttribute("message", "添加失败");
        }
        request.getRequestDispatcher("/message.jsp").forward(request, response);
```

        }
        部分方法省略...
}

【案例剖析】

在本案例中，定义了获取全部分类的 listAll()方法，在该方法中通过调用 BusinessService 类的 getAllCategory()方法，获取分类的集合。定义添加分类的 add()方法，在该方法中通过 request 对象获取用户输入的分类信息，生成 Category 类的对象 category，通过调用 BusinessService 类的 addCategory()方法，将 category 对象的值保存到数据库中。

（2）商品管理。（源代码 \ch20\ClothesOrderSystem\src\com\demo\service\manager\ClothesServlet.java）

```java
public class ClothesServlet extends HttpServlet {
public void doGet(HttpServletRequest request, HttpServletResponse response)
        throws ServletException, IOException {
    // 获取 request 数据
    String method = request.getParameter("method");
    if (method.equalsIgnoreCase("addUI")) {// 添加成功后跳转
        addUI(request, response);
    }
    if (method.equalsIgnoreCase("add")) {// 添加
        add(request, response);
    }
    if(method.equalsIgnoreCase("list")){// 获取全部商品
        list(request, response);
    }
}
//获取全部商品
private void list(HttpServletRequest request, HttpServletResponse response)
    throws ServletException, IOException {
    // 获取 request 数据
    String pageNum = request.getParameter("pageNum");
    // 执行业务逻辑
    BusinessService service = new BusinessServiceImpl();
    Page page = service.getClothesPageData(pageNum);
    request.setAttribute("page", page);// 要传送的数据
    // 跳转
    request.getRequestDispatcher("/manager/listClothes.jsp").forward
        (request, response);
}
//添加商品
private void add(HttpServletRequest request, HttpServletResponse response)
    throws ServletException, IOException {
    try {
        Clothes clothes = doupLoad(request);
        if(clothes.getName().equals("") || clothes.getName().length() <= 0)
            throw new Exception();
        if(clothes.getBrand().equals("") || clothes.getBrand().length() <= 0)
            throw new Exception();
        if(clothes.getPrice() <= 0)
            throw new Exception();
        // 生成商品 ID
```

```java
            clothes.setId(WebUtils.makeID());
            // 执行业务逻辑
            BusinessService service = new BusinessServiceImpl();
            service.addClothes(clothes);
            request.setAttribute("message", "添加成功");
        } catch (Exception e) {
            e.printStackTrace();
            request.setAttribute("message", "添加失败");
        }
        request.getRequestDispatcher("/message.jsp").forward(request, response);
    }
    //保存商品图片,并将路径添加到商品对象中
    private Clothes doupLoad(HttpServletRequest request) {
        //把上传的图片保存到images目录中,并把request中的请求参数封装到Book中
        Clothes clothes = new Clothes();
        try {
            // 文件操作工具 DiskFileItemFactory
            DiskFileItemFactory factory = new DiskFileItemFactory();
            // 文件操作工具 ServletFileUpload
            ServletFileUpload upload = new ServletFileUpload(factory);
            List<FileItem> list = upload.parseRequest(request);
            for(FileItem item : list){
                if(item.isFormField()){
                    String name = item.getFieldName();
                    String value = item.getString("UTF-8");
                    BeanUtils.setProperty(clothes, name, value);
                }else{
                    String filename = item.getName();
                    String savefilename = makeFileName(filename);//得到保存在
                                                                 //硬盘中的文件名
                    String savepath= this.getServletContext().getRealPath
                        ("/images");
                    InputStream in = item.getInputStream();
                    FileOutputStream out = new FileOutputStream(savepath +
                        "\\" + savefilename);
                    // 转为byte 数据写入
                    int len = 0;
                    byte buffer[] = new byte[1024];
                    while((len = in.read(buffer)) > 0){
                        out.write(buffer, 0, len);
                    }
                    in.close();
                    out.close();
                    item.delete();
                    clothes.setImage(savefilename);// 记录文件路径
                }
            }
            return clothes;
        } catch (Exception e) {
            e.printStackTrace();
            throw new RuntimeException(e);
        }
    }
    //生成保存在image 文件夹下的商品图片名称
```

```java
public String makeFileName(String fileName){
    String ext = fileName.substring(fileName.lastIndexOf(".") + 1);
        //lastIndexOf("\\.")这样写不行
    return UUID.randomUUID().toString() + "." + ext;
}
//添加成功跳转
private void addUI(HttpServletRequest request, HttpServletResponse response)
        throws ServletException, IOException {
    // 执行业务逻辑
    BusinessService service = new BusinessServiceImpl();
    List<Category> category = service.getAllCategory();

    request.setAttribute("categories", category);// 要传送的数据
    // 跳转
    request.getRequestDispatcher("/manager/addClothes.jsp").forward
        (request,response);
}
    部分代码省略
}
```

【案例剖析】

在本案例中，定义了获取全部商品的 list()方法，在该方法中调用 BusinessService 类中的 getClothesPageData()方法获取分页的对象 page。定义添加商品的 add()方法，在该方法中调用 BusinessService 类的 addClothes()方法。该类中还定义了保存商品图片的 doupLoad()方法，生成保存在 image 文件夹下的商品图片名称方法 makeFileName()，添加成功跳转的方法 addUI()。

(3) 确认发货。(源代码 \ch20\ClothesOrderSystem\src\com\demo\service\manager\ ConfirmOrderServlet.java)

```java
package com.demo.servlet.manager;
public class ConfirmOrderServlet extends HttpServlet {
    public void doGet(HttpServletRequest request, HttpServletResponse response)
            throws ServletException, IOException {
        try{
            // 获取 request 数据
            String orderId = request.getParameter("orderId");
            // 执行业务逻辑
            BusinessService service = new BusinessServiceImpl();
            service.confirmOrder(orderId);
            // 携带成功信息跳转至提示信息界面
            request.setAttribute("message", "订单已置为发货状态，请及时配送");
            request.getRequestDispatcher("/message.jsp").forward(request,
                response);
        } catch(Exception e){
            e.printStackTrace();
            // 携带失败信息跳转至提示信息界面
            request.setAttribute("message", "确认失败");
            request.getRequestDispatcher("/message.jsp").forward(request,
                response);
        }
    }
}
```

```
        部分代码省略
}
```

【案例剖析】

在本案例中,在 doGet()方法中通过 request 对象获取订单的 id,调用 BusinessService 类的 confirmOrder()方法确认订单,并通过 request 对象设置 message 的值。

(4) 订单列表。(源代码 \ch20\ClothesOrderSystem\src\com\demo\service\manager\ListOrderServlet.java)

```java
package com.demo.servlet.manager;
public class ListOrderServlet extends HttpServlet {
    public void doGet(HttpServletRequest request, HttpServletResponse response)
            throws ServletException, IOException {
        //获取 request 对象
        String state = request.getParameter("state");
        //执行业务逻辑
        BusinessServiceImpl service = new BusinessServiceImpl();
        //这里需要获得该用户所有订单消息,不用只看未发货的(state==false),
        //在后台会区分未发货和已发货,在前台要罗列在一起
        List<Order> orders = service.listOrder(state);
        request.setAttribute("orders", orders);  //保存数据
        request.getRequestDispatcher("/manager/listOrder.jsp").forward
            (request, response);
    }
    部分代码省略
}
```

【案例剖析】

在本案例中,通过 request 对象获取订单的状态 state,调用 BusinessService 类的 listOrder()方法,获取指定状态的订单集合,并保存到 List 集合 orders 中,通过 request 对象保存 orders。

(5) 订单详情。(源代码 \ch20\ClothesOrderSystem\src\com\demo\service\manager\OrderDetailServlet.java)

```java
package com.demo.servlet.manager;
public class OrderDetailServlet extends HttpServlet {
    public void doGet(HttpServletRequest request, HttpServletResponse response)
            throws ServletException, IOException {
        String orderId = request.getParameter("orderId");  //获区 request 数据
        //执行业务逻辑
        BusinessServiceImpl service = new BusinessServiceImpl();
        Order order = service.findOrder(orderId);
        request.setAttribute("order", order);  //保存数据
        request.getRequestDispatcher("/manager/orderDetail.jsp").forward
            (request, response);
    }
    部分代码省略
}
```

【案例剖析】

在本案例中,通过 request 对象获取订单 id,调用 BusinessService 类的 findOrder()方法,

获取指定 id 的订单对象 order，并通过 request 对象保存。

20.5.6　配置文件

在 Web 项目 ClothesOrderSystem 中，有数据库连接和连接池的 c3p0 插件配置文件。该文件的具体代码如下。(源代码\ch20\ClothesOrderSystem\src\c3p0-config.xml)

```xml
<?xml version="1.0" encoding="UTF-8"?>
<c3p0-config>
    <default-config>
        <property name="driverClass">org.gjt.mm.mysql.Driver</property>
        <property name="jdbcUrl">jdbc:mysql://localhost:8888/shop?useUnicode=
            true&amp;
            characterEncoding=UTF-8</property>
        <property name="user">root</property>
        <property name="password">123456</property>
        <property name="acquireIncrement">5</property>
        <property name="initialPoolSize">10</property>
        <property name="minPoolSize">5</property>
        <property name="maxPoolSize">20</property>
        <property name="maxStatements">0</property>
        <property name="maxStatementsPerConnection">5</property>
    </default-config>
    <named-config name="mysql">
        <property name="driverClass">org.gjt.mm.mysql.Driver</property>
        <property name="jdbcUrl">jdbc:mysql://localhost:8888/shop?useUnicode=
            true&amp;
            characterEncoding=utf8</property>
        <property name="user">root</property>
        <property name="password">123456</property>
        <property name="acquireIncrement">5</property>
        <property name="initialPoolSize">10</property>
        <property name="minPoolSize">5</property>
        <property name="maxPoolSize">20</property>
        <property name="maxStatements">0</property>
        <property name="maxStatementsPerConnection">5</property>
    </named-config>
</c3p0-config>
```

【案例剖析】

在本案例中，设置数据库连接池的属性值。

配置过滤器及 Servlet 的配置文件 web.xml，该文件的代码具体如下。(源代码\ch20\ClothesOrderSystem\WebRoot\web.xml)

```xml
<?xml version="1.0" encoding="UTF-8"?>
<web-app xmlns:xsi="http://www.w3.org/2001/XMLSchema-instance"
xmlns="http://java.sun.com/xml/ns/javaee"
xsi:schemaLocation="http://java.sun.com/xml/ns/javaee
http://java.sun.com/xml/ns/javaee/web-app_3_0.xsd" id="WebApp_ID"
version="3.0">
  <display-name>ClothesOrderSystem</display-name>
  <filter>
```

```xml
    <filter-name>CharactorEncodingFilter</filter-name>
    <filter-class>com.demo.filter.CharactorEncodingFilter</filter-class>
</filter>
<filter>
    <filter-name>HtmlFilter</filter-name>
    <filter-class>com.demo.filter.HtmlFilter</filter-class>
</filter>
<filter-mapping>
    <filter-name>CharactorEncodingFilter</filter-name>
    <url-pattern>/*</url-pattern>
</filter-mapping>
<filter-mapping>
    <filter-name>HtmlFilter</filter-name>
    <url-pattern>/*</url-pattern>
</filter-mapping>
<servlet>
    <servlet-name>CategoryServlet</servlet-name>
    <servlet-class>com.demo.servlet.manager.CategoryServlet</servlet-class>
</servlet>
<servlet>
    <servlet-name>ClothesServlet</servlet-name>
    <servlet-class>com.demo.servlet.manager.ClothesServlet</servlet-class>
</servlet>
<servlet>
    <servlet-name>IndexServlet</servlet-name>
    <servlet-class>com.demo.servlet.client.IndexServlet</servlet-class>
</servlet>
<servlet>
    <servlet-name>BuyServlet</servlet-name>
    <servlet-class>com.demo.servlet.client.BuyServlet</servlet-class>
</servlet>
<servlet>
    <servlet-name>OrderServlet</servlet-name>
    <servlet-class>com.demo.servlet.client.OrderServlet</servlet-class>
</servlet>
<servlet>
    <servlet-name>RegisterServlet</servlet-name>
    <servlet-class>com.demo.servlet.client.RegisterServlet</servlet-class>
</servlet>
<servlet>
    <servlet-name>LoginServlet</servlet-name>
    <servlet-class>com.demo.servlet.client.LoginServlet</servlet-class>
</servlet>
<servlet>
    <servlet-name>LoginOutServlet</servlet-name>
    <servlet-class>com.demo.servlet.client.LoginOutServlet</servlet-class>
</servlet>
<servlet>
    <servlet-name>ListOrderServlet</servlet-name>
    <servlet-class>com.demo.servlet.manager.ListOrderServlet</servlet-class>
</servlet>
<servlet>
    <servlet-name>OrderDetailServlet</servlet-name>
    <servlet-class>com.demo.servlet.manager.OrderDetailServlet</servlet-class>
```

```xml
    </servlet>
    <servlet>
      <servlet-name>ConfirmOrderServlet</servlet-name>
      <servlet-class>com.demo.servlet.manager.ConfirmOrderServlet</servlet-class>
    </servlet>
    <servlet>
      <servlet-name>ClientListOrderServlet</servlet-name>
      <servlet-class>com.demo.servlet.client.ClientListOrderServlet</servlet-class>
    </servlet>
    <servlet>
      <servlet-name>ClientOrderDetailServlet</servlet-name>
      <servlet-class>com.demo.servlet.client.ClientOrderDetailServlet</servlet-class>
    </servlet>
```

【案例剖析】

在本案例中，配置项目中使用到的 Servlet 类及过滤器。

20.5.7 视图模块

在 Web 项目 ClothesOrderSystem 的 WebRoot 目录下，包含了当前项目的所有视图页面。该目录下的 client 文件夹中包含了前台的各个界面，manager 文件夹中包含了后台的各个界面。message.jsp 页面是提示信息的界面。

下面主要介绍前台首页和后台管理页面。

(1) 前台首页。(源代码\ch20\ClothesOrderSystem\WebRoot\client\index.jsp)

```jsp
<%@ page language="java" import="java.util.*" pageEncoding="UTF-8"%>
<!DOCTYPE HTML PUBLIC "-//W3C//DTD HTML 4.01 Transitional//EN">
<html>
  <head>
    <title>前台首页</title>
  </head>
  <frameset rows="20%,*">
    <frame src="${pageContext.request.contextPath }/client/head.jsp" name="head">
    <frame src="${pageContext.request.contextPath }/client/IndexServlet?method=getAll" name="body">
  </frameset>
</html>
```

【案例剖析】

在本案例中，通过<frameset>和<frame>指定前台使用 frame 框架进行布局。根据配置文件 web.xml 的配置信息，找到 IndexServlet 对应的 Java 类，指定类中的 getAll()方法。

(2) 后台管理页面。(源代码\ch20\ClothesOrderSystem\WebRoot\manager\manager.jsp)

```jsp
<%@ page language="java" import="java.util.*" pageEncoding="UTF-8"%>
<!DOCTYPE HTML PUBLIC "-//W3C//DTD HTML 4.01 Transitional//EN">
<html>
  <head>
    <title>后台首页</title>
  </head>
  <frameset rows="15%,*">
    <frame src="${pageContext.request.contextPath }/manager/head.jsp" name=
```

```
        "head">
    <frameset cols="15%,*">
        <frame src="${pageContext.request.contextPath }/manager/left.jsp"
            name="left">
        <frame src="${pageContext.request.contextPath }/manager/right.jsp"
            name="right">
    </frameset>
  </frameset>
</html>
```

【案例剖析】

在本案例中，通过<frameset>和<frame>指定后台使用 frame 框架进行布局。根据 src 属性的指定加载对应的 jsp 页面。name 属性指定子框架的位置。

20.5.8 项目文件说明

由于篇幅有限，这里不再介绍每个文件的详细说明。读者可以根据下面的说明查看项目的源代码。

1. src/com.demo.filter 文件夹

filter 文件夹中包含用于字符的过滤和 HttpServlet 的过滤，分别对应于 CharactorEncodingFilter.java 和 HtmlFilter.java。它们的具体功能请读者参考源代码。

2. src/com.demo.utils 文件夹

utils 文件夹中包含 factory 模式、jdbc 操作和生成数据库 PrimaryKey 的工具类，分别对应于 DaoFactory.java、JdbcUtils.java、WebUtils.java。它们的具体功能请读者参考源代码。

3. WebRoot/images 文件夹

Images 是图片文件夹，用于保存系统需要的各种图片。

4. src/com.demo.dao 文件夹

dao 文件夹中包含分类、商品、订单和用户的接口类。具体描述参见代码中的注释。

5. src/com.demo.dao.impl 文件夹

dao.impl 文件夹中包含对应于 dao 文件夹中分类、商品、订单和用户接口的实现，通过将数据封装到对象中，简便快捷地完成数据库里的查询、添加功能。具体描述参见代码中的注释。

6. src/com.demo.model 文件夹

model 文件夹中包含购物单、购物单项、分类、商品、订单、订单项、分页和用户的类，在类中定义了对应于数据库表字段的属性及它们的 getter 和 setter 方法。具体描述参见代码中的注释。

7. src/com.demo.service 文件夹

service 文件夹中包含对应于 service.impl 文件中类的接口 BusinessService.java。具体描述参见代码中的注释。

8. src/com.demo.service.impl 文件夹

service.impl 文件夹中含有该系统主要功能接口的实现 BusinessServiceImpl.java。具体描述参见代码中的注释。

9. src/com.demo.servlet.client 文件夹

client 文件夹中包含前台购买界面的购买、获取订单、用户订单详情、首页、登出、登录、生成订单和注册的各功能的 servlet。具体描述参见代码中的注释。

10. src/com.demo.servlet.manager 文件夹

manager 文件夹中包含后台管理界面的分类管理、商品管理、确认发货、订单列表和订单详情的各功能的 servlet。具体描述参见代码中的注释。

11. src/c3p0-config.xml 文件

该文件是数据库连接及连接池的 c3p0 插件配置文件。

12. WebRoot 文件夹

WebRoot 文件夹下的 client 文件夹中包含前台的各个界面，manager 文件夹中包含后台的各个界面。message.jsp 文件是提示信息界面。WEB_INF 文件夹下的 web.xml 用于配置 Servlet。

20.6 运 行 项 目

运行项目前首先要了解项目的运行环境、如何搭建 Web 项目以及如何具体运行当前 Web 项目。

20.6.1 所使用的环境

运行 Web 项目所使用的环境如下。
(1) JDK 版本：1.8。
(2) 集成开发工具：MyEclipse 2017。
(3) 服务器：Tomcat 9.0。
(4) 数据库：MySQL 5.0。

20.6.2 搭建环境

运行 Web 项目前的环境搭建的具体步骤如下。

step 01 导入数据库。在 MySQL 数据库的视图工具 Navicat 中，执行 clothes_order_system.sql 文件导入数据表及数据。

step 02 导入代码。在 MyEclipse 中导入 Web 项目 ClothesOrderSystem。(即：import→General→Existing Projects into WorkSpace→选择要导入的 Web 项目路径)

step 03 修改 c3p0-config.xml 的配置参数。读者根据主机安装 MySQL 的配置参数进行修改，一般要修改安装 MySQL 时的端口号，默认为 3306(这里使用 8888)，账户默认为 root，密码默认为 root(这里密码是 123456)，数据库名称默认为 clothes_order_system。

step 04 使用 MyEclipse 将 Web 项目部署到 Tomcat 中。Server→右击 Tomcat v9.0→选择 Add/Remove Deployments→选择 ClothesOrderSystem 项目→单击 Add 按钮→单击 Finish 按钮。

step 05 启动 Tomcat。Tomcat 不报错，搭建完成。

20.6.3 测试项目

启动 Tomcat 后，测试运行 Web 项目的具体步骤如下。

step 01 在浏览器的地址栏中输入前台页面地址"localhost:8080/ClothesOrderSystem/client/index.jsp"，显示前台首页，如图 20-3 所示。该页面中包含系统标题、前台功能、商品展示及用户登录。

图 20-3　前台首页

step 02 顾客单击查看订单、查看购物车等功能时，系统会提示请先登录，如图 20-4 所示。

图 20-4　提示登录

step 03 顾客在首页单击【注册】按钮，注册页面如图 20-5 所示。按系统要求填写注册信息，单击【注册】按钮，完成注册。

图 20-5　注册页面

step 04 顾客登录后，成为普通用户。普通用户可以购买商品。用户对心仪的商品单击加入购物车，用户选择完成后，单击查看购物车，如图 20-6 所示。

图 20-6　购物车页面

step 05 在购物车中，若要购买这些商品则单击【购买】超链接，系统将对购物车生成订单，并提示订单已生成，如图 20-7 所示。

图 20-7　订单已生成

step 06 单击【查看订单】超链接，显示订单列表，如图 20-8 所示。

图 20-8　订单列表

step 07 在订单列表中，单击【查看明细】超链接，显示的页面如图 20-9 所示。

图 20-9 订单明细

step 08 在浏览器的地址栏中输入"localhost:8080/ClothesOrderSystem/manager/manager.jsp",进入后台管理界面。该页面中包含分类管理、商品管理和订单管理,如图 20-10 所示。

图 20-10 后台管理

step 09 选择【分类管理】→【添加分类】选项,按系统要求填写分类信息,如图 20-11 所示。

图 20-11 【添加分类】界面

step 10 选择【分类管理】→【查看分类】选项,可以查看系统中添加的分类信息,如图 20-12 所示。

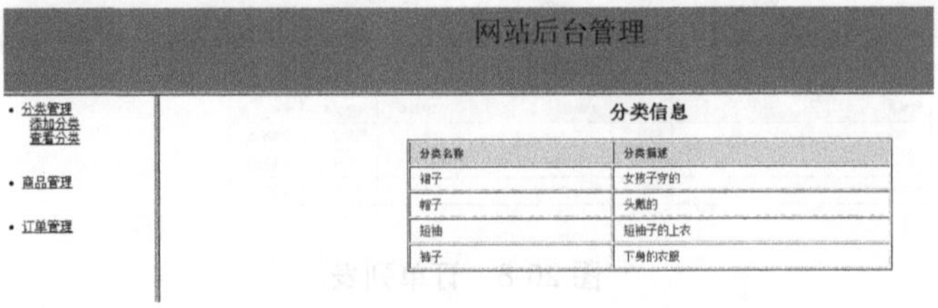

图 20-12 【查看分类】界面

step 11 选择【商品管理】→【添加商品】选项,填写系统要求的商品信息,如图 20-13 所示。

图 20-13 【添加商品】界面

step 12 选择【分类管理】→【查看商品】选项,可以查看系统中添加的商品信息,如图 20-14 所示。

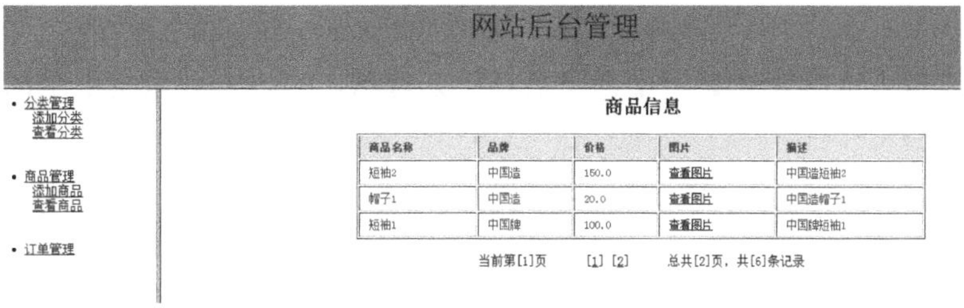

图 20-14 【查看商品】界面

step 13 选择【订单管理】→【未发货订单】选项,可以查看系统内的全部未发货订单,如图 20-15 所示。

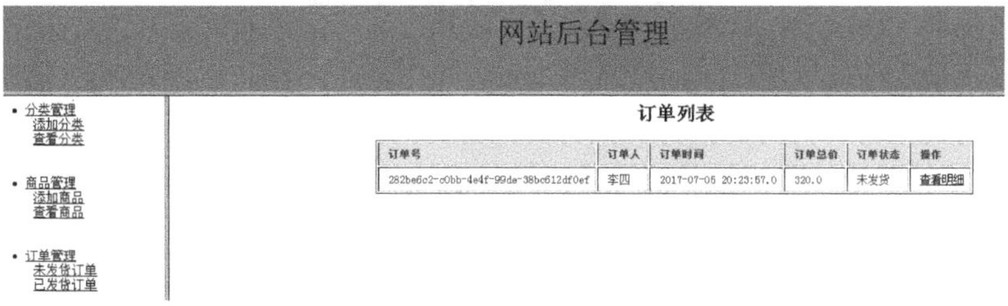

图 20-15 【未发货订单】界面

step 14 选择未发货订单的某个订单,单击查看明细,进入订单详情界面,可以查看订单详细信息并选择确认发货,如图 20-16 所示。

step 15 单击【确认发货】超链接,系统将订单状态置为已发货,并提示订单已发货,如图 20-17 所示。

图 20-16 订单详情界面

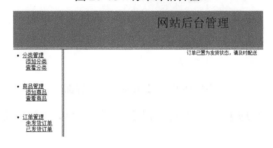

图 20-17 提示已发货

step 16 选择【订单管理】→【已发货订单】选项,可以查看系统中全部已发货订单,如图 20-18 所示。

图 20-18 【已发货订单】界面

第 21 章

项目实训 2——开发在线考试系统

本章介绍一个在线考试系统，是一个基于 Java 为后台的 B/S 系统。该系统包括教职工发布考试和学生考试等功能。学生可以考试；教职工可以发布和编辑试卷以及查看学生成绩；系统管理人员可以在后台管理界面对学生、教职工和课程进行管理。

本章要点(已掌握的在方框中打钩)

- ☐ 了解项目的学习目标和 Bootstrap 简介。
- ☐ 熟悉需求分析和功能分析。
- ☐ 掌握数据库设计。
- ☐ 掌握注册模块代码编写。
- ☐ 掌握登录模块代码编写。
- ☐ 掌握课程模块代码编写。
- ☐ 掌握试卷模块代码编写。
- ☐ 掌握通知模块代码编写。
- ☐ 掌握管理模块代码编写。
- ☐ 了解项目的其他文件。
- ☐ 掌握如何运行项目。

21.1 学习目标

通过对在线考试系统的学习，读者可以熟悉 Java 的基础部分及 Java EE 网站开发，能够学习对数据结构的组织和软件层次的设计，完成基本的项目编程任务，提高自身设计和编程能力，其主要表现在以下几个方面。

(1) 掌握使用 Java Web，构建基本的网站信息管理系统的方法。
(2) 学习如何根据具体应用场景设计和实现管理系统的结构和功能。
(3) 使用 JSTL 简化 JSP 代码。
(4) 使用 Bootstrap 框架美化前台界面。
(5) 熟悉数据库的连接和操作方法。
(6) 使用 JDBC 插件实现数据的增、删、改、查等功能。

21.2 Bootstrap 简介

Bootstrap 来自 Twitter，是目前最受欢迎的前端框架。Bootstrap 是基于 HTML、CSS、JAVASCRIPT 的，它简洁灵活，使得 Web 开发更加快捷。它由 Twitter 的设计师 Mark Otto 和 Jacob Thornton 合作开发，是一个 CSS/HTML 框架。Bootstrap 提供了优雅的 HTML 和 CSS 规范，它即是由动态 CSS 语言 Less 写成的。

Bootstrap 中包含了丰富的 Web 组件，根据这些组件，可以快速地搭建一个漂亮、功能完备的网站。其中包括以下组件：下拉菜单、按钮组、按钮下拉菜单、导航、导航条、路径导航、分页、排版、缩略图、警告对话框、进度条、媒体对象等。

在本系统中，使用 Bootstrap 可以美化 html 提供的原生控件，使界面更加漂亮，并且使系统可以适配于不同分辨率的屏幕。建议大家学习使用 Bootstrap。

21.3 需求分析

在开发在线考试系统前，首先需要对该系统进行需求分析，了解该系统要实现哪些功能，并通过功能分析，介绍该系统的各个实现模块。需求分析是开发在线考试系统的第一步，也是软件开发中最重要的步骤。

在线考试系统主要包括学生模块、教职工模块和管理员模块 3 个部分，该系统的结构如图 21-1 所示。

在教职工页面中，教职工可以添加课程并为课程发布考试试卷，可以对考试的试卷进行更新、补充和删除。并且教职工还可以查看学生的答题结果，获得学生答对、答错和未答的情况，以及最终成绩。

在学生页面中，学生可以查看考试通知和报名参加考试，在答题结束后可以查看自己的考试成绩。

在系统管理员页面中，管理员可以对学生、教职工以及课程进行管理，还可以重置登录密码。

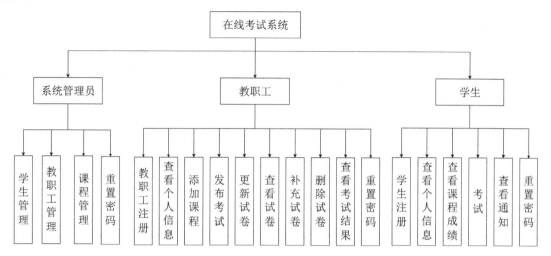

图 21-1　在线考试系统的结构

21.4　功能分析

通过需求分析，了解在线考试系统需要实现的功能。该系统要实现的功能主要包含 7 个模块，分别是视图模块、注册模块、登录模块、课程模块、试卷模块、成绩模块、通知模块和管理模块。

1. 视图模块

视图模块主要包含项目首页、学生页面、教职工页面和管理员页面。本节主要介绍项目核心页面的代码编写，其他页面请读者参考源代码。

2. 注册模块

该模块主要包含学生注册信息、教职工注册信息两部分。通过创建继承 HttpServlet 的 Servlet 类，分别实现学生和教职工的信息注册。

3. 登录模块

该模块主要包含学生登录、教职工登录和管理员登录。通过创建继承 HttpServlet 的 Servlet 类，使用具体的 SQL 语句与数据库进行操作，从而实现学生、教职工和管理员的登录。

4. 课程模块

该模块主要包含实现对课程的管理，通过创建继承 HttpServlet 类的 Servlet，实现对课程的添加功能。

5. 试卷模块

该模块主要包括创建试卷、更新试卷、发布试卷和补充试卷。通过创建继承 HttpServlet 类的 Servlet，分别实现试卷模块的功能。

6. 成绩模块

成绩模块主要包含生成试卷、提交成绩和查看成绩 3 个功能，通过创建继承 HttpServlet 类的 Servlet，实现它们的功能。

7. 通知模块

该模块主要包含发布通知和查看通知的功能。通过创建继承 HttpServlet 类的 Servlet，实现发布通知的功能。

8. 管理模块

该模块主要包含对学生、教职工和课程的管理。通过创建继承 HttpServlet 的 Servlet 类，实现对学生、教职工和课程的删除操作。

21.5 数据库设计

在完成系统的需求分析及功能分析后，接下来需要进行数据库的分析。在线考试系统的相关数据信息，存放在 MySQL 数据库中，通过 JDBC 插件与数据库进行连接后读写。在线考试系统主要有 7 个表。数据库的 E-R 图如图 21-2 所示。

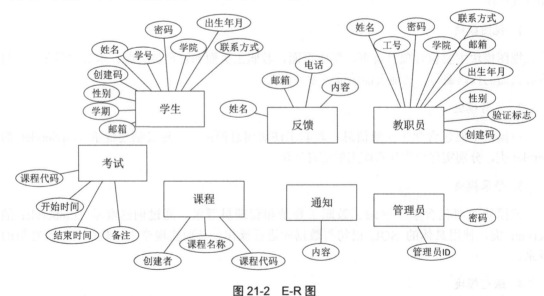

图 21-2 E-R 图

Web 项目中创建的 7 个数据库表，在 MySQL 数据库的视图工具 Navicat 中的结构，具体介绍如下。

1. 表 student

表 student 记录学生信息。该表包含的字段有学号(studentID)、姓名(username)、密码(password)、学院(institute)、学期(semester)、邮箱(email)、联系方式(mobile)、出生年月(dob)、性别(sex)、创建码(authcode)，其中学号为主键。表结构如图 21-3 所示。

2. 表 feedback

表 feedback 记录反馈信息。该表包含的字段有姓名(name)、邮箱(email)、联系方式(number)、内容(comment)。表结构如图 21-4 所示。

图 21-3　student 表结构　　　　　图 21-4　feedback 表结构

3. 表 faculty

表 faculty 记录教职工信息。该表包含的字段有工号(facultyID)、姓名(facultyname)、密码(password)、学院(institute)、验证标志(flag)、邮箱(email)、联系方式(mobile)、出生年月(dob)、性别(sex)、创建码(authcode)，其中工号为主键。表结构如图 21-5 所示。

4. 表 exams

表 exams 记录考试信息。该表主要包含的字段有课程代码(scode)、开始时间(startdate)、结束时间(enddate)、备注(instructions)，其中课程代码为主键。表结构如图 21-6 所示。

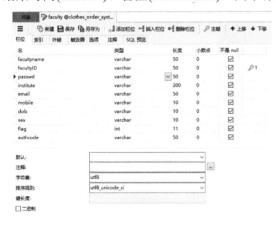
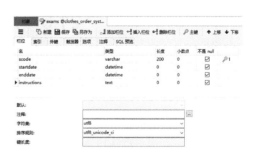

图 21-5　faculty 表结构　　　　　图 21-6　exams 表结构

5. 表 subjects

表 subjects 记录课程信息。该表主要包含的字段有课程代码(subjectcode)、课程名称(subjectname)、创建者(author)，其中课程代码为主键。表结构如图 21-7 所示。

6. 表 notice

表 notice 记录通知信息。该表只有一个字段，即内容(note)。表结构如图 21-8 所示。

图 21-7　subjects 表结构　　　　　　图 21-8　notice 表结构

7. 表 admin

表 admin 记录管理员信息。该表包含的字段有管理员 ID(username)、密码(password)。其中用户名为主键。表结构如图 21-9 所示。

图 21-9　admin 表结构

21.6　系统代码编写

根据系统的功能分析，本节主要介绍视图模块、注册模块、登录模块、密码修改模块、课程模块、试卷模块、成绩模块、通知模块和管理模块的具体实现代码。

21.6.1　视图模块

视图模块主要包含项目首页、学生页面、教职工页面和管理员页面。下面主要介绍项目核心页面的代码编写，其他页面请读者参考源代码。

1. 项目首页

项目首页的部分代码如下，页面详细代码请参考源代码。(源代码\ch21\OnlineQuizSystem\WebRoot\index.jsp)

```jsp
<body>
省略代码...
    <%@include file="header.jsp"%> <div class="container well">
<div class="row"><div class="span7"><div class="bs-docs-example">
    <div id="myCarousel" class="carousel slide" style="height:350px; width:600px;">
<ol class="carousel-indicators">
    <li data-target="#myCarousel" data-slide-to="0" class="active"></li>
    <li data-target="#myCarousel" data-slide-to="1"></li>
    <li data-target="#myCarousel" data-slide-to="2"></li></ol>
<div class="carousel-inner">
    <div class="active item" style="height:350px; width:600px;">
<img src="assets/img/exam3.jpg" height="350" width="600" alt="ExamShow" />
    </div>
    <div class="item"><img src="assets/img/exam3.jpg" height="350"
width="600"
    alt="ExamShow" /></div><div class="item">
<img src="assets/img/exam3.jpg" height="350" width="600" alt="ExamShow" />
</div></div>
<a class="carousel-control left" href="#myCarousel" data-slide="prev">&lsaquo;</a>
<a class="carousel-control right" href="#myCarousel" data-slide="next">&rsaquo;</a></div></div>
    </div><div id="maincontent" class="span5 pull-right "><ul class="nav nav-tabs nav-justified">
    <li class="active"><a href="#student" data-toggle="tab">学生注册</a></li>
    <li><a href="#faculty" data-toggle="tab">教职工注册</a></li>
    <li class="dropdown"><a href="#" id="myTabDrop1"
        class="dropdown-toggle" data-toggle="dropdown">登录<b class="caret"></b></a>
<ul class="dropdown-menu" role="menu" aria-labelledby="myTabDrop1">
    <li><a href="#dropdown1" tabindex="-1" data-toggle="tab">学生登录</a></li>
    <li><a href="#dropdown2" tabindex="-1" data-toggle="tab">教职工登录</a></li>
</ul></li></ul>
<div id="myTabContent" class="tab-content">
    <div id="student" class="tab-pane
<c:if test='${!((not empty param["existsFaculty"]) || (not empty
param["FacultyVerify"]) || (not empty param["RetryFaculty"]) || (not empty
param["RegisterFaculty"]) || (not empty param["existsStudent"]) || (not
empty param["RetryStudent"]) || (not empty param["RegisterStudent"]))}'>
active</c:if><c:if test='${((not empty param["existsStudent"]) || (not
empty param["RegisterStudent"]))}'>
active</c:if>    ">
<c:if test='${not empty param["RegisterStudent"]}'><p
style="color:green;font-weight:bold;">
    学生注册成功。</p></c:if>
<form action="studentregistration" id="contact-form" class="form-horizontal" method="post">
    <div class="control-group"><label class="control-label" for="sname">姓名</label>
```

```html
<div class="controls"> <div class="input-prepend"><span class="add-on">
<i class="icon-user"></i></span>
<input type="text" class="input-large" name="sname" id="sname"
    placeholder="姓名" onkeyup="loadXMLDoc()" /> <span id="err"></span></div>
</div></div><div class="control-group"><label class="control-label"
for="username">学号</label>
<div class="controls"> <div class="input-prepend">
<span class="add-on"><i class="icon-user"></i></span> <input
    type="text" class="input-large" name="username" id="username"
    placeholder="学号" onkeyup="loadXMLDoc()" /> <span id="err">
</span></div>
    <c:if test='${not empty param["existsStudent"]}'>
      <p style="color:red;font-weight:bold;">学号已存在</p></c:if>
</div></div>
<div class="control-group">
<label class="control-label" for="passwd">密码</label>
<div class="controls"> <div class="input-prepend">
<span class="add-on"><i class="icon-lock"></i></span>
<input type="password" class="input-large" name="passwd" id="passwd"
    placeholder="******" />
</div></div></div><div class="control-group">
<label class="control-label" for="conpasswd">确认密码</label>
<div class="controls"> <div class="input-prepend">
<span class="add-on"><i class="icon-lock"></i></span>
<input type="password" class="input-large" name="conpasswd" id="conpasswd"
placeholder="******" />
</div></div></div><div class="control-group">
<label class="control-label" for="institute">学院</label><div
class="controls">
<div class="input-prepend"><span class="add-on"><i class="icon-
home"></i></span>
<input required type="text" class="input-large" name="institute"
    id="institute" placeholder="学院" onkeyup="loadXMLDoc()" /> <span
id="err"> </span>
</div></div></div><div class="control-group">
<label class="control-label" for="email">邮箱</label>
<div class="controls"> <div class="input-prepend">
<span class="add-on"><i class="icon-envelope"></i></span>
<input type="text" class="input-large" name="email" id="email"
placeholder="邮箱" />
</div></div></div><div class="control-group">
<label class="control-label" for="number">联系电话</label>
<div class="controls"><div class="input-prepend">
<span class="add-on"><i class="icon-book"></i></span>
<input type="text" class="input-large" name="number" id="number"
    maxlength="10" placeholder="联系电话" />
</div></div></div>
<div class="control-group"><label class="control-label"></label>
<div class="controls">
    <button type="submit" class="btn btn-success">注册</button>
    <button type="reset" class="btn">取消</button></div>    </div>
</form><br /> </div>
<div id="faculty" class="tab-pane
```

```html
<c:if test='${(not empty param["existsFaculty"]) || (not empty
param["RegisterFaculty"])}'>active</c:if> ">
<c:if test='${not empty param["RegisterFaculty"]}'>
<p style="color:green;font-weight:bold;">教职工注册成功。</p></c:if>
<form action="facultyregistration" id="contact-form1" class="form-
horizontal" method="post">
<div class="control-group"><label class="control-label" for="fname">姓名</label>
<div class="controls"> <div class="input-prepend">
<span class="add-on"><i class="icon-user"></i></span>
<input type="text" class="input-large" name="fname" id="fname"
    placeholder="姓名" onkeyup="loadXMLDoc()" /> <span id="err"></span>
</div></div></div>
<div class="control-group"><label class="control-label" for="name">工号</label>
<div class="controls"> <div class="input-prepend">
<span class="add-on"><i class="icon-user"></i></span>
<input type="text" class="input-large" name="username" id="username"
    placeholder="工号" onkeyup="loadXMLDoc()" /> <span id="err"></span></div>
<c:if test='${not empty param["existsFaculty"]}'>
<p style="color:red;font-weight:bold;">工号已存在</p>    </c:if>
</div></div>
<div class="control-group"><label class="control-label" for="pass">密码</label>
<div class="controls"> <div class="input-prepend">
<span class="add-on"><i class="icon-lock"></i></span>
<input type="password" class="input-large" name="pass" id="pass"
    placeholder="******" />
</div></div></div>
<div class="control-group"><label class="control-label" for="conpassword">
确认密码</label>
<div class="controls"> <div class="input-prepend">
<span class="add-on"><i class="icon-lock"></i></span>
<input type="password" class="input-large" name="conpasswd" id="conpasswd"
placeholder="******" />
</div></div></div>
<div class="control-group"><label class="control-label" for="institute">学
院</label>
<div class="controls"> <div class="input-prepend">
<span class="add-on"><i class="icon-home"></i></span>
<input required type="text" class="input-large" name="institute"
    id="institute" placeholder="学院" onkeyup="loadXMLDoc()" /> <span id="err">
</span>
</div></div></div>
<div class="control-group"><label class="control-label" for="email">邮箱</label>
<div class="controls"> <div class="input-prepend">
<span class="add-on"><i class="icon-envelope"></i></span>
<input type="text" class="input-large" name="email" id="email"
placeholder="邮箱" />
</div></div></div><div class="control-group">
<label class="control-label" for="number">联系电话</label>
<div class="controls"> <div class="input-prepend">
<span class="add-on"><i class="icon-book"></i></span>
<input type="text" class="input-large" name="number" id="number"
    maxlength="10" placeholder="联系电话" /></div></div></div>
<div class="control-group"><label class="control-label" for="dob">出生年月</label>
```

```jsp
<div class="controls"> <div class="input-prepend">
<span class="add-on"><i class="icon-calendar"></i></span>
<select style="width:67px" name="day"> <option>日</option>
<%  for(int i=1;i<=31;i++){
    out.println("<option>"+i+"</option>");}%>
</select> <select style="width:75px" name="month"><option>月</option>
<%for(int i=1;i<=12;i++){
    out.println("<option>"+i+"</option>");}%>
</select> <select style="width:75px" name="year">  <option>年</option>
    <%  for(int i=1960;i<2018;i++) {
        out.println("<option>"+i+"</option>");}%>
</select></div></div></div>
<div class="control-group"><label class="control-label" for="gender">性别</label>
<div class="controls">    <input type="radio" name="sex" id="sex" value="male" /> 男
<input type="radio" name="sex" id="sex" value="female" /> 女</div></div>
<div class="control-group"><label class="control-label"></label>
<div class="controls"> <button type="submit" class="btn btn-success">注册</button>
<button type="reset" class="btn">取消</button>
</div></div></form></div>
<div id="dropdown1"class="tab-pane<c:if test='${not empty
param["RetryStudent"]}'>active</c:if> ">
<form action='<%= response.encodeURL("studentlogin") %>'
    id="contact-form5" class="form-horizontal" method="post">
<div class="control-group"><label class="control-label" for="username">学号</label>
<div class="controls">
<div class="input-prepend"><span class="add-on"><i class="icon-user"></i></span>
 <input type="text" class="input-large" name="username" id="username"
    placeholder="学号" onkeyup="loadXMLDoc()" /> <span id="err">
</span></div></div></div>
<div class="control-group"><label class="control-label" for="password">密码</label>
<div class="controls"> <div class="input-prepend">
<span class="add-on"><i class="icon-lock"></i></span>
<input type="password" class="input-large" name="passwd" id="passwd"
placeholder="******" />
</div></div></div>
<div class="control-group"><label class="control-label"></label><div class=
"controls">
<c:if test='${not empty param["RetryStudent"]}'>
<p style="color:red;font-weight:bold;">ID 或密码错误。</p></c:if>
<button type="submit" class="btn btn-success" data-loading-
text="Loading...">登录</button>
</div></div></form></div>
<div id="dropdown2"class="tab-pane <c:if test='${(not empty
param["RetryFaculty"]) || (not empty
param["FacultyVerify"]) }'>active</c:if>">
<form action='<%= response.encodeURL("facultylogin") %>'
    id="contact-form6" class="form-horizontal" method="post"><div class=
"control-group">
<label class="control-label" for="username">工号</label><div class="controls">
<div class="input-prepend"><span class="add-on"><i class="icon-user"></i></span>
<input type="text" class="input-large" name="username" id="username"
    placeholder="工号" onkeyup="loadXMLDoc()" /> <span id="err">
</span></div></div></div>
```

```
<div class="control-group"><label class="control-label" for="password">密码</label>
<div class="controls"> <div class="input-prepend">
<span class="add-on"><i class="icon-lock"></i></span>
<input type="password" class="input-large" name="passwd" id="passwd"
placeholder="******" />
</div></div></div>
<div class="control-group"><label class="control-label"></label><div class=
"controls">
<c:if test='${not empty param["RetryFaculty"]}'>
<p style="color:red;font-weight:bold;">ID 或密码错误</p></c:if>
<c:if test='${not empty param["FacultyVerify"]}'>
<p style="color:red;font-weight:bold;">您还没有验证邮箱。</p></c:if>
<button type="submit" class="btn btn-success" data-loading-
text="Loading...">登录</button>
</div></div></form></div></div></div></div>
</div><br /><br /><br /><br /><%@include file="footer.jsp"%>
</body>
```

【案例剖析】

在本案例中，主要介绍项目首页功能的实现，包含学生登录、教职工登录以及学生和教职工注册。

2．学生页面

学生页面主要代码如下，该页面的详细代码请参考源代码。(源代码\ch21\OnlineQuizSystem\WebRoot\studentProfile.jsp)

```
<body>
省略代码
    <%String uname1 = (String) session.getAttribute("username");
    if (uname1 == null) {
        response.sendRedirect("index.jsp");
    } else {
    %>
    <%@include file="header1.jsp"%>
    <%} %>
    <div class="container well"><div class="row"><div class="span2">
<ul class="nav nav-tabs nav-stacked nav-justified"
    style='background-color:white;'>
    <li><a href="./home.jsp">主页</a></li>
    <li><a href="#profile" data-toggle="tab">个人信息</a></li>
    <li><a href="#viewsub" data-toggle="tab">显示全部课程</a></li>
    <li><a href="#viewresult" data-toggle="tab">查看课程成绩</a></li>
    <li><a href="#exam" data-toggle="tab">考试</a></li>
    <li><a href="#notice" data-toggle="tab">通知</a></li>
    <li><a href="#ChangPassword" data-toggle="tab">重置密码</a></li>
</ul>   </div>   <div id="maincontent" class="span5 pull-right">
<div id="myTabContent" class="tab-content">
    <div id="home"class="tab-pane <c:if test='${!(not empty param["error"])
&& !(not empty param["Failed"]) && !(not empty param["alreadygiven"])
&& !(not empty param["ExamActive"]) && !(not empty param["NotGiven"])
&& !(not empty param["Unavailable"]) && !(not empty param["ErrorCode"])}'>
active</c:if>    ">
```

```
    <div class="span10">    <center>
    <img src="assets/img/back.png" alt="Online Exam System" height="300px"
width="400px" />
    </center>
    <p style="font-weight: bold;font-size:20px;color:#808080;line-height: 25px;">
    <bold style="color:black;">在线考试系统</bold>
```
对于学院准备考试很有用处,可以保证检查试卷以及标记考试时间.这将有助于学院测试学生以及开发学生的技能.</p>
```
<p style="font-weight: bold;font-size:20px;color:#808080;line-height: 25px;">
```
利用"在线考试系统",任何教育机构或培训中心都可以利用它来制定他们考试策略,增加他们效率.
```
</p>
    </div></div><div id="profile" class="tab-pane">
    <h1 style='color:#3399FF;'>个人信息 :</h1>
    <%
    ResultSet rs;// 结果集
    Config c = new Config();
    Connection con = c.getcon();// 获取数据库连接
    Statement st = null;// 执行数据库操作的接口
    try {
  String name = "", sem = "", email = "", mobile = "", sex = "", dob = "";
    String userid = session.getAttribute("studentid").toString();
    String q = "select * from student where studentID= '" + userid + "'";
        // 获取用户详细信息
    st = con.createStatement();
    rs = st.executeQuery(q);
    if (rs.next()) {
        name = rs.getString("studentname");
        sem = rs.getString("semester");
        email = rs.getString("email");
        mobile = rs.getString("mobile");
        dob = rs.getString("dob");
        sex = rs.getString("sex");
    }
    out.println("<table class='table table-hover' style='background-
color:white;color:#808080;' >");
    %>
    <tr style="font-weight:bold;"><td>姓名 :</td><td><%=name%></td></tr>
    <tr style="font-weight:bold;"><td>学期 :</td><td><%=sem%></td></tr>
    <tr style="font-weight:bold;"><td>邮箱 :</td><td><%=email%></td></tr>
    <tr style="font-weight:bold;"><td>联系方式:</td><td><%=mobile%></td></tr>
    <tr style="font-weight:bold;"><td>出生年月 :</td><td><%=dob%></td> </tr>
    <tr style="font-weight:bold;"><td>性别 :</td><td>
<%
if (sex.equals("male")) {
%> 男 <%
} else if (sex.equals("female")) {
%>女<%}%>
</td></tr>
<%
    out.println("</table>");
    } catch (Exception e) {
    }
%>
```

```jsp
        </div>
        <div id="viewsub" class="tab-pane">
<%
    int i = 0;
    try {
        String query = "select * from subjects";
        rs = st.executeQuery(query);
%>
<table id="sortTableExample" class='table zebra-striped'>
<thead><tr> <th class="header">编号</th><th class="red header">课程名称</th>
    <th class="blue header">课程代码</th></tr>
    </thead><tbody>
<%
    while (rs.next()) {
    ++i;
out.println("<tr>");
out.println("<td>" + i + "</td>");
out.println("<td>" + rs.getString("subjectname") + "</td>");
out.println("<td>" + rs.getString("subjectcode") + "</td>");
out.println("</tr>");
}
out.println("</tbody></table>");
} catch (Exception e) {
}
%>
<br /></div><br />
    <div id="viewresult" class="tab-pane <c:if test='${(not empty param["Unavailable"]) || (not empty param["ErrorCode"]) || (not empty param["NotGiven"])}'>active</c:if> ">
    <form action="result.jsp" id="contact-form"
    class="form-horizontal" method="post">
<div class="control-group">
<label class="control-label" for="password">课程代码</label>
<div class="controls"><div class="input-prepend">
<span class="add-on"><i class="icon-barcode"></i></span>
<input type="text" class="input-large" name="scode" id="scode"
    required="true" placeholder="课程代码" />
</div>
<c:if test='${not empty param["Unavailable"]}'>
<p style='font-weight:bold;color:green'>还未有结果。</p></c:if>
<c:if test='${not empty param["NotGiven"]}'>
<p style='font-weight:bold;color:red'>您没有这门考试。</p></c:if>
<c:if test='${not empty param["ErrorCode"]}'>
<p style='font-weight:bold;color:red'>错误的课程代码。</p></c:if>
</div></div>
<div class="control-group"><label class="control-label"></label>
    <div class="controls"><button type="submit" class="btn btn-primary">查看</button>
</div></div></form></div>
<div id="exam"  class="tab-pane
<c:if test='${(not empty param["error"]) || (not empty param["alreadygiven"]) || (not empty param["ExamActive"]) }'>active</c:if>">
    <form action="showpaper" id="contact-form" class="form-horizontal" method="post">
<div class="control-group"><label class="control-label" for="password">课程
```

```
代码</label>
    <div class="controls"><div class="input-prepend">
    <span class="add-on"><i class="icon-barcode"></i></span>
<input type="text" class="input-large" name="scode" id="scode"
    required="true" placeholder="课程代码" /></div>
<c:if test='${not empty param["alreadygiven"]}'>
    <p style='font-weight:bold;color:red'>您已提交过试卷。</p></c:if>
<c:if test='${not empty param["error"]}'>
    <p style='font-weight:bold;color:red'>错误的课程代码。</p></c:if>
</div></div>
<div class="control-group"><label class="control-label"></label><div class="controls">
<button type="submit" class="btn btn-primary">开始考试</button></div>
</div></form></div>
<div id="notice" class="tab-pane fade in">
    <%try {
    String query = "select * from notice";
    rs = st.executeQuery(query);
    if (rs.next()) {
        out.println("<textarea class='form-control span7' rows='8' readonly style='resize:none;'>"
        + rs.getString("note") + "</textarea>");
        }
    } catch (Exception e) {
}
con.close();%>
</div>
<div id="ChangPassword" class="tab-pane fade in<c:if test='${not empty param["Success"]}'>
 active</c:if> <c:if test='${not empty param["Failed"]}'> active</c:if> ">
    <form action='<%=response.encodeURL("studentpasschange")%>'
    id="contact-form4" class="form-horizontal" method="post">
<div class="control-group"><label class="control-label" for="passwd">原密码</label>
    <div class="controls">
<div class="input-prepend">    <span class="add-on"><i class="icon-book"></i></span>
<input type="password" class="input-large" name="passwd"
    id="passwd" placeholder="原密码" required="true"onkeyup="loadXMLDoc()" />
<span id="err"> </span></div></div></div>
<div class="control-group"><label class="control-label" for="apasswd">新密码</label>
    <div class="controls">
<div class="input-prepend"><span class="add-on"><i class="icon-barcode"></i></span>
<input type="password" class="input-large" name="apasswd"
    id="apasswd" required="true" placeholder="新密码" /></div></div></div>
<div class="control-group"><label class="control-label" for="conpasswd">确认新密码</label>
    <div class="controls"><div class="input-prepend">
    <span class="add-on"><i class="icon-barcode"></i></span>
<input type="password" class="input-large" name="conpasswd"
    id="conpassword" required="true" placeholder="确认新密码" />
</div></div></div>
<div class="control-group"><label class="control-label"></label><div class=
```

```
"controls">
<c:if test='${not empty param["Success"]}'>
<p style="color:green;font-weight:bold;">修改成功。</p></c:if>
<c:if test='${not empty param["Failed"]}'>
<p style="color:red;font-weight:bold;">输入原密码错误。</p></c:if>
<button type="submit" class="btn btn-success">提交</button>
</div></div></form></div></div></div></div><br /><br /></div><br /><br />
<br /><br />
<%@include file="footer.jsp"%>
</body>
</html>
```

【案例剖析】

在本案例中,主要介绍学生登录后,显示学生个人信息、全部课程、课程成绩、考试、查看通知以及重置密码的功能。

3. 教职工页面

学生页面的主要代码如下,详细代码请参考源代码。(源代码\ch21\OnlineQuizSystem\WebRoot\facultyProfile.jsp)

```
<body>
省略代码...
    <div class="container well">
<div class="row">
    <div class="span2">
<ul class="nav nav-tabs nav-stacked nav-justified"
    style='background-color:white;'>
    <li><a href="./home.jsp">主页</a></li>
    <li><a href="#profile" data-toggle="tab">个人信息</a></li>
    <li><a href="#addsub" data-toggle="tab">添加课程</a></li>
    <li><a href="#makepaper" data-toggle="tab">发布试卷</a></li>
    <li><a href="#updatepaper" data-toggle="tab">更新试卷</a></li>
    <li><a href="#viewpaper" data-toggle="tab">查看试卷</a></li>
    <li><a href="#viewresult" data-toggle="tab">查看结果</a></li>
    <li><a href="#appendpaper" data-toggle="tab">补充试卷</a></li>
    <li><a href="#deletepaper" data-toggle="tab">删除试卷</a></li>
    <li><a href="#notice" data-toggle="tab">发布通知</a></li>
    <li><a href="#ChangPassword" data-toggle="tab">重置密码</a></li>
</ul>   </div>
<div id="maincontent" class="span5 pull-right">
<div id="myTabContent" class="tab-content">
<div id="home" class="tab-pane <c:if test='${!((not empty
param["ExamExists"]) || (not empty param["ErrorResult"]) || (not empty
param["ErrorUpdate"]) || (not empty param["ErrorAppend"]) || (not empty
param["ErrorDel"]) || (not empty param["ErrorMake"]) || (not empty
param["ErrorPaper"])) }'>active</c:if>">
    <div class="span10">
    <center>
    <img src="assets/img/back.png" alt="Online Exam System" height="300px"
width="400px" />
    </center>
    <p style="font-weight: bold;font-size:20px;color:#808080;line-height: 25px;">
```

```html
              <bold style="color:black;">在线考试系统</bold>
                对于学院准备考试很有用处，可以保证检查试卷以及标记考试时间．这将有助于学院测试学生以
及开发学生的技能．</p>
<p style="font-weight: bold;font-size:20px;color:#808080;line-height: 25px;">
                利用"在线考试系统"，任何教育机构或培训中心都可以利用它来制定他们的考试策略，增加他
们的效率</p></div>
      </div>
      <div id="profile" class="tab-pane">
        <h1 style='color:#3399FF;'>个人信息 :</h1>
        <%
        ResultSet rs;// 结果集
        Config c = new Config();
        Connection con = c.getcon();// 获取数据库连接
        Statement st = null;// 执行数据库操作的接口
        try {
String name = "", sem = "", email = "", mobile = "", sex = "", dob = "";
String userid = session.getAttribute("facultyid").toString();
String q = "select * from faculty where facultyID= '" + userid+ "'";
        // 获取指定教职工详细信息
st = con.createStatement();    rs = st.executeQuery(q);
if (rs.next()) {
        name = rs.getString("facultyname");    email = rs.getString("email");
        mobile = rs.getString("mobile");    dob = rs.getString("dob");
        sex = rs.getString("sex");
}
out.println("<table class='table table-hover' style='background-color:white;color:#808080;' >");
        %>
        <tr style="font-weight:bold;"><td>姓名 :</td>    <td><%=name%></td></tr>
        <tr style="font-weight:bold;"> <td>邮箱 :</td><td><%=email%></td></tr>
        <tr style="font-weight:bold;"> <td>联系方式:</td><td><%=mobile%></td></tr>
        <tr style="font-weight:bold;"> <td>出生年月 :</td><td><%=dob%></td></tr>
        <tr style="font-weight:bold;"> <td>性别 :</td><td>
        <% if (sex.equals("male")) {
%> 男 <%
} else if (sex.equals("female")) {
%>女<%
} %>
        </td></tr>
        <% out.println("</table>");
} catch (Exception e) {}
    con.close();
    %>
    </div>
        <div id="addsub" class="tab-pane">
        <form action="addsubject" id="contact-form" class="form-horizontal"
            method= "post">
        <div class="control-group">
        <label class="control-label" for="subname">课程名称</label>
        <div class="controls">
        <div class="input-prepend">
        <span class="add-on"><i class="icon-book"></i></span>
        <inputtype="text" class="input-large" name="subname" id="subname"
```

```
placeholder="课程名称" required="true" onkeyup="loadXMLDoc()" />
<span id="err"> </span>
    </div></div></div>
    <div class="control-group">
<label class="control-label" for="subject">课程代码</label>
<div class="controls">
<div class="input-prepend">
<span class="add-on"><i class="icon-barcode"></i></span>
<input type="text" class="input-large" name="scode" id="scode"
    required="true" placeholder="课程代码"/>
</div></div></div>
<div class="control-group"><label class="control-label"></label><div
class="controls">
<button type="submit" class="btn btn-success">提交</button>
</div></div></form> </div>
    <div id="makepaper" class="tab-pane<c:if test='${(not empty
param["ExamExists"]) || (not empty param["ErrorMake"])}'>active</c:if> ">
    <c:if test='${not empty param["ExamExists"]}'><p style="color:red;font-
weight:bold;">该课程已存在。</p></c:if>
    <c:if test='${not empty param["ErrorMake"]}'><p style="color:red;font-
weight:bold;">您不是授权用户。</p></c:if>
    <form action="examsentry" id="contact-form"class="form-horizontal"
method="post">
    <div class="control-group">
    <label class="control-label" for="subject">课程代码</label>
    <div class="controls">
    <div class="input-prepend">
    <span class="add-on"><i class="icon-barcode"></i></span>
    <inputtype="text" class="input-large" name="scode" id="scode"
    required="true" placeholder="课程代码" />
    </div></div></div>
    <div class="control-group"><label class="control-label" for="sdate">开始
时间</label>
    <div class="controls"><div class="input-prepend">
    <span class="add-on"><i class="icon-barcode"></i></span>
<input type="text" class="input-large" name="sdate" id="sdate"
required="true" value="YYYY-MM-DD HH:MM::SS" /></div></div></div>
    <div class="control-group"><label class="control-label" for="edate">截止
时间</label>
    <div class="controls"><div class="input-prepend">
    <span class="add-on"><i class="icon-barcode"></i></span>
     <input  type="text" class="input-large" name="edate" id="edate"
    required="true" value="YYYY-MM-DD HH:MM::SS" />
    </div></div></div><div>
    <textarea class="mceEditor" name="tarea" rows="15" cols="50"
placeholder="内容"></textarea>
    </div><br /><center>
    <button type="submit" class="btn btn-success">提交</button></center>
    </form><br /> <br /></div>
    <div id="updatepaper" class="tab-pane <c:if test='${not empty
param["ErrorUpdate"]}'>
    active</c:if>">
    <c:if test='${not empty param["ErrorUpdate"]}'>
```

```html
        <p style="color:red;font-weight:bold;">您不是授权用户。</p>
        </c:if>
        <form action="updatePaper.jsp" id="contact-form" class="form-horizontal" method="post">
        <div class="control-group"><label class="control-label" for="subject">课程代码</label>
        <div class="controls"><div class="input-prepend">
        <span class="add-on"><i class="icon-barcode"></i></span>
        <input type="text" class="input-large" name="sbcode" id="sbcode" required="true" placeholder="课程代码" /></div></div></div>
        <div class="control-group"><label class="control-label" for="qno">问题编号</label>
        <div class="controls"><div class="input-prepend">
        <span class="add-on"><i class="icon-barcode"></i></span>
        <input type="text" class="input-large" name="qno" id="qno" required="true" placeholder="问题编号" /></div></div></div><center>
        <button type="submit" class="btn btn-success">更新</button></center>
        </form></div>
        <div id="viewpaper" class="tab-pane <c:if test='${not empty param["ErrorPaper"]}'>
        active</c:if> ">
        <c:if test='${not empty param["ErrorPaper"]}'><p style="color:red;font-weight:bold;">您不是授权用户。</p></c:if>
        <form action="viewPaper.jsp" id="contact-form" class="form-horizontal" method="post">
        <div class="control-group"><label class="control-label" for="password">课程代码</label>
        <div class="controls"><div class="input-prepend">
        <span class="add-on"><i class="icon-barcode"></i></span>
        <input type="text" class="input-large" name="scode" id="scode" required="true" placeholder="课程代码" />
        </div></div></div>
        <div class="control-group"><label class="control-label"></label>
        <div class="controls">
        <button type="submit" class="btn btn-primary">查看试卷</button>
        </div></div></form></div>
        div id="appendpaper" class="tab-pane <c:if test='${not empty param["ErrorAppend"]}'>
 active</c:if>  ">
        <c:if test='${not empty param["ErrorAppend"]}'>
        <p style="color:red;font-weight:bold;">您不是授权用户。</p>
        </c:if>
        <form action="makePaper.jsp" id="contact-form" class="form-horizontal" method="post">
        <div class="control-group"><label class="control-label" for="password">课程代码</label>
        <div class="controls"><div class="input-prepend">
        <span class="add-on"><i class="icon-barcode"></i></span>
        <input type="text" class="input-large" name="scode" id="scode" required="true" placeholder="课程代码" />
        </div></div></div>
        <div class="control-group"><label class="control-label"></label>
<div class="controls">
```

```
    <button type="submit" class="btn btn-primary">补充试卷</button>
    </div></div></form></div>
    <div id="viewresult" class="tab-pane <c:if test='${not empty
param["ErrorResult"]}'>
 active</c:if>   ">
    <c:if test='${not empty param["ErrorResult"]}'>
    <p style="color:red;font-weight:bold;">您不是授权用户。</p></c:if>
    <form action="viewResult.jsp" id="contact-form" class="form-horizontal"
method="post">
    <div class="control-group"><label class="control-label" for="password">
课程代码</label>
    <div class="controls"><div class="input-prepend">
    <span class="add-on"><i class="icon-barcode"></i></span>
    <input type="text" class="input-large" name="scode" id="scode"
required="true" placeholder="课程代码" /></div>
    </div></div><div class="control-group"><label class="control-label"></label>
    <div class="controls"><button type="submit" class="btn btn-primary">查看
结果</button>
    </div></div></form></div>
    <div id="deletepaper" class="tab-pane <c:if test='${not empty param
["ErrorDel"]}'>
     active</c:if>       ">
    <c:if test='${not empty param["ErrorDel"]}'>
    <p style="color:red;font-weight:bold;">您不是授权用户。</p></c:if>
    <form action="delpaper" id="contact-form" class="form-horizontal"
method="post">
    <div class="control-group"><label class="control-label" for="sbcode">课
程代码</label>
    <div class="controls"><div class="input-prepend">
    <span class="add-on"><i class="icon-book"></i></span>
    <input type="text" class="input-large" name="sbcode" id="sbcode"
placeholder="课程代码" required="true" onkeyup="loadXMLDoc()" />
    <span id="err"> </span></div></div></div>
    <div class="control-group"><label class="control-label" for="qno">问题编
号</label>
    <div class="controls"><div class="input-prepend">
    <span class="add-on"><i class="icon-barcode"></i></span>
    <input type="text" class="input-large" name="qno" id="qno"
required="true" placeholder="问题编号" /></div></div></div>
    <div class="control-group"><label class="control-label"></label>
    <div class="controls"><button type="submit" class="btn btn-danger">删除
</button>
    </div></div></form></div>
    <div id="notice" class="tab-pane fade in">
    <form action="servnotice" id="contact-form"class="form-horizontal" method=
"post">
    发布通知：<br />
    <textarea class="form-control span7" name="note" id="note" rows="8"
required="true"></textarea>
    <br /> <br /><button type="submit" class="btn btn-success">提交</button>
    </form></div>
    <div id="ChangPassword" class="tab-pane fade in  <c:if test='${not
empty param["Success"]}'>
```

```
        active</c:if> <c:if test='${not empty param["Failed"]}'> active</c:if> ">
    <form action='<%=response.encodeURL("facultypasschange")%>'
        id="contact-form4" class="form-horizontal" method="post">
        <div class="control-group"><label class="control-label" for="passwd">原
密码</label>
        <div class="controls"><div class="input-prepend">
        <span class="add-on"><i class="icon-book"></i></span>
         <input type="password" class="input-large" name="passwd" id="passwd"
        placeholder="原密码" required="true" onkeyup="loadXMLDoc()" />
        <span id="err"> </span></div></div></div>
        <div class="control-group"><label class="control-label" for="apasswd">
新密码</label>
        <div class="controls"><div class="input-prepend">
        <span class="add-on"><i class="icon-barcode"></i></span>
        <input type="password" class="input-large" name="apasswd"
id="apasswd" required="true" placeholder="新密码" />
        </div></div></div>
        <div class="control-group"><label class="control-label"
for="conpasswd">确认新密码</label>
        <div class="controls"><div class="input-prepend">
        <span class="add-on"><i class="icon-barcode"></i></span>
        <input type="password" class="input-large" name="conpasswd"
id="conpassword" required="true" placeholder="确认新密码" />
        </div></div></div>
        <div class="control-group"><label class="control-label"></label>
        <div class="controls"><c:if test='${not empty param["Success"]}'>
        <p style="color:green;font-weight:bold;">修改成功。</p></c:if>
        <c:if test='${not empty param["Failed"]}'>
        <p style="color:red;font-weight:bold;">输入原密码错误。</p></c:if>
        <button type="submit" class="btn btn-success">提交</button>
        </div></div></form></div></div></div><br /> <br /></div><br /><br /><br /><br />
        <%@include file="footer.jsp"%>
</body>
</html>
```

【案例剖析】

在本案例中，主要介绍教职工登录后，页面中个人信息显示、添加课程、发布试卷、更新试卷、查看试卷、查看结果、补充试卷、删除试卷、发布通知和重置密码的功能。

4. 管理员页面

管理员页面的主要代码如下，详细代码请参考源代码。(源代码\ch21\OnlineQuizSystem\WebRoot\aqfaridiProfile.jsp)

```
<body>
    <script type="text/javascript" src="assets/js/bootstrap-button.js"></script>
    <script type="text/javascript" src="assets/js/bootstrap-tab.js"></script>
    <script type="text/javascript" src="assets/js/bootstrap.js"></script>
    <div class="navbar">
<div class="navbar-inner">
    <div class="container">
<a href="#" class="brand"> <img src="./assets/img/examshow.png"
```

```
            alt="Exam Show" width="100px" height="70px" /></a> <br />
<h1 class="brand" style="font-weight:bold;">管理员界面</h1>
<form action="logout" method="post" class="pull-right">
    <button class="btn btn-primary">登出</button></form>
<p class="pull-right" style="color:white;"><br />
    <%String uname = (String) session.getAttribute("user");// 获取 session
if (uname == null) {// 空则跳回初始页
    response.sendRedirect("aqfaridi.jsp");
} else {
    out.println("<b> 欢迎您， " + uname + "</b>");
}%>   </p>       </div></div>      </div>
        <div class="container well"><div class="row">  <div class="span2">
<ul class="nav nav-tabs nav-stacked nav-justified" style='background-color:white;'>
    <li><a href="#student" data-toggle="tab">学生管理</a></li>
    <li><a href="#faculty" data-toggle="tab">教职工管理</a></li>
    <li><a href="#subject" data-toggle="tab">课程管理</a></li>
    <li><a href="#changepass" data-toggle="tab">重置密码</a></li></ul></div>
        <div id="maincontent" class="span7 pull-right"><div id="myTabContent" class="tab-content">
        <div id="student" class="tab-pane <c:if test='${not empty param["student"]}'>active</c:if> ">
<c:if test='${not empty param["studentSuccess"]}'>
    <p style="color:green;font-weight:bold;">删除成功。</p></c:if>
<%
    ResultSet rs;// 结果集
    Config c = new Config();
    Connection con = c.getcon();// 获取数据库连接
    Statement st = null;// 执行数据库操作的接口
    try {
String studentid = "";
String q = "select * from student";// 获取全部学生
st = con.createStatement();
rs = st.executeQuery(q);// 执行 SQL 语句%>
<div class="modal-header">  <h3 id="myModalLabel"><center>学生详情</center>
    </h3></div>
<table class=" table table-bordered">
<tr><td><strong>学生学号</strong></td><td><strong>学生姓名</strong></td>
<td><strong>邮箱</strong></td><td><strong>联系方式</strong></td><td colspan="2">操作</td></tr>
    <%while (rs.next()) {    %>
    <tr><td>
    <%out.print(rs.getString("studentid"));%></td><td>
    <%out.print(rs.getString("studentname"));%></td><td>
    <%out.print(rs.getString("email"));%></td><td>
    <%out.print(rs.getString("mobile"));%></td><td><i class="icon-remove"></i>
    <a href="delete?user=<%out.print(rs.getString("studentid")); %>&who=student">
删除</a></td>
    </tr>
    <%} %></table>
<%
    } catch (Exception e) { }
```

```jsp
%>
<br /> <br /></div>
    <div id="faculty" class="tab-pane  <c:if test='${(not empty param["faculty"])}'>active</c:if>">
<c:if test='${not empty param["facultySuccess"]}'>
    <p style="color:green;font-weight:bold;">删除成功。</p></c:if>
<%   try {
String studentid = "";
String q = "select * from faculty";// 获取全部教职工
st = con.createStatement();
rs = st.executeQuery(q);%>
<div class="modal-header">  <h3 id="myModalLabel"><center>教职工详情</center>
    </h3></div>
<table class=" table table-bordered">
    <tr><td><strong>教职工工号</strong></td><td><strong>教职工姓名</strong></td>
<td><strong>邮箱</strong></td><td><strong>联系方式</strong></td>
<td colspan="2"><strong>操作</strong></td></tr>
    <%while (rs.next()) {  %>  <tr><td>
    <%out.print(rs.getString("facultyid"));%></td><td>
    <%out.print(rs.getString("facultyname"));%></td><td>
    <%out.print(rs.getString("email"));%></td><td>
    <%out.print(rs.getString("mobile"));%></td>
<td><i class="icon-remove"></i>
<a href="delete?user=<%out.print(rs.getString("facultyid"));%>&who=faculty">
删除</a></td></tr>
    <%}%>
</table><%
    } catch (Exception e) { }%>
<br /> <br /></div><div id="subject" class="tab-pane <c:if test='${not empty param["subject"]}'>
active</c:if>">
<c:if test='${not empty param["subjectSuccess"]}'>
<p style="color:green;font-weight:bold;">删除成功。</p></c:if>
<%try {
String studentid = "";
String q = "select * from subjects";// 获取全部课程
st = con.createStatement();
rs = st.executeQuery(q);%>
<div class="modal-header">  <h3 id="myModalLabel"><center>课程详情
</center></h3></div>
<table class=" table table-bordered"><tr><td><strong>课程代码</strong></td>
<td><strong>课程名称</strong></td><td colspan="2"><strong>操作</strong></td>
    </tr>
    <%while (rs.next()) {   %>
    <tr><td>
    <%out.print(rs.getString("subjectcode"));%></td><td>
    <%out.print(rs.getString("subjectname"));%></td><td><i class="icon-remove"></i>
<a href="delete?user=<%out.print(rs.getString("subjectcode")); %>&who=subject">删除</a></td></tr>
    <%}%></table>
<%   } catch (Exception e) { }
```

```
        con.close();%>
<br /> <br /></div>
<div id="changepass" class="tab-pane <c:if test='${not empty param["Success"]}'>
active</c:if>
 <c:if test='${not empty param["Failed"]}'> active</c:if> ">
<form action='<%=response.encodeURL("adminpasschange")%>'
    id="contact-form4" class="form-horizontal" method="post">
    <div class="control-group"><label class="control-label" for="passwd">原
密码</label>
<div class="controls"> <div class="input-prepend">
<span class="add-on"><i class="icon-book"></i></span>
<input type="password" class="input-large" name="passwd" id="passwd"
    placeholder="原密码" required="true" onkeyup="loadXMLDoc()" />
<span id="err"> </span></div></div>    </div>
    <div class="control-group"><label class="control-label" for="apasswd">
新密码</label>
<div class="controls"> <div class="input-prepend">
<span class="add-on"><i class="icon-barcode"></i></span>
<input type="password" class="input-large" name="apasswd"
    id="apasswd" required="true" placeholder="新密码" /></div></div></div>
    <div class="control-group"><label class="control-label"
for="conpasswd">确认新密码</label>
<div class="controls"> <div class="input-prepend">
<span class="add-on"><i class="icon-barcode"></i></span>
<input type="password" class="input-large" name="conpasswd"
    id="conpassword" required="true" placeholder="确认新密码" />
</div></div></div>
    <div class="control-group"><label class="control-label"></label>
<div class="controls">
    <c:if test='${not empty param["Success"]}'>
    <p style="color:green;font-weight:bold;">修改成功。</p></c:if>
    <c:if test='${not empty param["Failed"]}'>
    <p style="color:red;font-weight:bold;">输入原密码错误。</p></c:if>
    <button type="submit" class="btn btn-success">提交</button>
</div></div></form> </div>
    <br /> <br /></div> </div><br /> <br /></div><br /> <br /></div><br /> <br />
    <%@include file="footer.jsp"%>
</body>
```

【案例剖析】

在本案例中,主要介绍管理员登录后,显示管理员对教职工、学生和课程的管理工作。

21.6.2 注册模块

该模块主要包含学生注册信息、教职工注册信息两部分,通过创建继承 HttpServlet 的 Servlet 类,分别实现学生和教职工的信息注册。

1. 学生信息注册

学生信息注册是通过继承 HttpServlet 的 Servlet 类实现的,该类主要代码如下,详细代码请参考源代码。(源代码\ch21\ OnlineQuizSystem\src\StudentRegistration.java)

```java
//处理 HTTP、Get、Post 的方法
protected void processRequest(HttpServletRequest request,
HttpServletResponse response)
throws ServletException, IOException {
    PrintWriter out = response.getWriter();
    // 获取 request 数据
    String name = request.getParameter("sname");
    String rollNo = request.getParameter("username");
    String passwd = request.getParameter("passwd");
    String institute = request.getParameter("institute");
    String email = request.getParameter("email");
    String number = request.getParameter("number");
    ResultSet rs;// 结果集
    try {
Config c = new Config();
Connection con = c.getcon();// 获取数据库连接
Statement st = con.createStatement();// 执行数据库操作的接口
// 密码加密
MessageDigest MD5 = MessageDigest.getInstance("MD5");
MD5.update(passwd.getBytes(), 0, passwd.getBytes().length);// 使用 MD5 算法处理
byte[] hashvalue = MD5.digest();// 哈希散列
String newpasswd = new BASE64Encoder().encode(hashvalue);// 编码
// 验证
String qry = "select count(*) as col from student where studentid ='" +
rollNo + "'";
rs = st.executeQuery(qry);// 执行 SQL 语句
int check = 0;// 查询数据库的结果
if (rs.next()) {
    check = Integer.parseInt(rs.getString("col"));
    }
if (check == 0) {// 未有该记录
    String sem = "01";
    String dob = "dd/mm/yyyy";
    String sex = "male";
    AuthCode authCode = new AuthCode();
    String code = authCode.generateCode();// 生成随机码
    // 注册
String query = "insert into student values('" + name + "','" + rollNo +
"','" + newpasswd + "','"
    + institute + "','" + sem + "','" + email + "','" + number + "','" +
dob + "','" + sex + "','"
    + code + "')";
st.executeUpdate(query);// 执行 SQL 语句
con.close();// 关闭数据库连接
// 跳转
    response.sendRedirect("index.jsp?RegisterStudent=True");
    } else {
con.close();// 关闭数据库连接
    // 跳转
    response.sendRedirect("index.jsp?existsStudent=True");
    }
con.close();// 关闭数据库连接
```

```
        } catch (Exception e) {
        System.out.println("Error=" + e);
            }
        }
```

【案例剖析】

在本案例中，通过调用上述方法，对用户的 http、get 或 post 请求进行处理。主要通过 request 对象获取学生的注册信息，通过 Config 类获取与数据库的连接接口，通过 MessageDigest 类对密码进行加密。通过 Statement 类的 executeQuery()方法执行 SQL 语句，查询指定账户名的学生是否存在，若存在，则提示该学生已存在；否则通过 Statement 类的 executeUpdate()方法执行 SQL 语句，实现学生信息的注册。

2．教职工信息注册

教职工信息注册是通过继承 HttpServlet 的 Servlet 类实现的，该类的主要代码如下，详细代码请参考源代码。(源代码\ch21\ OnlineQuizSystem\src\FacultyRegistration.java)

```
//处理 HTTP、Get、Post 的方法
protected void processRequest(HttpServletRequest request,
HttpServletResponse response)
throws ServletException, IOException {
    PrintWriter out = response.getWriter();
    // 获取 request 数据
    String name = request.getParameter("fname");
    String id = request.getParameter("username");
    String passwd = request.getParameter("pass");
    String email = request.getParameter("email");
    String institute = request.getParameter("institute");
    String number = request.getParameter("number");
    String d = request.getParameter("day");
    String m = request.getParameter("month");
    String y = request.getParameter("year");
    String dob = d + "/" + m + "/" + y;
    String sex = request.getParameter("sex");
    ResultSet rs;// 结果集
    try {
Config c = new Config();
Connection con = c.getcon();// 获取数据库连接
Statement st = con.createStatement();// 执行数据库操作的接口
    // 密码加密
MessageDigest MD5 = MessageDigest.getInstance("MD5");
MD5.update(passwd.getBytes(), 0, passwd.getBytes().length);// 使用 MD5 算法处理
byte[] hashvalue = MD5.digest();// 哈希散列
String newpasswd = new BASE64Encoder().encode(hashvalue);// 编码
    // 验证
String qry = "select count(*) as col from faculty where facultyid ='" + id
+ "'";// SQL 语句
rs = st.executeQuery(qry);// 执行 SQL 语句
    int check = 0;// 查询数据库的结果
    if (rs.next()) {
    check = Integer.parseInt(rs.getString("col"));// 取出查询的结果
```

```
    }
if (check == 0) {// 未有该教职工
    int flag = 1;// 教职工审核标志-默认为未审核
    AuthCode authCode = new AuthCode();
    String code = authCode.generateCode();// 生成随机码
    // 注册
    String query = "insert into faculty values('" + name + "','" + id +
"','" + newpasswd + "','" + institute + "','" + email + "','" + number +
"','" + dob + "','" + sex + "'," + flag + ",'" + code + "')";// SQL 语句
    st.executeUpdate(query);// 执行 SQL 语句
    con.close();// 关闭数据库连接
    // 跳转
    response.sendRedirect("index.jsp?RegisterFaculty=True");
} else {
    con.close();// 关闭数据库连接
    // 跳转
    response.sendRedirect("index.jsp?existsFaculty=True");
}
con.close();// 关闭数据库连接
    } catch (Exception e) {
System.out.println("Error=" + e);
    }
}
```

【案例剖析】

在本案例中，通过调用上述方法，对用户的 http、get 或 post 请求进行处理。主要通过 request 对象获取教职工的注册信息，通过 Config 类获取与数据库的连接接口，通过 MessageDigest 类对密码进行加密。通过 Statement 类的 executeQuery()方法执行 SQL 语句，查询指定账户名的教职工是否存在，若存在，则提示教职工已存在；否则通过 Statement 类的 executeUpdate()方法执行 SQL 语句，实现教职工信息的注册。

21.6.3 登录模块

该模块主要包含学生登录、教职工登录和管理员登录。通过创建继承 HttpServlet 的 Servlet 类，使用具体的 SQL 语句与数据库进行操作，从而实现学生、教职工和管理员的登录。

1. 学生登录

学生登录页面是通过继承 HttpServlet 的 Servlet 类实现的，该类的主要代码如下，详细代码请参考源代码。(源代码\ch21\ OnlineQuizSystem\src\FacultyLogin.java)

```
//处理 HTTP <code>GET</code> 和 <code>POST</code> 方法。
protected void processRequest(HttpServletRequest request,
HttpServletResponse response)
throws ServletException, IOException {
    PrintWriter out = response.getWriter();
    // 获取 request 数据
    String uName = request.getParameter("username");
    String passwd = request.getParameter("passwd");
    String email = request.getParameter("email");
```

```
    ResultSet rs;// 结果集
    try {
Config c = new Config();
Connection con = c.getcon();// 获取数据库连接
Statement st = con.createStatement();// 执行数据库操作的接口
// 密码加密
MessageDigest MD5 = MessageDigest.getInstance("MD5");
MD5.update(passwd.getBytes(), 0, passwd.getBytes().length);// 使用 MD5 算法处理
byte[] hashValue = MD5.digest();// 哈希散列
String newPasswd = new BASE64Encoder().encode(hashValue);// 编码
// 验证
String selectStatement = "SELECT * FROM student WHERE studentID = ? ";
    // SQL 语句
PreparedStatement prepStmt = (PreparedStatement)
con.prepareStatement(selectStatement);
prepStmt.setString(1, uName);// 带参
rs = prepStmt.executeQuery();// 执行 SQL 语句
if (rs.next()) {
    if (newPasswd.equals(rs.getString("password"))) {
// 放置 session 数据
session.setAttribute("username", rs.getString("studentname"));
session.setAttribute("studentid", rs.getString("studentID"));
session.setAttribute("which", "student");
session.setAttribute("q_id", "1");
con.close();// 关闭数据库连接
// 跳转
response.sendRedirect("studentProfile.jsp");
    } else {
con.close();// 关闭数据库连接
// 跳转
response.sendRedirect("index.jsp?RetryStudent=True");
    }
} else {
    con.close();// 关闭数据库连接
    // 跳转
    response.sendRedirect("index.jsp?RetryStudent=True");
}
con.close();// 关闭数据库连接
    } catch (Exception e) {
out.println("Error=" + e);
    }
}
```

【案例剖析】

在本案例中，通过调用上述方法，对用户的 http、get 或 post 请求进行处理。主要通过 request 获取学生的登录用户名、密码和邮箱，通过 Config 类获取与数据库的连接接口，通过 MessageDigest 类对密码进行加密。通过 Statement 类的 executeQuery()方法执行 SQL 语句，查询登录学生是否存在，若存在，则判断密码是否正确；若正确则登录成功；否则登录失败返回项目首页。

2. 教职工登录

教职工登录页面是通过继承 HttpServlet 的 Servlet 类实现的，该类主要代码如下，页面的详细代码请参考源代码。(源代码\ch21\ OnlineQuizSystem\src\FacultyLogin.java)

```java
//处理 HTTP <code>GET</code> 和 <code>POST</code> 方法。
protected void processRequest(HttpServletRequest request, HttpServletResponse response)
throws ServletException, IOException {
    PrintWriter out = response.getWriter();
    // 获取 request 数据
    String uName = request.getParameter("username");
    String passwd = request.getParameter("passwd");
    int flag = 0;// 数据库操作结果
    ResultSet rs;// 结果集
    try {
Config c = new Config();
Connection con = c.getcon();// 获取数据库连接
Statement st = con.createStatement();// 执行数据库操作的接口
// 密码加密
MessageDigest MD5 = MessageDigest.getInstance("MD5");
//使用 MD5 算法处理
MD5.update(passwd.getBytes(), 0, passwd.getBytes().length);
byte[] hashvalue = MD5.digest();// 哈希散列
String newpasswd = new BASE64Encoder().encode(hashvalue);// 编码
// 验证, uname 是 facultyID
String selectStatement = "SELECT * FROM faculty WHERE facultyID = ? ";
PreparedStatement prepStmt = (PreparedStatement)
con.prepareStatement(selectStatement);
prepStmt.setString(1, uName);// 参数
rs = prepStmt.executeQuery();// 执行 SQL 语句
if (rs.next()) {
    flag = Integer.parseInt(rs.getString("flag"));// 取出执行的结果
    if (flag == 1) {
if (newpasswd.equals(rs.getString("passwd"))) {
    // 获取 session 数据
    session.setAttribute("facultyname", rs.getString("facultyname"));
    session.setAttribute("facultyid", rs.getString("facultyID"));
    session.setAttribute("which", "faculty");
    con.close();// 关闭数据库连接
    // 跳转
    response.sendRedirect("facultyProfile.jsp");
} else {
    con.close();// 关闭数据库连接
    // 跳转
response.sendRedirect("index.jsp?RetryFaculty=True");
}
    } else {
con.close();// 关闭数据库连接
// 跳转
response.sendRedirect("index.jsp?FacultyVerify=True");
    }
} else {
```

```
        con.close();// 关闭数据库连接
        // 跳转
        response.sendRedirect("index.jsp?RetryFaculty=True");
    }
con.close();// 关闭数据库连接
        } catch (Exception e) {
out.println("Error " + e);
        }
    }
```

【案例剖析】

在本案例中,通过调用上述方法,对用户的 http、get 或 post 请求进行处理。主要通过 request 获取教职工的登录信息,通过 Config 类获取与数据库的链接接口,通过 MessageDigest 类对密码进行加密。通过 Statement 类的 executeQuery()方法执行 SQL 语句,查询登录教职工是否存在,若存在,则判断密码是否正确;若正确则登录成功;否则登录失败返回项目首页。

3. 管理员登录

管理员登录页面是通过继承 HttpServlet 的 Servlet 类实现的,该类的主要代码如下,详细代码请参考源代码。(源代码\ch21\ OnlineQuizSystem\src\AdminLogin.java)

```
//处理 http、get 或 post 请求
protected void processRequest(HttpServletRequest request,
HttpServletResponse response)
throws ServletException, IOException {
    PrintWriter out = response.getWriter();
    // 获取 request 数据
    String uName = request.getParameter("username");
    String passwd = request.getParameter("passwd");
    ResultSet rs;// 结果集
    try {
Config c = new Config();
Connection con = c.getcon();// 获取数据库连接
Statement st = con.createStatement();// 执行数据库操作的接口
// 验证
String query = "select * from admin where username='" + uName + "'";// SQL 语句
rs = st.executeQuery(query);// 执行 SQL 语句
if (rs.next()) {
    if (passwd.equals(rs.getString("password"))) {
// 获取 session 数据
session.setAttribute("user", rs.getString("username"));
session.setAttribute("which", "admin");
con.close();// 关闭数据库连接
// 跳转
response.sendRedirect("aqfaridiProfile.jsp");
    } else {
con.close();// 关闭数据库连接
// 跳转
response.sendRedirect("aqfaridi.jsp?RetryAdmin=True");
    }
```

```
        } else {
            con.close();// 关闭数据库连接
            // 跳转
            response.sendRedirect("aqfaridi.jsp?RetryAdmin=True");
        }
con.close();// 关闭数据库连接
        } catch (Exception e) {
out.println("Error " + e);
        }
}
```

【案例剖析】

在本案例中,通过调用上述方法,对用户的 http、get 或 post 请求进行处理。主要通过 request 获取管理员的登录信息,通过 Config 类获取与数据库的连接接口,通过 MessageDigest 类对密码进行加密。通过 Statement 类的 executeQuery()方法执行 SQL 语句,查询指定管理员是否存在,若存在,则判断登录密码是否正确;若正确则登录成功;否则登录失败返回项目首页。

21.6.4 密码修改模块

该模块主要包含学生密码修改、教职工密码修改和管理员密码修改。通过创建继承 HttpServlet 的 Servlet 类,使用具体的 SQL 语句与数据库进行操作,从而实现学生、教职工和管理员的登录密码的修改。

1.学生密码修改

学生密码修改页面是通过继承 HttpServlet 的 Servlet 类实现的,该类的主要代码如下,详细代码请参考源代码。(源代码\ch21\OnlineQuizSystem\src\StudentPassChange.java)

```
//处理 http、get 或 post 请求
protected void processRequest(HttpServletRequest request,
HttpServletResponse response) throws ServletException, IOException {
        PrintWriter out = response.getWriter();
        // 获取 request 数据
        String current = request.getParameter("passwd");
        String change = request.getParameter("apasswd");
        String userId = session.getAttribute("studentid").toString();
        int a = 0;
        ResultSet rs;// 结果集
        try {
Config c = new Config();
Connection con = c.getcon();// 获取数据库连接
Statement st = con.createStatement();// 执行数据库操作的接口
// 密码加密
        MessageDigest MD5 = MessageDigest.getInstance("MD5");
        MD5.update(current.getBytes(),0,current.getBytes().length);
            // 使用 MD5 算法处理
        byte[] hashvalue = MD5.digest();// 哈希散列
        String newcurrent = new BASE64Encoder().encode(hashvalue);// 编码
        MD5.update(change.getBytes(),0,change.getBytes().length);
```

```java
            // 使用 MD5 算法处理
        byte[] hashvaluea = MD5.digest();// 哈希散列
        String newchange = new BASE64Encoder().encode(hashvaluea);// 编码
        // 验证
String str = "select count(*) as colname from student where studentID = '"
+ userId + "' and password='" + newcurrent + "'";// SQL 语句
rs = st.executeQuery(str);// 执行 SQL 语句
if (rs.next()) {
    a = Integer.parseInt(rs.getString("colname"));// 取出查询的结果
}
if (a == 1) {// 查询结果,有且仅有 1 个用户
    // 修改密码
    String query = "UPDATE student SET password='" + newchange
    + "' WHERE password='" + current + "' AND studentID='"
    + userId + "'";// SQL 语句
    st.executeUpdate(query);// 执行 SQL 语句

    con.close();// 关闭数据库连接
    // 跳转
    response.sendRedirect("studentProfile.jsp");
} else {
    con.close();// 关闭数据库连接

    // 跳转
    response.sendRedirect("studentProfile.jsp");
}
con.close();// 关闭数据库连接
    } catch (Exception e) {
out.println("Error=" + e);
    }
}
```

【案例剖析】

在本案例中通过调用上述方法,对用户的 http、get 或 post 请求进行处理。主要通过 request 获取学生输入的新密码,session 对象获取原始密码,通过 Config 类获取与数据库的连接接口,通过 MessageDigest 类对修改的密码进行加密。通过 Statement 类的 executeQuery()方法执行 SQL 语句,查询指定学生账户名和密码的信息,若存在,则取出查询结果,并通过更新 SQL 语句,将学生修改的密码更新到数据库中。

2. 教职工密码修改

教职工密码修改页面是通过继承 HttpServlet 的 Servlet 类实现的,该类的主要代码如下,详细代码请参考源代码。(源代码\ch21\OnlineQuizSystem\src\FacultyPassChange.java)

```java
protected void processRequest(HttpServletRequest request,
HttpServletResponse response)
        throws ServletException, IOException {
    PrintWriter out = response.getWriter();
    // 获取 request 数据
    String current = request.getParameter("passwd");
    String change = request.getParameter("apasswd");
```

```java
    //获取session数据
    String userId = session.getAttribute("facultyid").toString();
    int a=0;
    ResultSet rs;// 结果集
    try {
Config c = new Config();
Connection con = c.getcon();// 获取数据库连接
Statement st = con.createStatement();// 执行数据库操作的接口
    // 密码加密
        MessageDigest MD5 = MessageDigest.getInstance("MD5");
        MD5.update(current.getBytes(),0,current.getBytes().length);
            // 使用 MD5 算法处理
        byte[] hashvalue = MD5.digest();// 哈希散列
        String newcurrent = new BASE64Encoder().encode(hashvalue);// 编码
        MD5.update(change.getBytes(),0,change.getBytes().length);
            // 使用 MD5 算法处理
        byte[] hashvaluea = MD5.digest();// 哈希散列
        String newchange = new BASE64Encoder().encode(hashvaluea);// 编码
        // 验证
        String str = "select count(*) as colname from faculty "
        + "where facultyID = '"+userId+"' and passwd='"+newcurrent+"'";
            // SQL 语句
        rs = st.executeQuery(str);// 执行 SQL 语句
        if(rs.next()){
           a = Integer.parseInt(rs.getString("colname"));// 取出查询的结果
        }
        if(a==1){// 有且仅有一位匹配到的教职工记录
           // 修改密码
          String query = "UPDATE faculty SET passwd='"+newchange+"' "
           + "WHERE passwd='"+newcurrent+"' AND facultyID='"+userId+"'";
              // SQL 语句
          st.executeUpdate(query);// 执行 SQL 语句
          con.close();// 关闭数据库连接
          //跳转
          response.sendRedirect("facultyProfile.jsp");
        } else {
          con.close();// 关闭数据库连接
          //跳转
          response.sendRedirect("facultyProfile.jsp");
        }
        con.close();// 关闭数据库连接
    }
    catch(Exception e){
out.println("Error="+e);
       }
    }
```

【案例剖析】

在本案例中通过调用上述方法，对用户的 http、get 或 post 请求进行处理。主要通过 request 获取教职工输入的新密码，通过 session 对象获取原始密码，通过 Config 类获取与数据库的连接接口，通过 MessageDigest 类对修改的密码进行加密。通过 Statement 类的

executeQuery()方法执行 SQL 语句，查询指定教职工账户名和密码的信息，若存在，则取出查询结果，并通过更新 SQL 语句，将教职工修改的密码更新到数据库中。

3. 管理员密码修改

管理员密码修改页面是通过继承 HttpServlet 的 Servlet 类实现的，该类的主要代码如下，详细代码请参考源代码。(源代码\ch21\OnlineQuizSystem\src\AdminPassChange.java)

```java
protected void processRequest(HttpServletRequest request,
HttpServletResponse response) throws ServletException, IOException {
    PrintWriter out = response.getWriter();
    // 获取 request 数据
    String current = request.getParameter("passwd");
    String change = request.getParameter("apasswd");
    // 获取 session 数据
    String userId = (String) session.getAttribute("user");
    int a = 0;// 查询数据库的结果
    ResultSet rs;// 结果集
    try {
Config c = new Config();
Connection con = c.getcon();// 获取数据库连接
Statement st = con.createStatement();// 执行数据库操作的接口
// 验证
String str = "select count(*) as colname from admin where username = '"
+ userId + "' and password='" + current + "'";// SQL 语句
rs = st.executeQuery(str);// 执行 SQL 语句
if (rs.next()) {
    a = Integer.parseInt(rs.getString("colname"));// 取出查询的结果
}
if (a == 1) {// 有且只有 1 个用户，合法
    // 修改密码
    String query = "UPDATE admin SET password='" + change
    + "' WHERE password='" + current + "' AND username='"
    + userId + "'";// SQL 语句
    st.executeUpdate(query);// 执行 SQL 语句
    con.close();// 关闭数据库连接
    //跳转
    response.sendRedirect("aqfaridiProfile.jsp?Success=True");
} else {
    con.close();// 关闭数据库连接
    //跳转
    response.sendRedirect("aqfaridiProfile.jsp?Failed=True");
}
con.close();// 关闭数据库连接
    } catch (Exception e) {
out.println("Error=" + e);
    }
}
```

【案例剖析】

在本案例中，通过调用上述方法，对用户的 http、get 或 post 请求进行处理。主要通过 request 获取管理员输入的新密码，通过 session 对象获取原始密码，通过 Config 类获取与数

据库的连接接口，通过 MessageDigest 类对修改的密码进行加密。通过 Statement 类的 executeQuery()方法执行 SQL 语句，查询指定管理员账户名和密码的信息，若存在，则取出查询结果，并通过更新 SQL 语句，将管理员修改的密码更新到数据库中。

21.6.5 课程模块

该模块主要包含实现对课程的管理。通过创建继承 HttpServlet 的 Servlet 类，实现对课程的添加功能。

教职工可以添加课程，该功能是通过继承 HttpServlet 的 Servlet 类实现的，该类的主要代码如下，详细代码请参考源代码。(源代码\ch21\OnlineQuizSystem\src\ AddSubject.java)

```java
protected void processRequest(HttpServletRequest request,
HttpServletResponse response)
throws ServletException, IOException {
    PrintWriter out = response.getWriter();
    // 获取 request 数据
    String sName = request.getParameter("subname");
    String sCode = request.getParameter("scode");
    // 获取 session 数据
    String author = session.getAttribute("facultyid").toString();
    ResultSet rs;// 结果集
    try {
Config c = new Config();
Connection con = c.getcon();// 获取数据库连接
Statement st = con.createStatement();// 执行数据库操作的接口
// 创建课程试卷表，表名为课程编号
String query = "CREATE TABLE " + sCode + "(qno int ,PRIMARY KEY(qno), qname text"
    + ", opt1 varchar(300), opt2 varchar(300)" + ", opt3 varchar(300), opt4 varchar(300)"
    + ", ans varchar(300))";// SQL 语句
st.executeUpdate(query);// 执行 SQL 语句
// 创建课程试卷考试结果表，表名为 result+课程编号
String apCode = "result";
apCode += sCode;
    query = "CREATE TABLE " + apCode + "(username varchar(50) primary key,score int default 0"
    + ",correct int default 0,wrong int default 0"
    + ",skipped int default 0, time TIMESTAMP NOT NULL DEFAULT CURRENT_TIMESTAMP"
    + ",flag int default 0)"; // SQL 语句
st.executeUpdate(query);
// 向课程表插入一条新课程
query = "insert into subjects values('" + sName + "','" + sCode + "','" + author + "')";// SQL 语句
st.executeUpdate(query);// 执行 SQL 语句
con.close();// 关闭数据库连接
// 跳转
response.sendRedirect("facultyProfile.jsp");
    } catch (Exception e) {
```

```
        out.println("Error=" + e);
    }
}
```

【案例剖析】

在本案例中，通过 request 对象获取教职工输入的课程名称和代码，通过 session 对象获取教职工的 facultyid，通过 Config 类获取与数据库的连接接口，并获取 Statement 对象。通过 sql 语句，创建课程试卷表，表名是课程编号，通过 executeUpdate()方法指定 sql 语句，从而创建课程试卷表；创建课程试卷考试结果表，表名是 result+课程编号，通过 executeUpdate() 方法指定 sql 语句，从而创建课程试卷考试表。通过 executeUpdate()方法指定插入 sql 语句，实现向课程表 subjects 中插入课程的功能。

21.6.6 试卷模块

该模块主要包括创建试卷、更新试卷、发布试卷和补充试卷。通过创建继承 HttpServlet 的 Servlet 类，分别实现试卷模块的功能。

1. 创建试卷

教职工可以创建试卷，该功能是通过继承 HttpServlet 的 Servlet 类实现的，该类的主要代码如下，详细代码请参考源代码。(源代码\ch21\OnlineQuizSystem\src\MkPaper.java)

```java
public class MkPaper extends HttpServlet {
protected void processRequest(HttpServletRequest request,
    HttpServletResponse response)
            throws ServletException, IOException {
        PrintWriter out = response.getWriter();
        // 获取 request 数据
        String qNo = request.getParameter("qno");
        String qName = request.getParameter("ques");
        String opt1 = request.getParameter("op1");
        String opt2 = request.getParameter("op2");
        String opt3 = request.getParameter("op3");
        String opt4 = request.getParameter("op4");
        String ans = request.getParameter("ans");
        // 获取 session 数据
        String sCode = session.getAttribute("subcode").toString();
        ResultSet rs;// 结果集
        try {
            Config c = new Config();
            Connection con = c.getcon();// 获取数据库连接
            Statement st = con.createStatement();// 执行数据库操作的接口
            // 添加一道试题
            String query = "insert into " + sCode + " values(" + qNo + ",'"
                    + qName + "','" + opt1 + "','" + opt2 + "','" + opt3
                    + "','" + opt4 + "','" + ans + "')";// SQL 语句
            st.executeUpdate(query);// 执行 SQL 语句
            // 添加该试题结果
            query = "ALTER TABLE result" + sCode + " ADD q" + qNo
                    + " varchar(300)";// SQL 语句
```

```
            st.executeUpdate(query);// 执行 SQL 语句
            con.close();// 关闭数据库连接
            //跳转
            response.sendRedirect("makePaper.jsp?Success=True&scode=" + sCode);
        } catch (Exception e) {
            System.out.println("Error=" + e);
        }
    }
    部分代码省略
}
```

【案例剖析】

在本案例中，定义处理 http、get、post 请求的方法。在该方法中，通过 request 对象获取要修改试卷的题号 qno、试题 ques、选项 op1、op2、op3 和 op4 以及答案 ans，通过 session 对象获取试卷代码 sbcode。通过 Config 类获取与数据库的连接对象 con，并通过 createStatement()方法获取 Statement 类对象。通过 executeUpdate()方法执行插入试题的 Sql 语句，再通过 executeUpdate()方法向试题结果表中插入该试题的结果。

2．更新/补充试卷

教职工可以更新试卷。该功能是通过继承 HttpServlet 的 Servlet 类实现的，该类的主要代码如下，详细代码请参考源代码。(源代码\ch21\OnlineQuizSystem\src\UpdatePaper.java)

```java
//处理 http、get、post 请求的方法
protected void processRequest(HttpServletRequest request,
        HttpServletResponse response) throws ServletException, IOException {
    PrintWriter out = response.getWriter();
    // 获取 request 数据
    String qNo = request.getParameter("qno");
    String qName = request.getParameter("ques");
    String opt1 = request.getParameter("op1");
    String opt2 = request.getParameter("op2");
    String opt3 = request.getParameter("op3");
    String opt4 = request.getParameter("op4");
    String ans = request.getParameter("ans");
    // 获取 session 数据
    String sCode = session.getAttribute("sbcode").toString();
    ResultSet rs;// 结果集
    try {
        Config c = new Config();
        Connection con = c.getcon();// 获取数据库连接
        Statement st = con.createStatement();// 执行数据库操作的接口
        // 更新试题
        String query = "UPDATE " + sCode + " SET qname='" + qName
                + "', opt1='" + opt1 + "', opt2='" + opt2 + "', opt3='"
                + opt3 + "', opt4='" + opt4 + "', ans='" + ans
                + "' WHERE qno=" + qNo + "";// SQL 语句
        st.executeUpdate(query);// 执行 SQL 语句
        con.close();// 关闭数据库连接
        // 跳转
```

```
                response.sendRedirect("facultyProfile.jsp");
            } catch (Exception e) {
                out.println("Error=" + e);
            }
        }
```

【案例剖析】

在本案例中，通过 request 对象获取要修改试卷的题号 qno、试题 ques、选项 op1、op2、op3 和 op4 以及答案 ans，通过 session 对象获取试卷代码 sbcode。通过 Config 类获取与数据库的连接对象 con，并通过 createStatement()方法获取 Statement 类对象。通过 executeUpdate()方法执行更新试题的 Sql 语句。

3．发布试卷

教职工可以发布试卷。该功能是通过继承 HttpServlet 的 Servlet 类实现的，该类的主要代码如下，详细代码请参考源代码。(源代码\ch21\OnlineQuizSystem\src\ showPaper.java)

```
public class ShowPaper extends HttpServlet {
    protected void processRequest(HttpServletRequest request,HttpServletResponse response)
            throws ServletException, IOException {
        // 获取 request 数据
        String sCode = request.getParameter("scode");
        // 放置 session 数据
        session.setAttribute("sbcode", sCode);
        //跳转
        response.sendRedirect("showPaper.jsp");
    }
    部分代码省略
}
```

【案例剖析】

在本案例中，定义处理 http、get 或 post 请求的方法，在该方法中通过 request 对象获取试卷的代码 scode，并保存在 session 中，通过 response 对象的 sendRedirect()方法跳转到指定 jsp 页面。

4．删除试卷

教职工可以删除试卷。该功能是通过继承 HttpServlet 的 Servlet 类实现的，该类的主要代码如下，详细代码请参考源代码。(源代码\ch21\OnlineQuizSystem\src\DelPaper.java)

```
//处理 http、get、post 请求的方法
protected void processRequest(HttpServletRequest request,
        HttpServletResponse response) throws ServletException, IOException {
    PrintWriter out = response.getWriter();
    // 获取 request 数据
    String sCode = request.getParameter("sbcode");
    String qNo = request.getParameter("qno");
    // 获取 session 数据
    String author = session.getAttribute("facultyid").toString();
    int cnt2 = 0;// 查询数据库的结果
```

```
            ResultSet rs;// 结果集
            try {
                Config c = new Config();
                Connection con = c.getcon();// 获取数据库连接
                Statement st = con.createStatement();// 执行数据库操作的接口
                // 查询该教职工管理的全部课程
                String qry = "select count(*) as col from subjects where subjectcode='"
                        + sCode + "' and author='" + author + "'";// SQL 语句
                rs = st.executeQuery(qry);// 执行 SQL 语句
                if (rs.next())
                    cnt2 = Integer.parseInt(rs.getString("col"));// 取出查询的结果
                if (cnt2 == 0) {// 空结果
                    con.close();// 关闭数据库连接
                    // 跳转
                    response.sendRedirect("facultyProfile.jsp?ErrorDel=True");
                } else {
                    // 删除试题
                    String query = "delete from " + sCode + " where qno=" + qNo
                            + " ";// SQL 语句
                    st.executeUpdate(query);// 执行 SQL 语句
                    con.close();// 关闭数据库连接
                    // 跳转
                    response.sendRedirect("facultyProfile.jsp");
                }
                con.close();// 关闭数据库连接
            } catch (Exception e) {
                out.println("Error=" + e);
            }
部分代码省略
        }
```

【案例剖析】

在本案例中，通过 request 对象获取试题的 id，即 qno，课程代码 sbcode。通过 session 对象获取教职工的 facultyid。通过 Config 类获取与数据库进行操作的接口对象 con。通过 executeQuery()执行 Sql 语句 sry，查询该教职工的全部课程。若查询到该教职工的课程，则通过 executeUpdate()方法执行 delete 语句，删除指定课程的指定试题。

21.6.7 成绩模块

成绩模块主要包含生成试卷、提交成绩和查看成绩 3 个功能，通过创建继承 HttpServlet 类的 Servlet，实现它们的功能。

1. 生成试卷

在学生界面中单击考试时，生成考试试卷的 Servlet。该类的部分代码如下，详细代码请参考源代码。(源代码\ch21\OnlineQuizSystem\src\Reg.java)

```
public class Reg extends HttpServlet {
    HttpSession session;
    protected void processRequest(HttpServletRequest request,
```

```
        HttpServletResponse response)
            throws ServletException, IOException {
        PrintWriter out = response.getWriter();
        // 获取 request 数据
        String sCode = request.getParameter("scode");
        // 获取 session 数据
        String user = session.getAttribute("studentid").toString();
        if (user.equals("")) {// 若为空,跳回初始界面
            response.sendRedirect("index.jsp");
        }
        ResultSet rs;// 结果集
        try {
            Config c = new Config();
            Connection con = c.getcon();// 获取数据库连接
            Statement st = con.createStatement();// 执行数据库操作的接口
            // 考生注册该考试
            String qry = "insert into result" + sCode + "(username) values('"
                    + user + "')";// SQL 语句
            st.executeUpdate(qry);// 执行 SQL 语句
            con.close();// 关闭数据库连接
            //跳转
            response.sendRedirect("upcomingEvents.jsp?Register=True");
        } catch (Exception e) {
            System.out.println("Error=" + e);
        }
    }
    部分代码省略
}
```

【案例剖析】

在本案例中,定义处理 http、get 和 post 方法。在该方法中通过 request 对象获取试卷代码 scode。通过 session 对象获取学生 studentid,若学生不存在,则返回首页;若学生存在,则通过 Config 类获取数据库的连接,并通过执行 executeUpdate()方法向结果表中插入该学生的考试记录。

2. 提交成绩

考生考试结束后,提交考试成绩的 Servlet。该类的部分代码如下,详细代码请参考源代码。(源代码\ch21\OnlineQuizSystem\src\Result.java)

```
public class Result extends HttpServlet {
    HttpSession session;
    protected void processRequest(HttpServletRequest request,HttpServletResponse
        response)
            throws ServletException, IOException {
        PrintWriter out = response.getWriter();
        // 获取 request 数据
        String qId = request.getParameter("q_id");
        int qIdCounter = Integer.parseInt(qId);
        qIdCounter -= 1;
        String ans = request.getParameter("q" + qIdCounter);// 获取考生选中
            选项的值
```

```java
        // 获取session数据
        String scode = session.getAttribute("subcode").toString();
        String user = session.getAttribute("studentid").toString();
        // 放置session数据
        session.setAttribute("q_id", qId);
        ResultSet rs;// 结果集
        try {
            Config c = new Config();
            Connection con = c.getcon();// 获取数据库连接
            Statement st = con.createStatement();// 执行数据库操作的接口
            // 更新考试结果
            String query = "update result" + scode + " set q" + qIdCounter
                    + " = '" + ans + "' where username='" + user + "'";// SQL 语句
            st.executeUpdate(query);// 执行 SQL 语句
            con.close();// SQL 语句
            //跳转
            response.sendRedirect("showPaper.jsp");
        } catch (Exception e) {
            System.out.println("Error=" + e);
        }
    }
    省略部分代码
}
```

【案例剖析】

在本案例中，定义处理 http、get 和 post 的方法。在该方法中，通过 request 对象获取 q_id 并赋值给 qid，再用于计算 qIdCounter 值。通过 request 对象获取考试选择试题的答案并赋值给 ans。通过 session 对象获取试卷的代码 subcode 和学生 studentid。通过 Config 类获取与数据库的连接。调用 executeUpdate()方法执行指定的 sql 语句，从而实现将考试结果更新到结果表中。

3. 查看成绩

考试结束并提交后，查询并显示考试结果的 Servlet。该类的部分代码如下，详细代码请参考源代码。(源代码\ch21\OnlineQuizSystem\src\showResult.java)

```java
public class ShowResult extends HttpServlet {
    HttpSession session = null;
    protected void processRequest(HttpServletRequest request,HttpServletResponse
        response)
            throws ServletException, IOException {
        PrintWriter out = response.getWriter();
        // 获取request数据
        String sCode = request.getParameter("scode");
        String user = session.getAttribute("studentid").toString();
        int cnt = 0;// 查询数据库的结果
        ResultSet rs;// 结果集
        ResultSet rss;
        try {
            Config c = new Config();
            Connection con = c.getcon();// 获取数据库连接
```

```java
            Statement st = con.createStatement();// 执行数据库操作的接口
            Statement stt = con.createStatement();
            // 获取课程
            String qry = "select count(*) as col from subjects wher subjectcode='"
                    + sCode + "'";// SQL 语句
            rs = st.executeQuery(qry);// 执行 SQL 语句
            if (rs.next())
                cnt = Integer.parseInt(rs.getString("col"));
            if (cnt == 1) {// 课程已存在
                java.util.Date date = new java.util.Date();
                Timestamp ts = new Timestamp(date.getTime());
                // 获取考试信息
                qry = "select * from exams where scode='" + sCode + "'";// SQL 语句
                rs = st.executeQuery(qry);// 执行 SQL 语句
                if (rs.next()) {
                    Timestamp sdate = rs.getTimestamp("startdate");
                    Timestamp edate = rs.getTimestamp("enddate");
                    if (ts.compareTo(edate) > 0) {// 考试结束
                        // 查看考试结果
                        qry = "select * from result" + sCode
                                + " where username='" + user + "'";// SQL 语句
                        rss = stt.executeQuery(qry);// 执行 SQL 语句
                        if (rss.next()) {
                            con.close();// 关闭数据库连接
                            //跳转
                            response.sendRedirect("result.jsp");
                        } else {
                            // 没有考试
                            con.close();// 关闭数据库连接
                            //跳转
                            response.sendRedirect("studentProfile.jsp?NotGiven=True");
                        }
                    } else {
                        con.close();// 关闭数据库连接
                        // 跳转
                        response.sendRedirect("studentProfile.jsp?Unavailable=True");
                    }
                }
            } else {
                con.close();// 关闭数据库连接
                // 跳转
                response.sendRedirect("studentProfile.jsp?ErrorCode=True");
            }
            con.close();// 关闭数据库连接
        } catch (Exception e) {
        }
        finally {
            out.close();
        }
    }
部分代码省略
}
```

【案例剖析】

在本案例中，定义处理 http、get 和 post 的方法。在该方法中，通过 request 对象获取试卷代码，通过 session 对象获取学生 studentid。通过 Config 类获取与数据库的连接。通过 executeQuery()方法，执行获取指定代码课程数目的 SQL 语句。若存在该课程，则通过 executeQuery()方法获取该课程的考试信息。若存在考试信息，则调用 executeQuery()方法执行查询结果表的 SQL 语句，从而查看考试结果。

21.6.8 通知模块

该模块主要包含发布通知和查看通知的功能。通过创建继承 HttpServlet 的 Servlet 类，实现发布通知的功能。

教职工可以发布通知。该功能是通过继承 HttpServlet 的 Servlet 类实现的。该类的主要代码如下，详细代码请参考源代码。(源代码\ch21\OnlineQuizSystem\src\ ServNotice.java)

```java
protected void processRequest(HttpServletRequest request,
HttpServletResponse response)
    throws ServletException, IOException {
        PrintWriter out = response.getWriter();
// 获取 request 数据
        String notice = request.getParameter("note");
        ResultSet rs;// 结果集
        try {
            Config c = new Config();
            Connection con = c.getcon();// 获取数据库连接
            Statement st = con.createStatement();// 执行数据库操作的接口
            // 清空通知
            String query = "delete from notice";// SQL 语句
            st.executeUpdate(query);// 执行 SQL 语句
            // 插入新通知信息
            query = "insert into notice values('" + notice + "')";// SQL 语句
            st.executeUpdate(query);// 执行 SQL 语句
            con.close();// 关闭数据库连接
            // 跳转
            response.sendRedirect("facultyProfile.jsp");
        } catch (Exception e) {
        System.out.println("Error=" + e);
        }
    }
```

【案例剖析】

在本案例中，定义处理 http、get 和 post 请求的方法。在该方法中通过 request 对象获取教职工输入的通知内容，并通过 Config 类获取与数据库的连接接口。首先执行 delete 语句清空通知，再执行 insert 语句添加用户新发布的通知。

21.6.9 管理模块

该模块主要包含对学生、教职工和课程的管理。通过创建继承 HttpServlet 的 Servlet 类，实现对学生、教职工和课程的删除操作。

管理员对学生、教职工和课程的删除操作,主要是通过继承 HttpServlet 的 Servlet 类实现的,该类的主要代码如下,详细代码请参考源代码。(源代码\ch21\OnlineQuizSystem\src\Delete.java)

```java
protected void processRequest(HttpServletRequest request,
    HttpServletResponse response) throws ServletException, IOException {
PrintWriter out = response.getWriter();
// 获取 request 数据
String userName = request.getParameter("user");
String who = request.getParameter("who");
String query = "";
try {
    Config c = new Config();
    Connection con = c.getcon();// 获取数据库连接
    Statement st = con.createStatement();// 执行数据库操作的接口
    if (who.equals("student")) {// 学生
// 删除学生
query = "delete from student where studentid='" + userName
+ "'";// SQL 语句
st.executeUpdate(query);// 执行 SQL 语句
con.close();// 关闭数据库连接
//跳转
response.sendRedirect("aqfaridiProfile.jsp?studentSuccess=True&student=True");
    } else if (who.equals("faculty")) {// 教职工
// 删除教职工
query = "delete from faculty where facultyid='" + userName
+ "'";// SQL 语句
st.executeUpdate(query);// 执行 SQL 语句
con.close();// 关闭数据库连接
//跳转
response.sendRedirect("aqfaridiProfile.jsp?facultySuccess=True&faculty=True");
    } else if (who.equals("subject")) {// 课程
query = "drop table " + userName;// SQL 语句-删除课程试卷表
st.executeUpdate(query);// 执行 SQL 语句
query = "drop table result" + userName;// SQL 语句-删除课程试卷考试结果表
st.executeUpdate(query);// 执行 SQL 语句
query = "delete from subjects where subjectcode='" + userName
+ "'";// SQL 语句-从课程表中删除该课程
st.executeUpdate(query);// 执行 SQL 语句
con.close();// 关闭数据库连接
//跳转
response.sendRedirect("aqfaridiProfile.jsp?subjectSuccess=True&subject=True");
    }
    con.close();// 关闭数据库连接
} catch (Exception e) {
    out.println("Error " + e);
}
    }
```

【案例剖析】

在本案例中,通过 request 对象获取学生 id(studentID)、教职工 id(facultyID)和课程代码

(subjectcode)，即参数 user，删除对象标记 who，即学生(student)、教职工(faculty)和课程(subject)。在该方法中，通过 if 语句判断 who，并执行相应的 delete 语句，从而删除指定 id 的学生、教职工或课程。

21.6.10 项目文件说明

由于篇幅所限，这里不再介绍每个文件的详细说明。读者可以根据下面的说明查看项目的源代码。

1．src/connection 文件夹

connection 文件夹中包含 Java 类 Config，该类是连接数据库 MySQL 的配置类。该文件夹中的 Java 类，具体请参考源代码。

2．src/utils 文件夹

utils 文件夹中包含 Java 类有 CharactorEncodingFilter.java、HtmlFilter.java 和 AuthCode.java，分别用于字符的过滤、HttpServlet 的过滤和随机密码串生成。它们的具体功能请读者参考源代码。

3．WebRoot 文件夹

WebRoot 文件夹包含了前台的各个 JSP 界面、JS 脚本、CSS、图片等文件。这些文件的具体功能实现，请读者参考源代码。

4．src 文件夹

src 文件夹中包含分别对应于系统各功能的 Servlet。具体描述参见代码中的注释。

21.7 运 行 项 目

运行项目前首先要了解项目的运行环境、如何搭建 Web 项目以及如何具体运行当前 Web 项目。

21.7.1 所使用的环境

运行 Web 项目所使用的环境如下。
(1) JDK 版本：1.8。
(2) 集成开发工具：MyEclipse 2017。
(3) 服务器：Tomcat 9.0。
(4) 数据库：MySQL 5.0。

21.7.2 搭建环境

运行 Web 项目前的环境搭建的具体步骤如下。

step 01 导入数据库。在 MySQL 数据库的视图工具 Navicat 中，执行 clothes_order_system.sql 文件，导入数据表以及数据。

step 02 导入代码。在 MyEclipse 中导入 Web 项目 OnlineQuizSystem。(即：import→General→Existing Projects into WorkSpace→选择要导入的 Web 项目路径)

step 03 修改 src→connection→Config.java 文件中的配置参数。读者根据主机安装 MySQL 的配置参数进行修改，一般要修改安装 MySQL 时的端口号，默认为 3306(这里使用 8888)，账户默认为 root，密码默认为root(这里密码是 123456)，数据库名称默认为 clothes_order_system。

step 04 使用 MyEclipse 将 Web 项目部署到 Tomcat 中。Server→右击 Tomcat v9.0→选择 Add/Remove Deployments→选择 OnlineQuizSystem 项目→单击 Add 按钮→单击 Finish 按钮。

step 05 在 MyEclipse 中，选择 Window→Preferences 选项，选择 Java→Compiler→Errors/Warnings→Deprecated and restricted API→Deprecated API 选项，将其修改为"Warning"，如图 21-10 所示。

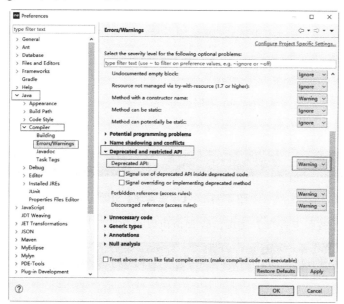

图 21-10 设置 Deprecated API

step 06 启动 Tomcat。Tomcat 不报错，搭建完成。

21.7.3 测试项目

启动 Tomcat 后，测试 Web 项目的具体步骤如下。

step 01 在浏览器的地址栏中输入页面地址"http://localhost:8888/OnlineQuizSystem/aqfaridi.jsp"，显示管理员登录页面，输入管理员 ID 及密码登录，如图 21-11 所示。

图 21-11 管理员登录页面

step 02 管理员登录后，选择【学生管理】选项，管理员可以对学生用户进行管理操作，如删除等，如图 21-12 所示。

图 21-12 【学生管理】页面

step 03 选择【教职工管理】选项，管理员可以对教职工用户进行管理，如图 21-13 所示。

图 21-13 【教职工管理】页面

step 04 选择【课程管理】选项，管理员可以对课程进行管理，如图 21-14 所示。

图 21-14 【课程管理】页面

step 05 选择【重置密码】选项，管理员可以重置密码，如图 21-15 所示。

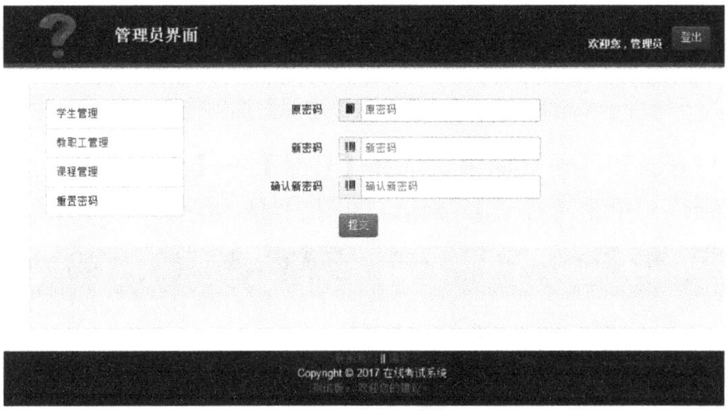

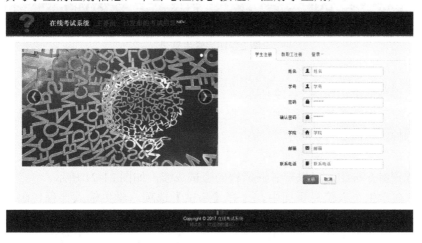

图 21-15 【重置密码】页面

step 06 在浏览器的地址栏中输入页面地址"localhost:8080/OnlineQuizSystem/index.jsp"，显示用户登录和注册页面，选择【学生注册】选项，如图 21-16 所示。在该选项卡中填写学生的注册信息，单击【注册】按钮，注册学生用户。

图 21-16 【学生注册】选项卡

step 07 在用户登录和注册页面中，选择【教职工注册】选项，如图 21-17 所示。教职工填写注册信息,单击【注册】按钮,注册教职工用户。

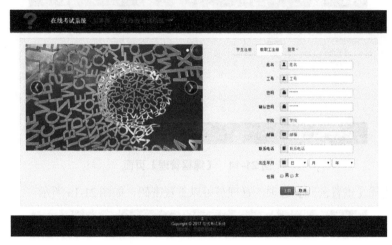

图 21-17　【教职工注册】选项卡

step 08　在用户登录和注册页面中,选择【登录】→【学生登录】选项,输入学生用户账户名和密码,单击【登录】按钮,如图 21-18 所示。

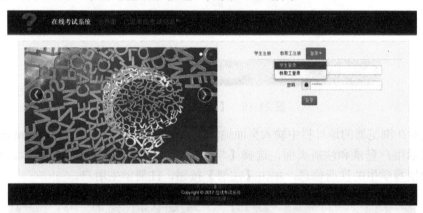

图 21-18　学生登录

step 09　学生登录后进入学生个人信息页面,选择【个人信息】选项,学生可以查看学生的详细信息,如图 21-19 所示。

step 10　在学生个人信息页面中,选择【显示全部课程】选项,学生可以查看选择的全部课程,如图 21-20 所示。

step 11　在学生个人信息页面中,选择【查看课程成绩】选项,学生输入课程代码,单击【查看】按钮,可以查看该课程的考试成绩,如图 21-21 所示。

step 12　在学生个人信息页面中,选择【考试】选项,学生输入课程代码,单击【开始考试】按钮,参加课程考试,如图 21-22 所示。

step 13　在学生个人信息页面中,选择【通知】选项,学生查看教职工发布的通知,如图 21-23 所示。

step 14　在学生个人信息页面中,选择【重置密码】选项,学生可以修改登录密码,如

图 21-24 所示。

图 21-19　学生个人信息页面

图 21-20　显示全部课程

图 21-21　查看课程成绩

图 21-22　学生开始考试

图 21-23　学生查看通知

图 21-24　重置密码

step 15　在用户登录和注册页面中，选择【登录】→【教职工登录】选项，输入教职工用户名和密码，进入教职工个人信息页面，如图 21-25 所示。

step 16　在教职工页面中，选择【添加课程】选项，教职工输入课程名称和课程代码，单击【提交】按钮添加课程，如图 21-26 所示。

step 17　在教职工页面中，选择【发布试卷】选项，教职工填写课程代码、开始时间、截止时间和备注，如图 21-27 所示，单击【提交】按钮后进入创建试卷界面，创建成功后发布考试试卷。

step 18　在教职工页面中，选择【更新试卷】选项，教职工可以输入课程代码和试题编号，以便修改某一编号的考试试卷，如图 21-28 所示。

图 21-25　教职工个人信息页面　　　　图 21-26　添加课程

图 21-27　发布试卷

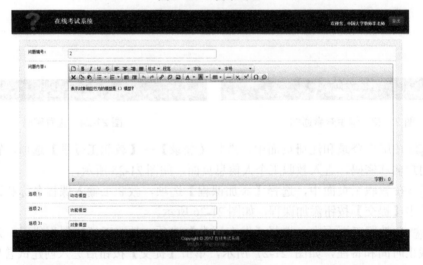

图 21-28　更新试卷

step 19　在教职工页面中,选择【查看试卷】选项,输入课程代码,进入查看试卷界面,具体如图 21-29 所示。

图 21-29 查看试卷

step 20 在教职工页面中，选择【查看结果】选项，如图 21-30 所示。教职工输入课程代码，可以查看学生考试结果汇总。

step 21 在教职工页面中，选择【补充试卷】选项，如图 21-31 所示，教职工输入课程代码，进入补充试卷界面。

图 21-30　查看结果　　　　　　　　图 21-31　补充试卷

step 22 在教职工页面中，选择【删除试卷】选项，如图 21-32 所示，教职工输入课程代码和问题编号以删除试卷的某个问题。

step 23 在教职工页面中，选择【发布通知】选项，如图 21-33 所示。教职工填写通知内容后，单击【提交】按钮即可发布通知。

step 24 在教职工页面中，选择【重置密码】选项，教职工可以修改登录密码，如图 21-34 所示。

step 25 在用户登录/注册页面中，单击【联系我们】超链接，弹出如图 21-35 所示的窗口，用户可以通过上面的联系方式联系我们。

step 26 在用户登录/注册页面中，单击【建议】超链接，弹出如图 21-36 所示的窗口，可以填写对我们的意见和建议。

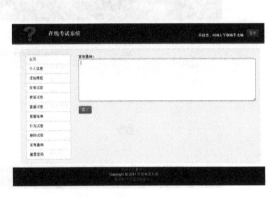

图 21-32 删除试卷　　　　　　　　　图 21-33 发布通知

图 21-34 重置密码

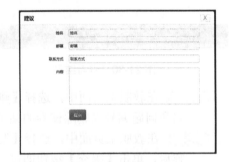

图 21-35 联系我们　　　　　　　　　图 21-36 建议

第 22 章
项目实训 3——开发火车订票系统

本章介绍一个火车订票系统,是一个基于 Java 为后台的 B/S 系统。包括用户、车次管理者和管理员 3 种角色。用户可以查询车次、订票和退票;车次管理员可以添加车次;管理员可以进入后台管理界面。管理员不仅可以查看、添加和删除车次管理者,还可以查看用户和查看预约。

本章要点(已掌握的在方框中打钩)

- ☐ 了解项目的学习目标。
- ☐ 熟悉项目的需求分析和功能分析。
- ☐ 掌握项目的数据库设计。
- ☐ 掌握数据库模块。
- ☐ 掌握用户模块。
- ☐ 掌握车次管理者模块。
- ☐ 掌握管理员模块。
- ☐ 了解项目的其他文件。
- ☐ 掌握如何运行项目。

22.1 学习目标

通过对火车订票系统的学习，读者可以熟悉 Java 的基础部分及 Java EE 网站开发，能够学习对数据结构的组织和软件层次的设计，完成基本的项目编程任务，提高自身设计和编程能力，其主要表现在以下几个方面。

(1) 掌握使用 Java Web 构建基本的网站信息管理系统的方法。
(2) 学习如何根据具体应用场景设计和实现管理系统的结构和功能。
(3) 使用 Bootstrap 框架美化前台界面。
(4) 熟悉数据库的连接和操作方法。
(5) 使用 JDBC 插件实现数据的增、删、改、查等功能。

22.2 需求分析

在开发火车订票系统前，首先需要对该系统进行需求分析，了解该系统要实现哪些功能，并通过功能分析，介绍该系统的各个实现模块。需求分析是开发火车订票系统的第一步，也是软件开发中最重要的步骤。

火车订票系统主要包括用户模块、车次管理者模块和管理员模块 3 个部分，该系统的结构如图 22-1 所示。

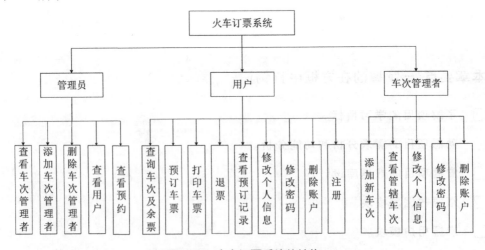

图 22-1 火车订票系统的结构

用户模块主要实现的功能包括：用户可以根据始发地、目的地及出发日期查询车次，对选定的车次可以订票，也可以打印车票，订票后还可以选择退票。

车次管理者模块主要实现的功能包括：添加新车次、查看管理者所管理的全部车次信息、修改个人信息、删除自己的账户以及退出。

管理员模块主要实现的功能包括：对车次管理者进行添加、删除和查看，以及对用户和预约信息进行查看的功能。

22.3 功能分析

通过需求分析，了解在线考试系统需要实现的功能。该系统可以分为数据库模块、用户模块、车次管理者模块和管理员模块。

1. 数据库模块

该模块主要包含与数据库中表对应的 Java 类，在 Java 类中通过相应的方法和 SQL 语句，对对应于数据库的表进行相应的查询、编辑、删除等操作。

2. 用户模块

该模块主要通过创建继承 HttpServlet 的 Servlet 类，在类中调用 Model 类中具体与数据进行操作的方法，从而实现查询车次信息、预约车票、取消预约、打印车票、修改用户信息、删除自身账户和修改密码登录的功能。

3. 车次管理者模块

该模块主要实现通过继承 HttpServlet 的 Servlet 类，在类中调用 Model 类中具体与数据进行操作的方法，从而实现车次管理者添加新车次、编辑车次信息、删除车次信息、删除车次管理者账户、修改车次管理者信息、修改密码和退出的功能。

4. 管理员模块

该模块主要实现通过继承 HttpServlet 的 Servlet 类，在类中调用 Model 类中具体与数据进行操作的方法，从而实现管理员查看车次管理者、添加车次管理者、删除车次管理者、查看用户和查看预约的功能。

22.4 数据库设计

在完成系统的需求分析及功能分析后，接下来需要进行数据库的分析。火车订票系统的相关数据信息，存放在 MySQL 数据库中，通过 JDBC 插件与数据库进行连接后读写。火车订票系统主要有 7 个表，这些表之间的 E-R 图如图 22-2 所示。

火车订票系统中创建的 8 个数据库表，在 MySQL 数据库的视图工具 Navicat 中的结构，具体介绍如下。

1. 表 user

user 是用户信息表。该表主要有 8 个字段，分别是编号、昵称、姓名、住址、城市、邮箱、手机号码、密码，其中 useid 为主键。表结构如图 22-3 所示。

2. 表 admin

admin 是管理员信息表。该表主要有 3 个字段，分别是编号、账号和密码。其中 id 为主键。表结构如图 22-4 所示。

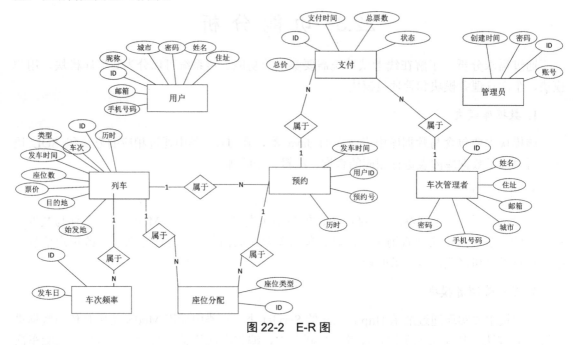

图 22-2 E-R 图

图 22-3 user 表结构   图 22-4 admin 表结构

3. 表 train

train 是列车信息表。该表主要有 10 个字段，分别是编号、车次、类型、发车时间、历时、始发地、目的地、座位数、票价、车次管理者 ID。其中 Trainid 为主键。表结构如图 22-5 所示。该表的外键如图 22-6 所示。

4. 表 trainfrequency

trainfrequency 是车次频率信息表，该表主要有 3 个字段，分别是编号、列车 ID、发车日。其中 Frequencyid 为主键，列车 ID 为外键。表结构如图 22-7 所示。该表的外键如图 22-8 所示。

5. 表 seatallocation

seatallocation 是座位分配信息表。该表主要有 4 个字段，分别是编号、座位类型、列车 ID、预约号。其中 SeatId 为主键，列车 ID 与预约号为外键。表结构如图 22-9 所示。该表的外键如图 22-10 所示。

图 22-5 train 表结构 　　　　　　　　　　图 22-6 表 train 的外键

图 22-7 trainfrequency 表结构 　　　　　图 22-8 表 trainfrequency 的外键

图 22-9 seatallocation 表结构 　　　　　图 22-10 表 seatallocation 的外键

6. 表 booking

booking 是预约信息表。该表主要包含 5 个字段，分别是预约号、用户 ID、发车时间、历时、列车 ID。其中预约号为主键，列车 ID 为外键。表结构如图 22-11 所示。该表的外键如图 22-12 所示。

图 22-11　booking 表结构

图 22-12　表 booking 的外键

7. 表 trainoperator

trainoperator 是车次管理者信息表。该表主要包含 7 个字段，分别是编号、姓名、住址、城市、邮箱、手机号码、密码。其中 ID 为主键。表结构如图 22-13 所示。

图 22-13　trainoperator 表结构

8. 表 payment

payment 是支付信息表。该表主要有 7 个字段，分别是编号、支付时间、总价、总票数、状态、预约号、车次管理者 ID。其中 ID 为主键，预约号与车次管理者 ID 为外键。表结构如图 22-14 所示。该表的外键如图 22-15 所示。

图 22-14　payment 表结构

图 22-15　表 payment 的外键

22.5 系统代码编写

根据系统的功能分析，火车订票系统主要分为视图模块、数据库模块、用户模块、车次管理者模块和管理员模块。下面详细介绍各模块的功能。

22.5.1 视图模块

视图模块主要包含项目首页、用户页面、车次管理者页面和管理员页面。下面介绍主要页面的编写代码。

1. 项目首页

火车订票系统首页的实现代码如下。(源代码\ch22\TicketReservationSystem\WebRoot\index.jsp)

```
部分代码省略
<jsp:include page="layout/header.jsp" />
<!-- *********************** -->
<div class="errordiv col-lg-10 col-md-10 col-sm-10 col-xs-10">
    <h4>${msg }</h4></div>
<div class="mymainWrapper col-lg-12 col-md-12 col-sm-12 col-xs-12">
    <div class="leftWrapper col-lg-6 col-md-6 col-sm-12 col-xs-12">
        <div class="centertitle row col-lg-12 col-md-12 col-sm-12 col-xs-12">
            预约订票</div>
        <div class="col-lg-12 col-md-12 col-sm-12 col-xs-12">
        <form name="SearchTrainFormController" action=
            "SearchTrainFormController"
            onsubmit="return validateLogin12();" method="post">
            <div class="form-group col-lg-8 col-md-7 col-sm-10 col-xs-10">
                <label for="from">出发地</label>
                <select name="from" id="from" class="form-control">
                    <option value=""></option>
                    <%
                        TrainModel model=new TrainModel();
                        ResultSet rs=model.getTrainInfo1(1);
                        // 获取始发地及目的地
                        while(rs.next()){%>
                <option value="<%=rs.getString(1)%>">
                    <%=rs.getString(1).toUpperCase()%> </option>
                    <% } %></select></div>
                <div class="form-group col-lg-8 col-md-7 col-sm-10 col-xs-10">
                    <label for="to">目的地</label>
                    <select name="to" id="to" class="form-control">
                    <option value=""></option>
<%
    ResultSet rs1=model.getTrainInfo1(2);
            while(rs1.next()){%>
    <option value="<%=rs1.getString(1)%>"><%=rs1.getString(1).toUpperCase() %>
</option>
```

```html
<%} %>
</select></div>
            <div class="form-group col-lg-8 col-md-7 col-sm-10 col-xs-10">
                <label for="from">出发日期</label>
                <!-- <input type="text"
                    class="form-control" id="date" name="date"> -->
                <input class="tcal" type="text" name="date" />
            </div>
            <div class="form-group col-lg-8 col-md-7 col-sm-10 col-xs-10">
                <button type="submit"
                    class="btn btn-warning col-lg-5 col-md-5 col-sm-5 col-xs-5"
                    style="float: left">查询</button>
                <button type="reset"
                    class="btn btn-warning col-lg-5 col-md-5 col-sm-5 col-xs-5"
                    style="float: right">清空</button>
            </div>
        </form>
    </div>
</div>
<!-- End of left wrapper -->
<div class="rightWrapper col-lg-5 col-md-5 col-sm-12 col-xs-12">
    <div class="centertitle row col-lg-12 col-md-12 col-sm-12 col-xs-12">
        登录</div>
    <div class="col-lg-12 col-md-12 col-sm-12 col-xs-12">
    <form name="LoginFormController" action="LoginFormController"
            onsubmit="return validateLogin13();" method="post">
        <div class="form-group col-lg-8 col-md-7 col-sm-10 col-xs-10">
            <label for="from">邮箱</label> <input type="text" id="email"
                class="form-control text required email" id="email"
                name="username">
        </div>
        <div class="form-group col-lg-8 col-md-7 col-sm-10 col-xs-10">
            <label for="password">密码</label> <input type="password"
                class="form-control" id="password" name="password">
        </div>
        <div class="form-group">
            <input type="hidden" name="type" value="user" />
        </div>
        <div class="form-group col-lg-8 col-md-7 col-sm-10 col-xs-10">
            <button type="submit"
                class="btn btn-danger col-lg-5 col-md-5 col-sm-5 col-xs-5"
                style="float: left">登录</button>
            <button type="reset"
                class="btn btn-danger col-lg-5 col-md-5 col-sm-5 col-xs-5"
                style="float: right">清空</button>
        </div>
    </form>
    <div
        class="centertitle logOptions col-lg-12 col-md-12 col-sm-12
        col-xs-12">
<a href="trainOperatorLogin.jsp">车次管理者登录入口 </a> | <a href=
    "registerUser.jsp">注册</a>
    </div>
</div>
</div>
```

```
        </div>
</div>
<!-- ******************************* -->
<jsp:include page="layout/footer.jsp" />
```

【案例剖析】

在本案例中,定义了火车订票系统首页功能的显示。该页面主要实现用户登录和预约订票查询的功能,以及车次管理者登录和注册页面的入口。

2. 用户主页面

用户主页面的代码如下。(源代码\ch22\TicketReservationSystem\WebRoot\ indexUser.jsp)

```
//部分代码省略
<%
    if(session.getAttribute("type")==null ){
        response.sendRedirect("index.jsp"); }
%>
<!-- session validation ends -->
<div class="dashboard container col-lg-9 col-md-9 col-sm-12 col-xs-12">
    <div class="dashboardBody col-lg-12 col-md-12 col-sm-12 col-xs-12">
        <div class="formTitle col-lg-12 col-md-12 col-sm-12 col-xs-12">
            用户快捷入口</div>
        <div class="errordiv col-lg-10 col-md-10 col-sm-10 col-xs-10">
            <h4>${msg }</h4>
        </div>
        <div class="dashboarddiv col-lg-12 col-md-12 col-sm-12 col-xs-12">
            <div class="odd col-lg-3 col-md-4 col-sm-12 col-xs-12">
                <div class="dashimg">
                    <span class="glyphicon glyphicon-search"></span>查询车次
                </div>
                <div class="dashcontent">
                    <a href="searchTrainForm.jsp">查询</a>
                </div>
            </div>
            <div class="even col-lg-3 col-md-3 col-sm-12 col-xs-12">
                <div class="dashimg">
                    <span class="glyphicon glyphicon-list-alt"></span>订票
                </div>
                <div class="dashcontent">
                    <a href="bookTicket.jsp">预订</a>
                </div>
            </div>
            <div class="odd  col-lg-3 col-md-3 col-sm-12 col-xs-12">
                <div class="dashimg">
                    <span class="glyphicon glyphicon-eye-open"></span>查看预订历史
                </div>
                <div class="dashcontent">
                    <a href="getBookingHistory.jsp">查看</a>
                </div>
            </div>
            <div class="even  col-lg-3 col-md-3 col-sm-12 col-xs-12">
                <div class="dashimg">
                    <!-- <img src="assets/img/4.png"/> -->
```

```
                    <span class="glyphicon glyphicon-remove"></span>取消预订</div>
                <div class="dashcontent">
                    <a href="cancelTicket.jsp">取消</a></div>
            </div>
            <div class="odd col-lg-3 col-md-3 col-sm-12 col-xs-12">
                <div class="dashimg">
                    <span class="glyphicon glyphicon-print"></span>打印车票</div>
                <div class="dashcontent">
                    <a href="getBookingInformation.jsp">打印</a></div>
            </div>
        </div>
    </div>
</div>
<jsp:include page="layout/footer.jsp" />
```

【案例剖析】

在本案例中，定义了用户登录后主页面的显示。主要用于实现查询车次、订票、退票以及查看预订车票等功能。

3. 车次管理者主页面

车次管理者主页面的代码如下。(源代码\ch22\TicketReservationSystem\WebRoot\indexTrainOperator.jsp)

```
//部分代码省略
<%
    if(session.getAttribute("type")==null ||
(!session.getAttribute("type").equals("trainoperator"))){
        response.sendRedirect("trainOperatorLogin.jsp");}
%>
<!-- session validation ends -->
<div class="left-column col-lg-3 col-md-3 col-sm-3 col-xs-3">
    <ul>
        <li><a href="addNewTrain.jsp">添加新车次</a></li>
        <li><a href="getAddedTrains.jsp">查看管辖车次</a></li>
        <li><a href="editProfile.jsp">修改个人信息</a></li>
        <li><a href="changePassword.jsp">修改密码</a></li>
        <li><a href="deleteTrainOperator.jsp">删除账户</a></li>
        <li><a href="logout.jsp">登出</a></li>
    </ul>
</div>
<div class="dashboard container col-lg-9 col-md-9 col-sm-9 col-xs-7">
    <div class="dashboardBody col-lg-12 col-md-12 col-sm-12 col-xs-12">
        <div class="formTitle col-lg-12 col-md-12 col-sm-12 col-xs-12">
            车次管理者快捷入口</div>
        <div class="errordiv col-lg-10 col-md-10 col-sm-10 col-xs-10">
            <h4>${msg }</h4></div>
        <div class="dashboarddiv col-lg-12 col-md-12 col-sm-12 col-xs-12">
            <div class="odd col-lg-3 col-md-3 col-sm-3 col-xs-3">
                <div class="dashimg">添加新车次</div>
                <div class="dashcontent"><a href="addNewTrain.jsp">添加</a></div>
            </div>
            <div class="even col-lg-3 col-md-3 col-sm-3 col-xs-3">
```

```
                <div class="dashimg">查看管辖车次</div>
                <div class="dashcontent"><a href="getAddedTrains.jsp">查看</a></div>
            </div>
            <div class="odd  col-lg-3 col-md-3 col-sm-3 col-xs-3">
                <div class="dashimg">修改密码</div>
                <div class="dashcontent"><a href="changePassword.jsp">修改</a></div>
            </div>
            <div class="odd  col-lg-3 col-md-3 col-sm-3 col-xs-3">
                <div class="dashimg">删除账户    </div>
                <div class="dashcontent"><a href="deleteTrainOperator.jsp">
                    删除</a></div>
            </div>
        </div>
    </div>
</div>
<jsp:include page="layout/footer.jsp" />
```

【案例剖析】

在本案例中,定义了车次管理者登录后的页面。主要包含添加新车次、编辑管辖车次、删除管辖车次、修改个人信息、删除自身账户以及退出的功能。

4. 管理员主页面

管理员主页面的代码如下。(源代码\ch22\TicketReservationSystem\WebRoot\indexAdmin.jsp)

```
<%
    if(session.getAttribute("type")==null ){
        response.sendRedirect("index.jsp");}
%>
<!-- session validation ends -->
<jsp:include page="layout/adminSidebar.jsp" />
<div class="dashboard container col-lg-9 col-md-9 col-sm-9 col-xs-7">
    <div class="dashboardBody col-lg-12 col-md-12 col-sm-12 col-xs-12">
        <div class="formTitle col-lg-12 col-md-12 col-sm-12 col-xs-12">
            管理员快捷方式</div>
        <div class="dashboarddiv col-lg-12 col-md-12 col-sm-12 col-xs-12">
            <div class="odd col-lg-3 col-md-3 col-sm-3 col-xs-3">
                <div class="dashimg">查看列车司机</div>
                <div class="dashcontent"><a href="viewTrainOperators.jsp">
                    查看</a></div>
            </div>
            <div class="even col-lg-3 col-md-3 col-sm-3 col-xs-3">
                <div class="dashimg">添加列车司机</div>
                <div class="dashcontent"><a href="addNewTrainOperator.jsp">
                    添加</a></div>
            </div>
            <div class="even col-lg-3 col-md-3 col-sm-3 col-xs-3">
                <div class="dashimg">删除列车司机</div>
                <div class="dashcontent"><a href=
                    "deleteTrainsOperatorByAdmin.jsp">删除</a>
                </div>
            </div>
            <div class="even col-lg-3 col-md-3 col-sm-3 col-xs-3">
```

```
                <div class="dashimg">查看用户</div>
                <div class="dashcontent"><a href="viewRegisteredUsers.jsp">
                    查看</a></div>
            </div>
            <div class="even col-lg-3 col-md-3 col-sm-3 col-xs-3">
                <div class="dashimg">查看预约</div>
                <div class="dashcontent"><a href="viewAllBookings.jsp">查看</a>
                </div>
            </div>
            <div class="even col-lg-3 col-md-3 col-sm-3 col-xs-3">
                <div class="dashimg">登出    </div>
                <div class="dashcontent"><a href="logout.jsp">登出</a></div>
            </div>
        </div>
    </div>
</div>
<jsp:include page="layout/footer.jsp" />
```

【案例剖析】

在本案例中,定义了管理员登录后的显示页面。主要包含添加车次管理者、删除车次管理者、查看车次管理者、查看用户、查看预约订票以及退出的功能。

22.5.2 数据库模块

火车订票系统的数据库中有 8 个数据库表,在 Web 项目中对应 8 个 Model 类。它们分别是用户类、车次管理者类、管理员类、列车类、列车频率类、座位分配类、预约类和支付类。

在 Model 类中实现了通过 SQL 语句与数据库进行具体的操作。这些类的具体功能分别介绍如下。

1. 用户类

在项目中对应于数据库用户表 user 的实体类,该类的部分代码如下,详细代码请参考源代码。(源代码\ch22\TicketReservationSystem\com.demo.controller\UserModel.java)

```java
public class UserModel {
    //用户注册
    public boolean insertRegistrationData() throws SQLException {
        String table = "user";
        String column = "userId";
        IDGenerator idg = new IDGenerator();
        this.userID = idg.generateId(column, table);
        String query = "insert into user values('" + this.userID + "','"
                + this.firstName + "','" + this.lastName + "','" + this.address
                + "','" + this.city + "','" + this.email + "',"
                + this.phoneNumber + ",'" + this.password + "' ); ";
        int numRows = 0;
        DBConnector dbc = new DBConnector();
        try {
            logger.setLevel(Level.INFO);
```

```java
            logger.info("query fired is: " + query);
            numRows = dbc.fireExecuteUpdate(query);
        } catch (Exception e) {
            System.out.println("Email already in use");
        }
        dbc.close();
        if (numRows > 0) {
            return true;
        } else {
            return false;
        }
    }
    //用户登录
    public ResultSet selectLoginData() throws SQLException {
        ResultSet rs = null;
        String query = "select * from user where EMail='" + this.email
                + "' and Password='" + this.password + "';";
        DBConnector dbc = new DBConnector();
        logger.setLevel(Level.INFO);
        logger.info("query fired is: " + query);
        rs = dbc.fireExecuteQuery(query);
        return rs;
    }
    //用户登录
    public boolean selectLoginData1() throws SQLException {
        ResultSet rs = null;
        String query = "select * from user where EMail='" + this.email
                + "' and Password='" + this.password + "';";
        DBConnector dbc = new DBConnector();
        logger.setLevel(Level.INFO);
        logger.info("query fired is: " + query);
        rs = dbc.fireExecuteQuery(query);
        if (rs.next()) {
            return true;
        } else {
            return false;
        }
    }
    //用户更新个人信息
    public boolean updateUserProfileData() {
        String query = "update user set FirstName = '" + this.firstName
                + "', LastName = '" + this.lastName + "', Address = '"
                + this.address + "', City = '" + this.city
                + "', PhoneNumber ='" + this.phoneNumber + "'"
                + " where userID='" + this.userID + "';";
        logger.setLevel(Level.INFO);
        logger.info("query fired is: " + query);
        DBConnector dbc = new DBConnector();
        int numRows = dbc.fireExecuteUpdate(query);
        if (numRows > 0) {
            dbc.close();
            return true;
        } else {
            dbc.close();
```

```java
            return false;
        }
    }
    //用户修改密码
    public boolean updatePassword() {
        String query = "update user set password='" + this.password
                + "' where userID='" + this.userID + "' and password='"
                + this.oldPassword + "';";
        DBConnector dbc = new DBConnector();
        int numRows = dbc.fireExecuteUpdate(query);
        logger.setLevel(Level.INFO);
        logger.info("query fired is: " + query);
        if (numRows >= 1) {
            dbc.close();
            return true;
        } else {
            dbc.close();
            return false;
        }
    }
    //管理员删除用户
    public boolean deleteRow() {
        DBConnector dbc = new DBConnector();
        String query = "delete from user where userID='" + this.userID + "';";
        logger.setLevel(Level.INFO);
        logger.info("query fired is: " + query);
        int numRows = dbc.fireExecuteUpdate(query);
        if (numRows >= 1) {
            dbc.close();
            return true;
        } else {
            dbc.close();
            return false;
        }
    }
    //用户通过邮箱修改密码
    public boolean updatePasswordByEMail() {
        DBConnector dbc = new DBConnector();
        String query = "update user set password = '" + this.password
                + "'where email='" + this.email + "'";
        logger.setLevel(Level.INFO);
        logger.info("query fired is: " + query);
        int numRows = dbc.fireExecuteUpdate(query);
        if (numRows >= 1) {
            dbc.close();
            return true;
        } else {
            dbc.close();
            return false;
        }
    }
    //用户删除账户
    public boolean deleteUserAccount() {
        DBConnector dbc = new DBConnector();
```

```java
        String query = "delete from user where email='" + this.email + "'";
        logger.setLevel(Level.INFO);
        logger.info("query fired is: " + query);
        int numRows = dbc.fireExecuteUpdate(query);
        if (numRows >= 1) {
            dbc.close();
            return true;
        } else {
            dbc.close();
            return false;
        }
    }
    //用户查看预约信息
    public ResultSet showUserBookings() {
        DBConnector dbc = new DBConnector();
        String query = "select * from booking where userId = '" + this.email+ "'";
        System.out.println(query);
        ResultSet rs = dbc.fireExecuteQuery(query);
        return rs;
    }
    //通过邮箱获取用户ID
    public String getUserIDFromEmail(String parameter) throws SQLException {
        DBConnector dbc = new DBConnector();
        ResultSet rs = null;
        String query = "select userid from user where email = \"" + parameter+ "\"";
        rs = dbc.fireExecuteQuery(query);
        String userid = "";
        while (rs.next()) {
            userid = rs.getString(1);
        }
        return userid;
    }
    //通过用户ID获取用户信息
    public ResultSet getUserData() {
        ResultSet rs = null;
        DBConnector dbc = new DBConnector();
        String query = "select * from user where userid='" + this.userID + "';";
        System.out.println(query);
        rs = dbc.fireExecuteQuery(query);
        return rs;
    }
    部分代码省略
}
```

【案例剖析】

在本案例中，定义了与用户表对应字段的成员变量以及其 setter 和 getter 方法。定义了通过用户 ID 获取用户信息的 getUserData()方法，通过邮箱获取用户 ID 的方法 getUserIDFromEmail()，用户查看预约信息的方法 showUserBookings()，用户删除账户的方法 deleteUserAccount()，用户通过邮箱修改密码的方法 updatePasswordByEMail()，管理员删除用户的方法 deleteRow()，用户修改密码的方法 updatePassword()，用户更新个人信息的方法 updateUserProfileData()，用户登录的方法 selectLoginData()和 selectLoginData1()，以及用户注册方法 insertRegistrationData()。

2. 车次管理者类

在项目中对应于数据库用户表 trainoperator 的实体类，该类的部分代码如下，详细代码请参考源代码。(源代码\ch22\TicketReservationSystem\com.demo.model\ TrainOperatorModel.java)

```java
public class TrainOperatorModel {
    //创建车次管理者
    public ReturnClass insertRegistrationData() {
        IDGenerator idg = new IDGenerator();
        DBConnector dbc = new DBConnector();
        int success = 0;
        ReturnClass r = new ReturnClass();
        this.operatorID = idg.generateId("OperatorId", "trainoperator");
        r.setS(this.operatorID);
        PreparedStatement pstmt = null;
        String query = "insert into trainoperator(OperatorId,OperatorName, "+
            "Address,EMail,City,PhoneNumber,Password) values(?,?,?,?,?,?,?)";
        try {
            pstmt = dbc.fireExecuteQueryPrepare(query);
            pstmt.setString(1, this.operatorID);
            pstmt.setString(2, this.opeartorName);
            pstmt.setString(3, this.address);
            pstmt.setString(4, this.email);
            pstmt.setString(5, this.city);
            pstmt.setString(6, this.phoneNumber);
            pstmt.setString(7, this.password);
            success = pstmt.executeUpdate();
        } catch (Exception e) {
            System.out.println(e.getMessage());
        }
        finally {
            try {
            } catch (Exception e) {
                System.out.println(e.getMessage());
            }
        }
        if (success >= 1) {
            r.setB(true);
        } else {
            r.setB(false);
        }
        return r;
    }
    //车次管理者登录
    public boolean selectLoginData() throws SQLException {
        DBConnector dbc = new DBConnector();
        ResultSet rs = null;
        boolean result = false;
        String query = "select * from trainoperator where EMail='" + this.email
                + "' and password='" + this.password + "';";
        rs = dbc.fireExecuteQuery(query);
        Boolean result1 = false;
        while (rs.next()) {
            result1 = true;
```

```java
        }
        return result1;
    }
    //车次管理者登录
    public ResultSet selectLoginData1() {
        DBConnector dbc = new DBConnector();
        ResultSet rs = null;
        boolean result = false;
        String query = "select * from trainoperator where email='" + this.email
                + "' and Password='" + this.password + "'";
        System.out.println(query);
        rs = dbc.fireExecuteQuery(query);
        return rs;
    }
    //查看全部车次管理者
    public boolean operator_available(String s) {
        DBConnector dbc = new DBConnector();
        String query = "select OperatorId from trainoperator";
        ResultSet rs = null;
        rs = dbc.fireExecuteQuery(query);
        boolean result = false;
        try {
            while (rs.next()) {
                if (rs.getString(1).equals(s)) {
                    result = true;
                    break;
                }
            }
        } catch (Exception e) {
            System.out.println(e.getMessage());
        }
        return result;
    }
    //车次管理者删除账户
    public boolean deleteOperatorAccount() {
        DBConnector dbc = new DBConnector();
        String query1 = "delete from trainoperator where email='" + this.email
                + "' and password='" + this.password + "';";
        int numRows = 0;
        numRows = dbc.fireExecuteUpdate(query1);
        dbc.close();
        if (numRows > 0) {
            return true;
        } else {
            return false;
        }
    }
    //车次管理者更改密码
    public boolean updatePasswordByEMail() {
        DBConnector dbc = new DBConnector();
        String query = "update trainoperator set password = '" + this.password
                + "'where email='" + this.email + "' and password='"
                + this.oldPassword + "'";
        int numRows = dbc.fireExecuteUpdate(query);
```

```java
            System.out.println(query);
            if (numRows >= 1) {
                dbc.close();
                return true;
            } else {
                dbc.close();
                return false;
            }
        }
        // 管理员删除车次管理者
        public Boolean deleteOperatorAccountFromAdmin() {
            DBConnector dbc = new DBConnector();
            String query1 = "delete from trainoperator where email='" + this.email
                    + "' or operatorid='" + this.operatorID + "';";
            int numRows = 0;
            numRows = dbc.fireExecuteUpdate(query1);
            dbc.close();
            if (numRows > 0) {
                return true;
            } else {
                return false;
            }
        }
        //通过邮箱获取车次管理者工号
        public String getUserIDFromEmail(String email2) throws SQLException {
            String query = "select operatorID from trainoperator where email=
                '"+ email2 + "';";
            System.out.println(query);
            DBConnector dbc = new DBConnector();
            ResultSet rs = dbc.fireExecuteQuery(query);
            String uid = "";
            try {
                uid = "";
            } catch (Exception e1) {
                e1.printStackTrace();
            }
            try {
                while (rs.next()) {
                    uid = rs.getString(1);
                }
            } catch (Exception e) {
                e.printStackTrace();
            }
            return uid;
        }
        //车次管理者获取个人详细信息
        public ResultSet getOperatorData() {
            String query = "select * from trainoperator where operatorid='"+
                this.operatorID + "';";
            DBConnector dbc = new DBConnector();
            ResultSet rs = null;
            rs = dbc.fireExecuteQuery(query);
            System.out.println(query);
            return rs;
```

```
    }
    //车次管理者更新个人信息
    public boolean updateUserProfileData() {
        String query = "update trainoperator set OperatorName = '" + this.name
                + "', Address = '" + this.address + "', City = '" + this.city
                + "', PhoneNumber ='" + this.phoneNumber + "', email ='"
                + this.email + "'" + " where operatorID='" + this.operatorID+ "';";
        System.out.println(query);
        DBConnector dbc = new DBConnector();
        int numRows = dbc.fireExecuteUpdate(query);
        if (numRows > 0) {
            dbc.close();
            return true;
        } else {
            dbc.close();
            return false;
        }
    }
    //获取全部车次管理者
    public ResultSet getAllOperatorData() {
        DBConnector dbc = new DBConnector();
        String query = "select * from trainoperator";
        ResultSet rs = dbc.fireExecuteQuery(query);
        return rs;
    }
    部分代码省略
}
```

【案例剖析】

在本案例中，定义了对应于表字段的成员变量，以及它们的 setter 和 getter 方法。在类中定义了创建车次管理者的方法，车次管理者登录的方法，查看全部车次管理者的方法，车次管理者删除账户的方法，车次管理者修改密码的方法，管理员删除车次管理者的方法，通过邮箱获取车次管理者工号的方法，获取个人信息的方法，更新个人信息的方法和获取全部车次管理者的方法。

3. 管理员类

在项目中对应于数据库管理表 admin 的实体类，该类的部分代码如下，详细代码请参考源代码。(源代码\ch22\TicketReservationSystem\com.demo.model\AdminModel.java)

```
public class AdminModel {
    //管理员修改密码
    public boolean changeAdminPassword() {
        String query = "update admin set password='" + this.password
                + "' where userid='" + this.userid + "' and password=
                '"+this.oldPassword+"';";
        DBConnector dbc = new DBConnector();
        logger.setLevel(Level.INFO);
        logger.info("query fired is: " + query);
        int numRows = dbc.fireExecuteUpdate(query);
        if (numRows > 0) {
            dbc.close();
```

```java
            return true;
        } else {
            dbc.close();
            return false;
        }
    }
    //管理员登录
    public boolean selectAdminLogin() throws SQLException {
        String query = "select userid from admin where userid='" +
            this.userid+ "' and password='"
            + this.password + "';";
        DBConnector dbc = new DBConnector();
        /* System.out.println(query); */
        logger.setLevel(Level.INFO);
        logger.info("query fired is: " + query);
        ResultSet rs = dbc.fireExecuteQuery(query);
        Boolean r = false;
        while (rs.next()) {
            r = true;
        }
        return r;
    }
    public void setOldPassword(String oldPassword) {
        this.oldPassword = oldPassword;
    }
    //查看全部预约
    public ResultSet showAllBookings() {
        DBConnector dbc = new DBConnector();
        String query = "select * from booking";
        System.out.println(query);
        ResultSet rs = dbc.fireExecuteQuery(query);
        return rs;
    }
    //查看全部列车司机
    public ResultSet showAllTrainOperators() {
        DBConnector dbc = new DBConnector();
        String query = "select * from trainoperator";
        System.out.println(query);
        ResultSet rs = dbc.fireExecuteQuery(query);
        return rs;
    }
    //查看全部用户
    public ResultSet showAllUsers() {
        DBConnector dbc = new DBConnector();
        String query = "select * from user";
        System.out.println(query);
        ResultSet rs = dbc.fireExecuteQuery(query);
        return rs;
    }
    部分代码省略
}
```

【案例剖析】

在本案例中,定义了对应于表字段的成员变量,以及它们的 setter 和 getter 方法。在该类中还定义了管理员修改密码的方法,管理员登录的方法,查看全部预约的方法,查看全部列车司机的方法和查看全部用户的方法。

4. 列车类

在项目中对应于数据库列车表 train 的实体类,该类的部分代码如下,详细代码请参考源代码。(源代码\ch22\TicketReservationSystem\com.demo.model\TrainModel.java)

```java
public class TrainModel {
    //添加列车
    public ReturnClass insertTrainData() {
        IDGenerator idg = new IDGenerator();
        ReturnClass r = new ReturnClass();
        int success = 0;
        // BusFrequencyModel theModel = new BusFrequencyModel();
        this.trainId = idg.generateId("TrainId", "train");
        // theModel.setBusID(busID);
        r.setS(this.trainId);
        DBConnector dbc = new DBConnector();
        PreparedStatement pstmt = null;
        String query = "insert into train(TrainId,TrainName,TrainType+",
                + "DepartureTime,TravelTime,DepartureCity,"
                + "ArrivalCity,cost,OperatorId,TotalSeats)"
                + "values(?,?,?,?,?,?,?,?,?,?)";
        try {
            pstmt = dbc.fireExecuteQueryPrepare(query);
            pstmt.setString(1, this.trainId);
            pstmt.setString(2, this.trainName);
            pstmt.setString(3, this.trainType);
            pstmt.setString(4, this.departureTime);
            pstmt.setString(5, this.travelTime);
            pstmt.setString(6, this.sourceCity);
            pstmt.setString(7, this.destinationCity);
            pstmt.setFloat(8, this.cost);
            pstmt.setString(9, this.operatorID);
            pstmt.setInt(10, this.totalSeats);
            success = pstmt.executeUpdate();
        } catch (Exception e) {
            System.out.println(e.getMessage());
        }
        finally {
            try {
                dbc.close();
            } catch (Exception e) {
                System.out.println(e.getMessage());
            }
        }
        if (success >= 1) {
            r.setB(true);
        } else {
            r.setB(false);
        }
        return r;
    }
```

```java
//修改列车信息
public boolean EditTrainData(int no) {
    int success = 0;
    DBConnector dbc = new DBConnector();
    String query = null;
    switch (no) {
    case 1: {
        query = "update train set TrainName='" + trainName+ "' where
            TrainId='" + trainId + "'";
        break;  }
    case 2: {
        query = "update train set TrainType='" + trainType+ "' where
            TrainId='" + trainId + "'";
        break;  }
    case 3: {
        query = "update train set DepartureTime='" + departureTime
            + "' where TrainId='" + trainId + "'";
        break;  }
    case 4: {
        query = "update train set TravelTime='" + travelTime+ "' where
            TrainId='" + trainId + "'";
        break;  }
    case 5: {
        query = "update train set DepartureCity='" + sourceCity
            + "' where TrainId='" + trainId + "'";
        break;  }
    case 6: {
        query = "update train set ArrivalCity='" + destinationCity
            + "' where TrainId='" + trainId + "'";
        break;  }
    case 7: {
        query = "update train set cost='" + cost + "' where TrainId='"+
            trainId + "'";
        break;  }
    case 8: {
        query = "update train set TotalSeats='" + totalSeats+ "' where
            TrainId='" + trainId + "'";
        break;  }
    }
    try {
        success = dbc.fireExecuteUpdate(query);
    } catch (Exception e) {
        System.out.println(e.getMessage());
    }
    finally {
        try {
            dbc.close();
        } catch (Exception e) {
            System.out.println(e.getMessage());
        }
    }
    if (success >= 1) {
        return true;
    } else {
```

```java
            return false;
        }
    }
    //查看列车信息
    public ResultSet viewTrainData() {
        DBConnector dbc = new DBConnector();
        String trainId, temp = null;
        String temp_id = null;
        String temp_name = null;
        String temp_type = null;
        String temp_dcity = null;
        String temp_acity = null;
        String temp_dtime = null;
        String temp_ttime = null;
        int temp_cost = 0;
        String temp_days = null;
        String query = "select a.TrainId,b.TrainName,b.TrainType,b.DepartureCity, "
            + "b.ArrivalCity,b.DepartureTime,b.TravelTime,b.cost,"
              + "a.FrequencyDays,b.TotalSeats "
            + "from (select TrainId,FrequencyDays from trainfrequency where TrainId "
            + "in(select TrainId from train where OperatorId='"+ operatorID
            + "'))a inner join train b on a.TrainId=b.TrainId order by a.TrainId";
        ResultSet rs;
        logger.setLevel(Level.INFO);
        logger.info("query fired is: " + query);
        rs = dbc.fireExecuteQuery(query);
        return rs;
    }
    //查看刚添加的列车信息
    public ResultSet viewTrainData(String name) {
        DBConnector dbc = new DBConnector();
        String trainId, temp = null;
        String temp_id = null;
        String temp_name = null;
        String temp_type = null;
        String temp_dcity = null;
        String temp_acity = null;
        String temp_dtime = null;
        String temp_ttime = null;
        int temp_cost = 0;
        String temp_days = null;
        String query = "select * from (select a.TrainId,b.TrainName,"
            + "b.TrainType,b.DepartureCity, "
            + "b.ArrivalCity,b.DepartureTime,b.TravelTime,b.cost,"
              + "a.FrequencyDays, b.TotalSeats "
            + "from (select TrainId,FrequencyDays from trainfrequency where TrainId"
            + "in(select TrainId from train where OperatorId='"+ operatorID
            + "'))a inner join train b on a.TrainId=b.TrainId order by "
               + "a.TrainId) c where c.TrainName = '"
                    + name + "';";
        ResultSet rs;
        logger.setLevel(Level.INFO);
        logger.info("query fired is: " + query);
        rs = dbc.fireExecuteQuery(query);
```

```java
        return rs;
    }

    /**
     * 获取要修改的列车信息
     *
     * @return ResultSet
     */
    public ResultSet viewTrainData(String id, int flag) {
        DBConnector dbc = new DBConnector();
        String trainId, temp = null;
        String temp_id = null;
        String temp_name = null;
        String temp_type = null;
        String temp_dcity = null;
        String temp_acity = null;
        String temp_dtime = null;
        String temp_ttime = null;
        int temp_cost = 0;
        String temp_days = null;
        String query = "select * from (select a.TrainId,b.TrainName,"
            + "b.TrainType,b.DepartureCity, "
            + "b.ArrivalCity,b.DepartureTime,b.TravelTime,b.cost,"
            + "a.FrequencyDays,b.TotalSeats "
            + "from (select TrainId,FrequencyDays from trainfrequency where TrainId "
            + "in(select TrainId from train where OperatorId='"+ operatorID
            + "'))a inner join train b on a.TrainId=b.TrainId order by a.TrainId)"
            + " c where c.TrainId = '"
            + id + "';";
        ResultSet rs;
        logger.setLevel(Level.INFO);
        logger.info("query fired is: " + query);
        rs = dbc.fireExecuteQuery(query);
        return rs;
    }
    //通过站点查询列车
    public ResultSet searchTrainBetweenStations() {
        DBConnector dbc = new DBConnector();
        String query = "select * from train where DepartureCity='"+
            this.sourceCity
            + "' and ArrivalCity = '"+ this.destinationCity+ "' and TrainId in "
            + "(select TrainId from trainFrequency where FrequencyDays = "
                + "(select DAYNAME('"
            + this.departureDate + "')));";
        System.out.println(query);
        logger.setLevel(Level.INFO);
        logger.info("query fired is: " + query);
        ResultSet rs = dbc.fireExecuteQuery(query);
        return rs;
    }
    //通过车次号查看列车信息
    public ResultSet getTrainInfo(String tid) {
        DBConnector dbc = new DBConnector();
        ResultSet rs = null;
```

```java
        String query = "select * from train where TrainId='" + tid + "';";
        rs = dbc.fireExecuteQuery(query);
        logger.setLevel(Level.INFO);
        logger.info("query fired is: " + query);
        return rs;
    }
    //获取始发地或目的地
    public ResultSet getTrainInfo1(int no) {
        DBConnector dbc = new DBConnector();
        ResultSet rs = null;
        String query = null;
        if (no == 1) {
            query = "select distinct(DepartureCity) from train";
            logger.setLevel(Level.INFO);
            logger.info("query fired is: " + query);
            rs = dbc.fireExecuteQuery(query);
        } else if (no == 2) {
            query = "select distinct(ArrivalCity) from train";
            logger.setLevel(Level.INFO);
            logger.info("query fired is: " + query);
            rs = dbc.fireExecuteQuery(query);
        }
        return rs;
    }
    // 删除列车信息
    public boolean DeleteTrainData() {
        DBConnector dbc = new DBConnector();
        String query = "delete from train where TrainId='" + this.trainId + "'";
        logger.setLevel(Level.INFO);
        logger.info("query fired is: " + query);
        int rowsUpdated = dbc.fireExecuteUpdate(query);
        dbc.close();
        if (rowsUpdated > 0) {
            return true;
        } else {
            return false;
        }
    }
    //修改列车信息
    public boolean EditTrainData1() {
        int success = 0;
        DBConnector dbc = new DBConnector();
        String query = "update train set TrainName='" + trainName
                + "',TrainType='" + trainType + "',DepartureTime='"
                + departureTime + "',TravelTime='" + travelTime
                + "',DepartureCity='" + sourceCity + "',ArrivalCity='"
                + destinationCity + "',cost='" + cost + "',OperatorId='"
                + operatorID + "',TotalSeats='" + totalSeats
                + "' where TrainId='" + trainId + "';";
        try {
            logger.setLevel(Level.INFO);
            logger.info("query fired is: " + query);
            success = dbc.fireExecuteUpdate(query);
        } catch (Exception e) {
```

```java
                System.out.println(e.getMessage());
            } finally {
                try {
                    dbc.close();
                } catch (Exception e) {
                    System.out.println(e.getMessage());
                }
            }
            if (success > 0) {
                return true;
            } else {
                return false;
            }
        }
        //获取所有站点
        public ResultSet getAllCities() {
            ResultSet rs = null;
            String query = " select distinct departureCity as city from train "
                    + "union select arrivalCity as city from train;";
            DBConnector dbc = new DBConnector();
            rs = dbc.fireExecuteQuery(query);
            logger.setLevel(Level.INFO);
            logger.info("query fired is: " + query);
            return rs;
        }
        部分代码省略
    }
```

【案例剖析】

在本案例中，定义了对应于表字段的成员变量，以及它们的 setter 和 getter 方法。在类中还定义了添加列车的方法，修改列车信息的方法，查看列车信息的方法，查看刚添加的列车信息的方法，通过站点查询列车的方法，通过车次号查看列车信息的方法，获取始发地或目的地的方法，删除列车信息的方法，修改列车信息的方法和获取所有站点的方法。

5. 列车频率类

在项目中对应于数据库列车频率表 trainfrequency 的实体类，该类的部分代码如下，详细代码请参考源代码。(源代码\ch22\TicketReservationSystem\com.demo.model\TrainFrequencyModel.java)

```java
public class TrainFrequencyModel {
    //列车添加频率
    public boolean addTrainForDay() {
        IDGenerator idg = new IDGenerator();
        char temp;
        int rowsUpdated = 0;
        int i;
        String query = "";
        for (i = 0; i < frequencyDay.length(); i++) {
            DBConnector dbc = new DBConnector();
            this.frequencyID = idg.generateId("FrequencyId", "trainfrequency");
            temp = frequencyDay.charAt(i);
            String day = "";
            switch (temp) {
```

```java
            case 'S': {
                day = "Sunday"; break; }
            case 'M': {
                day = "Monday";    break; }
            case 'T': {
                day = "Tuesday";       break; }
            case 'W': {
                day = "Wednesday"; break; }
            case 'H': {
                day = "Thursday";  break; }
            case 'F': {
                day = "Friday"; break; }
            case 'A': {
                day = "Saturday";  break; }
            default:
                day = "出错了"; }
                query = "insert into trainfrequency values ('" + this.frequencyID
                    + "', '" + trainID + "', '" + day + "');";
            try {
                rowsUpdatedtemp = dbc.fireExecuteUpdate(query);
                rowsUpdated = rowsUpdated + rowsUpdatedtemp;
                dbc.close();
            } catch (Exception e) {
                System.out.println("Exception:" + e.getMessage());
            }
        }
        if (rowsUpdated > 0) {
            return true;
        } else {
            return false;
        }
    }
}
//修改列车频率
public boolean modifyTrainForDay() {
    DBConnector dbc = new DBConnector();
    boolean result;
    String query = "delete from trainfrequency where TrainID ='"
            + this.trainID + "'";
    try {
        dbc.fireExecuteUpdate(query);
    } catch (Exception e) {
        System.out.println(e.getMessage());
    }
    result = addTrainForDay();
    return result;
}
//删除列车频率
public boolean DeleteTrainForDay() {
    DBConnector dbc = new DBConnector();
    String query = "delete from trainfrequency where TrainId='"
            + this.trainID + "'";
    int rowsUpdated = dbc.fireExecuteUpdate(query);
    dbc.close();
    if (rowsUpdated > 0) {
```

```
            return true;
        } else {
            return false;
        }
    }
    部分代码省略
}
```

【案例剖析】

在本案例中，定义了对应于表字段的成员变量，以及它们的 setter 和 getter 方法。在该类中定义了添加列车频率的方法，修改列车频率的方法和删除列车频率的方法。

6．座位分配类

在项目中对应于数据库座位分配表 seatallocation 的实体类，该类的部分代码如下，详细代码请参考源代码。(源代码\ch22\TicketReservationSystem\com.demo.model\SeatAllocationModel.java)

```java
public class SeatAllocationModel {
    private String seatID;
    private String bookingID;
    private String seatType;
    private String trainID;
    setter、getter 方法省略
}
```

【案例剖析】

在本案例中，定义了对应表中字段的成员变量，以及它们的 setter 和 getter 方法。

7．预约类

在项目中对应于数据库预约表 booking 的实体类，该类的部分代码如下，详细代码请参考源代码。(源代码\ch22\TicketReservationSystem\com.demo.model\BookingModel.java)

```java
public class BookingModel {
    //插入一条客户预约
    public String insertNewGuestBooking(String noOfSeats1) throws SQLException {
        DBConnector dbc = new DBConnector();
        ResultSet rs = null;
        String time = null;
        // generate Unique id for booking from IDGenerator
        IDGenerator generate = new IDGenerator();
        this.bookingID = generate.generateId("BookingId", "booking");
        String query = "select departureTime from train where TrainId = '"+
            this.trainID + "'";
        logger.setLevel(Level.INFO);
        logger.info("\n******Booking Process starts ********\n");
        Date d1 = new Date();
        SimpleDateFormat sdf = new SimpleDateFormat();
        logger.info("departure date is : " + this.departureDate);
        // 将预订详细信息存储到数据库中
        String query1 = "insert into booking values('" + this.bookingID + "','"
                + this.userID + "','" + this.trainID + "','"
                + this.departureDate + "','" + this.departureTime + "');";
```

```java
logger.setLevel(Level.INFO);
logger.info("query fired is: " + query1);
dbc.fireExecuteUpdate(query1);
dbc.close();
this.noOfSeats = noOfSeats1;
IDGenerator idg = new IDGenerator();
int i = 0;
int remainingSeats = 0;
String query5 = "select (TotalSeats-bookedSeats) as remainingSeat,
    bookedSeats,TotalSeats "
+ " from (select count(*) as bookedSeats from seatallocation natural "
+ " join booking where TrainId='"+ this.trainID + "' and departureDate='"
+ this.departureDate + "')t1 inner join (select TotalSeats from
    train where TrainId='"
+ this.trainID + "')t2";
DBConnector dbc6 = new DBConnector();
ResultSet rs123 = dbc6.fireExecuteQuery(query5);
while (rs123.next()) {
    remainingSeats = rs123.getInt(1);
}
dbc6.close();
int numRows = 0;
logger.info("Available seats: " + remainingSeats);
if ((remainingSeats - Integer.parseInt(noOfSeats)) >= 0) {
    DBConnector dbc8 = new DBConnector();
    numRows = dbc8.fireExecuteUpdate(query1);
    dbc8.close();
    for (i = 0; i < Integer.parseInt(noOfSeats); i++) {
        String seatID = idg.generateId("SeatID", "seatallocation");
        String query2 = "insert into seatallocation values('" + seatID
            + "','" + this.bookingID + "',default,'" + this.trainID
            + "');";
        logger.setLevel(Level.INFO);
        logger.info("query fired is: " + query2);
        DBConnector dbc1 = new DBConnector();
        dbc1.fireExecuteUpdate(query2);
        dbc1.close();
    }
    logger.info("Total number of seats booked = " + (i));
    // 支付
    ResultSet rs1 = null;
    DBConnector dbc1 = new DBConnector();
    String query4 = "select * from train where TrainId='"
        + this.trainID + "';";
    rs1 = dbc1.fireExecuteQuery(query4);
    int amount = 0;
    String operatorID = "";
    while (rs1.next()) {
        amount = rs1.getInt(8);
        operatorID = rs1.getString(9);
    }
    amount = amount * Integer.parseInt(noOfSeats);
    String paymentID = idg.generateId("paymentID", "payment");
    String query3 = "insert into payment values('" + paymentID + "','"
```

```java
                    + this.bookingID + "'," + amount + ",default,'"
                    + operatorID + "'," + noOfSeats + ",default);";
            DBConnector dbc2 = new DBConnector();
            logger.setLevel(Level.INFO);
            logger.info("query fired is: " + query3);
            dbc2.fireExecuteUpdate(query3);
            String id = "";
            logger.info("*****************************\nTicket Booked for "
                    + amount
                    + " while boarding..\n"
                    + "Booking ID         : "
                    + this.bookingID
                    + "\ntrain ID           : "
                    + this.trainID
                    + "\nNo of seats booked: "
                    + this.noOfSeats
                    + "\nDate and Time      : "
                    + this.departureDate
                    + " "
                    + this.departureTime
                    + "\nAccount            : "
                    + id
                    + "\n****************************************");
            dbc2.close();
            dbc1.close();
        }
        return this.bookingID;
    }
    //删除用户预约
    public int deleteBookingUser() {
        String query = "delete from booking where userID='" + this.userID
                + "' and bookingID ='" + this.bookingID + "';";
        logger.setLevel(Level.INFO);
        logger.info("query fired is: " + query);
        DBConnector dbc = new DBConnector();
        int numRows = dbc.fireExecuteUpdate(query);
        dbc.close();
        return numRows;
    }
    // 删除客户预约
    public int deleteBookingGuest() {
        String query = "delete from booking where userID='" + this.userID
                + "' and bookingID ='" + this.bookingID + "';";
        logger.setLevel(Level.INFO);
        logger.info("query fired is: " + query);
        DBConnector dbc = new DBConnector();
        int numRows = dbc.fireExecuteUpdate(query);
        dbc.close();
        return numRows;
    }
    //查看预约总数
    public ResultSet viewTrainBooking(String operator) {
        DBConnector dbc = new DBConnector();
        ResultSet rs = null;
```

```java
        String id = SessionManager.userID;
        String query = " select count(*) as noOfBookedSeats,TrainId,departureDate,"
                + "departuretime from seatallocation natural join booking "
                + " where TrainId='"
                + this.trainID
                + "' "
                + " order by departuredate;";
        logger.setLevel(Level.INFO);
        logger.info("query fired is: " + query);
        rs = dbc.fireExecuteQuery(query);
        try {
            return rs;
        } catch (Exception e) {
            System.out.println(e.getMessage());
        }
        dbc.close();
        return rs;
    }
    //获取预约信息
    public ResultSet getBookingInfo(String type, String trainOpID) {
        DBConnector dbc = new DBConnector();
        ResultSet rs = null;
        String query = "";
        if (type.equalsIgnoreCase("trainOperator")) {
            query = "select bookingid,TrainId,userid,"
                + "departuredate,departuretime, count(seatid) as numOfSeats"
                + " from booking natural join seatallocation "
                + " where TrainId in (select TrainId from train where operatorid='"+ trainOpID + "')"
                + " group by bookingid having bookingid='" +
                    this.bookingID+ "' " + "; ";
        } else {
            query = "select bookingid,TrainId,userid,"
                + "departuredate,departuretime, count(seatid) as numOfSeats"
                + " from booking natural join seatallocation "+ " where userid ='" + this.userID + "' "
                + " group by bookingid having bookingid='" +
                    this.bookingID+ "' " + "; ";
        }
        logger.setLevel(Level.INFO);
        logger.info("query fired is: " + query);
        rs = dbc.fireExecuteQuery(query);
        return rs;
    }//部分代码省略
}
```

【案例剖析】

在本案例中，主要定义了对应于表 booking 字段的成员变量，以及它们的 setter 和 getter 方法。还定义了插入一条客户预约的方法，删除用户预约的方法，删除客户预约的方法，查看预约总数的方法，获取预约信息的方法等。在这些方法中，通过执行具体的 Sql 语句，实现相应的功能。

8. 支付类

在项目中对应于数据库支付表 payment 的实体类，该类的部分代码如下，详细代码请参考源代码。(源代码\ch22\TicketReservationSystem\com.demo.model\PaymentModel.java)

```java
public class PaymentModel {
    //删除支付信息
    public boolean deletePaymentData() {
        DBConnector dbc = new DBConnector();
        String query = "delete from payment where OperatorId='"+ this.operatorID + "'";
        int rowsUpdated = 0;
        rowsUpdated = dbc.fireExecuteUpdate(query);
        if (rowsUpdated > 0) {
            return true;
        } else {
            return false;
        }
    }
    部分代码省略
}
```

【案例剖析】

在本案例中，定义了对应于表字段的成员变量，以及它们的 setter 和 getter 方法。定义了删除支付信息的 deletePaymentData()方法，在该方法中通过执行具体的 Sql 语句，实现删除数据库中信息的操作。

22.5.3 用户模块

用户模块主要包含查询车次、预订车票、取消车票、删除账户、修改密码等功能。下面主要介绍在用户模块实现的查询车次、预订车票、取消车票、获取预约信息的类。

1. 查询车次

用户登录后可以查询车次信息。该功能是在继承 HttpServlet 的 Servlet 类的 doPost()方法中实现的。该类的部分代码如下，详细代码请参考源代码。(源代码\ch22\TicketReservationSystem\com.demo.controller\SearchTrainFormController.java)

```java
public class SearchTrainFormController extends HttpServlet {
protected void doPost(HttpServletRequest request,HttpServletResponse response)
        throws ServletException, IOException {
            TrainModel bm = new TrainModel();
        // 获取查询信息 始发地 目的地 出发时间
        String sourceCity = new String(request.getParameter("from"));
        String destinationCity = new String(request.getParameter("to"));
        String departDate = request.getParameter("date");
        // 时间格式转换
        SimpleDateFormat sdf = new SimpleDateFormat("yyyy-MM-dd");
        Date d2 = new Date();
        try {
```

```java
        d2 = sdf.parse(departDate);
    } catch (Exception e) {
    }
    Date d1 = new Date();
    ResultSet rs = null;
    if (d1.equals(d2) || d1.before(d2)) {// 时间验证
        logger.setLevel(Level.INFO);
        logger.info("Seaching for source: " + sourceCity + " destination: "
                + destinationCity + " date: " + departDate);
        // 生成列车查询信息
        bm.setSourceCity(sourceCity);
        bm.setDepartureDate(departDate);
        bm.setDestinationCity(destinationCity);
        rs = bm.searchTrainBetweenStations();// 查询车次
        try {
            rs.last();
            int count = 0;
            count = rs.getRow();// 获取查询结果
            if (count <= 0) {// 没有列车信息
                logger.info("Search results not found!!");
                String msg = "没有查询到 " + sourceCity + " 至 "
                        + destinationCity + " 的车次";
                HttpSession session = request.getSession();
                if (session.getAttribute("type") == null) {
                    request.setAttribute("msg", msg);
                    request.getRequestDispatcher("index.jsp").forward
                        (request, response);
                } else {
                request.setAttribute("msg", msg);
                request.getRequestDispatcher("searchTrainForm.jsp").forward
                    (request, response);
                }
            } else {// 有列车信息
                rs.beforeFirst();
                RequestDispatcher disp = request
                    .getRequestDispatcher("getTrainSearchResults.jsp");
                request.setAttribute("Date", request.getParameter("date"));
                request.setAttribute("trainInformation", rs);// 列车信息
                disp.forward(request, response);
            }
        } catch (Exception e) {// 出错,认为未找到
            HttpSession session = request.getSession();
            String msg = "没有查询到 " + sourceCity + " 至 "
                    + destinationCity + " 的车次";
            if (session.getAttribute("type") == null) {
                request.setAttribute("msg", msg);
                request.getRequestDispatcher("index.jsp").forward
                    (request, response);
            } else {
            request.setAttribute("msg", msg);
            request.getRequestDispatcher("searchTrainForm.jsp").forward
                (request, response);
            }
        }
```

```
        } else {// 日期错误
            HttpSession session = request.getSession();
            String msg = "日期错误";
            if (session.getAttribute("type") == null) {
                request.setAttribute("msg", msg);
                request.getRequestDispatcher("index.jsp").forward(request,
                    response);
            } else {
                request.setAttribute("msg", msg);
                request.getRequestDispatcher("searchTrainForm.jsp").forward
                    (request, response);
            }
        }
    }
}部分代码省略
}
```

【案例剖析】

在本案例中，在 doPost()方法中，首先创建列车类 TrainModel 对象 train。通过 request 对象获取用户输入的查询信息，即出发地、目的地和日期，将输入的信息通过 setter 方法赋值给对象 train。对象 train 调用 searchTrainBetweenStations()方法进行车次查询，并将查询结果存放到结果集 rs 中。通过 if 语句判断有没有查询结果，若有跳转到指定页面显示列车信息；若没有列车信息则返回指定页面。

2．预订车票

用户登录后可以预订车票。该功能是在继承 HttpServlet 的 Servlet 类的 doPost()方法中实现的。该类的部分代码如下，详细代码请参考源代码。(源代码\ch22\TicketReservationSystem\com.demo.controller\BookTicketFormController.java)

```
public class BookTicketFormController extends HttpServlet {
    protected void doPost(HttpServletRequest request,
        HttpServletResponse response) throws ServletException, IOException {
        BookingModel model = new BookingModel();
        HttpSession session = request.getSession();// 获取session
        if (!String.valueOf(session.getAttribute("type")).equals("user")) {
            // 生成预约信息
            model.setTrainID(request.getParameter("trainid"));
            model.setDepartureDate(request.getParameter("deptdate"));
            model.setDepartureTime(request.getParameter("depttime"));
            if (session.getAttribute("userid") == null) {
                model.setUserID(request.getParameter("email"));
            } else {
                model.setUserID(String.valueOf(session.getAttribute("email")));
            }
            String bookingID = "";
            try {
                // 添加预约记录
                bookingID = model.insertNewGuestBooking(request
                        .getParameter("noOfseats"));
            } catch (SQLException e) {
                e.printStackTrace();
            }
```

```java
            if (!bookingID.equals("")) {
                if (session.getAttribute("userid") == null) {// 打印车票
                    BookingModel bm = new BookingModel();

                    bm.setBookingID(bookingID);
                    String email = request.getParameter("email");
                    bm.setUserID(email);
                    ResultSet rs = null;

                    rs = bm.getBookingInfo("user", "na");// 获取预约信息
                    RequestDispatcher rd = request
                            .getRequestDispatcher("printTicket.jsp");
                            // 跳转到打印车票页面
                    request.setAttribute("ticket", rs);
                    rd.forward(request, response);
                } else {
                    response.sendRedirect("getBookingInformation.jsp");
                }
            } else {
                PrintWriter out = response.getWriter();
                out.print("出错了");
            }
        } else {// 跳转预约详情
            model.setTrainID(request.getParameter("trainid"));
            model.setDepartureDate(request.getParameter("deptdate"));
            model.setDepartureTime(request.getParameter("depttime"));
            String email = String.valueOf(session.getAttribute("email"));
            model.setUserID(email);
            String bookingID = "";
            try {
                bookingID = model.insertNewGuestBooking(request
                        .getParameter("noOfseats"));// 添加预约信息
            } catch (SQLException e) {
                e.printStackTrace();
            }
            if (!bookingID.equals("")) {
                response.sendRedirect("getBookingInformation.jsp");
                    // 跳转到预约详情页面
            } else {
                PrintWriter out = response.getWriter();
                out.print("出错了");
            }
        }
    }
    部分代码省略
}
```

【案例剖析】

在本案例中，在 doPost()方法中创建 BookingModel 类的对象。通过 session 对象获取 type 的值，通过 if 语句判断是否是用户。

若是用户，则将通过 request 对象获取的用户输入信息赋值给 model 对象。使用 if 语句判断 session 获取的 userid 是否是 null，若是空则将 request 对象获取的 email 赋值给 userid；否

则，将 session 获取的 email 赋值给 userid。model 对象调用 insertNewGuestBooking()方法，实现添加预约记录，该方法返回值赋值给字符串 bookingID。若 bookingID 不是空字符串，if 语句判断 session 获取的 userid 是否是 null，若是则创建预约类对象 bm，并设置该对象的 BookingID 和 UserId 值。对象 bm 调用 getBookingInfo()方法获取用户的预约信息，再通过 request 对象跳转到打印车票页面。若 userid 不是 null 则跳转到预约详情页面。若 bookingID 是空，添加预约出错，因此打印出错了。

3. 取消车票

用户登录后可以取消预订的车票。该功能是在继承 HttpServlet 的 Servlet 类的 doPost()方法中实现的。该类的部分代码如下，详细代码请参考源代码。(源代码\ch22\TicketReservationSystem\com.demo.controller\CancelTicketFormController.java)

```java
public class CancelTicketFormController extends HttpServlet {
    protected void doPost(HttpServletRequest request, HttpServletResponse response)
            throws ServletException, IOException {
        BookingModel model = new BookingModel();
        HttpSession session = request.getSession();// 获取 session
        if (session.getAttribute("type")!=null) {// 用户
            String bid = request.getParameter("bookingid");// 获取预约号
            if(bid==null){
                request.setAttribute("msg", "预约号不能为空");
                request.getRequestDispatcher("cancelTicket.jsp").forward
                    (request, response);
            }
            model.setBookingID(bid);
            model.setUserID(String.valueOf(session.getAttribute("email")));
            int i = model.deleteBookingUser();// 删除预约信息
            if(i>0){
                request.setAttribute("msg", "预约取消成功");
                request.getRequestDispatcher("cancelTicket.jsp").forward
                    (request, response);
            }
            else{
                request.setAttribute("msg", "没有查询到该预约");
                request.getRequestDispatcher("cancelTicket.jsp").forward
                    (request, response);
            }
        } else { // 管理员
            String bid = request.getParameter("bookingid");
            model.setBookingID(bid);
            model.setUserID(request.getParameter("email"));
            int i=model.deleteBookingGuest();// 删除预约信息
            if(i>0){
                request.setAttribute("msg", "预约取消成功");
                request.getRequestDispatcher("cancelTicket.jsp").forward
                    (request, response);
            }
            else{
                request.setAttribute("msg", "没有查询到该预约");
                request.getRequestDispatcher("cancelTicket.jsp").forward
```

```
                (request, response);
        }
    }
}
    部分代码省略
}
```

【案例剖析】

在本案例中,首先创建预约类对象 model,根据 session 对象获取参数 type 的值,通过 if 语句判断其是否是空。

若 type 不是空(用户),则通过 request 对象获取预约号 bookingid 并保存到变量 bid 中。若预约号是空,则跳转到取消预约的页面,否则设置 model 对象的预约号是 bid。用户 id 是 session 对象获取的 email。通过 model 对象调用 deleteBookingUser()方法删除预约信息,方法返回值大于 0 则删除了预约信息。若 type 是空(管理员),通过 request 对象获取预约信息的 id,调用 model 对象的 setter 方法设置预约 id 和用户 id。model 对象调用 deleteBookingGuest() 方法删除预约信息。

4. 获取预约信息

用户登录后可以获取历史预约信息。该功能是在继承 HttpServlet 的 Servlet 类的 doPost()方法中实现的。该类的部分代码如下,详细代码请参考源代码。(源代码\ch22\TicketReservationSystem\com.demo.controller\GetBookingInformationController.java)

```java
public class GetBookingInformationController extends HttpServlet {
protected void doPost(HttpServletRequest request,
        HttpServletResponse response) throws ServletException, IOException {
    BookingModel bm = new BookingModel();
    String booking = request.getParameter("booking");// 前台获取
    HttpSession session = request.getSession();
    bm.setUserID(session.getAttribute("email").toString());// 用户信息session获取
    bm.setBookingID(booking);
    ResultSet rs = null;
    rs = bm.getBookingInfo("user", "na");// 获取预约信息
    try {
        if (!rs.next()) {
            request.setAttribute("msg", "没有查询到该预约");
            request.getRequestDispatcher("getBookingInformation.jsp").forward
                (request, response);
        }
        else{// 不为空,跳转到打印车票页面
            rs.beforeFirst();
            // 跳转到打印车票页面
            RequestDispatcher rd = request.getRequestDispatcher("printTicket.jsp");
                request.setAttribute("ticket", rs);
                rd.forward(request, response);
            }
    } catch (SQLException e) {
        }
    }
    部分代码省略
}
```

【案例剖析】

在本案例中，创建预约类 BookingModel 对象 bm。设置预约 userid 是通过 session 对象获取的 email，通过 request 对象获取 booking 并赋值给对象 bm 的 bookingid 变量。通过 bm 对象调用 getBookingInfo()方法获取用户的预约信息。若预约信息存在，则跳转到预约信息页面；若没有预约信息，则跳转到打印车票页面。

22.5.4 车次管理者模块

车次管理者模块主要包含添加新车次、对管辖车次进行编辑和删除、修改个人信息、修改密码、删除账户等功能。下面主要介绍在车次管理者模块中实现的添加新车次、编辑车次信息和删除车次信息的类。

1. 添加新车次

车次管理者可以添加车次信息。即在继承 HttpServlet 的 Servlet 类的 doPost()中，实现添加车次信息的功能。该类的部分代码如下，详细代码请参考源代码。（源代码 \ch22\TicketReservationSystem\com.demo.controller\AddNewTrainFormController.java）

```java
public class AddNewTrainFormController extends HttpServlet {
    protected void doPost(HttpServletRequest request, HttpServletResponse response)
            throws ServletException, IOException {
        TrainModel model = new TrainModel();
        TrainFrequencyModel model1 = new TrainFrequencyModel();
        HttpSession session = request.getSession();// 获取 session
        ReturnClass obj = new ReturnClass();// 数据库操作返回值
        String operatingDays;// 列车运行日期
        StringBuffer sb = new StringBuffer("");
        String trainType;// 列车类型
        boolean obj1;
        Boolean b = false;
        // 汇总发车日
        if (request.getParameter("OperatingDays1") != null) {
            sb.append(request.getParameter("OperatingDays1"));
            b=true;
        }
        if (request.getParameter("OperatingDays2") != null) {
            sb.append(request.getParameter("OperatingDays2"));
            b=true;
        }
        if (request.getParameter("OperatingDays3") != null) {
            sb.append(request.getParameter("OperatingDays3"));
            b=true;
        }
        if (request.getParameter("OperatingDays4") != null) {
            sb.append(request.getParameter("OperatingDays4"));
            b=true;
        }
        if (request.getParameter("OperatingDays5") != null) {
            sb.append(request.getParameter("OperatingDays5"));
```

```java
            b=true;
        }
        if (request.getParameter("OperatingDays6") != null) {
            sb.append(request.getParameter("OperatingDays6"));
            b=true;
        }
        if (request.getParameter("OperatingDays7") != null) {
            sb.append(request.getParameter("OperatingDays7"));
            b=true;
        }
        if(!b){
            request.setAttribute("msg", "请至少选择一天");
            request.getRequestDispatcher("addNewTrain.jsp").forward(request,
                response);
        }
        operatingDays = new String(sb);
        trainType = new String(request.getParameter("traintype1")) + "-"
                + new String(request.getParameter("traintype2"));
        // 生成列车
        model.setTrainName(new String(request.getParameter("trainname")));
        model.setTrainType(trainType);
        model.setSourceCity(new String(request.getParameter("departurecity")));
        model.setDestinationCity(new String(request.getParameter("arrivalcity")));
        model.setDepartureTime(request.getParameter("departuretime"));
        model.setTravelTime(request.getParameter("traveltime"));
        try{
            model.setCost(Float.parseFloat(request.getParameter("cost")));
            model.setTotalSeats(Integer.parseInt(request.getParameter("seats")));
        }
        catch(Exception e){
            request.setAttribute("msg", "座位或价格应为数字");
            request.getRequestDispatcher("addNewTrain.jsp").forward(request,
                response);
        }
        model.setOperatorID(String.valueOf(session.getAttribute("userid")));
        String departureDate = request.getParameter("");
        model.setDepartureDate(departureDate );
        // 添加车次信息
        obj = model.insertTrainData();
        if (!obj.getS().equals("")) {
            model1.setTrainID(obj.getS());
            model1.setFrequencyDay(operatingDays);
            try {
                // 添加发车频率
                obj1 = model1.addTrainForDay();
                if (obj1) {// 以上操作都成功,跳转到添加车次成功页面
                    RequestDispatcher disp = request
                            .getRequestDispatcher("addedTrainResult.jsp");
                    request.setAttribute("trainname", request.getParameter
                        ("trainname"));
                    request.setAttribute("msg", "添加成功");
                    disp.forward(request, response);
                } else {
```

```
        } catch (Exception e) {
            e.printStackTrace();
        }
    } else {
        PrintWriter out = response.getWriter();
        out.print("出错了");
    }
}
//部分代码省略
}
```

【案例剖析】

在本案例中，创建列车类对象 model 和列车频率类对象 model1。通过 request 对象获取管理者输入的车次信息，并通过 setter 方法对 model 对象的成员变量赋值。调用列车类的 insertTrainData()方法，添加车次信息。

2. 编辑车次信息

车次管理者可以编辑车次信息。即在继承 HttpServlet 的 Servlet 类的 doPost()中，实现编辑车次信息的功能。该类的部分代码如下，详细代码请参考源代码。（源代码 \ch22\TicketReservationSystem\com.demo.controller\EditTrainDetailsFormController.java）

```java
public class EditTrainDetailsFormController extends HttpServlet {
protected void doGet(HttpServletRequest request, HttpServletResponse response)
        throws ServletException, IOException {
    TrainModel model = new TrainModel();
    TrainFrequencyModel model1 = new TrainFrequencyModel();
    // 取出 session 数据
    HttpSession session = request.getSession(false);
    String trainId = (String) session.getAttribute("trainid");// 取出车次号
    String operatingDays;;// 列车运行日期
    StringBuffer sb = new StringBuffer("");
    String trainType;// 列车类型
    boolean obj1;
    // 汇总发车日
    if (request.getParameter("OperatingDays1") != null) {
        sb.append(new String(request.getParameter("OperatingDays1")));
    }
    if (request.getParameter("OperatingDays2") != null) {
        sb.append(new String(request.getParameter("OperatingDays2")));
    }
    if (request.getParameter("OperatingDays3") != null) {
        sb.append(new String(request.getParameter("OperatingDays3")));
    }
    if (request.getParameter("OperatingDays4") != null) {
        sb.append(new String(request.getParameter("OperatingDays4")));
    }
    if (request.getParameter("OperatingDays5") != null) {
        sb.append(new String(request.getParameter("OperatingDays5")));
    }
    if (request.getParameter("OperatingDays6") != null) {
        sb.append(new String(request.getParameter("OperatingDays6")));
```

```java
        }
        if (request.getParameter("OperatingDays7") != null) {
            sb.append(new String(request.getParameter("OperatingDays7")));
        }
        trainType = new String(request.getParameter("traintype1")) + "-"
                + new String(request.getParameter("traintype2"));
        operatingDays = new String(sb);
        // 生成列车
        model.setTrainName(new String(request.getParameter("trainname")));
        model.setTrainType(trainType);
        model.setSourceCity(new String(request.getParameter("departurecity")));
        model.setDestinationCity(new String(request.getParameter("arrivalcity")));
        model.setDepartureTime(request.getParameter("departuretime"));
        model.setTravelTime(request.getParameter("traveltime"));
        model.setCost(Float.parseFloat(request.getParameter("cost")));
        model.setTotalSeats(Integer.parseInt(request.getParameter("seats")));
        model.setOperatorID(String.valueOf(session.getAttribute("userID")));
        model.setTrainId(trainId);
        obj1 = model.EditTrainData1();// 修改列车信息
        if (obj1) {// 修改列车频率
            model1.setTrainID(trainId);
            model1.setFrequencyDay(operatingDays);
            model1.modifyTrainForDay();// 修改列车频率
        } else {
            PrintWriter out = response.getWriter();
            out.print("出错了");
        }
    }
    //部分代码省略
}
```

【案例剖析】

在本案例中,创建列车类对象 model 和列车频率类对象 model1,通过 request 对象获取管理者输入的车次信息,并通过 setter 方法对 model 对象的成员变量赋值。调用列车类的 EditTrainData1()方法,编辑车次信息。

3. 删除车次信息

车次管理者可以删除车次信息。即在继承 HttpServlet 的 Servlet 类的 doPost()中,实现删除车次信息的功能。该类的部分代码如下,详细代码请参考源代码。(源代码\ch22\TicketReservationSystem\com.demo.controller\DeleteTrainDetailsController.java)

```java
public class DeleteTrainDetailsController extends HttpServlet {
protected void doGet(HttpServletRequest request, HttpServletResponse response)
        throws ServletException, IOException {
    TrainFrequencyModel model1=new TrainFrequencyModel();
    String trainID=request.getParameter("trainid");// 获取车次号
    model.setTrainId(trainID);
    model1.setTrainID(trainID);
    boolean success;// 数据库操作结果
    success=model.DeleteTrainData();// 删除列车信息
    if(success) {// 成功
```

```
            request.setAttribute("msg", "删除成功");
            request.getRequestDispatcher("getAddedTrains.jsp").forward
                (request, response);
        }
    }
        //部分代码省略
}
```

【案例剖析】

在本案例中,首先创建列车类对象 model 和列车频率类对象 model1。通过 request 对象获取管理员要删除列车的车次号,并赋值给列车类和列车频率类的车次号 trainId。调用列车类的 DeleteTrainData()方法,删除列车信息。

22.5.5 管理员模块

管理员模块主要包含添加车次管理者、删除车次管理者、查看车次管理者、查看用户、查看预约等功能。下面主要介绍在管理员模块中实现的添加车次管理者和删除车次管理者的类。

1. 添加车次管理者

管理员可以添加车次管理者。即在继承 HttpServlet 的 Servlet 类的 doPost()中,实现添加车次管理者的功能。该类的部分代码如下,详细代码请参考源代码。(源代码 \ch22\TicketReservationSystem\com.demo.controller\AddNewTrainOperatorFormController.java)

```
public class AddNewTrainOperatorFormController extends HttpServlet {
protected void doPost(HttpServletRequest request, HttpServletResponse response)
        throws ServletException, IOException {
        TrainOperatorModel model=new TrainOperatorModel();
        // 生成车次管理者
        model.setOpeartorName(new String(request.getParameter
            ("trainoperatorname")));
        model.setEmail(request.getParameter("email"));
        model.setAddress(new String(request.getParameter("address")));
        model.setCity(new String(request.getParameter("city")));
        model.setPhoneNumber(request.getParameter("phonenumber"));
        Validate.validateLogin(request.getParameter("email")
            , request.getParameter("password"));// 格式验证
        if(request.getParameter("password").equals(request.getParameter
            ("newpassword"))){
            model.setPassword(request.getParameter("password"));
            // 创建车次管理者
            model.insertRegistrationData();
            request.setAttribute("msg", "创建成功");
            request.getRequestDispatcher("addNewTrainOperator.jsp").forward
                (request, response);
        } else{
            request.setAttribute("msg", "两次密码输入不一致");
            request.getRequestDispatcher("addNewTrainOperator.jsp").forward
                (request, response);
        }
    }
}
```

```
//省略部分代码
}
```

【案例剖析】

在本案例中，创建车次管理者对象 model。通过 request 对象获取管理员输入的车次管理者信息，并将这些信息通过 setter 方法对车次管理者对象 model 赋值。通过 if 语句判断两次输入密码是否相等，若相等则将密码赋值给 model 对象的 password 变量。model 对象调用 insertRegistrationData()方法，添加车次管理者。

2. 删除车次管理者

管理员可以删除车次管理者。即在继承 HttpServlet 的 Servlet 类的 doPost()中，实现删除车次管理者及其管辖的车次信息。该类的部分代码如下，详细代码请参考源代码。(源代码 \ch22\TicketReservationSystem\com.demo.controller\DeleteTrainOperatorFormController.java)

```java
public class DeleteTrainOperatorFormController extends HttpServlet {
protected void doPost(HttpServletRequest request, HttpServletResponse response)
        throws ServletException, IOException {
    // 获取 request 数据
    String phoneNumber = request.getParameter("phonenumber");
    String passWord = request.getParameter("password");
    PrintWriter out = response.getWriter();
    // 获取 session 数据
    HttpSession session = request.getSession();
    String eMail = String.valueOf(session.getAttribute("email"));
    TrainOperatorModel model = new TrainOperatorModel();
    TrainModel model1 = new TrainModel();
    PaymentModel model2 = new PaymentModel();
    ResultSet rs = null;
    ResultSet rs1 = null;
    model.setEmail(eMail);
    model.setPassword(passWord);
    try {
        Integer.parseInt(phoneNumber);
    } catch (Exception e) {
        request.setAttribute("msg", "手机号码格式不对");
        request.getRequestDispatcher("deleteTrainOperator.jsp").forward
            (request, response);
    }
    try {
        rs = model.selectLoginData1();// 获取车次管理者个人信息
        if (!rs.next()) {
            request.setAttribute("msg", "邮箱或密码错误");
            request.getRequestDispatcher("deleteTrainOperator.jsp").forward
                (request, response);
        } else {
            rs.beforeFirst();
            while (rs.next()) {// 若存在该车次管理者，则删除该人员及其所管辖车次信息
                String trainOperatorId = rs.getString(1);
                model2.setOperatorID(trainOperatorId);
                if (rs.getString(6).equals(phoneNumber)) {
                    model.deleteOperatorAccount();// 删除账户
```

```
                    rs1 = model1.viewTrainData();// 获取管辖列车信息
                    while (rs1.next()) {
                        model1.setTrainId(rs1.getString(1));
                        model1.DeleteTrainData();// 删除管辖列车
                    }
                    boolean result2 = model2.deletePaymentData();// 删除记录
                    System.out.println("result2:" + result2);

                    request.setAttribute("msg", "删除账户成功");
                    request.getRequestDispatcher("index.jsp").forward
                        (request, response);
                } else {
                    out.print("对不起,无效凭据!");
                }
            }
        }
    } catch (Exception e) {
        e.printStackTrace();
    }
}
//部分代码省略
}
```

【案例剖析】

在本案例中,通过 request 对象获取管理员输入的车次管理者密码和电话号码。通过 session 对象获取 email。创建车次管理者对象 model,设置该对象的 email 和 password 值。创建列车类对象 model1 和支付类对象 model2。通过 model 类调用 selectLoginData1(),获取车次管理者的个人信息,若车次管理者存在,则删除其管辖的车次信息。通过列车类的 DeleteTrainData()方法删除所管辖的列车;通过车次管理者类的 deleteOperatorAccount()方法删除车次管理者。

22.5.6 项目文件说明

由于篇幅所限,这里不再介绍每个文件的详细说明。读者可以根据下面的说明查看项目的源代码。

1. src 文件夹

src 文件夹下的 log4j.properties 文件,是 Log4j 日志工具的配置文件。具体功能读者可以查看源代码。

2. src/com/demo/controller 文件夹

controller 文件夹中包含系统内的所有 Servlet 类。具体功能读者可以查看源代码。

3. src/com/demo/helper 文件夹

helper 文件夹中包含用于字符的过滤、HttpServlet 的过滤、返回值和数据验证的 java 类,分别对应于 CharactorEncodingFilter.java、HtmlFilter.java、ReturnClass.java、Validate.java。具

体功能读者可以查看源代码。

4. src/com/demo/library 文件夹

library 文件夹中包含数据库连接类、id 生成器、session 管理类，它们分别对应于 DBConnector.java、IDGenerator.java 和 SessionManager.java。具体功能读者可以查看源代码。

5. src/com/demo/model 文件夹

model 文件夹中包含的是系统内的所有 Model 类。具体功能读者可以查看源代码。

6. WebRoot 文件夹

WebRoot 目录下主要包含前台的主要界面。其中 assets 文件夹中包含所需要的前端工具，包括 Bootstrap、Calendar 以及 JS/CSS/IMG 等文件；layout 文件夹中包含前台复用的界面。例如标题、导航栏。具体功能读者可以查看源代码。

22.6 运 行 项 目

运行项目前首先要了解项目的运行环境、如何搭建 Web 项目以及如何具体运行当前 Web 项目。

22.6.1 所使用的环境

运行 Web 项目所使用的环境如下。

(1) JDK 版本：1.8。
(2) 集成开发工具：MyEclipse 2017。
(3) 服务器：Tomcat 9.0。
(4) 数据库：MySQL 5.0。

22.6.2 搭建环境

运行 Web 项目前的环境搭建的具体步骤如下。

step 01 导入数据库。在 MySQL 数据库的视图工具 Navicat 中，执行 ticketsystem.sql 文件导入数据表及数据。

step 02 导入代码。在 MyEclipse 中导入 Web 项目 TicketReservationSystem。（即：import→General→Existing Projects into WorkSpace→选择要导入的 Web 项目路径）

step 03 修改 src→com.demo.library→DBConnector.java 文件中的配置参数。读者根据主机安装 MySQL 的配置参数进行修改，一般要修改安装 MySQL 时的端口号，默认为 3306（这里使用 8888），账户默认为 root，密码默认为 root(这里密码是 123456)，数据库名称默认为 ticketsystem。

step 04 使用 MyEclipse 将 Web 项目部署到 Tomcat 中。Server→右击 Tomcat v9.0→选择

Add/Remove Deployments→选择 OnlineQuizSystem 项目→单击 Add 按钮→单击 Finish 按钮。

step 05 启动 Tomcat。Tomcat 不报错，搭建完成。

22.6.3 测试项目

启动 Tomcat 后，测试 Web 项目的具体步骤如下。

step 01 在浏览器的地址栏中输入"http://localhost:8888/TicketReservationSystem/index.jsp"，进入系统登录页面。该页面中包括【预约订票】区域及【登录】区域，如图 22-16 所示。

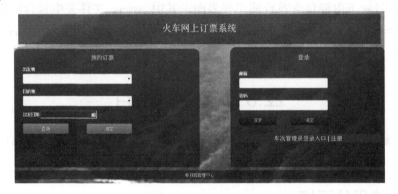

图 22-16 火车订票首页

step 02 在【预约订票】区域根据出发地和目的地查询火车，进入【预约车票】页面，如图 22-17 所示。在这里可以不登录，直接通过用户的邮箱进行预约。

图 22-17 【预约车票】页面

step 03 在首页单击【注册】超链接，进入【注册】页面，如图 22-18 所示。

step 04 在首页输入用户的账户和密码，进入用户主页，如图 22-19 所示。该页面主要包含功能栏和快捷入口。

体功能读者可以查看源代码。

4. src/com/demo/library 文件夹

library 文件夹中包含数据库连接类、id 生成器、session 管理类，它们分别对应于 DBConnector.java、IDGenerator.java 和 SessionManager.java。具体功能读者可以查看源代码。

5. src/com/demo/model 文件夹

model 文件夹中包含的是系统内的所有 Model 类。具体功能读者可以查看源代码。

6. WebRoot 文件夹

WebRoot 目录下主要包含前台的主要界面。其中 assets 文件夹中包含所需要的前端工具，包括 Bootstrap、Calendar 以及 JS/CSS/IMG 等文件；layout 文件夹中包含前台复用的界面。例如标题、导航栏。具体功能读者可以查看源代码。

22.6 运行项目

运行项目前首先要了解项目的运行环境、如何搭建 Web 项目以及如何具体运行当前 Web 项目。

22.6.1 所使用的环境

运行 Web 项目所使用的环境如下。
(1) JDK 版本：1.8。
(2) 集成开发工具：MyEclipse 2017。
(3) 服务器：Tomcat 9.0。
(4) 数据库：MySQL 5.0。

22.6.2 搭建环境

运行 Web 项目前的环境搭建的具体步骤如下。

step 01 导入数据库。在 MySQL 数据库的视图工具 Navicat 中，执行 ticketsystem.sql 文件导入数据表及数据。

step 02 导入代码。在 MyEclipse 中导入 Web 项目 TicketReservationSystem。(即：import→General→Existing Projects into WorkSpace→选择要导入的 Web 项目路径)

step 03 修改 src→com.demo.library→DBConnector.java 文件中的配置参数。读者根据主机安装 MySQL 的配置参数进行修改，一般要修改安装 MySQL 时的端口号，默认为 3306(这里使用 8888)，账户默认为 root，密码默认为 root(这里密码是 123456)，数据库名称默认为 ticketsystem。

step 04 使用 MyEclipse 将 Web 项目部署到 Tomcat 中。Server→右击 Tomcat v9.0→选择

Add/Remove Deployments→选择 OnlineQuizSystem 项目→单击 Add 按钮→单击 Finish 按钮。

step 05 启动 Tomcat。Tomcat 不报错,搭建完成。

22.6.3 测试项目

启动 Tomcat 后,测试 Web 项目的具体步骤如下。

step 01 在浏览器的地址栏中输入"http://localhost:8888/TicketReservationSystem/index.jsp",进入系统登录页面。该页面中包括【预约订票】区域及【登录】区域,如图 22-16 所示。

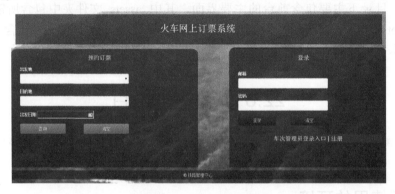

图 22-16 火车订票首页

step 02 在【预约订票】区域根据出发地和目的地查询火车,进入【预约车票】页面,如图 22-17 所示。在这里可以不登录,直接通过用户的邮箱进行预约。

图 22-17 【预约车票】页面

step 03 在首页单击【注册】超链接,进入【注册】页面,如图 22-18 所示。

step 04 在首页输入用户的账户和密码,进入用户主页,如图 22-19 所示。该页面主要包含功能栏和快捷入口。

图 22-18 【注册】页面

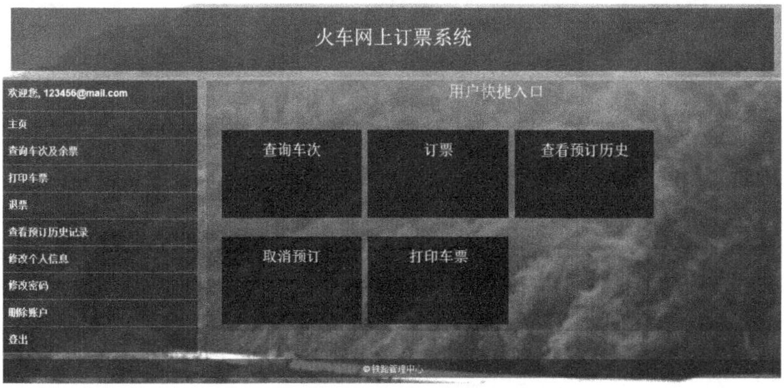

图 22-19 用户主页

step 05 在用户主页的快捷入口处，选择【查询车次】选项，打开如图 22-20 所示的页面。用户可以通过始发地、目的地和出发时间查询车次。

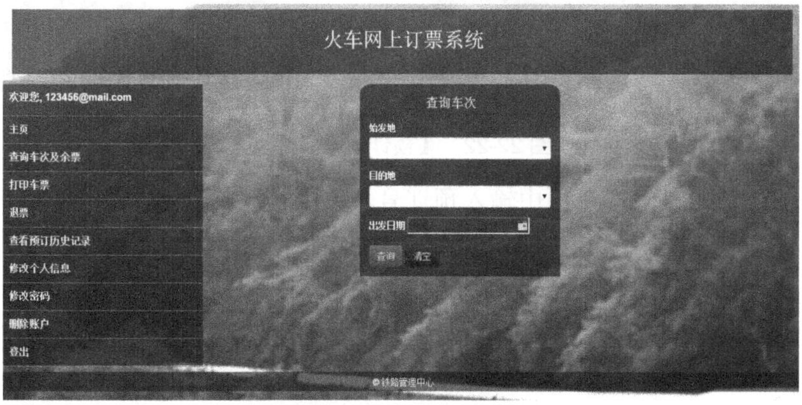

图 22-20 【查询车次】页面

step 06 在用户主页的快捷入口处,选择【订票】选项,进入订票页面,如图 22-21 所示。用户可以根据车次、出发时间并选择票数预订车票。

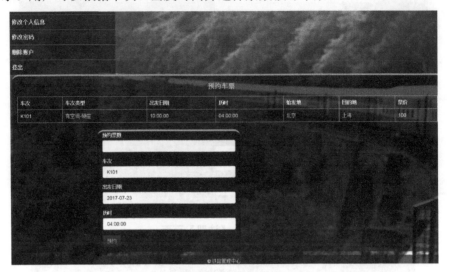

图 22-21 订票页面

step 07 在用户主页的快捷入口处,选择【打印车票】选项,进入【预订信息】页面,在该页面中根据用户的预订车票信息,选择要打印车票的预订号,如图 22-22 所示。

图 22-22 【预订信息】页面

step 08 在【预订信息】页面中输入预订号,单击【打印】按钮,进入具体打印车票页面。在该页面中可以打印车票或返回主页,如图 22-23 所示。

图 22-23 打印车票页面

step 09 在用户主页中，选择【退票】选项，用户输入预订号进行退票，如图22-24所示。

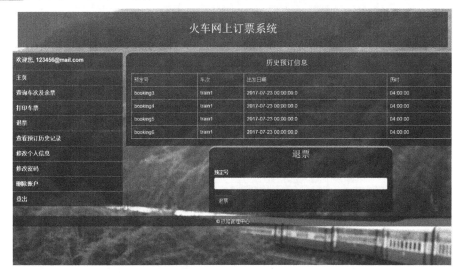

图 22-24　退票

step 10 在用户主页中，选择【修改个人信息】选项，用户可以修改个人信息，如图 22-25 所示。

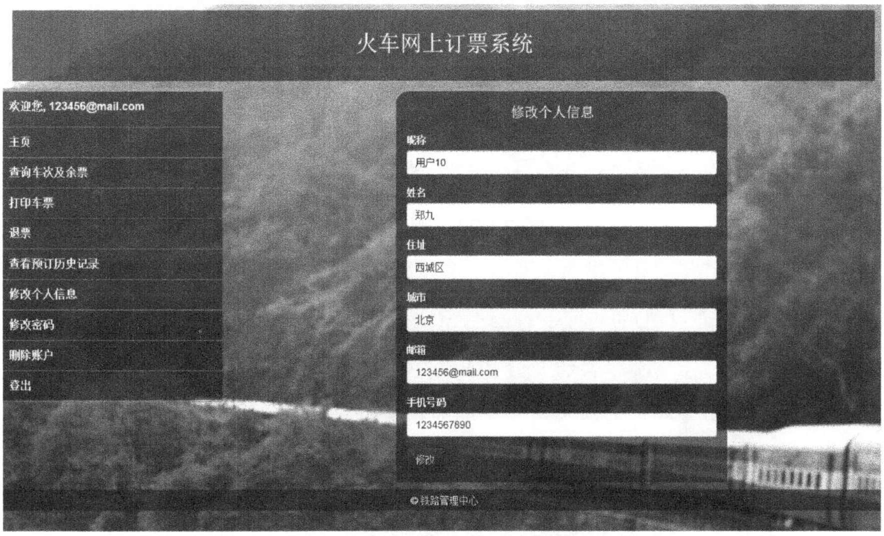

图 22-25　修改个人信息

step 11 在用户主页中，选择【修改密码】选项，用户可以修改登录密码，如图 22-26 所示。

step 12 在用户主页中，选择【删除账户】选项，用户可以删除自身账户，如图 22-27 所示。

step 13 在火车订票系统主页，单击【车次管理员登录入口】超链接，打开车次管理者登录页面，输入邮箱及密码，单击【登录】按钮进行登录，如图22-28所示。

图 22-26　修改密码

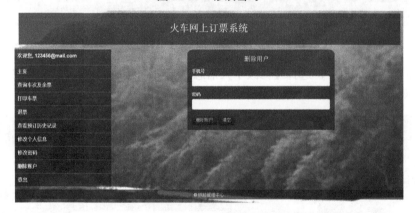

图 22-27　删除用户

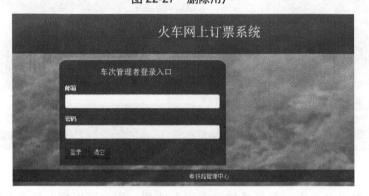

图 22-28　车次管理者登录入口

step 14 登录后进入车次管理者主页，该页面中包含功能栏和快捷入口，如图 22-29 所示。

step 15 在车次管理者主页中，选择【添加新车次】选项，进入如图 22-30 所示的页面，管理者通过填写信息添加新车次。

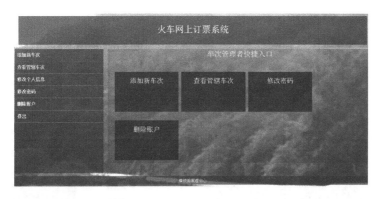

图 22-29　车次管理者页面

图 22-30　添加新车次

step 16　在车次管理者主页，选择【查看管辖车次】选项，车次管理者可以查看自己管辖的车次，如图 22-31 所示。

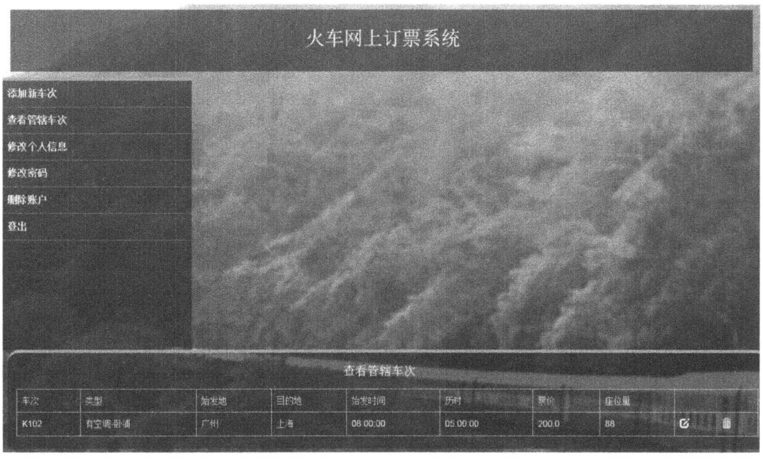

图 22-31　查看管辖车次

step 17 在车次管理者主页中,选择【修改个人信息】选项,车次管理者可以修改自己的信息,如图 22-32 所示。

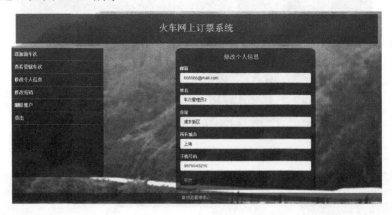

图 22-32 修改个人信息

step 18 在车次管理者主页中,选择【修改密码】选项,车次管理者可以修改密码,如图 22-33 所示。

图 22-33 修改密码

step 19 在车次管理者主页中,选择【删除账户】选项,车次管理者可以删除自身账户,如图 22-34 所示。

图 22-34 删除车次管理者

step 20 在浏览器的地址栏中输入"localhost:8080/TicketReservationSystem/adminLogin.jsp"，打开管理员登录页面，管理员输入账号和密码进行登录，如图22-35所示。

图22-35 管理员登录页面

step 21 管理员登录后，进入管理员主页，该页面中主要包含功能栏和快捷入口，如图22-36所示。

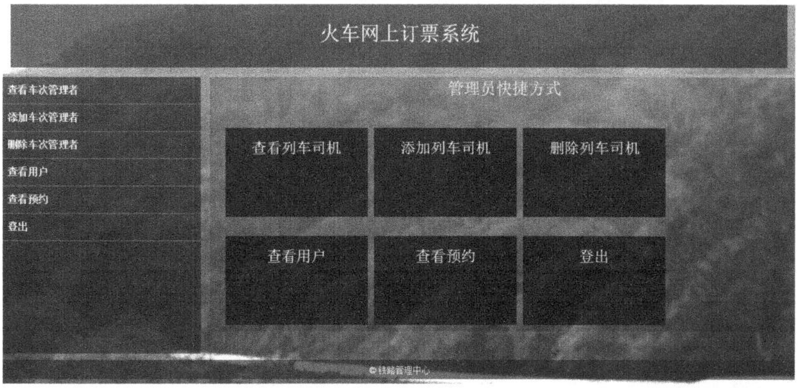

图22-36 管理员主页

step 22 在管理员主页中，选择【查看车次管理者】选项，管理员可以可查看全部车次管理者，如图22-37所示。

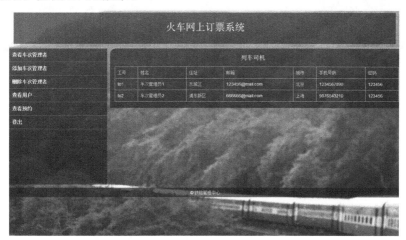

图22-37 查看车次管理者

step 23 在管理员主页中，选择【添加车次管理者】选项，如图 22-38 所示，管理员输入信息，可以添加新的车次管理者。

图 22-38　添加车次管理者

step 24 在管理员主页中，选择【删除车次管理者】选项，管理员可以选择将车次管理者删除，如图 22-39 所示。

图 22-39　删除车次管理者

step 25 在管理员主页中，选择【查看用户】选项，管理员可以查看所有用户，如图 22-40 所示。

step 26 在管理员主页中，选择【查看预约】选项，管理员可以查看所有车票预约信息，如图 22-41 所示。

图 22-40　查看用户

图 22-41　查看预约